普通高等教育"十一五"国家级规划教材
教育部高等学校高职高专测绘类专业教学指导委员会组织编写
全国测绘地理信息类职业教育规划教材

工程测量(测绘类)

(第2版)

主　编　柴炳阳　王军德
副主编　周　荣

黄河水利出版社
·郑州·

内容提要

本书突出了测绘地理信息类高职高专院校服务于各种工程测绘领域的特点，具体讲授了工程测量概述、大比例尺地形图测绘及应用、工程测量控制网、施工放样、城市建设工程规划核实测量、工程建筑物变形观测、工业与民用建筑施工测量、道路工程测量、桥梁工程测量、地下管线探测、水利工程测量、地下工程测量等，具有很强的实用性、指导性和可借鉴性。

本书可作为高职院校测绘地理信息专业的基本教材，也可供测绘地理信息行业技术人员、技能人员或有关院校师生参考使用。

图书在版编目(CIP)数据

工程测量：测绘类/柴炳阳，王军德主编. —2 版. —郑州：黄河水利出版社，2021.1
普通高等教育"十一五"国家级规划教材
ISBN 978-7-5509-2783-4

Ⅰ.①工… Ⅱ.①柴… ②王 Ⅲ.①工程测量-高等学校-教材 Ⅳ.①TB22

中国版本图书馆 CIP 数据核字(2020)第 158681 号

组稿编辑：陶金志　电话：0371-66025273　E-mail：838739632@qq.com

出 版 社：黄河水利出版社　网址：www.yrcp.com
地址：河南省郑州市顺河路黄委会综合楼 14 层　邮政编码：450003
发行单位：黄河水利出版社
发行部电话：0371-66026940、66020550、66028024、66022620(传真)
E-mail：hhslcbs@126.com
承印单位：河南承创印务有限公司
开本：787 mm×1 092 mm　1/16
印张：22.75
字数：554 千字　印数：1—3 000
版次：2010 年 12 月第 1 版　印次：2021 年 1 月第 1 次印刷
2021 年 1 月第 2 版

定价：52.00 元

教育部高等学校高职高专测绘类专业教学指导委员会
规划教材审定委员会

序

我国的高职高专教育经历了十余年的蓬勃发展，获得了长足的进步，如今已成为我国高等教育的重要组成部分，在国家的经济、社会和科技发展中发挥着积极的服务作用，测绘类专业的高职高专教育也是如此。为了加深高职高专教育自身的改革，并使其高质量地向前发展，教育部决定组建高职高专教育的各学科专业指导委员会。国家测绘局受教育部委托，负责组建和管理高职高专教育测绘类专业指导委员会，并将其设置为全国高等学校测绘学科教学指导委员会下的一个分委员会。第一届分委员会成立后的第一件事就是根据教育部的要求，研讨和制定了我国高职高专教育的测绘类专业设置，新设置的专业目录已上报教育部和国家测绘局。随后组织委员和有关专家按照新的专业设置制定了"十五"期间相应的教材规划。在广泛征集有关高职高专院校意见的基础上，确定了规划中各本教材的主编和参编院校及其编写者，并规定了完成日期。为了保证教材的学术水平和编写质量，教学指导分委员会还针对高职高专教材的特点制定了严格的教材编写、审查及出版的流程和规定，并将其纳入高等学校测绘学科教学指导委员会统一管理。

经过各相关院校编写教师们的努力，现在第一批规划教材正式出版发行，其他教材也将会陆续出版。这些规划教材鲜明地突出了高职高专教育中专业设置的职业性和教学内容的应用性，适应高职高专人才的职业需求，必定有别于高等教育的本科教材，希望在高职高专教育的测绘类专业教学中发挥很好的作用。

这里要特别指出，黄河水利出版社在获悉我们将出版一批规划教材后，为了支持和促进测绘类专业高职高专教育的发展，经与教学指导委员会协商，今后高职高专测绘类专业的全部规划教材都将由该社统一出版发行。这里谨向黄河水利出版社表示感谢。

由教学指导委员会按照新的专业目录，组织、规划和编写高职高专测绘类专业教材还是初次尝试，希望有测绘类专业的各高职高专院校能在教学中使用这些规划教材，并从中发现问题，提出建议，以便修改和完善。

高等学校测绘学科教学指导委员会主任
中国工程院院士

宁津生

2005年7月10日于武汉

第2版前言

王军德、刘绍堂主编的普通高等教育"十一五"国家级规划教材《工程测量(测绘类)》自2010年12月出版以来,已在多个中、高职院校工程测量相关专业中得到广泛的应用,实践证明,该教材的结构组织是符合教学规律的,因此此次修订保留了原教材的结构处理原则。随着科学技术的飞速发展,我国的工程测量工作也发生了显著的变化,因此原教材中的一些内容就显得陈旧。为了适应当前工程测量教改的形势,使教材能够更紧密地结合教学与生产实践,在征得各方面的意见后,对原教材内容做了较大的修改和调整。修订时充分兼顾教材内容的先进性和实用性,修改的主要内容有:

(1)新增了第五章城市建设工程规划核实测量。

(2)原教材第二、七、八、十章内容修改量较大,重新调整了章、节,删除了陈旧知识和技术内容,补充完善了章节内容,增加了先进技术等内容。

(3)原教材的其他章、节内容,在知识面的深度与广度上也做了调整和修改,兼顾我国生产技术状况不平衡的情况,较好地处理了先进技术与传统测量方法之间的关系。

本教材突出了测绘类高职高专院校注重实际操作能力培养的特点,适应了测绘市场对高职高专人才的需求。教材涉及面广,内容浅显明了,通俗易懂,在内容上更加注重教材的实用性和指导性,基础理论知识适度,突出理论的应用思路、测绘仪器的操作技能和施工现场的应用方法,图文并茂,引入大量生产实例,并融入了大量工程测绘中的经验、方法和技术,在指导实际生产方面有很强的实用性和可操作性。同时,本书自始至终贯穿了最新测绘规范的相关规定,加强了依据测绘规范进行规范化操作的观念。

全书共分12章,包括工程测量概述、大比例尺地形图测绘及应用、工程测量控制网、施工放样、城市建设工程规划核实测量、工程建筑物变形观测、工业与民用建筑施工测量、道路工程测量、桥梁工程测量、地下管线探测、水利工程测量、地下工程测量。每章附有复习与思考题。

本书由柴炳阳、王军德任主编,周荣任副主编,郭红霞、许云燕、朱小韦、王军德、甘肃建筑职业技术学院韦莉参编了部分章节。具体分工如下:第八、十章由柴炳阳编写,第五、六章由周荣编写,第三、九章由郭红霞编写,第一、四、七章由许云燕编写,第二、十二章由朱小韦编写,第十一章第一节~第五节由韦莉编写,第十一章第六节和复习与思考题由王军德编写。由柴炳阳负责全书的统稿工作。在编写过程中,参阅了有关教材和资料,听取了许多专家和老师的意见及建议。在此,对关心并给予指导的专家表示衷心的感谢!对黄河水利出版社为本教材顺利出版给予的大力支持表示感谢!

由于编者水平有限,书中难免会有错漏和不足之处,恳请广大读者提出宝贵意见和建议,以便今后加以修订和完善。

作 者

2020年10月

目 录

第一章 工程测量概述

第一节 工程测量的研究对象和内容

工程测量是研究地球空间中具体几何实体测量和抽象几何实体测设的理论、方法和技术的应用学科。因为工程测量主要为各项工程建设服务，所以最初将工程测量学定义为研究各项工程建设在勘测设计、施工建设和运营管理阶段所进行的各种测量工作的总称。各项工程包括：工业建设、城市建设、交通工程（铁路、公路、机场、车站、桥梁、隧道）、水利电力工程（河川枢纽、大坝、船闸、电站、渠道）、地下工程、管线工程（高压输电线、输油送气管道）、矿山工程等。

一般的工程建设分为勘测设计、施工建设和运营管理三个阶段。工程测量主要包括这三阶段所进行的各种测量工作。在工程建设的勘测设计阶段，测量工作主要是提供各种比例尺的地形图，还要为工程地质勘探、水文地质勘探以及水文测验等进行测量。在工程建设的施工建设阶段，主要的测量工作是施工放样和设备安装测量，即把图纸上设计好的各种建筑物按其设计的三维坐标测设到实地上去，并把设备安装到设计的位置上。为此，要根据工地的地形、工程的性质以及施工的组织与计划等，建立不同形式的施工控制网，作为施工放样与设备安装的基础。然后按照施工的需要进行点位放样。在工程建设的运营管理阶段，为了监视建筑物的安全和稳定情况，验证设计是否合理、正确，需要定期对其位移、沉陷、倾斜以及摆动等进行观测。因此，这一阶段的主要测量工作是工程建筑物的变形观测。

以核子、电子和空间技术为标志的所谓第三次科技革命，使工程测量获得了迅速的发展。20 世纪以来，世界各国在城市建设、铁路建设、大型钢铁联合企业建设中对施工测量、施工控制网的建立和设计提出了一系列的要求；摩天大楼的建设、长隧道和地铁建设、空间技术试验和导弹发射场的建设促使工程测量向精密（高精度）工程测量方向发展；随着工程测量自动化程度和测量精度的提高，工程测量的技术和方法已经在大型设备安装、巨型实验设备建设以及航空、航天工业、汽车、船舶制造业中得到了广泛的应用，出现了工业测量学科方向；大型水工建筑物的建设、水利枢纽和电站工程的建设，使工程建筑物的安全监测、变形分析和预报成为工程测量研究的主要方向。20 世纪末，现代科学技术有了飞速的发展，人类科学技术不断向着宏观宇宙和微观粒子世界延伸。测量对象不仅限于地面而且深入地下、水域、空间和宇宙，包括核电站、海底隧道、跨海大桥、电子对撞机工程等。由于仪器的进步和测量精度的提高，工程测量的领域日益扩大，除传统的工程建设三阶段的测量工作外，在地震观测、海底探测、巨型机器、车床、设备的荷载试验、高大建筑物（电视发射塔、冷却塔）变形观测、文物调查，甚至在医学、体育运动和罪证调查中，都应用了最新的工程测量和精密工程测量的仪器及方法。1964 年，国际测量师联合会（FIG）为了促进和繁荣工程测量，成立了工程测量委员会（第六委员会），从此，工程测量学在国际上作为一门独立的学科开展活动。

现代工程测量已经远远突破了为工程建设服务的狭窄概念,而向所谓的"广义工程测量学"发展,认为工程测量学是研究地球空间(包括地面、地下、水下、空中)具体几何实体的测量描绘和抽象几何实体的测设实现的理论、方法和技术的一门应用性学科。具体几何实体指一切被测对象,包括存在(或已建成)的各项工程及与工程有关的目标,抽象几何实体指一切设计的但尚未实现的、未建成的各项工程。

第二节　工程测量在国民经济建设中的地位

工程测量在我国国民经济建设中发挥着巨大的作用。

在工业方面,各种工业厂房的建设,设备的安装、调试都要进行工程测量。

在交通运输方面,各种道路的修建、隧道的贯通、桥梁的架设、港口的建设等,如青藏铁路、康藏公路、兰新铁路、安康铁路、成昆铁路都是巨大而艰难的工程。工程测量是完成这些工程的重要保证。

在水利建设方面,各种水库、水坝及引水隧洞,水电站工程,例如三峡工程、长江葛洲坝工程、黄河小浪底工程及二滩电站都是大型的拦洪蓄水发电、灌溉的水利工程,这些工程不仅在清理地基、浇灌基础、竖立模板、开挖隧道、建设厂房和设备安装中进行工程测量,而且建成后还必须进行长期的变形观测,监测大坝和河堤的安全。

在国防工业和军事工程建设方面,配合各种武器型号的试验,卫星、导弹和其他航天器的发射,都需要大量的军事工程测量工作,为其提供可靠保障。

第三节　工程测量学与相邻学科的关系

工程测量学与测绘学及其他学科课程之间有密切的关系。

控制测量学是工程测量学的理论基础,各种测图控制网、工程控制网、变形监测网的建立离不开控制测量学、GNSS 测量的相关知识;工程勘测设计阶段,常常需要用到各种比例尺的地形图,而地形图测绘的基本知识是地形测量学,其最常用的成图方法无非是白纸测图、大比例尺野外数字测图、航测数字化成图等;工程测量的服务对象是各种工程,因此必须具备有关土建工程、机械工程、工程地质、水文地质和环境地质、工程识图及 CAD 辅助设计等方面的知识;工程竣工测量与地籍测量也需要地籍测量与土地管理方面的有关知识;误差理论、测量平差是工程控制网及变形观测数据处理的基础;工程测量学中大量的数据处理、图形图像处理、建立信息系统等都离不开计算机科学与技术方面的知识,要具有计算机软硬件和网络方面的知识及一定的软件设计和编程能力。高等数学中的级数、微积分、微分方程,物理学中的电磁波传播、力学、光学等内容在工程测量学中应用得很普遍。

最后,值得指出的是,随着空间技术、通信技术、信息技术、计算机技术的飞速发展,人类进入了信息时代,数字地球的建立和应用,地球村概念的出现,地球上人们的相互往来日益增多,信息、技术和经验交流日益迫切,测绘成为了信息产业中的地理信息产业。为了加强国内外的学术交流,工程测量工作者要有较好的人文管理方面的知识,还要学一至两门外语(如英语),具有较好的听、说、阅读理解乃至思维能力。

所以，一定要摈弃只重视工程测量这门专业课，而轻视其他专业基础课程的思想，缺少了工程测量专业体系中的任何一种知识，对工程测量课程的掌握、对自己专业技能的培养都会造成很大的障碍。

第四节 工程测量的应用与发展

随着传统测绘技术走向数字化，工程测量的服务范围不断拓宽，与其他学科的互相渗透和交叉不断加强，新技术、新理论的引进和应用不断深入，打破了传统测绘观念对测量工作的束缚，工程测量的数据采集和处理向一体化、实时化、数字化方向发展，测量仪器向精密化、自动化、信息化、智能化发展，工程测量产品向多样化、网络化和社会化方向发展。

在勘测设计阶段，可以采用全站仪、GNSS 进行控制网的布设、地形图的测绘；在施工建设阶段，既可以采用普通光学经纬仪、水准仪，也可以采用电子经纬仪、电子全站仪、激光铅垂仪、激光准直仪和 GNSS 等现代化设备和方法进行点、线、高的放样和检查验收；在运营管理阶段，可以用各种仪器对建筑物进行变形监测。随着工程测量理论和测绘仪器设备的发展，各种先进测量仪器设备在工程测量中广泛应用，使得工程测量的工作效率和精度都得到了大幅度的提高。

第五节 工程测量的岗位要求

一、对测量技术人员的要求

工程测量是直接为工程建设服务的，工程测量工作者必须具有一定的工程建设方面的知识。工程测量技术人员应具备以下知识和素质：

(1)能熟练使用测量仪器和工具，并能进行常规的保养、检验、校正和维修。

(2)能够懂得设计意图和建筑物的构造，并能对图纸进行校对和审核。

(3)了解该项工程的作用、总体布置的特点以及它与周围环境的关系；了解工程施工的步骤和方法；对工程的各分部、分项的施工程序有明确的了解，能在施工过程中与其他工种协调配合，提供所需的测量服务。

(4)了解工程规范中对测量允许偏差的要求，选择适当的测量仪器和测量方法，满足精度要求。

二、常见工程测量职位描述要求

案例一：测量员岗位职责

(1)遵守国家法律和法规以及有关地方政策。

(2)认真熟悉施工图纸和有关施工技术规范。

(3)施测过程中，施测人员必须认真细致，做到步步有检核。

(4)对施测的每项工作必须进行复核后方可进行施工。

(5)对施工人员交底必须清楚，让施工人员能明白设计意图和施工目的。

(6)施测人员必须有吃苦耐劳的精神，保证测量数据准确无误。

(7)对测量的有关成果必须保密,不能随意泄露。

(8)必须熟悉测量的技术规范,使施测的成果在允许误差范围之内。

案例二:测量员岗位职责

(1)测量员在项目工程部经理的领导下负责工程项目施工测量工作。

(2)参加编制工程项目施工组织设计中的施测方案,负责落实施工测量的准备工作。

(3)参加工程项目的图纸会审,负责工程施工测量的定位、抄平放线、高程控制和沉降观测工作。

(4)负责及时进行施工资料的编写、绘制、会签以及资料的汇集、整理归档、移交等工作。

(5)积极参与项目质量、安全、文明施工和成本检查、分析活动,完成贯标要素。

(6)积极完成领导和上级部门安排的其他工作。

案例三:测量队长岗位职责

(1)按照建筑总平面图和发包人提交的施工场地范围,规划红线桩、工程控制坐标网点和水准基桩,负责施工现场的测量与放样。

(2)负责组织测量人员进行控制网点布测和原始地形图复测。

(3)负责工程实体、建筑物的施工放线、复核。

(4)负责现场实物工程量的测量、统计、分解,准确提供工程量计量数据。

(5)负责提供补偿、变更、索赔资料中的测量数据和原始签证。

(6)遵守测量规范及相关要求,负责组织编写相关测量程序与方案。

(7)按照设计文件、施工图纸、测量申请单、测量交样单的要求,根据现场测量结果进行测量技术交底。

(8)负责变形观测,位移观测以及其他观测、计量、统计。

(9)完成领导交办的其他工作。

案例四:测量队职责

(1)严格执行测量规范、规程及技术标准。

(2)根据施工组织设计和施工进程安排,编制项目施工测量方案和施工测量计划。

(3)负责整个工程项目的测量管理工作,对测量结果负有直接责任。

(4)负责测量人员的工作计划安排,统筹计划,协调管理,使测量工作按工程项目计划进度进行。

(5)负责项目施工控制网的布设、导线点的引测。

(6)负责施工放祥的技术交流、检查施工记录及放样记录的核算。

(7)负责测量仪器的管理。建立测量仪器、设备台账、精密测量仪器卡、仪器档案,定期对仪器进行检查,并按规定进行检查,确保仪器精度复核要求。

(8)做好测量资料的计算、复核和对原始资料的整理、保管工作。

(9)协助技术人员做好施工图纸的审核工作。

(10)负责测量员的指挥、培训工作。

(11)完成领导交办的其他工作。

案例五:测量资料员岗位职责

(1)负责测量队技术文件、资料管理的内、外接口,整理存档。

(2)负责测量队有关测量数据的收集、整理、统计,建账成册,及时报送。

(3)负责现场实物工程量中测量数据部分的建账成册,及时报送有关部门和领导。

(4)负责测量仪器、器材、工器具的建账、送检、修理计划。

(5)负责文件、报表台账、资料传递,文件收发,竣工资料等各项内业文印。

(6)完成领导交办的其他工作。

案例六:测量工程师岗位职责

(1)熟悉设计技术文件、施工图纸,负责施工现场的测量、放线、复核。

(2)负责施工现场控制网点的布测和观测桩点设立、复测。

(3)负责施工过程中的变形与稳定性等现场观测项目,及时、准确、规范地填报各类观测数据。

(4)协助进行测量技术交底。

(5)编写测量程序、方案,按规定格式要求及时填写测量手簿,完善签字手续。

(6)协助有关人员做好测量工程量、现场工程量签证。

(7)负责填写测量日志,收集、整理、统计现场工程量报表中有关测量部分的资料、数据,建账成册,及时报送。

(8)完成领导交办的其他工作。

案例七:测量监理工程师岗位职责

(1)在总监理工程师(副总监)的领导下,复核设计原始基准点、基准线和基准高程等资料,并按设计图纸复核承包人施工放样。

(2)参与设计交底、图纸会审,负责现场测量交桩工作。

(3)检查承包单位的测量仪器型号、人员配置情况及组织、管理规章制度,人员的上岗证和资格证。

(4)督促承包人对施工放线中的基准资料、转角点、水准点定期进行复查。

(5)审核承包人的测量放线资料,复核承包人的测量放线成果。

(6)对重点部位组织监理复核测量,整理测量成果。

(7)记好测量日记,收集、整理、保管日常测量监理资料,建立台账,并接受检查。

(8)编制测量仪器使用制度,并严格要求测量小组成员能遵守执行,负责对仪器保管、维护和定期自检,认真填写仪器使用和维修台账。

(9)负责检查各监理组测量工作和测量内业资料。

(10)完成总监理工程师(副总监)交办的其他工作。

复习与思考题

1. 什么是工程测量?

2. 工程测量工程建设的三个阶段具体要进行哪些测量工作?

3. 深入工程测量施工现场调查工程测量技术人员的岗位职责及工作要求,提交一份调研报告。

第二章 大比例尺地形图测绘及应用

本章首先介绍了地形图的一些基础知识,并对地形图测绘技术和方法进行了简要叙述,着重讲述地形图的应用以及工程竣工总图的编绘等内容。

第一节 地形图基础知识

一、地形图的定义

按照一定的比例尺和图式符号,表示地物、地貌的平面位置和高程的正射投影图称为地形图。地表面固定的人为或天然的物体称为地物,如居民地、建筑物、道路、河流、森林等。地表面高低起伏的形态称为地貌,如平原、丘陵、山地、陡崖、冲沟等。地物和地貌的总称为地形。

在地形图上,地物一般按图式符号加注记表示;地貌一般用等高线和必要的高程注记表示,能反映地面的实际高度和起伏特征。地形图通常是经过实地测绘或根据实测和配合有关调查资料编制而成的。

二、地形图的内容

地形图的内容比较丰富,归纳起来大致可以分为四类:

(1)数学要素。如测图比例尺、坐标格网等。

(2)地形要素。包括各种地物、地貌。

(3)注记要素。包括各种文字说明注记,如单位、居民地、水域、山、道路等的名称注记;还有一些必要的说明注记,如煤矿要加注“煤”,苹果园要加注“苹”等;还包括各种数字说明注记,如点的高程、比高等。

(4)整饰要素。包括图名,图号,图幅接合表,四周的图框,测绘机关全称,测绘日期及测图的方法,采用的坐标系统、高程系统,使用的图式、测图比例尺,测量员、绘图员、检查员等。

三、地形图的比例尺

通常把比例尺大于或等于 1:5 000 的地形图称为大比例尺地形图,主要有 1:500、1:1 000、1:2 000、1:5 000 的地形图,这些是工程建设中最常使用的地形图,在某些时候可能还会用到 1:200 甚至更大比例尺的地形图;一般把 1:1万、1:2.5 万、1:5万、1:10 万的地形图称为中比例尺的地形图;把小于 1:10 万的地形图如 1:25 万、1:50 万、1:100 万的地形图称为小比例尺地形图。我国规定 1:1万、1:2.5 万、1:5万、1:10 万、1:25 万、1:50 万、1:100

万这7种比例尺的地形图为国家基本比例尺地形图,其中,1∶1万～1∶5万的地形图是测绘的,1∶10万～1∶100万的地形图是编绘的。

四、工程建设对地形图比例尺的要求

工程建设中,由于工程的规模大小、设计阶段不同,对所需地形图比例尺的要求也不同。一般来说,在规划设计阶段,主要用到1∶1万～1∶5万的中比例尺地形图;为施工建设服务的初步设计阶段,一般要用到1∶5 000和1∶2 000的局部地区或带状地区的地形图;施工图设计阶段,需要用到1∶500～1∶2 000的大比例尺地形图,工程细部还可能需要比例尺大于1∶500的地形图,表2-1列出了工程建设中常用比例尺地形图的典型用途。

表2-1　工程建设中常用比例尺地形图的典型用途

比例尺	典型用途
1∶5 000	可行性研究、总体规划、场址选择、初步设计等
1∶2 000	可行性研究、初步设计、矿山总图管理、城镇详细规划等
1∶1 000	初步设计、施工图设计,城镇、工矿总图管理,竣工验收等
1∶500	

第二节　大比例尺地形图测绘简述

随着电子技术、计算机技术、全站仪和GNSS－RTK技术的发展及其在测绘领域的广泛应用,地形测量从传统的模拟法测图变革为数字测图。全站仪和GNSS－RTK数字测图也成为大比例尺地形图测绘的主要手段。数字测图具有诸多的优点,如测图、用图自动化,图形数字化,点位精度高,便于成果更新,能以各种形式输出成果,方便成果的深加工利用,可作为GIS的重要信息源等。

一、数字测图的基本思想

数字测图的基本思想是在野外利用数据采集器采集地面上的地形信息和地理信息,具体包括点位信息、连接信息和属性信息,然后将采集的数据传输给计算机,由计算机对数据进行处理,再经过人机交互的屏幕编辑,形成数字地图,最终由磁盘、磁带等存储介质进行保存。需要时,可由计算机控制图形绘制设备(如打印机、绘图仪等)自动绘制所需的地形图。简单地说,数字测图就是要实现丰富的地形信息和地理信息的数字化与作业过程的自动化或半自动化。它能尽可能缩短野外测图时间,减轻野外劳动强度,而将大部分作业内容安排到室内去完成;与此同时,将大量手工作业转化为计算机控制下的自动操作,这样不仅能减轻劳动强度,而且不会降低观测精度。

二、数字测图的作业模式

从实际作业来看,由于用户的设备不同,要求不同,作业习惯不同,数字测图的作业模式是多种多样的。总结来看,目前我国数字测图作业模式大致有如下几种。

(一)数字测记模式

数字测记模式即野外测记,室内成图。用全站仪或GPS测量,全站仪内存或电子手簿记录,同时配画标注有测点点号的人工草图,到室内将测量数据直接由记录器传输到计算机,再由人工按草图编辑图形文件,经人机交互编辑修改,最终生成数字图。

该模式使用电子手簿自动记录观测数据,作业自动化程度较高,可以较大地提高外业工作的效率。存在的难点是地物属性和连接关系的采集。由于全站仪的采用,测站和镜站的距离可以拉得很远,因而在测站上就很难看到所测点的属性和与其他点的连接关系。属性和连接关系输入不正确,会给后期的图形编辑工作带来极大的困难。解决的办法之一:使用对讲机加强测站与镜站之间的联系,以保证测点编码(简码)输入的正确性。也可以为采集系统配置一个袖珍绘图仪,现场按坐标实时展点绘草图。解决的方法之二:将属性和连接关系的采集移到镜站,用手工草图来完成,测站电子手簿只记录定位数据(坐标),在内业成图时输入属性和连接关系。这样,既保证了数据的可靠性,又大幅度地提高了外业工作的效率,可以说是一种较实用的作业模式。

(二)采集调绘模式(数字测记改进模式)

不绘草图,用全站仪、GPS等大量采集野外数据;室内用计算机展点出图,然后到野外调绘,绘制草图;最后根据草图,在内业计算机成图。

在大面积测图区域,人员较多而仪器较少时,可轮流采集、调绘,加快测图速度。

(三)电子平板测绘模式

电子平板测绘模式由全站仪、便携机和数字测图软件完成。全站仪测量,将所测数据实时传输到便携机,所测即所显,再把连接信息、地物属性及时输入测图软件,即时成图。缺点:外业工作量较大,便携机笨重且耗电,不能保证工作时间。

电子平板测绘模式的基本思想是用计算机屏幕来模拟图板,用软件中内置的功能来模拟铅笔、直线笔、曲线笔,完成曲线光滑、符号绘制、线型生成等工作。具体作业时,将便携机移至野外,现测现画,且可不需要作业人员记忆输入数据编码。这种模式的突出优点是现场完成绝大部分工作,因而不易漏测,在测图时观念上也不需大的改变。这种作业模式对设备要求较高,要求每个作业小组至少配备一台档次较高的便携机;在作业环境较差(如有风沙)的情况下,便携机容易损坏。由于点位数据和连接关系都在测站采集,当测站、镜站距离较远时,属性和连接关系的录入比较困难。这种作业模式适合条件较好的测绘单位,用于房屋密集的城镇地区的测图工作。

(四)遥控电子平板模式

遥控电子平板模式将现代化通信手段与电子平板结合起来,从根本上改变了传统的测图作业概念。该模式由持便携式电脑的作业员在跑点现场指挥立镜员跑点,并发出指令遥控驱动全站仪(或动态GPS)观测,观测结果通过无线蓝牙技术传输到便携机,并在屏幕上自动展点。作业员根据展点即测即绘,现场成图。由于由镜站指挥测站,能够"走到、看到、绘到",不易漏测;能够同步"测、量、绘、注",以提高成图质量。这种作业模式测绘准确,效率高,代表未来的野外测图发展方向。但该测图模式由于需无线蓝牙通信设备,设备较贵。

(五)内外无缝作业模式

内外无缝作业模式利用掌上电脑野外测图,完全控制全站仪,对全站仪的操作只需照准目标,其他一切控制全由掌上电脑来完成。所有观测的数据立即传输到掌上电脑中并存盘,掌上电脑根据观测值用极坐标方式求出 X、Y 坐标,并在屏幕上显示出来,现场根据属性画出相应的图式符号,实现所测即所见。

回到内业,把掌上电脑数据传到台式机,用内业处理软件可立即打开数据,进行编辑处理。

三、数字测图的作业流程

数字测图的作业流程为:接受任务—收集资料—实地踏勘—技术设计—选点埋石—地形控制测量—地形测图—地形图内业编辑、整饰—自检互检—技术总结—成果提交—检查验收。

四、地形图测绘的其他方法

随着测绘高新技术的发展,大比例尺地形图测绘的方法越来越多,例如,采用低空摄影测量可以测绘和生产 1:500 和 1:1 000 比例尺的地形图;地面摄影测量适合测绘山地 1:500 ~ 1:2 000 比例尺地形图;利用机载激光雷达(LIDAR)测量可以测绘大、中比例尺地形图和专题图,制作数字地面模型;无人小飞机摄影测量可灵活地用于许多情况下的大比例尺地形图测绘。

第三节 竣工总图的编绘与实测

一、竣工总图编绘与实测的意义

各建筑工程都是按照设计总平面图施工的。随着施工的不断深入,设计时考虑不到的一些因素暴露出来,可能要变更局部设计,从而使工程的竣工位置与设计位置不完全一致。为了满足管理的需要,便于设计、施工和生产管理人员掌握工程的地形情况和所有建(构)筑物的平面位置和高程的关系,也为了给工程竣工后投产营运中的管理、维修、改建和扩建等提供可靠的图纸和资料,一般应编绘竣工总图。竣工总图及附属资料,也是考查和研究工程质量的依据之一。

每个单项工程完成后,必须由施工单位进行竣工测量,提交工程的竣工测量成果,作为编制竣工总平面图的依据。竣工总图应根据设计和施工资料进行编绘,当资料不全无法编绘时,应进行实测。

竣工总图宜采用数字竣工总图,比例尺宜选用 1:500,坐标系统、高程系统、图幅大小、图上注记、线条规格,应与原设计图一致,图例符号应采用现行国家标准《总图制图标准》(GB/T 50103—2010)。竣工总图编绘完成后,应经原设计及施工单位技术负责人审核、会签。

二、竣工总图的分类

根据工程项目的复杂程度,可以将竣工总图按以下三种情况进行分类:

(1)简单工程项目。只绘制一张竣工总平面图。

(2)复杂工程项目。除绘制竣工总图外,还应绘制给水排水管道专业图、动力工艺管道专业图、电力及通信线路专业图等。

(3)较复杂的工程项目。除绘制竣工总图外,可以将相关专业图合并绘制成综合管线图。

三、竣工总图的实测

竣工总图与一般的地形图不完全相同,它主要是为了反映设计和施工的实际情况,以编绘为主。当编绘资料不全时,需要实测补充或全面实测。为了使实测竣工总图与原设计图相协调,因此其坐标系统、高程基准、测图比例尺、图例符号等,应与施工设计图相同。竣工总图的实测要根据已有的施工控制点,例如对主要建(构)筑物(包括地下和架空的各种管线)细部点的点位和高程,按要求的精度采用全站仪解析法进行竣工测量;地下管道及隐蔽工程,应在回填前进行实测。

四、竣工总图的编绘

(一)收集资料

竣工总图的编绘,应收集下列资料:

(1)总平面布置图。

(2)施工设计变更文件。

(3)施工检测记录。

(4)竣工测量资料。

(5)其他相关资料。

竣工图编绘之前,应对所收集的资料进行实地对照检核。不符之处,应实测其位置、高程及尺寸。

(二)竣工总图编制的基本原则

(1)地面建(构)筑物应按实际竣工位置和形状进行编制。

(2)地下管道及隐蔽工程应根据回填前的实测坐标和高程记录进行编制。

(3)施工中,应根据施工情况和设计变更文件及时编制。

(4)对实测的变更部分,应按实测资料编制。

(5)当平面布置改变超过图上面积 1/3 时,不宜在原施工图上修改和补充,应重新编制。

(三)竣工总平面图的绘制要求

(1)应绘出地面的建(构)筑物、道路、铁路、地面排水沟渠、树木及绿化地等。

(2)矩形建(构)筑物的外墙角应注明两个以上点的坐标。

(3)圆形建(构)筑物应注明中心坐标及接地处半径。

(4)主要建筑物应注明室内地坪高程。

(5)道路的起终点、交叉点应注明中心点的坐标和高程;弯道处应注明交角、半径及交点坐标;路面应注明宽度及铺装材料。

(6)铁路中心线的起终点、曲线交点,应注明坐标;曲线上,应注明曲线的半径、切线长、曲线长、外矢距、偏角等曲线要素;铁路的起终点、变坡点及曲线的内轨轨面应注明高程。

（四）给水排水管道专业图的绘制要求

（1）给水管道应绘出地面给水建筑物及各种水处理设施和地上、地下各种管径的给水管线及其附属设备。对于管道的起终点、交叉点、分支点，应注明坐标；变坡处应注明高程；变径处应注明管径及材料；不同型号的检查井应绘制详图。当图上按比例绘制管道结点有困难时，可用放大详图表示。

（2）排水管道应绘出污水处理构筑物、水泵站、检查井、跌水井、水封井、雨水口、排出水口、化粪池以及明渠、暗渠等。检查井应注明中心坐标、出入口管底高程、井底高程、井台高程；管道应注明管径、材质、坡度；对不同类型的检查井，应绘出详图。

（3）给水排水管道专业图上还应绘出地面有关建（构）筑物、铁路、道路等。

（五）动力、工艺管道专业图的绘制要求

（1）应绘出管道及有关的建（构）筑物。管道的交叉点、起终点，应注明坐标、高程、管径和材质。

（2）对于沟道敷设的管道，应在适当的地方绘制沟道断面图，并标注沟道的尺寸及各种管道的位置。

（3）动力、工艺管道专业图上还应绘出地面有关建（构）筑物、铁路、道路等。

（六）电力及通信线路专业图的绘制要求

（1）电力线路应绘出总变电所、配电站、车间降压变电所、室内外变电装置、柱上变压器、铁塔、电杆、地下电缆检查井等，并应注明线径、送电导线数、电压及送变电设备的型号、容量。

（2）通信线路应绘出中继站、交接箱、分线盒（箱）、电杆、地下通信电缆入孔等。

（3）各种线路的起终点、分支点、交叉点的电杆应注明坐标；线路与道路交叉处应注明净空高。

（4）地下电缆应注明埋设深度或电缆沟的沟底高程。

（5）电力及通信线路专业图上还应绘出地面有关建（构）筑物、铁路、道路等。

第四节　地形图应用基本内容

在地形图上我们可以确定某一点的点位、点与点之间的距离、直线的方向、点的高程和两点间的高差；在地形图上勾绘出集水线和分水线，标志出洪水线和淹没线；可以从地形图上计算面积和体积，从而确定用地面积、土石方量、蓄水量、矿产量等；可以从图上了解到各种地物、地貌等的分布情况；计算诸如农庄、树林、农田的数量；获得房屋的数量、质量、层次等资料；可以在图上截取断面，绘制纵、横断面图 。还可以以地形图作底图编绘出一系列专题地图，如地质图、水文图、水利图、土地利用规划图、建筑物总平面图、交通图、地籍图等。

一、确定点的坐标

在大比例尺地形图上都绘有纵、横坐标方格网（或在方格的交点处绘有十字线），如图 2-1 所示。

欲从图 2-1 上求 A 点的坐标，可先过 A 点分别作坐标格网的平行线 mn、pq，从图上量出 mA 和 pA 的长度，分别乘以地形图比例尺分母 M，即可得到实地水平距离 mA 和 pA，则有

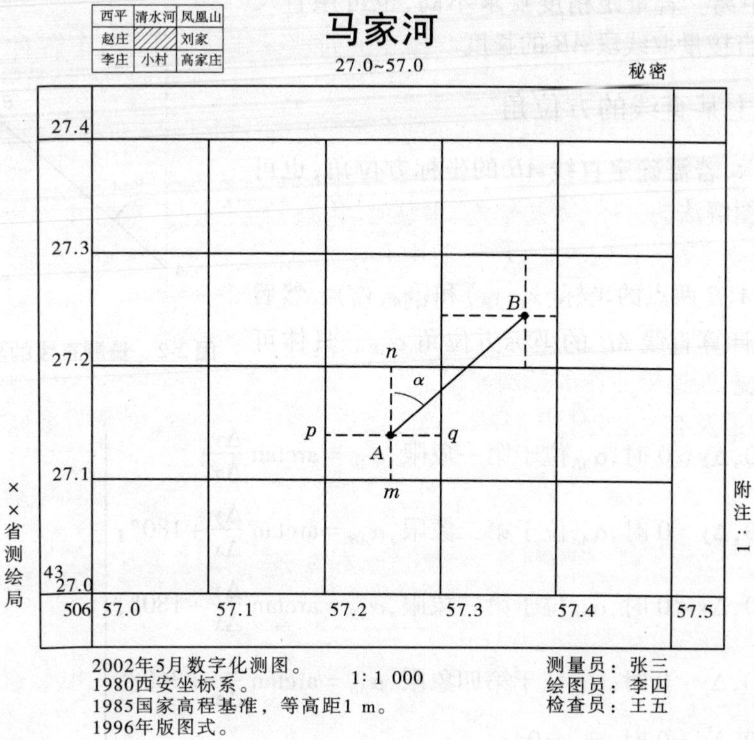

图 2-1 确定点的坐标

$$\left.\begin{aligned} x_A &= x_0 + mA \times M \\ y_A &= y_0 + pA \times M \end{aligned}\right\} \tag{2-1}$$

式中，(x_0, y_0) 为 A 点所在方格西南角点的坐标（图 2-1 中，$x_0 = 4\ 327\ 100$ m，$y_0 = 50\ 657\ 200$ m）；M 为地形图比例尺分母。

如果考虑图纸伸缩变形的影响，则还需要量出 An 和 Aq 的长度，若 $mA + An$ 和 $pA + Aq$ 不等于坐标格网的理论长度 l（一般为 10 cm），则 A 点的坐标应按下式计算：

$$\left.\begin{aligned} x_A &= x_0 + \frac{l}{mA + An} mA \times M \\ y_A &= y_0 + \frac{l}{pA + Aq} pA \times M \end{aligned}\right\} \tag{2-2}$$

二、确定两点间的水平距离

确定两点间的水平距离时，可以用以下两种方法。

（一）解析法

如图 2-2 所示，欲求 A、B 两点间的距离，可按上述方法先求出 A、B 两点的坐标 (x_A, y_A) 和 (x_B, y_B)，然后根据下式计算 AB 的水平距离 D_{AB}：

$$D_{AB} = \sqrt{(x_B - x_A)^2 + (y_B - y_A)^2} \tag{2-3}$$

（二）图解法

用分规在图上直接卡出线段 AB 的长度，再用复比例尺或图上的图示比例尺换算即可得出 AB 的水平距离。若量距精度要求不高,也可用直尺或三棱尺在图上直接量取线段 AB 的长度。

三、确定图上某直线的方位角

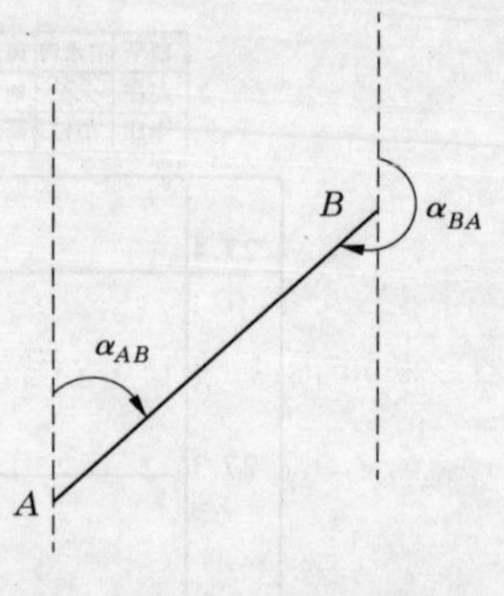

图 2-2　量测直线的坐标方位角

如图 2-2 所示,若需确定直线 AB 的坐标方位角,也可以采用解析法和图解法。

(一)解析法

可以先求出 A、B 两点的坐标(x_A, y_A)和(x_B, y_B),然后按坐标反算公式计算直线 AB 的坐标方位角 α_{AB}。具体可分为以下 8 种情况:

$$\left.\begin{array}{l}
(1)\text{当 } \Delta x>0,\Delta y>0 \text{ 时},\alpha_{AB}\text{位于第一象限},\alpha_{AB}=\arctan\dfrac{\Delta y}{\Delta x};\\
(2)\text{当 } \Delta x<0,\Delta y>0 \text{ 时},\alpha_{AB}\text{位于第二象限},\alpha_{AB}=\arctan\dfrac{\Delta y}{\Delta x}+180°;\\
(3)\text{当 } \Delta x<0,\Delta y<0 \text{ 时},\alpha_{AB}\text{位于第三象限},\alpha_{AB}=\arctan\dfrac{\Delta y}{\Delta x}+180°;\\
(4)\text{当 } \Delta x>0,\Delta y<0 \text{ 时},\alpha_{AB}\text{位于第四象限},\alpha_{AB}=\arctan\dfrac{\Delta y}{\Delta x}+360°;\\
(5)\text{当 } \Delta x>0,\Delta y=0 \text{ 时},\alpha_{AB}=0°;\\
(6)\text{当 } \Delta x<0,\Delta y=0 \text{ 时},\alpha_{AB}=180°;\\
(7)\text{当 } \Delta x=0,\Delta y>0 \text{ 时},\alpha_{AB}=90°;\\
(8)\text{当 } \Delta x=0,\Delta y<0 \text{ 时},\alpha_{AB}=270°。
\end{array}\right\}\tag{2-4}$$

(二)图解法

通过 A、B 两点精确地作平行于坐标格网纵线的直线,然后用量角器量测 AB 的坐标方位角 α'_{AB} 和 BA 的坐标方位角 α'_{BA}。同一直线的正、反坐标方位角之差应为 180°,但是由于量测存在一定误差,故

$$\alpha''_{AB}=\alpha'_{BA}\pm 180°\neq\alpha'_{AB}$$

式中,当 $\alpha'_{BA}>180°$时,取"-"号;当 $\alpha'_{BA}<180°$时,取"+"号。

此时可用下式计算 α_{AB}:

$$\alpha_{AB}=\frac{\alpha'_{AB}+\alpha''_{AB}}{2}\tag{2-5}$$

四、确定点的高程

在地形图上可以根据等高线及高程注记确定任一点的高程。

如果所求点恰好位于某一等高线上,则点的高程就等于等高线的高程。如图 2-3 中,p 点正好在高程为 27 m 的等高线上,则 p 点的高程为 27 m。

若所求点不在等高线上,如图 2-3 中的 k 点,则可通过 k 点作一条和 k 点相邻的等高线大致垂直的直线 mn,并分别量取 mk、kn 和 mn 的长度,若等高距为 h,则 k 点的高程 H_k 可按比例关系内插求得,即

或

$$\left.\begin{aligned}H_k &= H_m + \frac{mk}{mn}h\\ H_k &= H_n - \frac{nk}{mn}h\end{aligned}\right\} \qquad (2\text{-}6)$$

若精度要求不高，也可目估 mk 约占线段 mn 的十分之几，来求得 k 点的高程。如图上 mk 目估约为 mn 的$\frac{7}{10}$，则 $H_k = H_m + \frac{7}{10}h = 27 + 0.7 = 27.7$。

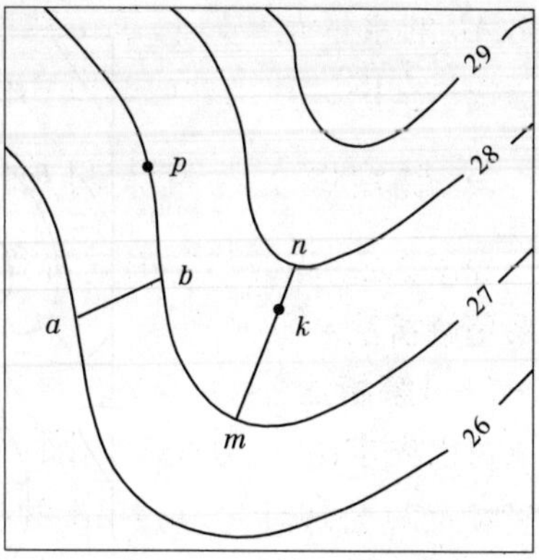

图 2-3　确定点的高程

五、确定直线的坡度

设地面两点间的水平距离为 D，高差为 h，而高差与水平距离之比称为坡度，用 i 来表示，则

$$i = \tan\alpha = \frac{h}{D} \qquad (2\text{-}7)$$

式中，α 为地面两点连线相对于水平线的倾角。

当量测的为两点间图上距离 d 时，应乘以比例尺分母，化算为实地距离，即 $D = dM$。

第五节　地形图在工程建设中的应用

一、在地形图上按限制坡度选线

在山地或丘陵地区进行道路、管线等工程设计时，通常要求线路在不超过某一限制坡度的条件下，选定一条最短线路。

如图 2-4 所示，需从 A 点到高地上的 B 点选择一条路线，要求线路坡度不超过 5%（限制坡度）。设计用的地形图为 1:2 000，基本等高距为 1 m。为了满足限制坡度的要求，先根据式(2-7)反算出该路线经过相邻等高线之间的最短水平距离 d，即

$$d = \frac{h}{iM}$$

用分规截取数值为 d 的图上长度，然后以 A 点为圆心，以 d 为半径画圆弧，交 54 m 等高线于 a 点，再以 a 点为圆心，以 d 为半径画圆弧交 55 m 等高线于 b 点，依此类推，直到 B 点附近。然后将 $A, a, b, \cdots, B$ 连接起来，便在图上得到符合限制坡度的两点间最短线路。在该图上，用同样方法还可定出另一条线路 $A, a', b', \cdots, B$。

为了选择出最佳线路，将两条线路进行比较。比较时主要是考虑少占农田、居民地，建筑费用最少，以及避开塌方或崩裂地带等。如果等高线间距大于 d，则圆弧不能与等高线相交，说明两等高线间的坡度小于限制坡度，这时两等高线间的垂线为最短线路。

二、确定汇水面积

我们修筑的道路经常要跨越河流或山谷，这时就需要建造桥梁或涵洞。设计桥梁、涵洞孔径的大小，与通过桥梁和涵洞的水流量有关。另外，在修建水库及大坝时，大坝的设计位置与坝高、水库的蓄水量等，也要根据汇集于这个地区的水流量来确定。而水流量是根据汇

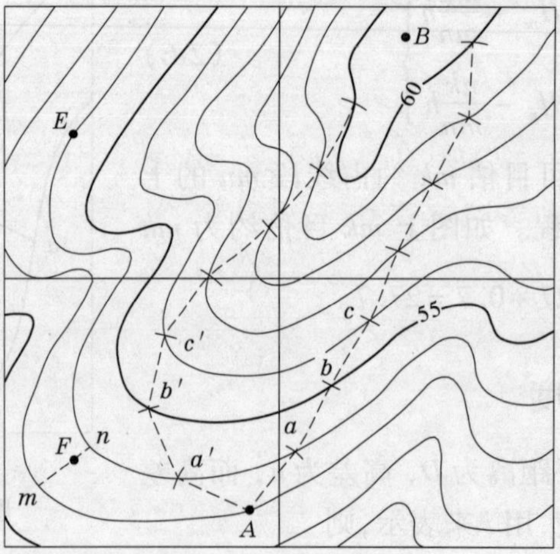

图 2-4　坡地选线

水面积来计算的。汇集水流量的面积称为汇水面积。

由于雨水是沿山脊线流向两侧的，因此汇水面积是由山脊线、山顶、鞍部及汇水断面线所围成的面积。将山顶沿着山脊线通过鞍部用虚线连接起来，即可得到汇水范围。

如图 2-5 所示，一条公路经过山谷，拟在 *P* 处架桥或修涵洞，其孔径大小应根据流经该处的水量确定，而水量与山谷的汇水面积有关。由图可以看出，由山脊线和公路上的线段所围成的封闭区域 *A*—*B*—*C*—*D*—*E*—*F*—*G*—*H*—*I*—*A* 的面积就是该山谷的汇水面积。量测出面积的大小，再结合气象水文资料，便可进一步确定该处的水量大小，从而为桥梁或涵洞的孔径设计提供依据。

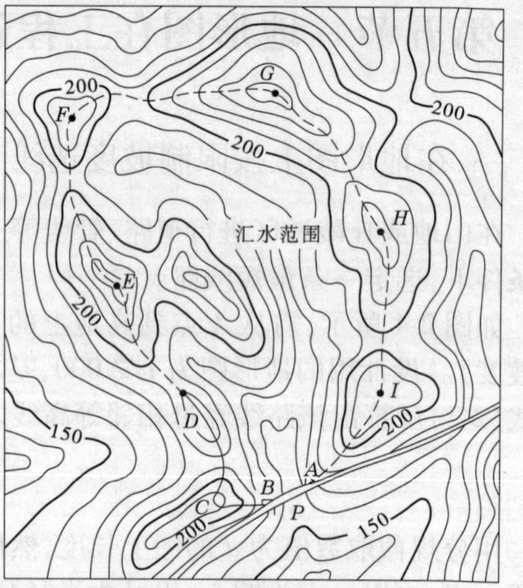

图 2-5　汇水面积确定

三、绘制断面图

在进行道路、管线、隧道等工程设计时，为了估算工程的填挖方量，以及合理地确定线路的纵坡，往往需要了解线路方向的地面起伏情况，这时可利用地形图来绘制相应方向的断面图。

如图 2-6(a)所示，欲绘制 *A*、*B* 两点间的断面图，首先将 *A*、*B* 两点连接起来，连线与各等高线相交，各交点的高程就是各等高线的高程，各交点的平距可在图上用比例尺量取。根据平距和高程即可绘出 *A*、*B* 两点间的断面图。

绘制断面图 2-6(b)时，在毫米方格纸上画出两条相互垂直的轴线，横轴 *Ad* 表示平距，纵轴 *AH* 表示高程。为了将地面的高低起伏情况明显地表示出来，一般高程比例尺比水平比例尺大 5 ~ 10 倍。然后，在地形图上量取 *A* 点至各交点及地形特征点(如山头、鞍部等点)的平距，并把它们转绘在横轴上，以相应点的高程为纵坐标，即得到各交点在断面上的位置。最后用光滑的曲线将各点连接起来，即得 *AB* 方向的断面图。特别需要注意的是，山谷点、山脊点、陡坎等地形特征点都是关键点位，不要漏绘。

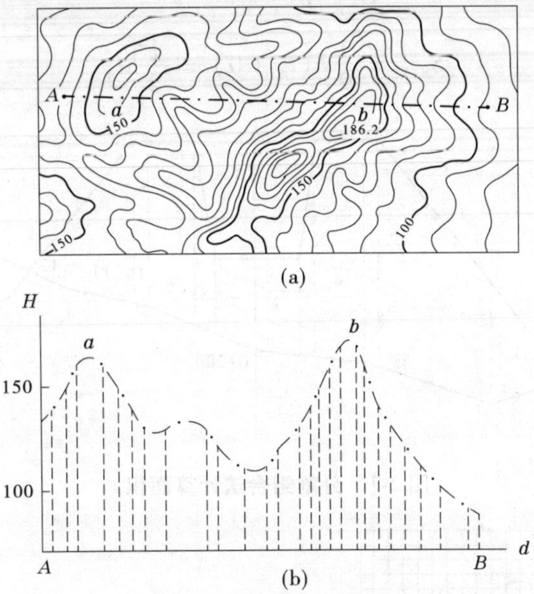

图 2-6　绘制地形断面图

四、面积量算

在工程应用中，常需要在地形图上量算一定轮廓范围的面积。常用的方法有分割组合法、透明方格纸法、平行线法、解析法、求积仪法及 CAD 法等。

（一）分割组合法

若需计算面积的图形为多边形，可将多边形划分为若干个几何图形，如三角形、矩形、梯形等。然后在图上量取各几何图形的几何要素（一般为线段长度），用几何公式求出各几何图形的面积，各面积的总和即为整个多边形的面积，如图 2-7 所示。

（二）透明方格纸法

如图 2-8 所示，用绘有边长为 1 mm 或 2 mm 的正方形方格网透明膜片覆盖在待测算面积的图形上，数出图形内整方格数，然后将边缘部分不是整方格的凑成整方格计数（一般将不足一格的格数之和除以 2），求出总方格数，用总方格数乘以每格所代表的面积，即得所求图形的面积。

（三）平行线法

如图 2-9 所示，将绘有间距为 h 的平行线透明膜片覆盖在待测算面积的图形上，并使其中两条平行线与图形边缘相切，将相邻两平行线与待测面积边线围成的图形近似看作梯形（两切点处为近似三角形，可看作一底为零的梯形），每个梯形的高均为平行线间距 h，它们的底则为平行线被所测面积边线所截的长度 $l_1, l_2, \cdots, l_n$，则各梯形的面积分别为

$$S_1 = \frac{1}{2}h(0 + l_1) = \frac{1}{2}hl_1$$

$$S_2 = \frac{1}{2}h(l_1 + l_2)$$

$$\vdots$$

$$S_n = \frac{1}{2}h(l_{n-1} + l_n)$$

$$S_{n+1} = \frac{1}{2}h(l_n + 0) = \frac{1}{2}hl_n$$

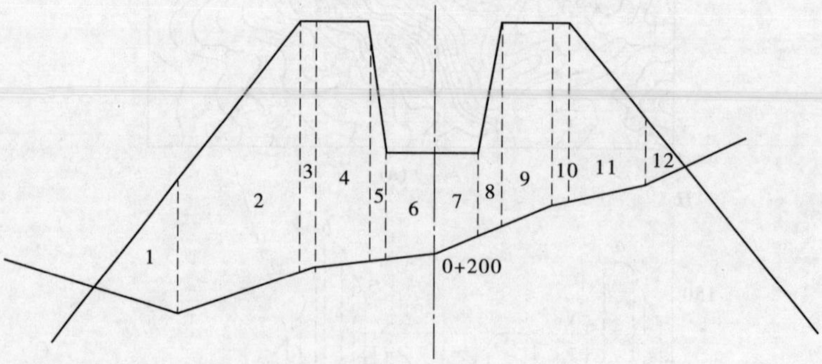

图 2-7　分割组合法计算面积

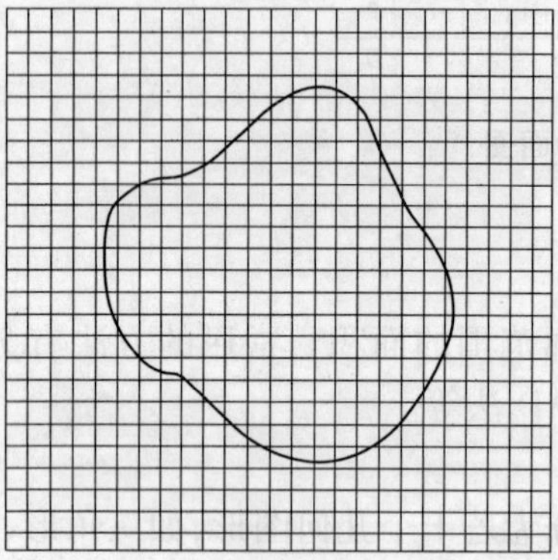

图 2-8　透明方格纸法

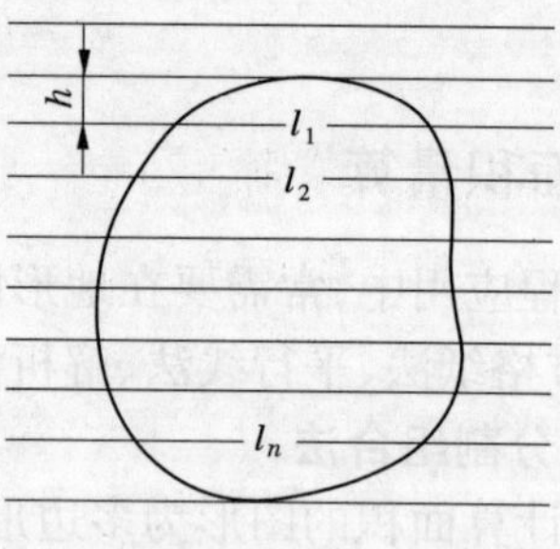

图 2-9　平行线法

待测面积为各梯形面积的总和,即

$$S = S_1 + S_2 + \cdots + S_n + S_{n+1} = h\sum_{i=1}^{n+1} l_i \tag{2-8}$$

考虑到地形图比例尺分母 M,则实地面积为

$$S_{实} = (h\sum_{i=1}^{n+1} l_i)M^2 \tag{2-9}$$

(四)解析法

如果所测面积图形为任意多边形,则各顶点的坐标可在地形图上量出或在实地测出,然后用各顶点的坐标以解析法计算面积。

如图 2-10 所示,该图形为一任意四边形 1234,四边形顶点 1、2、3、4 的坐标分别为 (x_1,y_1)、(x_2,y_2)、(x_3,y_3)、(x_4,y_4)。由图 2-10 中可以看出四边形 1234 的面积 S 为

$$S = \frac{1}{2}(y_3 + y_4)(x_3 - x_4) + \frac{1}{2}(y_2 + y_3)(x_2 - x_3) - \frac{1}{2}(y_1 + y_2)(x_2 - x_1) - \frac{1}{2}(y_1 + y_4)(x_1 - x_4)$$

$$= \frac{1}{2}(y_4x_3 - y_3x_4 + y_1x_4 - y_4x_1 - y_2x_3 + y_3x_2 - y_1x_2 + y_2x_1)$$

$$= \frac{1}{2}[x_1(y_2 - y_4) + x_2(y_3 - y_1) + x_3(y_4 - y_2) + x_4(y_1 - y_3)]$$

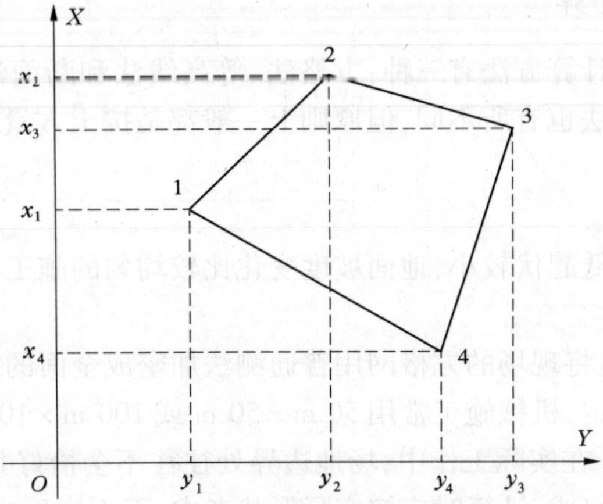

图 2-10 按多边形顶点坐标计算面积

若为 n 边形，上式则可写成一般形式：

$$S = \frac{1}{2}[x_1(y_2 - y_4) + x_2(y_3 - y_1) + \cdots + x_n(y_1 - y_{n-1})] = \frac{1}{2}\sum_{i=1}^{n} x_i(y_{i+1} - y_{i-1})$$，即

$$S = \frac{1}{2}\sum_{i=1}^{n} x_i(y_{i+1} - y_{i-1}) \tag{2-10}$$

下面不加推导地给出另外三个解析法面积计算通用公式：

$$S = \frac{1}{2}\sum_{i=1}^{n} y_i(x_{i-1} - x_{i+1}) \tag{2-11}$$

$$S = \frac{1}{2}\sum_{i=1}^{n} (x_i + x_{i+1})(y_{i+1} - y_i) \tag{2-12}$$

$$S = \frac{1}{2}\sum_{i=1}^{n} (x_i y_{i+1} - x_{i+1} y_i) \tag{2-13}$$

以上四种通用公式中，式(2-10)、式(2-11)适合手工计算，式(2-12)、式(2-13)适用于编制计算机程序。上述 4 式计算同一面积时，其结果应相同，可用来相互检核。计算时，从输入第一点坐标开始，按顺时针方向，依次输入各点坐标值，直至最后一点。公式中的循环参数 $i=1\sim n$，当用到 $i=1$ 或 $i=n$ 时，公式中会出现 x_0, y_0 或 x_{n+1}, y_{n+1}，这些坐标值按下式计算：

$$\left.\begin{aligned} x_0 = x_n, x_{n+1} = x_1 \\ y_0 = y_n, y_{n+1} = y_1 \end{aligned}\right\} \tag{2-14}$$

随着计算机的广泛应用，解析法求面积的方法应用也越来越广泛。

(五)求积仪法

求积仪是专门用来测定图纸上任意曲线图形面积的仪器。其类型有传统的机械式求积仪和现代的数字式求积仪。它们的优点是操作简便、速度快、适用于任意曲线图形的面积量

算,且能保证一定的精度。尤其是数字式求积仪,采用了集成电路技术,使量算工作基本实现了自动化。

具体使用方法可参见相关配套教材有关内容或相关说明书。

五、土方工程量计算

常见的土方工程量计算方法有三种:方格法、等高线法和断面法。不同的场地地形,适用的土方工程量计算方法也有所不同,但原则上一般都是按土方量最少、填挖方量平衡的原则进行竖向设计。

(一)方格法

此法适用于场地高低起伏较小,地面坡度变化比较均匀的施工场地。

1. 测设方格网

测设方格网,一般是将现场的方格网用普通测法加密成全面的方格网,方格的大小根据地形情况和施工方法而定,机械施工常用50 m×50 m或100 m×100 m的方格,人力施工多用20 m×20 m的方格。在实际工作中,场地边界处往往不会恰好是整方格,而是由若干个不足整方格的几何图形组成,计算时应按实际形状考虑,而不应看成整方格处理。

为便于计算,各方格点按纵、横行列编号,并写在各方格点的左下角,如0—0,0—1,0—2,……如图2-11所示。

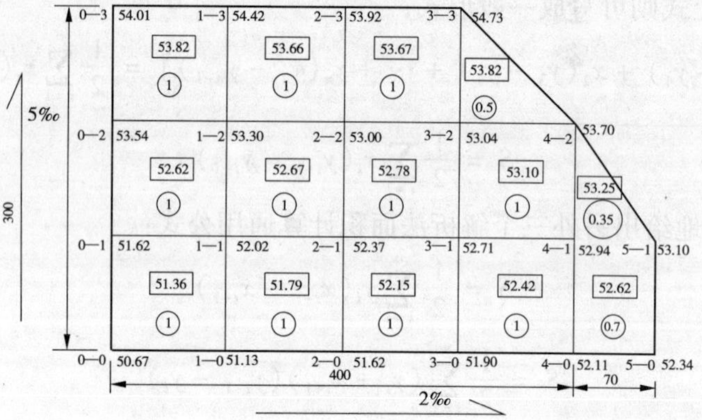

图2-11　测设方格网及计算场地平均高程

根据场内的水准点,测出各方格点处的地面高程(尾数至厘米即可),并标注于各方格点的右下角处。

如原有场地的大比例尺地形图精度较好且现状变化不大,可将方格网展绘到地形图上,然后按图上地形点高程或等高线求出各方格点处的地面高程。

2. 计算地面平均高程

在填土与挖土方量平衡的情况下,若将场地整成水平面,则此水平面的设计高程应等于该场地现状地面的平均高程。

计算场地平均高程时,若规定一个整方格所围面积(图2-11中为10 000 m^2)为单位面积,其权为1,则利用每个几何图形与单位方格面积的比值即可确定该几何图形面积的权。根据每个几何图形的算术平均高程及相应权就可以用加权平均值的算法,来计算该场地的

地面平均高程 $H_平$。

$$H_平 = \frac{\sum P_i H_i}{\sum P_i} \tag{2-15}$$

式中,H_i 为第 i 个几何图形的地面算术平均高程;P_i 为第 i 个几何图形的相应权。

在图 2-12 中矩形内数字表示相应几何图形所有角点高程的算术平均值,圆圈内数字表示相应几何图形的权。例如,由 4-0、5-0、5-1、4-1 组成的长方形中,其角点所有高程的算术平均值为

$$\frac{52.11 + 52.34 + 53.10 + 52.94}{4} = 52.62$$

该长方形算术平均值高程相应的权为

$$\frac{100 \times 70}{10\ 000} = 0.7$$

再如由 4-1、5-1、4-2 组成的三角形中,其角点所有高程的算术平均值为

$$\frac{52.94 + 53.10 + 53.70}{3} = 53.25$$

该三角形算术平均值高程相应的权为

$$\frac{100 \times 70}{2 \times 10\ 000} = 0.35$$

当计算出所有几何图形的算术平均值高程及其相应权后,即可利用式(2-15)计算整个场地的地面平均高程。在图 2-11 所示场地中,其地面平均高程为

$$H_平 = 50 + \frac{1 \times (1.36 + 1.79 + 2.15 + 2.42 + 3.10 + 2.78 + 2.67 + 2.62 + 3.82 + 3.66 + 3.67) + 0.7 \times 2.62 + 0.35 \times 3.25 + 0.5 \times 3.82}{1 \times 11 + 0.7 + 0.35 + 0.5} = 52.78(\text{m})$$

3. 计算定坡场地方格点设计高程

为了节省土方工程和场地排水的需要,在填挖土方量平衡的原则下,一般场地按地形现状整成一个或几个有一定坡度的斜平面。

当场地平整成一个水平面时,在土方平衡原则下,场地各方格点设计高程就是该场地的地面平均高程。

当场地平整成斜平面时,则可先算出场地按设计坡度平整后,场地最低点高程以上的土方量 V,若再除以场地面积 A,则可得到 V 方量在面积 A 上的平铺厚度 h。

$$h = \frac{V}{A} \tag{2-16}$$

根据立体几何知识可知,若将场地平均地面高程 $H_平$ 减去平铺厚度 h,并将高程 $H_平 - h$ 定为场地最低点的设计高程,则整个场地平整后填、挖方量必然平衡。

$$H_{最低点} = H_平 - h \tag{2-17}$$

图 2-11 中,规定场地平整要求是平整为北高南低、坡度为 5‰,东高西低、坡度为 2‰的斜平面。由场地设计坡度可知,0—0 点为场地平整后的最低点。根据设计坡度和各几何图形在南北、东西方向上的距离,即可确定各方格点相对于 0—0 点(设计高程)的设计高差,如图 2-12 所示。

根据表 2-2 中的几何图形土方量计算公式,结合图 2-12 中的设计高差,可以算出场地按设计坡度平整后,0—0 点高程以上的土方量 $V = 140\ 803\ \text{m}^3$。整个场地平整面积为 $A =$

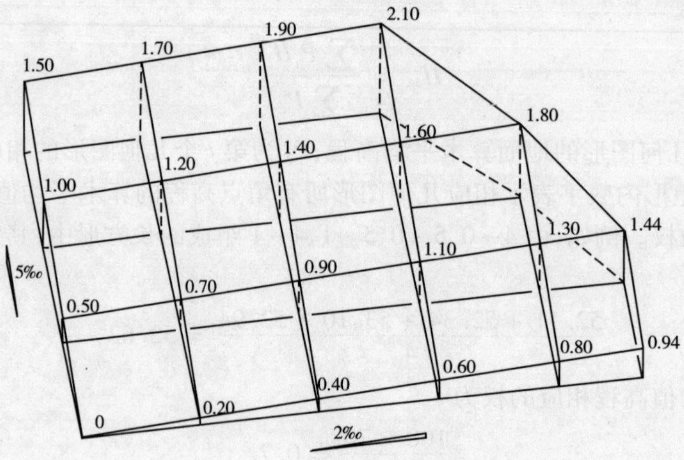

图 2-12 计算定坡场地各方格点设计高程

125 500 m^2,由式(2-16)可知

$$h = \frac{V}{A} = \frac{140\ 803}{125\ 500} = 1.12(\mathrm{m})$$

由式(2-17)可知

$$H_{0-0} = H_{平} - h = 52.78 - 1.12 = 51.66(\mathrm{m})$$

这样,根据0—0点的设计高程H_{0-0}及图2-13中各方格点相对于H_{0-0}的设计高差,即可求出各方格点的设计高程,并将其写在图中相应方格的右上角。如图2-13所示。

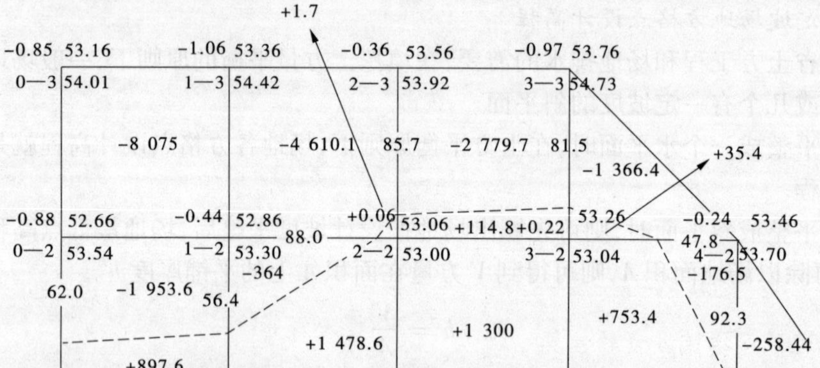

图 2-13 方格法计算土方量

当各方格点的设计高程和实测高程已知后,即可计算出各方格网点的填挖数,并写在图中相应方格点的左上角,具体数据见图2-13。其中填挖数 = 设计高程 - 地面高程,且填挖数

为“+”时,表示填;填挖数为“-”时,表示挖。

表 2-2 各种几何图形土方量计算公式

底面形状和立体示意图	方量计算	说明
正方形 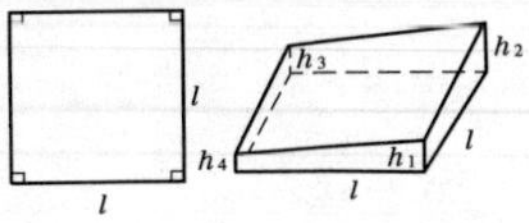	$l^2 \times \dfrac{h_1+h_2+h_3+h_4}{4}$	全方格的填、挖方
直角梯形 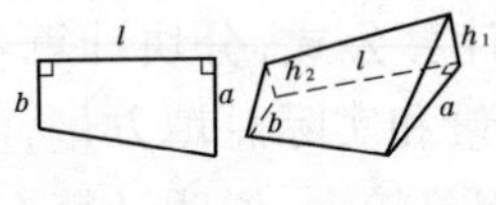	$(l \times \dfrac{a+b}{2}) \times \dfrac{h_1+h_2}{4}$	填挖边界线跨越方格,两对边上各有一零点
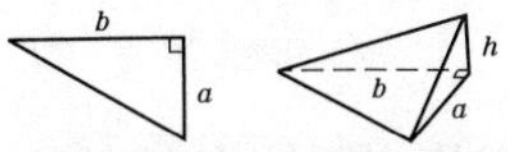	$\dfrac{ab}{2} \times \dfrac{h}{3}$	填挖边界线斜跨方格,方格中一个角点是填方或挖方
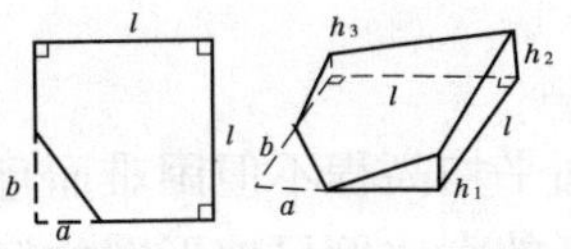	(1) $(l^2 - \dfrac{ab}{2}) \times \dfrac{h_1+h_2+h_3}{4}$ (2) $(l^2 - \dfrac{ab}{2}) \times \dfrac{h_1+h_2+h_3}{3}$	填挖边界线斜跨方格。去掉的三角形较小时,用式(1);去掉的三角形较大时,用式(2)
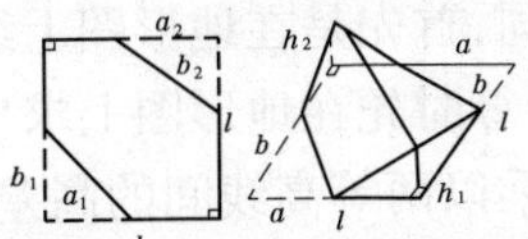	$(l^2 - \dfrac{a_1b_1}{2} - \dfrac{a_2b_2}{2}) \times \dfrac{h_1+h_2}{4}$	两条斜挖边界线斜跨方格,四边上各有一个零点
矩形 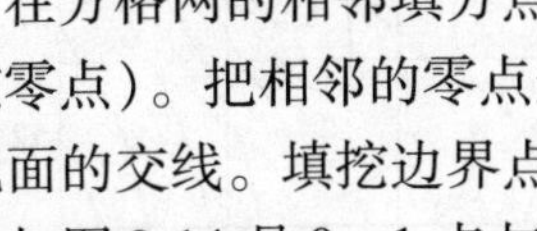	$ab \times \dfrac{h_1+h_2+h_3+h_4}{4}$	矩形方格的填、挖方

4. 填挖边界和填挖方量的计算

在方格网的相邻填方点和挖方点之间,必定有一个不填也不挖的点,即填挖边界点(或填挖零点)。把相邻的零点连接起来,就得到填挖边界线(或零线),也就是设计的斜平面与原地面的交线。填挖边界点和边界线是计算填挖方量和施工的重要依据。

如图 2-14 是 0—1 点与 0—2 点的断面情况,计算填挖边界点时,可根据相似三角形的比例关系,算出 0—2 点至填挖边界点的距离 d,即

$$d = \frac{|h_2|}{|h_1|+|h_2|} \times l = \frac{0.88}{0.54+0.88} \times 100 = 62.0(\text{m})$$

同理,根据上式可以算出各个零点的位置,并用虚线连接出填挖边界线,如图 2-13 所示。

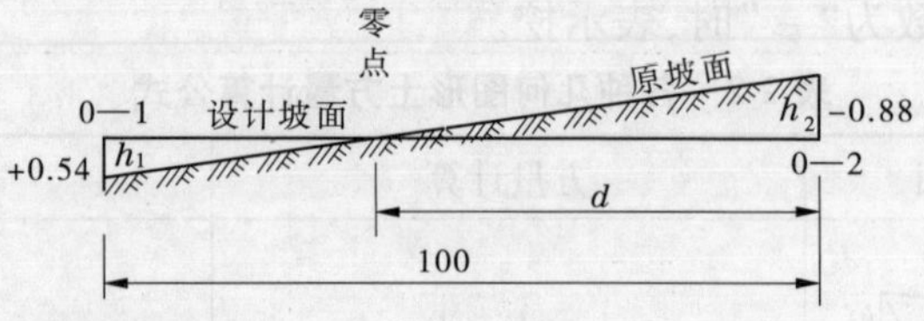

图 2-14 填挖零点计算 (单位:m)

5. 土方量计算及其检核

绘出填挖边界线后,即可利用表 2-2 中各种几何图形的方量计算公式,分块计算各方格网的填挖方量,并写在相应的方格中。最后分别算出实际总挖方量和实际总填方量,两者在理论上应相等,但因计算公式的近似性使两者略有出入,若两者相差较大,说明计算有误,应查明原因后重新计算。

6. 填挖边界和填挖数的测设

当填挖边界和方量计算准确无误后,可根据图 2-13 在现场由方格点量出各填挖边界点的位置,然后用白灰线将相邻的填挖边界点连接起来,即得到填挖边界线,在各方格桩上注明填挖数,作为施工的依据。

(二)等高线法

当现场地面高低起伏较大,变坡较多时,用方格网点计算地面平均高程不但困难而且精度低,此时使用等高线法效果较好,尤以存有原有等高线精度较高的大比例尺地形图的场地为佳。

此法是根据等高线计算土方量,其基本步骤和方格法大体相同,首先是在地形图上绘制方格网,然后根据校对后的等高线图,计算场地平均地面高程。计算时先在地形图上求出各条等高线所围起的面积,用相邻两等高线所围成的面积的平均值乘以两等高线间的高差,算出相邻两等高线间的体积。将每层的体积算出后相加,就得到场地内最低等高线 H_0 以上的总土方量 V,若整个场地面积为 A,则场地的平均地面高程 $H_平$ 为

$$H_平 = H_0 + \frac{V}{A} \tag{2-18}$$

如图 2-15 所示为场地等高线图,场地内最低点高程 $H_0 = 51.20$ m,场地总面积 $A = 120\ 000\ m^2$。求场地平均地面高程时,首先用面积计算方法求出图上各相邻等高线和方格网外缘边线所围成的面积(见表 2-3),由表 2-3 可知,最低点 H_0(51.20 m)以上的总土方量 $V = 497\ 760\ m^3$,则场地平均地面高程 $H_平$ 为

$$H_平 = H_0 + \frac{V}{A} = 51.20 + \frac{497\ 760}{120\ 000} = 55.35(\text{m})$$

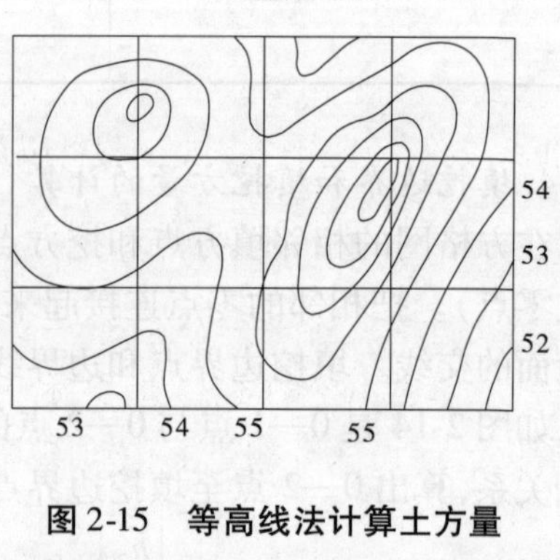

图 2-15 等高线法计算土方量

场地平均地面高程求出后,场地的设计坡度与设计高程,以及其他工作,按方格网法中所述方法进行。

表 2-3　等高线法土方量计算

高程(m)	面积(m^2)	平均面积(m^2)	高差(m)	土方量(m^3)
51.2	120 000			
		119 200	0.8	93 560
52.0	118 400			
		1 162 000	1.0	116 200
53.0	114 000			
		109 700	1.0	109 700
54.0	105 400			
		91 200	1.0	91 200
55.0	77 000			
		55 500	1.0	55 500
56.0	1 300 21 000			
		21 600	1.0	21 600
57.0	2 700 6 500			
		6 300	1.0	6 300
58.0	300 3 100			
		1 900	1.0	1 900
59.0	700			
总计				497 760

(三)断面法

断面法一般用于狭窄的带状地区,如道路、管道等,但对于一些要求修整为不规则曲面的施工场地,断面法也较适用,如高尔夫球场等。它是根据地形图在施工场地范围内,以一定的间隔(如 20 m 或 50 m)绘制断面图,然后分别量出各断面由设计线与地面线所围成的填、挖面积,再以相邻两断面填方面积的平均值和挖方面积的平均值,乘以断面间距,即得相邻断面间的填、挖方量。最后将所有填方相加,所有挖方相加,就得到填方和挖方的总量。

假设相邻断面均为填方(或均为挖方)时,若断面面积为 A_1 和 A_2,相邻断面的间距为 D(见图 2-16),即可以用棱台计算公式计算出两断面间的土石方量:

$$V = \frac{1}{3}(A_1 + A_2 + \sqrt{A_1 A_2}) \tag{2-19}$$

上式一般在 A_1 和 A_2 数值相差较大时采用,而当 A_1 和 A_2 数值相差不大时,一般可以用简化公式,即

$$V = \frac{A_1 + A_2}{2}D \tag{2-20}$$

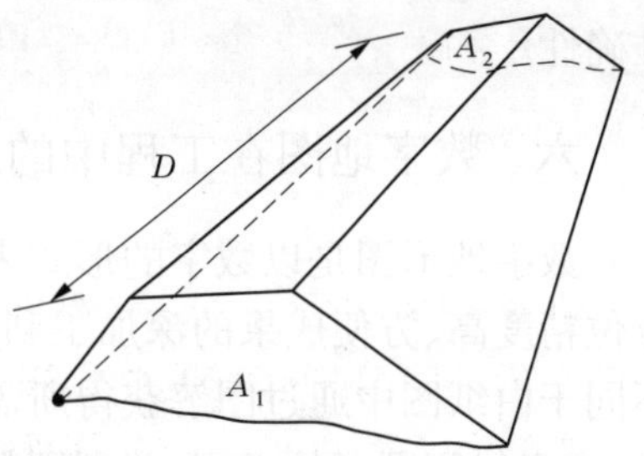

图 2-16　平均断面法计算土方量

如果两相邻断面一为挖方,一为填方,则其间必有一个既不填也不挖的零点,但实际上该点的横断面面积不等于零。计算土方时应由零点分成两部分进行,或补测零点横断面,或近似模拟零点横断面。

如果相邻断面上仅一个断面上有填方(或挖方),则另一断面上的填方(或挖方)面积作零处理。相邻两设计断面上,除有土方面积外,若同时有石方面积,则要把土方、石方面积分开计算。

为了精确计算土方量,在计算过程中,主要应注意以下几个问题:

1. 断面位置的确定

由于原始地形一般起伏不平,沟坎众多,而且设计地形有时也比较复杂,故断面位置的确定就显得尤为关键。因为断面太少会严重影响土方量成果的准确性,而太多则大大增加了计算的工作量,因此应合理确定断面间距。当地形复杂、起伏较大或有较大沟坎时,要根据地形合理移动或补插断面位置,以保证地形概括的合理性。

2. 断面起始位置的确定

对于规则场地,一般从场地边线开始起算。当不能确定断面起始位置时,一般以地形图上相同格网的连线为断面的起始位置,避免以设计开挖线计算时出现漏算现象,保证了数据的准确性。

3. 断面图的绘制

在绘制断面图时,从断面起始位置开始,分别读取相应断面上原始地形图和设计地形图上特征点的相应距离和高程,即可绘制断面图。但是在绘制断面图前,首先要查看相应地形图是否有图纸变形。如果有变形,则需要计算出图纸相应方向的变形比例因子,把图解距离乘以比例因子,计算出实际距离,再以此为依据进行展点,最终绘制出合理的断面图。

为了准确、直观地表达该断面的地形起伏情况,应结合等高距,来合理确定断面图的纵、横比例尺(一般采用1:200)。绘制出断面图后,即可采用分割组合法、解析法、求积仪法或CAD法计算断面面积。

4. 土方量计算

由于每个断面面积均已计算出,则平均面积可知,唯一要注意的是断面间距的图解。从图上图解出后,也要考虑该方向的图纸变形比例因子,计算出实际间距。另外,计算出的各间距之和,还要与首尾断面之间的总间距相等,否则,需按比例分配。最后,利用平均断面和各断面间距,即可求取工程开挖的土方总量。

需要注意的是,由于计算过程中错误难免,必须要多次计算、多次检核,确保计算成果的准确性。

六、数字地图在工程中的应用

数字地形图是以数字的形式来表示地物、地貌等信息的,具有用图自动化、图形数字化、点位精度高、方便成果的深加工利用等优点。这些优点使得在利用数字地形图时,已经完全不同于白纸图中通过图解获得所需信息的思路,可以直接查询获得点位坐标、直线方位和距离、任意封闭图形的面积,并利用数字图在计算机上直接进行公路选线,绘制线路纵、横断面图,土方量计算等。由于不同软件操作步骤不同,此处不再详述。

复习与思考题

1. 什么是地形图?
2. 地形图包含哪些内容?
3. 常见地形图的比例尺有哪些?
4. 工程建设中常见比例尺地形图的典型用途是什么?
5. 数字测图的作业模式有哪些?

6. 数字测图的一般流程是什么？

7. 地形图应用的基本内容有哪些？如何应用？

8. 如何在地形图上进行坡地展线？

9. 如何确定汇水面积范围线？

10. 如何绘制断面图？如何根据断面图判断两点间是否通视？

11. 面积量算都有哪些方法？适用范围各有什么不同？

12. 详细说明方格法计算工程量的作业过程。

13. 什么叫土方平衡？什么叫填挖边界线？如何确定填挖边界线？

14. 试比较方格法、等高线法、平均断面法三种方法的优缺点。

第三章　工程测量控制网

第一节　概　述

工程测量控制网是工程项目的空间位置参考框架,是针对某项具体工程建设测图、施工或管理的需要,在一定区域内布设的平面和高程控制网。工程测量控制网具有提供基准、控制全局、加强局部和减小测量误差积累的作用。按用途进行分类,工程测量控制网可分为测图控制网、施工控制网、变形监测网和安装测量控制网,它们不同于国家基本网和城市等级网,在选点、埋标、观测方案设计、质量控制、平差计算、精度分析及数据处理等方面都具有自身的特点。

一、测图控制网

测图控制网是为测图服务的控制网。为工程建设建立的测图控制网主要是为地面大比例尺数字地形图测绘服务的,其作用主要在于保证图上内容精度均匀、相邻图幅正确拼接和控制测量误差的累积。现在一般采用两级布设方案,主要采用 GNSS 技术布网,用导线(网)或 GNSS－RTK 做图根加密。

测图平面控制网的精度应能满足 1∶500 比例尺测图精度要求;网的控制范围应比测区大一些,网点应尽量均匀分布,密度视测图比例尺而定。大型工程的测图控制网应与国家控制网联测,可采用挂靠的方法。对于小型或局部工程,可将首级测图控制网布设成独立网。

测图高程控制网通常采用水准测量或电磁波三角高程测量的方法建立,后者可代替三、四等水准测量,使用中应注意以下两点:

(1)应控制视线长度,斜距不宜太长(如大于 1 km);宜采用中间设站法,设站的前后距离大致相等。

(2)选取有利观测时间进行观测,有条件时可用两台仪器对向观测,否则应往返观测竖直角,往返测的时间间隔应尽量短。应精确量测仪器高、觇标高。

二、施工测量控制网

为工程施工建设服务的测量控制网称为施工测量控制网,它的主要作用在于为施工放样、施工期的变形测量、施工监理测量和竣工测量等提供统一的坐标系和基准。关于施工测量控制网会在本章第二节详细介绍,在此不再赘述。

三、变形监测网

为工程的安全、健康而布设的控制网称为变形监测网。其既要保证施工期的安全,又要保证工程运营管理期的健康(安全)。对于平面变形监测网来说,其特点主要有:

(1)变形监测网由参考点、工作基点和目标点组成。参考点位于变形体外,是网的基准,应保持稳定不变;工作基点离变形体较近(甚至在变形体上),用于对目标点的观测;目标点位于变形体上,变形体的变形由目标点的运动描述。

(2)变形监测网必须进行周期性观测。各周期应采用相同的观测方案,包括相同的网型、网点,相同的观测仪器和方法,相同的数据处理软件和方法。如果中间要改变观测方案(如仪器、网型、精度等),则须在该观测周期同时采用两种方案进行,以确定两种方案间的差别,便于进行周期性观测数据的处理。

(3)变形监测网的精度要求很高,最好选用当时技术条件所能达到的最高精度。

(4)除精度、可靠性外,还要考虑变形监测网的灵敏度。

(5)变形监测网一般采用基于监测体的坐标系统,该坐标系统的坐标轴与监测体的主轴线平行(或垂直),变形可通过目标点的坐标变化来反映。

变形监测网的其他特点,如一个网可以由任意多个网点组成,但至少应由一个参考点、一个目标点(确定绝对变形)或两个目标点(确定相对变形)组成。对一个高塔进行变形监测,甚至可以只通过一个参考点进行。对于一条堤坝的变形监测,可布置成一条平行于堤坝的导线作为参考网,通过观测左、右角和重复测量提高自身可靠性,目标点设在堤上,其位置由多个参考点进行前方交会得到。

对于高程的变形监测,有许多特点是相似的。高程基准点需要采用一、二等水准进行周期性观测。高程的变形监测大多采用水准测量方法进行。

四、安装测量控制网

为大型设备构件的安装定位而布设的控制网称为安装测量控制网,又称微型大地控制网或大型计量控制网,主要是平面网。安装测量控制网一般在土建工程施工后期布设,多在室内,也是工程竣工后设备变形监测及调整的依据。安装测量控制网的范围小,精度可以达到很高。点位的选择要考虑设备的位置、数量、建筑物的形状、特定方向的精度要求等,点的密度和位置能满足设备构件的安装定位。一般是先在总平面图上设计一个理论图形,然后将其测设到实地上。通常是一种微型边角网,边长较短,从几米至一百多米,整个网由形状相同、大小相等的基本图形组成。对于直线型的建筑物,可布设成直伸形网;对于环形地下建筑物(如环形加速器或对撞机工程),可布设成由大地四边形构成或由测高三角形构成的环形网;对于大型无线电天线,可布设成辐射状网。

设备安装的高程定位大多采用水准测量方法进行,比较简单,在此从略。

第二节　工程施工控制网的布设

对于任何工程的建设施工,理论上都应该布设专门的施工控制网,作为施工放样的依据。而我们知道,在勘测设计阶段进行地形测图时,已建立了测图控制网,那么能否用测图控制网来代替施工控制网呢?一般来说,测图控制网不能代替专用施工控制网。

一、布设施工控制网的必要性

从控制点点位分布来看,测图控制网的主要目的是为测图服务,其点位的选择主要是根据网型要求和地形情况来定,尽量选择在视野开阔、控制范围大的位置,点位之间应满足测图最大视距要求,尽量分布均匀。由于当时工程建(构)筑物尚未设计,选择点位时也无法考虑满足施工测量的要求。而施工控制网,则是以满足施工放样为目的,根据设计工程建(构)筑物的结构特点来选择控制点位,既要照顾重点,又要兼顾全面,其点位的分布稀疏有别,具有较强的针对性。所以从点位分布和密度来看,测图控制网不能代替施工控制网。

从控制网的精度来看,测图控制网精度要求是按测图比例尺的大小确定的,精度较低。施工控制网的精度要求是根据工程建设的性质决定的,一般应根据设计对建筑限差的要求推算施工控制网的精度。由于现代工程涉及地面、地下、空间及微观世界,如铁路、水利枢纽、摩天大厦、核电站、海底隧道、跨海大桥、电子对撞机等大型工程,施工精度要求较高,故施工控制网的精度要求也大大提高。一般来说,施工控制网的精度要高于测图控制网。

从控制点的保存情况来看,施工现场土地平整时大量土方的填挖,会使原来布置的控制点破坏严重。据统计,当工程修筑时,因场地平整改造使测图控制网点的损失率达到40%~80%。

由上可知,当工程施工时,原有测图控制网点或因点位分布不当、或因密度不够、或因精度偏低、或因施工而毁掉而不能满足施工放样的要求。因此,除小型工程或放样精度要求不高的建筑物可以利用测图控制网作为施工依据外,一般较复杂的大中型工程,勘测设计阶段应先建立测图控制网,施工阶段再建立专用施工控制网。

二、施工控制网的特点

(一)控制网点位设置应考虑到施工放样的方便

桥梁和隧道施工控制网在其轴线的两端点必须设置控制点。同时,由于施工现场的复杂条件,施工控制网的点位分布应尽可能使放样时有较多的选择,且应具有足够的点位密度,否则无法满足施工期间的放样工作需要。

(二)控制网精度较高,且具有较强的方向性和非均匀性

施工控制网不像测图控制网那样要求精度均匀,而是常常要求保证某一方向或某几个点相对位置的高精度。如为保证桥梁轴线长度和桥墩定位的准确性,要求沿桥轴线方向的精度较高。隧道施工则要求保证隧道横向贯通的正确。这均说明施工控制网的精度具有一定的方向性。

放样建(构)筑物时,有时该建(构)筑物的绝对位置精度要求并不高,但建筑物间相对关系却必须保证,相对精度要求很高。故施工控制网具有针对性的非均匀精度,其二级网的精度不一定比首级网精度低。这里说的精度主要是指相对精度。

如图3-1所示,$P_1P_2P_3$是某工程施工控制网的一部分,由于它主要用于放样厂房主轴线AB和厂区内道路、管线,精度要求较低,故其测角中误差采用±5″,边长相对中误差采用1/40 000。但利用该控制网放样出厂房主轴线AB后,为了放样厂房内柱子的位置及相应设备,又在主轴线AB基础上加密了一个矩形控制网,由于厂房内各部件之间相对关系要求精确,故该矩形网内部必须具有相当高的相对精度,测角中误差采用±2.5″,边长相对中误差采用1/80 000。

(三)常采用施工坐标系统

施工坐标系统,是根据工程总平面图所确定的独立坐标系统,其坐标轴平行或垂直于建筑物的主轴线。

主轴线通常由工艺流程方向、运输干线(铁路或其他运输线)或主要建筑物的轴线所决定。施工场地上的各个建筑物轴线常平行或垂直于这个主轴线。例如,水利枢纽工程中通

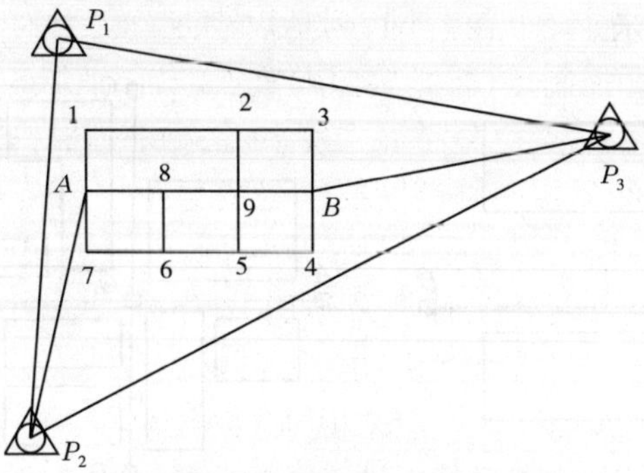

图 3-1 控制网相对精度示例

常以大坝轴线或其平行线为主轴线，桥梁工程中通常以桥轴线或其平行线作为主轴线等。布设施工控制网时应尽可能将主轴线包括在控制网内使其成为控制网的一条边。施工坐标系统的坐标原点应设在施工场地以外的西南角，使所有建筑物的设计坐标均为正值。

施工场地的高程系统除统一的国家高程系统或城市高程系统外，设计人员习惯于为每一个独立建筑物规定一个独立的高程系统。该系统的零点位于建筑物主要入口处室内地坪上，设计名称为“±0.000”。在“±0.000”以上标高为正，在“±0.000”以下标高为负。当然，设计人员要说明“±0.000”所对应的绝对高程（国家或城市高程系统）为多少。

（四）投影面的选择原则

应满足“按控制点坐标反算的两点间长度与两点间实地长度之差应尽可能小”的原则。由于施工放样时是在实地放样，故需要的是两坐标点之间的实地长度。而传统控制网平差是把长度投影到参考椭球面后再改化到高斯平面上；此时按坐标计算出的两点间长度和两点间实地长度相比，已经有了一定差值，即出现长度误差，这必然导致实地放样结果的不准确，影响设计效果或工程质量。因此，施工控制网的实测边长通常不是投影到参考椭球面上而是投影到特定的平面上。例如，工业建设场地的施工控制网投影到厂区的平均高程面上，桥梁施工控制网投影到桥墩顶部平面上，隧道施工控制网投影到隧道贯通平面上。也有的工程要求将长度投影到定线放样精度要求最高的平面上。

三、施工控制网的布设

施工控制网一般采取分级布设的原则。首级控制网布满整个工程地区，主要作用是放样各个建筑物的主轴线。二级控制网在首级控制网的基础上加密，主要用于放样建筑物的细部。工业场地的首级控制网称为厂区控制网，二级控制网称为厂房控制网。大型水利枢纽的首级控制网称为基本网，二级控制网称为定线网。

为施工服务的高程控制网一般也分两级布设。首级网布满整个工程地区，称为首级高程控制，常用三等水准测量。第二级为加密网，以四等水准布设，加密网点大多采用临时水准点，要求布设在建筑物的不同高度上，其密度应保证放样时只设一个测站，即可将高程传递到放样点上。对于起伏较大的山岭地区，平面和高程控制网通常各自单独布设，而在平坦地区，平面控制网点通常联测在高程控制网中，兼作高程控制使用。

（一）常见的平面施工控制网布设形式

1. 建筑轴线

建筑轴线，又称建筑基线，是由一条或几条基准线组成的简单图形。它一般用于面积不大的建筑小区,如图 3-2 所示。

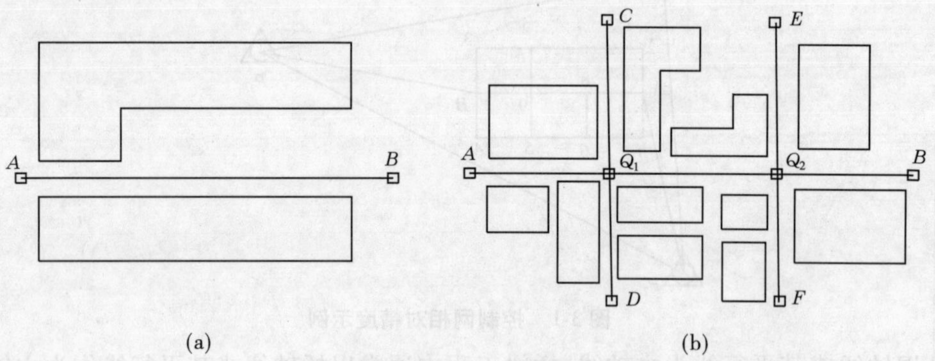

图 3-2　建筑轴线

2. 建筑方格网

各边组成矩形或正方形,且与拟建的建筑物、构筑物轴线平行或垂直的施工控制网称为建筑方格网,如图 3-3 所示。方格网各控制点均位于格网的交点上。建筑方格网一般适用于大、中型民用或工业建筑的新建场地中。

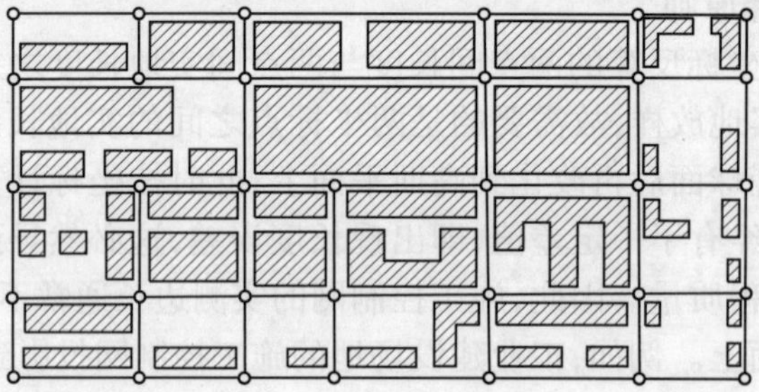

图 3-3　建筑方格网

3. 导线或导线网

由于导线可以自由转折,能根据建筑物定位的需要灵活布置网点,精度也比较高,故在工程施工中,特别是在道路工程控制网加密、受地形限制的旧城区改建或扩建的建筑场地等情况下经常使用导线或导线网作为施工控制网,甚至在一些大中型桥梁工程中,也用导线网作为施工控制网。常见导线网型很多,有支导线、闭合导线、附合导线、无定向导线及导线网等,如图 3-4 所示。

4. 三角形网

三角形网在水利枢纽工程、桥梁工程、隧道工程等工程建设场地中均可适用。由于不同工程具有不同的工程性质和特点,一般在布设时还应根据实际情况具体考虑设置控制网网型。例如,在桥梁工程中,施工控制网的主要任务是测定桥轴线的长度并直接利用控制点放样桥墩、台的位置,控制网测量精度要求极高,故要求桥梁施工控制网一般由图形强度高的三角形和大地四边形组成,且尽量把桥轴线作为控制网的一条边。水利枢纽工程大部分位于下游且蓄水后上游大多被淹没,大坝轴线又是主要轴线,故网型布设应以下游为主,兼顾上游,且也应尽量把坝轴线作为施工控制网的一条边,如图 3-5 所示。

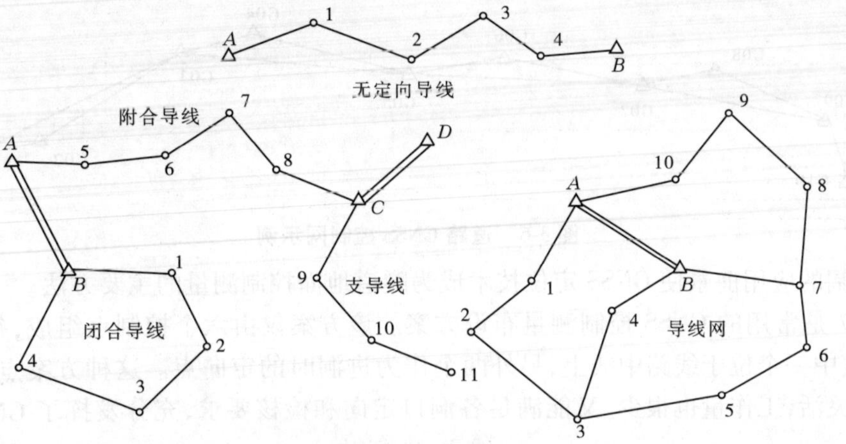

图 3-4 导线网

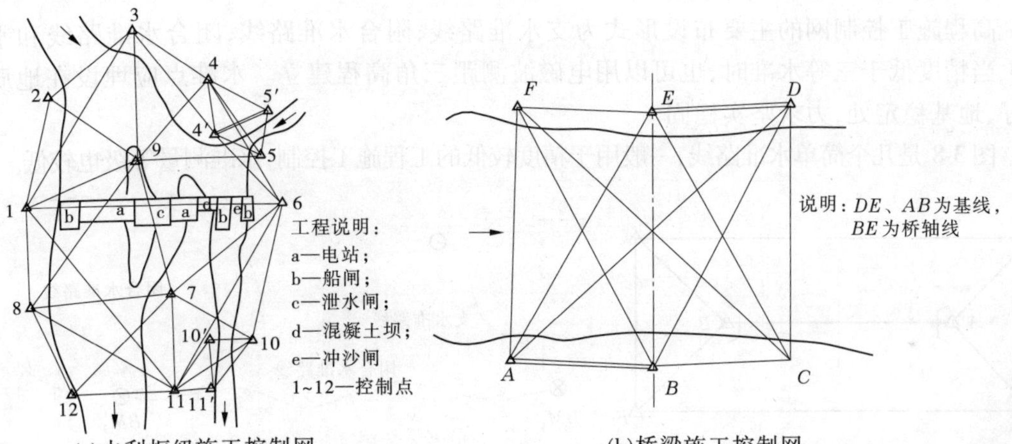

(a)水利枢纽施工控制网 (b)桥梁施工控制网

图 3-5 三角形网

5. GNSS 控制网

GNSS 定位技术减少了野外作业的时间和强度，观测速度快，定位精度高，不要求站间通视，不必建立大量费时、费力、费钱的觇标，经济效益很高。用 GNSS 定位技术建立控制网，要比常规测量技术节省 70% ~80% 的外业费用，有着非常广阔的应用前景。现已广泛应用于交通工程、水利枢纽工程、桥梁工程、隧道工程、形变监测等众多工程测绘领域。

例如，高等级公路是蜿蜒伸展的细长型工程构筑物，一般长达数百千米甚至上千千米，由于沿线附近国家控制点的数量严重不足，采用常规导线测量技术难以布设全长均符合规范规定的分段符合导线，在网型布设、误差控制等多方面带来很多问题。而利用 GNSS 定位技术，可以轻松建立边长较长的线路控制网，不仅显著提高了线路控制点的精度和可靠性，而且可以大大提高速度及减少费用，对于高速公路勘测设计和施工放样有重大现实意义。如图 3-6 所示为某高速公路勘测的 GNSS 首级控制网。

GNSS 定位技术在隧道地面控制测量中也有非常多的优越性。隧道所处测区一般山峦起伏、山高林密，导致点与点之间通视不畅，传统测量方法进行测量传递非常困难。GNSS 控制网可不需要中间传递点，而且定位精度高，可以充分保证隧道两洞口相向开挖的正确贯

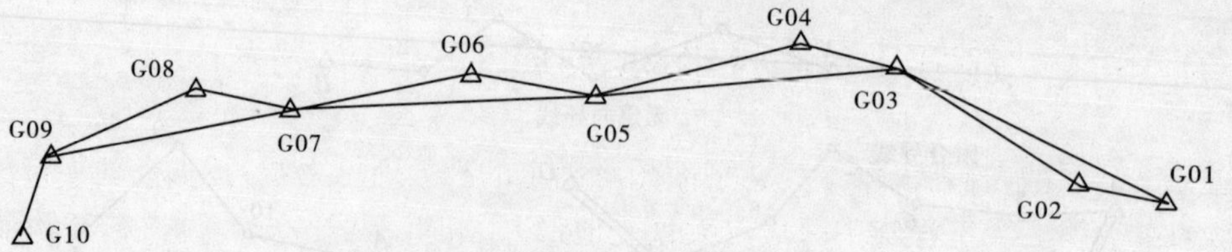

图 3-6　道路 GNSS 控制网示例

通。其广阔的应用前景使 GNSS 定位技术成为隧道地面控制测量的主要方法。

图 3-7 是常用的 GNSS 控制测量布设方案。该方案仅由六个控制点组成,每个洞口有三个点,其中一个位于线路中线上,另外两个作为进洞时的定向点。这种方案点数较少,且网型布设灵活,工作量也很少,又能满足各洞口定向和检核要求,充分发挥了 GNSS 定位技术的优势。

(二)高程施工控制网布设形式

高程施工控制网的主要布设形式为支水准路线、附合水准路线、闭合水准路线和水准网。当精度低于三等水准时,也可以用电磁波测距三角高程建立。水准点应埋设在地质条件好、地基稳定处,力求坚实稳固。

图 3-8 是几个简单水准路线,一般用于精度较低的工程施工控制,水准测量等级也较低。

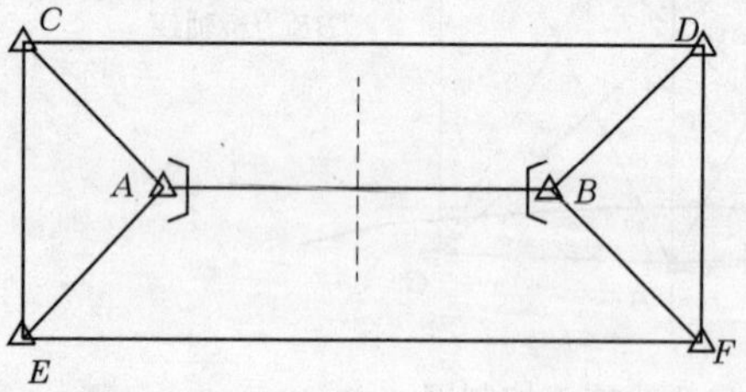

图 3-7　隧道 GNSS 网示例

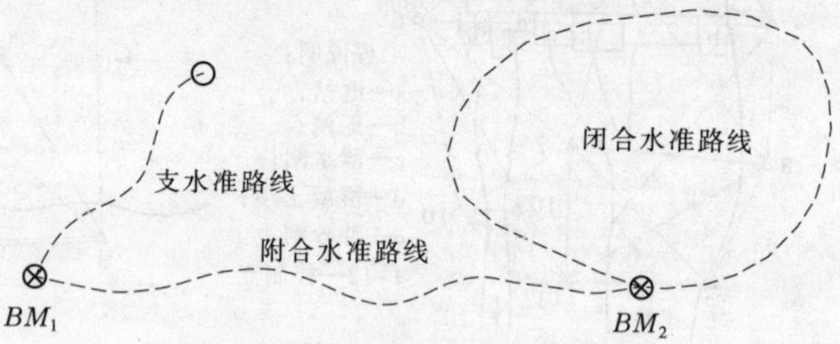

图 3-8　常见水准路线示例

水准网一般用于精度较高的大中型工程施工的高程控制,相应的水准测量等级也比较高。图 3-9 是某桥梁工程的水准网,BM_2 和 BM_5 为两岸的二等水准点,03、04、05 为布设于两岸的基本水准点,在上、下游设置了两条过河水准路线而形成一个闭合环。

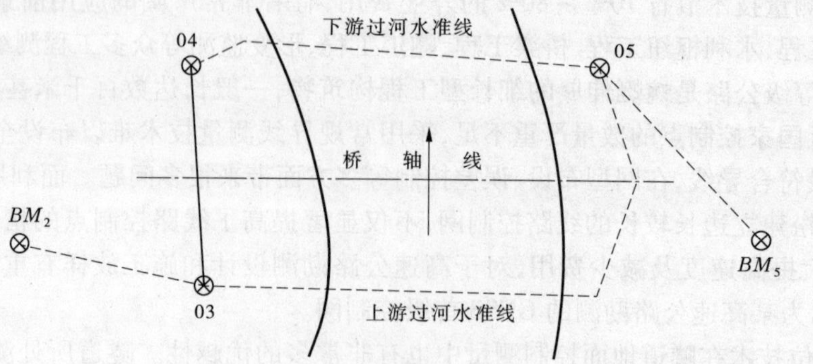

图 3-9　水准网示例

第三节 施工控制网坐标换算

施工坐标系统,就是根据工程总平面图所确定的独立坐标系统,其坐标轴平行或垂直于建筑物的主轴线。当工程施工区域较大且受地形限制时,不同区域内设计建筑物的轴线方向也不相同,此时可以根据实际情况在不同区域内布设不同的施工坐标系统。

我们在测绘工程建筑物总平面图时一般采用的是测量坐标系统,如国家坐标系统、城市坐标系统等。当施工控制网与测量控制网发生联系时,就需要实现两种坐标系统之间的坐标换算,以便统一坐标系统。

一、坐标换算

如图3-10所示,设XOY为测量坐标系统,$AO'B$为施工坐标系统,两坐标系的旋向相同;设α为施工坐标系纵轴正向$O'A$在测量坐标系(XOY)内的坐标方位角,或者说是测量坐标系纵轴正向OX旋转至施工坐标系纵轴正向$O'A$的夹角,且顺时针旋转时为正,逆时针旋转时为负;设施工坐标系原点O'在测量坐标系中的坐标为(a,b)。通常称a、b、α为转换参数。

设P点在测量坐标系中的坐标为(X_P,Y_P),在施工坐标系中的坐标为(A_P,B_P),通过平移旋转可以得出由施工坐标换算测量坐标的关系式:

$$\left.\begin{aligned} X_P &= a + A_P\cos\alpha - B_P\sin\alpha \\ Y_P &= b + A_P\sin\alpha + B_P\cos\alpha \end{aligned}\right\} \tag{3-1}$$

由测量坐标换算施工坐标的关系式:

$$\left.\begin{aligned} A_P &= (X_P - a)\cos\alpha + (Y_P - b)\sin\alpha \\ B_P &= -(X_P - a)\sin\alpha + (Y_P - b)\cos\alpha \end{aligned}\right\} \tag{3-2}$$

二、转换参数的求解

换算参数a、b、α一般由设计文件给出,但有些情况下往往是已知两个点相应的施工坐标和测量坐标,但换算参数a、b、α却并未给出,此时就涉及换算参数a、b、α的解算。当换算参数a、b、α求出来后,即可进行正常的坐标换算工作。

假设已知P_1点的测量坐标和施工坐标为(X_1,Y_1)和(A_1,B_1),P_2点的测量坐标和施工坐标为(X_2,Y_2)和(A_2,B_2),我们准备计算其相应的换算参数a、b、α,则其计算过程如下:

(1)计算P_1P_2方向在测量坐标系中的坐标方位角α_{12}和施工坐标系中的坐标方位角α'_{12}。

(2)计算换算参数α,由图3-11可以看出

$$\alpha = \alpha_{12} - \alpha'_{12} \tag{3-3}$$

(3)计算换算参数a、b,由式(3-1)可以求得

$$\left.\begin{aligned} a &= X_1 - A_1\cos\alpha + B_1\sin\alpha \\ b &= Y_1 - A_1\sin\alpha - B_1\cos\alpha \end{aligned}\right\} \tag{3-4}$$

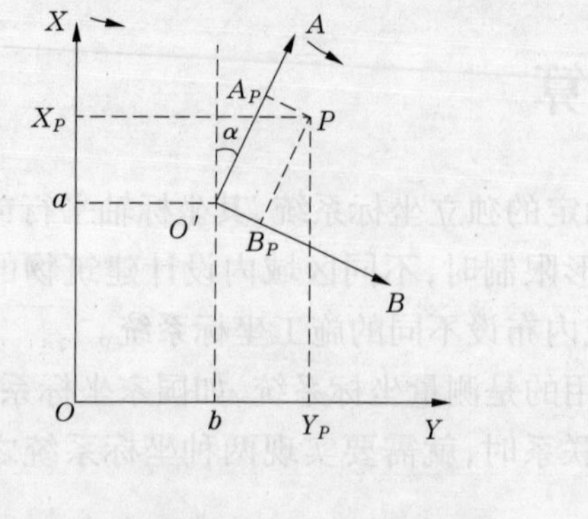

图 3-10 测量坐标系与施工坐标系均为左手坐标系时的转换参数

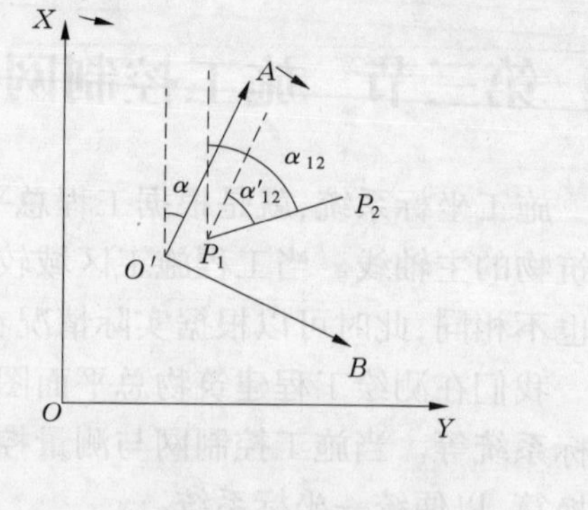

图 3-11 测量坐标系与施工坐标系均为左手坐标系时 α 的求解

下列公式可做检核之用:

$$\left.\begin{aligned} a &= X_2 - A_2\cos\alpha + B_2\sin\alpha \\ b &= Y_2 - A_2\sin\alpha - B_2\cos\alpha \end{aligned}\right\} \tag{3-5}$$

如图 3-12 所示,当测量坐标系统和施工坐标系统的旋向不同时,α 的角度发生了变化,故式(3-1)相应的改变为

$$\left.\begin{aligned} X_P &= a + A_P\cos\alpha + B_P\sin\alpha \\ Y_P &= b + A_P\sin\alpha - B_P\cos\alpha \end{aligned}\right\} \tag{3-6}$$

式(3-2)改变为

$$\left.\begin{aligned} A_P &= (X_P - a)\cos\alpha + (Y_P - b)\sin\alpha \\ B_P &= (X_P - a)\sin\alpha - (Y_P - b)\cos\alpha \end{aligned}\right\} \tag{3-7}$$

当计算换算参数时,由图 3-13 可以看出,式(3-3)改变为

$$\alpha = \alpha_{12} + \alpha'_{12} \tag{3-8}$$

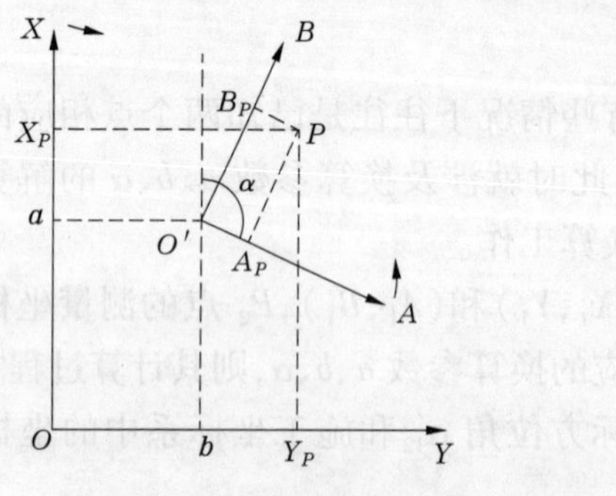

图 3-12 测量坐标系为左手坐标系而施工坐标系为右手坐标系时的转换参数

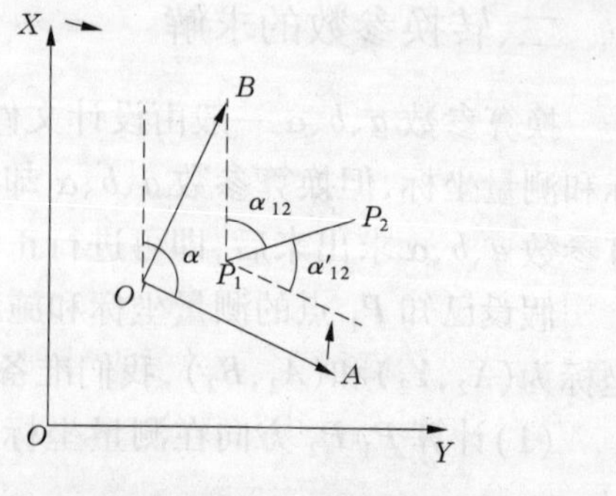

图 3-13 测量坐标系为左手坐标系而施工坐标系为右手坐标系时 α 的求解

根据求得的 α,由式(3-6)可以求得

$$\left.\begin{aligned} a &= X_1 - A_1\cos\alpha - B_1\sin\alpha \\ b &= Y_1 - A_1\sin\alpha + B_1\cos\alpha \end{aligned}\right\} \tag{3-9}$$

【例 3-1】 某设计部门已确定建筑物定位点 P_1、P_2 的测量坐标和施工坐标(见表 3-1),且两坐标系旋向相同。若已知平面控制点 P_3、P_4 的测量坐标,试求该两点的施工坐标。

表 3-1 P_1、P_2 的测量坐标和施工坐标

点名	测量坐标值(m)		施工坐标值(m)	
	x	y	A	B
P_1	755.500	740.800	400.000	300.000
P_2	761.500	782.300	400.000	341.930
P_3	750.000	651.350		
P_4	691.500	757.150		

解:由于 $\Delta x_{12}=761.500-755.500=+6>0$ 且 $\Delta y_{12}=782.300-740.800=+41.5>0$,$\alpha_{12}$属于第一象限角,所以

$$\alpha_{12} = \arctan(\frac{\Delta y_{12}}{\Delta x_{12}}) = 81°46'24''$$

由于 $\Delta A_{12}=400.000-400.000=0$,$\Delta B_{12}=341.930-300.000=+41.93>0$,所以

$$\alpha'_{12} = 90°00'00''$$

由式(3-3)得

$$\alpha = \alpha_{12} - \alpha'_{12} = 81°46'24'' - 90°00'00'' = -8°13'36''$$

由式(3-4)得

$$a = 755.500 - 400.000\cos(-8°13'36'') + 300.000\sin(-8°13'36'') = 316.689$$

$$b = 740.800 - 400.000\sin(-8°13'36'') - 300.000\cos(-8°13'36'') = 501.123$$

求出换算参数 a、b、α 后,根据式(3-2),即可分别求出 P_3、P_4 点的施工坐标为(407.356,210.684)、(334.319,307.024)。

第四节 施工控制网中央子午线及投影基准面的选择

平面控制测量中,地面长度投影到参考椭球面以及将椭球面长度再投影到高斯平面均会引起长度变形。工程施工控制网作为各项工程建设施工放样测设数据的依据,为了保证施工放样的精度要求,要求由控制点坐标直接反算的边长与实地量得的边长在数值上应尽量相等。工程测量规范规定,由上述两项投影改正而带来的长度变形综合影响应该限制在1/40 000之内。基于此项考虑,按照《工程测量规范》(GB 50026—2007)的规定,根据工程地理位置和平均高程的大小,施工控制网可以采用下述三种坐标系统方案:

(1)当长度变形值不大于2.5 cm/km时,可直接采用高斯正形投影的国家统一3°带平面直角坐标系统。

(2)当长度变形值大于2.5 cm/km,可采用:

①投影于参考椭球面上的高斯正形投影任意带平面直角坐标系统;

②投影于抵偿高程面上的高斯正形投影3°带平面直角坐标系统;

③投影于抵偿高程面上的高斯正形投影任意带平面直角坐标系统。

(3)面积小于 25 km^2 的小测区工程项目,可不经投影采用平面直角坐标系统在平面上直接计算。

第 1 种方案直接采用了国家统一 3°带平面直角坐标系统,第 3 种方案直接采用了小区域施工坐标系统。下面我们仅讨论第 2 种方案的三种情况。

一、两项投影的长度变形

在控制测量计算中,有两项投影计算会引起长度变形:一个是地面水平距离(一般是高于椭球面的)投影到参考椭球面,这将引起距离变短;另一个是参考椭球面距离投影到高斯平面,这将导致距离变长。下面讨论两项变动的大小情况。

(一)地面水平距离投影到椭球面的长度变形

此项变形的数值可近似地写作

$$\Delta S_1 = -\frac{H}{R}d_0 \tag{3-10}$$

式(3-10)中,H 为边长两端点的平均大地高程;R 为当地椭球面平均曲率半径;d_0 为地面水平距离。

表 3-2 中列出了在不同高程面上依式(3-10)计算的每千米长度投影变形值和相对变形值。R 的概值取作 6 370 km。

表 3-2　不同高程面上高程投影每千米长度投影变形值和相对变形值

H(m)	50	100	150	200	300	500	1 000	2 000	3 000
ΔS_1(mm)	−7.8	−15.7	−23.5	−31.4	−47.1	−78.5	−157	−314	−472
$\frac{\Delta S_1}{S}$	1/127 400	1/63 700	1/42 600	1/31 800	1/21 200	1/12 700	1/6 370	1/3 180	1/2 120

由表 3-2 可知,高于椭球面的地面水平边长投影到椭球面总是距离变短。投影变形的绝对值与 H 成正比,随 H 的增大而增大,而且当 $H = 150$ m 时,每千米长度变形即接近 2.5 cm,相对变形接近 1/4 万。

当投影面不是参考椭球面,而是大地高程为 H_0 的某个投影面时,则式(3-10)变为

$$\Delta S_1 = \frac{H - H_0}{R}d_0 \tag{3-11}$$

(二)椭球面距离投影到高斯平面的长度变形

此项变形的数值可近似地写作

$$\Delta S_2 = \frac{y_m^2}{2R^2}S \tag{3-12}$$

式(3-12)中,S 为椭球面边长;R 为当地椭球面平均曲率半径;y_m 为投影边两端 y 坐标(去掉 500 km 常数)的平均值。

表 3-3 中列出了不同 y_m 时每千米长度投影变形值和相对变形值。计算时取 $B = 35°$,$R = 6\ 370\ 892$ m。

表 3-3 不同 y_m 时高斯投影每千米长度投影变形值和相对变形值

y_m(km)	10	20	30	40	50	60	70	80	90	100
ΔS_2(mm)	1.2	4.9	11.1	19.1	30.8	44.3	60.4	78.8	99.8	123
$\frac{\Delta S_2}{S}$	1/810 000	1/200 000	1/90 000	1/50 000	1/32 500	1/22 600	1/16 600	1/12 700	1/10 000	1/8 100

由表 3-3 可知，投影变形与 y_m 的平方成正比，离中央子午线越远，变形越大。约在 y_m = 45 km 处每千米变形 2.5 cm，相对变形 1/4 万。

综合以上两种变形，最后的投影长度变形为

$$\Delta S = \Delta S_1 + \Delta S_2 = -\frac{H - H_0}{R} d_0 + \frac{y_m^2}{2R^2} S$$

近似地写为

$$\Delta S = \left(\frac{y_m^2}{2R^2} - \frac{H - H_0}{R}\right) S \tag{3-13}$$

要使控制网变形小，即要求基本做到

$$\Delta S = \Delta S_1 + \Delta S_2 = \left(\frac{y_m^2}{2R^2} - \frac{H - H_0}{R}\right) S = 0 \tag{3-14}$$

由对式(3-14)的不同处理，可导出几种不同的施工控制网中央子午线和投影基准面选择方案。

二、中央子午线按工程需要自行选择但投影基准面仍然采用参考椭球面方案

这种方案的思路是地面观测值仍然归算到参考椭球面，但高斯投影的中央子午线不是标准 3°带中央子午线，而是按工程需要来自行选择一条中央子午线。用这条中央子午线，边长的高程投影和高斯投影引起的长度变形能基本互相抵消。

由于投影基准面仍然为参考椭球面，故 $H_0 = 0$，则式(3-14)变为

$$\left(\frac{y_m^2}{2R^2} - \frac{H}{R}\right) S = 0 \tag{3-15}$$

解得

$$y_m = \sqrt{2RH} \tag{3-16}$$

即当 y_m 满足式(3-16)时边长的两项投影互相抵消。

例如，某测区相对于参考椭球面的高程 $H_m = 500$ m，为使边长的高程投影及高斯投影引起的长度变形能基本互相抵消，依式(3-16)算得

$$y_m = \sqrt{2 \times 6\ 370 \times 0.5} = 80(\text{km})$$

即选择与该测区相距 80 km 处的子午线作为中央子午线。这样，在测区，边长的高程投影和高斯投影引起的长度变形能基本互相抵消。但是，当 $y \neq 80$ km 时，也即该测区的其他地方仍然会有变形，用不同的 y 值代入式(3-13)计算，当 $y = 66$ km 时，每千米变形为 -2.5 cm，当 $y = 91.5$ km 时，每千米变形为 2.5 cm，即最大抵偿带宽不超过 25 km。由此看出，这种方案的有效抵偿带宽不可能宽，有较大的局限性。

三、中央子午线采用国家标准3°带中央子午线但投影基准面采用抵偿高程面方案

这种方案的思路是在不改变国家标准3°带中央子午线的情况下,不再投影至参考椭球面而是投影至某个抵偿高程面,从而得到地面上边长的高斯投影长度改正与归算到基准面上的高程投影改正相互抵偿的相同效果。

在保持中央子午线不变,即 y_m 不变的前提下,由式(3-14)可解得

$$H_0 = H - \frac{y_m^2}{2R} \tag{3-17}$$

这就是说,如果把地面边长投影至高程为 $H_0 = H - \frac{y_m^2}{2R}$ 的高程面上,而不是投影至参考椭球面上,则高程投影引起的长度变形 ΔS_1 与高斯投影引起的长度变形 ΔS_2 能够互相抵消。

不过,测区是个范围,而不是一个点。式中的 y_m 应如何取值呢?高斯投影长度变形 $\Delta S_2 \propto y_m^2$,对于一个测区,必有 y_m^2 的最小值 $(y_m^2)_{min}$ 和最大值 $(y_m^2)_{max}$,显然,我们既不能取 $y_m^2 = (y_m^2)_{min}$,又不能取 $y_m^2 = (y_m^2)_{max}$,而应取

$$y_m^2 = \frac{(y_m^2)_{min} + (y_m^2)_{max}}{2} \tag{3-18}$$

用这样的 y_m^2 带入式(3-17)算出的 H_0,可使整个测区边长变形综合最小。当然实际选用时,应结合测区地势情况,需要时对 y_m^2 稍做变动效果会更好。

【例3-2】 某测区相对于参考椭球面的平均高程 $H = 1\,000$ m,在国家标准3°带内跨越的 y 坐标范围为 $-80 \sim -50$ km,若不变换中央子午线,求能抵偿投影变形的高程抵偿面。

解:

$$y_m^2 = \frac{(-50)^2 + (-80)^2}{2} = 4\,450$$

即

$$y_m = -66.7 \text{ km}$$

$$H_0 = H - \frac{y_m^2}{2R} = 1\,000 - \frac{4\,450 \times 10^6}{2 \times 6\,370\,000} = 650.7(\text{m})$$

即选 $H_0 = 650$ m 的高程面作控制网的投影基准面最为合适。事实上,最小变形在 $y_0 = -66.7$ km 处,因为

$$\Delta S = \left(\frac{y_m^2}{2R^2} - \frac{H - H_0}{R}\right) \times 1\,000 = \left[\frac{(-66.7)^2}{2 \times 6\,370^2} - \frac{1 - 0.65}{6\,370}\right] \times 1\,000 \approx 0$$

最大变形在 $y_1 = -50$ km 和 $y_2 = -80$ km 处,分别为 -0.024 m 和 $+0.024$ m。

这种方案的实现步骤,一般是先算出基准面为参考椭球面的国家标准3°带控制网坐标,再将控制网缩放至抵偿高程面。这样做的好处是有两套坐标,其中一套是国家标准系统的坐标,另一套为抵偿高程面坐标。

从例3-2的计算结果也可看出,若不变换中央子午线,仅靠选择抵偿高程面,其抵偿范围也是有限的,例3-2中的有效抵偿带宽仅为30 km。

四、中央子午线和投影基准面均按工程需要自行选择方案

这种方案的思路结合了前两种方案的一些特点,既将中央子午线移动至测区中部,又变

换了高程投影基准面。当测区东西向跨度较大,需要抵偿的带宽较大时,即可采用此种方案。

该方案同时要求

$$\Delta S_1 = -\frac{H - H_0}{R}d_0 = 0 \tag{3-19}$$

$$\Delta S_2 = \frac{y_m^2}{2R^2}S = 0 \tag{3-20}$$

这里 H_0 表示投影基准面的高程。

由式(3-19)解得

$$H = H_0$$

此时边长的高程投影变形为零。若 H_0 取测区平均高程面 H_m,或略低于该平均高程面,则各边长高程投影近似为零。

由式(3-20)解得

$$y_m = 0$$

这表示要求测区在中央子午线附近。

根据以上两种要求,这种方案的做法是将高斯投影的中央子午线选为测区内或附近某一合适的子午线;而高程投影基准面选为测区平均高程面 H_m 或比它稍低一些的高程面。

因为这种方案的变形最小,许多离国家标准3°带中央子午线较远的城市多采用这种方案建立坐标系,常称作城市坐标系或地方坐标系。下面详细介绍这种方案的实现步骤。

(一)选择合适的地方带中央子午线 L_0

在测区内或测区附近选择一条整5′或整10′的子午线作为中央子午线。例如,河南某城市的城市地方坐标系中央子午线取112°30′,某县城的城市坐标系中央子午线取115°25′。

(二)已知点换带计算

将当地的国家控制网已知点坐标通过高斯反、正投影计算,换算成中央子午线为 L_0 的地方带坐标系内的坐标。

(三)计算控制网的地方带坐标(第1套地方坐标)

将地面观测值(包括边长)先投影至参考椭球面,再投影至所选中央子午线的高斯平面,然后进行平差计算。获得的坐标,高程投影基准面仍为参考椭球面(或似大地水准面),而中央子午线则为地方中央子午线。可称作第1套地方坐标。这套坐标系的好处是,可通过坐标换带与国家标准坐标系统互算。这样,地方控制网与国家控制网就是联系紧密的统一系统。

(四)选高程投影基准面 H_0

高程投影基准面 H_0 一般选测区平均高程面 H_m 或最好稍低一点的面。H_0 取至整10 m。

(五)计算地方带平均高程面坐标(第2套地方坐标)

(1)在测区内(最好在中心区)选择点 P_0 作为控制网缩放的不动点。P_0 点的坐标(x_0, y_0)在控制网缩放前后保持不变。点 P_0 可以是一个实有的控制点,也可以是一个人为取定的坐标点。

(2)计算控制网缩放比例 k。

$$k = \frac{R + H_0}{R} \tag{3-21}$$

式中,R 为当地椭球面平均曲率半径;H_0 为所选高程投影基准面。

(3)计算各点第 2 套地方坐标

$$\left.\begin{aligned} x_{i2} &= x_0 + (x_{i1} - x_0)k \\ y_{i2} &= y_0 + (y_{i1} - y_0)k \end{aligned}\right\} \tag{3-22}$$

这里的下标 1、2 分别代表第 1 套、第 2 套地方坐标。i 代表除不动点 P_0 以外的所有点,包括已知点。由此计算出来的坐标即为中央子午线为地方中央子午线 L_0,高程投影基准面为 H_0 的第 2 套地方坐标系。它适合于工程施工放样与勘测。

【例 3-3】 某测区有 2 个已知点(坐标如表 3-4 所示),平面坐标采用北京 54 坐标系统,高程为 1956 年黄海高程系统,测区距离中央子午线 114°为 −91 ~ −87 km,测区平均正常高程约为 400 m,高程异常约为 38 m,两项投影变形的综合影响为 1/30 000 ~1/40 000,不能满足工程施工放样 1/40 000 的精度要求,现准备采用中央子午线和投影基准面均按工程需要自行选择方案。

表 3-4　某测区已知点的国家标准 3°带高斯平面直角坐标

点名	X	Y	$H_{常}$
1. 谢庄西	3 816 697.421	38 409 493.713	495.665
2. 蝎子山	38 140 640.576	38 412 975.234	431.905

解:(1)选择合适的中央子午线。根据工程勘测提供的测区 1∶10 000 地形图,确定测区地方带坐标系统的中央子午线经度采用 113°。

(2)已知点换带计算。通过高斯反、正投影计算,将"谢庄西"和"蝎子山"两已知点从 114°中央子午线国家坐标换算至以 113°为中央子午线的地方坐标。结果如表 3-5 所示。

表 3-5　换带至 113°中央子午线的已知点高斯平面直角坐标

点名	X	Y	$H_{常}$
1. 谢庄西	3 816 257.086	501 365.862	495.665
2. 蝎子山	3 813 659.006	504 872.877	431.905

(3)计算控制网的地方带坐标(第 1 套地方坐标)。

利用第(2)步中计算得到的以 113°为中央子午线的两已知点坐标作为已知数据,对平面控制网进行平差计算,获得平面控制网中各控制点的第 1 套地方坐标。结果如表 3-6 所示。

表 3-6　改变中央子午线所得到的控制网第 1 套地方坐标

点名	X	Y	$H_{常}$
1. 谢庄西	3 816 257.086	501 365.862	495.665
2. 蝎子山	3 813 659.006	504 872.877	431.905
3. 万羊碑	3 814 961.956	500 908.590	483.302
4. 孤堆坡	3 812 810.803	502 020.178	393.133
5. 薛家庄	3 815 594.534	504 350.101	452.473
6. 五交公司	3 814 828.401	502 686.250	405.696

(4) 选高程投影基准面 H_0。

由于测区平均正常高程约为 400 m，而测区高程异常约为 38 m，故选取 $H_0=440$ m 高程面（大地高）作为高程投影基准面。

(5) 计算地方带平均高程面坐标（第 2 套地方坐标）。

因为点"五交公司"基本位于测区中央，故选择点"五交公司"作为控制网缩放的不动点 P_0。由于测区平均纬度约为 34°27′，计算得到当地椭球面的平均曲率半径

$$R=\frac{C}{V^2}=\frac{6\ 399\ 698.901\ 78}{1+0.006\ 738\ 525\ 414\ 68\times(\cos34°27')^2}=6\ 370\ 307.496$$

根据式(3-21)计算出控制网的缩放系数为 $k=\frac{R+H_0}{R}=1.000\ 069\ 070\ 449$。利用 k 再根据式(3-22)即可计算出各控制点的第 2 套地方坐标，结果如表 3-7 所示。

表 3-7　改变高程投影基准面所得到的控制网第 2 套地方坐标

点名	X	Y
1. 谢庄西	3 816 257.185	501 365.771
2. 蝎子山	3 813 658.925	504 873.028
3. 万羊碑	3 814 961.965	500 908.467
4. 孤堆坡	3 812 810.664	502 020.132
5. 薛家庄	3 815 594.587	504 350.216
6. 五交公司	3 814 828.401	502 686.250

本例中也可采用测区中央附近的任一整数坐标点位作为不动点 P_0，如(3 815 000,503 000)，测量人员可依据实际情况自行合理确定。上述三种方案，实践中可根据具体情况灵活选用。一般来说，对于城市坐标系统和范围较大的工程测量坐标系统，以将中央子午线选在测区中部的方案为最好；在此基础上，如果需要，再将控制网缩放至测区平均高程面或稍微低一点的高程面上。

第五节　施工控制网精度的确定方法

施工控制网精度的确定,应保证各种建(构)筑物放样的精度满足工程建设建筑限差要求。

一、建筑限差

建筑物放样时的精度要求,是根据建筑限差来确定的。工程建筑物的建筑限差是指建筑物竣工后实际位置相对于设计位置的极限偏差。极限偏差的规定是随工程的性质、规模、建筑材料、施工方法等因素而改变的。按精度要求的高低排列为:钢结构、钢筋混凝土结构、砖混结构、土石方工程等。按施工方法分,预制件装配式施工方法较现场现浇方法的精度要求高,钢结构用高强度螺栓连接的比用电焊连接的精度要求高。此外,由于建(构)筑物的各部分相对位置关系的精度要求较高,因此工程的细部放样精度往往要高于整体放样精度。

一般工程中,混凝土柱、梁、墙的施工允许总误差为10~30 mm;高层建筑物轴线的倾斜度要求高于1/2 000~1/1 000;安装连续生产设备的中心线,其横向偏差不应超过1 mm;钢结构的工业厂房,柱间距离偏差要求不超过2 mm;钢结构施工的总误差因施工方法不同,允许在1~8 mm;土石方的施工误差允许达10 cm;对有特殊要求的工程项目,其设计图纸及设计总说明均有明确的建筑限差要求。

二、精度分配原则

建筑物竣工时的实际偏差是由施工误差(如构件制造误差、施工安装误差等)和测量放样误差引起的,测量误差只是其中的一部分。

设工程竣工时的建筑限差为Δ,允许测量工作的误差为Δ_1,允许施工工作产生的误差为Δ_2,允许加工制造产生的误差为Δ_3(如果还有其他重要的误差因素,再增加项数),若假定各种工作产生的误差相互独立,根据误差传播定律,则有

$$\Delta^2 = \Delta_1^2 + \Delta_2^2 + \Delta_3^2 \tag{3-23}$$

通常情况下,精度分配一般先采用"等影响原则""忽略不计原则"处理,然后把计算结果与实际作业条件对照,或凭经验做些调整后再计算。

(一)等影响原则

等影响原则是假定配赋给各个重要的误差因素的允许误差相同,即假定Δ_1、Δ_2、Δ_3相等,则各方面误差因素的允许误差均为$\frac{\Delta}{\sqrt{3}}$。按"等影响原则"进行分配在实际工作中有时显得不太合理,因为各方面误差的影响大小往往并不相同,因此常需结合具体条件或凭经验做些调整。

(二)忽略不计原则

假设总的误差由m_1和m_2组成,即

$$M^2 = m_1^2 + m_2^2 \tag{3-24}$$

其中m_2影响较小,当m_2小到一定程度时可以忽略不计,这样就认为$M = m_1$。

设 $m_2=\frac{m_1}{k}$,则 $M=m_1\sqrt{1+\frac{1}{k^2}}$。通常取 $k=3$ 时,$M=1.05m_1\approx m_1$,因而可以认为 $M=m_1$。

在实际工作中通常把 $m_2\approx\frac{1}{3}m_1$ 作为可把 m_2 忽略不计的标准。

(三)按比例分配原则

设总的建筑误差为 m,测量工作所导致的误差为 $m_{测}$(其中又包含控制网误差对放样点位的影响 $m_{控影}$ 和放样误差对放样点位的影响 $m_{放影}$),施工工作所导致的误差为 $m_{施}$(其中又包含施工安装工作所导致的误差 $m_{安}$ 和构件制造误差 $m_{制}$),则

$$\left(\frac{\Delta}{2}\right)^2\geqslant m^2=m_{施}^2+m_{测}^2 \tag{3-25}$$

$$m_{测}^2=m_{控影}^2+m_{放影}^2 \tag{3-26}$$

$$m_{施}^2=m_{安}^2+m_{制}^2 \tag{3-27}$$

对于不同的工程建筑物,$m_{测}$ 和 $m_{施}$ 之间的比例关系可能都不相同,应由测量人员、设计人员、施工人员多方综合协商、合理确定。例如,在工业与民用建筑施工场地常取 $m_{测}=\frac{1}{\sqrt{2}}m_{施}$;在隧道工程中为了保证相向开挖隧道的正确贯通,常认为 $m_{施}\approx 0$,而只考虑 $m_{测}$ 的影响等。

在确定了 $m_{测}$ 后,就可以用它作为起算数据来推算施工控制网的必要精度。此时,要根据控制网的布设情况和放样工作的具体条件来考虑控制网误差影响 $m_{控影}$ 与细部放样误差影响 $m_{放影}$ 的比例关系,以便合理地确定施工控制网的精度。

下面针对具体的工程特点和性质,对控制网误差影响 $m_{控影}$ 与细部放样误差影响 $m_{放影}$ 比例关系的分配做合理分析。

三、桥梁和水利枢纽工程中测量误差的分配

对于桥梁和水利枢纽工程,放样点位离控制点一般较远,放样不很方便,因而放样误差的影响也较大。同时考虑到放样工作要及时配合施工,经常在有施工干扰的情况下高速度进行,不大可能用增加测量次数的方法来提高放样精度;而在建立施工控制网时,工程尚未施工,有足够的时间和各种有利条件来提高控制网的精度。因此,在设计桥梁和水利枢纽施工控制网时,应严格限制控制网的精度,一般采用"使控制点误差对放样点位不发生显著影响"原则,以便为具体放样工作创造有利的条件。

由式(3-26)可知

$$m_{测}=\pm\sqrt{m_{控影}^2+m_{放影}^2}=\pm m_{放影}\sqrt{1+\frac{m_{控影}^2}{m_{放影}^2}} \tag{3-28}$$

由"不发生显著影响"原则可知,$m_{控影}\ll m_{放影}$,即$\frac{m_{控影}}{m_{放影}}\ll 1$,将式(3-28)进行级数展开并略去高次项,有

$$m_{测}=\pm m_{放影}\left(1+\frac{m_{控影}^2}{2m_{放影}^2}\right) \tag{3-29}$$

实践中一般认为控制点误差对放样点位的影响占总误差的10%时,其影响相对于放样点位不发生显著影响,则有

$$\frac{m_{控影}^2}{2m_{放影}^2}=0.1 \tag{3-30}$$

将式(3-30)与式(3-26)联合解算,可求得

$$m_{控影}\approx 0.4m_{测} \tag{3-31}$$

$$m_{放影}\approx 0.9m_{测} \tag{3-32}$$

【例3-4】 设桥梁和水利枢纽工程中,大坝坝墩中心线、水轮机轴线以及桥梁工程桥墩中心位置的测量误差要求一般不超过±20 mm,则测量误差应如何分配?

解:由于$m_{测}=\pm 20$ mm,根据"使控制点误差对放样点位不发生显著影响"原则,由式(3-31)和式(3-32)可知,控制网对放样点位的影响为$m_{控影}\approx 0.4m_{测}=\pm 8$ mm,放样误差对放样点位的影响为$m_{放影}\approx 0.9m_{测}=\pm 18$ mm。

当施工控制网网型结构、拟用精度(如测角中误差、边长相对中误差等)、观测方案及配套的放样方案等确定后,即可估算控制点误差$m_{控}$对放样点位的实际影响,其数值必须小于前面计算出的$m_{控影}$。同理,根据放样方案估算出的放样误差$m_{放}$对放样点位的实际影响也必须小于计算出的$m_{放影}$。

四、工业与民用建筑工程中测量误差的分配

工业与民用建筑场地中,由于施工控制网的点位较密,放样距离较近,操作比较方便,相对于桥梁与水利枢纽工程来说,放样误差变小,其对放样点位的影响也较小,再采用"使控制点误差对放样点位不发生显著影响"原则已经不太合适。应该在控制网误差影响$m_{控影}$与细部放样误差影响$m_{放影}$之间进行适当的比例分配以最终确定施工控制网的精度。

施工测量的任务是保证工程建筑物的几何形状和大小,而不应使得由于测量误差的累积影响了工程质量;此外,在测量工作中可以有很多措施来提高作业的精度,而在施工工程中,则由于施工设备、施工方法以及现场条件的限制,欲达到比较高的精度是相当困难的。基于以上原因,我们取测量工作所导致误差$m_{测}$为施工工作所导致误差$m_{施}$的$\frac{1}{\sqrt{2}}$,即

$$m_{测}=\frac{1}{\sqrt{2}}m_{施} \tag{3-33}$$

把式(3-33)与式(3-25)联合解算$m_{测}$可知

$$m_{测}=\frac{1}{\sqrt{3}}m \tag{3-34}$$

测量工作所导致的误差$m_{测}$,又包含控制网误差对放样点位的影响$m_{控影}$和放样误差对放样点位的影响$m_{放影}$两部分。但由于工业场地上的施工控制网点较密,细部放样操作比较容易,放样误差也比较小,其对放样点位的影响也较小,根据这个前提,我们取两者的比例为

$$m_{控影}=\frac{1}{\sqrt{2}}m_{放影} \tag{3-35}$$

将式(3-35)与式(3-26)联合解算可知

$$m_{控影}=\frac{1}{\sqrt{3}}m_{测} \tag{3-36}$$

再由式(3-34)和式(3-36)联合求解可知

$$m_{控影} = \frac{1}{3}m \leqslant \frac{1}{6}\Delta \tag{3-37}$$

这样,根据工业场地上工程建筑的最小限差 Δ,利用式(3-37)即可计算出施工控制网对放样点位的影响值 $m_{控影}$,利用式(3-35)可反推出 $m_{放影}$ 的数值。

根据设计的施工控制网网型、精度、放样方案等准确估算出控制点误差 $m_{控}$ 对放样点位的实际影响及放样误差 $m_{放}$ 对放样点位的实际影响均应小于前面计算出的相应限值,这样才能满足放样点位的精度要求。

第六节 施工控制网优化设计

一、优化设计基本概念

在工程控制网的设计中,传统设计的做法是以达到设计者规定的设计要求为目标,或根据已有的规范规定进行方案设计,这种方案只能说是一个满足设计或规定要求的可行方案,但不一定是最优方案。

随着现代计算技术的发展和电子计算机的普及应用,控制网优化设计理论和应用方面的研究得到了很大的发展,将优化设计按阶段分成四类(或四个阶段)。同时,还围绕着网的设计质量,提出了质量准则(质量指标)。

由下面的内容可以看出,这些优化分类与质量准则,或者说,控制网的优化过程都是建立在控制网参数平差理论的基础之上的。众所周知,控制网的参数平差模型为

$$V = BX - L \tag{3-38}$$

则法方程式为

$$B^{T}PBX = B^{T}PL \tag{3-39}$$

$$X = (B^{T}PB)^{-1}B^{T}PL = Q_{X}B^{T}PL \tag{3-40}$$

或

$$D_{X} = \sigma_{0}^{2}Q_{X} \tag{3-41}$$

式中,B 为设计矩阵,或称图形矩阵,它与网型有关;P 为观测值的权阵,它与观测精度有关;D_X 为参数估值的协方差矩阵,它表示了 X 的精度,且 $D_X = \sigma_0^2 Q_X$;Q_X 为 X 的协因数矩阵。

在控制网的优化设计中,人们所关心的是 Q_X、B、P、X 等参数的合理选择。为便于优化设计,在控制网优化设计中,可以按上述有关参数的已定或待定区分为四类,如表 3-8 所示。

表 3-8 控制网优化设计分类

设计类别	固定参数	待定参数	设计类别	固定参数	待定参数
零类设计	B,P	X,Q_X	二类设计	B,Q_X	P
一类设计	P,Q_X	B	三类设计	Q_X,部分 B,P	部分 B,P

由表 3-8 可以看出,零类设计是在网形和观测精度已知的前提下选择控制网的参考系,即控制网的坐标系和起算数据。在工程控制网中,通常是建立以建筑物轴线为坐标轴的独

立坐标系。如果坐标系和起算数据一旦确定,零类设计就变成经典平差问题,即在于确定控制网中各待定点坐标及相应的精度。如果坐标系和起算点不确定,即为自由网平差的情况,并可求得控制网的内精度,然后可以在不同的基准之间进行变换,选择一个最优基准。这一点在变形监测网中作用显著。

一类设计是在观测精度和点位精度要求已知的前提下,选择最优的网形,它包括控制点的点位、观测元素类型和观测方案。在工程控制网的设计中,由于受工程条件的约束和外界条件的限制,控制点的活动范围有限,故一类设计往往多用于解决观测元素类型、观测方案的优化设计。

二类设计是在网形和点位精度要求已知的情况下,选择观测值的最优权阵,包括各类观测值的精度和权的最佳分配与组合方案。如测边与测角精度的匹配,测边观测值个数与测角观测值个数的选择,各边长、角度观测测回数的分配方案等。

三类设计是在控制网点的精度要求确定的情况下,对已有网进行加密和改造,即对新增加的点和观测元素进行优化。因此,它包括了一、二类两方面的优化设计内容。

工程控制网的优化设计中,在很多情况下,各类设计的内容不能绝对分开,往往是相互联系,相互作用,才能选择最合理的方案。

二、控制网优化设计的方法

控制网优化设计的方法可以分为两类:解析法和机助模拟法。

(一)解析法

该法是根据建立的优化设计数学模型,选择一种数学上的优化计算方法(常采用线性规划法),编制相应的软件,由计算机直接求出最优解。目前,应用该法进行优化设计的主要障碍是难以建立优化设计的数学模型,使得在测量上的应用受到限制。

(二)机助模拟法

机助模拟法的基本思想是根据图上已设计的初始网,按照参数平差原理和所选用前述的优化内容与质量准则,利用计算机和相应的软件,计算出所要求的参数值,如点位误差椭圆、相对误差椭圆,并与准则度量值进行比较。当所设计的网形和观测精度不足以满足要求时,应修改网形和观测方案,再进行计算比较,直至满足要求。

机助模拟法优化设计的步骤(见图3-14)如下:

(1)从选点图上量取各待定点近似坐标,并输入计算机。

(2)输入初始数据信息(已知点、已知边长、已知方位角,起讫点号)及观测方案信息(方向观测、边长观测、起讫点号)。

(3)输入推算元素设计精度,如方向中误差 m_γ、角度中误差 m_β、边长中误差 $m_S(a+b\times 10^{-6})$等。

(4)根据计算机输出的质量准则中要求的参数(如误差椭圆、相对误差椭圆、相对边长中误差、方向中误差等),与度量值进行比较,以判断设计方案是否满足要求或需要变更。

(5)若需变更方案,可改变以下初始参数:待定点坐标、增加(或减少)观测元素(改变 A 阵)、改变观测精度(改变 P 阵)。

(6)重复(4)、(5)步的计算与比较,直至获得满意方案。

机助模拟法进行控制网优化设计是一种比较实用的方法,它的原理简单,数学模型与经典平差模型相同，便于测量人员使用。但它的缺点是必须依赖设计者的经验。因此，经常可能漏掉最优方案。尽管如此，从实用角度上考虑，它仍是目前有效的优化设计方法。

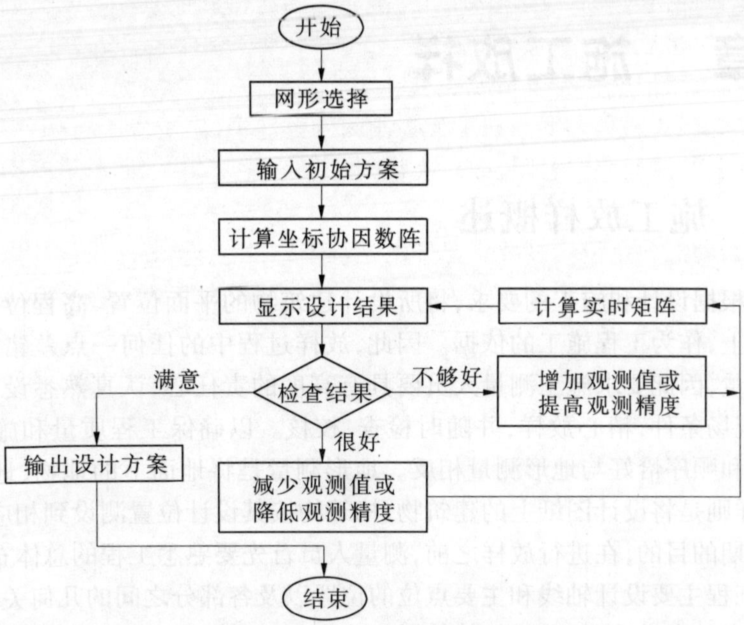

图 3-14 机助模拟法优化设计框图

复习与思考题

1. 工程测量控制网分为哪几类？

2. 与测图控制网相比，施工控制网有哪些特点？

3. 工程平面施工控制网的布设形式有哪些？

4. 简述施工控制网精度的确定方法，分别针对不同的工程性质来分析其测量误差的分配原则。

5. 工程施工控制网可以采用哪几种坐标系统方案？

6. 某设计部门已确定建筑物定位点 P_1、P_2 的测量坐标 $P_1(x_1,y_1)$、$P_2(x_2,y_2)$ 和施工坐标 $P_1(A_1,B_1)$、$P_2(A_2,B_2)$，见表 3-1，且两坐标系旋向相同。若已知平面控制点 P_3、P_4 的测量坐标 $P_3(x_3、y_3)$、$P_4(x_4、y_4)$，试述如何计算该两点的施工坐标 $P_3(A_3、B_3)$、$P_4(A_4、B_4)$。

7. 施工控制网优化设计是如何分类的？简述每类的基本思路。

8. 叙述机助模拟法优化设计的步骤。

第四章　施工放样

第一节　施工放样概述

施工放样是根据设计和施工的要求,将所设计建筑物的平面位置、高程位置,以一定的精度测设到实地上,作为工程施工的依据。因此,放样过程中的任何一点差错,将直接影响施工的进度和质量,因此要求施工测量人员要具有高度的责任心,认真熟悉设计文件,掌握施工计划,结合现场条件,精心放样,并随时检查、校核。以确保工程质量和施工的顺利进行。其作业目的和顺序恰好与地形测量相反。地形测量是将地面上的地物、地貌测绘到图纸上,而施工放样则是将设计图纸上的建筑物、构筑物按其设计位置测设到相应的地面上。

为了达到预期的目的,在进行放样之前,测量人员首先要熟悉工程的总体布局和细部结构设计图,找出工程主要设计轴线和主要点位的位置以及各部分之间的几何关系,结合现场条件和已有控制点的布设情况,分析具体放样的方案,选择合适的放样方法,做出最优化处理,使放样精度达到最高。为了做好放样工作,要学习放样的有关规定、数据准备和方法的选择,熟悉各种放样的特点,并能进行精度分析。

进行施工测量工作时,工程建筑物放样的程序应遵守“由整体到局部”“先轴线后细部”的原则,即首先应以原勘测设计阶段所建立的测图控制网为基础,根据施工总平面图和施工场地地形条件设计并建立好施工测量控制网,再根据施工控制网点在现场定出各个建(构)筑物的主轴线和辅助轴线;根据主轴线和辅助轴线标定建(构)筑物的各个细部点。采用这样的工作程序,能保证建(构)筑物几何关系的正确,保证各种建筑物、构筑物、管线等的相对位置能满足设计要求,而且使施工放样工作可以有条不紊地进行,便于工程项目分期分批地进行测设和施工,避免施工测量误差的累积。

将施工图上建筑物的形状、大小和高程,通过其特征点标定在实地上。如矩形建筑物的四角、线形建筑物的转折点等,因此点位放样是建筑物放样的基础。根据所采用的放样仪器和实地条件不同,常用的点的平面位置的放样方法有极坐标法、直角坐标法、方向线交会法、前方交会法、距离交会法、全站仪坐标放样等。高程放样的方法主要是采用水准高程放样和三角高程放样。无论是采用何种方法,从总体来说,施工放样的基本工作可以归结为已知水平角的测设、已知水平距离的测设和已知高程的测设。放样数据的计算就是求出放样所需的长度、角度和高程或放样点的坐标。

一、施工放样前的准备工作

施工放样前,应收集施工现场控制测量成果及其技术总结和有关地形图、工程建筑物的设计图与设计文件等必要的资料。再对图纸中的有关数据和几何尺寸认真进行检核,确认无误后,方可作为放样的依据。放样工作的任何一点差错,都将直接影响工程的质量和施工进度,因此必须按正式设计审批的图纸和设计文件进行放样,不得凭口头通知或用未经批准的草图放样。所有放样的点线,均应有检核条件,经过检查验收,才能交付使用。

施工放样前,应根据设计图纸和有关数据及使用的控制点成果,计算放样数据,绘制放样草图。所有数据、草图均应认真检核。在放样过程中,应使用放样手簿及放样工作手册,建立完整的数据记录制度。手簿和手册应按工程部位分开使用,并随时整理,妥善保管,防止丢失。放样手簿及放样工作手册主要内容包括:工程部位,放样日期,观测和记录者姓名;放样所使用的控制点名称、坐标和高程,设计图纸的编号,放样数据及放样草图;放样过程中疑难问题的解决办法;实测资料及外业检查图形等。

二、施工放样的程序

施工放样贯穿于整个施工期间,特别是大型工程,建筑物多,结构复杂,要求施工放样按照一定程序有条不紊地进行。

在设计工程建筑物时,首先做出建筑物的总体布置,确定各建筑物的主轴线位置及其相互关系。然后在主轴线的基础上设计各辅助轴线。根据各辅助轴线再设计建筑物的细部位置、形状和尺寸等。由此可见,工程建筑物的设计是由整体到局部的设计过程。

工程建筑物的放样,也遵循从整体到局部的原则。通常首先根据施工控制网放样出各建筑物的主轴线,再根据建筑物的几何关系,由主轴线放样出辅助轴线,最后放样出建筑物的细部位置。采用这种放样程序,既能保证所放样的建筑物各元素间的几何关系,保证整个工程和各建筑物的整体性,同时还可避免对施工控制网提出过高的要求等。例如,飞机场场道放样中,首先根据场区施工控制网放样出场道主轴线,再由主轴线放样出停机坪、加油站及拖机道的轴线,最后由各轴线放样出各建筑物(构筑物)的细部位置。又如工业厂房放样时,首先根据施工控制网放样出厂房主轴线,然后由主轴线定出厂房辅助轴线和设备安装轴线,最后定出厂房细部位置和设备的安装位置。

三、施工放样的精度要求

在地形测量中,控制测量和地形、地物的测绘精度,主要取决于成图比例尺,比例尺越大,则精度要求越高。而在施工测量中,施工放样的精度一般不是由设计图纸的比例尺来决定的,而是由下列因素决定的。

(一)建筑物位置元素的确定方法

在设计建筑物时,建筑物的位置元素通常采用下列方法确定:①进行专门计算;②按标准图设计;③用图解方法设计。显然,由①、②两种方法确定的建筑物的位置元素精度高,而由方法③确定的建筑物的位置元素精度较低。建筑物位置元素确定的精度高时,其放样的精度要求一般也高;反之,建筑物位置元素确定的精度低时,其放样的精度要求也低。

(二)建筑物的建筑材料

建筑物的建筑材料不同,对施工放样的精度要求也不一样。一般金属结构和钢筋混凝土结构的建筑物要求放样精度高,而土结构和砖石结构建筑物要求放样精度较低。

(三)建筑物的规模和用途

建筑物规模的大小和用途不同,对放样的精度要求也不一样。大型和高层建筑物要求放样精度较小型和低层建筑物要高;建筑物间有连续生产设备,如自动运输或传动设备等,其放样精度要求较没有连续生产设备的要高。此外,永久性建筑物放样精度要求较临时性建筑物要求高。

(四)施工程序和施工方法

施工程序和施工方法也是确定精度要求的重要因素。如采用平行施工法比采用逐步施工法的放样精度要求高,采用机械法施工和预制件安装施工比人工和现场浇筑施工的放样精度要求高。

合理确定放样精度要求,是一项重要而复杂的工作,除掌握测量知识外,还需要掌握一定的工程知识和施工知识。

四、施工放样的方法

任何一项放样工作均可认为是由放样依据、放样方法和放样数据三部分组成。放样依据就是放样的起始点(施工测量控制点),放样方法指放样的具体操作步骤,放样数据则是放样时必须具备的数据。

放样的操作过程受使用仪器的不同而有一定的差异。对于建筑物平面位置的放样,常采用的方法有直角坐标法、极坐标法、方向线交会法、前方交会法、轴线交会法、正倒镜投点法、距离交会法、自由设站法和 GNSS - RTK 法等。

按精度的不同,又可分为直接法和归化法两类。

高程放样通常采用水准测量方法、钢尺丈量和三角高程测量等方法。

第二节　施工放样的基本操作

施工放样时,往往是根据工程设计图纸上待建的建筑物和构筑物的轴线位置、尺寸及其高程,算出待放点位与控制点(或原有建筑物的特征点)之间的距离、角度、高程等测设数据,然后以控制点为依据,将待放点位在实地标定出来,以便施工。由此可见,不论采用哪种放样方法,施工放样实质上都是通过测设水平角、水平距离和高程(高差)来实现的。因此,把水平角放样、水平距离放样和高程(高差)放样称为施工放样的基本操作。

一、水平角放样

水平角放样,一般简称角度放样,是以设站点的某一已知方向为起始方向,按设计水平角放样出待放方向。

(一)直接法放样水平角

如图 4-1(a)所示,A、B 为已知点,需要放样出 AC 的方向,设计水平角(顺时针)$\angle BAC=\beta$。

1. 一般方法(盘左放样)

当水平角放样精度要求较低时,可置全站仪于点 A,以盘左位置照准后视点 B,设水平度盘读数为零(或任意值 α),再顺时针旋转照准部,使水平度盘读数为 β(或 $\alpha+\beta$),则此时视准轴方向即为所求。

将该方向测设到实地上,并于适当位置标定出点位 C_0(先打下木桩,在放样人员的左右指挥下,使定点标志与望远镜竖丝严格重合,然后在桩顶标定出 C_0 点的准确位置)。

理论上,AC_0 方向应该与 AC 方向严格重合,但由于仪器误差等因素的影响,两方向实际上会有一定偏差,出现水平角放样误差 $\Delta\beta$,如图 4-1(b)所示。

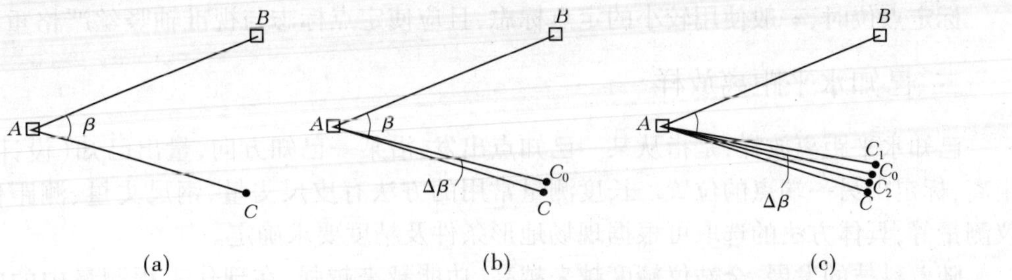

图 4-1 直接法放样水平角

2. 正倒镜分中法(双盘放样)

在以往习惯中,全站仪盘左位置常称为正镜,盘右位置称为倒镜。水平角放样时,为了消除仪器误差的影响以及校核和提高精度,可用"1. 一般方法(盘左放样)"中同样的操作步骤,分别采用盘左(正镜)、盘右(倒镜)在桩顶标定出两个点位 C_1、C_2,最后取其中点 C_0 作为正式放样结果,如图 4-1(c)所示。

虽然正倒镜分中法比一般方法精度高,但放样出的方向和设计方向相比,仍会有微小偏差 $\Delta\beta$。

(二)归化法放样水平角

归化法实质上是将上述直接放样的方向作为过渡方向,再实测放样水平角,并与设计水平角进行比较,把过渡方向归化到较为精确的方向上来。

如图 4-2 所示,当采用直接法放样出 AC_0 方向后,选用适当的仪器,采用测回法观测 $\angle BAC_0$ 若干测回(测回数可根据放样精度要求具体确定)后取平均值。设角度观测的平均值为 β'。

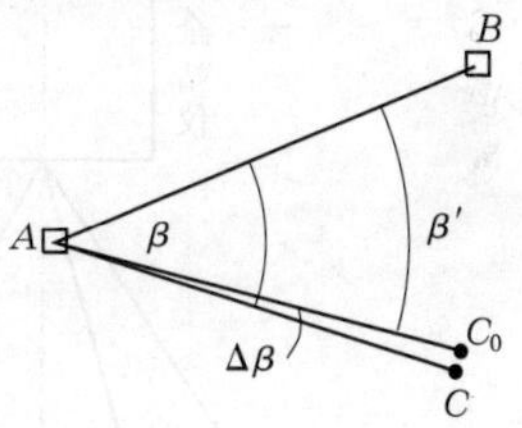

图 4-2 归化法放样水平角

设实测水平角与设计水平角之间的差值为 $\Delta\beta$,则有

$$\Delta\beta = \angle BAC_0 - \angle BAC = \beta' - \beta \tag{4-1}$$

如果 C 点至 A 点的设计水平距离为 D_{AC},由于 $\Delta\beta$ 较小(一般以秒为单位),故可用以下公式计算垂距 C_0C

$$C_0C \approx \frac{\Delta\beta''}{\rho} D_{AC} \tag{4-2}$$

式中,$\rho = 206\ 265''$。

从 C_0 点起沿 AC_0 边的垂直方向量出垂距 C_0C,定出 C 点,则 AC 即为设计方向线。必须要注意的是,从 C_0 点起向外还是向内量取垂距,要根据 $\Delta\beta$ 的正负号来决定。若 $\beta' < \beta$,$\Delta\beta$ 为负值,则从 C_0 点起向外归化,反之则向内归化。

(三)提高水平角放样精度的措施

为了消除仪器误差的影响,在水平角放样以前,应对仪器进行仔细的检验和校正。作业时,应尽量采用仪器的盘左、盘右进行双盘放样。

为了消除外界条件的影响,如旁折光影响、仪器受热不均匀影响、风的影响等,应选择适当的作业时间,合理布置设站点和后视点。比如视线远离旁边的地物、斜坡以及各种堆积物,以期避免太阳直射,时间选择在无大风的适宜时间段等。

为了消除仪器对中误差的影响,选择的设站点应靠近放样点,后视方向点远离设站点,作业时应仔细对中仪器。

标定点位时,一般使用较小的定点标志,且应使定点标志与视准轴竖丝严格重合。

二、已知水平距离放样

已知水平距离放样,是指从某一已知点出发,沿某一已知方向,量出已知(设计)的水平距离,标定出另一端点的位置。长度测量常用的方法有皮尺丈量、钢尺丈量、测距仪或全站仪测量等,具体方法的选取可根据现场地形条件及精度要求确定。

随着科技的发展,全站仪精度越来越高,功能越来越强,在现代工程测量中的应用也越来越广泛,成为不可缺少的仪器设备。下面以拓普康 GTS-330N 全站仪为例,进行说明。

(一)全站仪距离放样前的作业准备

1.仪器加常数设置

如图 4-3 所示,D_0 为 A、B 两点间的实际距离,而距离观测值则为 D',它是仪器等效发射接收面与反光棱镜等效反射面间的距离。图 4-3 中,K_i 为仪器等效发射接收面偏离仪器对中线的距离,称作仪器加常数。K_r 为反光棱镜等效反射面偏离反光棱镜对中线的距离,称作棱镜加常数。由图 4-3 可知

$$D_0 = D' + K_i + K_r \tag{4-3}$$

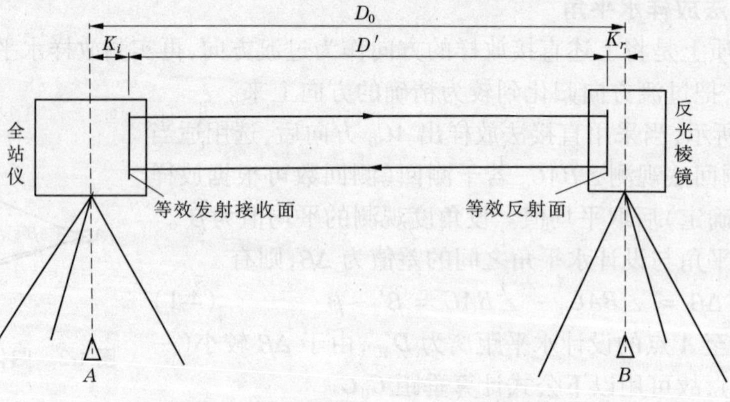

图 4-3　仪器加常数与棱镜加常数

对于仪器加常数 K_i,仪器厂家常通过电路参数的调整,在出厂时尽量使 K_i 为零,但一般难以精确为零。况且即使出厂时为零,在使用过程中也会因为电路参数产生漂移而使仪器加常数发生变化,这就要求按测量规范规定定期测定仪器加常数。经检定的仪器加常数 K_i 可在观测前置入仪器。仪器常数不需要每次都检测和设置,一般在进行一个新的工程项目或有特殊情况下再检测和设置。仪器加常数简易测定方法如下:

如图 4-4 所示,在一条近似水平、长约 100 m 的直线 AB 上,选择一点 C。事先把仪器加常数预置为 0,再重复观测直线 AB、AC 和 BC 的长度,观测数次后取其平均值,作为最终数值,则仪器常数

$$K_i = AB - (AC + CB) \tag{4-4}$$

下面来说明仪器加常数的设置方法。

在按［F1］键的同时，打开电源开关［POWER］，进入校正模式。按［F2］键：进入仪器常数设置模式，按［F1］键输入测定的常数值，然后关闭电源即可。

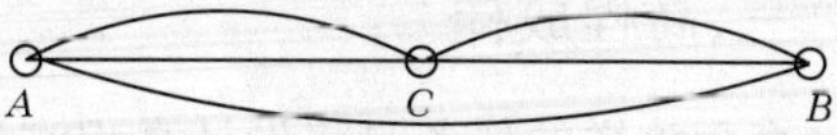

图4-4　三段法测定仪器加常数

2. 棱镜加常数设置

一般来说，棱镜加常数 K_r 可由厂家按设计值精确制定，且一般不会因经年使用而变动。棱镜加常数一般可在观测前置入仪器。

拓普康仪器棱镜加常数一般为零，若不是使用拓普康的棱镜，则必须设置相应的棱镜加常数。一旦设置了棱镜加常数，则关机后该常数仍被保存。

在距离模式或坐标测量模式下，按［F3］（S/A）键，进入设置音响模式，然后按［F1］键，进入棱镜加常数设置模式，按［F1］键输入棱镜加常数值后显示窗返回到声响设置模式。

3. 大气改正设置

光在大气中的传播速度并非常数，随大气的温度和气压而改变，这就必然导致距离观测值含有系统性误差，为了解决这一问题，需要在全站仪中对距离观测值加入大气改正。

全站仪中一旦设置了大气改正系数，即可自动对测距结果进行大气改正。在短程测距或一般工程放样时，由于距离较短，大气改正可忽略不计。

根据测量的温度和气压，利用说明书中提供的大气改正系数的计算公式，即可求得大气改正系数（PPM）。拓普康全站仪中，15 ℃和 760 mmHg 柱是设置的一个标准值，此时的大气改正系数为 0 PPM。

在距离模式或坐标测量模式下，按［F3］（S/A）键，进入声响设置模式，然后按［F2］（PPM）键，进入大气改正系数设置模式，按［F1］键输入大气改正系数后显示窗返回到设置音响模式。

也可以直接输入温度和大气压，由全站仪自行计算大气改正系数。在进入设置音响模式后，按［F3］（T－P）键，进入温度气压设置模式，按［F1］键输入温度和气压后显示窗返回到设置音响模式。

（二）距离放样

在距离测量模式下，按［F4］键翻至第 2 页按［F2］键进入放样模式，选择平距或斜距中任一种放样方式，然后输入待放的设计距离，按［ENT］键确认后即可进行距离放样。

放样时，仪器操作人员指挥司镜员左右移动，使棱镜正好安置在待放方向上（棱镜中心与视准轴竖丝严格重合，粗略放样时大致重合即可）。按［测量］键测距，当棱镜反射回光线后，全站仪屏幕上将显示出实测距离与设计距离之差 dHD，且

$$dHD = 实测距离 - 设计距离$$

当 dHD＞0 时，应指挥司镜员面向仪器向前移动｜dHD｜；当 dHD＜0 时，应指挥司镜员面向仪器向后移动｜dHD｜。

反复操作，直至 dHD＝0 且棱镜中心与视准轴竖丝严格重合，此时棱镜中心对应点位即为待放点位，棱镜中心至仪器中心距离即为待放距离。

需要注意的是，拓普康全站仪中有三种测距方式：精测、粗测和跟踪。不同测距方式显示的距离精度也不相同，在实际放样过程中可根据需要灵活选择。

三、高程放样

高程放样的任务是将设计高程测设在指定桩位上。在工程建筑施工中，例如，在平整场地、开挖基坑、定路线坡度和定桥台桥墩的设计标高等场合，经常需要高程放样。高程放样常用的方法有水准测量法，有时也采用钢尺直接丈量竖直距离或全站仪三角高程测量法。全站仪可以同时放样点的 x、y、H，具体放样方法放在本章第三节设计平面点位的测设中讲解。

高程放样与水准测量的不同之处在于：不是测定两固定点之间的高差，而是根据一个已知水准点，并根据设计的高差（或高程）标定出放样点的高程。

（一）水准测量法

如图 4-5 所示，设水准点 A 的高程为 H_A，要求放样出 B 点的竖向位置，使其高程为 H_B。为此，在 A、B 两点中间安置水准仪，设读得 A 点上水准标尺读数为 a，由此得到水准仪的视线高程为

$$H_i = H_A + a \tag{4-5}$$

在 B 点竖立水准标尺，设水准仪瞄准 B 点水准标尺的读数为 b，则 b 应满足方程

$$b = H_i - H_B \tag{4-6}$$

也即

$$b = H_A + a - H_B \tag{4-7}$$

升高或降低 B 点上所立标尺，使标尺读数恰好等于 b，此时可沿标尺底部在木桩侧面或墙上画线，即可确定 B 点的竖向位置。

当高程测设的精度要求较高时，可在木桩的顶面旋入螺钉作为测标，拧入或退出螺钉，可使测标顶端达到所要求的高程，如图 4-6 所示。

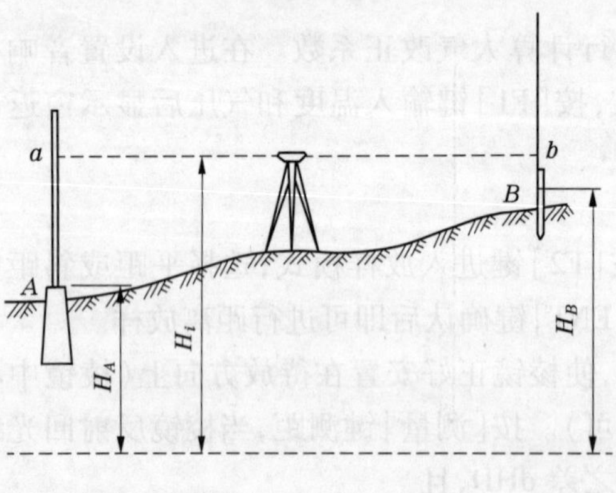

图 4-5　设计高程高于实际地面时水准测量法高程放样

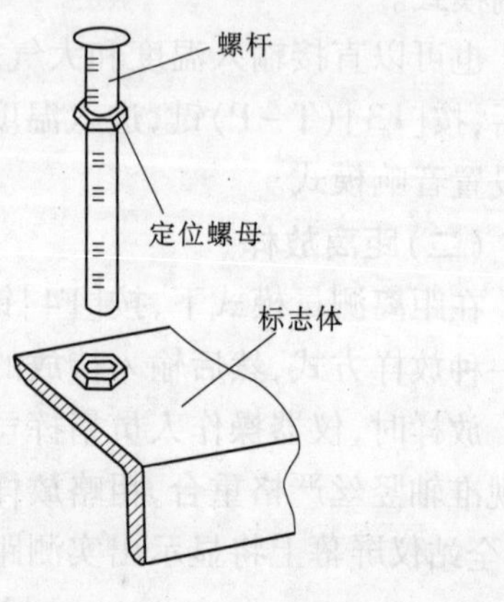

图 4-6　旋转式螺钉顶部作为高程放样位置

当设计高程低于实际地面时，则无法通过向下移动标尺使读数恰好为 b。此时可在 B 点桩顶竖立标尺，直接测定出 B 点桩顶高程 $H_{顶}$，如图 4-7 所示。设桩顶水准标尺读数为 d，则

$$H_{顶} = H_i - d \tag{4-8}$$

根据 B 点设计高程 H_B 和 $H_{顶}$，即可求得从桩顶距 B 点设计高程位置之间的填挖高度 c。

知道了填挖高度 c,实质上也就确定了 B 点的竖向位置。这种方法也适用于前面所讲的待放点设计高程高于地面的情况。

$$c = H_B - H_{顶} \tag{4-9}$$

当待放点设计高程 H_B 高于水准仪视线高程时,可以使标尺零点向上,采用"倒尺"工作,如图 4-8 所示。这时计算公式仍然同式(4-7),但 b 符号为负。

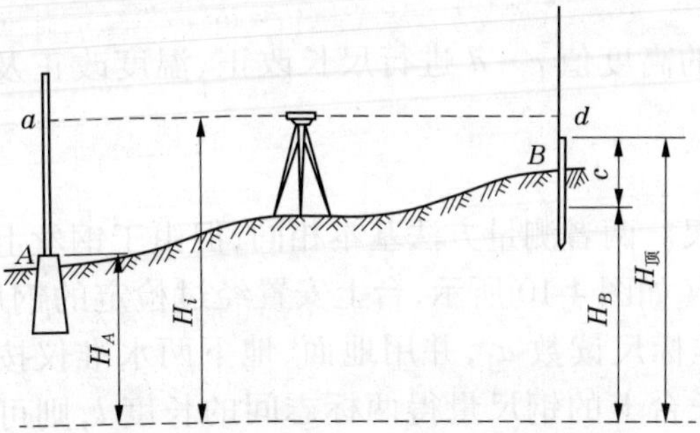

图 4-7　设计高程低于实际地面时水准测量法高程放样

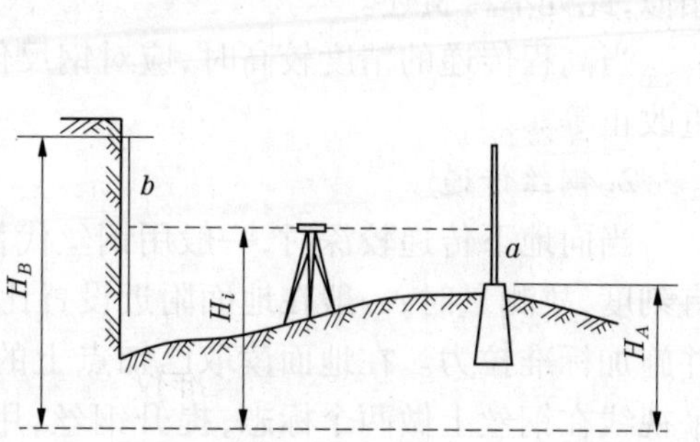

图 4-8　待放点高程高于水准仪视线高程时水准测量法高程放样

(二)高程传递

若待放高程点的设计高程与水准点的高程相差很大,如测设较深的基坑标高或测设高层建筑物的标高,只用标尺已无法放样,此时可借助钢尺或钢丝将地面水准点的高程传递到坑底或高楼上。

1. 钢尺传递

如图 4-9(a)所示,已知水准点 A 的高程为 H_A,需要在深基坑内测设出 B 点竖向位置,使其设计高程等于 H_B。

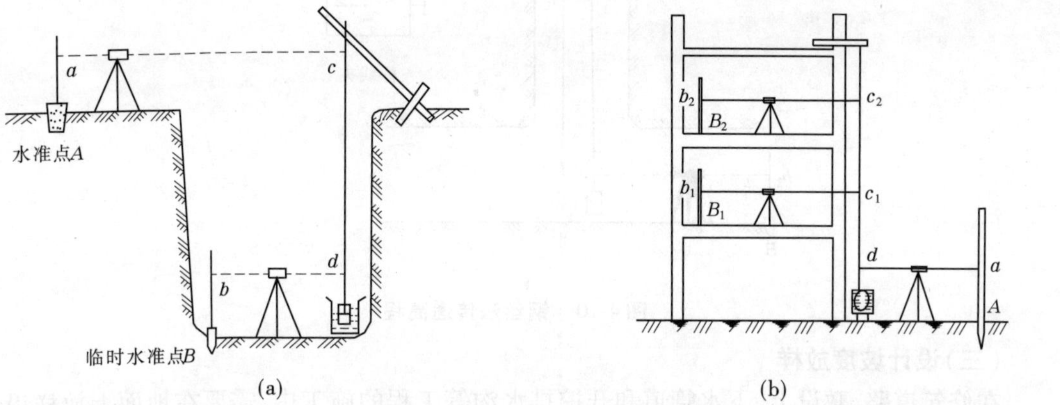

图 4-9　钢尺法传递高程

在深基坑一侧悬挂钢尺(标尺零点在下端,并挂一个重量约等于钢尺检定时拉力的重锤,为减少摆动,重锤放入盛废机油或水的桶内)代替一根水准尺。先在地面上的图示位置安置水准仪,读出 A 点水准标尺上的读数 a,钢尺上的读数 c;将水准仪移至基坑内安置在图示位置,读出钢尺上的读数 d。假设 B 点水准标尺上的读数为 b,则有下列方程成立

$$H_A + a = H_B + b + (c - d)$$

也即

$$b = H_A + a - (c - d) - H_B \tag{4-10}$$

升高或降低 B 点上所立标尺，使标尺读数恰好等于 b，采用水准测量法中高程测设方法，即可确定 B 点的竖向位置。

如图4-9(b)所示，是将已知水准点 A 的高程传递到高层建筑物上的情况，方法与上述相似，此处不再赘述。

当高程传递的精度较高时，应对钢尺传递的高度值 $c-d$ 进行尺长改正、温度改正及自重改正等。

2. 钢丝传递

当向地下传递较深时，一般用钢丝代替钢尺。两者测量方法基本相同，但由于钢丝上没有刻度，故测量时，一般在地面附近设置比长台(如图4-10所示，台上安置经过检定的钢尺，并施加标准拉力。在地面读取已知点上的水准标尺读数 a_1，并用地面、地下两水准仪按水平视线在钢丝上做两个标志，提升钢丝，用比长台上的钢尺量得两标志间的长度 l，则可按式(4-11)计算地下 B 点水准标尺上的应读数值 b_2，并放样出 B 点竖向位置。

$$b_2 = H_A + a_1 - l - H_B \tag{4-11}$$

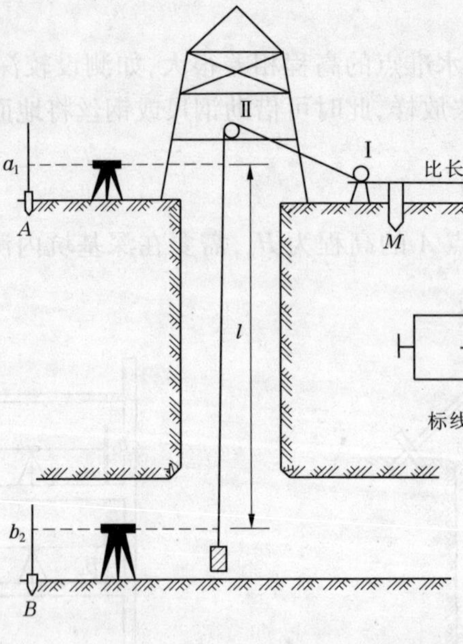

图4-10　钢丝法传递高程

(三)设计坡度放样

在修筑道路，敷设上、下水管道和开挖排水沟等工程的施工中，需要在地面上放样设计的坡度线。坡度放样所用仪器有水准仪和全站仪等。

如图4-11所示，设地面上 A 点的高程为 H_A，现要从 A 点沿 AB 方向测设出一条坡度为 i 的直线，A、B 间的水平距离为 D。使用水准仪的测设方法如下：

(1)首先计算出 B 点的设计高程为 $H_B = H_A - iD$，然后应用水平距离和高程放样方法测设出 B 点。

(2)在 A 点安置水准仪，使一个脚螺旋在 AB 方向线上，另两个脚螺旋的连线垂直于 AB

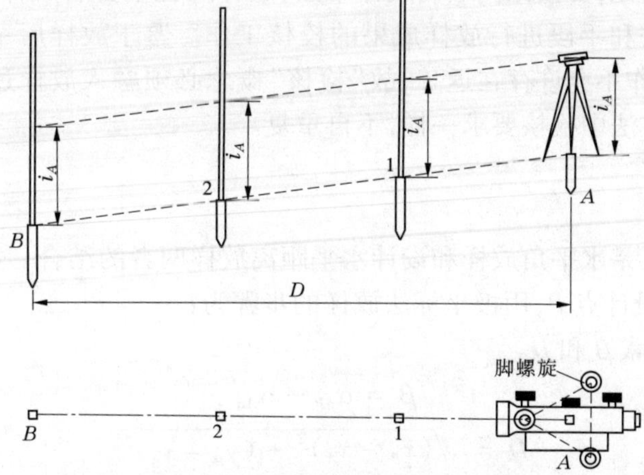

图 4-11 用水准仪测设坡度

方向线，量取水准仪高 i_A，用望远镜瞄准 B 点上的水准尺，旋转 AB 方向上的脚螺旋，使视线倾斜至水准尺读数为仪器高 i_A，此时，仪器视线坡度即为 i。在中间点 1、2 处打木桩，然后在桩顶上立水准尺使其读数均等于仪器高 i_A，这样各桩顶的连线就是测设在地面上的设计坡度线。

当设计坡度 i 较大，超出了水准仪脚螺旋的最大调节范围时，应使用全站仪进行放样，方法同上。当使用电子经纬仪或全站仪放样时，可以将其竖直度盘显示单位切换为"坡度"单位，直接将望远镜视线的坡度值调整到设计坡度 i 即可，不需要先测设出 B 点的平面位置和高程。

第三节 设计平面点位的测设

任何工程建筑物的位置、形状和大小，都是通过其特征点在实地上表示出来的。例如，圆形建筑物的中心点、矩形建筑物的四个角点、线形建筑物的端点和转折点等。因此，放样建筑物归根结底是放样点位。常用的设计平面点位放样方法有直角坐标法、极坐标法、方向线交会法、前方交会法、距离交会法、轴线交会法、自由设站法、正倒镜投点法等。

设地面上至少有两个施工测量控制点，如 A、B、…，其坐标已知，实地上也有标志，待定点 P 的设计坐标也为已知。点位放样的任务是在实地上把点 P 标定出来。

一、直角坐标法

当建筑场地的施工控制网为方格网或建筑基线形式时，采用直角坐标法较为方便。这时待放样的点 P 与控制点之间的坐标差就是放样元素，如图 4-12 所示。

用直角坐标法定点的操作步骤为：

(1)在 A 点架设全站仪，后视点 B 定线并放样水平距离 Δy，得垂足点 E。

(2)在点 E 架设全站仪，采用水平角放样方法，拨角 90° 得方向 EP，并在此方向上放样水平距离 Δx，即得待定点 P。

为了保证放样的绝对正确，要尽可能由不同的人，采用不同的方法、不同的计算工具对放样数据进行检核对比;要按比例绘制放样略图;放样过程中要有放样记录手簿;放样结束后必须采用多种方法和手段进行放样成果的校核工作。鉴于放样后一般随即施工的特殊性,这就要求放样工作不允许存在返工,故"检核"概念必须融入放样过程中的任何一个环节。下面几种放样方法中检核要求一样,不再重复。

二、极坐标法

极坐标法实质上是水平角放样和设计水平距离放样两者的结合。如图4-13所示,欲由已知点A和B放样设计点P,用极坐标法放样的步骤为:

(1)计算放样元素β和D。

$$\beta = \alpha_{AP} - \alpha_{AB} \tag{4-12}$$

$$D = \sqrt{(x_P - x_A)^2 + (y_P - y_A)^2} \tag{4-13}$$

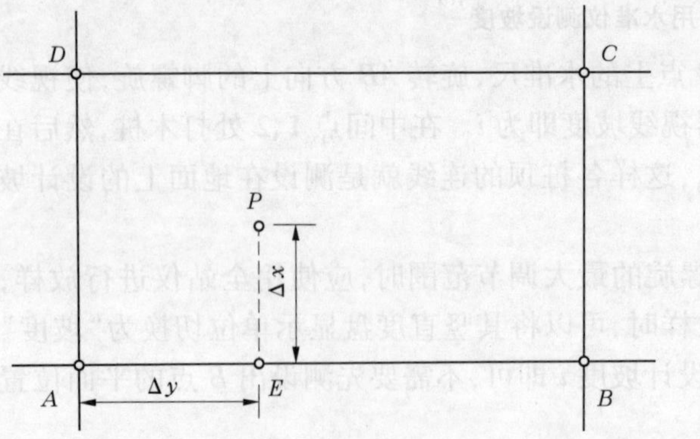

图4-12　直角坐标法

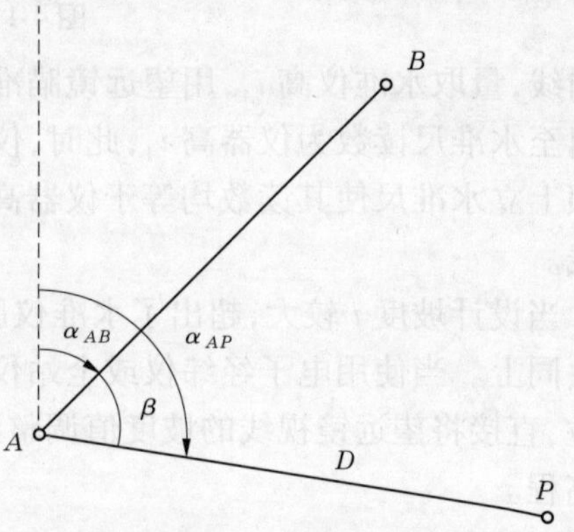

图4-13　极坐标法

(2)全站仪安置在点A,以点B定向,采用水平角放样方法,拨设计角度β得到方向AP。

(3)沿方向AP放样水平距离D,在地面上标出设计点P。

当放样精度较高时,需先在P点的概略位置打一个木桩,然后,方向放样与距离放样均在桩顶面进行。

用全站仪按极坐标法放样更为方便,因为全站仪都有按设计点位坐标进行放样的功能。全站仪极坐标法放样时,在设站点架好仪器,输入设站点坐标、仪器高后,即可瞄准后视点设置后视方位角;输入待放点坐标后,自动计算出待放方位角和待放水平距离;转动照准部,屏幕显示当前方位角与待放方位角之差,当差值为零时,视准轴方向即为待放方向;指挥棱镜在此方向上前、后移动,当前距离值和待放距离值之差(需移动的距离)随时在屏幕上显示,直至该距离差为零,即可确定待放点位置。

三、方向线交会法

方向线交会法是利用两条互相垂直的方向线相交来定出放样点位的方法。方向线的设立可以用全站仪,也可以是细线绳。当施工控制为矩形网(矩形网的边与坐标轴平行或垂直)时,可以用方向线交会法进行点位放样。

如图4-14所示矩形控制网,N_1、N_2、N_3和N_4是矩形控制网角点,为了放样点P,先用矩形控制网角点坐标和放样点设计坐标计算放样元素 Δx 和 Δy。自点 N_2 沿矩形边 N_2N_1 和 N_2N_3 分别量取 Δx_{N_2P} 和 Δy_{N_2P} 得点 1 和点 3；自点 N_4 沿矩形边 N_4N_3 和 N_4N_1 分别量取 Δx_{N_4P} 和 Δy_{N_4P} 得点 2 和点 4。于是就可以在点 1 和点 3 安置全站仪，分别照准点 2 和点 4，得方向线 1—2 和 3—4，两方向线的交点即为放样点 P。

若 P 点要进行基础开挖，其交会点位不能实地直接标出，则可以在基坑开挖范围之外，分别在 1—2、3—4 方向线上设置定位小木桩 a、b 和 c、d，这样便可随时用 a、b 和 c、d 拉线，交会出 P 点位置。为了消除仪器误差，则测设方向线 1—2、3—4 时，应用正倒镜分中法定线，提高定线精度。

四、前方交会法

当工程设计复杂，放样点离控制点较远，不便或不能量距时，用前方交会法比较方便，一般水利工程和桥梁工程应用较多。需要注意的是，在放样时交会角应不小于 30°或不大于 150°。

（一）前方交会直接放样点位

1. 二方向前方交会法放样点位

如图 4-15 所示，利用控制点 A、B 放样设计点 P 的方法为：

（1）计算放样元素

$$\alpha = \alpha_{AB} - \alpha_{AP}, \quad \beta = \alpha_{BP} - \alpha_{BA}$$

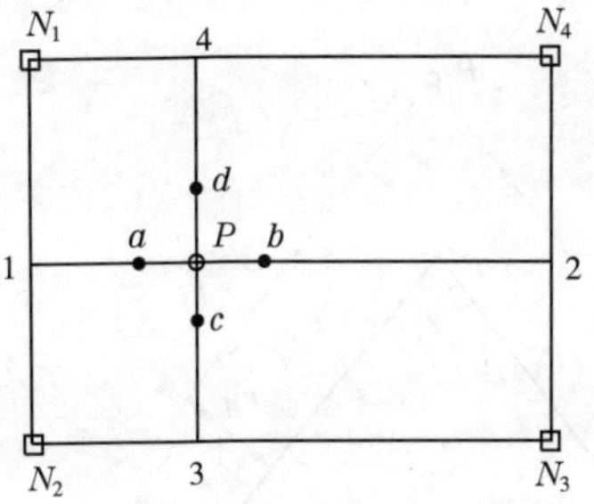

图 4-14 方向线交会法

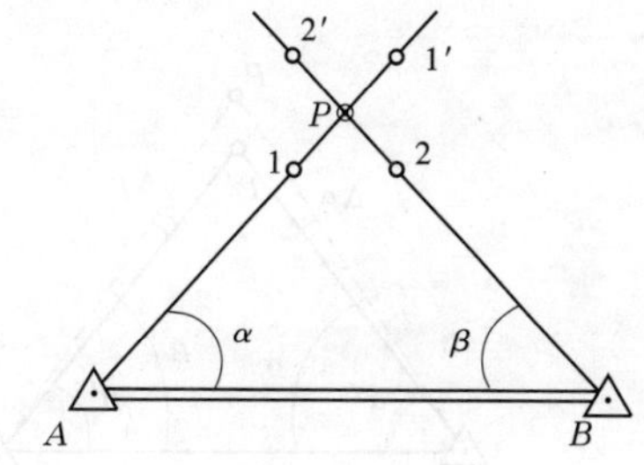

图 4-15 二方向前方交会法放样

（2）在点 A 架设全站仪，以点 B 定向，逆时针拨角 α，得方向线 1—1′；同样，在点 B 架设全站仪，以点 A 定向，顺时针拨角 β，得方向线 2—2′。通常需用正倒镜分中法定线，再用拉线法定出两方向线交点，即得待定点 P 的位置。

2. 三方向前方交会法放样点位

有时为了加强检核或提高放样精度，尚需在第三个控制点上放样第三条方向线来交会 P 点，如图 4-16 所示。当放样桥墩时，第三方向最好选用桥轴线方向。

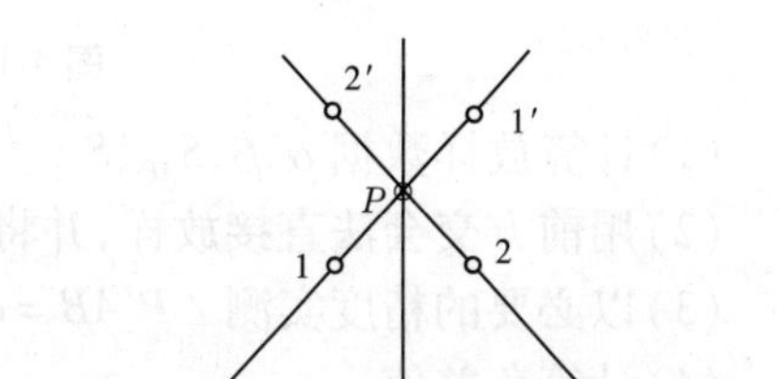

图 4-16 三方向前方交会法放样三角形处理

理论上这三个方向应交会于一点，但由于测量误差的存在,三条方向线未交会于一点,而是两两相交,形成一个示误三角形。一般情况下可取示误三角形的重心位置(三角形的重心即三条中线的交点)作为放样点位 P 的位置,如图 4-17 所示;当放样桥墩时,为了确保桥墩在桥轴线垂直方向上的精度,一般取桥轴线以外的另两个方向线的交点在桥轴线方向上的垂足作为桥墩的放样位置,如图 4-18 所示。

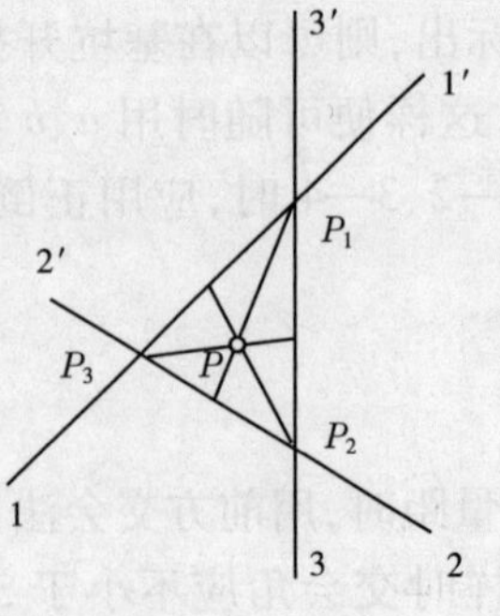

图 4-17　一般情况下示误三角形处理

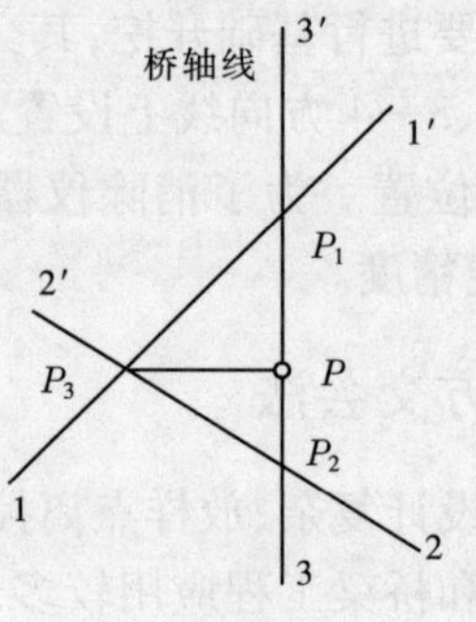

图 4-18　放样桥墩时示误三角形处理

(二)前方交会归化法放样点位

前方交会归化法放样点位是在前方交会法直接放样点位的基础上进行角度归化改正,从而得到较高精度的放样点位。实质是利用实测角度和设计角度之差,将初步定位点快速改正到设计位置上来。如图 4-19(a)所示,设已知控制点 A 和 B,待放样点为 P,其操作步骤如下:

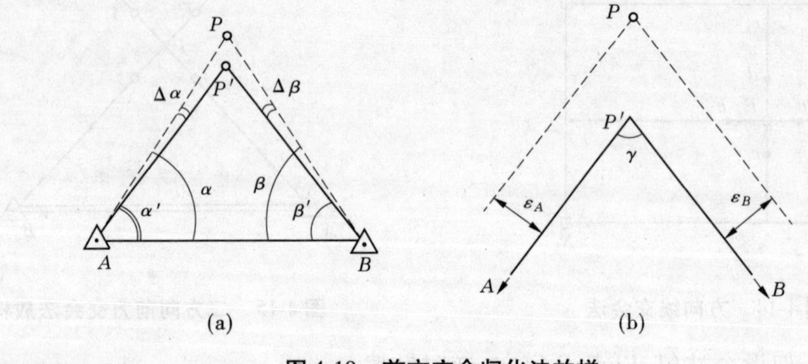

图 4-19　前方交会归化法放样

(1)计算放样数据 α、β、S_{AP}、S_{BP}。

(2)用前方交会法直接放样,并将得到的点作为临时点 P'。

(3)以必要的精度实测 $\angle P'AB=\alpha'$,$\angle ABP'=\beta'$。

(4)计算角差值

$$\Delta\alpha = \alpha' - \alpha$$
$$\Delta\beta = \beta' - \beta$$

(5)计算平移量

$$\left.\begin{aligned}\varepsilon_A &= \frac{S_{AP}}{\rho}\Delta\alpha \\ \varepsilon_B &= \frac{S_{BP}}{\rho}\Delta\beta\end{aligned}\right\}\tag{4-14}$$

(6)绘制归化改正图。

①取一张白纸,在上面适当位置处确定一点作为 P',如图 4-19(b)所示;

②过点 P'绘两条相交直线,使其夹角 $\gamma=180°-\alpha-\beta$,并用箭头指明 A、B 方向;

以上两步可以事先在室内完成,以便归化改正时使用。

③按 1:1的比例尺,以 ε_A 为间隔在外侧作直线平行于 $P'A$,以 ε_B 为间隔在外侧作直线平行于 $P'B$,两条直线的交点即为点 P。

需要注意的是,在直线 $P'A$、$P'B$ 外侧或是内侧绘平行线应根据实际情况确定,判断方法参见“水平角放样”中有关内容。

④使纸上的点 P'与实地上的 P'重合,纸上的方向 $P'A$ 对向准实地上的点 A,再用方向 $P'B$ 检核。此时纸上的点 P 就是设计点 P 的位置。

这种方法最早用于桥梁施工测量中,也有人称其为角差图解法。对于大型桥梁的水上桥墩定位,目前已广泛采用角差图解法,此法也可应用于其他水上工程建筑物的定位测量。

三方向前方交会时,同样可以用归化法改正,但需要处理归化改正图上出现的示误三角形。

(三)前方交会固定方向法

在施工过程中,随着工程进展,需多次交会待放点位置时,则可在控制点上把交会方向延伸到待放点另一侧,并用觇牌固定,加以编号。在以后交会时,只需用全站仪照准觇牌便可直接定向,见图 4-20。为了使交会方向更为精确,需对延伸方向用归化法进行改正,以提高交会精度。

五、距离交会法

距离交会法是从两控制点起,用钢尺向同一待放点量取相应的设计距离,相交处即为待放点位。距离交会法大多用于场地平坦、便于用钢尺量距的地区,且控制点到待放点的距离不应超过一个整尺段。

(一)距离交会直接法放样

如图 4-21 所示,距离交会法的具体步骤如下:

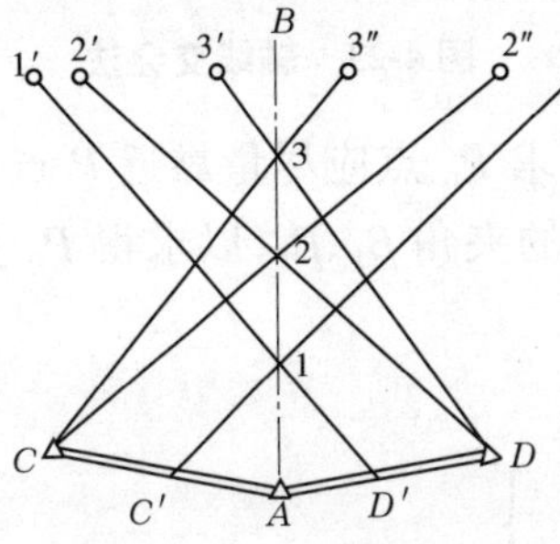

图 4-20　前方交会固定方向法

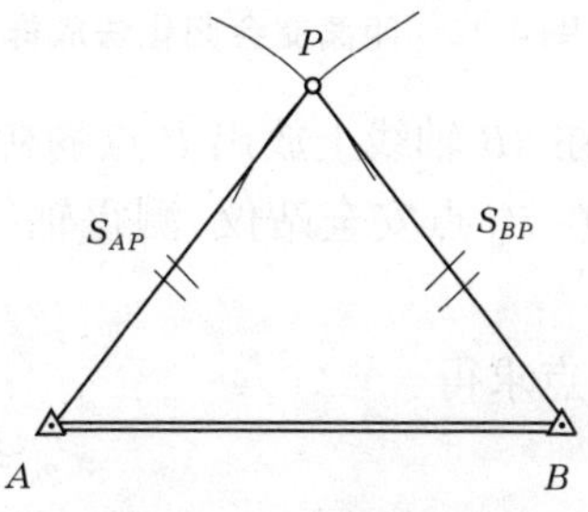

图 4-21　距离交会法

(1)计算放样元素

$$S_{AP} = \sqrt{(x_P - x_A)^2 + (y_P - y_A)^2} \tag{4-15}$$

$$S_{BP} = \sqrt{(x_P - x_B)^2 + (y_P - y_B)^2} \tag{4-16}$$

(2)在实地用两把尺子分别以 A、B 为圆心,以 S_{AP}、S_{BP} 为半径画弧交出的点即为所求点 P。

该法定点有双解,但实践中很容易判别。

(二)距离交会归化法放样点位

设已知控制点 A、B,待放样点为 P。用直接放样法得过渡点 P',精确测定 $S_{AP'}$ 和 $S_{BP'}$,即可绘制出归化改正图,如图 4-22 所示。其中

$$\Delta S_{AP} = S_{AP} - S_{AP'} \tag{4-17}$$

$$\Delta S_{BP} = S_{BP} - S_{BP'} \tag{4-18}$$

$$\gamma = \angle APB \tag{4-19}$$

六、轴线交会法

轴线交会法实质上是一种侧方交会。当放样点位于坐标轴线上或位于与坐标轴线相平行的轴线上时,可用轴线交会法来放样点位。此法多用于水利枢纽工程轴线上的点位放样。

如图 4-23 所示,M 和 N 是已知控制点,欲用轴线交会法在已知轴线 AB 上放样出待放点位 P。其操作步骤如下:

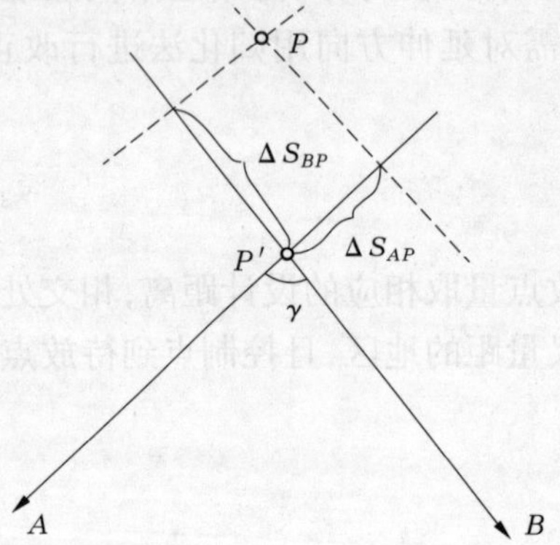

图 4-22　距离交会归化法放样

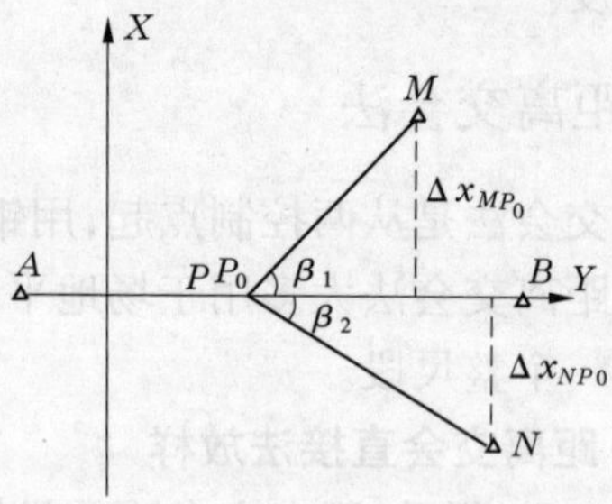

图 4-23　轴线交会法

首先在 AB 轴线上放出 P 点的初步位置,记作 P_0,要求 P_0 点应尽量靠近 P 点的设计位置。然后在 P_0 点安全站仪,测得轴线与 P_0M、P_0N 之间的夹角 β_1、β_2,以求得 P_0 点的坐标值。

由 M 点求得

$$\left.\begin{aligned} x'_{P_0} &= x_P \\ y'_{P_0} &= y_M \pm |\Delta x_{MP_0}|\cot\beta_1 \end{aligned}\right\} \tag{4-20}$$

由 N 点求得

$$\left.\begin{aligned} x''_{P_0} &= x_P \\ y''_{P_0} &= y_N \pm |\Delta x_{NP_0}|\cot\beta_2 \end{aligned}\right\} \tag{4-21}$$

式中的正负号看 y_P 与 y_M(或 y_N)的大小而选取,若 $y_{P_0} < y_M$(或 $y_{P_0} < y_N$),则 $|\Delta x_{MP_0}|$(或 $|\Delta x_{NP_0}|$)之前取负号,反之取正号。

取两组坐标的平均值,作为 P_0 点的最后坐标

$$\left.\begin{aligned} x_{P_0} &= x_P \\ y_{P_0} &= \frac{1}{2}(y'_{P_0} + y''_{P_0}) \end{aligned}\right\} \tag{4-22}$$

则 P_0 点实测坐标与 P 点设计坐标的差值为

$$\left.\begin{aligned} \Delta x &= 0 \\ \Delta y &= y_{P_0} - y_P \end{aligned}\right\} \tag{4-23}$$

这样,在轴线方向上从 P_0 点量取 $|\Delta y|$ 的长度,即可得到设计点位 P,但要根据式(4-18)判断量距方向。

采用轴线交会法放样,选择控制点时要求两控制点位于轴线两侧且近似对称,初放点位 P_0 应尽量位于轴线上,以削弱测量误差的影响。

七、正倒镜投点法

在需要设置方向线时,有时控制点(或定向点)间有障碍物不通视,或者在方向线的端点上不能安置仪器。这时可用正倒镜投点法,把仪器安置在方向线上。

正倒镜投点法的实质是先将仪器架设在已知控制点的连线上,再进行放样工作。该法是利用相似三角形的原理找出仪器偏离已知方向线的距离,然后将仪器移至已知方向线上。

(一)前视等偏法

如图 4-24 所示,设 A、O、B 为已知直线上的 3 个点,全站仪置于 O 点上,正镜照准 A 点后,倒转望远镜,前视 B 点。由于仪器视准轴不垂直于横轴,或者横轴不垂直于竖轴等误差的影响,十字丝的交点不通过 B 点而落于 B_1 点;然后,用倒镜再照准 A 点,倒转望远镜前视 B 点,十字丝交点也不通过 B 点而落于 B_2 点,这时 $BB_1 = BB_2 = \frac{1}{2}B_1B_2$。若仪器无误差,则 B_1、B_2 与 B 点重合,A、O、B 在一直线上。

如图 4-25 所示,若仪器安置在 O' 点上,并按上述操作,其施测结果定出的是 B' 点。量取 BB' 后,即可根据 AB 和 AO 的长度,求出仪器偏离方向线的距离 $OO' = \frac{AO}{AB}BB'$。若将仪器由 O' 向方向线 AB 移动 OO',即可将仪器安置在已知方向线上。

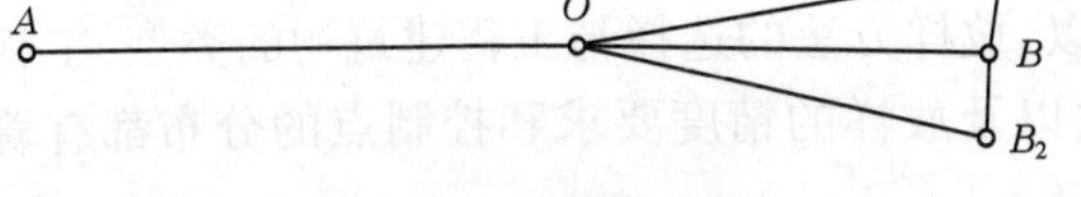

图 4-24　前视等偏法

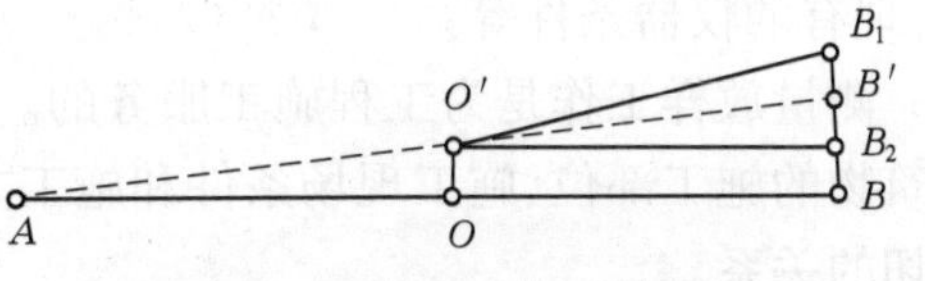

图 4-25　前视等偏法放样点位

实际操作过程中,应先概略地目视一下两端点的位置,将仪器大致安置在 AB 连线上,再用圆水准器大致整平仪器,按前述方法初步找出 OO',然后移动仪器。由于初步安置仪器时 AO 的距离不能精确确定,因此 OO' 的值也很近似,故只能多次重复上述操作,以逐渐趋近的方法直至仪器移至 O 点。

(二)测站均位法

当两定向点不易估计方向线偏离大小时,可以用测站均位法。如图 4-26 所示,用盘左

正倒镜照准两定向点 A、B 时,得盘左设站点 O_1;用盘右正倒镜照准两定向点 A、B 时,得盘右设站点 O_2。取 O_1、O_2 的平均位置 O,即为 AB 方向线上的设站点。当然,在仪器没有误差时,O_1、O_2 两点应和 O 点重合。

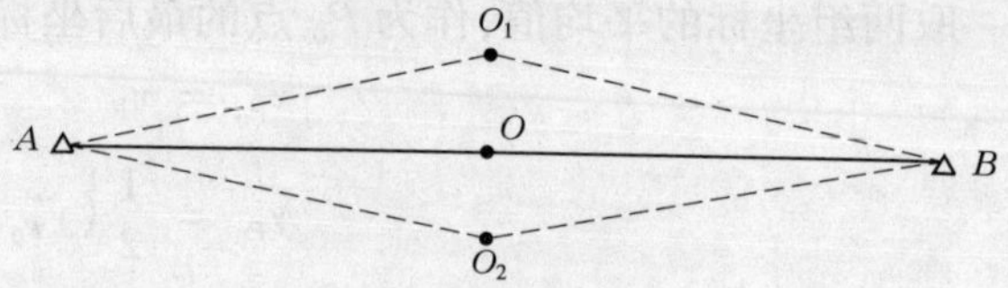

图4-26 测站均位法

八、自由设站法

电子全站仪的广泛应用,给放样工作带来了很多方便。在已有两个以上已知点的情况下,置全站仪于任一合适的地方,观测到已知点的边长、方向,即可按最小二乘法求得测站点坐标,同时也完成了测站定向。再根据测站点、已知点和放样点的坐标,采用极坐标法放样各放样点,该法称自由设站法。自由设站法实际上是一种边角后方交会。

自由设站法加极坐标法是实现施工放样测量一体化的主要方法。

九、GNSS - RTK 法

GNSS - RTK 是一种全天候、全方位的新型测量仪器,是目前实时、准确地确定待放点位置的最佳方式。它需要一台基准站和一台流动站接收机以及用于数据传输的电台。RTK 定位技术是将基准站的相位观测值及坐标信息通过数据链方式及时传送给流动站,流动站将收到的数据链连同自采集的相位观测数据进行实时差分处理,从而获得流动站的实时三维坐标。流动站再将实时坐标与设计坐标相比较,从而指导放样。

GNSS - RTK 测量原理及方法在专门教材中讲解,此处不再赘述。

十、放样方法的选择

前面介绍了各种点位放样方法,在实际放样工作中,由于工程建筑物复杂多样,往往不是单一的基本方法可以解决的,需要将几种方法综合应用,才能放出该建筑物的轮廓点、线。因此,选取适当的放样方法,对快速准确地完成放样任务是十分重要的。

放样方法的选择应考虑以下因素:建筑物所在地区的条件,建筑物的大小、种类和形状,放样所要求的精度,控制点的分布情况,施工的方法和速度,施工的阶段,测量人员的技术条件,现有的仪器条件等。

测量放样工作是为工程施工服务的。所以,放样方法的选择与工程建筑物的类型、工程建筑物的施工部位、施工现场条件和施工方法以及放样的精度要求和控制点的分布都有着密切的关系。

根据前面对各种方法介绍和分析可知,在工业厂区的建设中,多采用直角坐标法或方向线交会法放样出柱子或设备中心位置,而对于桥梁的桥墩中心或混凝土拱坝坝块则多采用前方交会法和极坐标法放样确定。在同一工程建设中,不同的部位采用的方法可能不同,如直线型混凝土重力坝的底层浇筑时,各坝块的中心是根据设置在上、下游围堰及纵向围堰和岸边的施工控制网点,采用方向线交会法放样确定的,而上部坝块的中心,则利用两岸的控制点采用轴线交会法放样确定。对于高大的塔式建筑物和烟囱,为满足滑模快速施工的要求,常采用激光铅直仪进行投点以确定烟囱的施工中心。

在工程施工中，施工控制点的分布情况对放样方法的选择有着关键性的作用。这主要是因为不同的放样方法对控制点的要求有所不同。例如，方向线交会法要求两对控制点的连线要正交或形成矩形方格控制网，另外对于不同控制点的选取也会对放样精度产生不同的影响。因此，放样方法的选取应该是在进行施工控制网设计时作为设计考虑的一个方面。

测量仪器设备对放样方法的确定也起着不可忽视的作用，对于不同的仪器，对同一个点的放样选取的方法也有所不同。随着仪器设备的不断更新，有些放样方法也逐步被淘汰，同时又有许多新方法出现。

为了保证建筑物放样的精度要求，在设计施工控制网精度时，就应考虑各种放样方法及其在各种不同的条件下所能达到的精度，由此来确定放样测站的加密方法及精度，进而结合具体工程建筑物的施工条件、现场情况来设计控制点的密度和加密方法与层次，并根据放样点的放样精度要求，来推求对控制网的精度要求，以作为控制网设计的精度依据。它也是选取放样方法时所考虑的一种因素。

第四节 全站仪坐标放样

全站仪是由电子测角、光电测距、微型机及其软件组合而成的智能型光电测量仪器。全站仪的基本功能是测量水平角、竖直角和斜距，借助于机内固化的软件，可以组成多种测量功能，如可以计算并显示平距、高差以及镜站点的三维坐标，进行偏心测量、悬高测量、对边测量、面积计算等，同时具有数据采集、坐标放样、存储管理等专业功能。

常见的全站仪品牌很多，如徕卡、拓普康等，不便一一列举，下面以拓普康 GTS－330N 全站仪为例，来说明全站仪坐标放样的操作过程。

一、全站仪内放样数据的输入

待放点坐标数据的输入方式有两种：

第一种，放样时现场输入待放点坐标。这种方法一般用于待放点较少，且放样次数也比较少的情况。具体输入方法非常简单，不再赘述。

第二种，在全站仪内建立放样数据文件，并预先输入所有待放点坐标，放样时只需要输入待放点点号。这种方法用于待放点位较多，或需要多次重复放样的情况。当输入全部放样数据且未用这些数据放样之前，必须重新逐点校对全站仪中输入的坐标是否正确，以确保数据的准确性。一旦数据输错，每次放样均是按错误的坐标值放样点位，很可能造成重大施工事故。

建立数据文件的方法如下：

在正常测量模式下按[MENU]键，仪器进入菜单模式，显示主菜单如图 4-27 所示。

按[F3]（存储管理）键，仪器就进入存储管理模式。然后按[F4]（P↓）键翻页，进入2/3页后按[F1]键输入坐标，在显示窗口中按[F1]键输入想要的文件名，并按[F4]（ENT）键确认。用同样的方法输入点号和坐标数据，按[F4]（ENT）键确认后自动显示下一个点号，且点号自动加一。

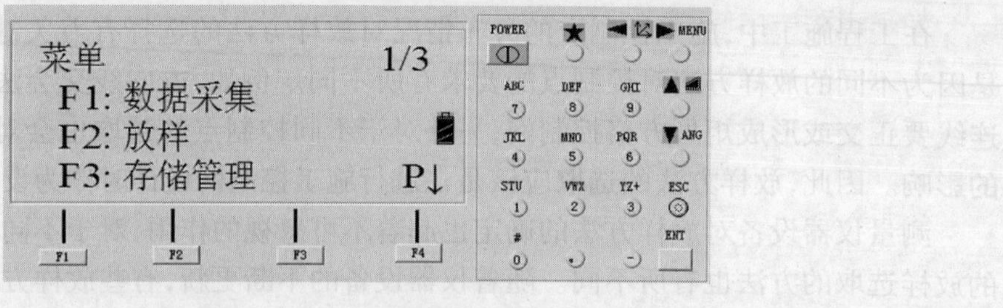

图4-27　主菜单

若键入的内容有误,可在存储管理菜单中通过删除文件的坐标数据,删除有误的坐标后重新输入。

二、全站仪坐标放样

全站仪坐标放样是角度放样、水平距离放样、高程放样的结合。由于涉及距离放样,故在放样之前,也必须进行距离放样前的作业准备,设置仪器常数、棱镜常数,进行大气改正设置等,具体内容可参见本章第二节。

准备工作完成后,在正常测量模式下按[MENU]键,仪器进入主菜单模式。按[F2](放样)键,屏幕上提示输入待放点坐标数据文件名。其显示窗口如图4-28所示。

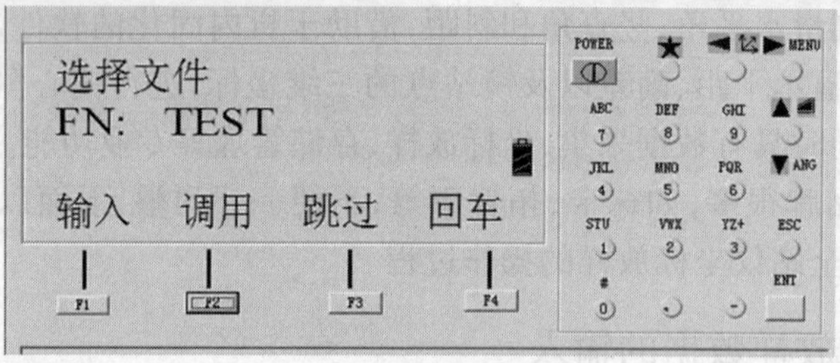

图4-28

此时可以直接输入,也可以从库里查找调用。若内业没有输入待放点坐标,这时要输一个便于记忆的文件名。按[ENT]键确认后就进入放样模式。

(一)测站点设置

在"放样"模式下按[F1]键,提示输入测站点点号。如图4-29所示。

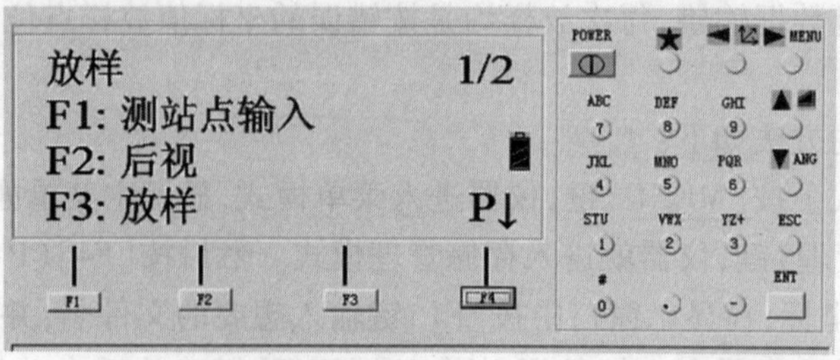

图4-29

如果内存中已经存储坐标数据文件,可直接用[F1]键输入或用[F2]键调用相应点号,按[F4]键确认后,屏幕提示检核坐标值,如正确,按[F3]键确认。

如果内存中未存储坐标数据文件,按[F3](坐标)键进入坐标输入窗口,然后用[F1](输入)键和[F4](ENT)键确认即可输入测站点坐标。

按 F4(ENT)键输入仪器高,确认后返回到放样模式。

(二)后视点设置

在放样模式下按[F2](后视)键提示输入后视点点号。

如果内存中已经存储坐标数据文件,可用测站点设置中相应的方法输入后视点号。等出现后视方位角时,转动望远镜瞄准后视点,按[F3](YES)键即可配置好后视方位并返回到 LAYOUT 模式。

如果内存中未存储坐标数据文件,按[F3](NE/AZ)键进入坐标输入窗口,用测站点设置中相应的方法输入后视点坐标及相应点号,等出现后视方位角时,同样配置好后视方位。

若后视点坐标未知而知道相应的坐标方位角,可在坐标输入窗口中按[F3](AZ)键直接输入后视坐标方位角。

(三)放样

在“放样”模式下按[F3](放样)键提示输入待放点号。

如果内存中已经存储坐标数据文件,可用测站点设置中相应的方法输入待放点号如图 4-30 所示。出现棱镜高窗口时用同样的方式输入棱镜高后,在计算窗口中显示测站点到待放点的坐标方位角 HR 及测站点到待放点的水平距离 HD。如图 4-31 所示按[F1](角度)键,其显示窗口如图 4-32 所示,然后转动望远镜直到 dHR = 0°0′0″,此时视准轴方向即为待放方向,然后指挥司镜员左右移动棱镜,直到棱镜中心与视准轴重合。然后按[F1](距离)键(按[F1](模式)键可选择测距模式),其显示窗口如图 4-33 所示,指挥司镜员前后上下移动棱镜至 dHD = 0.000 和 dZ = 0.000。把棱镜位置在实地标定出来,该点即放样完毕。按[F3](坐标)键进行检核,按[F4](继续)键即可放样下一个待放点。

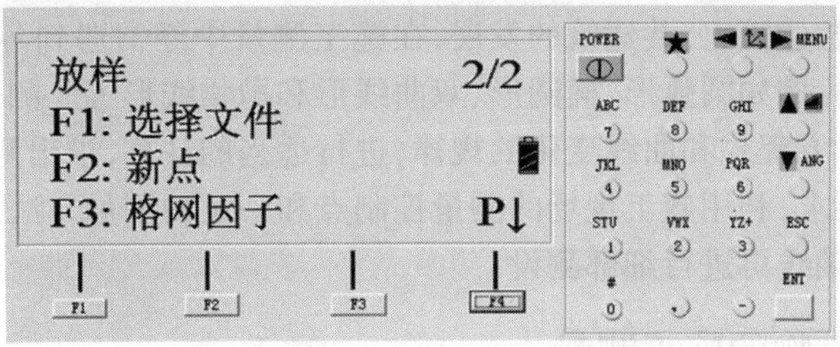

图 4-30

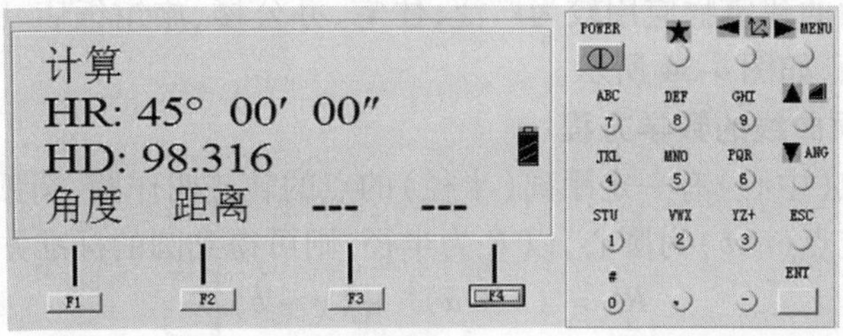

图 4-31

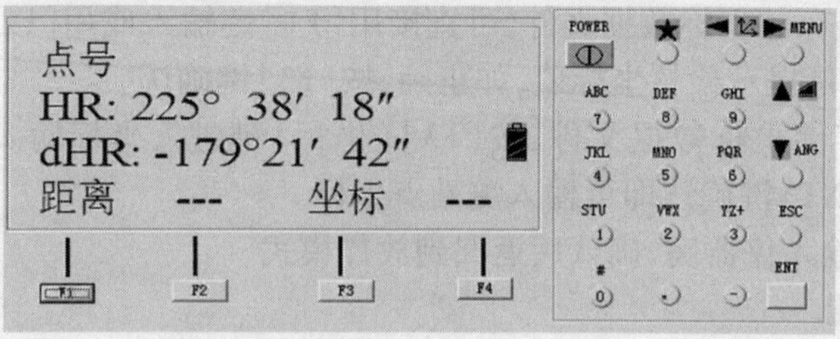

图 4-32

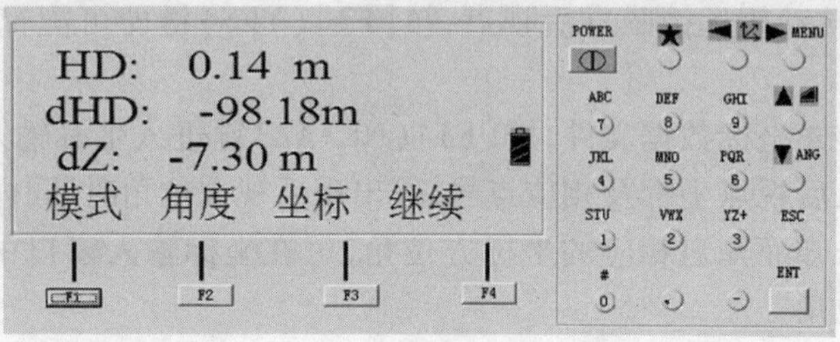

图 4-33

如果内存中未存储坐标数据文件,即可按[F3](坐标)键直接输入待放点坐标,剩下的操作过程与上面完全相同,不再赘述。

需要注意的是,放样精度较低时,司镜员可以直接用棱镜杆或简易对中杆放样点位;当放样精度较高时,司镜员最好用棱镜杆和脚架配合放样点位。先用棱镜杆粗略放样点位,再架设仪器,进行精密放样。

第五节 特殊建(构)筑物的放样

近年来,随着旅游建筑、公共建筑的发展,在施工测量中经常遇到各种平面图形比较复杂的建筑物和构筑物,例如圆弧形、椭圆形、双曲线形和抛物线形等。测设这样的建筑物,要根据平面曲线的数学方程式和曲线变化的规律,进行适当的计算,求出测设数据。然后按建筑设计总平面图的要求,利用施工现场的测量控制点和一定的测量方法,先测设出建筑物的主要轴线,根据主要轴线再进行细部测设。

一、圆弧形建筑物的施工测量

具有圆弧形平面的建筑物应用较为广泛,住宅、办公楼、旅馆饭店、医院、交通建筑等都经常采用圆弧形平面,如图 4-34 所示。

(一)圆弧形平面曲线的数学方程

平面上与一定点(中心)有一定距离(半径)的点的轨迹叫作圆,圆弧是圆的一部分。设以坐标系中任意一定点(a,b)为圆心,以 R 为半径,则可得到圆的标准方程式:

$$R^2 = (x-a)^2 + (y-b)^2 \tag{4-24}$$

当以坐标原点为圆心时,式(4-25)可简化为

$$R^2 = x^2 + y^2 \tag{4-25}$$

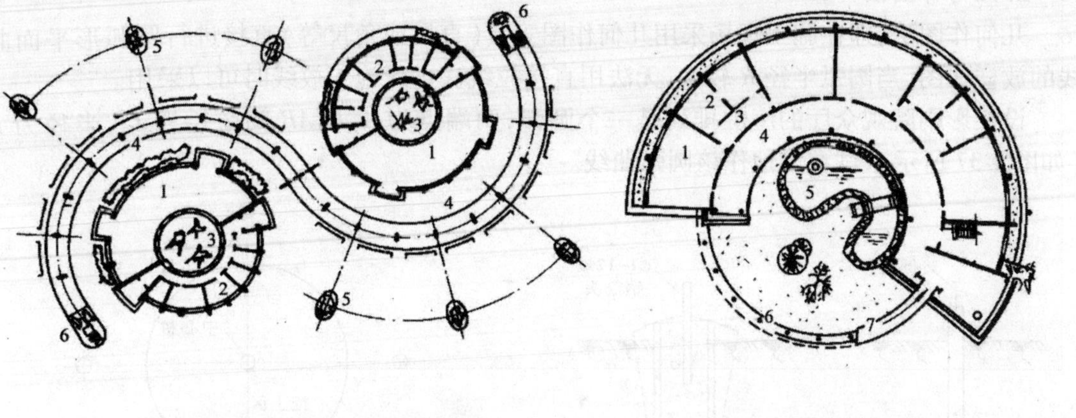

1—候车室;2—业务用房;3—绿化庭园;
4—候车廊;5—绿化分车岛;6—宣传牌
(a)某公共汽车总站平面图

1—活动室;2—餐室;3—盥洗室;4—走廊;
5—水池;6—外廊;7—坡道
(b)某实验婴儿院平面示意图

图 4-34 圆弧形平面图形建筑物示例

当 R 一定时,只要知道变量 x 和 y 其中一个数值,便可求得圆弧曲线上任何一个数值,即

$$x = \sqrt{R^2 - y^2} \tag{4-26}$$

$$y = \sqrt{R^2 - x^2} \tag{4-27}$$

(二)圆弧形平面图形的现场施工放线

弧形平面建筑物的现场施工放样方法很多,一般有直接拉线法、几何作图法、坐标计算法及全站仪测角法等。作业中,应根据设计图上给出的定位条件及现场情况采用相应的施工放样方法。

1. 直接拉线法

这种施工放样方法比较简单,根据设计总平面图,先定出建(构)筑物的中心位置和主轴线,再根据设计数据(圆弧的半径),即可进行施工放样操作。这种方法适用于圆弧半径较小的情况。

(1)根据设计总平面图,实地测设出该圆的中心位置,并设置较为稳定的中心桩(木桩或水泥桩)。

使用木桩时,木桩中心处钉一圆钉;使用水泥桩时,水泥桩中心处应埋设一短钢筋头,如图 4-35 所示。设置中心桩时应注意:

①中心桩位置应根据总平面要求,设置正确。

②中心桩要设置牢固。

③整个施工过程中,中心桩需多次使用,所以应妥善保护。同时,为防止中心桩因发生碰撞移位或因挖土被挖出等,四周设置辅助桩(如图 4-36 所示),以便对中心桩加以复核或重新设置,确保中心桩位置正确。

(2)依据设计半径,用钢尺套住中心桩上的圆钉或钢筋头,画圆弧即可测设出圆曲线。钢尺应松紧一致,不允许有时松时紧的现象,不宜用皮尺进行画圆操作。

2. 几何作图法

几何作图法,即在施工现场采用几何作图工具(直尺或角尺等)直接进行圆弧形平面曲线的放样作图,当圆弧半径 R 较大,无法用直接拉线法进行施工放线时可以采用。

设某影剧院观众厅的座位排列是一个圆弧,两端点为 A、B,AB 间弦长为 L_0,半径为 R(如图 4-37 所示),试在实地作该圆弧曲线。

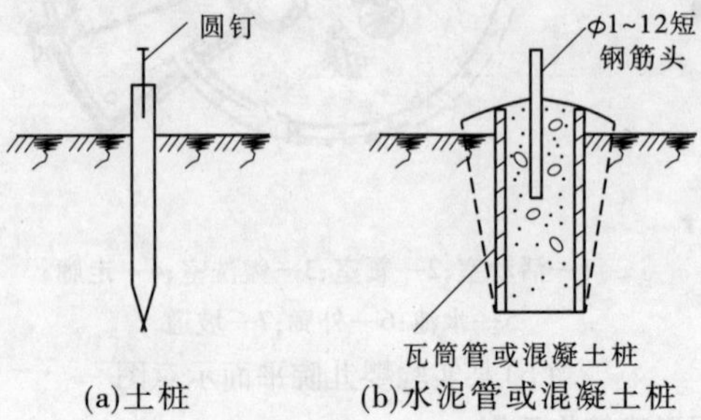

图 4-35　中心桩

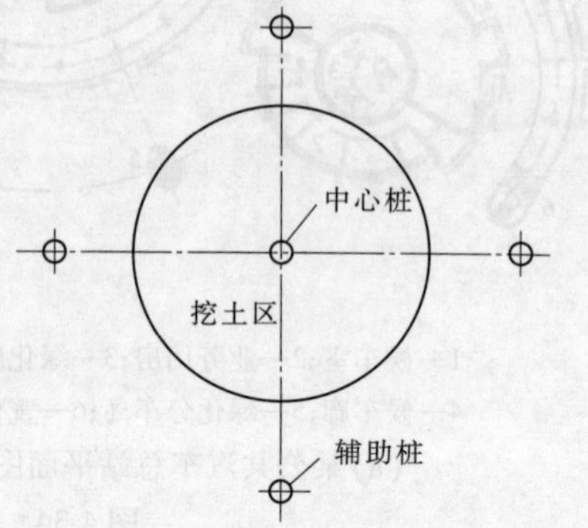

图 4-36　辅助桩

(1)根据弦长和半径,计算出拱高 h_0,即可确定 AB 圆弧的 1/2 分点 C;其中拱高 h_0 的计算公式为

$$h_0 = R - \sqrt{R^2 - (\frac{L_0}{2})^2} \tag{4-28}$$

(2)量出 AC 或 BC 弦长,即可利用式(4-28)重新计算出 AC 或 BC 弦所对应的拱高,用以确定 AB 圆弧的 1/4 分点。

(3)用上述方法依次确定 1/8 分点、1/16 分点、1/32 分点……。

(4)将所得各分点以平缓曲线相连,即得所要求的圆弧曲线的大样图。一般说来,重复 3 ~4 次,即可满足圆弧曲线的精度要求。

3. 坐标计算法

坐标计算法是当圆弧形建筑平面的半径尺寸 R 很大,圆心已远远超出建筑物平面,无法采用直接拉线法或几何作图法时采用的一种施工放样方法。

坐标计算法,一般是先根据设计平面图所给条件建立直角坐标系,进行一系列计算,并将计算结果列成表格后,根据表格再进行现场施工放样。因此,坐标计算法的现场施工放样工作比较简单,且能获得较高的施工精度。

仍然设圆弧 AB 间弦长为 L_0,半径为 R,利用式(4-28)可求得拱高 h_0。以圆弧所在圆的圆心为坐标原点 o,建立 xoy 平面直角坐标系,则圆弧上任一点 i 的坐标应满足方程 $R^2 = x_i^2 + y_i^2$。

对应于任意一点 i,我们均可利用式(4-29)计算出该点对应的矢高值 h_i,如图 4-38 所示。

$$h_i = \sqrt{R^2 - x_i^2} - (R - h_0) \tag{4-29}$$

利用式(4-29)计算出所有待放点的矢高值 h_i,即可将所有点的相应 x、h 编制成放样数据表,用直角坐标法进行放样。

若曲线长度太长,常用偏角法、切线支距法或极坐标法对圆弧曲线进行施工放样。

二、椭圆形建筑物的施工测量

具有椭圆形平面的建筑较多地被用于公共建筑中，尤其是大型体育场馆。这是因为椭圆形平面的建筑具有可合理地利用空间、在各个方位都能获得良好清晰度，且能获得均匀的深度感和高度感等优点。如图 4-39 所示。

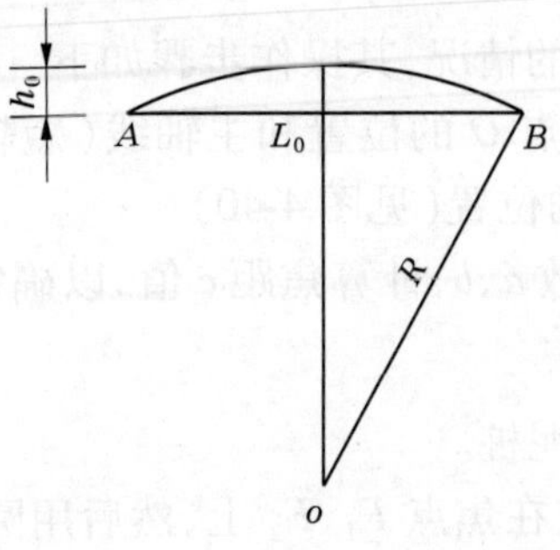

图 4-37 某排坐席的圆弧曲线

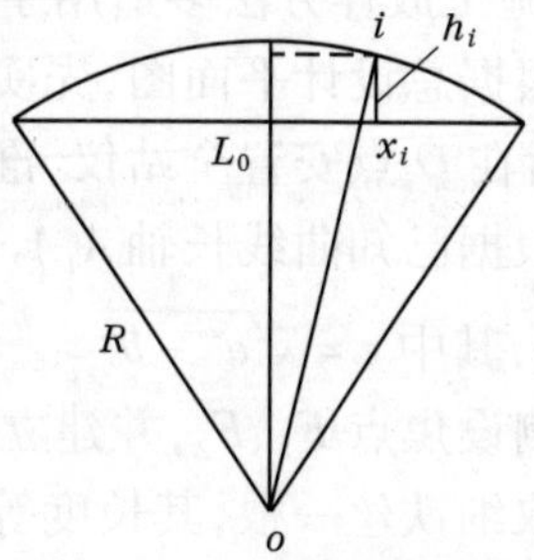

图 4-38 求解矢高值

(一)椭圆形平面曲线的数学方程

平面内到两定点 F_1、F_2 的距离之和等于常数的点的轨迹叫作椭圆。这两个定点 F_1、F_2 叫作椭圆的焦点，两焦点的距离叫作焦距，我们取它等于 $2c$，即 $F_1F_2=2c(c>0)$。如图 4-40 所示，设点 $M(x,y)$ 是椭圆上任意一点，则 MF_1 与 MF_2 两段之和为一定值，我们取它等于 $2a$，即 $MF_1+MF_2=2a(a>0)$。

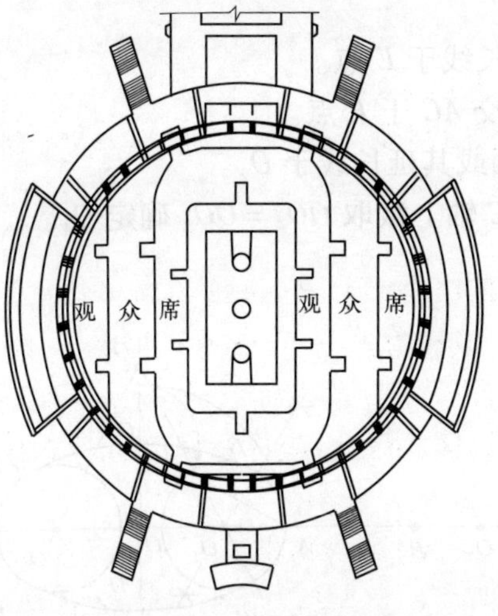

图 4-39 浙江省体育馆椭圆形平面示意图

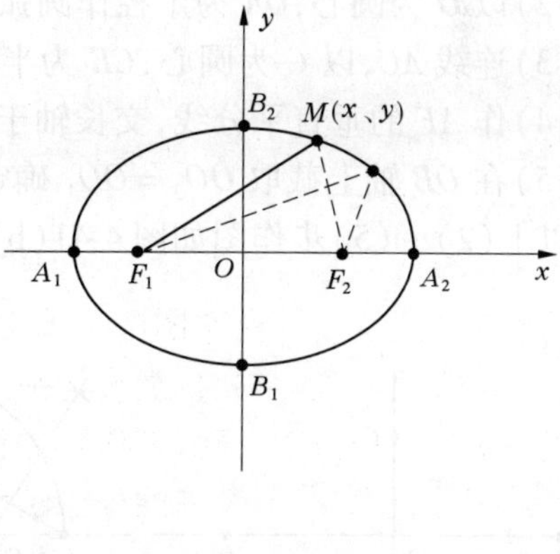

图 4-40 椭圆直角坐标系

设 $a^2-c^2=b^2$，即可得到椭圆的标准方程式为

$$\frac{x^2}{a^2}+\frac{y^2}{b^2}=1(a>b) \tag{4-30}$$

如果椭圆的焦点在 y 轴上，只要将上面方程式中的 x、y 互换后即可得到它的标准方程式，即

$$\frac{y^2}{a^2}+\frac{x^2}{b^2}=1(b>a,b^2-c^2=a^2) \tag{4-31}$$

(二)椭圆形平面图形的现场施工放线

椭圆形平面的施工放样方法很多,常用的方法有直接拉线法、几何作图法和坐标计算法等。

1. 直接拉线法

这种施工放样方法多适用于椭圆形平面尺寸较小的情况,其操作步骤如下:

(1)根据总设计平面图,先实地测设出椭圆的中心点 O 的位置和主轴线(短轴)B_1B_2 的方向,然后在 O 点安置全站仪,准确测设出长轴 A_1A_2 的位置(见图 4-40)。

(2)根据已知曲线长轴 A_1A_2、短轴 B_1B_2 的曲线参数 a、b,计算焦距 c 值,以确定焦点 F_1、F_2 的位置,其中 $c=\sqrt{a^2-b^2}$。

(3)测设焦点 F_1、F_2,并建立较为稳定的木桩或水泥桩。

(4)取细铁丝一根,其长度等于 $2a$。将其两端固定在焦点 F_1、F_2 上,然后用圆铁棍或木棍套住细铁丝后拉紧并缓缓移动,即可得到一条符合设计要求的椭圆形曲线,然后每隔若干距离打桩做标志(画曲线过程中,用力应始终一致)。

2. 几何作图法

当椭圆平面尺寸较大时,可采用几何作图法进行椭圆曲线的现场施工放线。而几何作图法中,又大多采用四圆心法,因为它能直接放出椭圆曲线,施工操作不太复杂。四圆心法作图的操作步骤如下:

(1)根据椭圆圆心 O,利用椭圆长轴($2a$)和短轴($2b$)的尺寸,定出椭圆的四个端点 A、B、C、D 并连线 AB、CD,如图 4-41(a)所示。

(2)以 O 为圆心,OA 为半径作圆弧,交 CD 延长线于 E 点。

(3)连线 AC,以 C 为圆心,CE 为半径作圆弧,交 AC 于 F 点。

(4)作 AF 的垂直平分线,交长轴于 O_1,交短轴或其延长线于 O_2。

(5)在 OB 轴上截取 $OO_3=OO_1$ 确定 O_3,在 OC 轴上截取 $OO_4=OO_2$ 确定 O_4。

以上(2)~(5)步作图如图 4-41(b)所示。

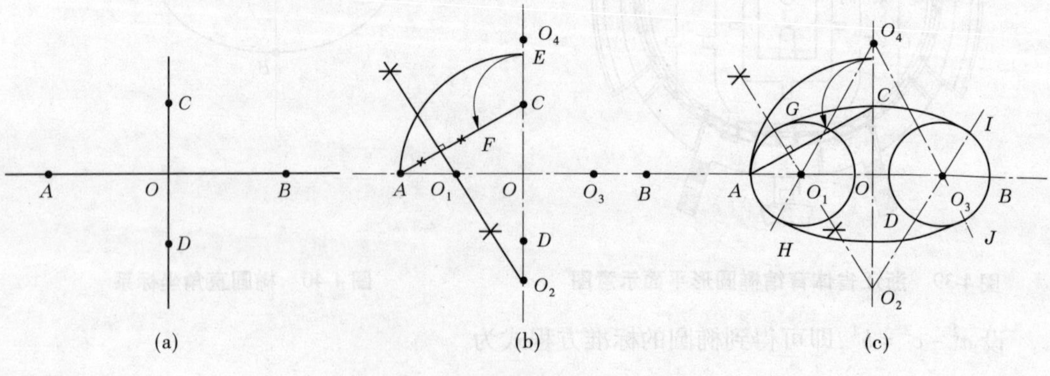

图 4-41　用四心圆法作近似椭圆

(6)分别以 O_1、O_2、O_3、O_4 为圆心,以 O_1A、O_2C、O_3B、O_4D 为半径作圆弧,使各弧段在

O_2O_1、O_2O_3 和 O_4O_1、O_4O_3 的延长线上的 G、I、H、J 四点处相交，则所得的封闭曲线即为所要求的近似椭圆曲线，如图 4-41(c)所示。

3. 坐标计算法

当椭圆形平面曲线的尺寸较大或是不能采用直线拉线法和几何作图法进行施工放样时，常采用坐标计算法，即用椭圆的标准方程，计算出椭圆曲线上各点的 x、y 值，并将计算结果列成表格，根据表格数据再利用直角坐标法进行现场施工放样，如图 4-42 所示。

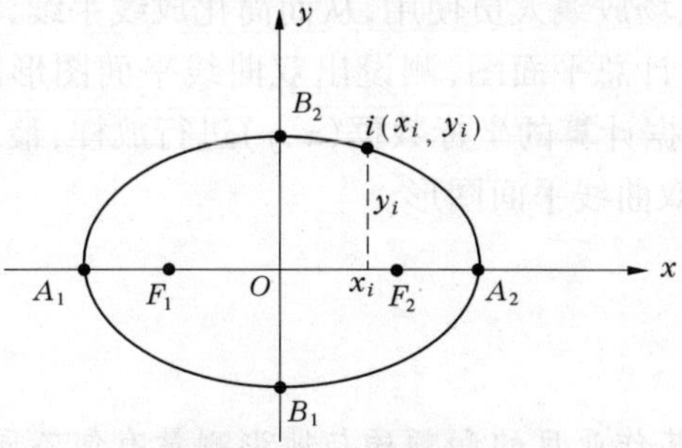

图 4-42　坐标计算法

把所有放样好的椭圆上的点用光滑曲线进行连接，即可得到所要放样的椭圆曲线。

三、双曲线形建筑物的施工测量

具有双曲线平面的建筑多为公共高层建筑，如会议厅、办公楼、体育馆等，如图 4-43 所示。

(一)双曲线平面曲线的数学方程

根据数学定义，平面内到两定点 F_1、F_2 的距离之差等于常数的点的轨迹叫作双曲线。这两个定点 F_1、F_2 叫作双曲线的焦点，两焦点之间的距离叫作焦距，我们取它等于 $2c$，即 $F_1F_2=2c(c>0)$。如图 4-44 所示，设点 $M(x,y)$ 是双曲线上任意一点，则 MF_1 与 MF_2 两段之差为一定值，我们取它等于 $2a$，即 $MF_1-MF_2=2a(a>0)$。

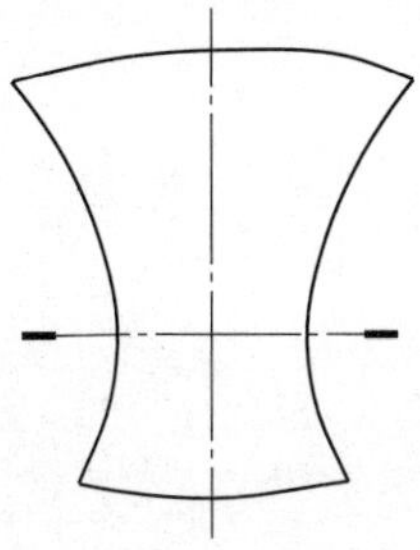
图 4-43　某体育馆平面

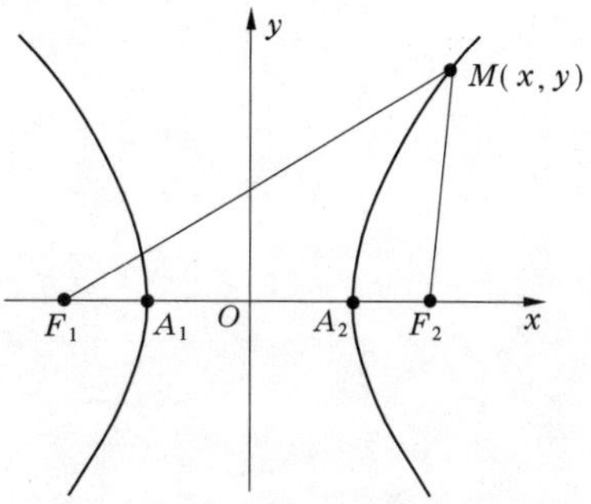

图 4-44　焦点在 x 轴上的双曲线

设 $c^2-a^2=b^2$，即可得到双曲线的标准方程式为

$$\frac{x^2}{a^2}-\frac{y^2}{b^2}=1 \tag{4-32}$$

如果双曲线的焦点在 y 轴上，只要将上面方程式中的 x、y 互换后既可得到它的标准方

程式,即

$$\frac{y^2}{a^2}-\frac{x^2}{b^2}=1 \quad (c^2-b^2=a^2) \tag{4-33}$$

(二)双曲线平面图形的施工放线

双曲线平面图形的现场施工放线,一般采用坐标计算法,根据设计图纸所给的平面尺寸,先列出双曲线的标准方程式,然后将 x(或 y)作为变量,求出相应的 y 值(或 x 值),最后将计算结果列成表格,供现场放线人员使用,从而简化放线手续,提高放线工效和精确度。

实地放样时,先根据设计总平面图,测设出双曲线平面图形的中心位置点 O 和纵横轴线(x、y 轴线)方向,然后根据计算的坐标数据(x,y)进行放样,最后将各双曲线点连接起来,即可得到符合设计要求的双曲线平面图形。

复习与思考题

1. 什么是施工放样？其作业目的和顺序与地形测量有何不同？
2. 施工放样的精度要求一般由哪些因素决定？
3. 施工放样的基本操作有哪些？
4. 设计平面点位的放样方法有哪些？各适用于什么情况？
5. 全站仪精密距离放样前的作业准备有哪些？
6. 高程放样的方法有哪些？针对不同情况如何实施？
7. 为什么要把“检核”的概念融入到放样工作的每一个环节？
8. 简述用全站仪进行坐标放样的流程。
9. 如何进行圆形建筑物、椭圆形建筑物的放样？各有哪些方法？

第五章 城市建设工程规划核实测量

第一节 城市建设工程规划核实概述

一、建设工程规划核实概念

规划核实,是指城乡规划主管部门为保证建设工程符合国家有关规范、标准并满足质量和使用要求,对建筑工程的放线情况和建设情况是否符合《建设工程规划许可证》及其附件、附图所确定的内容进行验核和确认的行政行为。

《中华人民共和国城乡规划法》(简称《城乡规划法》)第四十五条规定,县级以上地方人民政府城乡规划主管部门对建设工程是否符合规划条件予以核实。未经核实或者经核实不符合规划条件的,建设单位不得组织竣工验收。建设单位应当在竣工验收后六个月内向城乡规划主管部门报送有关竣工验收资料。

建设工程从开工建设至竣工是一个连续的产品生产过程,在这个过程中,对于建设单位在建设活动中是否严格遵守规划许可的要求,城乡规划主管部门需要进行必要的监督检查。鉴于此,人们对建设工程规划核实有了不同的理解:一种观点认为建设工程规划核实即建设工程的批后管理,是一个多阶段的动态过程,主要包括建设工程放线验线、建设工程基础竣工核实和建设工程竣工规划核实三个阶段;另一种观点认为建设工程规划核实仅指建设工程竣工规划核实,即在建设工程竣工后,城乡规划主管部门以建设工程规划许可证及其附件、附图为依据对建设工程是否符合规划许可进行检验并对符合规划许可要求的核发规划核实证明的行为,对经规划核实不符合规划许可要求的,依法进行处理。第一种观点将建设工程规划核实理解成一个多阶段的动态过程,从加强规划管理,及时发现和制止违法建设行为的角度来看,有其合理性。但从《城乡规划法》的规定来看,建设工程规划核实是建设单位组织建设工程竣工验收的前置条件。若不实施建设工程规划核实,建设单位将不能组织建设工程竣工验收,从而对行政相对人的权利义务产生影响。

因此,我们现在可以理解为,建设工程规划核实既是一个多阶段的动态过程,更是一个行政行为。

建设工程规划核实只有通过测量手段,获取竣工后建设工程的各项规划指标,才能检查城乡规划的建设工程许可是否已得到正确实施,评估建设工程项目社会效益和影响。规划核实测量是规划核实的基础性工作,也是相关部门科学行政、依法行政的重要依据。

二、建设工程规划核实的内容

建筑工程规划核实的主要内容包括:

(1)验核建设工程放线报告。

(2)核实建设工程是否按照建设工程规划许可证或乡村建设规划许可证及其附件、附图确定的内容进行建设。

(3)检查规划建设用地范围内应拆除的建筑物是否按规定拆除。

(4)核发建设工程竣工规划核实确认书或乡村建设竣工规划核实确认书及其附件、附图。

(5)办理纳入建设领域行政审批制度改革试点的建设工程竣工规划核实确认协办函。

(6)办理建设工程竣工规划核实不予确认函等。

建设工程包括建(构)筑工程、管线工程、道路工程、绿化工程。不同的工程具体的规划核实内容有不同的要求。

(一)建(构)筑工程规划核实的内容

1. 平面布局

核查建设用地红线、建筑位置、建筑间距、室外地面标高以及建筑物退让用地界限、道路红线、绿线、河道蓝线、高压线走廊等距离等。

2. 空间布局

核查建筑物层数、建筑高度、建筑层高及功能是否符合规划许可内容。

3. 建筑立面

核查建筑物或构筑物的立面(含色彩)是否与所批准的建筑设计方案图、建筑施工图等相符。

4. 主要技术指标

核查建筑面积、容积率、绿地率、建筑密度等主要指标是否改变。

5. 建设项目配套工程

核查绿化工程、停车场(库)、配电房、垃圾站、市政公用设施、重要地段建筑物夜景工程建设、地下工程管线等是否按照规划许可内容进行建设。

6. 临时设施拆除情况

核查用地红线内建筑临时设施(含围墙、广告牌、工棚等)是否已拆除到位。

(二)市政管线工程规划核实的内容

管线工程的位置、长度、规格、转折点和检查井、导管孔数、材料质量、管顶(底)标高及对地距离及其他规划要求。

(三)市政交通工程规划核实的内容

交通工程位置、长度、宽度、路面标高、桥梁纵坡、梁底标高、涵管顶部标高等;道路横断面布置;道路附属设施(含天桥、地道等)及其他规划要求。

三、建设工程规划核实的环节

建设工程规划核实是指各级城乡规划主管部门以《建设工程规划许可证》审批内容和批准的相关图件为依据,对已竣工的建设工程进行规划条件复核和确认的行政行为。

建设工程规划核实分为放线核实、基础竣工核实、工程竣工核实三个环节。在具体实践中,各地都要求建设单位委托具有相应资质的测绘单位对建筑工程实施放线、基础竣工测量、工程竣工测量后,及时向城乡规划主管部门提供该建设工程的放线报告、基础竣工测量报告、竣工测量报告;而后,城乡规划主管部门根据每个环节的监管重点,将测量报告与建设工程规划许可证及附件、附图所确定的内容进行对照验核，办理竣工规划核实确认书。

(1)放线核实也叫灰线验线，是指城乡规划主管部门将放线报告与依法审定的建筑工程总平面图进行对照，验核该建筑工程的放线情况与城乡规划主管部门审定的总平面图是否一致。

(2)基础竣工核实也叫 ±0.00 验线，是指城乡规划主管部门将基础竣工测量报告与建设工程规划许可证及附件、附图确定的有关建筑基础规划部分内容进行对照，验核建筑工程基础的建设情况是否与建设工程规划许可证及附件、附图相符。

(3)工程竣工核实，是指城乡规划主管部门将工程竣工测量报告与建设工程规划许可证及附件、附图所确定的内容进行对照，验核建筑工程的建设情况是否与建设工程规划许可证及附件、附图相符。

四、规划核实申请条件

(1)建设工程已按规划许可文件规定内容完成所有建(构)筑物及配套公共服务设施建设的。

(2)建设工程已按规划许可文件规定内容完成项目内所有道路硬化和环境绿化的。

(3)建设工程已完成用地红线范围内旧房及临时用房拆除的。

(4)建设工程已进行了竣工规划实测的。

(5)建设工程竣工规划核实申请资料齐全的。

(6)其他相关规定。

五、必备资料

(1)建设工程规划许可证及原规划审批总平面布置图原件。

(2)原规划审批建筑单体设计方案图及效果图原件。

(3)建设工程用地批准文件及相关图件复印件。

(4)1:500 建设工程竣工规划实测总平布置图(含地形)及建筑单体平面图(含电子版)。

(5)建设工程竣工图(含电子版)。

(6)建设工程竣工规划核实申请报告。

(7)建设单位办理建设工程竣工规划核实经办人法人授权委托书。

(8)建设工程规划审批后管理阶段检验表复印件。

六、合格标准

(1)规划许可文件齐全；

(2)建设用地的性质、位置、界线、面积符合规划许可文件的规定。

(3)建(构)筑物的使用性质、建设规模、平面位置、层数、高度、立面造型、外装材料、外装色彩符合规划许可文件的规定。

(4)基础设施和公共设施按规划许可文件的规定同步建设完成。

(5)建筑密度、容积率、绿地率、公共绿地面积、停车泊位、后退红线及交通出入口等符合规划许可文件的规定。

(6)建设用地和代征用地范围内应当拆除的建筑物、构筑物已拆除完毕。

(7)规划许可文件的其他规定及法律、法规规定的其他情形。

七、规划核实的工作要求

规划核实是依据核发的建设工程规划许可证及其附件、附图的内容进行核实,因此在核实过程中应当注意以下问题:

(1)放线核实时应依据放线报告判断是否按放线通知单及其附图放线,是否存在移位情形。

(2)基础竣工核实时依据基础竣工测量报告判断是否与放线时的坐标点位吻合;是否存在侵占道路红线;建筑后退线是否满足规划要求;建筑间距是否满足相应地区的《建筑间距和退距管理技术规定》要求。

(3)工程竣工核实时依据工程竣工测量报告判断是否与建设工程规划许可证及其附件附图的内容相符。

具体来说有以下几方面的做法和要求。

(一)依据相关资料进行核实

(1)核实总平面布置。对照审批的总平面图和实测地形图,判断总平面图上建筑是否全部完成,是否存在多建或少建;是否存在移位。

(2)核实建筑面积。对照竣工测量报告和建设工程规划许可证及设计条件,判断总建筑面积是否超规划许可证面积和容积率;对照审批的施工图和竣工测量报告中面积测量图进一步核实每栋、每层建筑面积存在的差异。

(3)核实建筑层数和高度。依据建设工程规划许可证及审批的施工图和实测地形图及测量报告,核实每栋建筑层数和高度。

(4)核实道路红线和建筑后退线。将规划许可的道路红线和建筑后退线与实测地形图比对,判断是否超道路红线和建筑后退线。

(5)核实建筑间距和用地半间距。对照审批的总平面图和实测地形图,判断建筑间距和半间距是否符合相应地区的《建筑间距和退距管理技术规定》要求。

(6)核实三维竣工资料是否完善。

(二)现场核实

(1)核实配套设施是否完善。依据建设工程规划许可证及其附件、附图,对照审批的总平面图和实测地形图,核实幼儿园、学校、停车位、物管用房、社区用房、垃圾站、体育设施等配套设施是否完善。

(2)核实建筑外立面是否与规划相符。现场对照外立面的色彩、材质等是否与许可或外立面审查意见相符。

(3)核实用地红线范围内应拆建筑是否拆除。核实用地红线范围内的临时建筑、施工用房等应拆建筑是否拆除。

(4)现场核实拟竣工规划核实的内容是否全部完工。

八、规划核实的相关制度

(一)规划联系人制度

规划主管部门在核发建设工程放线通知书时,在《建筑工程规划核实责任告知书》中确定一名建设工程规划核实联系人。规划核实联系人的主要职责如下:

(1)负责建设工程规划核实的具体工作。

(2)监督检查建设工程实施情况。

(3)查处建设单位、放线单位、建筑设计单位的违法行为。

(4)协调处理建设工程实施过程中其他有关规划问题。

(5)有关法律、法规规章和规范性文件规定的其他职责。

(二)责任告知书制度

规划主管部门在核发建设工程放线通知书时,同时核发《建筑工程规划核实责任告知书》,并确定建设工程规划核实联系人。建设单位应将该责任告知书转送放线单位、设计单位和施工单位。

建筑工程规划核实责任告知书的主要内容:建设单位,建设工程名称,规划核实联系人姓名及电话,规划核实联系人职责,建设单位、放线单位、施工单位、建筑设计单位的职责,建筑工程规划核实工作流程等。

1. 建设单位的职责

(1)应在施工现场公示经规划主管部门依法审定的建设工程设计方案总平面图。

(2)应积极配合规划主管部门对建筑工程实施规划核实,并提供与规划核实相关的文件、资料。

(3)严格按照建设工程规划许可证及其附件、附图所确定的内容建设,不得擅自修改。确需修改的,应向建筑工程所在地规划主管部门提出申请,经依法批准后,方可修改。

(4)应委托具有相应资质的放线单位对上述建筑工程实施放线、基础竣工、工程竣工等三个环节的测量。

(5)应与规划核实联系人保持工作联系,及时将建设工程的放线报告、基础竣工测量报告、工程竣工测量报告等材料分别报请建设工程所在地规划主管部门予以核实后,方可开展下阶段的工作。

(6)不按照建设工程规划许可证及其及附件、附图所确定的内容进行建设的,或建设工程放线、基础竣工、工程竣工等三个环节未经规划核实擅自开展下一阶段工作,出现违法建设行为的,应承担相应的法律责任。

2. 放线单位、建筑设计单位、施工单位的职责

(1)放线单位、建筑设计单位应当按照国家或本市有关城乡规划、测绘技术标准的规定进行测量和设计。

(2)放线单位应当具有相应的测绘资质,并对其出具的测量报告的真实性负责。

(3)建筑设计单位、施工单位不得违反建设工程规划许可证及其附件、附图的要求擅自变更设计和施工。

九、建设工程规划核实确认

建设工程竣工规划核实确认,是指建设工程按照建设工程规划许可证或乡村建设规划

许可证及其附件、附图所确定的内容全面竣工后，被许可人提出申请，由规划主管部门依据建设工程规划许可证或乡村建设规划许可证及其附件、附图所确定的内容进行验核后，对符合建设工程规划许可证或乡村建设规划许可证及其附件、附图的，核发建设工程竣工规划核实确认书及其附件、附图。其中，纳入建设领域行政审批制度改革试点的建设项目，办理建设工程规划核实确认协办函。不符合的，办理建设工程竣工规划核实不予确认函，并对违法建设行为依法予以查处。

建设工程竣工规划核实确认分为分段分期、分栋、全面竣工规划核实确认等方式。原则上采取全面竣工规划核实确认的方式，一般不采取分段分期、分栋竣工规划核实确认。确因特殊情况，需采取建设工程竣工分段分期、分栋规划核实确认的，应按程序审批。《城乡规划法》虽然未对建设项目是否可以进行分段分期规划许可和分段分期规划核实做出明确规定，但基于建设单位有效利用资金、适应市场需求以及建设项目自身的特点等原因，城乡规划主管部门应申请对建设项目进行分段分期规划许可有其必要性。但在进行分段分期规划许可时，要把握好相关合理性原则；而对建设项目进行分段分期规划核实则要严格限制，以保障相关单位或个人的合法权益，保证城乡规划的正常有序实施。

采取建设工程竣工分段分期规划核实确认方式的，竣工分段分期规划核实确认的建筑部分应具有相对独立、完整的使用功能和相应的配套设施，并能正常投入使用。采取建设工程竣工分栋规划核实确认方式的，竣工分栋规划核实的建筑与相邻其他建筑的间距，应满足规划管理技术规定要求，同时应具有完整的使用功能、相应的配套设施，并能正常投入使用。凡是采取建设工程竣工分段分期、分栋规划核实确认方式的，在对建设工程最后部分进行规划核实确认时，必须全面完成建设工程规划许可证及其附件、附图确定的内容。

规划主管部门应自收到申请材料之日起五个工作日内做出受理、不予受理或要求补正材料的决定；做出上述决定后逾期不告知的，自收到申请材料之日起即为受理。

竣工规划核实确认应自受理之日起二十个工作日内做出决定，并核发建设工程竣工规划核实确认书及其附件、附图；不能在上述规定期限内做出的，经规划主管部门分管负责人批准，可延长五个工作日，并告知申请人延长期限的理由。

第二节　建设工程建筑物规划核实测量

建设工程规划核实只有通过测量手段，获取竣工后建设工程的各项规划指标，才能检查城乡规划的建设工程许可是否已得到正确实施，评估建设工程项目社会效益和影响。规划核实测量是规划核实的基础性工作，也是相关部门科学行政、依法行政的重要依据。

规划核实测量是一门不断发展的学科，编制标准不但要有前瞻性，更应该具有广泛的适用性，既要考虑其超前性，又要充分照顾到现实的技术手段和需要。例如使用三维模型来满足规划核实的技术要求，在国土资源管理、城市规划等专业领域发挥重要的作用。

众所周知，在测绘服务于土地分类调查和土地登记过程中，诞生了地籍测绘学。当服务于房产管理时，诞生了房产测绘学。我们希望通过测绘对规划核实的服务，由此而产生一门新的测绘学科。

由于规划核实测量是服务于城乡规划建设行政审批的。因此，在编制标准时还要考虑其可操作性和时限性。为此，积极研发与之相关的建设工程竣工规划核实测量数据处理系统平台,以使规划核实测量工作自动化,从而缩短工作时间,满足行政审批对时限的要求。

规划核实测量成果的质量好坏,直接关系着规划管理工作能否有效、准确执行。实施规划核实测量工作应加强对规划验收管理知识的学习,在工作中重视经验的积累,针对一些关键性的注意事项重点把关,使规划核实测量成果满足规划验收管理工作的要求。

规划核实测量的出发点是为规划部门实施规划核实服务,编写编制规划核实标准应加强与规划行政主管部门的沟通和联系,了解规划对测绘的需求是编制好规划核实标准的前提和保障。规划核实测量是一门集测绘学知识、城市规划知识和建筑学知识为一体,融合了计算机技术和计算机虚拟现实技术的一门综合的新兴学科。编制规划核实测量技术规程应该加强对相关知识的学习,熟悉和了解相关的标准和要求。

一、放线核实测量

当建设用地范围内应拆除的建筑物、构筑物已拆除完毕,完成施工场地清理、平整、实施放线,并在场地留有固定的放线标志时,建设单位可持验线申请单及所需要的全部图件,向规划局收件窗口申报验线。对图件资料合格的,受理申报并在一个工作日内将材料转送验线组。

按照规定,建筑工程放线及放线核实的具体流程是:建设单位向规划主管部门提出申请→规划主管部门发放线通知单→建设单位通知放线单位到现场测量→放线单位向建设单位和规划主管部门同时提供放线报告→规划主管部门验核放线报告→规划主管部门核发建设工程规划许可证及附件、附图。

根据要求,放线单位应当依据城乡规划主管部门出具的建设工程放线通知单和依法审定的建筑施工图对建筑工程实施定位测量,并及时出具放线报告。

放线报告文本应包括放线回单、放线比较分析表等内容。

规划核实联系人应将建筑工程放线定位的验核情况如实地填写在放线回单上,并在放线报告上签字存档。必要时,规划核实联系人应当到现场核实放线定位情况。

建筑工程经放线核实,符合规划要求的,方可核发建设工程规划许可证及附件、附图。

但是在放线测量中需要注意以下几个问题:

(1)建筑物的外墙表现形式主要有建筑物外墙轴线、结构外墙及建筑外墙,因此在定线时需要分清。很多设计单位在设计时,为了自己方便,经常在总平面图中标注轴线坐标,而项目建筑控制线是指建筑外墙,因此对于轴线点,需要从建筑单体图中推算建筑外墙的实际设计位置,方可确定条件点。

(2)放线点的精度要求各地有所不同,规范只有最低要求,各地会根据地方特点出台相应的规定,因此在执行标准时,不能只关注规范要求。

(3)实际放线过程中,现场尺寸与设计尺寸会有出入,特别是退让尺寸,由于其允许值没有相关规定,因此需要与规划审批人员进行沟通后确定。

二、基础竣工核实测量

建设工程基础竣工,并确定主体工程轴线位置后,建设单位书面通知放线单位进行基础竣工测量。放线单位自收到基础竣工测量书面通知之日起3日内,应当组织人员实施建设工程基础竣工测量,并及时出具基础竣工测量报告。

基础竣工测量报告应包括文本和附图,文本应有基础竣工验线回单、基础竣工测量比较分析表等内容。

规划核实联系人应将基础竣工验核情况如实地填写在基础竣工验线回单上,并在基础竣工测量报告上签字存档。

按照规定,建筑工程基础竣工规划核实流程为:建设单位在基础竣工后通知放线单位→放线单位进场测量→放线单位向建设单位和规划主管部门同时提供基础竣工测量报告→建设单位向规划主管部门申请基础竣工核实→规划主管部门将核实情况填写在基础竣工验线回单上并明确是否符合规划许可要求。

三、工程竣工核实测量

建设工程竣工后,建设单位应当及时通知放线单位进行建设工程竣工核实测量、出具建设工程竣工测量报告。

工程竣工核实测量,是根据城市规划管理技术规定和有关竣工规划核实测量的技术要求实施测量。根据城市规划管理部门批准的规划建筑红线图、总平面图、规划用地红线图等,对已竣工建筑的尺寸、高度、层数、间距、退让以及平面位置进行实地测量并测算总体指标的测量工作。主要是为工程验收、评定工程质量提供依据;也是落实规划意图,合理利用土地及项目建设的真实记录,更是城市规划、土地管理执法监察的重要工作依据。其主要内容包括建设工程项目竣工规划核实测量地形图测绘、绿地图测绘、建筑物平面位置校核图测绘、地下建筑物平面位置校核图测绘、建筑物基底平面图测绘、建筑物分层平面图测绘、机动车泊位测算图测绘、建筑物高程、高度图测绘、照片拍摄、竣工规划核实测量信息汇总表制作及竣工规划核实测量成果报告书编写等。

需要注意的是,一个建设工程项目施工建设可能有几个阶段,报竣工验收时,分一期竣工或多期竣工。在进行规划核实测绘时,对分期竣工提供的竣工地形图和规划竣工核实报告也是分期提交。当一个建设项目最终整体竣工后,把分期竣工的核实测绘资料汇编成一份最终的详细的测绘成果。

按照规定,建设工程竣工规划核实流程为:建设单位在工程竣工后通知放线单位→放线单位进场测量→放线单位向建设单位和规划主管部门同时提供工程竣工测量报告→建设单位向规划主管部门申请建设工程竣工规划核实确认→规划主管部门核发建设工程竣工规划核实确认书及其附件、附图。如图5-1为建设工程建筑物竣工规划核实测量的工作流程。

四、规划核实测量报告成果

(一)放线报告

放线报告是指放线单位依据城乡规划主管部门审定的建筑施工图有关规划部分内容,对建设工程实施定位测量形成的测量成果。放线核实,是指城乡规划主管部门将放线报告与依法审定的建设工程总平面图进行对照,验核该建筑工程的放线情况与城乡规划主管部门审定的总平面图是否一致。

(二)基础竣工测量报告

基础竣工测量报告是指放线单位对建设工程基础竣工情况验测形成的测量成果。基础竣工核实,是指城乡规划主管部门将基础竣工测量报告与建设工程规划许可证及附件、附图

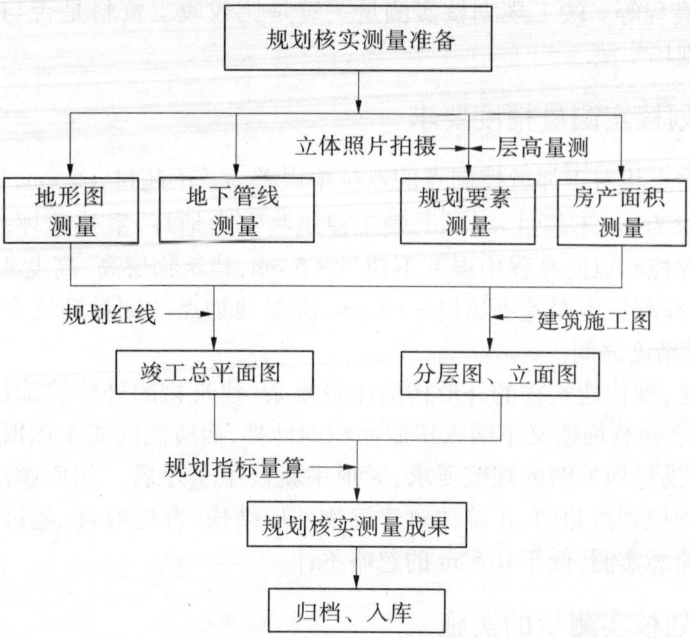

图 5-1 建设工程建筑物竣工规划核实测量的工作流程

确定的有关建筑基础规划部分内容进行对照，验核建设工程基础的建设情况是否与建设工程规划许可证及附件、附图相符。

（三）工程竣工测量报告

工程竣工测量报告是指放线单位对建设工程竣工后进行实地测量形成的测量成果。工程竣工测量报告应包括文本和附图，文本应载明以下内容：建设工程竣工验线回单、建设工程竣工比较分析表，建设工程建筑面积明细表，建设工程建筑面积汇总表，其他情况说明等。其中，建设工程使用功能应严格按照建设工程规划许可证及附图确定的功能标注。附图应为实测 1∶500 现状地形管线图、实测 1∶500 现状地形建筑比较图、各楼层实测平面图。

工程竣工核实，是指城乡规划主管部门将工程竣工测量报告与建设工程规划许可证及附件、附图所确定的内容进行对照，验核建设工程的建设情况是否与建设工程规划许可证及附件、附图相符。

第三节 建设工程建筑物竣工规划核实测量的实施

一、竣工规划核实测量基础资料收集内容

竣工规划核实测量基础资料收集内容主要有规划建筑红线图、城乡规划用地红线图、土地使用证、规划总平面图、竣工建筑底层平面图、竣工建筑地下室平面图、竣工建筑立面图或剖面图、测区控制点资料、建筑放线资料及相关地形图、施工图、竣工图及技术资料说明等。

核实各种红线图、施工图等资料的主要目的是查看竣工建筑物至红线距离，建筑物长、宽及相邻建筑物之间间距、地下车库规划范围、车辆停泊位数量等。另外还可以查看建筑物、绿地等规划面积。单体设计图的立面图可以查看建筑物高度、室外地坪高程、建筑物顶

部(或女儿墙顶)高程等。竣工规划核实测量关键是比较竣工资料是否与审批一致。控制点资料主要用于现场实测。

二、竣工规划核实测量精度要求

主要解析地物点相对于邻近控制点的点位中误差 $m_{点}$ 不超过 ±5 cm,规划验收要素(间距、边长)精度要求为 m_L 不超过 ±5 cm,竣工建筑物室内地坪、室外地坪、散水等高程测量点相对于邻近高程控制点的高程中误差不超过 ±5 cm,建筑物层高、高度测量中误差不超过 ±5 cm,建筑物总高测量中误差不超过 ±10 cm,次要地物点的测量精度介于主要地物点与1:500 比例尺测量精度之间。

需要注意的是,现代建筑物的外形构造比较复杂,建筑物的外墙装饰层比较厚,有的都超过了 0.5 m,但这些装饰墙又不纳入房屋面积的计算,而所测的竣工图既要满足房屋面积的计算要求,又要满足地形图的规范要求,无形中就产生了矛盾。如何解决矛盾,采用的方法是参照建筑工程规划执照图,正确核对建筑物外形结构,合理取舍,超过 0.5 m 厚度的装饰墙按建筑物外轮廓实测,低于 0.5 m 的忽略不计。

三、竣工规划核实测量的实施

(一)平面控制测量

(1)平面控制测量的基本精度要求:末级平面控制点的点位中误差和相邻控制点的相对点位中误差均不超过 ±0.025 m。

(2)平面控制测量的等级不应低于城市 GNSS – RTK 的三级,若需以此控制点作为导线测量的起算数据时,应尽量采用城市 GNSS – RTK 的二级。

(3)平面控制采用网络 RTK 方法测量。控制点间距离不得小于 200 m,边长较差不得超过 ±2 cm。

(4)RTK 测量时,GNSS 卫星状况应处于良好或可用窗口状态,即高度角大于 15°的卫星个数至少为 5,PDOP 值不得大于 6。

(5)RTK 测量前,必须先到距离当天作业区域较近的已知点进行成果的比对测验,测时不得短于 15 s,且平面位置差值不得超过 ±5 cm。

(6)控制点测量时应采用三角支架方式架设天线进行作业,仪器的圆气泡应严格居中,严禁手扶。RTK 观测为三测回,每测回有效观测时间不少于 10 s,测回间应重新进行初始化,间隔时间不少于 60 s。

(7)测回间平面坐标分量(X 值、Y 值)较差不应超过 ±2 cm,高程较差不应超过 ±3 cm。应取各测回结果的平均值作为最终观测结果。

(8)控制点应进行边长或角度检核,边长较差小于 1/6 000(困难地区边长较差不应大于 2 cm),角度较差小于 20 s。

(9)受环境等影响 RTK 不能取得固定解或控制点或不能实测所有地物时,可使用全站仪做导线,支导线点数不得超过 3 个,测角采用左右角观测方法,测边采用往返观测方法。

(二)高程控制测量

(1)高程控制测量的基本精度要求:末级高程控制点的点位中误差不超过 ±0.05 m。

(2)高程控制测量的等级不应低于城市图根水准等级或 GNSS – RTK 的二级。

(3)采用网络 RTK 方法测量高程时,对已知点进行成果的比对测验,高程差值不得超过 ±6 cm。

(4)网络 RTK 高程测量可与平面控制一同进行,所做的相邻控制点的高差较差检测值不得超过 ±3 cm。

(5)受环境等影响 RTK 不能取得固定解或为方便测量时,可使用全站仪三角高程方法做支导线传递,支导线点数不得超过 3 个,测量高差时采用往返观测方法。

(6)建筑高度施测前,宜对高程控制点采用水准测量或电磁波测距三角高程法进行闭合环校核测量,校核测量线路长度不应大于 4 km,测距边边长不应大于 500 m,对向观测高差、单向两次高差较差≤0.4 m×S,S 为边长(km)。当校核数据和 RTK 所做控制数据不符时,必须认真检查结果,并采用闭合环测量平差数据。

(三)建筑物平面位置测绘

建筑物平面位置测绘,也称建筑物平面位置校核图测绘,是指对要实测的建筑物的绝对平面位置和相对平面位置的现场测量和相应的文字数据描述,包括各主要角点的坐标测量、间距测量、到控制线的垂距计算及对建筑物属性和位置关系的进一步文字和数据描述。

建筑物平面位置校核图测绘,按规划部门批准的规划建筑红线图标注的要素测绘。一般测绘竣工建筑物、外围邻近建筑物、交通组织要素标示清楚(机动车地面泊车范围线、地下泊车范围线及出入口、完整的内部道路边线、地下建筑物边界线等);展绘各种规划控制线(建筑红线、用地红线、绿地规划绿线、电力规划黑线、河道规划蓝线、文物规划紫线、道路规划红线等);各种文字注记和尺寸、间距注记按建筑红线图上标示处测量并注记;比例尺可采用 1∶200~1∶500 的整百米比例尺绘制;房屋外柱表示问题:高层建筑柱体凸出墙面≥20 cm 时,建筑四至退让至柱体和墙体的退距均需注记,退距不足时用红线表示。

地下建筑物平面位置校核图测绘时,只实测地下建筑物内侧边线,边线以彩色表示,并标注各边尺寸,标注每层地坪高程及层高(或净高);展绘各种控制线界线并标注尺寸;尺寸标注应清晰、整齐、直观,且应有信息表标注其坐标和面积。

需要注意的是:

(1)建筑物平面位置测绘范围为:建筑工程规划许可证附图标定的见着区域内已审批及未审批已建的所有建筑物。

(2)建筑物外形包括建筑保温层及装饰层,装饰层尺寸应单独测量。

(3)建筑物平面位置测量需比照红线图(规划局审批)或总平面图(建设单位委托)对建筑物内外部尺寸的控制要求测定和标注,建筑物(含地下室)在图上的表示以各层外墙(含悬挑部分)在地面的投影位置为准,其中与地面相关的边界线用实线表示,其他用虚线表示。

(4)建筑物主点测量的精度不能低于地籍测量中对重要界址点的精度要求,即对用全站仪野外采集数据所测建筑物的主要点,其相对于邻近控制点的点位中误差不得超过 ±4 cm。

(5)对建筑物的主要特征点及与尺寸标注有关的其他地物点应采用极坐标法测量,主要角点须采用微棱镜测量,特征点可放置微棱镜或采用免棱镜测量,每栋建筑物测量点数≥4,建筑物的长、宽尺寸应有检核数据,差值不宜大于 5 cm。邻近建筑物的主要点和边不允许直接采用数字地形图的数据或前期已测但未经检校的成果。

(6)当建筑物较为复杂或所测点数较多时,应加强校核测量。不同测站所测同一点,其坐标分量差值不宜超过 ±5 cm;使用手持激光测距仪检核两实测坐标点的距离时,其差值不应超过 ±6 cm;使用钢尺检核两实测坐标点的距离时,其差值不应超过 ±7 cm + d/2 000。

(7)手持激光测距仪或钢尺丈量同一长度时,较差不应超过 ±3 cm;丈量总长与分段丈量长度之和的较差不得超过 ±10 cm。

(8)平面位置成果图上应叠加规划竣工测量建筑所在地块的土地证边界、相邻规划道路红线、绿线等审批红线图或总平面图上显示的各类控制线,并用相应的线型和颜色表示。有历史关系的控制线应分别表示相应的线型,并以文字加以注解。

(9)机动车泊位测算图测绘含地面、地下两种泊位图。实测地面、地下车库边界范围线,并表示每个泊位、泊位数量或面积,地下楼层号等。

(10)绿地图测绘时,绿地包括公共绿地、宅旁绿地、公共服务设施所属绿地(道路红线内的绿地),不包括屋顶、晒台的人工绿地。公共绿地内占地面积不大于百分之一的雕塑、水池、亭榭等绿化小品建筑可视为绿地。绿地图应详细标示绿地、水系、绿地内小品、硬地、人行便道等;以实测地形图为底图(灰色),绿地内容用彩色表示,计算并标注绿地面积。主要用于绿地面积和绿地率计算。

(四)建筑物高度(高程)测绘

建筑物高度测绘是指对要实测的建筑物的绝对高度位置和相对高度位置的现场测量和相应的文字数据描述,包括建筑物室内地坪(±0)高程、室外地坪(散水)高程、建筑物房顶主点的高程测量、高度计算及对建筑物属性和竖向位置的进一步文字和数据描述。

(1)建筑物高度(高程)测绘范围为:建筑工程规划许可证附图标定的建设区域内已审批及未审批已建的所有建筑物。

(2)建筑高度是指建筑物室外地面至建筑物主要屋面、檐口或女儿墙的高度,一般不包括突出屋面的电梯间、水箱、构架等的高度。

(3)高度点测量的精度不能低于地形测量中对图根控制点的精度要求,即对全站仪野外采集数据所测建筑物的主要点的高程,其相对于邻近控制点的高程中误差不得超过 ±5 cm。

(4)建筑高度测量宜采用全站仪三角高程法,测量时,竖角采用中丝两测回。高度也可用钢尺或手持光测距仪直接测量。建筑高度(高程)测量应在两个不同的测站位置实施,差值不应大于 h ×2/10 cm(h 为建筑物高,m)。较差不超限时取中数作为结果。

(5)规划竣工建筑高度测量前,应比对审批部门批准的建筑图,弄清许可证附件高度数据的高度位置,在现场测定相应的高度及对应的地面、屋面高程。

(6)《民用建筑设计通则》关于建筑高度计算的规定:建筑高度不应危害公共空间安全、卫生和景观,否则该建筑物应实行建筑高度控制。受建筑高度控制的建筑物的高度计算应符合下列规定:

①机场、电台、电信、微波通信、气象台、卫星地面站、军事要塞工程、国家或地方公布的各级历史文化名城、历史文化保护区、文物保护单位和风景名胜区等控制区内的建筑高度,应按建筑物室外地面至建筑物和构筑物最高点的高度计算;

②沿城市道路的建筑物建筑高度,平屋顶应按建筑物室外地面至其屋面面层或女儿墙顶点的高度计算;坡屋顶应按建筑物室外地面至屋檐和屋脊的平均高度计算。

(7)各种建筑模型建筑高度计算一般模式。建筑物的建筑高度是指自建筑物散水外缘处的室外地坪到最顶层面板(属坡屋顶的指檐口高度,且坡屋顶的坡度不大于45°)的高度;屋顶高度指的是自建筑物散水外缘处的室外地坪至建筑物最高部分的垂直高度;屋面高度是指自建筑物散水外缘处的室外地坪到顶楼屋面的垂直高度。当场地前道路标高与场地地坪高度不同时,建筑物的建筑高度视下述不同情况分别计算:

①平屋面建筑的建筑高度计算。

a. 没有挑檐的平屋面建筑如图5-2所示,建筑物的建筑高度为自室外地面至屋面的垂直距离即是屋顶高度,也是屋面高度。

b. 有挑檐的平屋面建筑的建筑高度为室外地面至檐口顶加上檐挑出宽度,如图5-3所示。

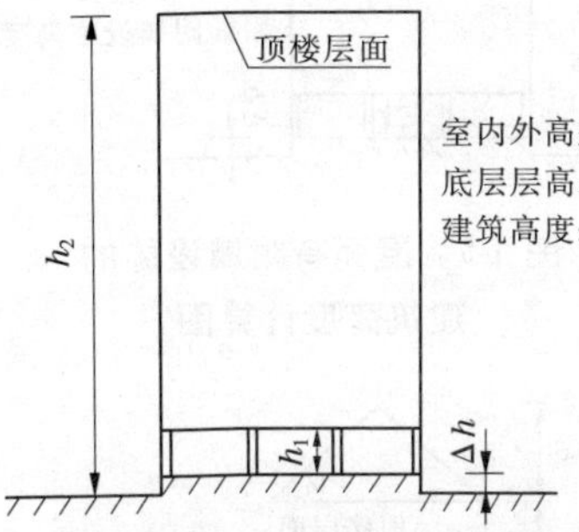

图5-2　没有挑檐的平屋面建筑的建筑高度计算图

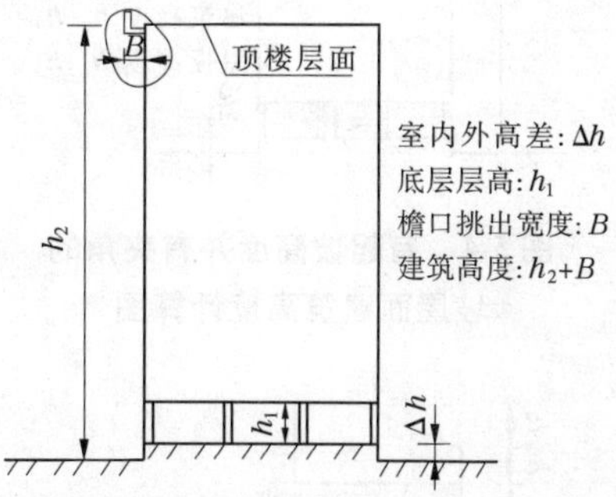

图5-3　有挑檐的平屋面建筑的建筑高度计算图

图5-3中,由于有挑檐,其建筑高度就增加了B,而非h_2,其主要原因是考虑扑救火灾时消防供水的情况。当多层建筑发生火灾时,消防队员在扑救建筑最高处火灾时,垂直铺设消防水带供水线,常常需要跨越檐口或女儿墙,进行施救,因此其实际供水的最大高度就是至檐口或女儿墙的高度,《建筑设计防火规范》(GB 50016—2014)这样规定。

c. 有女儿墙的建筑物高度计算。女儿墙指的是建筑物屋顶外围的矮墙,主要作用除维护安全外,亦会在底处施作防水压砖收头,以避免防水层渗水或是屋顶雨水漫流。依建筑技术规则规定,女儿墙被视作栏杆,如建筑物在10层楼以上,高度不得小于1.2 m,而为避免业者刻意加高女儿墙,方便以后搭盖违建,亦规定高度最高不得超过1.5 m。

有封闭女儿墙的建筑高度为屋面高度(屋面高度指自建筑物散水外缘处的室外地坪至建筑物顶楼屋面的垂直高度)与女儿墙的高度之和。

半通透女儿墙不计入建筑高度,建筑高度即为屋面高度,但半通透女儿墙的高度与通透情况应在《建筑高度计算图示》中标明。(通透女儿墙不计入建筑高度,《建筑高度计算图示》中也不表示。)

②坡屋面建筑的建筑高度计算的一般模式。这里列举几个具有代表性的建筑模型来加以说明坡屋面建筑物的建筑高度计算方法,如图5-4~图5-7所示。

③特殊造型的建筑高度按下列规定计算:

a. 薄壳结构与波浪形结构屋顶,建筑高度为自建筑物散水外缘处的室外地坪至薄壳顶高或波顶高;

b. 屋面为球形拱顶,建筑高度自建筑物散水外缘处的室外地坪至拱顶最高处。

④屋面附属,如梯间、水塔、设备房等突出房屋的附属设施,当其高度>6.0 m或水平面

积超过屋面面积的1/8的,在《建筑高度计算图示》上应标注但不计入建筑高度;当其高度≤6.0 m或水平面积不超过屋面面积的1/8时则忽略。但当建筑位于文物、建筑保护区、建筑控制地区和有净空要求的控制区时,上述突出部分的形状与高度应测量并在图上体现。

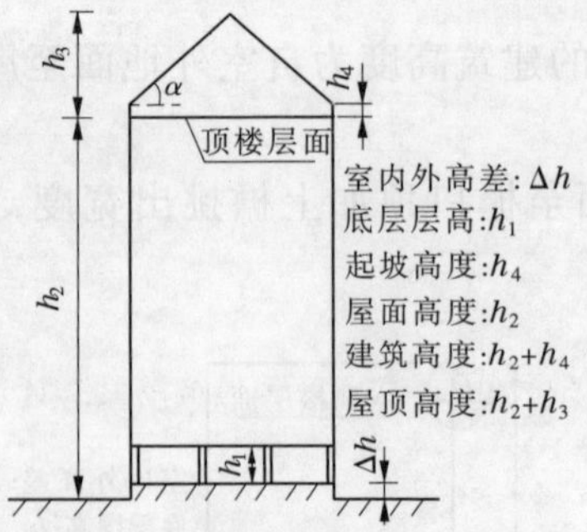

图5-4 有起坡高度并有夹角的坡屋面建筑高度计算图

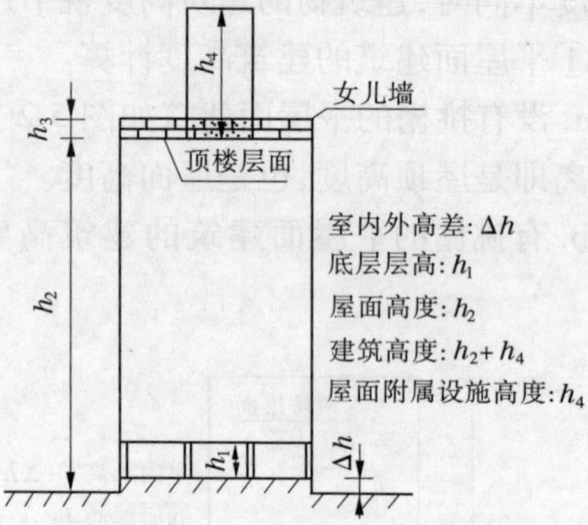

图5-5 屋面有附属设施的建筑高度计算图

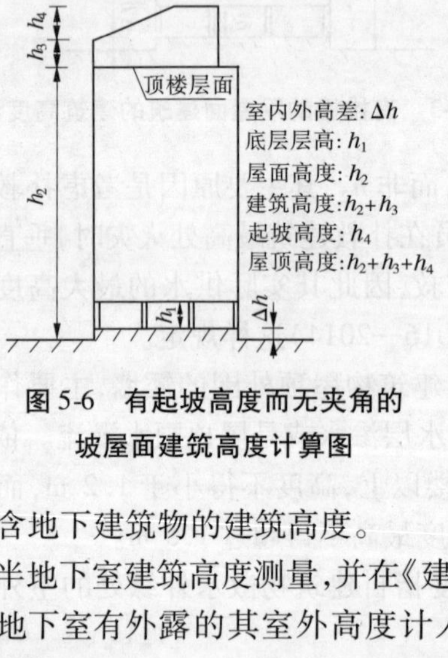

图5-6 有起坡高度而无夹角的坡屋面建筑高度计算图

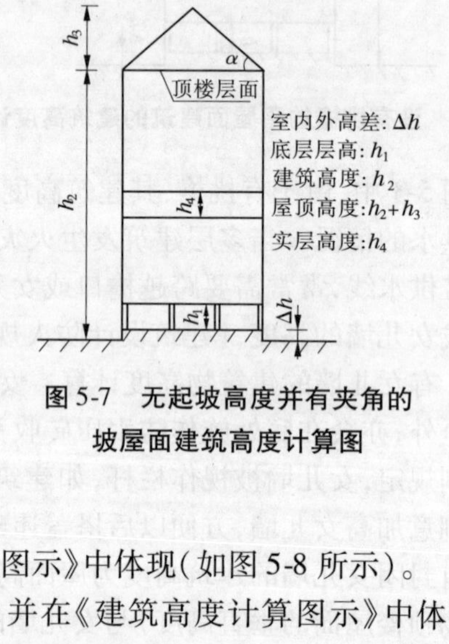

图5-7 无起坡高度并有夹角的坡屋面建筑高度计算图

⑤含地下建筑物的建筑高度。

a. 半地下室建筑高度测量,并在《建筑高度计算图示》中体现(如图5-8所示)。

b. 地下室有外露的其室外高度计入建筑高度,并在《建筑高度计算图示》中体现(如图5-9所示)。

⑥含负层建筑高度,有主入口建筑高度与非主入口建筑高度之分,如图5-10所示。

⑦坡屋面建筑高度测量如图5-11所示:坡屋面延长线与外墙面的夹角大于45°建筑高度为 $h_2+h_3+h_4$;夹角小于45°时建筑高度为 h_2,屋顶高度为 $h_2+h_3+h_4$。

(8)当高度数据与审批建筑图不符时,建筑物按如下位置确定高度:

①建筑物为坡屋顶时,建筑高度应为室外地面至屋檐和屋脊的平均高度;

②建筑物为平屋顶(包括有女儿墙)时,建筑高度应为室外地面至其屋面面层或女儿墙顶点的高度(加注女儿墙高度);

③新建地下室或半地下室的高度是指其室内地坪至上一层或一层室内地坪的高度;

④局部突出屋面的楼梯间、电梯房、水箱间等辅助用房占屋顶面积不超过1/4者,突出

屋面的通风道、烟囱、装饰构件、花架、通信设施等不计入建筑高度；

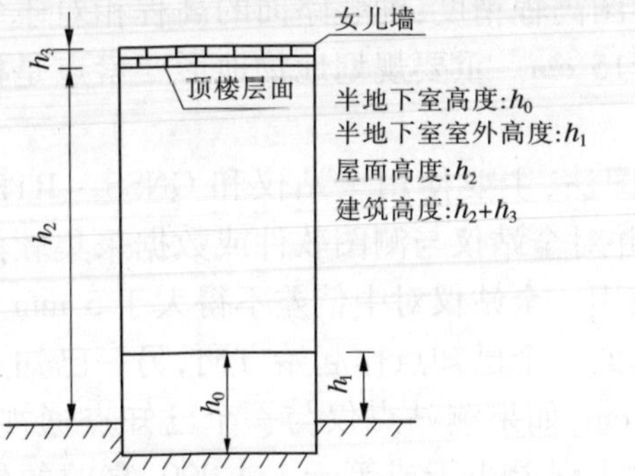

图 5-8　半地下室建筑高度的计算图

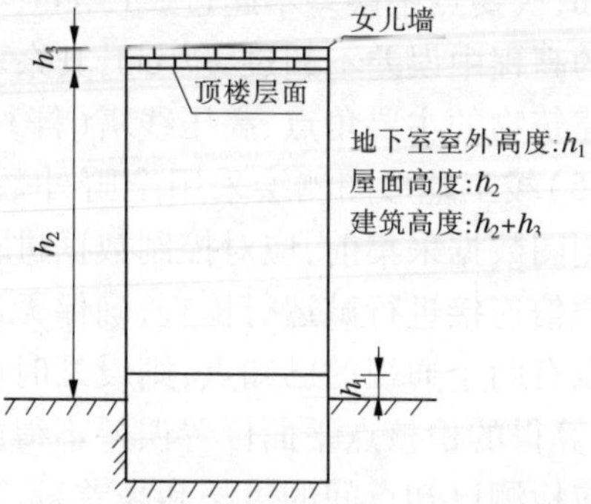

图 5-9　地下室有外露建筑高度的计算图

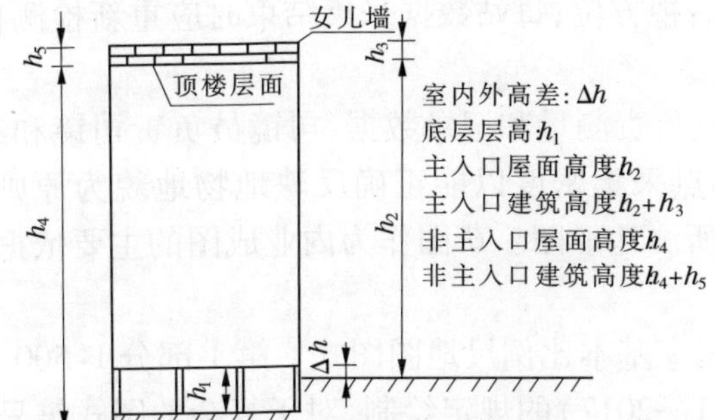

图 5-10　含负层建筑高度计算图

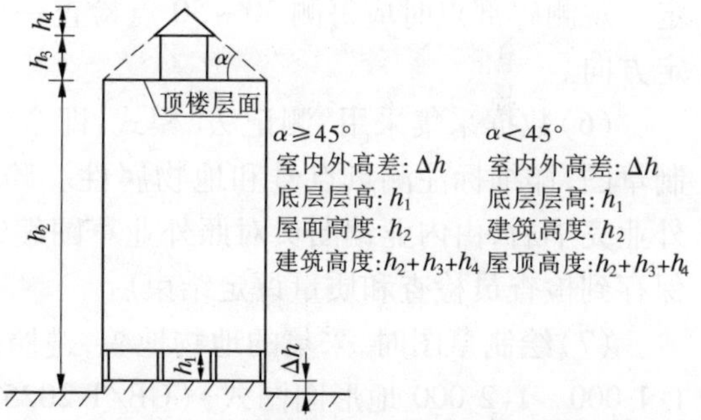

图 5-11　建筑高度视坡屋面延长线与外墙面的夹角大小而定的建筑高度计算图

⑤航线控制建筑高度以内的建筑物，按室外地坪至屋面以上所有建(构)筑物、附属设备的最高点确定高度，航线控制高度范围由规划审批部门确定；

⑥屋面错层的单体建筑及室外地坪不等高的单体建筑，楼房高度应分别实测，分别标注实际位置。同时实测和标注审批建筑图上高度位置及相关技术规范所规定位置处高程；必要时可通过照片或文字说明。

(五)竣工地形图测绘

(1)大比例尺竣工地形图直观反映了建设界限内及其周围地物地形真实现状，它所表述的内容是规划管理部门了解和判断各种审批指标数据的重要依据，竣工现状地形图的比例尺为 1∶500。

(2)竣工地形图测绘范围为：建筑工程规划许可证附图或委托单位提供的总平面图上标定的建设区域内及外围 50 m 范围内的全部地物地貌，包括建(构)筑物、市政道路、内部道路、地面上的管线检修井、公共设施、绿地范围、水景范围、独立地物、高程注记点等，建(构)筑物、道路图形必须完整。

(3)竣工地形图基本不作取舍。图面除按国家规范要求绘制外，还需按照城市规划管理部门要求标注城市规划“六线”及工程项目用地边线。作为本次竣工测绘的主体建筑物须用红色的粗线突出表示，粗线宽度为 0.3 mm。

(4)竣工地形图平面精度:重要规划地物地形要素点相对于邻近图根点中误差不超过±5 cm,次要点中误差不超过±15 cm;竣工地形图高程精度:铺装路面的高程相对于邻近图根点的高程中误差不超过±7 cm,其余不超过±15 cm。重要规划地物地形要素点是指本次验收建筑物的主要角点、高压线塔(杆)等。

(5)竣工地形图测绘采用全野外数字化测图法,主要使用全站仪和GNSS－RTK等仪器。测图数据采集前,应对控制数据进行检校,并对全站仪与测图软件或数据采集软件及其全部通信连接进行试运行检查,确保无误方可使用。全站仪对中偏差不得大于5 mm。如果测站点有两个通视的已知点,则设站时应以较远的一个已知点作起始方向,另一已知点作为检核,算得的检核点平面位置误差不得超过±7 cm;如果测站点仅与一个已知点通视,则设站时应检测已知点间的边长和高差量,边长相对中误差小于或等于1/4 000,高差的较差不得超过±10 cm。碎部点测距长度不得大于300 m。通视困难或环境不允许的情况下,可以交会法、量距法、自由设站法等补充之。碎部点采集密度以能正确反映地形地貌为原则测定。观测碎部点时应每测30～50点检查一次后视方位;每站数据采集结束时应重新检测标定方向。

(6)数据采集采用"测记法"模式,即全站仪负责测量和记录数据,司镜员负责司镜和绘制草图,详细标注测点点号和地物属性。碎部点采集密度以能正确反映地物地貌为原则。外业完毕后,由内业编图员对照外业草图编绘所测地形图。草图作为内业成图的主要依据,保存到检查员检查和质量评定结束后。

(7)绘制草图时,采集的地物地貌,遵照《国家基本比例尺地图图式　第1部分1:500　1:1 000　1:2 000地形图图式》(GB/T 20257.1—2017)的规定绘制,对于复杂的图式符号,可以简化或自行定义。但数据采集时所使用的地形码,必须与草图绘制的符号一一对应。

(8)内业图形编辑采用专业测图软件,如南方CASS9.0,绘图前应对CASS9.0进行参数设置及绘图比例尺的确定。针对不同的地物地貌软件中对应有严格的地物编码、图层、线形、颜色和参数等,绘图时仅需默认即可,不允许随意修改。竣工地形图须用红色的粗线突出表示建筑工程规划许可证中的的主体建筑物,粗线宽度为0.3 mm;道路红线突出显示为红色,线宽0.3 mm;地界显示为黑色,线宽0.3 mm。

(9)竣工地形图图幅不须按标准图幅大小分割,可根据实地面积大小和便于阅读及装订为原则,但最小不得小于标准图幅的1/2,最大不得大于标准图幅的2倍。

(六)建筑面积测绘

建筑物基底平面图测绘时,建筑物基底面积是指建筑物接触地面的自然层建筑物外墙或结构外围水平投影面积。建筑物基底平面图主要用于计算建筑密度。建筑密度是指建筑物的覆盖率,具体指项目用地范围内所有建筑的基底总面积与规划建设用地面积之比(%),它可以反映出一定用地范围内的空地率和建筑密集程度;建筑物基底平面图应在一层平面图基础上进行绘制,用彩色表示,标注边长尺寸及各种说明,并加注图框。

测绘建筑物分层平面图时,分层平面图上应表示本层中除空调格外的所有构筑物(包括主体、阳台、雨篷、挑檐、飘窗等),并按常规标注主体、阳台、雨篷每条边的尺寸,且注明性质。主要用于计算建筑面积和容积率。建筑面积亦称建筑展开面积,它是指住宅建筑外墙勒脚以上外围水平面测定的各层平面面积之和。

需要注意的是:

(1)对项目涉及的公寓、商业、地下商业及地下车库面积加以区分,并测量室内建筑高度,确定建筑面积计算依据。

(2)项目含外挂石材及外墙保温,测绘时应根据实际情况测量石材厚度及外墙保温,并在面积计算时单独区分。

(3)对项目涉及的特殊区域,如雨篷、挑廊、连廊、阳台及飘窗应详细测绘,并在外业采集时拍照。

(七)建筑面积计算、建筑密度及容积率测算

建筑面积计算参照《建筑工程建筑面积计算规范》(GB/T 50353—2013)以及国家或各省市的其他有关建筑面积计算规则和规范计算。建筑面积计算应按自然层外墙结构外围水平面积之和计算。

对建筑工程规划许可证附图标定的建设区域内已审批及未审批已建的所有建筑物应计算建筑单体建筑面积、总建筑面积及计容面积。

建筑密度测算时,建筑密度指在一定范围内,建筑物的基底面积总和与总用地面积的比例(%),是指建筑物的覆盖率,具体指项目用地范围内所有建筑的基底总面积与规划建设用地面积之比:

建筑密度 = 建筑物的基底面积总和 ÷ 规划建设用地面积

容积率是指一定地块内,地上总建筑面积计算值与总建设用地面积的比值。地上总建筑面积计算值为建设用地内各栋建筑地上建筑面积计算值之和,地下面积不纳入计算容积率的建筑面积。

需要注意的是:

(1)建筑面积的全算、半算和不算的区分,严格按照建筑面积测算细则和规范要求执行。面积计算应开发小程序,减少人为计算的错误。

(2)竣工验收测量项目每个项目均有不同之处,要认真理解规范和设计书要求。遇到不理解、不清楚的问题,一定要提出来进行多方面的沟通和召开技术会议,上报有关技术部门进行处理。

(八)绿地率及地上停车位报告

(1)绿地率计算以 1:500 数字地形图作为底图(颜色设置为 8),将宅间绿地,植草砖绿地及屋顶绿地等突出显示,并计算绿地面积总和,绿地面积总和与建设用地面积比值即为绿地率。

(2)绿地面积计算按以下执行:

①以行车内部道路或消防通道与建筑物、地界或规划道路红线围合而成的花圃草地等作为绿化景观组成部分的小品、亭台、小型健身设施、硬化广场等硬质景观,可一并计入绿地面积,但不宜超过绿地面积总和的 30%。居住区、居住小区、居住组团内配套室外体育活动场地中满足不少于 1/3 用地在标准的建筑日照阴影范围线之外,可按其面积的 50% 计入绿地面积。

②建设工程对其地下、半地下设施实行覆土绿化,覆土厚度应达到 1.0 m,方可按其全面积计入绿地面积;同时符合公共绿地相关日照、规模要求时,方可按全面积计入绿地面积。

③绿化覆土厚度达到 0.6 m,方便居民出入的建筑屋顶绿化,经城乡规划主管部门同意,可将建筑屋面地栽绿地面积(每块不得小于 100 m^2)按照不同建筑高度折算系数折算成

绿地面积:屋面标高与基地面的高差小于等于5.0 m,有效折算系数为0.8;屋面标高与基地面的高差大于5.0 m小于等于12.0 m,有效折算系数为0.6;屋面标高与基地面的高差大于12.0 m小于等于24 m,有效折算系数为0.4;屋面标高与基地面的高差大于24.0 m,有效折算系数为0。

④考虑日照因素及建筑室外散水,高度超过1.5 m的建筑外轮廓线平行向外1.5 m之外方可计入绿地面积。

(3)地上停车位报告以1∶500地形图为底图(颜色设置为8),突出显示规划许可证许可用地范围内新划地上停车位,区分建筑工程规划许可证附图中规划建设车位和未规划已经建设车位,并标明停车位长、宽尺寸,统计用地范围内停车位总数。

(九)照片及说明

对建成的现状的建筑物及相关设施进行拍照,为竣工规划核实测量留下现场真实的证据,拍摄内容主要有建筑立面及城市景观,指立面材质、色彩、夜间泛光照明、广告、沿街阳台封闭、室外工程(包括广场、道路及休闲设施、无障碍设施)等;配套的公共设施如活动室、卫生站、物业室、幼托、公厕、门卫、收发室、垃圾间转运站等;市政公共设施如配电、电信、电视、煤气调压、安防、围墙等。照片拍摄后进行编号,并附拍摄位置示意图。

需要注意的是:

(1)所附建筑高度照片应明确标示出测高位置及室外地坪,对于建筑面积特殊区域应单独附照片并配以文字说明。

(2)绿地照片应选项目(小区)有代表性绿地,每个类型绿地一般不少于1张。

(3)车位照片应选项目(小区)有代表性车位,每个类型车位一般不少于1张。

(十)生产实施及质量控制

检查做图根控制测量时是否按规范及项目技术设计书要求施测,核对图根控制测量前的检查点数据,分析比对实测数据是否超限。

核对外业记录手簿是否记录规范,是否有涂改及违规操作,是否按照设计书要求操作,检查测回归零差、2C较差、i角误差等是否超限,计算录入计算机是否有误,查看全站仪实测数据,检查测站及后视设置是否正确,是否按设计书要求返测两图根控制点间边长及高差,分析其数据是否超限。

检查建筑高度测量是否在建筑不同位置实测,实测两次数据较差是否超限。

建筑长宽标注、四至距离标注是否与建筑工程规划许可证附图标注位置一致,是否存在错标漏标,建筑高度高程测量位置是否与建筑单体设计图一致,标注位置是否与测量位置一致。

应对1∶500现状竣工地形图进行100%的图面检查,检查所测地形图内容是否完整,重点检查测区内的建筑物、内部道路、绿地范围线、地上停车位范围线、影响计算绿地率的其他建筑设施、电力设施、消防设施等。检查图廓内外整饰是否合乎规定,图名、图号、比例尺、测绘日期等是否正确。

检查规划审批用地范围内新建绿地面积统计过程中是否出现绿地轮廓画错、绿地分块是否存在遗漏、绿地面积统计是否符合设计规范要求、有效绿地折算系数是否正确等。

检查机动车停车位尺寸大小与实测是否一致,个数统计是否正确,成果报告是否按设计要求出具。

(十一)建设工程现状竣工测绘成果报告

(1)建筑物图形绘制及高程、高度计算至少1人绘制计算,1人检查数据,确保无数据计算及绘图错误后,出具现状竣工测绘成果报告。

(2)建筑物平面外形设计为正交的,宜按正交绘制,并标注其结构及层数。

(3)建设工程现状竣工测绘成果报告编制要求:

①现状竣工成果报告作为规划管理的技术依据,应客观、准确地反应建设工程的现状,报告内容应全面、清楚,方便规划审批部门判断。

②现状竣工成果报告采用A3纸张,为方便判图,比例尺不应小于1:2 000,成果报告可分页重叠部分图形出图。

③现状竣工成果报告应比对建筑工程规划许可证附图中的单体建筑物(含地下室)尺寸,及控制间距尺寸标注位置,详细标注现状尺寸在同一位置,建筑物的高程、高度应标注在实际测量位置,所有尺寸标注至厘米。

④竣工成果报告应将规划许可证中建筑物显示为红色,其余建筑物显示为黑色,以突出重点。

⑤若城市规划“六线”在审批后进行了调整,调整前后的“六线”应一同反映到现状竣工成果报告中,注明调整日期并分别标注现状间距,调整前、后的“六线”分别以虚线、实线绘制。

⑥文字说明应对每栋建筑物分别叙述尺寸、位置信息,采取数据对照的形式,审批数据在前,现状数据在后,平面位置数据和楼高度、高程数据分开叙述。

⑦地下车库机动车停车位应单独出具报告,应根据停车位长宽尺寸大小分类,以不同颜色显示,并注明停车位尺寸。

(4)报告书中文字叙述要简洁明了,不能模棱两可,说明要准确无误。要认真翔实填写不一致对照表:不一致的地方要有图形和数据对照,必须真实,严禁错误数据的发生。

测绘成果报告书是整个竣工规划核实测量数据的载体,应记载详细、数据真实、图表清晰。具体内容主要包括:

①项目概况;

②实测间距、平面尺寸表与附图;

③实测绿化面积表;

④实测建筑高程成果表;

⑤实测机动车泊车位统计表;

⑥实测道路面积图与统计表;

⑦实测建筑密度核算成果表;

⑧实测容积率核算成果表等;

⑨规划竣工规划核实测量技术总结报告。

复习与思考题

1. 什么是建设工程规划核实?什么是规划核实测量?

2. 建设工程规划核实的内容是什么?都有哪些环节?

3. 规划核实的相关制度有哪些?

4. 什么是建设工程规划核实确认?

5. 规划核实测量报告成果包括哪些?

6. 竣工规划核实测量精度要求是什么?

7. 竣工规划核实测量中,建筑物平面位置测绘的要求有哪些?

8. 竣工规划核实测量中,建筑物高度测量和计算的方法是什么?

9. 什么是建筑面积?什么是建筑密度?什么是容积率测算?分别如何计算?

10. 建设工程现状竣工测绘成果报告编制要求有哪些?报告书应包括哪些内容?

第六章 工程建筑物变形观测

第一节 工程变形监测的基础知识

一、变形的概念

物体的形状变化统称为变形。变形通常分为两类:自身的变形和相对于参照物的运动。

物体自身的变形主要包括伸缩、错动(或者叫剪切)、弯曲和扭转四种。相对于参照物的运动又包含了物体整体的平移、转动、升降和倾斜。其中,把物体的平移称为物体的绝对变形,把物体的自身变形和旋转等称为物体的相对变形。

理论上,物体的变形是绝对的。实际中,需要一个参照物做参考;同时需要一个具体的数值做标准。

物体的变形按类型来分,可分为静态变形和动态变形。静态变形通常是指某一段时间内的变形,它是时间的函数,一般通过周期观测得到;动态变形是指在外力作用下产生的变形,其变形值只表示物体在某个时刻的瞬时变形,它是外力的函数,动态变形需通过持续监测得到。

二、引起工程变形的原因

(一)客观原因

(1)建筑物的自重、使用中的动荷载。

(2)振动或风力等因素引起的附加荷载。

(3)建筑物结构的形式。

(4)地下水位的升降及其对基础的侵蚀作用。

(5)地基土在荷载与地下水位变化影响下产生的各种工程地质现象。

(6)温度的变化。

(7)建筑物附近新工程施工对地基的扰动等。

(二)主观原因

(1)地质勘探不充分,如没发现地基下的旧河道。

(2)设计错误,例如对土的承载力、各种荷载估计错误,对当地的地基土特性了解不够,套用其他地方的做法造成的错误,结构计算中的失误等。

(3)施工质量差,例如地基基础处理不当,使用了较差的材料,由于砂石没有洗净或者水分过多或者保养不当致使混凝土强度减弱等。

(4)施工方法不当,例如软土上施工时由于没有处理好地下水或基坑壁的保护引起显著的地面沉降和位移,打桩使附近地面隆起引起上面的建筑物变形,高耸建筑物施工时没顾及大风的影响,钢结构施工时没顾及日照及气温变化的影响,巨大钢构件焊接时没注意保温,让灼热的焊缝过快冷却产生巨大的热应力等不良后果等。

三、变形监测的定义

变形监测,又称变形测量或变形观测,是对变形体(被监测的对象或物体)进行测量以确定其空间位置随时间的变化特征。

变形监测包括全球性的变形监测、区域性的变形监测和工程变形监测。全球性的变形监测是对地球自身动态变化(如自转速率变化、极移、潮汐、全球板块运动和地壳形变)的监测。区域性的变形监测是对区域性地壳形变和地面沉降的监测。

本书主要研究工程变形监测。

对于工程变形监测来说,变形体一般包括工程建(构)筑物(简称工程建筑物)、机器设备以及其他与工程建设有关的自然或人工对象(例如大坝、船闸、桥梁、隧道、高层建筑物、地下建筑物、大型科学实验设备、车船、飞机、天线、古建筑、油罐、储矿仓、崩滑体、泥石流、采空区、高边坡、开采沉降区域等)。

变形体用一定数量的有代表性的位于变形体上的离散点(称监测点或目标点)来代表。监测点的变化可以描述变形体的变形。

四、变形监测的作用

变形监测的作用(或目的意义)主要表现在以下两个方面。

(一)实用上的作用

保障工程安全,监测各种工程建筑物、机器设备以及与工程建设有关的地质构造的变形,及时发现异常变化,对其稳定性、安全性做出判断,以便采取措施处理,防止事故发生。

(二)科学上的作用

积累监测分析资料,能更好地解释变形的机制,验证变形的假说,为研究灾害预报的理论和方法服务检验工程设计的理论是否正确,设计是否合理,为以后修改设计、制定设计规范提供依据,如改善建筑的物理参数、地基强度参数,以防止工程破坏事故,提高抗灾能力等。

五、变形监测的内容

变形监测主要包括水平位移监测,垂直位移监测,偏距、倾斜、挠度、弯曲、扭转、震动、裂缝等的测量。

水平位移是监测点在平面上的变动,它可分解到某一特定方向;垂直位移是监测点在铅直面或大地水准面法线方向上的变动;偏距、倾斜、挠度等也可归结为水平和垂直位移监测,其中偏距和挠度可以视为某一特定方向的水平位移,而倾斜可以换算成水平或垂直位移,也可以通过水平或垂直位移测量和距离测量得到。

除上述监测内容外,还包括与变形有关的物理量的监测,如应力、应变、温度、气压、水位(库水位、地下水位)、渗流、渗压、扬压力等的监测。

六、变形监测的特点

变形监测的最大特点就是对变形体监测点进行周期观测,以求得变形体在两个周期间的变形值和瞬时变形值。所谓周期观测就是多次的重复观测，第一次称初始周期或零周期。每一周期的观测方案如监测网的图形、使用仪器、作业方法乃至观测人员都要一致。

第二节 变形监测的精度与观测周期

变形监测应能确切反映工程的实际变形程度或变形趋势，并以此作为确定变形监测精度和观测周期的基本要求。

一、变形监测精度的确定

变形监测的精度要求，主要取决于该项工程预计进行变形监测的目的和允许变形值的大小。

(一)根据变形监测目的来确定监测精度

变形观测的目的大致可分三类。

第一类是安全监测。希望通过重复观测能及时发现建筑物的不正常变形，以便及时分析并采取措施，防止发生事故。例如露天矿的边坡监测、高水位时大坝的位移监测、建筑物在某种大修时的安全监测等。

第二类是积累资料。由于土的组成成分复杂，土力学对试验数据的依赖性很大。例如，在不同土质中不同基础的承载能力与预期沉降量等重要设计参数大多是用经验公式计算的。而经验公式中的一些参数则是在大量实践基础上用统计方法求得的。各地对大量不同基础形式的建筑物所做沉降观测资料的积累，是检验设计方法的有效措施，也是以后修改设计方法制定设计规范的依据。

第三类是为科学试验服务。它实质上也可能是为了收集资料，验证设计方案，也可能是为了安全监测。只是它是在一个较短时期内，在人工条件下让建筑物产生变形。测量工作者要在短时期内，以较高的精度测取一系列变形值。例如，对于某种新结构、新材料做加载试验。

显然，不同的目的所要求的精度不同。为积累资料而进行的变形观测精度可以低一些。另两种目的要求精度高一些。但是究竟要具有什么样的精度，仍没有解决。因为设计人员无法回答结构物究竟能承受多大的允许变形。在多数情况下设计人员总希望把精度要求提得高一些。而测量人员希望他们定得低一些。因此，变形观测的精度要求常常是由设计、施工、测量几方面人员针对具体工程具体商量的结果，是需要与可能之间妥协的结果。

对于重要的工程，例如拦在长江、黄河上的大坝，粒子加速器等，则要求“以当时能达到的最高精度为标准进行变形观测”。考虑到测量工作的成本与整个工程的造价相比是非常微小的，因此对于重要工程按上述原则确定精度要求是恰当的。

(二)根据工程允许变形值的大小来确定监测精度

如何根据允许变形值来确定变形监测精度，学术界还存在着各种不同的看法，国内外学者对此也做过多次讨论。在国际测量师联合会(FIG)1971 年第 13 次大会上，变形测量小组提出：

“如果变形测量是为了确保建筑物的安全、使变形值不超过某一允许的数值，则其观测值的误差应小于变形允许值的 $\frac{1}{20}\sim\frac{1}{10}$;如果是为了研究变形的过程,则其误差应比上面这个数值小得多(小于变形允许值的 $\frac{1}{100}\sim\frac{1}{20}$),甚至应采用目前测量手段和仪器所能达到的最高精度。”

这成为世界各国在制定变形测量精度时广泛采用的观点。

《建筑变形测量规范》(JGJ 8—2016)规定:

最终沉降量的观测中误差应按下列规定确定:

(1)绝对沉降(如沉降量、平均沉降量等)的观测中误差,对于特高精度要求的工程可按地基条件,结合经验与分析具体确定;对于其他精度要求的工程,可按低、中、高压缩性地基土的类别,分别选 ±0.5mm、±1.0 mm、±2.5 mm。

(2)相对沉降(如沉降差、基础倾斜、局部倾斜等)、局部地基沉降(如基坑回弹、地基土分层沉降等)以及膨胀土地基变形等的观测中误差,均不应超过其变形允许值的 $\frac{1}{20}$。

(3)建筑物整体性变形(如工程设施的整体垂直挠曲等)的观测中误差,不应超过允许垂直偏差的 $\frac{1}{10}$。

(4)结构段变形(如平置构件挠度等)的观测中误差,不应超过变形允许值的 $\frac{1}{6}$。

(5)对于科研项目变形量的观测中误差,可视所需提高观测精度的程度,将上列各项观测中误差乘以 $\frac{1}{5}\sim\frac{1}{2}$ 系数后采用。

最终位移量的观测中误差应按下列规定确定:

(1)位移量分绝对位移量 S 和相对位移量 ΔS。绝对位移(如建筑物基础水平位移、滑坡位移等)通常难以给定位移的允许值,一般是根据设计、施工要求,并参照同类或类似项目的经验确定观测精度。

(2)相对位移(如基础的位移差、转动挠曲等)、局部地基位移(如受基础施工影响的位移、挡土设施位移等)的观测中误差,均不应超过其变形允许值分量的 $\frac{1}{20}$(分量值按变形允许值的 $\frac{1}{\sqrt{2}}$ 采用,下同)。

(3)建筑物整体性变形(如建筑物的顶部水平位移、全高垂直度偏差、工程设施水平轴线偏差等)的观测中误差,不应超过其变形允许值分量的 $\frac{1}{10}$。

(4)结构段变形(如高层建筑层间相对位移、竖直构件的挠度、垂直偏差等)的观测中误差,不应超过其变形允许值分量的 $\frac{1}{6}$。

(5)对于科研项目的变形量观测中误差,可视所需提高观测精度的程度,将上列各项观测中误差乘以 $\frac{1}{5}\sim\frac{1}{2}$ 系数后采用。

需要注意的是,当给定多个同类型变形允许值时,应分别估算观测中误差,并取其中的最小值作为最终的观测中误差。

(三)变形监测的测量等级及精度

根据《建筑变形测量规范》(JGJ 8—2016)规定,变形监测的测量等级及精度应符合表6-1的要求。

表6-1 变形监测的测量等级及精度

等级	沉降监测点测站高差中误差(mm)	位移监测点坐标中误差(mm)	主要适用范围
特等	0.05	0.3	特高精度要求的变形测量
一等	0.15	1.0	地基基础设计为甲级的建筑的变形测量;重要的古建筑、历史建筑的变形测量;重要的城市基础设施的变形测量等
二等	0.5	3.0	地基基础设计为甲、乙级的建筑的变形测量;重要场地的边坡监测;重要的基坑监测;重要管线的变形测量;地下工程施工及运营中的变形测量;重要的城市基础设施的变形测量等
三等	1.5	10.0	地基基础设计为乙、丙级的建筑的变形测量;一般场地的边坡监测;一般的基坑监测;地表、道路及一般管线的变形测量;一般的城市基础设施的变形测量;日照变形测量;风振变形测量等
四等	3.0	20.0	精度要求低的变形测量

注:1. 沉降监测点测站高差中误差:对水准测量,为其测站高差中误差;对静力水准测量、三角高程测量,为相邻沉降监测点间等价的高差中误差。

2. 位移监测点坐标中误差:指的是监测点相对于基准点或工作基点的坐标中误差、监测点相对于基准线的偏差中误差、建筑上某点相对于其底部对应点的水平位移分量中误差等。坐标中误差为其点位中误差的 $1/\sqrt{2}$ 倍。

变形监测网网型设计好以后,应进行监测网的观测方案设计。根据模拟监测网的网型、观测方案、模拟观测值及观测精度等信息,用控制网优化设计方法,即可求得网中最弱点相应观测值(如网中最弱点高程 H,网中待求观测点间高差 h,网中最弱点坐标 x,网中待求观测点间坐标差 Δx 等)的中误差(如工程绝对沉降的观测中误差、工程相对沉降的观测中误差、位移分量的观测中误差或位移分量差的观测中误差等)。

对于位移测量,可直接利用观测中误差,根据表6-1中内容来确定监测网的等级和观测元素的测量精度。

对于沉降测量,则还需要利用上面确定的工程绝对沉降的观测中误差 m_S 或工程相对沉降的观测中误差 $m_{\Delta S}$,网中最弱点高程 H 或网中待求观测点间高差 h 的权倒数 Q_H、Q_h,求得单位权中误差 μ(观测点测站高差中误差)为

$$\mu = \frac{m_S}{\sqrt{2Q_H}} \tag{6-1}$$

$$\mu = \frac{m_{\Delta S}}{\sqrt{2Q_h}} \tag{6-2}$$

确定了单位权中误差μ后,也可根据表6-1中内容来确定控制网的等级和观测元素的测量精度。

估算出的测量精度应有一定富余,确保测量结果能准确反映出工程的最小可发现变形值。

(四)沉降监测网精度估算示例

【例6-1】　某高楼有24层,高$H=68$ m,相邻柱基间的中心距离为$l=10$ m。该建筑物的允许倾斜度为$i \leqslant 1.5‰$。若已知沉降监测网的设计网型如图6-1所示。现在准备对该建筑物进行沉降观测,试确定沉降观测的等级与精度。

解:

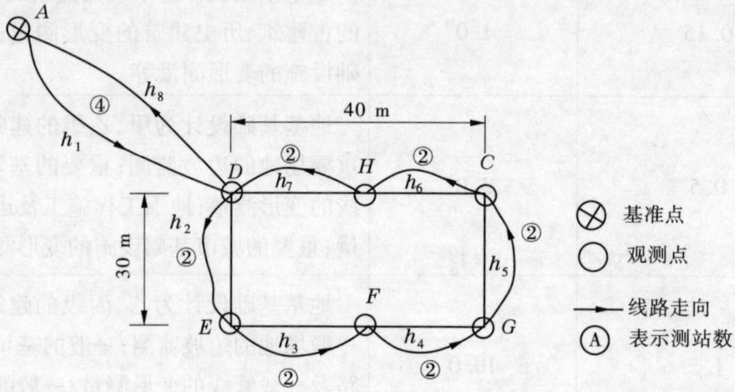

图6-1　大楼沉降监测网示例

1. 根据允许倾斜值来确定观测精度

因为该建筑物的允许倾斜度为$i \leqslant 1.5‰$,且高$H=68$ m,则建筑物顶部相对于底部的水平位移允许值$\Delta_{允}$为

$$\Delta_{允} = i \times H = 0.001\,5 \times 68\,000 = 102(\text{mm})$$

因为该水平位移允许值可视为南北、东西方向水平位移允许值的综合(如图6-2所示),故一侧(南北或东西方向)的水平位移允许值为

$$\Delta_{a允} = \frac{\Delta_{允}}{\sqrt{2}} = \frac{102}{\sqrt{2}} = 72(\text{mm})$$

根据“建筑物整体性变形(如建筑物的顶部水平位移、全高垂直度偏差、工程设施水平轴线偏差等)的观测中误差,不应超过其变形允许值分量的$\frac{1}{10}$”的原则,则一侧(南北或东西方向)的水平位移观测中误差m_a为

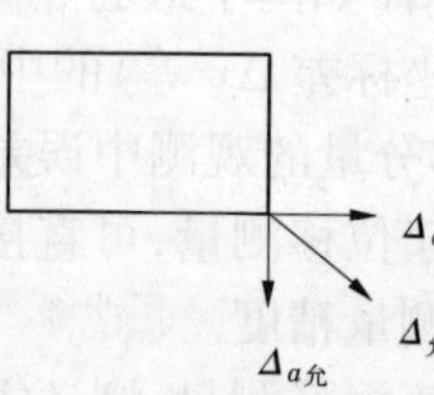

图6-2　水平位移允许值关系

$$m_a = \frac{\Delta_{a允}}{10} = \pm\frac{72}{10} = \pm 7.2(\text{mm})$$

对于刚性建筑物,建筑物基础相对沉降量Δh、基础宽度d、建筑物高度H、一侧的顶部水平位移a之间存在关系式

$$\Delta h = \frac{d}{H}a$$

根据误差传播定律,则

$$m_{\Delta h} = \frac{d}{H}m_a = \pm \frac{30}{68} \times 7.2 = \pm 3.2(\text{mm})$$

由于建筑物基础相对沉降量 Δh 是基础两端沉降量 s 的差值,故

$$m_s = \frac{1}{\sqrt{2}}m_{\Delta h} = \pm 2.2(\text{mm})$$

根据图6-1所示水准路线,以一测站观测高差中误差 m 作为单位权中误差,利用平差知识,可求得 D、E、F、G、C、H 六个监测点的权倒数,其中最弱点 G 的权倒数 $Q_G = 5$。利用式(6-1)可以求得

$$\mu = \frac{m_s}{\sqrt{2Q_G}} = \pm \frac{2.2}{\sqrt{10}} = \pm 0.69(\text{mm})$$

根据 μ,结合表6-1中规定,可知应采用的沉降监测等级为二级。查规范即可确定观测方案。

二、变形监测的观测周期

变形监测重复观测的时间间隔称为观测周期。变形观测周期应以能系统反映所测变形的变化过程且不遗漏其变化时刻为原则。观测周期取决于变形的大小、速度及观测的目的。

变形监测的初始周期一般应在埋设的基准点稳定后及时进行。及时进行初始周期的观测有重要意义。因为延误初始测量就可能失去已经发生的变形。由于以后各周期的测量成果都是与初始周期的成果相比较的,故应特别重视初始周期的观测质量,一般应适当增加观测量,以提高初始周期观测值的可靠性。

工程施工开始后,由于荷载的不断增加,基础下的土层逐渐压缩沉降,故工程建筑物的变形会较快、较大,故施工过程中观测周期应短一些,频率应大一些。如以三天、七天、半月为周期进行观测;或者按荷载增加的时间间隔为周期进行观测,每增加一定的荷载即可观测一次。

在工程建筑物建成初期,变形速度较快,观测周期应短一些,随着建筑物趋向稳定,可以减少观测次数,但仍应坚持长期观测,以便能发现异常变化。掌握了一定的规律或变形稳定后可固定其观测周期。当工程建筑物在观测中发现变形异常或测区受到地震、洪水、爆破或周围建筑物施工影响时,应及时缩短观测周期,增加观测次数。

三、变形观测精度、观测周期与变形速度间的关系

设于 t_i、t_{i+1} 时刻测得的监测点观测值分别为 X_i(它可以是 x、y、H 中的某一个量或几个量)和 X_{i+1},观测精度为 m,则 $\Delta t = t_{i+1} - t_i$ 期间的变形量为 $\Delta X = X_{i+1} - X_i$,ΔX 相应的观测误差 $m_{\Delta X} = \sqrt{2}m$。

变形发展的速度为

$$v = \frac{\Delta X}{\Delta t} \tag{6-3}$$

设 k 为由误差分布类型和置信水平所决定的系数,则只有当

$$\Delta X \geqslant k m_{\Delta x} \tag{6-4}$$

时才可以认为 ΔX 是建筑物的变形。反之,如果

$$\Delta X < km_{\Delta x} \tag{6-5}$$

则 ΔX 很可能仅仅是测量误差的反映,不能确认它就是建筑物的变形,此时一般应称为"建筑物尚未发生明显的变形",而 $km_{\Delta X}$ 可称为最小可发现变形。

如果已经知道了变形发展的速度 v 及观测精度 m,则可按下式计算合理的观测周期 Δt:

$$\Delta t \geqslant \frac{km_{\Delta X}}{v} = \frac{\sqrt{2}km}{v} \tag{6-6}$$

如果已经知道了变形速度 v 并已确定了观测周期 Δt,则可按下式计算必要的测量精度 m:

$$m \leqslant \frac{v\Delta t}{\sqrt{2}k} \tag{6-7}$$

第三节　变形监测网

测定工程建筑物的变形时,一般是在建筑物上选择一些具有代表性的、能反映建筑物变形的特征点进行观测,用点的变形来反映工程建筑物整体的变形,这些点称为变形监测点(又称目标点)。

为了测定监测点的变形,则必须设置一些稳定不变的参考点(叫作基准点)作为整个变形监测的起算点。基准点是进行建筑变形测量工作的基础和参照。为了达到基准点稳定的要求,可有两种方法:一是远离工程建筑物,二是深埋。但是我们应该全面地研究这个问题。如果基准点距观测点太远,测量不便,精度也要降低。因此,通常要在靠近观测点、便于观测的地方设置一些相对稳定的工作点,称为工作基点。但是工作基点仍然处于建筑物应力扩散范围以内,难以保证绝对稳定,此时还应在工程建筑物所引起的变形影响范围外设置一些坚固、稳定的基准点,用以测定工作基点的变形值。

平时从工作基点出发测量监测点相对于工作基点的变形值 Δ_1。过一段时间后,再测量工作基点相对于基准点的变形值 Δ_2。经内插修正后可求得监测点相对于基准点的变形值 Δ。如图6-3所示。

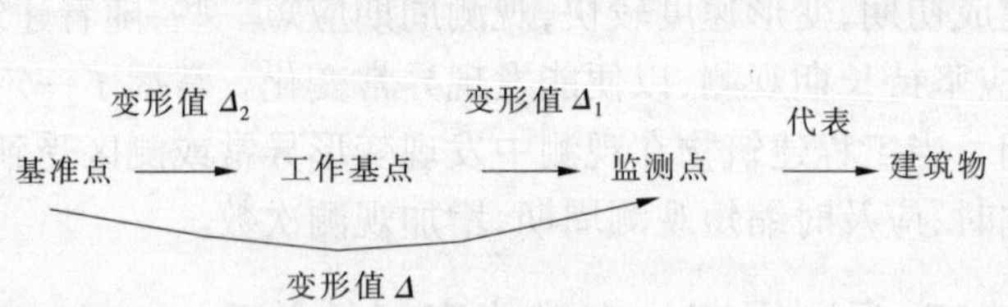

图6-3　变形监测网点关系

由上文可知变形监测网常由三种点、二种等级的网组成。基准点通常埋设在影响范围之外,尽可能使它们长期稳定不动;工作基点是基准点和变形监测点之间的联系点。它们与基准点联系构成绝对网(或基准网)。绝对网复测间隔时间较长,用来测量工作基点相对于基准点的变形量,这一变形量一般说来较小。工作基点与变形观测点之间要有方便的联测条件,它们组成次级网。次级网复测时间间隔短,用来测量建筑物上监测点相对于工作基点的变形量。变形监测点直接埋在建筑物上和建筑物一起移动,用它们的坐标变化来反映建筑物空间位置的变化。

建筑变形测量的类型可分为垂直位移(沉降)和水平位移两大类,前者需要设置沉降基

准点(也称高程基准点),后者也经常需要设置位移基准点(也称平面基准点)。对一些应用而言,采用卫星导航定位测量技术可以同时测定三维变形,此种情况下宜设置同时满足建筑变形测量规范关于沉降基准点和位移基准点要求的基准点。若不能设置这样的基准点,则应分别设置沉降基准点和位移基准点。下面将从垂直位移和水平位移观测两方面来讨论基准点、工作基点、监测点的布置以及监测网的布设等。

一、垂直位移监测网

垂直位移包括地面垂直位移和建筑物垂直位移。

地面垂直位移指地面沉降或上升,其原因除地壳本身的运动外,主要是人为造成的。在地面上建造建筑物,人为地给地壳加上荷载,引起地面下沉。从地下大量抽取工业用水和饮用水后,土壤固结,造成地面沉降。开采地下矿物也会造成地面沉降。进行地面垂直位移观测,掌握地面沉降规律,采取必要的措施,以保障安全生产和正常生活。

建筑物垂直位移观测是测定基础和建筑物本身在垂直方向上的位移。在建筑物施工初期,基坑开挖时表面荷重卸除,使基底产生回弹,随着建筑物施工进展,荷重不断增加,又使基础产生下沉,由于外界温度变化,建筑物本身在垂直方向上亦有伸缩。可见,建筑物垂直位移观测应该在基坑开挖之前开始进行,而贯穿于整个施工过程中,并继续到建成后若干年,直至沉降现象基本停止。

(一)垂直位移观测基准点的布置

垂直位移观测基准点一般称为水准基点,是测定各变形观测点垂直位移(沉降)的起算点,水准基点的稳定程度直接影响着观测成果的可靠性。特等、一等沉降观测,基准点不应少于4个;其他等级沉降观测,基准点不应少于3个。基准点之间应形成闭合环。

沉降基准点的点位选择应符合下列规定:

(1)基准点应避开交通干道主路、地下管线、仓库堆栈、水源地、河岸、松软填土、滑坡地段、机器振动区以及其他可能使标石、标志易遭腐蚀和破坏的地方。

(2)密集建筑区内,基准点与待测建筑的距离应大于该建筑基础最大深度的2倍。

(3)二等、三等和四等沉降观测,基准点可选择在满足前款距离要求的其他稳固的建筑上。

(4)对地铁、高架桥等大型工程,以及大范围建设区域等长期变形测量工程,宜埋设2~3个基岩标作为基准点。

为了检查水准基点本身的高程是否发生了变动,可将其成组埋设,通常每组三点,并形成一个边长约100 m的等边三角形,如图6-4(a)所示。在三角形的中心,与三点等距的地方设置固定测站,由此测站上可以经常观测三点间的高差,这样便可判断出水准基点的高程有无变动。

在城市建筑区因受到周围环境的影响,不一定能组成标准图形,这时可根据具体情况做出选择,但必须设置一个到三点距离相等的固定测站,而且与三点的距离应在允许的视距范围以内,如图6-4(b)所示。

(二)垂直位移观测基准点的构造与埋设

水准基点应埋设在工程建筑物所引起的变形影响范围之外,尽可能埋设在稳定的基岩上。

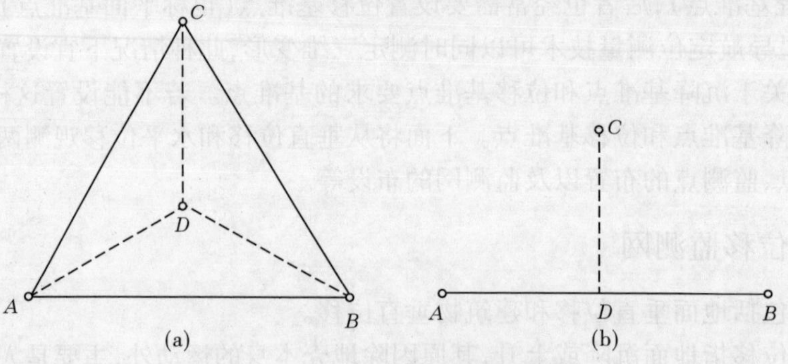

图 6-4　基准点成组埋设示意图

当观测场地覆盖土层很浅时，水准基点可采用如图 6-5 所示的岩层水准基点标石，或者用混凝土基本水准标石(见图 6-6)。当覆盖土层较厚时，可采用如图 6-7 所示的深埋钢管标石；为了避免温度变化对观测标志高程的影响，还可采用深埋双金属标石，如图 6-8 所示。

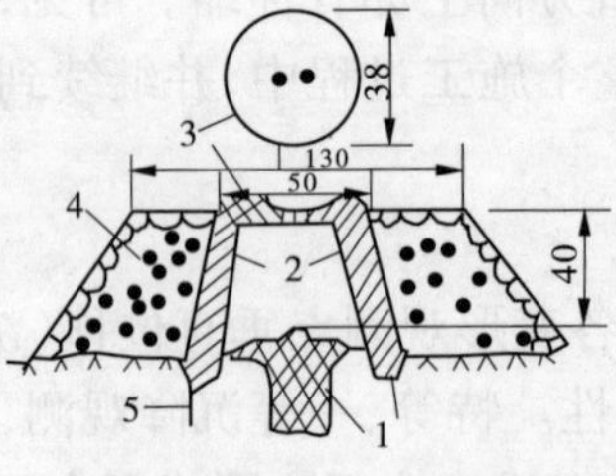

1—抗蚀的金属标志；2—钢筋混凝土井圈；
3—井盖；4—砌石土丘；5—井圈保护层

图 6-5　岩层水准基点标石　(单位：cm)

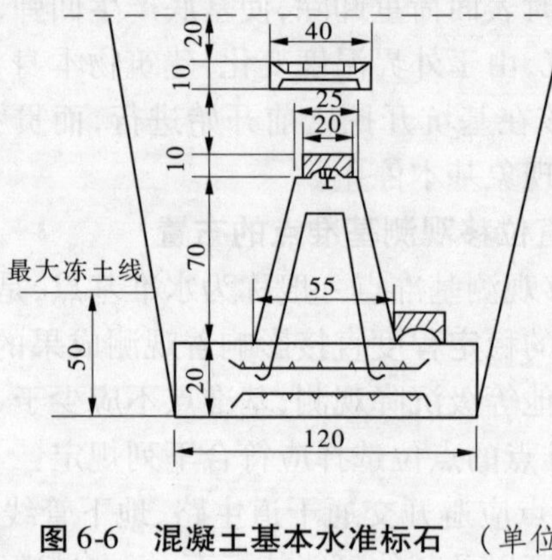

图 6-6　混凝土基本水准标石　(单位：cm)

下面简要说明深埋双金属水准标石的工作原理。

此种标志由膨胀系数不同的两根金属管(一般为钢和铝)组成，在两根管的顶部有读数设备，如图 6-8 所示。此读数设备上可以得出由于温度变化所引起的两管长度变化的差数 Δ，由 Δ 值便可计算出各金属管本身长度的变化。其原理如下：

设以钢、铝制成的两根金属管，原长均为 L_0，温度变化 Δt 引起的伸长量分别为 $\Delta L_{钢}$ 和 $\Delta L_{铝}$，则

$$\Delta L_{钢} = L_0 \alpha_{钢} \Delta t$$
$$\Delta L_{铝} = L_0 \alpha_{铝} \Delta t$$

已知 $\alpha_{钢} = 0.000\ 012/℃$，$\alpha_{铝} = 0.000\ 024/℃$

则

$$\frac{\Delta L_{钢}}{\Delta L_{铝}} = \frac{L_0 \alpha_{钢} \Delta t}{L_0 \alpha_{铝} \Delta t} = \frac{0.000\ 012}{0.000\ 024} = \frac{1}{2}$$

$$\Delta L_{铝} = 2\Delta L_{钢} \tag{6-8}$$

所以

$$\Delta = \Delta L_{钢} - \Delta L_{铝} = -\Delta L_{钢}$$

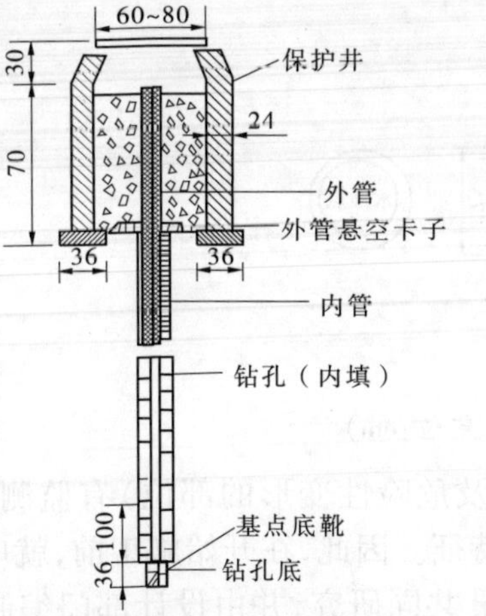

图 6-7 深埋钢管标石 （单位：cm）

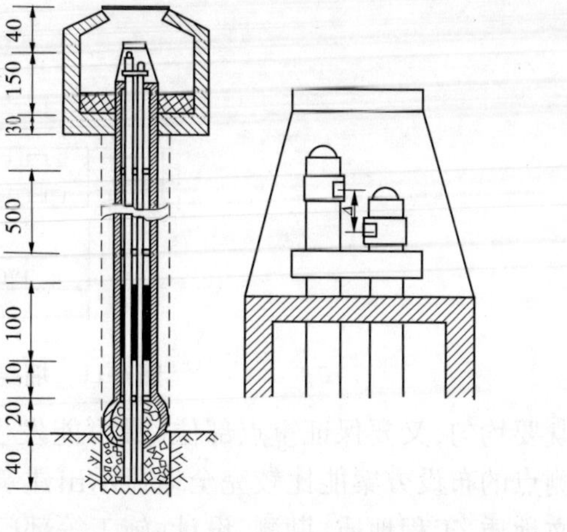

图 6-8 深埋双金属管水准标石 （单位：cm）

也即

$$\Delta L_{钢} = -\Delta, \Delta L_{铝} = -2\Delta \tag{6-9}$$

深埋双金属管水准标石中的金属管也可以用金属丝代替，称为深埋双金属丝水准标石，其原理与上相同。

水准基点可根据观测对象的特点和地层结构，从上述类型中选取。但为了保证基准点的稳定可靠，应尽可能使标石的底部坐落在基岩上。因为埋设在图中的标志，受土壤膨胀和收缩的影响不易稳定。

（三）垂直位移观测工作基点的构造与埋设

工作基点的标石，可按点位的不同要求选埋浅埋钢管水准标石（见图 6-9）、混凝土普通水准标石（见图 6-10 或图 6-11）等。工作基点设置应满足作业需要。一般情况下，工作基点埋设时，与邻近建筑物的距离不得小于建筑物基础深度的 1.5～2.0 倍。另外，工作基点与基准点之间宜便于采用水准测量方法进行联测。当采用三角高程测量方法进行联测时，相关各点周围的环境条件宜相近。当采用连通管式静力水准测量方法进行沉降观测时，工作基点宜与沉降监测点设在同一高程面上，偏差不应超过 10 mm 。当不能满足这一要求时，应在不同高程面上设置上下位置垂直对应的辅助点传递高程。

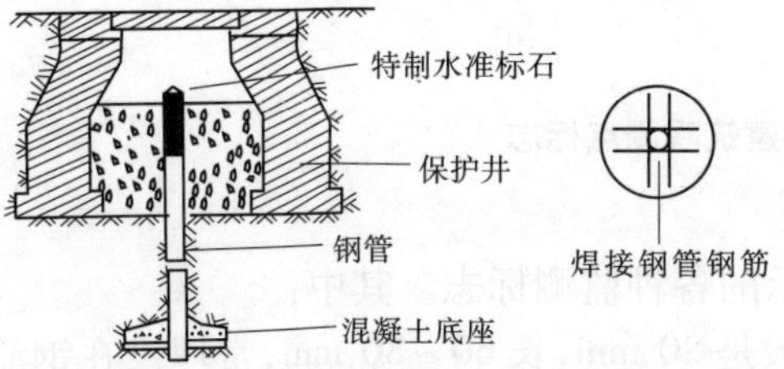

图 6-9 浅埋钢管水准标石

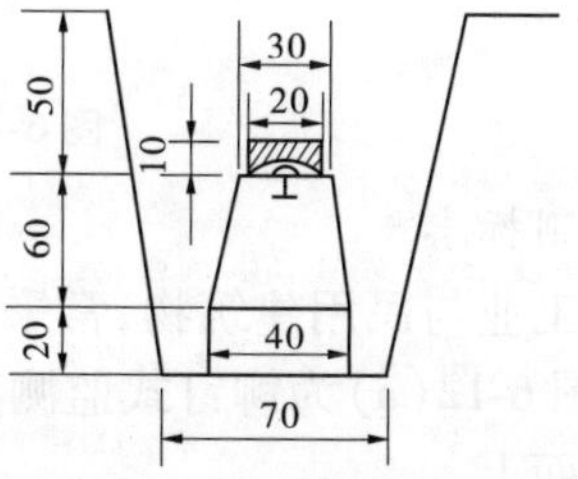

图 6-10 混凝土普通水准标石 （单位：cm）

（四）垂直位移监测点的标志与埋设

垂直位移监测点（常叫作沉降监测点）的选择是一个多学科的综合课题。点位的分布

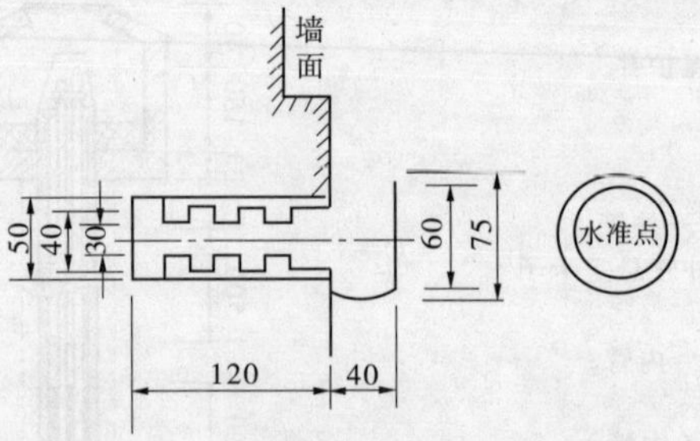

图 6-11　墙脚水准标石　(单位:cm)

既要均匀,又要保证重点部位(最可能发生最大变形及危险性变形的部位)有监测点,使监测点的布设方案能比较完全地显示出建筑物的变形特征。因此,在开始施工前,就应会同水文地质、工程地质、勘测、设计、施工等部门的技术人员共同研究,并由设计部门编制出一份"变形监测标志明细表",确定埋设监测标志的数量、位置和标型等。然后由测量人员根据该表和工程的总体布置、结构特点、设备的布局等条件,予以进一步的补充和完善,即从测量工作的需要出发,确定埋设适当的监测点标志,以便设计一个最优的方案进行变形监测。

下面以工业与民用建筑物垂直位移监测点为例进行说明(见图 6-12)。

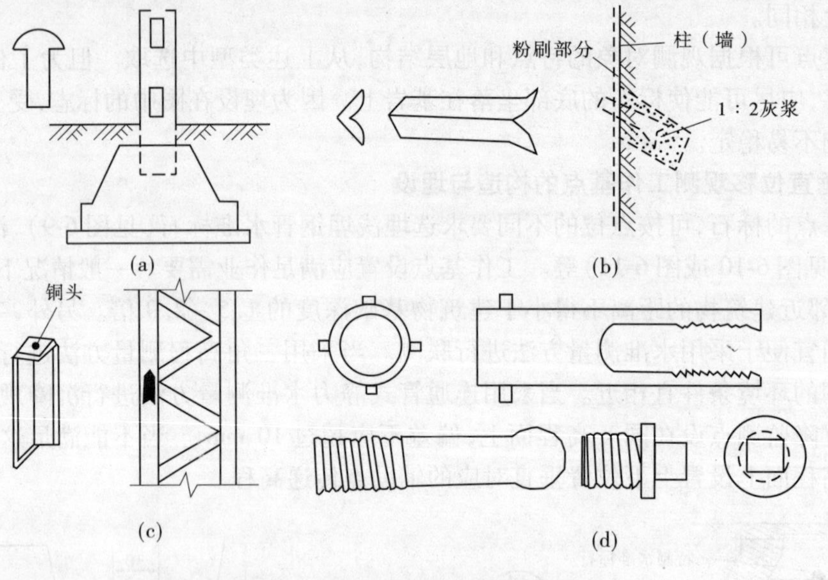

图 6-12　工业与民用建筑观测点标志

1. 监测标志

对于工业与民用建筑物,常采用图 6-12 所示的各种监测标志。其中:

(1)图 6-12(a)为铆钉式监测点,其直径一般是 20 mm,长 60 ~ 80 mm,常埋设在钢筋混凝土基础面上。

(2)图 6-12(b)为角钢式监测点,是一根截面为 30 mm × 30 mm × 5 mm 的角钢,常以 60°倾斜角埋入混凝土墙、柱中。

(3)图 6-12(c)为铜头式监测点,是在角钢上焊一个铜头后再焊到钢柱上。

(4)图 6-12(d)为隐蔽式监测点,标身为螺旋结构,用时将螺旋旋出,再将带有螺旋的监测点旋进，用完后再将标志旋下，换上罩盖。这种标志用于高级装修的建筑物室内，螺旋部分要注意防锈。

2. 监测点埋设

监测点埋设时主要有以下原则：

(1)应有足够的数量，以便测出整个基础的沉降、倾斜与弯曲，并且能够绘出等沉降值曲线。

(2)应考虑建筑物的规模、形式和结构特征，埋设在能够准确反映建筑物沉降的特征点位置。

(3)监测点应与建筑物紧密地结合在一起，确保监测点的沉降能准确反映建筑物沉降。

(4)应便于观测、能长久保存，应尽量保证在整个变形监测期间不受损坏。

3. 点位选择

点位应选择在下列位置：

(1)建筑物的四角点、中点、转角处及沿外墙每隔 10～20 m 处或每隔 2～3 根柱基上。

(2)高程建筑物、新旧建筑物、纵横墙等交接处的两侧。

(3)建筑物裂缝或沉降缝两侧，基础埋深相差悬殊处，人工地基与天然地基接壤处，不同结构的分界处及填挖方分界处。

(4)宽度大于等于 15 m、宽度小于 15 m 但地质复杂或膨胀土地区的建筑物，在承重墙内隔墙中部设内墙点，在室内地面中心及四周设地面点。

(5)邻近堆置重物处，受振动有显著影响的部位及基础下的暗沟处。

(6)框架结构建筑物的每个或部分柱基上或沿纵横轴线设点。

(7)片筏基础、箱形基础底板或接近基础的结构部分的四角处及其中部位置。

(8)重型设备基础和动力设备基础的四角、基础形式或埋深改变处以及地质条件变化处两侧。

(9)电视塔、烟囱、水塔、油罐、炼油塔、高炉等高耸建筑物，沿周边在与基础轴线相交的对称位置上布点。

民用建筑垂直位移监测点布设示例如图 6-13 所示，工业建筑垂直位移监测点布设示例如图 6-14 所示。

二、水平位移监测网

水平位移监测网的主要任务是测定工程建筑物的水平位移。对于大中型工程建筑物，可以分级布网，即由基准点和工作基点组成控制网，由水平位移监测点及所联测的工作基点组成扩展网；对于中小型建筑物水平位移监测，可将基准点连同监测点按单一层次布设。

控制网可采用测角网、测边网、边角网、导线网或 GNSS 网；扩展网和单一层次布网可采用角交会、边交会、边角交会、基准线或附合导线等形式。各种布网均应考虑网形强度，长短边不宜悬殊过大。

对水平位移观测、基坑监测或边坡监测，应设置位移基准点。基准点数对特等和一等不应少于 4 个，对其他等级不应少于 3 个。当采用视准线法和小角度法时，当不便设置基准点时，可选择稳定的方向标志作为方向基准。对风振变形观测、日照变形观测或结构健康监测，应设置满足三维测量要求的基准点。基准点数不应少于 2 个。对倾斜观测、挠度观测、

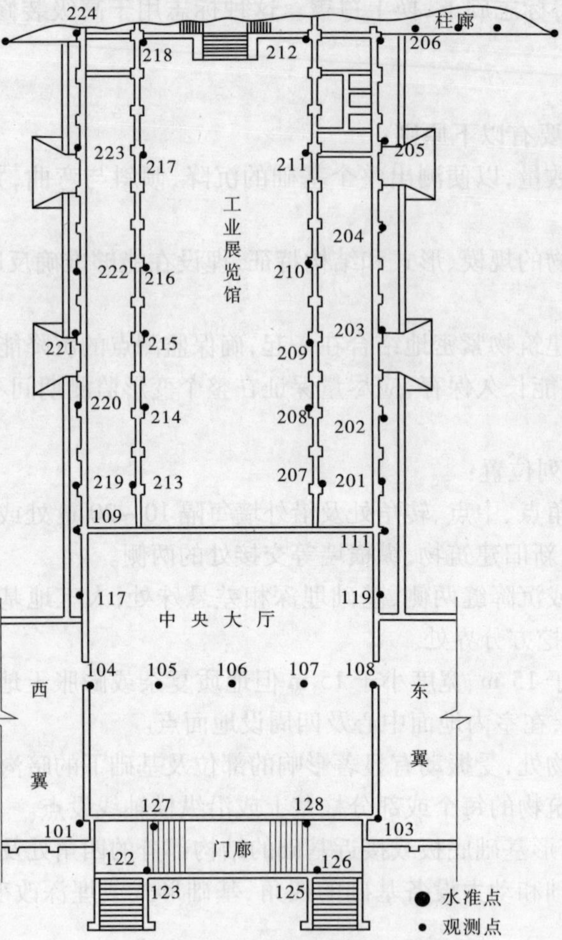

图6-13 民用建筑垂直位移监测点布设示例

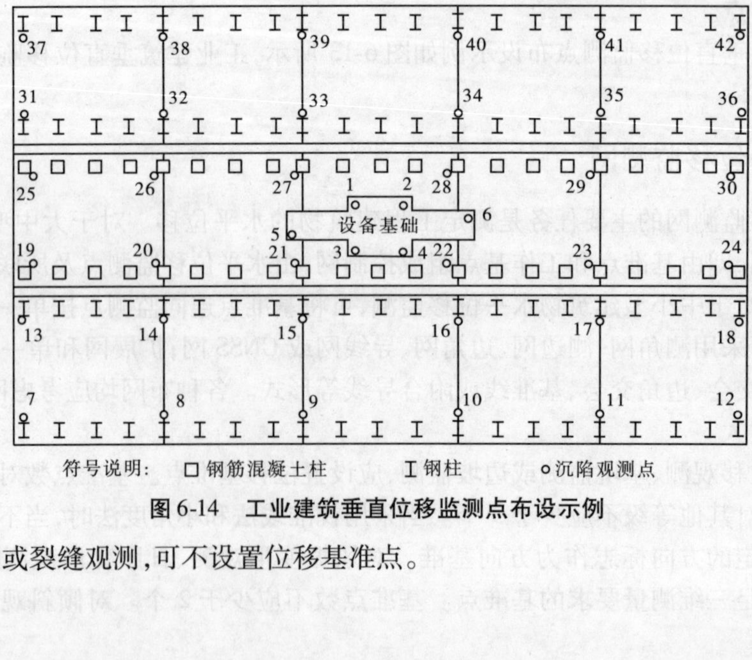

图6-14 工业建筑垂直位移监测点布设示例

收敛变形观测或裂缝观测,可不设置位移基准点。

(一)水平位移监测基准点的标志与埋设

平面基准点的标志及埋设应符合下列要求：

对特等、一等、二等及有需要的三等位移观测的控制点，应建造观测墩或埋设专门观测标石，并应根据使用仪器和照准标志的类型，顾及观测精度要求，配备强制对中装置。强制对中装置的对中误差不应超过 ±0.1 mm。

1. 混凝土观测墩

观测墩的底脚应埋设在稳定的基岩上，底脚与观测墩体间要配置钢筋。当控制点位于土层较厚的地区时，为防止活动冻土层对标志的不良影响，观测墩的底脚必须埋设在当地冻土层以下(超过 0.5 m)，并加大其底脚尺寸，以增加点位的稳定性。亦可用直径 20 cm 左右的金属管状标代替钢筋混凝土观测墩，此时用钻探的方法将金属管插入土中一定深度(视土质而定)，最好直至岩层。为了使管状标稳定，可在管内灌满混凝土，而在金属管顶部装置一个金属圆盘，以放置仪器和照准标志，见图 6-15。

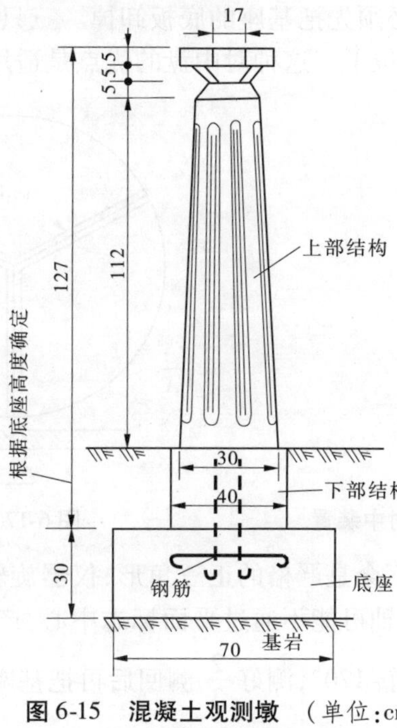

图 6-15 混凝土观测墩 (单位:cm)

为了减小仪器与觇牌偏心误差对测角精度的影响，在观测墩顶面常埋设固定的强制对中设备。强制对中装置形式很多，常用的有下面几种。

1) 对中螺旋装置

最简单的方法是在观测墩(或金属圆盘)的中心插上一根铁杆，露出墩面的一部分加工成公螺旋，其直径应根据观测用的仪器脚架的中心螺旋来设计。在观测时可直接把仪器旋上而无须对中。

用对中螺旋的方法虽能达到一定的对中精度，但往往由于螺纹粗糙而对仪器基座有所损伤。使用期限较长或使用次数频繁时，螺纹磨损，仪器及标志旋上后会发生晃动。此外，在使用时将仪器旋上、旋下也不够方便和安全。

2) 点、线、面式对中装置

如图 6-16 所示，它是一只对中盘，盘上有三个小金属块，分别是点、线、面。“点”是金属块上有个圆锥形凹穴,脚螺旋尖端放上去后不可移动;“线”是金属块上有一线形凹槽,脚螺旋尖端在凹槽内可以沿槽线移动;第三块是一个平面,脚螺旋尖端在上面有二维自由度。当脚螺旋间距与这三个金属块间距大致相等时,仪器可以在对中盘上精确就位。

这种对中盘的缺点在于经纬仪必须先除掉基座的底板才好安置上去。卸掉底板后三只脚螺旋没有弹性板压住,产生晃动的可能性增加了。基座及水平度盘只能靠仪器的自重来保持其稳定性,因此观测操作中的微小不慎、风吹或其他外力都能影响观测的质量。此外,如果经纬仪要放到三脚架上使用,又得重新把底板装上。拆装甚不方便,因此实际使用效果不好。此外,如果同类型仪器和觇牌的脚螺旋的间距由于加工误差而不完全相同,就会带来偏心差,因此网的质量会受其影响。脚螺旋间距不同的仪器(几乎不同厂生产的仪器,其脚螺旋间距都不一样),不能共用同一块对中盘。

3)三叉式对中装置

如图6-17所示,它也是一个对中盘,盘上铣出三条辐射形凹槽,三条凹槽夹角为120°,经纬仪要在这种盘上对中前也必须先把基座的底板卸掉。三只脚螺旋尖端在三条凹槽中安放好后,经纬仪就在对中盘上定位了。这种对中盘的优点是适用于脚螺旋间距不同的仪器。

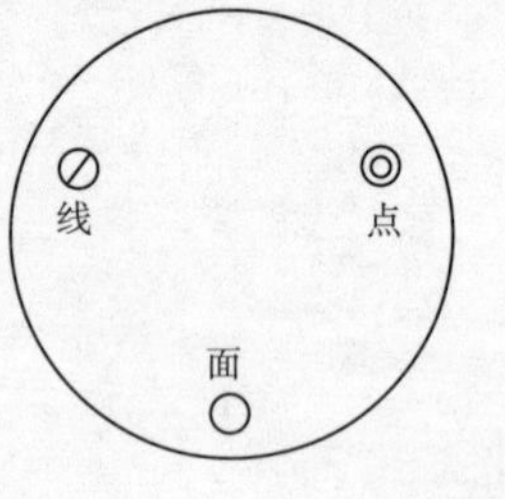

图6-16　点、线、面式对中装置

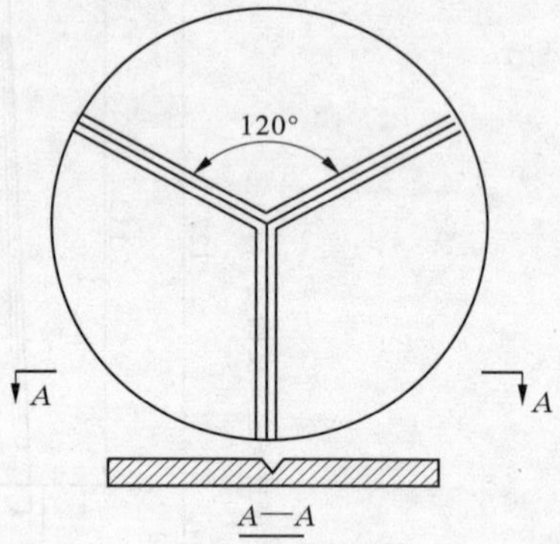

图6-17　三叉式对中装置

考虑到脚螺旋尖连线通常不会是严格的正三角形,仪器旋转轴也不一定通过基座三只脚螺旋尖的重心,因此仪器旋转轴可能不通过平面标志中心,产生偏心差,所以实际工作中要在测好$\frac{1}{3}$测回数后把基座旋转120°,测好$\frac{2}{3}$测回后再把基座旋转120°,这样做后在各测回观测值的平均数中将不会有偏心差。使用这种对中盘也要求卸掉经纬仪基座的底板,因此观测时仪器显得不稳,增加工作的难度,观测时要采取防风措施。操作时动作要非常轻巧。

4)球、孔式对中装置

如图6-18所示,固定在观测墩上的对中盘上有一个圆柱形的对中孔,另有一个对中球(或圆柱)通过螺纹可以旋在基座的底板下。对中球外径与对中孔的内径相匹配。

旋上对中球的测量仪器通过球、孔接口,可以精确地就位于对中盘上。

考虑到经纬仪旋转中心不一定通过对中球的中心,即对中球可能偏离仪器旋转轴一小段距离,所以球放入孔内后仪器旋转轴可能偏离对中孔中心——平面标志的中心。为了消除这一偏心误差的影响,必须在测好一半测回以后把基座连同对中球拔出,旋转180°后再放入,然后观测另一半测回。对中盘上有压板及压板螺丝,用它可以压住基座下的弹性压板，从而使仪器的稳定性大大增加。

这种对中装置的特点是：①加工、安装简便；②对中精度高；③只要准备不同螺纹的对中球，就可使不同型号的测量仪器在同一对中盘上对中，即通用性强；④测量仪器不必作任何改装或拆卸就可使用这种对中装置；⑤有压板可增加仪器的稳定性，这对保证测角精度是十分重要的。

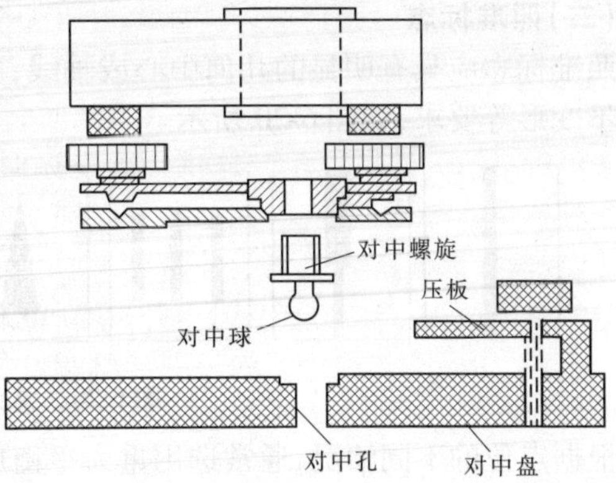

图 6-18 球、孔式对中装置

2. 倒垂装置

倒垂装置是一种埋设较深、稳定性很好的平面标志。此法是将一根不锈钢丝的根部埋设在建筑物基础深层基岩内，顶端根据浮体原理，用液体支承特钢制作的浮筒（或称浮子），将锚固在基岩中的不锈钢丝拉紧，成为一条顶端自由的垂线，当浮筒稳定时，不锈钢丝便成为一条铅垂线。

当倒垂线埋于深层可靠的基岩时，它可作为基准点来测定工程建筑物的绝对位移。倒垂装置观测与计算均很简便，且精度很高，其点位一般均设置在重要部位，如拱坝的拱冠、拱座等处；也可作为引张线法的基准点、视准线端点位移的校核点等。

图 6-19（a）是倒垂装置原理图，当钻孔内充满液体时，对中中心与标志中心的相对位置不变，也就是说，如果标志中心是稳定的，则对中中心也是稳定的，其平面位置不会受侧向干扰力影响。图 6-19（b）、（c）是倒垂装置的两种实用结构。

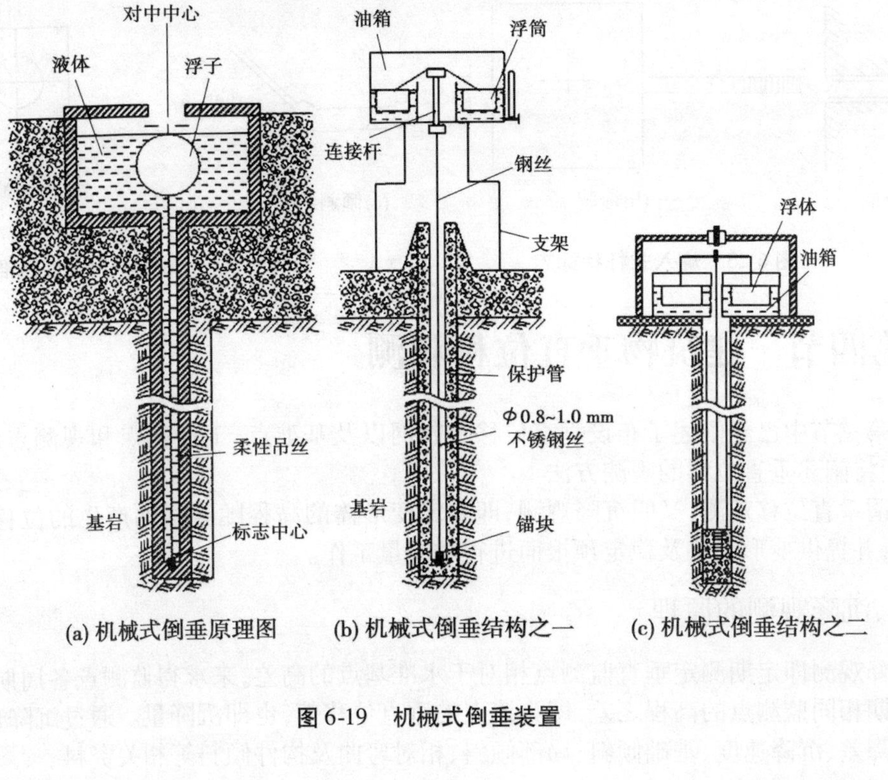

(a) 机械式倒垂原理图 (b) 机械式倒垂结构之一 (c) 机械式倒垂结构之二

图 6-19 机械式倒垂装置

(二)照准标志

照准标志应具有明显的几何中心或轴线,并应符合图像反差大、图案对称、相位差小和本身不变形等要求,如图6-20所示。

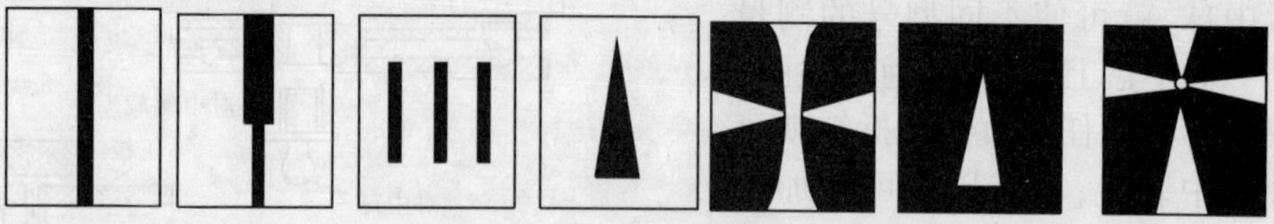

图6-20　常见照准标志

根据点位的不同情况,通常选用重力平衡球式标志、直插式觇牌标志、旋入式杆状标志、墙上照准标志等形式,如图6-21~图6-24所示。

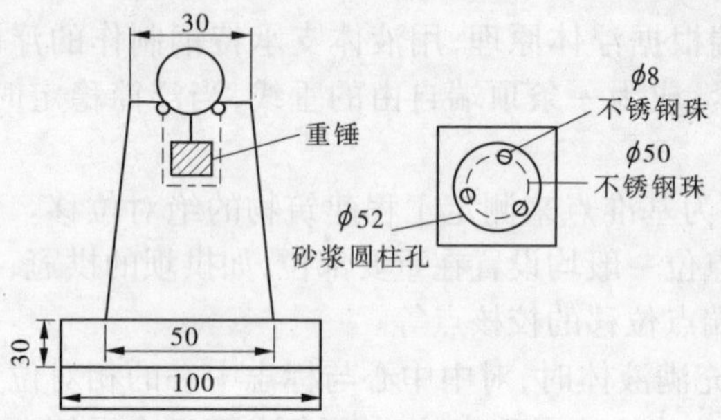

图6-21　重力平衡球式标志　(单位:cm)

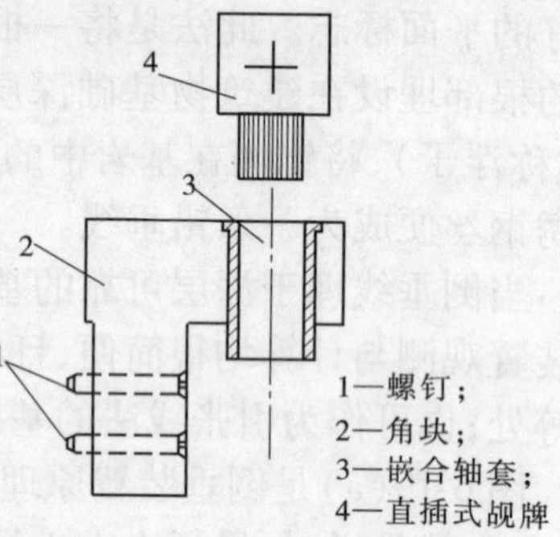

图6-22　直插式觇牌标志

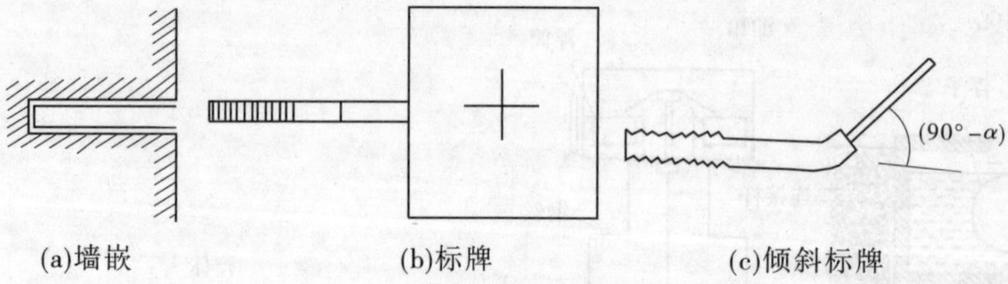

图6-23　旋入式杆状标志

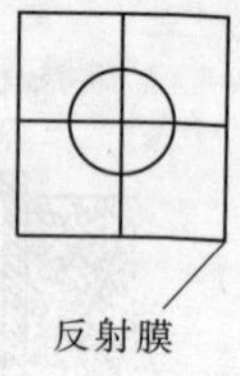

图6-24　墙上照准标志

第四节　建筑物垂直位移观测

在第三节中已经阐述了布设垂直位移控制网以及基准点、工作基点和观测点的布置方法,下面将阐述垂直位移的观测方法。

所谓垂直位移观测,又叫沉降观测,即测定变形体的高程随时间而产生的位移大小、位移方向,并提供变形趋势及稳定预报而进行的测量工作。

一、沉降观测的原理

沉降观测即定期测定垂直监测点相对于水准基点的高差,来求得监测点各周期的高程;不同周期相同监测点的高程之差,即为该点的垂直位移值,也即沉降量。通过沉降量还可以求出沉降差、沉降速度、基础倾斜、局部倾斜、相对弯曲及构件倾斜等相关资料。

图 6-25 是沉降观测的原理图。设从 A 点测定出了 1 号点在初始周期、第 $i-1$ 周期、第 i 周期的高差 $h^{[1]}$、$h^{[i-1]}$、$h^{[i]}$，即可求出相应周期的高程为

$$H_1^{[1]} = H_A + h^{[1]}、H_1^{[i-1]} = H_A + h^{[i-1]}、H_1^{[i]} = H_A + h^{[i]} \tag{6-10}$$

从而可得目标点 1 第 i 周期相对于第 $i-1$ 周期的本次沉降量为

$$S^{i,i-1} = H_1^{[i]} - H_1^{[i-1]} \tag{6-11}$$

目标点 1 第 i 周期相对于初始周期的累计沉降量为

$$S^i = H_1^{[i]} - H_1^{[1]} \tag{6-12}$$

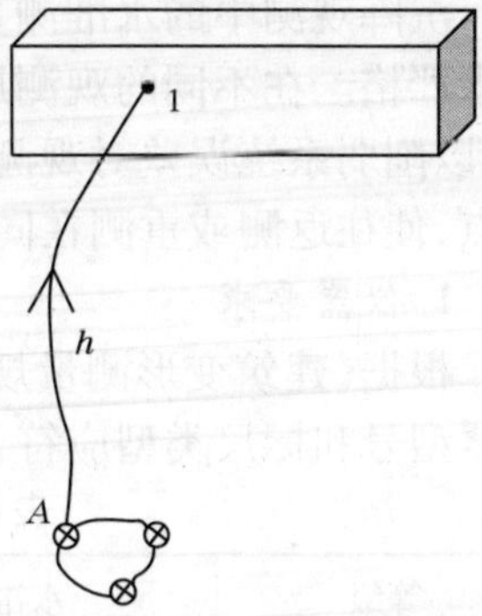

图 6-25 沉降观测原理

其中，当 S 的符号为"－"时，表示下沉；符号为"＋"时，表示上升。

若已知该点第 i 周期相对于初始周期总的观测时间为 Δt，则沉降速度 v 为

$$v = \frac{S^i}{\Delta t} \tag{6-13}$$

现假设有 m、n 两沉降观测点，它们在第 i 周期的累计沉降量分别为 S_m^i、S_n^i，则第 i 周期 m、n 两点间的沉降差 ΔS 为

$$\Delta S = S_m^i - S_n^i \tag{6-14}$$

二、沉降观测的方法

沉降观测时，主要分为基准点观测和观测点观测。

由于对沉降监测点的观测是通过工作基点来进行的，而工作基点不一定稳定，它的变形情况要通过基准点观测来测定。本来基准点只需要设置一个，但为了判断基准点的稳定性，基准点总是成组埋设。这样就必须先进行基准点间的观测。定期测定各基准点之间的高差并在基准点与工作基点之间进行联测，称为基准点观测。通过基准点观测，即可利用平差方法来分析和选择稳定的基准点作为固定的起算点，并按统计检验方法来检验工作基点的稳定性。任一时刻工作基点的高程可以根据工作基点周期观测的高程结果内插修正得到。

基准点观测所执行的等级，一般比监测点观测所采用的等级高出一个等级，而监测点观测所采用的等级必须依据《建筑变形测量规范》(JGJ 8—2016)从变形监测的精度出发做精度估算而定。

沉降观测的方法主要有水准测量、短视线精密三角高程测量等，其中最常用的是水准测量的方法。

(一)水准测量方法

当水准测量用于沉降观测时，一般应布设成附合或闭合水准路线，且尽量把各个沉降观测点包含在水准路线之内。特殊情况下，无法把沉降观测点包含在水准路线之内时，必须做往返观测或单程双转点观测，以确保观测质量(如图 6-26 所示)。对于需快速监测的建筑物，不允许形成正常水准路线时，应采用进行过严格的 i 角检验与校正的水准仪采用一次后视、多个前视的方法进行快速沉降观测。

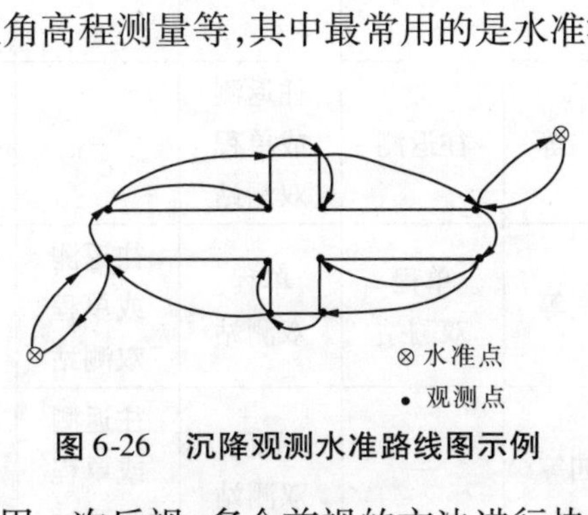

图 6-26 沉降观测水准路线图示例

沉降观测中的水准测量,与一般水准测量相比,其相应的等级精度高,各项限值小,技术要求严格。在不同的观测周期,最好采用同仪器、同标尺、同时间段、同观测者及同水准路线,以削弱系统误差对观测成果的影响。所谓的同水准路线,指的是设置固定的置镜点与立尺点,使往返测或重测在同一水准线路上进行。

1. 仪器要求

根据《建筑变形测量规范》(JGJ 8—2016)规定,当采用水准测量进行沉降观测时,所用仪器型号和标尺类型应符合表6-2的要求。

表6-2　各等级沉降观测中水准仪型号和标尺类型

等级	水准仪型号	标尺类型
一等	DS_{05}	因瓦条码标尺
二等	DS_{05}	因瓦条码标尺、玻璃钢条码标尺
	DS_1	因瓦条码标尺
三等	DS_{05}、DS_1	因瓦条码标尺、玻璃钢条码标尺
	DS_3	玻璃钢条码标尺
四等	DS_1	因瓦条码标尺、玻璃钢条码标尺
	DS_3	玻璃钢条码标尺

2. 作业方式

根据《建筑变形测量规范》(JGJ 8—2016)的规定,沉降观测中水准测量的作业方式应符合表6-3的规定。

表6-3　沉降观测作业方式

沉降观测等级	基准点测量、工作基点联测及首期沉降观测			其他各期沉降观测			观测顺序
	DS_{05}型仪器	DS_1型仪器	DS_3型仪器	DS_{05}型仪器	DS_1型仪器	DS_3型仪器	
一等	往返测	—	—	往返测或单程双测站	—	—	奇数站:后—前—前—后 偶数站:前—后—后—前
二等	往返测	往返测或单程双测站	—	单程观测	单程双测站	—	奇数站:后—前—前—后 偶数站:前—后—后—前
三等	单程双测站	单程双测站	往返测或单程双测站	单程观测	单程观测	单程双测站	后—前—前—后
四等	—	单程双测站	往返测或单程双测站	—	单程观测	单程双测站	后—后—前—前

3. 技术要求

根据《建筑变形测量规范》(JGJ 8—2016)的规定，当采用光学水准仪、数字水准仪等进行建筑沉降观测时，技术要求均可按本规范关于数字水准仪的相关规定及国家现行有关标准的规定执行。

各等级沉降观测的视线长度、前后视距差、累积视距差、视线高度、重复测量次数等应符合表6-4 的规定。各等级水准观测的限差应符合表6-5 的规定。

表6-4 水准观测的视线长度、前后视距差和视线高度

沉降观测等级	视线长度(m)	前后视距差(m)	前后视距差累积(m)	视线高度(m)	重复测量次数(次)
一等	≥4 且≤30	≤1.0	≤3.0	≥0.65	≥3
二等	≥3 且≤50	≤1.5	≤5.0	≥0.55	≥2
三等	≥3 且≤75	≤2.0	≤6.0	≥0.45	≥2
四等	≥3 且≤100	≤3.0	≤10.0	≥0.35	≥2

注:在室内作业时，视线高度不受本表的限制。

表6-5 数字水准仪观测限差 (单位:mm)

沉降观测等级	两次读数所测高差之差限差	往返较差及附合或环线闭合差限差	单程双测站所测高差较差限差	检测已测测段高差之差限差
一等	0.5	$0.3\sqrt{n}$	$0.2\sqrt{n}$	$0.45\sqrt{n}$
二等	0.7	$1.0\sqrt{n}$	$0.7\sqrt{n}$	$1.5\sqrt{n}$
三等	3.0	$3.0\sqrt{n}$	$2.0\sqrt{n}$	$4.5\sqrt{n}$
四等	5.0	$6.0\sqrt{n}$	$4.0\sqrt{n}$	$8.5\sqrt{n}$

注:1. 表中 n 为测站数。

2. 当采用光学水准仪时，基、辅分划或黑、红面读数较差应满足表中两次读数所测高差之差限差。

4. 数据处理

沉降观测的往、返测高差均应加入标尺长度改正，然后计算往、返测高差较差，高差较差合格后，根据改正后的往、返测高差即可计算高差中数，再由高差中数计算线路闭合差。由于用于沉降观测的水准测量一般视线较短，每千米测站数很多，故对闭合差一般采取按测段的测站数多少进行分配的方法。观测结束后每测站高差中误差可以用下式来计算：

$$u_{站} = \pm\sqrt{\frac{[Pdd]}{4n}} \tag{6-15}$$

而

$$P_i = \frac{1}{N_i} \tag{6-16}$$

式中，n 为附合路线的测段数；N_i 为各测段的测站数；d_i 为各测段往返测高差较差，mm。它

们的权各为 $\frac{P_i}{2}$。

5. 沉降观测的周期和观测时间

建筑物施工阶段的观测,应随施工进度及时进行。一般建筑,可在基础完工后或地下室砌完后开始观测,大型、高层建筑,可在基础垫层或基础底部完成后开始观测。观测次数与间隔时间应视地基与加荷情况而定。民用建筑可每加高1~5层观测一次;工业建筑可按不同施工阶段(如回填基坑、安装柱子和屋架、砌筑墙体、设备安装等)分别进行观测。如建筑物均匀增高,应至少在增加荷载的25%、50%、75%和100%时各测一次。施工过程中如暂时停工,在停工时及重新开工时应各观测一次。停工期间,可每隔2~3月观测一次。

建筑物使用阶段的观测次数,应视地基土类型和沉降速度大小而定。除有特殊要求外,一般情况下,可在第一年观测3~4次,第二年观测2~3次,第三年后每年1次,直至稳定。观测期限一般不少于如下规定:沙土地基2年,膨胀土地基3年,黏土地基5年,软土地基10年。

在观测过程中,如有基础附近地面荷载突然增减、基础四周大量积水、长时间连续降雨等情况,均应及时增加观测次数。当建筑物突然发生大量沉降、不均匀沉降或严重裂缝时,应立即进行逐日或几天一次的连续观测。

沉降是否进入稳定阶段,应由沉降量与时间关系曲线判定。对重点观测和科研观测工程,若最后三个周期观测中每周期沉降量不大于 $2\sqrt{2}$ 倍测量中误差可认为已进入稳定阶段。一般观测工程,若沉降速度小于0.01~0.04 mm/d,可认为已进入稳定阶段,具体取值宜根据各地区地基土的压缩性确定。

(二)短边三角高程测量

采用短边三角高程测量测定建筑物的沉降,在我国刚刚开始,而国外已经广泛应用于混凝土地基、高程楼房等建筑物的沉降观测。

如图6-27所示,在建筑物上分别固定标志1和标志2,在建筑物之间安置精密光学经纬仪,测定倾斜角 α_1 和 α_2,并用全站仪精确测定仪器到标志的斜距 l_1 和 l_2,则仪器中心到标志1、2的视线方向与水平方向的高差分别为

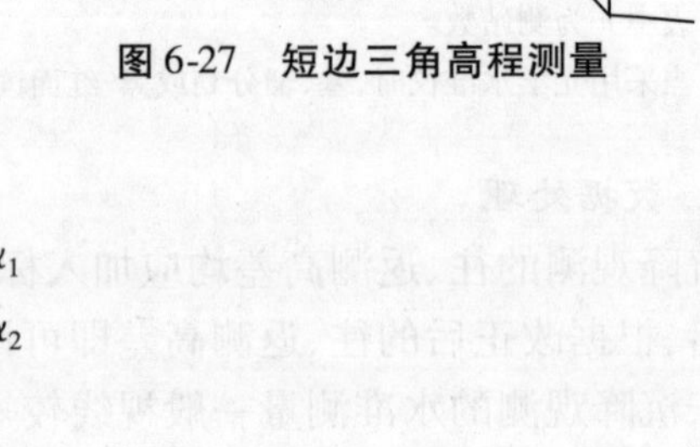

图6-27　短边三角高程测量

$$h_{A1} = l_1 \sin\alpha_1$$
$$h_{B2} = l_2 \sin\alpha_2$$

则标志2相对于标志1的高差 h_{12} 为

$$h_{12} = h_{B2} - h_{A1} = l_2 \sin\alpha_2 - l_1 \sin\alpha_1 \tag{6-17}$$

若测定出标志2相对于标志1不同周期的高差 h_{12} 和 h'_{12},则两周期间的相对沉降量 ΔS 为

$$\Delta S = h'_{12} - h_{12}$$

将式(6-17)进行误差分析,可得

$$m_h^2 = m_{l_2}^2 \sin^2\alpha_2 + m_{l_1}^2 \sin^2\alpha_1 + l_2^2 \cos^2\alpha_2 \frac{m_{\alpha_2}^2}{\rho^2} + l_1^2 \cos^2\alpha_1 \frac{m_{\alpha_1}^2}{\rho^2} \tag{6-18}$$

由式(6-18)可知,若距离 l 愈长,倾斜角 α 愈大,则引起的高差中误差也越大,故一般应严格控制距离 l 及倾斜角 α 的大小,l 一般介于 2 ~ 15 m, α 一般介于 0° ~ 5°。

三、沉降观测的成果整理

每周期观测后,应及时对观测资料进行整理。

应检查原始观测手簿与原始记录,检查各项观测值是否合乎限差要求,并计算出建筑物各沉降观测点的沉降量、沉降差及沉降速度等变形值,初步判断建筑物是否存在异常现象,以便根据情况进行必要的重测与进一步的监测。

当进行了一定数量的周期观测后,即可对观测成果进行整理分析,制作与建筑物沉降有关的各种表、图,并从杂乱无章的观测数据中寻找内在的统计规律,以便定量分析,进行沉降预报。

沉降观测应提交的成果有:沉降观测成果表、沉降观测点位分布图及各周期沉降展开图、荷载—时间—沉降量曲线图(视情况提交)、沉降速度—时间—沉降量曲线图;建筑物沉降等值线图;沉降观测分析报告。

常见的沉降观测成果有如下内容。

(一)基准点与沉降观测点布置图

例如,新锦江宾馆沉陷观测点布置见图 6-28。

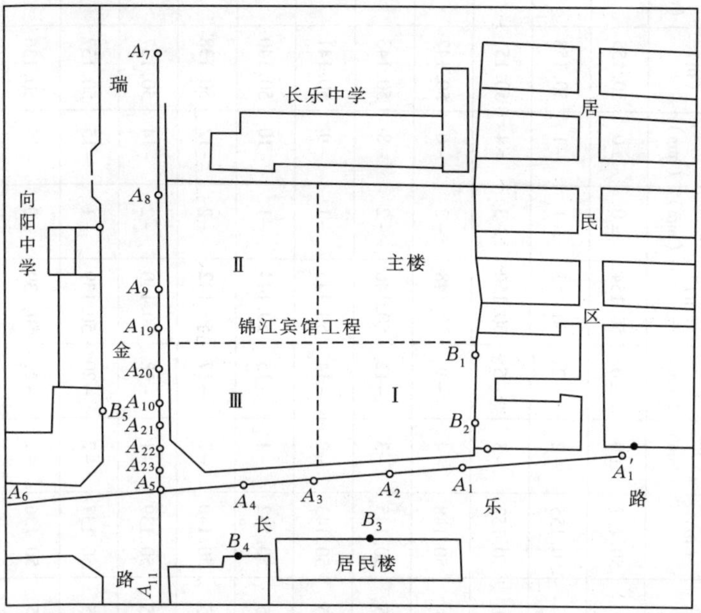

A_1、A_6、A_{11}、A_7—基准点;A_i—平面位移兼沉陷点;B_i—墙上沉陷点

图 6-28　新锦江宾馆沉陷观测点布置

(二)沉降观测成果表

沉降观测成果见表 6-6。

表 6-6　沉降观测成果表

观测日期（年-月-日）	荷重（t/m²）	观测点 1 高程（m）	1 本次下沉（mm）	1 累计下沉（mm）	2 高程（m）	2 本次下沉（mm）	2 累计下沉（mm）	3 高程（m）	3 本次下沉（mm）	3 累计下沉（mm）	4 高程（m）	4 本次下沉（mm）	4 累计下沉（mm）	5 高程（m）	5 本次下沉（mm）	5 累计下沉（mm）	6 高程（m）	6 本次下沉（mm）	6 累计下沉（mm）
2017-04-20	4.5	50.157	±0	±0	50.154	±0	±0	50.155	±0	±0	50.155	±0	±0	50.156	±0	±0	50.154	±0	±0
2017-05-05	5.5	50.155	−2	−2	50.153	−1	−1	50.153	−2	−2	50.154	−1	−1	50.155	−1	−1	50.152	−2	−2
2017-05-20	7.0	50.152	−3	−5	50.150	−3	−4	50.151	−2	−4	50.153	−1	−2	50.151	−4	−5	50.148	−4	−6
2017-06-05	9.5	50.148	−4	−9	50.148	−2	−6	50.147	−4	−8	50.150	−3	−5	50.148	−3	−8	50.146	−2	−8
2017-06-20	10.5	50.145	−3	−12	50.146	−2	−8	50.143	−4	−12	50.148	−2	−7	50.146	−2	−10	50.144	−2	−10
2017-07-20	10.5	50.143	−2	−14	50.145	−1	−9	50.141	−2	−14	50.147	−1	−8	50.145	−1	−11	50.142	−2	−12
2017-08-20	10.5	50.142	−1	−15	50.144	−1	−10	50.140	−1	−15	50.145	−2	−10	50.144	−1	−12	50.140	−2	−14
2017-09-20	10.5	50.140	−2	−17	50.142	−2	−12	50.138	−2	−17	50.143	−2	−12	50.142	−2	−14	50.139	−1	−15
2017-10-20	10.5	50.139	−1	−18	50.140	−2	−14	50.137	−1	−18	50.142	−1	−13	50.140	−2	−16	50.137	−2	−17
2018-01-20	10.5	50.137	−2	−20	50.139	−1	−15	50.137	±0	−18	50.142	±0	−13	50.139	−1	−17	50.136	−1	−18
2018-04-20	10.5	50.136	−1	−21	50.139	±0	−15	50.136	−1	−19	50.141	−1	−14	50.138	−1	−18	50.136	±0	−18
2018-07-20	10.5	50.135	−1	−22	50.138	−1	−16	50.135	−1	−20	50.140	−1	−15	50.137	−1	−19	50.136	±0	−18
2018-10-20	10.5	50.135	±0	−22	50.138	±0	−16	50.134	−1	−21	50.140	±0	−15	50.136	−1	−20	50.136	±0	−18
2019-01-20	10.5	50.135	±0	−22	50.138	±0	−16	50.134	±0	−21	50.140	±0	−15	50.136	±0	−20	50.136	±0	−18

（三）荷重（P）—时间（T）—沉降量（S）曲线图

图6-29中，绘制了所有点相应沉降量与时间发展的曲线图，也可以只绘制某一点的沉降量随时间发展的曲线图或建筑物平均沉降量随时间发展的曲线图。利用这样的图，可以直观地看出沉降量随时间（或荷重）发展的情况，如果把时间轴改成其他与沉降有内在联系的参数，同样可以研究沉降量与该参数之间的关系。

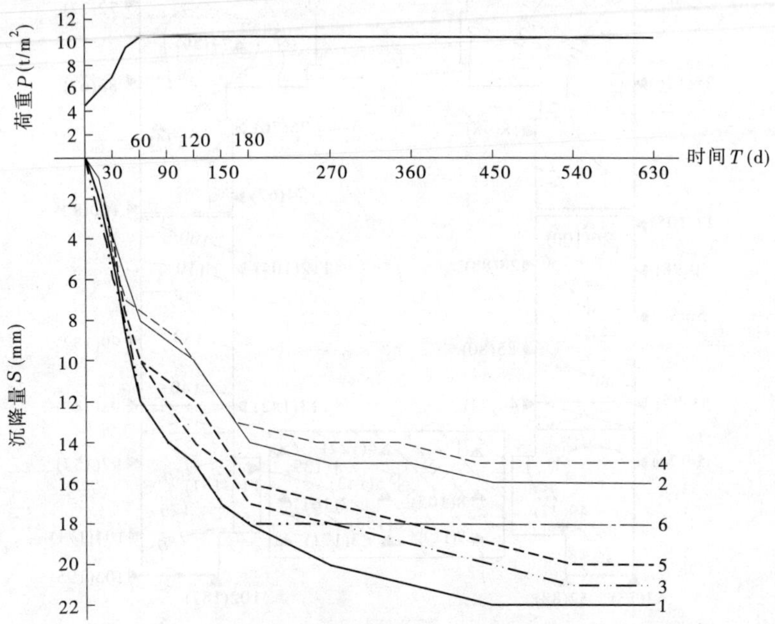

图6-29 荷重—时间—沉降量曲线

（四）沉降速度（v）—时间（T）—沉降量（S）曲线图

图6-30绘制了表6-6中1号沉降观测点的沉降速度、沉降量随时间发展的关系图。通过该图可以研究沉降变化和异常变化等情况。

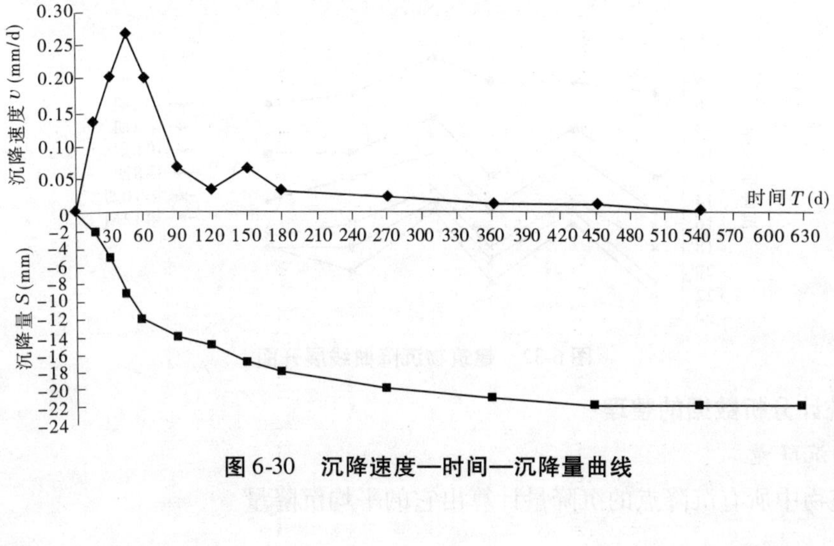

图6-30 沉降速度—时间—沉降量曲线

(五)建筑物沉降等值线图

绘制沉降等值线图时,既可以绘制某一时刻的等值线图,也可以用不同颜色或不同线条在同一张图上绘制几个时刻的等值线。通过图6-31,可以生动地表明地面沉降大小的分布情况,对分析基础受力很有帮助。

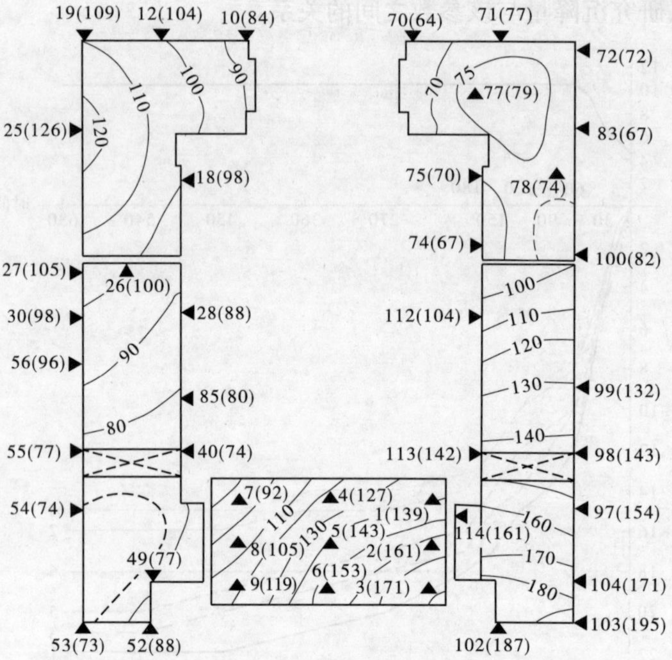

图中括号前数字为观测点编号,括号内数字为沉降量(mm)

图6-31 建筑物沉降等值线图

(六)建筑物沉降曲线展开图

它是以建筑物平面图为基础,沿四边的轮廓线画一段沉降曲线而得。整理成果时一般可每周期绘制一个沉降曲线展开图。图6-32是以偶数周期绘制的沉降曲线展开图。

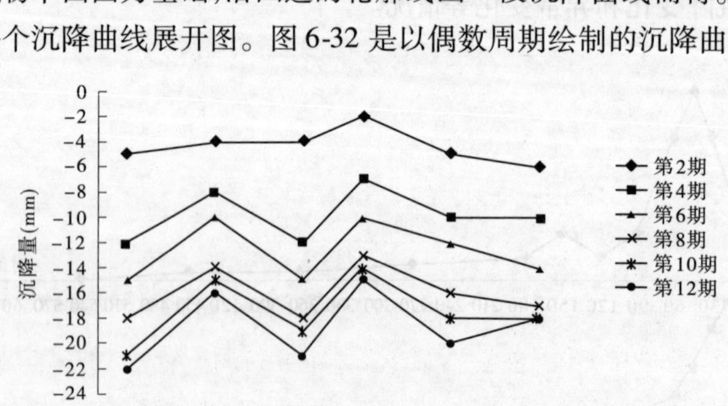

图6-32 建筑物沉降曲线展开图

(七)统计分析数据的整理

1. 平均沉降量

由建筑物中所有沉降点的沉降量计算出它的平均沉降量

$$S_{\text{平}} = \frac{\sum_{i=1}^{n} S_i}{n} \tag{6-19}$$

式中，n 为建筑物上沉降观测点的个数。

2. 基础倾斜量

设建筑物同一轴线上有 i、j 两个沉降观测点，其间距为 L，它们在某时刻的沉降量为 S_i、S_j（见图 6-33），则可算出轴线方向上的倾斜量 τ_{ij}，即

$$\tau_{ij} = \frac{S_j - S_i}{L} \tag{6-20}$$

3. 基础相对弯曲量（或相对挠度）

设建筑物基础同一轴线上有三个沉降观测点 i、k、j，k 到 i、j 的距离分别为 l_{ik} 和 l_{kj}，其中 $l_{ij} = l_{ik} + l_{kj}$，三点的沉降量分别为 S_i、S_k、S_j（见图 6-34），则相对弯曲量 f 为

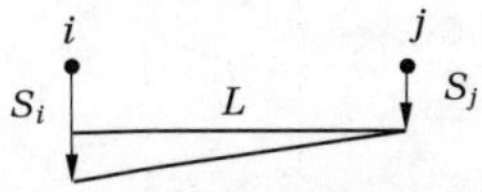

图 6-33　相对倾斜量计算

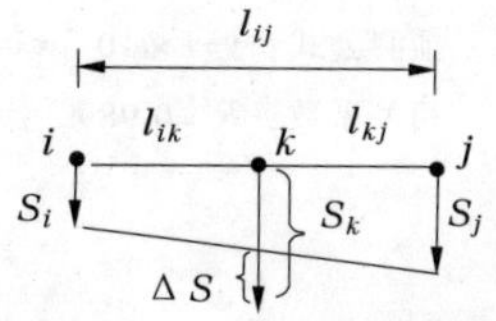

图 6-34　相对弯曲量计算

$$f = \frac{\Delta S}{l_{ij}} \tag{6-21}$$

其中，

$$\Delta S = S_k - \frac{S_i l_{kj} + S_j l_{ik}}{l_{ij}} = \frac{(S_k - S_i) l_{kj} + (S_k - S_j) l_{ik}}{l_{ij}} \tag{6-22}$$

也即

$$f = \frac{(S_k - S_i) l_{kj} + (S_k - S_j) l_{ik}}{l_{ij}^2} \tag{6-23}$$

如果 $l_{ik} = l_{kj} = \frac{l_{ij}}{2}$，则式（6-23）可以简化为

$$f = \frac{2S_k - (S_i + S_j)}{2l_{ij}} \tag{6-24}$$

4. 沉降量预测曲线

在微软的 Excel 软件中，输入相应的数据后，即可利用"插入\图表"功能绘制"XY 散点图\折线散点图"，绘制出相应的图形后，再在图形区内添加趋势线，其中可以选择"线性""对数""多项式""乘幂""指数"等多种趋势预测与回归分析类型，并自动计算预测公式的相关系数。

图 6-35 是以多项式趋势预测类型为例所做出的相应趋势线、趋势预测公式及其相关系数。

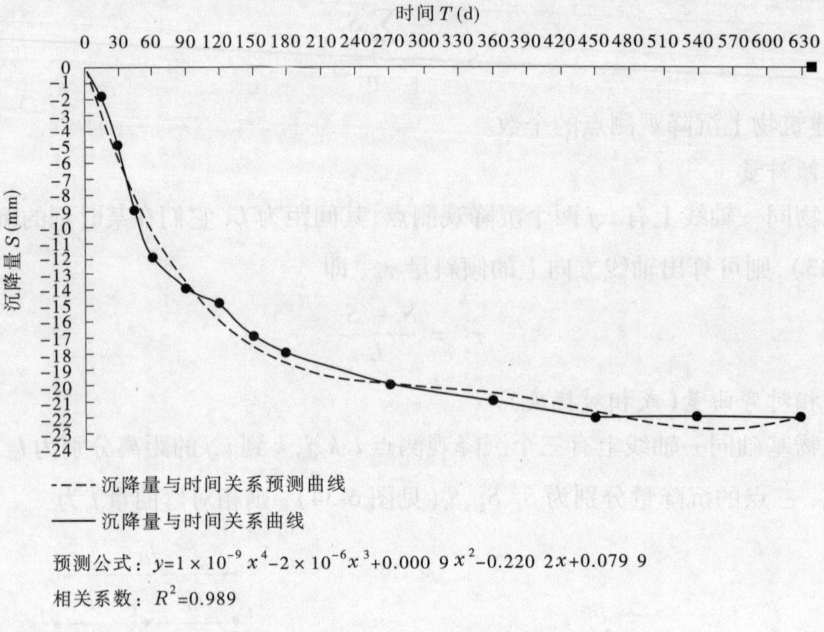

图 6-35　沉降量预测曲线

第五节　水平位移观测

在本章第三节中已经阐述了水平位移监测网基准点、工作基点和观测点的布置方法，下面我们将阐述水平位移的观测方法。

所谓水平位移观测，即测定变形体的平面位置随时间而产生的位移大小、位移方向，并提供变形趋势及稳定预报而进行的测量工作。

水平位移观测的方法很多，大体上可以归纳为视准线法（主要含活动觇牌法，测小角法）、激光准直法（主要有激光经纬仪准直和波带板激光准直）、机械法（主要有引张线法）、交会法（主要有前方交会法和后方交会法）、导线法和精密 GNSS 法等。

建筑物的水平位移一般都比较小，故基准点和位移观测点通常都使用混凝土观测墩和强制对中设备。

一、水平位移观测原理

水平位移观测即周期性地测定水平位移观测点相对于某一基准线的偏离值或平面坐标；不同周期同一观测点的偏离值或平面坐标相比较，即可得到观测点的水平位移值。

(一) 利用不同周期偏离值计算水平位移

如图 6-36 所示，设工程建筑物上有一个水平位移观测点，点号为 1，相对于基准线 AB，其初始周期的偏离值为 $L_1^{[1]}$，第 $i-1$ 周期的偏离值为 $L_1^{[i-1]}$，第 i 周期的偏离值为 L_1^{i}，从而可得目标点 1 第 i 周期相对于第 $i-1$ 周期的本次水平位移值为

$$\Delta L_1^{i,i-1} = L_1^{[i]} - L_1^{[i-1]} \tag{6-25}$$

目标点 1 第 i 周期相对于初始周期的累积水平位移值为

$$\Delta L_1^{i} = L_1^{[i]} - L_1^{[1]} \tag{6-26}$$

(二)利用不同周期坐标值计算水平位移

如图 6-37 所示,设工程建筑物上水平位移观测点 1 的初始位置为 $1^{[1]}$,测定出的初始坐标为 $(x_1^{[1]},y_1^{[1]})$;i 周期后,目标点从 $1^{[1]}$ 变动至 $1^{[i]}$,其相应的平面坐标为 $(x_1^{[i]},y_1^{[i]})$,则目标点 1 第 i 周期相对于初始周期,在 x、y 方向上的累积水平位移值分别为

$$\left.\begin{aligned}\Delta x_1^i &= x_1^{[i]} - x_1^{[1]}\\ \Delta y_1^i &= y_1^{[i]} - y_1^{[1]}\end{aligned}\right\} \tag{6-27}$$

其合位移 ΔS_1^i 及其位移方向可以用下式计算

$$\left.\begin{aligned}\Delta S_1^i &= \sqrt{(\Delta x_1^i)^2 + (\Delta y_1^i)^2}\\ \tan\delta &= \frac{\Delta y_1^i}{\Delta x_1^i}\end{aligned}\right\} \tag{6-28}$$

相对于第 $i-1$ 周期的本次水平位移值计算公式和原理同上面类似,不再赘述。

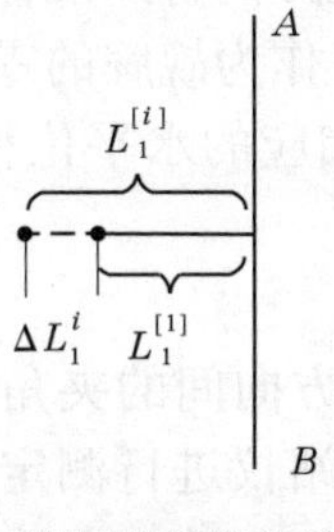

图 6-36 利用偏离值计算水平位移

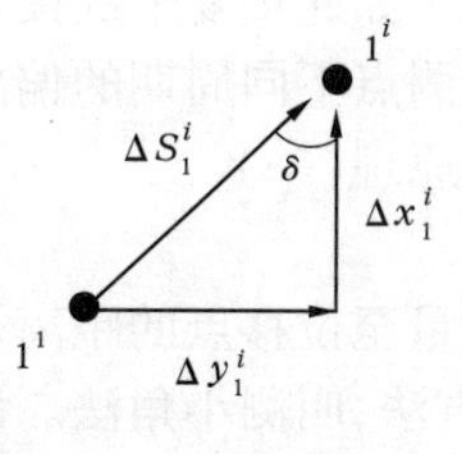

图 6-37 利用坐标值计算水平位移

二、水平位移的测定方法

(一)视准线法

以两固定点间全站仪的视线作为基准线,测量变形观测点到基准线间的距离,确定偏离值的方法,叫视准线法。其构造如图 6-38 所示。主要包括活动觇牌法和测小角法两种方法。

1. 活动觇牌法

活动觇牌法是直接利用安置在观测点上的活动觇牌(见图 6-39)来测定观测点至基准线间的偏离值。观测点离开基准线的距离不应超过活动觇牌法读数尺的读数范围。其使用的主要设备为高精度全站仪、固定觇牌、活动觇牌。施测步骤如下:

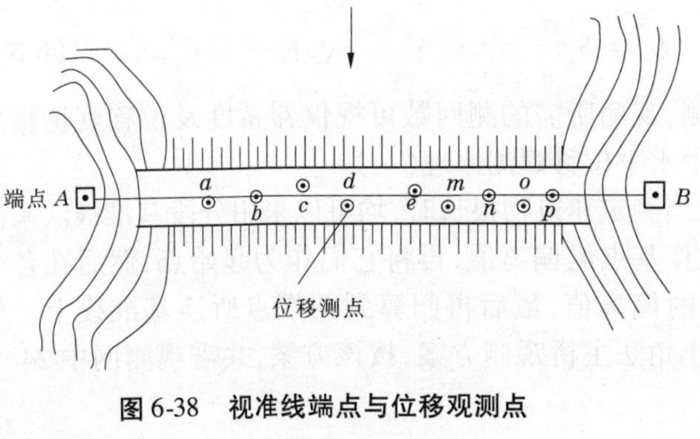

图 6-38 视准线端点与位移观测点

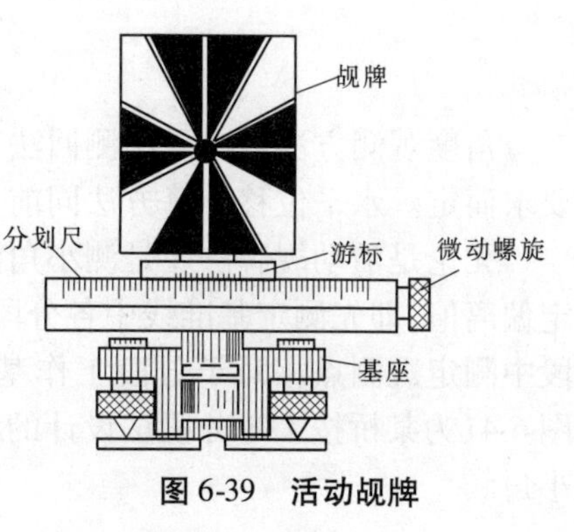

图 6-39 活动觇牌

(1)将全站仪安置在基准线的端点上,将固定觇牌安置在另一端点上。

(2)将活动觇牌仔细地安置在观测点上,全站仪瞄准固定觇牌后,将方向固定下来,然后由观测员指挥观测点上的工作人员移动活动觇牌,待觇牌的照准标志刚好位于视线方向上时,读取活动觇牌上的读数。然后移动活动觇牌,从相反方向对准视准线进行第二次读数,每定向一次要观测四次,即完成一个测回的观测。

(3)在第二测回开始时,仪器必须重新定向,其步骤相同,一般对每个观测点需进行往测、返测各2~6个测回。

需要注意的是,活动觇牌在每次观测前应检验和测定其零位置。每次观测的读数减去零位置,才是观测点的真正偏离值。所谓零位置,即觇牌上照准标志的对称轴与对中装置中心线重合时的读数。其测定方法是:

在相距20~40 m的两观测墩上,一端安置全站仪,另一端先置固定觇牌,将视线固定,然后取下固定觇牌,换上活动觇牌。由仪器观测员指挥将活动觇牌的照准标志移至望远镜十字丝上,在读数设备上读取读数,然后移动觇牌;再从相反方向将照准标志移至十字丝上,进行第二次读数。如此重复十次读数,取十次读数的平均值作为觇牌的零位置。

利用同一观测点不同周期的偏离值之差,即可求得其相应的水平位移值。方法同前文中水平位移观测原理(一)。

2. 测小角法

在测站上测量至位移点的距离及基准线方向与位移点方向间的夹角,以确定位移量大小、位移方向的方法,叫测小角法。该法主要采用高精度全站仪进行测定。埋设观测点时,要求尽量把它们埋设在基准线两端点的连线上。

如图6-40所示,图中A、B为基准线两端点,i为观测点。观测时,在A点架设全站仪,在B、i点上设置固定觇牌,即可精确测定出基准线AB方向与观测方向Ai之间的水平夹角α_i。由于这些角度很小,观测时只用旋转水平微动螺旋即可。再用全站仪精确测定出A、i之间

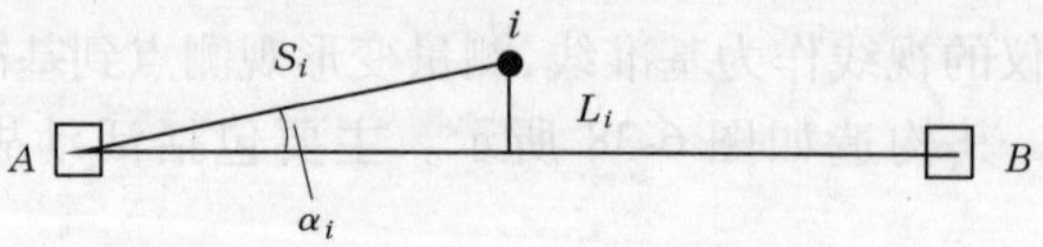

图6-40　测小角法测定水平位移

的距离S_i,则观测点i偏离基准线的偏离值L_i为

$$L_i = S_i \sin\alpha_i \tag{6-29}$$

由于α_i角很小,一般可将式(6-29)简化为

$$L_i = S_i \frac{\alpha_i}{\rho} \tag{6-30}$$

角度观测方法可以采用测回法观测,观测所需的测回数可视仪器精度及位移观测精度要求而定。水平位移计算方法同前文中水平位移观测原理(一)。

无论是活动觇牌法还是测小角法,当测定建筑物很长时,均可以采用分段基准线法来测定偏离值,即先测定基准线中各分段工作基点的偏离值,再将它们作为起始点,然后在各分段中测定观测点相对于分段工作基点的偏离值,最后再归算到两端点所连基准线上。如图6-41为某桥按1/3分段法设计的测小角法主桥观测方案,按该方案,共需观测网中24个小角。

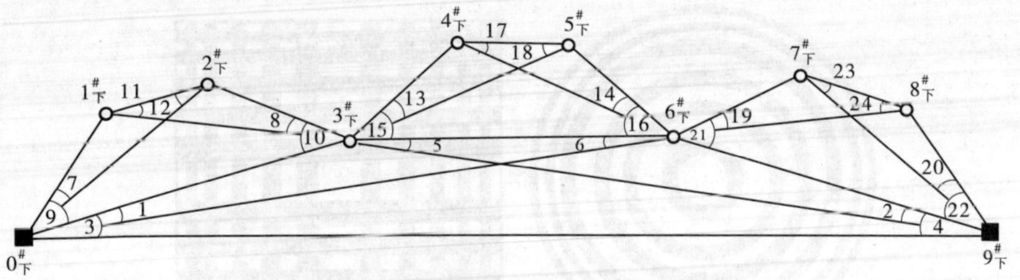

图 6-41 分段基准线测小角法测定偏离值

(二)激光准直法

以激光发射系统发出的激光束作为基准线,在需要准直的点上放置激光束的接收装置,确定偏离值的方法,叫激光准直法。激光准直法根据测定偏离值方法的不同可分为激光经纬仪准直与波带板激光准直。

1. 激光经纬仪准直

激光经纬仪准直法是将活动觇牌法中的光学经纬仪用激光经纬仪代替,望远镜视线用可见激光束代替,而觇牌(固定觇牌和活动觇牌)用中心由两个半圆形硅光电池组成的光电探测器替代。光电探测器能自动探测激光点的中心位置。

光电探测器中的两个硅光电池各接在检流表上,如激光束通过光电探测器中心时,硅光电池左右两半圆上接收相同的激光能量,检流表指针此时在零位。否则,检流表指针就偏离零位。这时,移动光电探测器,使检流表指针指零,即可在读数尺上读数。通常利用游标尺可读到 0.1 mm。当采用测微器时,可直接读到 0.01 mm。

激光经纬仪准直的操作要点:

(1)将激光经纬仪安置在端点 A 上,在另一端点 B 上安置光电探测器。将光电探测器的读数安置到零上,调整经纬仪水平微动螺旋,移动激光束的方向,使 B 端光电探测器的检流表指针为零。这时基准面即已确定,经纬仪水平度盘就不能再动。

(2)依次将望远镜的激光束投射到安置于每个观测点上的光电探测器上,移动光电探测器使检流表指针指零,即可读取每个观测点相对于基准面的偏离值。将各次得到的偏离值进行比较,便可得到建筑物水平位移情况。

为了提高激光准直精度,在每一个观测点上,探测器的探测需进行多次,取其平均值作为偏离值。

2. 波带板激光准直

波带板激光准直系统由 He - Ne 激光器、波带板装置和光电探测器三部分组成。

如图 6-42 所示,波带板有圆形和方形两种,圆形波带板聚焦呈一个亮点,方形波带板聚焦呈一个明亮的十字线,成像原理与光学透镜类似。

波带板激光准直系统如图 6-43 所示,在基准线两端点 A、B 分别安置激光器点光源和光电探测器,在需要测量偏离值的测点 C 上安置波带板。当激光器点燃后,激光器点光源发射的激光照满波带板,通过光的干涉原理,将会在光源与波带板连线的延伸方向线的某一位置形成一个亮点(对圆形波带板)或十字线(对方形波带板)。根据观测点的具体位置,对每一个需要测量偏离值的观测点均设计专用的波带板,使干涉成像恰好落在安置有光电探测器的 B 点上。利用光电探测器,可以测出 AC 连线在 B 点处相对于基准面的偏离值 BC',则可得到测点 C 相对于基准面的偏离值 L_C(见图 6-44)。

(a)圆形波带　　(b)方形波带

图 6-42　激光波带板

$$L_C = \frac{S_C}{L} BC' \tag{6-31}$$

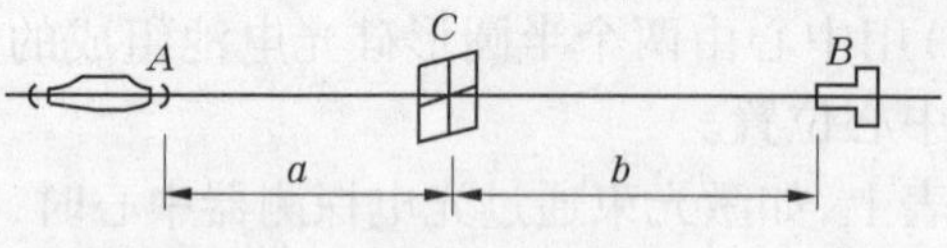

图 6-43　波带板激光准直

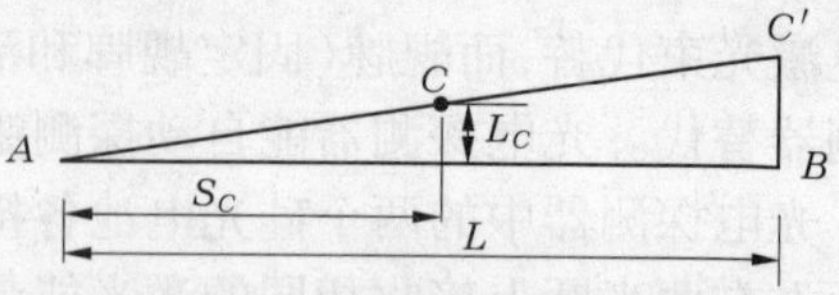

图 6-44　波带板激光准直法测偏离值

波带板激光准直测量系统利用波带板可以把几百米以外的点光源聚焦后形成直径约 1 mm的点,因此即使在接收屏上用肉眼判断其中心位置,精度也很高。利用光电探测装置不但精度高,而且也实现了自动测量。试验表明,用这种装置准直测定偏离值的精度可达 10^{-6}。由于激光准直受大气的影响,如果将高精度激光准直系统安装在真空管道内,则准直精度还可达 $10^{-7} \sim 10^{-8}$。

由于波带板激光准直测量的精度高,目前已被广泛应用于线状工程建筑物的变形观测,如大坝变形观测、精密导轨标定和高能粒子加速器直线段的安装与变形检测中,也用于高能粒子加速器环形网三角形高的测量中。

(三)机械法

机械法是在已知基准点上吊挂钢丝或尼龙丝构成基准线,用测尺游标、投影仪或传感器测量中间的目标点相对于基准线的偏离值。引张线法是一种典型的机械法。

引张线是在两固定端点之间以重锤和滑轮拉紧的金属丝作为基准线,测量变形观测点到基准线的距离,确定偏离值的方法,原理如图 6-45 所示。

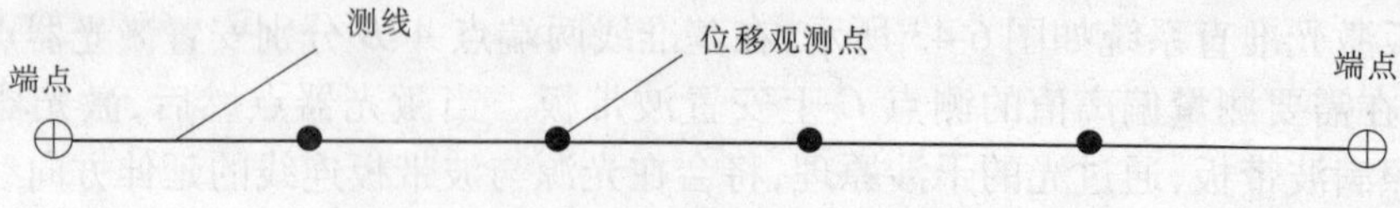

图 6-45　引张线法示意图

引张线由端点装置、测点装置、测线装置三部分组成。端点装置包括混凝土墩座、夹线装置、滑轮和重锤等(见图6-46);测点装置包括水箱、浮船、标尺和保护箱等(见图6-47);测线装置包括一根直径为0.6~1.2 mm的不锈钢丝和直径大于10 cm的测线保护管。

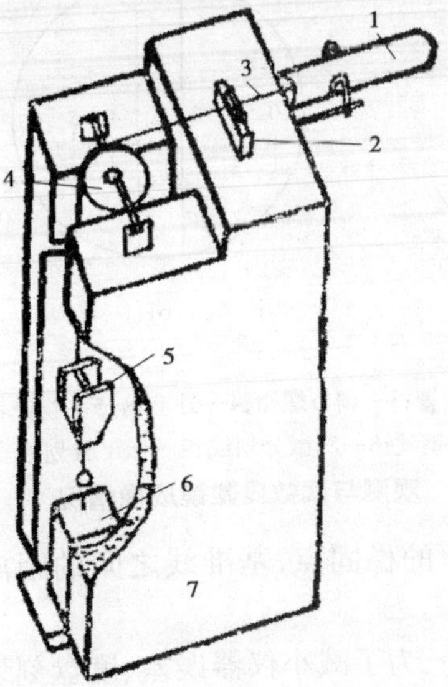

1—测线保护管;2—夹线装置;3—测线;4—滑轮;
5—重锤连接装置;6—混凝土墩座;7—观测墩

图6-46 引张线端点装置

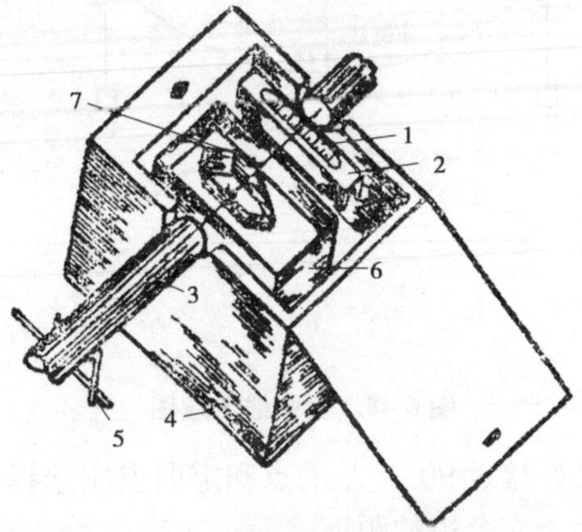

1—标尺;2—槽钢;3—测线保护管;4—保护箱;
5—保护管支架;6—水箱;7—浮船

图6-47 引张线测点装置

钢丝在两端重锤作用下引张成一直线(实际是一悬链线的水平投影,见图6-48),构成固定的基准线,由于测点上的标尺是与建筑物(如大坝)固定在一起的,利用读数显微镜可读出标尺刻划中心偏离钢丝中心的偏离值。一次观测(三测回的均值)的精度可达0.03 mm。类似分段视准线法,也可以采用分段引张线法进行偏离值测量。

观测时利用刻有测微分划线的读数显微镜进行读数,测微分划线最小刻划为0.1 mm,可估读到0.01 mm。由于通过显微镜后钢丝与标尺分划线的像都变得很粗大,所以采用由测微分划线量取标尺分划(靠近钢丝的一根分划)左边缘与钢丝左边缘的距离 a,然后用测微分划线量取它们右边缘之间的距离 b,此两距离的平均值,即为标尺分划中心与钢丝中心的距离,将它加到相应的标尺整分划值上,即量得钢丝在标尺上的读数。

图6-49显示了观测与读数显微镜中成像情况,图中 $a = 0.30$ mm, $b = 1.40$ mm,故标尺刻划中心与钢丝中心之间的距离为 $(a + b)/2 = 0.85$(mm),因为相应的标尺整刻划为72 mm,因此钢丝在标尺上的读数应为72 mm+0.85 mm=72.85 mm。

通常是从靠近引张线端点的第一个观测点开始观测,依次观测到另一端点为一个测回,每次应观测3个测回,其互差应小于0.2 mm。各测回之间应轻微拨动中间观测点上的浮船,使整条引张线浮动,待其静止后,再观测下一测回。

(四)交会法

在测定非直线工程建筑物(例如塔型建筑物、水工建筑物、拱坝、曲线桥梁等)的水平位移时,可利用变形影响范围以外的控制点用交会法进行。常见的交会法主要有前方交会法和后方交会法两种。

交会法测定水平位移时,所选基线应与观测点组成最佳网形,交会角宜在60°~120°,

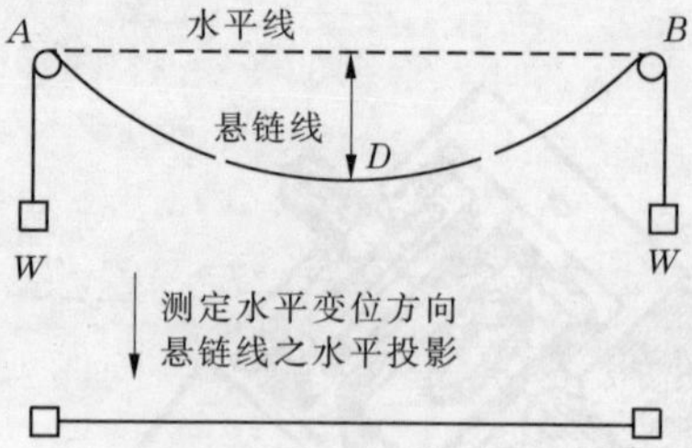

图 6-48　引张线示意图

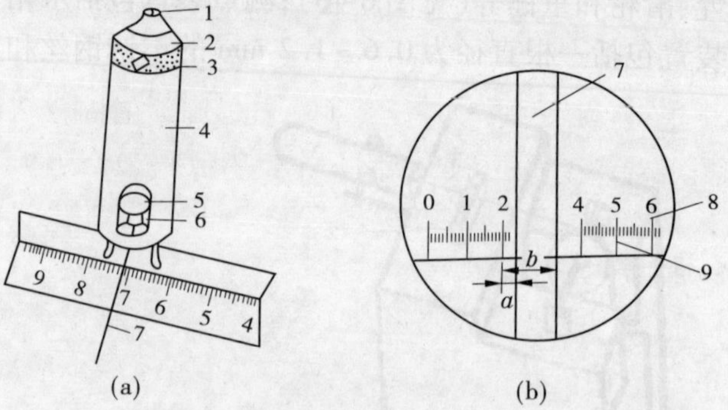

1—目镜;2—内测管;3—调节螺圈;4—外套筒;5—物镜;6—进光孔;7—钢丝;8—测微分划线;9—标尺分划线

图 6-49　观测与读数显微镜成像情况

最好接近 90°。基准点和定向点应选择应力扩散范围以外的稳固点,基准线之间的距离应大于交会边的距离。

交会法测定角度时,应采用全圆方向观测法进行观测。为了减小仪器误差、度盘刻划误差及测站点和定向点之间的偏心误差等,一般要求每次观测都要采用同一仪器、同一度盘位置、同一测站点和同一定向点;如果可能的话,最好再由相同的观测人员进行观测。

观测中的各项限差与三角测量中全圆方向观测法限差相同。

1. 前方交会法

前方交会法水平位移计算时,可采用按每周期计算观测点坐标值,再以坐标差计算水平位移的方法;亦可采用直接由两周期观测方向值之差解算坐标变化量的方向差交会法。

1)坐标差计算法

如图 6-50 所示,图中 M、N 为进行前方交会的两个测站点,其在大坝施工坐标系统(坝轴线方向为 y 轴)中的坐标已知。根据 M、N 坐标计算出其相应距离 b 和方位角 α_{MN},M、N 连线方向与坝轴线 y 轴方向之间的夹角为 $\omega = 90 - \alpha_{MN}$。

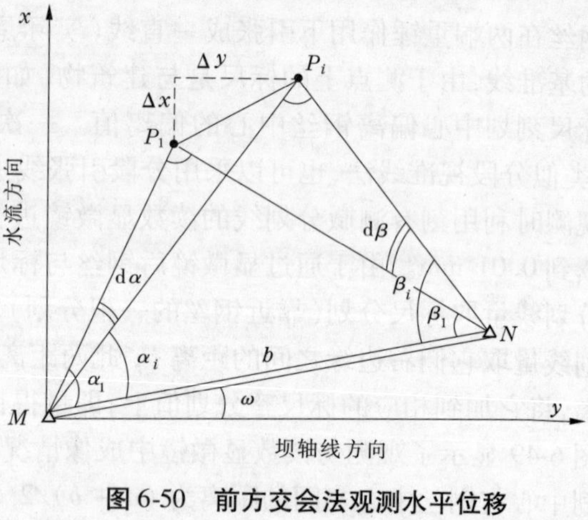

图 6-50　前方交会法观测水平位移

设 P_1、P_i 分别为观测点 P 首次观测时的位置和本次观测时的位置,α_1、α_i 和 β_1、β_i 为在测站点 M 和 N 观测到的首次和本次的角度观测值。

根据上述数据求得观测点 P 在首周期中的坐标 (x_{P_1}, y_{P_1}) 为

$$\left.\begin{aligned} x_{P_1} &= S_{MP_1}\sin(\alpha_1 + \omega) = b\frac{\sin\beta_1 \sin(\alpha_1 + \omega)}{\sin(\alpha_1 + \beta_1)} \\ y_{P_1} &= S_{MP_1}\cos(\alpha_1 + \omega) = b\frac{\sin\beta_1 \cos(\alpha_1 + \omega)}{\sin(\alpha_1 + \beta_1)} \end{aligned}\right\} \tag{6-32}$$

同理可求出观测点 P 在第 i 周期的坐标值 (x_{P_i}, y_{P_i})，计算公式同式(6-32)，但应把式中的 α_1、β_1 对应的改为 α_i、β_i。

也可使用戎格公式计算观测点各周期坐标。两周期的坐标计算出来后，即可根据同一观测点两周期的坐标差计算出水平位移值，具体计算方法同前文中水平位移观测原理(二)。

2) 方向差计算法

在建筑物变形观测过程中，由于水平位移量很小，反映在角度观测值上，其变化也是很小的。我们可以认为 α_i、β_i 是由 α_1、β_1 有了微小增量 $d\alpha$、$d\beta$ 而得到的，对式(6-32)中的 α_1，β_1 求全微分，即可得到

$$\begin{aligned} dx &= \frac{b}{\rho}\frac{\sin\beta_1\sin(\beta_1-\omega)}{\sin^2(\alpha_1+\beta_1)}d\alpha + \frac{b}{\rho}\frac{\sin\alpha_1\sin(\alpha_1+\omega)}{\sin^2(\alpha_1+\beta_1)}d\beta \\ dy &= -\frac{b}{\rho}\frac{\sin\beta_1\cos(\beta_1-\omega)}{\sin^2(\alpha_1+\beta_1)}d\alpha + \frac{b}{\rho}\frac{\sin\alpha_1\cos(\alpha_1+\omega)}{\sin^2(\alpha_1+\beta_1)}d\beta \end{aligned} \tag{6-33}$$

令

$$\left.\begin{aligned} A &= \frac{b}{\rho}\frac{\sin\beta_1\sin(\beta_1-\omega)}{\sin^2(\alpha_1+\beta_1)} \\ B &= \frac{b}{\rho}\frac{\sin\alpha_1\sin(\alpha_1+\omega)}{\sin^2(\alpha_1+\beta_1)} \\ C &= \frac{b}{\rho}\frac{\sin\beta_1\cos(\beta_1-\omega)}{\sin^2(\alpha_1+\beta_1)} \\ D &= \frac{b}{\rho}\frac{\sin\alpha_1\cos(\alpha_1+\omega)}{\sin^2(\alpha_1+\beta_1)} \end{aligned}\right\} \tag{6-34}$$

则

$$\left.\begin{aligned} dx &= A d\alpha + B d\beta \\ dy &= -C d\alpha + D d\beta \end{aligned}\right\} \tag{6-35}$$

当各周期观测都采用相同的后视配置度盘时，各周期角度差即可简单看成各周期方向观测值之差；另外，考虑到水平度盘为顺时针刻划，与交会时测站上求 α 角的符号相反，故

$$\left.\begin{aligned} d\alpha &= -(L_{MP_i} - L_{MP_0}) \\ d\beta &= (L_{NP_i} - L_{NP_0}) \end{aligned}\right\} \tag{6-36}$$

式中，L_{MP_0}、L_{MP_i}、L_{NP_0}、L_{NP_i} 分别为在测站 M 和 N 对 P 点的首次和本次观测的方向观测值。

把式(6-35)代入式(6-34)，并改用位移量 Δx、Δy 来代替微分量 dx、dy，即可得到实用的方向差计算位移分量公式

$$\left.\begin{aligned} \Delta x &= -A(L_{MP_i} - L_{MP_0}) + B(L_{NP_i} - L_{NP_0}) \\ \Delta y &= C(L_{MP_i} - L_{MP_0}) + D(L_{NP_i} - L_{NP_0}) \end{aligned}\right\} \tag{6-37}$$

需要说明的是，利用第一次观测数据计算出 A、B、C、D 四个系数后，在以后的计算中永不改变，以后每观测一次，只要将两个测站的本次方向观测值与第一次方向观测值代入公式(6-36)即可求得位移值。这种计算方法简单，使用也很方便。

2. 后方交会法

如图 6-51 所示，在被测建筑物上埋设若干个变形监测点，而在建筑物变形范围之外设立 4 ~ 5 个基准点。把变形观测点作为测站点，来观测测站点相对于各基准点的夹角，然后根据观测角度和各基准点的坐标，即可计算出变形观测点的坐标值。利用同一观测点不同周期坐标差，即可确定其水平位移大小及位移方向。

设被测水平位移的观测点 P 未变形前的位置为 P_0，坐标为 (x_{P_0}, y_{P_0})，变形后的位置为 P_i，坐标为 $x_{P_i} = x_{P_0} + dx_P$，$y_{P_i} = y_{P_0} + dy_P$。A、B、C、D 为变形影响范围以外的四个基准点。当 P 点由 P_0 变形至 P_i 时，PA 边的方位角相应地由 α_{P_0A} 变动为 $\alpha_{P_iA} = \alpha_{P_0A} + d\alpha_{PA}$（见图 6-52），$PB$ 边的方位角也由 α_{P_0B} 变动为 $\alpha_{P_iB} = \alpha_{P_0B} + d\alpha_{PB}$，而角度 β_1 也由原来的 β_1^1 变动为 $\beta_1^i = \beta_1^1 + d\beta_1$。

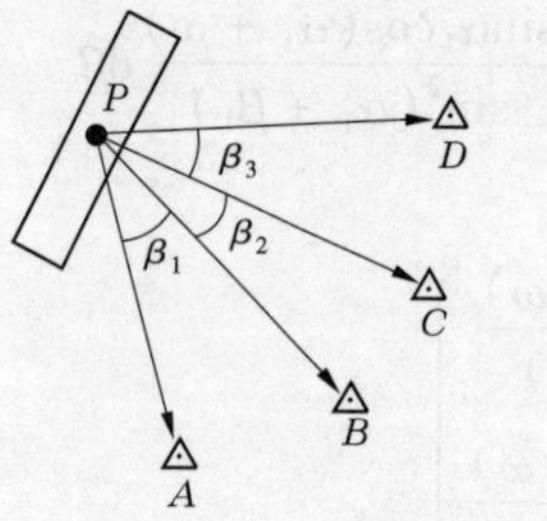

图 6-51　后方交会法观测水平位移

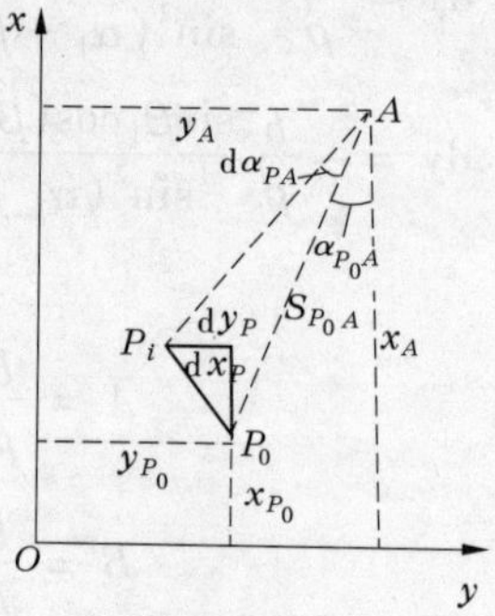

图 6-52　观测点位移引起方位角变化示意图

因为

$$\tan\alpha_{PA} = \frac{y_A - y_P}{x_A - x_P} \tag{6-38}$$

对式(6-38)做全微分后，整理可得其方位角变化量方程

$$d\alpha_{PA} = \frac{\Delta y_{P_0A}\rho}{S_{P_0A}^2}dx_P - \frac{\Delta x_{P_0A}\rho}{S_{P_0A}^2}dy_P + l_{PA} \tag{6-39}$$

同理，可得 PB 方向的方位角变化量方程为

$$d\alpha_{PB} = \frac{\Delta y_{P_0B}\rho}{S_{P_0B}^2}dx_P - \frac{\Delta x_{P_0B}\rho}{S_{P_0B}^2}dy_P + l_{PB} \tag{6-40}$$

用式(6-39)减去式(6-40)，即可得到 β_1 角度变化量方程

$$d\beta_1 = d\alpha_{PA} - d\alpha_{PB} = \rho\left(\frac{\Delta y_{P_0A}}{S_{P_0A}^2} - \frac{\Delta y_{P_0B}}{S_{P_0B}^2}\right)dx_P - \rho\left(\frac{\Delta x_{P_0A}}{S_{P_0A}^2} - \frac{\Delta x_{P_0B}}{S_{P_0B}^2}\right)dy_P + (l_{PA} - l_{PB}) \tag{6-41}$$

根据式(6-41)，同理可求出 β_2、β_3 的角度变化量方程。把所有的角度变化量方程写成矩阵形式为

$$V = BX - L \tag{6-42}$$

式(6-42)中，V 为角度变化量矩阵；B 为系数阵；X 为参数阵；L 为常数项。组成法方程并进行解算，即可求得观测点 P 的水平位移 dx_P、dy_P。

(五)导线法

导线法也常用于曲线形工程建筑物(例如塔型建筑物、水工建筑物、拱坝、曲线桥梁等)的水平位移测定。

应用于变形观测中的导线,是两端不测定向角的无定向导线。各导线点均可以在建筑物的适当位置与高度上布设,其边长根据现场的实际情况确定。导线点观测墩是用插入廊道边墙内的槽钢(用20号槽钢即可)制作的,点位就布设在槽钢支架上。

由于受建筑物形状限制,曲线形建筑物上布设的导线边长一般较短,导线转折点较多;而为了提高精度,就必须减少导线点数,使边长增长,因此可由实测边长(b_i)和投影角度 c_i 计算投影边长 S_i,而角度观测可采用隔点设站的方法来观实测转折角 β_i 和投影角度 c_i,如图6-53所示。

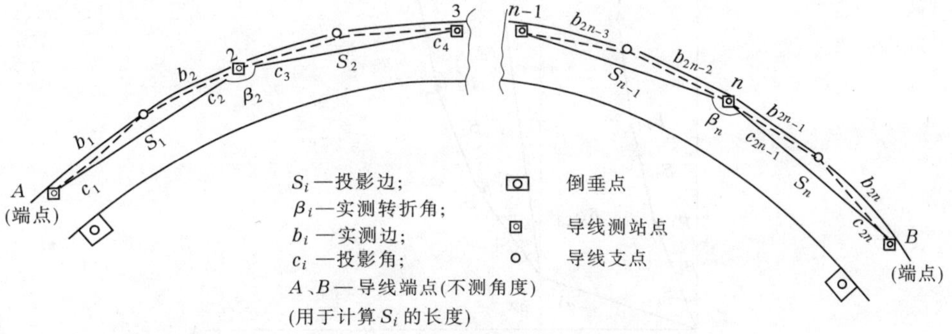

图6-53 导线法测定水平位移

边长观测可采用测微因瓦线尺、全站仪或其他精密测距仪器,角度观测可使用高精度全站仪直接测定或激光准直系统配合特制的转角棱镜间接测量。

为了计算方便,可以把初始周期导线端点 A 的位置作为坐标原点,以初始周期闭合边 AB 的方向作为 x 轴正向。

首次观测后,根据测得的 S_i 与 β_i,按照假定坐标系统计算出各观测点的坐标作为基准值。

以后任一周期导线端点 A、B 的位移,都可用倒垂线配合坐标仪来测定,也可与坝外三角点组成适当的联系图形定期联测,以检验其稳定性。假设一段时间后导线端点 A、B 移动到了 A'、B',则利用导线端点 A、B 的初始坐标值和 A'、B' 相对于初始位置的位移量 ΔX_A、ΔY_A、ΔX_B、ΔY_B,即可确定出相应周期导线端点 A'、B' 的新坐标值;再根据该周期实测的角度和边长观测值,即可确定出各观测点在新周期中的坐标值,如图6-54所示。

利用同一观测点不同周期的坐标差,即可确定出该观测点的水平位移值,见前文中水平位移观测原理(二)。

(六)变形监测机器人

测量机器人(或称测地机器人)是一种能代替人进行自动搜索、跟踪、辨识和精确照准目标并获取角度、距离、三维坐标以及影像等信息的智能型电子全站仪。它是在全站仪基础上集成步进马达、CCD影像传感器构成的视频成像系统,并配置智能化的控制及应用软件发展而形成的:测量机器人通过CCD影像传感器和其他传感器对现实测量世界中的“目标”进行识别,迅速做出分析、判断与推理,实现自我控制,并自动完成照准、读数等操作,以

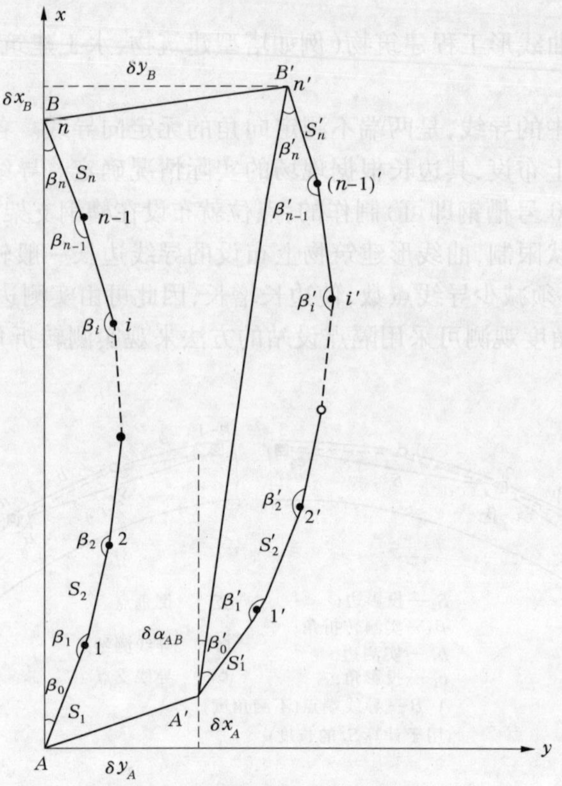

图 6-54　导线法测定水平位移

完全代替人的手工操作。测量机器人再与能够制订测量计划、控制测量过程、进行测量数据处理与分析的软件系统相结合,完全可以代替人完成许多测量任务。

在工程建筑物的变形自动化监测方面,测量机器人正渐渐成为首选的自动化测量技术设备。利用测量机器人进行工程建筑物的自动化变形监测,一般可根据实际情况采用两种方式:固定式全自动持续监测和移动式半自动变形监测。

1. 固定式全自动持续监测

固定式全自动持续监测方式是基于一台测量机器人的有合作目标(照准棱镜)的变形监测系统,可实现全天候的无人值守监测,其实质为自动极坐标测量系统,其结构与组成方式如图 6-55。

(1)基站。基站为极坐标系统的原点,用来架设测量机器人,要求有良好的通视条件和牢固稳定。

(2)参考点。参考点(三维坐标已知)应位于变形区域之外的稳固不动处,参考点上采用强制对中装置放置棱镜,一般应有 3 ~4 个,要求覆盖整个变形区域。参考系除提供方位外,还为数据处理提供距离及高差差分基准。

(3)目标点。均匀地布设于变形体上,能体现区域变形的部位。

(4)控制中心。由计算机和监测软件构成,通过通信电缆控制测量机器人做全自动变形监测,可直接放置在基站上,若要进行长期的无人守值监测,应建专用机房。

固定式全自动变形监测系统可实现全天候的无人值守监测,并有高效、全自动、准确、实时性强等特点。但也有缺点:①没有多余的观测量,测量的精度随着距离的增长而显著降

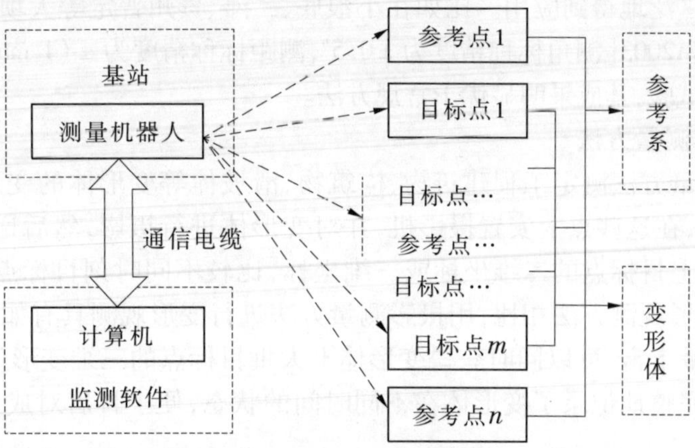

图 6-55 测量机器人变形监测系统组成

低,且不易检查发现粗差;②系统所需的测量机器人、棱镜、计算机等设备因长期固定而需采取特殊的措施保护起来;③这种方式需要有雄厚的资金保证,测量机器人等昂贵的仪器设备只能在一个变形监测项目中专用。

2. 移动式半自动变形监测

移动式半自动变形监测系统的作业与传统的观测方法一样,在各观测墩上安置整平仪器,输入测站点号,进行必要的测站设置,后视之后测量机器人会按照预置在机内的观测点顺序、测回数,全自动地寻找目标,精确照准目标、记录观测数据,计算各种限差,做超限重测或等待人工干预等。完成一个测点的工作之后,人工将仪器搬到下一个施测的点上,重复上述工作,直至所有外业工作完成。这种移动式网观测模式可大大减轻观测者的劳动强度,所获得的成果精度更好。

3. 工程应用

基于测量机器人的变形监测系统,已在不同类型的变形监测中进行了试验或实际应用。对滑坡监测,选定三峡工程库区巴东滑坡进行了监测试验,滑坡体面积约 1 km²,经实地勘查,在滑坡体对岸稳定且位置较高的山体上设置基站,在滑坡体同岸的滑坡区域外设 3 个参考站,在滑坡体上均匀设置 5 个目标点,监测视线穿过长江,其长度在 800 ~ 1 300 m。使用徕卡 TCAl800 仪器,试验时恰逢下中雨,因此只进行了 5 个周期的观测,每期盘左、盘右观测一个测回。从试验结果来看,在雨中 TCAl800 自动目标识别情况良好,且基本达到仪器的标称精度[测角精度 $\pm1.0''$,测距精度 $\pm(2\ \text{mm}+2\times10^{-6}D)$]。

对桥梁变形监测,如在武汉长江二桥的高塔柱变形监测中使用了基于测量机器人(TCAl800)的变形监测系统。斜拉桥是高度超静定结构体系,它的每个节点坐标位置的变化都会影响结构内力的分配,因此为了保证桥梁的安全运营,定期对桥梁进行变形监测有非常重要的意义。因为斜拉桥为塔、索、梁连接一体的结构体系,除常规的监测项外,其变形监测还加上了高塔柱的摆动监测。

试验和实际应用表明,基于测量机器人的变形监测系统具有高效、全自动、准确、实时性强、结构简单、操作简便等特点,特别适用于小区域(约 1 km)内的变形监测,可实现全自动的无人值守的变形监测。

测量机器人代表了地面测量技术的发展方向,其在工程测量和三维工业测量以及变形监测等领域正愈来愈广泛地得到应用。比如在小浪底、二滩、贵州普定等大坝外部变形监测中,已应用高精度的TCA2003[测角标称精度为±0.5″,测距标称精度为$\pm(1\ \text{mm}+1\times10^{-6}D)$]进行了全自动化监测试验,其成果明显优于常规方法。

(七)地面摄影测量方法

用地面摄影测量方法测定工程建筑物、构筑物、滑坡体等变形体的变形,就是在变形体周围选择稳定的点,在这些点上安置摄影机,并对变形体进行摄影,然后通过内业量测和数据处理得到变形体上目标点的二维坐标或三维坐标,比较不同时刻目标点的坐标得到它们的位移。与其他变形观测方法相比,用摄影测量方法进行变形观测具有如下优点:

(1)像片信息量丰富,可以同时获得变形体上大批目标点的三维变形信息。

(2)摄影像片完整地记录了变形体在不同时间的状态,便于日后对成果的查核、比较和分析。

(3)外业工作量小,劳动强度低。

(4)合理地选择摄影仪器、摄影方式、控制点的布设,地面摄影测量可满足不同对象变形监测的需要。

(5)可用于监测不同形式的变形(缓慢的、快速的或动态的变形),可以观测人不易达到的地方,观测时不需要接触被监测物体。

用地面摄影测量进行变形观测有两种基本方式。一种是固定摄站的时间基线法(或称伪视差法),另一种是立体摄影测量法。时间基线法是把两个不同时刻所拍的像片作为立体像对,量测同一目标像点的左右和上下视差,这些视差乘上像片比例尺即为目标点的位移。这种方法仅能测定变形体的二维变形,不能获得目标点沿摄影机主光轴方向的位移。立体摄影是在两个或两个以上测站对变形体进行摄影,构成立体像对,然后通过内业处理得到目标点的三维坐标。

近年来,随着计算机技术的飞速发展,摄影测量已进入了数字摄影测量时代。通过将摄影的像片转换成数字(用数字来表示每一个像元的灰度值)或用特殊摄影机(CCD相机)直接获取被摄物体的“数字影像”,然后利用数字影像处理技术和数字影像匹配技术获得同名像点的坐标,进而计算对应物点的空间坐标。整个处理过程是由计算机完成的,因此也称为“计算机视觉”(computer vision)。这种处理方式可以是“离线”(事后处理)的,也可以是“在线”(实时处理)的。后者称为实时地面摄影测量。地面摄影测量的这种进步将会在变形监测中发挥越来越大的作用。

(八)GNSS法测定水平位移

全球定位系统GNSS的应用是测量技术的一项革命性变革。在变形监测方面,与传统方法相比较,应用GNSS不仅具有精度高、速度快、操作简便等优点,而且利用GNSS和计算机技术、数据通信技术及数据处理与分析技术进行集成,可实现从数据采集、传输、管理到变形分析及预报的自动化,达到远程在线网络实时监控的目的。GNSS变形监测的特点如下:

(1)测站间无须通视。对于传统的地表变形监测方法,点之间只有通视才能进行观测,而GNSS测量的一个显著特点就是点之间无须保持通视,只需测站上空开阔即可,从而可使变形监测点位的布设方便而灵活,并可省去不必要的中间传递过渡点,节省许多费用。

(2)可同时提供监测点的三维位移信息。采用传统方法进行变形监测时,平面位移和垂直位移是采用不同方法分别进行监测的,这样,不仅监测的周期长、工作量大,而且监测的时间和点位也很难保持一致,为变形分析增加了困难。采用 GNSS 可同时精确测定监测点的三维位移信息。

(3)全天候监测。GNSS 测量不受气候条件的限制,无论起雾、刮风、下雨、下雪均可进行正常的监测。配备防雷电设施后,GNSS 变形监测系统便可实现长期的全天候观测,它对防汛抗洪、滑坡、泥石流等地质灾害监测等应用领域极为重要。

(4)监测精度高。GNSS 可以提供 $1\times10^{-6}D$ 甚至更高的相对定位精度。在变形监测中,如果 GNSS 接收机天线保持固定不动,则天线的对中误差、整平误差、定向误差、天线高测定误差等并不会影响变形监测的结果。同样,GNSS 数据处理时起始坐标的误差,解算软件本身的不完善以及卫星信号的传播误差(电离层延迟、对流层延迟、多路径误差)中的公共部分的影响也可以得到消除或削弱。实践证明,利用 GNSS 进行变形监测可获得 ±(0.5~2)mm 的精度。

(5)操作简便,易于实现监测自动化。GNSS 接收机的自动化程度已越来越高,趋于"傻瓜",而且体积越来越小,重量越来越轻,便于安置和操作。同时,GNSS 接收机为用户预留有必要的接口,用户可以较为方便地利用各监测点建成无人值守的自动监测系统,实现从数据采集、传输、处理、分析、报警到入库的全自动化。

下面以隔河岩大坝外观变形 GPS 自动化监测系统为例进行说明。

隔河岩水库位于湖北省长阳县境内,是清江中游的一个水利水电工程。大坝为三圆心变截面混凝土重力拱坝,坝长为653 m,坝高为151 m。隔河岩大坝外观变形 GPS 自动化监测系统于 1998 年 3 月投入运行,系统由数据采集、数据传输、数据处理、数据分析和数据管理等部分组成。该系统中各 GPS 点位的分布情况见图 6-56。整个系统全自动,应用广播星历 1~2 h GPS 观测资料解算的监测点位水平精度优于 1.5 mm(相对于基准点,以下同),垂直精度优于 1.5 mm;6 h GPS 观测资料解算水平精度优于 1 mm,垂直精度优于 1 mm。

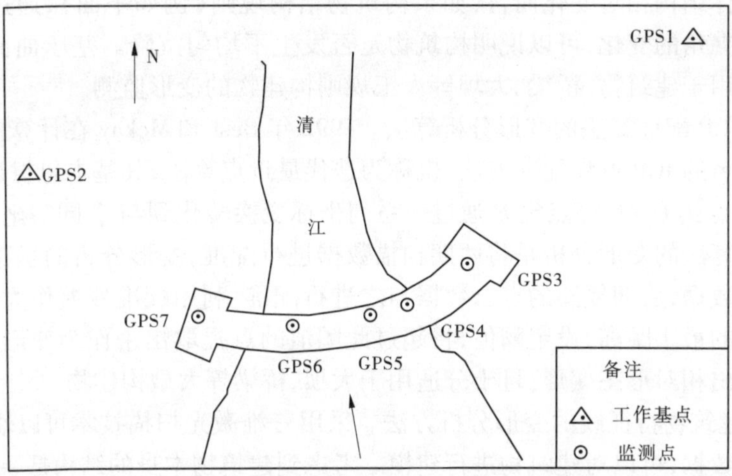

图 6-56 隔河岩大坝 GPS 监测点位分布

(九)三维激光扫描技术

三维激光扫描技术是继 GNSS 技术之后测绘领域的又一次技术革命。近几年,随着三维激光扫描技术的进步日新月异,三维激光扫描仪已经成为重要的测量工具,目前它已广泛应用于医学、文物保护、土木工程、计算机视觉以及交通规划等重要领域。随着三维激光扫描仪生产技术和配套数据处理软件的日渐发展成熟，使用三维激光扫描系统对建筑物、边坡和矿区等进行变形监测对于安全预测、生产指导都具有重要意义。利用三维点云数据整体性、密集性、关联性的优势进行变形监测可以很好地反映被测物体的整体形变信息，从而更好地研究变形的机制和预报变形。

三维激光扫描技术(3D laser scanning technology)是一种先进的全自动高精度立体扫描技术，可以快速地获得被测物体表面密集的、全面的、关联的、连续的三维坐标数据及影像数据，因此也被称为“实景复制技术”。与基于全站仪或 GNSS 的变形监测相比，其数据采集效率较高，且采样点数要多得多，形成了一个基于三维数据点的离散三维模型数据场，这能有效避免以往基于变形监测点数据的应力应变分析结果中所带有的局部性和片面性(以点代面的分析方法的局限性)；与基于近景摄影测量的变形监测相比，尽管它无法像近景摄影那样能形成基于光线的连续三维模型数据场，但它比近景摄影具有更高的工作效率，并且其后续数据处理也更为容易，能快速准确地生成监测对象的三维数据模型。这些技术优势决定了地面激光三维扫描技术在变形监测领域将有着广阔的应用前景。

地面三维激光扫描仪的测程可按远近分为远程、中程和近程，同样其运用在变形监测中也可如此划分。远程地面激光扫描仪主要用于边坡、雪崩、岩崩及矿山塌陷等危险和难以到达的地方的变形监测，该方面的应用和研究目前在国内外已经十分广泛。中程地面三维激光扫描仪多用于大坝、船闸、桥梁等的变形监测。目前，这方面的研究和应用也取得了长足的发展。近程地面三维激光扫描仪主要用于建筑物、隧道等的变形监测。目前，这方面的研究较以上两方面起步相对较晚，但也已形成相对完善的理论体系，发展很快。

三维激光扫描技术常用变形分析方法主要有以下几种：

(1)基于曲面拟合的变形分析方法。平面、二次曲面拟合能够很好地反应构筑物表面的情况。拟合精度的好坏，即拟合残差可以从一定程度上反映被测物体表面的破损以及扭曲状况。就整体结构相对变化而言，如果构筑物结构规则(例如平面)，通过计算出相邻拟合平面法向量夹角的变化，可以说明构筑物是否发生不均匀沉降。基于曲面拟合的变形分析方法主要适用于建筑物、桥梁、大坝等人工规则构建物的变形监测。

(2)基于 ICP 配准算法的变形分析算法。1992 年 Besl 和 Mckay 在计算机视觉的研究中首次提出了著名的 ICP 点集配准方法，也称为迭代最近点算法，其基本思想是在给定的目标点集 P 和参考点集 Q 中，将点集 P 通过一系列坐标变换转化到与 Q 同一坐标系下的过程。基于 ICP 配准算法的变形分析是将两期扫描数据进行配准，变形分析的思路是以第一期扫描数据为参考数据，后期复测的点云数据与之进行配准，利用配准残差作为变形指标，计算出迭代最近点的最小距离，设定阈值，将超过此阈值的点提取出来作为变形量，这种方法可以很好地提取出相对形态变形，且十分适用于大坝、桥梁等大型构建物。

(3)基于建筑物特征线的变形分析方法。采用三维激光扫描技术可以快速获取建筑物的高密度点云数据，可以对建筑物进行建模。考虑到建筑物本身的结构是一个整体，结合三维激光扫描点云数据的特点，通过对点云数据的建模，提取建筑物的某些特征线，可以利用建筑物特征线是否变形来判定建筑物的变形。该方法十分适用于针对大型建筑物的变形监测，具有广泛的应用前景。

(4)基于 DEM 模型的变形分析方法。该方法主要应用于滑坡、矿区、冰川等大型区域的变形监测。其大致步骤可分为数据获取、数据处理、建模分析三步。首先通过 GNSS、全站仪等传统测量技术布设测站控制点，将三维激光扫描仪安置在这些测站点上扫描被测区域获取点云数据。其次将扫描获得的点云数据进行去噪，缩减，配准等预处理。再次将处理好的点云数据建立 DEM 模型，以前期 DEM 模型为参考，将后期的 DEM 模型进行内插计算，可以得出相同平面坐标点的高程变化，从而分析变形。

三、水平位移观测成果

观测结束后，应提交：水平位移观测点位布置图；观测成果表；水平位移曲线图；地基土深层侧向位移图；当基础的水平位移与沉降同时观测时，可选择典型剖面，绘制两者的关系曲线；观测成果分析资料等观测资料。下面是一些水平位移的成果图示例。见图 6-57 ~ 图 6-61。

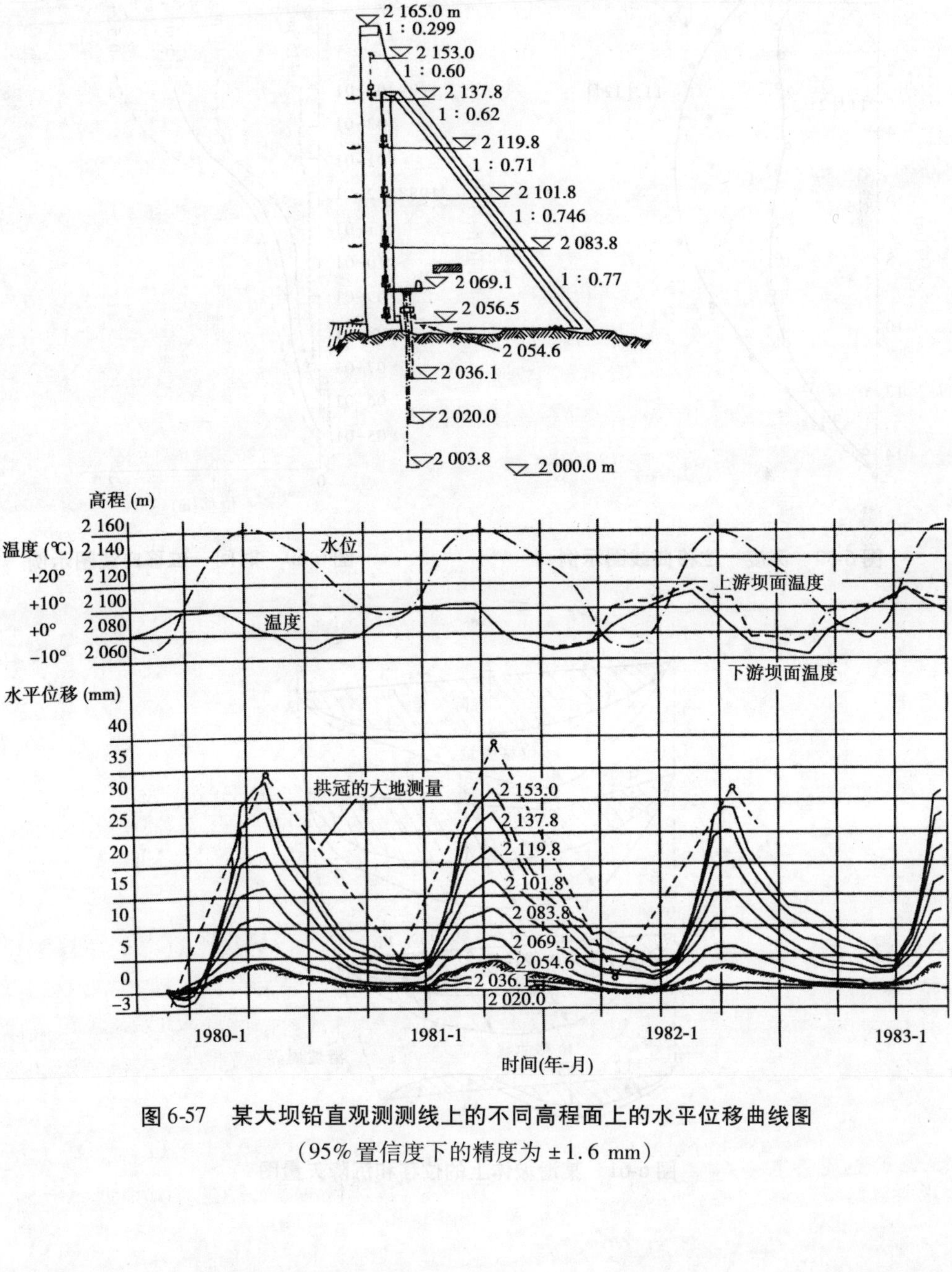

图 6-57 某大坝铅直观测测线上的不同高程面上的水平位移曲线图

（95%置信度下的精度为 ±1.6 mm）

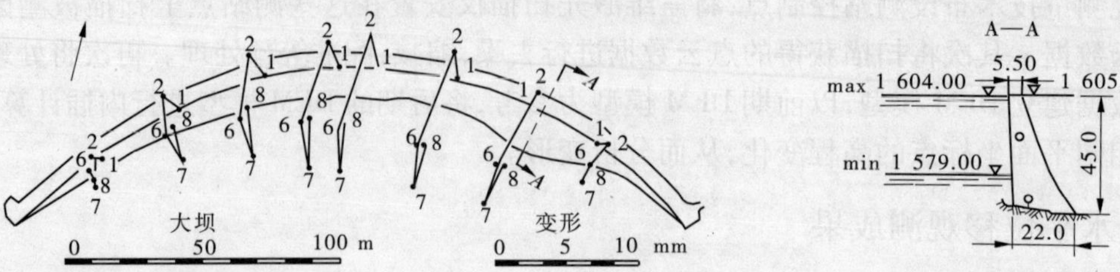

图 6-58　多期位移矢量图

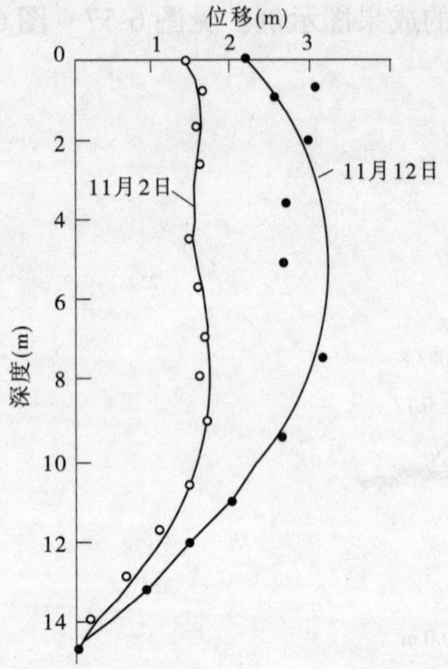

图 6-59　深度—位移曲线图示例

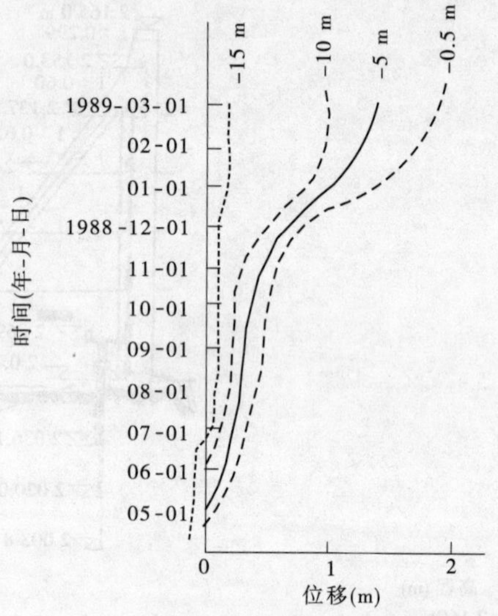

图 6-60　时间—位移曲线图示例

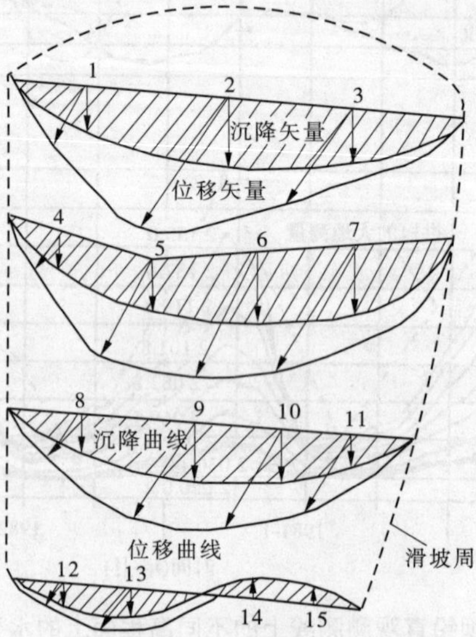

图 6-61　某滑坡体上的位移和沉降矢量图

图6-59为某一工程实测的大面积加荷引起的水平位移沿深度分布线。图6-60为某一高层建筑基坑四周地下钢筋混凝土连续墙上一个测斜导管，在不同深度处，从基坑开挖前开始，直至基础地板混凝土浇灌完毕止，所测得的时间—位移曲线。

第六节　高耸建筑物的倾斜观测

建筑物因地基基础不均匀沉陷或其他原因，往往会产生倾斜变形，为了监视建筑物的安全和进行地基基础设计的研究，需要对建筑物（特别是高耸建筑物）的倾斜进行观测。倾斜观测就是对建筑物、构筑物中心线或其墙、柱等，在不同高度的点对其相应底部点的偏离大小、偏离方向而进行的测量工作。

倾斜观测应从建筑物建成就开始进行，以后应定期观测，积累资料，并与沉陷观测的结果一起进行研究，以全面分析建筑物的变形情况。

建筑物的倾斜程度，一般用倾斜率 i 值来表示。倾斜率示意图如图6-62所示。

$$i = \tan\alpha = \frac{a}{H} \tag{6-43}$$

式中，α 为倾斜角；a 为建筑物上部相对于底部的水平位移值；H 为建筑物的高度，其数值一般是已知的，若为未知，可采用直接丈量法或三角高程法等进行测定。

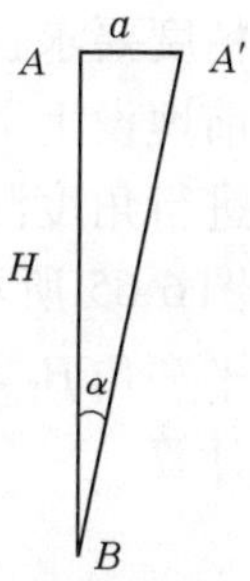

图6-62　倾斜率示意图

测定建筑物倾斜的方法有两类：一类是直接测定建筑物的倾斜；另一类是通过测量建筑物基础相对沉降的方法来确定建筑物的倾斜。

一、直接测定建筑物倾斜的方法

当从建筑物或构件的外部观测时，可以采用的方法有以下几种。

（一）直接投影法

此法一般是用全站仪将建筑物的上、下墙角标志直接投影到同一个水平面上（如图6-63所示），从而求出建筑物上部相对于底部的水平位移值 a，然后根据式(6-43)即可计算建筑物的倾斜率 i。

观测时，应在底部观测点位置安置量测设施（如水平读数尺等）。应将全站仪设置在离建筑物 $1.5H$ 以上的地方，以减少仪器纵轴不垂直的影响。在每测站安置全站仪投影时，需严格对中、整平，用盘左、盘右两个度盘位置分别进行投影，取其中点，并量取上、下标志投影点在视线垂直方向的偏离值 L。由于上下标志投影点初始偏离值 L_1 本来就不可能为零，故测定周期的偏离值 L_i 与初始周期的偏离值 L_1 之差即为该方向上的水平位移分量 $a_1 = L_i - L_1$；再将全站仪转移至与原观测方向成90°角的方向上，用同样的方法可求得与视线垂直方向上的水平位移分量 a_2。然后用矢量相加的方法求出该建筑物的水平位移值和位移方向，如图6-64所示。

$$a = \sqrt{a_1^2 + a_2^2} \tag{6-44}$$

$$\tan\theta = \frac{a_1}{a_2} \tag{6-45}$$

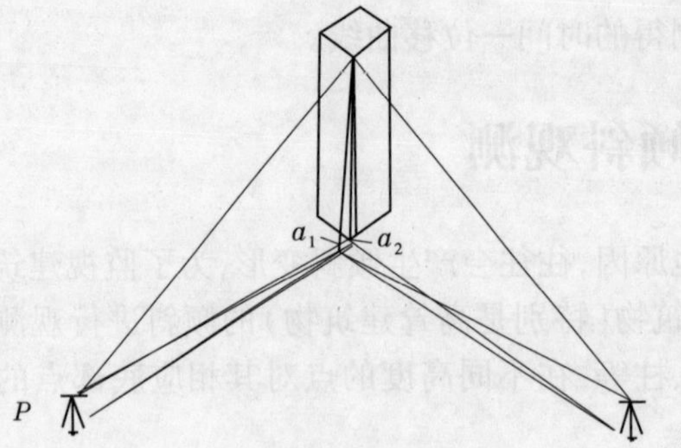

图 6-63 直接投影法测定建筑物倾斜

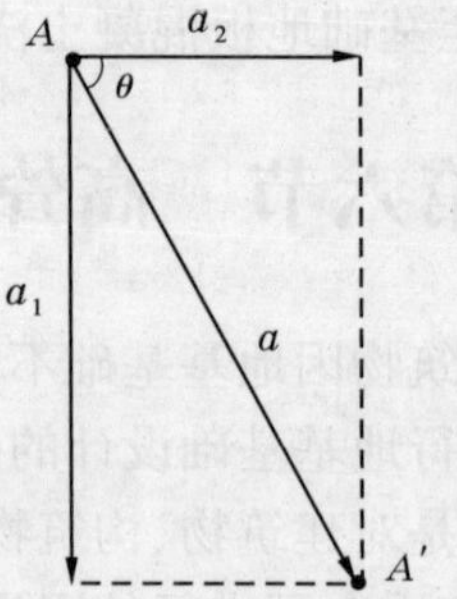

图 6-64 矢量相加法求合位移

(二)测算法

对精度要求较高,且需长期重复进行的倾斜观测,采用此法较好。需要注意的是,在初始观测前埋设上下观测标志时,尽量让两标志位于同一铅垂线上,这样只需要动水平微动螺旋即可进行角度测量,减小了角度观测误差。测站点也尽量使用混凝土观测墩。

如图 6-65 所示,将全站仪设置在离建筑物 1.5H 以上的 P 点,观测建筑物上下两标志之间的水平夹角 β_1 和 P 点至下标志点的水平距离 S_1,则上下标志之间的相对偏离值 L_1 即可用下式计算

$$L_1 = \frac{\beta_1}{\rho} S_1 \tag{6-46}$$

设 P 点初始周期时观测的偏离值为 L_1^1,本次观测时的偏离值为 L_1^i,则 P 点至建筑物垂直方向上的水平位移分量为

$$a_1 = L_1^i - L_1^1 \tag{6-47}$$

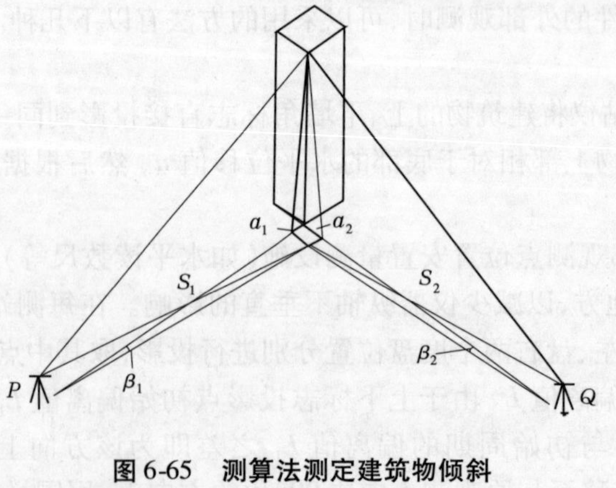

图 6-65 测算法测定建筑物倾斜

用上述同样的方法在 Q 点进行观测上下两标志间的水平夹角 β_2 及 Q 点至下标志点间的水平距离 S_2,同理可以计算出 Q 点至建筑物垂直方向上的水平位移分量 a_2。利用式(6-44)和式(6-45),即可计算出合位移 a 及位移方向 θ,然后利用式(6-43)计算倾斜率。

（三）纵横轴线法

此法适用于邻近有空旷场地的塔式或圆形建筑物或构件的倾斜观测。由于这些建筑物较高，不易攀爬，不便于在顶部设置观测标志，故一般可以照准视线所切同高边缘认定的位置或用高度角控制的位置作为监测点位。对于地面的测站点和定向点，可根据不同的观测要求，采用带有强制对中设备的观测墩或混凝土标石。

如图 6-66 所示，为某塔倾斜监测点位置图，这些监测点都是两两对称分布的同高点，其位置均是观测视线与塔体同一横截面圆的切点。

首先在拟测建筑物的纵轴线方向上距建筑物 $1.5H$ 以外的地方设置一个测站点 K，如图 6-67所示，并选定远方通视良好的固定点 M 为后视点，A、B、C、D 为监测点且均为仪器照准视线与底部或顶部投影圆的切点。

观测时首先在测站 K 上以后视点 M 为零方向，以 A、B、C、D 为观测方向，分别测得其方向值为①、②、③、④，则 KO_1 方向的方向值为 $\frac{① + ④}{2}$，KO_2 方向的方向值为 $\frac{② + ③}{2}$，利用 KO_1、KO_2 两方向值，即可求得顶部中心 O_2 相对于底部中心 O_1 的偏移角度 β。

$$\beta = \frac{① + ④ - ② - ③}{2} \tag{6-48}$$

KO_1 与 KA 方向的夹角 α 可用下式计算：

$$\alpha = \frac{④ - ①}{2} \tag{6-49}$$

除水平角观测外，还应测量测站点 K 至底部监测点 A（或 D）的平距 S。

KO_1 的距离为

$$S_{KO_1} = \frac{S}{\cos\alpha}$$

则 O_1、O_2 两点在 KO_1 垂直方向上的水平位移分量 δ 为

$$\delta = \frac{S\tan\beta}{\cos\alpha} \tag{6-50}$$

其中，当 δ 为正值时表示 O_2 在 KO_1 方向的右边，反之在左边。

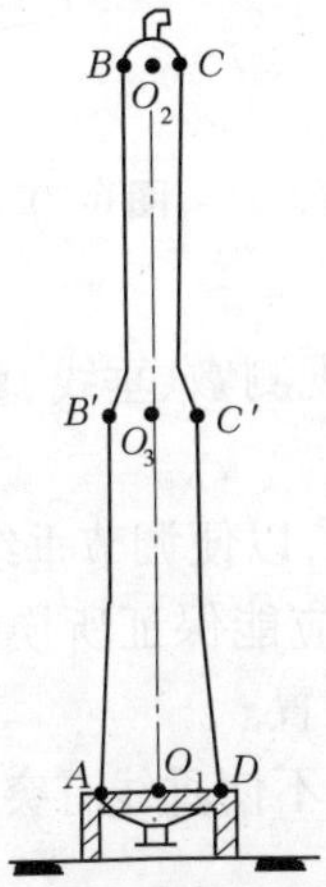

图 6-66 某塔倾斜监测点位置

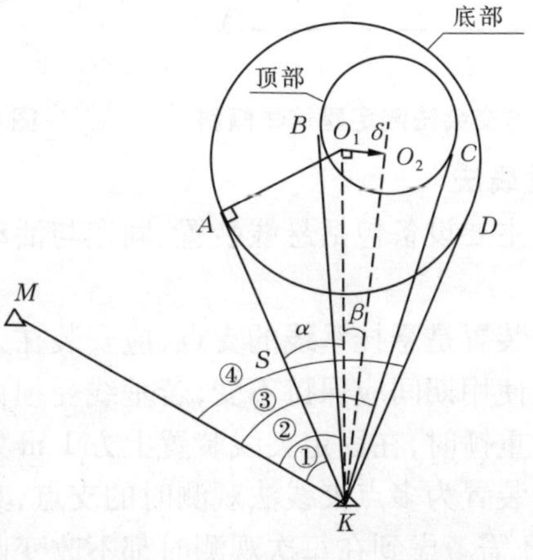

图 6-67 倾斜观测投影

同理,在拟测建筑物的横轴线方向上设置测站点,也可以求出 O_1、O_2 两点在纵轴线方向上的水平位移分量 δ'。利用式(6-44)和式(6-45),即可计算出合位移 a 及位移方向 θ,并利用式(6-43)计算倾斜率。

(四)前方交会法

当受实地作业环境的限制,纵横轴线法难以采用时,可考虑采用前方交会法(见图6-68)。需要注意的是所选基线应与监测点组成最佳构形,交会角最好限制在60°~120°。水平位移计算,可采用直接由两周期观测方向值之差计算坐标变化量的方向差交会法,亦可采用按每周期计算监测点坐标值,再以坐标差计算水平位移的方法。

水平角计算方法可参见"纵横轴线法",而具体计算方法可参见本章"第五节　水平位移观测"中的"前方交会法"。

当利用建筑物或构件的顶部与底部之间竖向通视条件能够满足时,还可选用下列铅垂观测方法。

(五)吊垂球法

应在顶部或需要的高度处监测点位置上,直接或支出一点悬挂适当重量的垂球,在垂线下的底部固定读数设备(如毫米格网读数板),直接读取或量出上部监测点相对底部监测点的水平位移量和位移方向。如图6-69所示。

(六)激光铅直仪观测法

应在顶部适当位置安置接收靶,在其垂线下的地面或地板上安置激光铅直仪或激光经纬仪,按一定周期观测,在接收靶上直接读取或量出顶部的水平位移量和位移方向,如图6-70所示。作业中仪器应严格整平、对中。

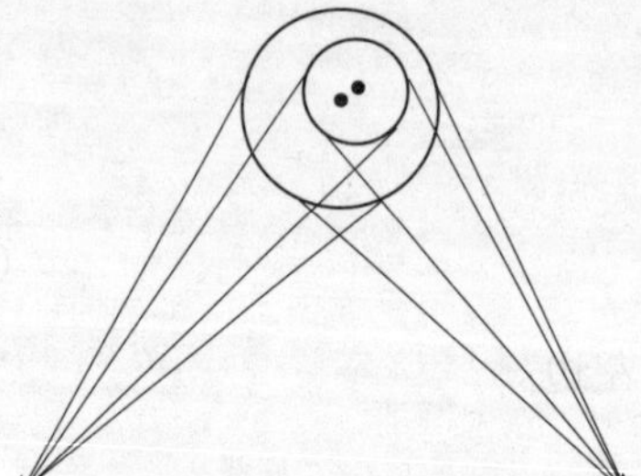

图6-68　前方交会法测定建筑物倾斜

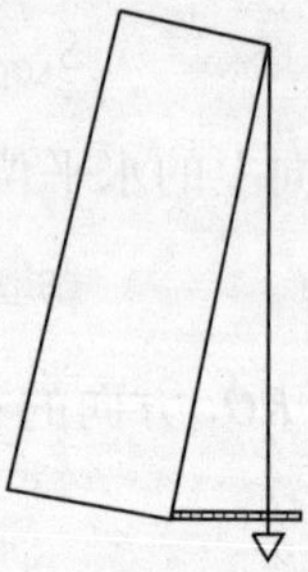

图6-69　吊垂球法

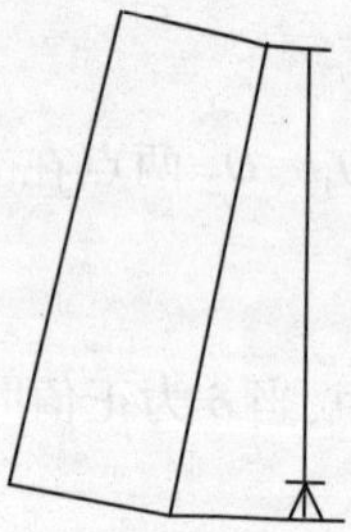

图6-70　激光铅直仪法

(七)正垂线法

正垂线法主要设备包括悬线装置、固定与活动夹线装置、观测墩、垂线、重锤、油箱等,如图6-71所示。

固定夹线装置是悬挂垂线的支点,应安装在人能到达之处,以便调节垂线的长度或更换垂线。该点在使用期间应保持不变,若垂线受损而折断,支点应能保证所换垂线位置不变,当采用较重的重锤时,在固定夹线装置上方1 m处应设悬线装置。

活动夹线装置为多点夹线法观测时的支点,其构造需考虑不使垂线有突折变化,以免损伤垂线,同时还需考虑到在每次观测时都不改变监测点位置。

垂线是一种高强度且不生锈的金属丝,垂线的粗细由本身的强度和重锤重量来决定,一般直径为0.6~1.2 mm。

重锤是使垂线保持铅垂状态的重物,可用金属或混凝土制成砝码的形式。重锤上设有止动叶片,以加速垂线的静止。

油箱的作用是不使重锤旋转或摆动,保持重锤稳定。油箱中应装有黏性不动油。

观测时,由底部观测墩上安置的量测设备(如坐标仪、光学垂线仪、电感式垂线仪),按一定周期测出各测点的水平位移量。

利用正垂线测定水平位移的方法有两种。

1. 一点支承多点观测法

如图6-72所示,铅垂线自建筑物顶部处挂下,保持稳定,在各高程位置的监测点上安置观测仪器(如坐标仪、光学垂线仪、电感式垂线仪),即可测得各监测点与建筑物顶部的相对水平位移值 S'_j 和顶部相对于底部的水平位移值 S_0,根据相邻两点之间的水平位移差及高差,即可求出两点间的相对倾斜率 i。

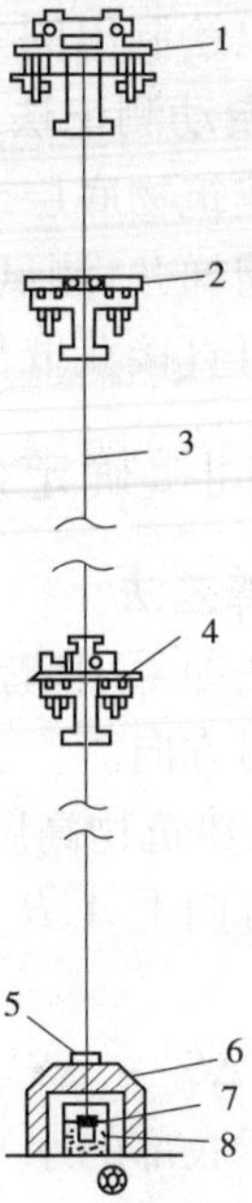

1—悬线装置;
2—固定夹线装置;
3—垂线;
4—活动夹线装置;
5—仪器底盘;
6—观测墩;
7—油箱;
8—重锤

图6-71 正垂线设备图

$$i = \frac{S'_j - S'_{j-1}}{h_{j,j-1}} \tag{6-51}$$

式中,S'_j 为 j 点与建筑物顶部的相对水平位移值;S'_{j-1} 为 $j-1$ 点与建筑物顶部的相对水平位移值;$h_{j,j-1}$ 为 j、$j-1$ 两监测点之间的高差。

利用 S'_j、S_0,还可以求出 j 点的挠度 S_j(见图6-72)。所谓挠度,即建筑物垂直面内不同高度处的点位,相对于底部的水平位移值。则

$$S_j = S_0 - S'_j \tag{6-52}$$

此法的优点是垂线不动,不易受损,但须在不同的高程处设置仪器,工作不便。

2. 多点支承一点观测法

此法是在需测定水平位移的高程处,多点支承正垂线,与底部同一水平面处观测,直接得到各监测点的挠度值 S_j。垂线可做成固定式,也可由活动夹线装置将垂线自上而下依次夹紧,在底部坐标仪上读取观测值。此法的优点是观测安全、迅速,但采用临时夹线法时易使垂线受损,如活动夹线装置构造较差,则会使误差增大,如图6-73所示。

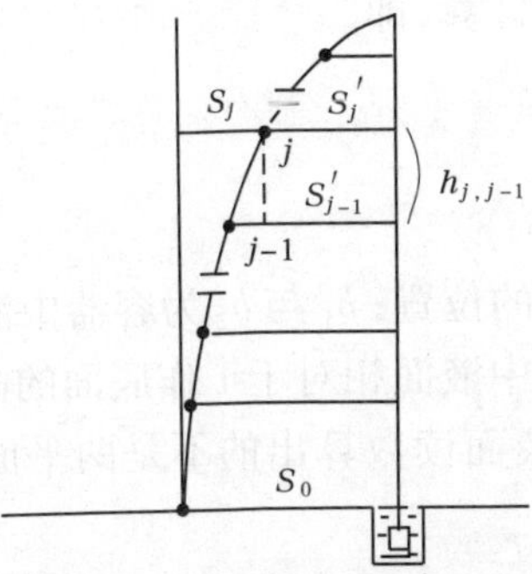

图6-72 一点支承多点观测法

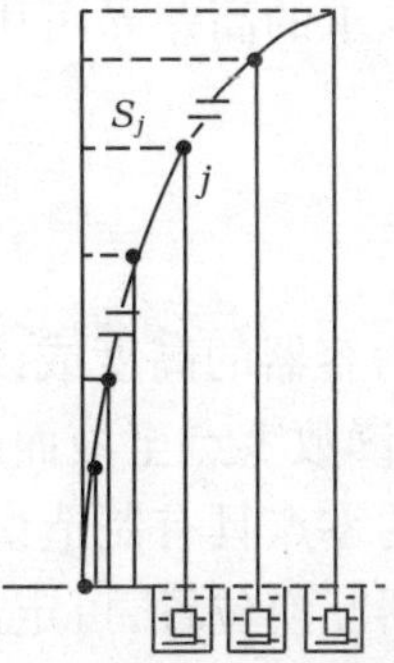

图6-73 多点支承一点观测法

利用正垂线法可以绘制出同一铅垂面上不同高度处的挠度曲线。

(八)激光位移计自动测记法

位移计宜安置在建筑物底层或地下室地板上,接收装置可设在顶层或需要观测的楼层,激光通道可利用楼梯间梯井,测试室宜选在靠近顶部的楼层内。当位移计发射激光时,从测试室的光线示波器上可直接获取位移图像及有关参数,并自动记录成果。

二、按相对沉降间接确定建筑物整体倾斜

(一)测定基础沉降差法

测定基础沉降差法即采用精密水准测量方法,以所测各周期的基础沉降差换算求得建筑物整体倾斜度及倾斜方向。

如图6-74所示,设建筑物高度为H,如果测出了某建筑物一侧轴线方向上A、B两点之间的不均匀沉降(沉降差)ΔS

$$\Delta S = \Delta S^B - \Delta S^A \tag{6-53}$$

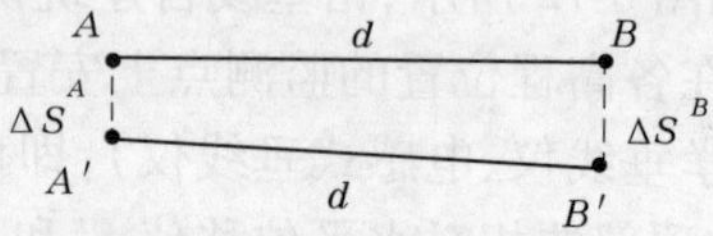

图6-74　测定基础沉降差法

则该方向上顶部相对于底部的水平位移值a_1即可用下式计算:

$$a = \frac{\Delta S}{d}H \tag{6-54}$$

此法适用于建筑物本身刚性强、发生倾斜时自身结构仍然完整,且沉陷资料可靠的建筑物。采用此法一般应将倾斜监测点的位置与沉陷观测点的位置综合考虑进行布设。

(二)液体静力水准测量法

我们知道,几何水准测量是依据水平视线来测定两点间高差的,而水平视线是靠水准器调平来实现的。若直接依据静止的液体表面(水平面)来测定两点(或多点)之间的高差,则称为液体静力水准测量。

液体静力水准测量的基本原理是利用相连通的两容器中水位读数的差值,求得两点间的相对高差,比较各次观测得到的高差的变化,即可求得其相对沉陷量,从而可计算出其倾斜角和水平位移量。

如图6-75所示,图中相连接的两容器1与2分别安置在欲测的平面A与B上。当相连接的两容器中盛的是均匀液体(同类液体并具有同样的参数)时,则液体的自由表面处于同一水平面上。欲求的高差h可用液面的高度H_1与H_2来计算,即

$$h = H_1 - H_2$$

或:

$$h = (a_1 - a_2) - (b_1 - b_2) \tag{6-55}$$

式中,a_1与a_2为容器的高度或读数零点相对于工作底面的位置;b_1与b_2为容器中液面位置的读数值,亦即读数零点至液面的距离;H_1与H_2为容器中液面相对于工作底面的高度。

由于容器的零点具有制造误差,所以由直接读取的液面读数算出的不是两平面的绝对高差。将两容器互换位置,可定出类似的等式:

$$h = (a_2 - a_1) - (b'_2 - b'_1) \tag{6-56}$$

式中,b'_1、b'_2为容器中液面位置的新读数值。

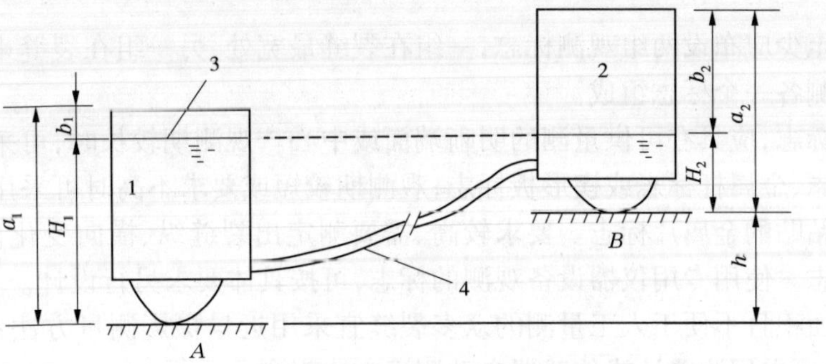

1、2—容器;3—液面;4—连接管

图6-75 液体静力水准测量原理

联合解算式(6-55)与式(6-56),可得

$$h = \frac{1}{2}[(b_2 - b_1) - (b'_2 - b'_1)] \tag{6-57}$$

$$c = a_2 - a_1 = \frac{1}{2}[(b_2 - b_1) + (b'_2 - b'_1)] \tag{6-58}$$

c 称为仪器常数,即两个液体静容器(在以后叙述时用液体静力观测头代替液体静力容器,观测头不仅包括盛液体的容器,还包括读数设备和其他辅助的部件)的读数零点之差,它取决于制造误差。

从式(6-58)可看出,观测头零点差这个仪器常数可以用观测头互换位置,并进行两次读数的方法求出。对于固定设置的液体静力水准器,一般不需要观测头零点位置误差的数据,因为所有的观测可以是相对于初始观测或某次观测而言的。

在液体静力水准测量中,主要是测定液面到标志的高度。目前,测定液面高度的方法主要有以下两种:

(1)目视接触法。即利用转动的测微圆环带动水中的触针上下运动,根据光学折射原理,在观测窗口可以观测到触针尖端的实像和虚像,当两像尖端接触时,在测微圆环上可读出触针接触水面时的高度。

(2)电子传感器法。通过电子(电感式、光电式或电容式)传感器不仅可以提高静力水准的读数精度,而且可实现测量的自动化。

三、倾斜观测提交成果

倾斜观测结束后,应提交倾斜观测点位布置图、观测成果表、成果图、主体倾斜曲线图、观测成果分析资料等。

第七节 裂缝观测

工程建筑物产生裂缝时,为了了解裂缝的发展情况,分析其产生的原因和对建筑物安全的影响,以便及时采取有效措施加以处理。

当建筑物各处发生裂缝时,应立即进行全面检查,对需要观测的裂缝应统一进行编号,裂缝观测应测定建筑物上的裂缝分布位置,裂缝的走向、长度、宽度、深度及其变化程度等项目。

每条裂缝至少应布设两组观测标志,一组在裂缝最宽处,另一组在裂缝末端。每组观测标志由裂缝两侧各一个标志组成。

裂缝观测标志,应具有可供量测的明晰端面或中心。观测期较长时,可采用镶嵌或埋入墙面的金属标志、金属杆标志或楔形板标志;观测期较短或要求不高时可采用油漆平行线标志或用建筑胶粘贴的金属片标志。要求较高、需要测定出裂缝纵、横向变化值时,可采用坐标方格网板标志。使用专用仪器设备观测的标志,可按具体要求另行设计。

对于较大面积且不便于人工量测的众多裂缝宜采用近景摄影测量方法;当需连续监测裂缝变化时,还可采用测缝计或传感器自动测记方法观测。

下面介绍两种常用的裂缝观测标志。

一、金属标点标志

金属标点是一直径为 20 mm,长为 60 mm 的金属棒,埋入混凝土内 40 mm,外露部分为标点,在其上面安装一保护盖,金属标点在裂缝两侧各埋设一个,两标点间的距离不得少于150 mm,用游标卡尺定期测定两标点之间的距离变化值(裂缝宽度计算值),如图 6-76所示。

二、金属片标志

如图 6-77 所示,用两片厚约 0.5 mm 的白铁片,先将方形铁片固定在裂缝一侧,其边缘和裂缝方向一致,再将矩形铁片一端固定在裂缝的另一侧,另一端与方形铁片重叠约75 mm,使两铁片边缘平行;标志固定后,在两块铁片外露部分涂上红油漆,并注明设置日期和标志编号。

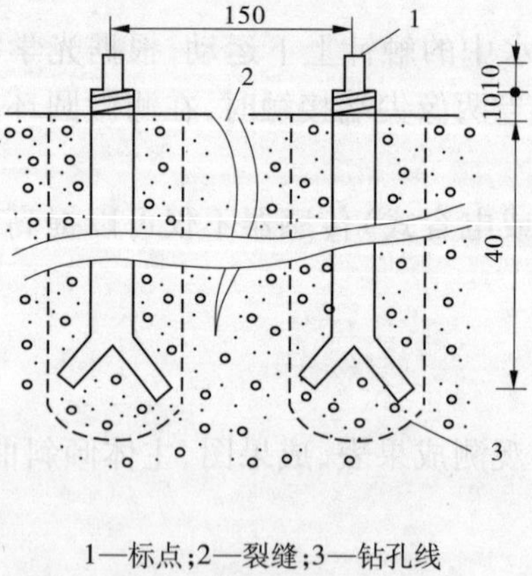

1—标点;2—裂缝;3—钻孔线

图 6-76 金属标点标志 (单位:mm)

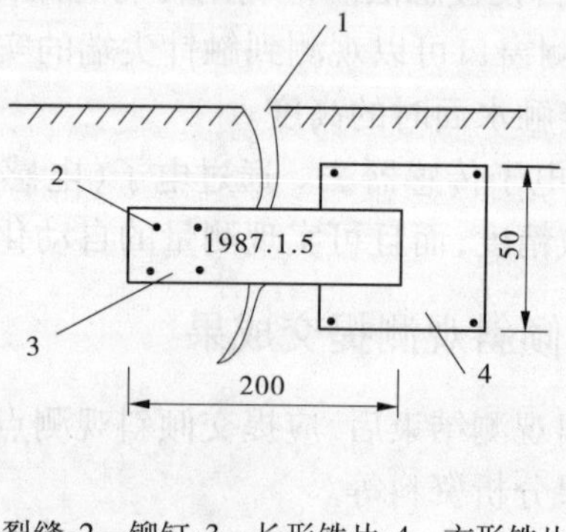

1—裂缝;2—铆钉;3—长形铁片;4—方形铁片

图 6-77 金属片标志 (单位:mm)

如果裂缝在设置标志后继续发展,铁片会逐渐拉开,方形铁片上就会露出白铁,其宽度就是裂缝加大的宽度,可用钢尺量出。

观测后应绘制详图,画出裂缝的位置、形状、尺寸,注明日期,并附必要的照片资料。

裂缝观测的周期应视其裂缝变化速度而定。通常开始可半月观测一次,以后一月观测一次。当发现裂缝加大时,应增加观测次数,直至几天或逐日一次的连续观测。

裂缝观测结束后,应提交的成果有裂缝分布位置图、裂缝观测成果表、观测成果分析说明资料,当建筑物裂缝和基础沉降同时观测时,可选择典型剖面绘制两者的关系曲线。

第八节 变形监测的资料整理、成果表达和解释

变形监测资料包括自动采集或人工采集的各种原始观测数据。对原始观测资料进行汇集、审核、整理、编排,使之集中、系统化、规格化和图表化,并刊印成册称为观测资料整理,其目的是便于应用分析,向需用单位提供资料和归档保存。观测资料整理,通常是在平时对资料已有计算、校核甚至分析的基础上,按规定及时对整理年份内的所有观测资料进行整理。

近年来,对观测资料的整理已逐渐趋向自动化。应用自动化技术采集和整理观测数据,并存入数据库,供随时调用。

一、资料整理

(一)资料整理的主要内容

(1)收集资料。如工程或观测对象的资料、考证资料、观测资料及有关文件等。

(2)审核资料。如检查收集的资料是否齐全、审查数据是否有误或精度是否符合要求、对间接资料进行转换计算、对各种需要修正的资料进行计算修正、审查平时分析的结论意见是否合理等。

(3)填表和绘图。将审核过的数据资料分类填入成果统计表;绘制各种变形过程线、相关线、等值线图等;按一定顺序进行编排。

(4)编写整理成果说明。如工程或其他观测对象情况、观测情况、观测成果说明等。

(二)观测资料分析

观测资料分析是体现观测工作效果的重要环节,分为定性分析、定量分析、定期分析、不定期分析和综合性分析。观测资料分析工作必须以准确可靠的观测资料为基础,在计算分析之前,必须对实测资料进行校核检验,对观测系统和原始资料进行考证。这样才能得到正确的分析成果,发挥应有的作用。观测资料分析成果可指导施工和运行,同时也是进行科学研究、验证和提高设计理论和施工技术的基本资料。

资料分析的常用方法有以下几种。

1. 作图分析

将观测资料绘制成各种曲线,常用的是将观测资料按时间顺序绘制成过程线。通过观测物理量的过程线,分析其变化规律,并将其与其他过程线对比,研究相互影响关系。也可以绘制不同观测物理量的相关曲线,研究其相互关系。这种方法简便、直观,特别适用于初步分析阶段。

2. 统计分析

用数理统计方法分析计算各种观测物理量的变化规律和变化特征,分析观测物理量的周期性、相关性和发展趋势。这种方法具有定量的概念,使分析成果更具实用性。

3. 对比分析

将各种观测物理量的实测值与设计计算值或模型试验值进行比较,相互验证,寻找异常

原因,探讨改进运行和设计、施工方法的途径。由于水工建筑物实际工作条件的复杂性,必须用其他分析方法处理实测资料,分离各种因素的影响,才能对比分析。

4.建模分析

采用系统识别方法处理观测资料,建立数学模型,用以分离影响因素,研究观测物理量变化规律,进行实测值预报和实现安全控制。常用数学模型有三种:

(1)统计模型。主要以逐步回归计算方法处理实测资料建立的模型。

(2)确定性模型。主要以有限元计算和最小二乘法处理实测资料建立的模型。

(3)混合模型。一部分观测物理量(如温度)用统计模型,一部分观测物理量(如变形)用确定性模型。这种方法能够定量分析,是长期观测资料进行系统分析的主要方法。

(三)提交成果

原始观测值绝大多数以数字形式提供,少部分是以模拟形式输出,如持续记录仪器所绘出的曲线。对于变形监测的周期观测数据需进行观测值的质量检查,如完整性、一致性检查,进行粗差和系统误差检验,方差分量估计,保证变形监测数据处理结果正确可靠。对于各监测点上的时间序列实测资料,通过插值方法或拟合方法整理成等间隔时间的观测序列以便供变形分析使用。观测成果计算和分析中的数字取位应符合规范规定,如取至0.1 mm或0.01 mm。原始记录成果应整洁、清晰,不得涂改,严禁作伪;计算成果应完整、正确,图表应整齐、美观。

每一项变形测量工程应提交下述综合成果资料:

(1)技术设计书和测量方案。

(2)监测网和监测点布置平面图。

(3)标石、标志规格及埋设图。

(4)仪器的检校资料。

(5)原始观测记录(手簿和/或电子文件)。

(6)平差计算、成果质量评定资料。

(7)变形监测数据处理分析和预报成果资料。

(8)变形过程和变形分布图表。

(9)变形监测、分析和预报的技术报告。

为了获得很高的精度和可靠性,变形监测的数据量通常很大,这使数据处理和成果解释变得复杂。因此,需要从大量数据中提取有用信息,使提交的成果是概括直观,又能反映本质。在技术设计阶段就必须明确,成果中哪些参数、哪些变形需要提交;提交成果最简单清晰的图表形式及格式;所有的成果都须附上精度说明,最好给出置信域。

二、成果表达

变形监测的成果表达主要包括用文字、表格和图形等形式,也可采用现代科技如多媒体技术、仿真技术、虚拟现实技术进行表达。这里讲述传统的表达方法。

成果表达最重要的是正确性和可靠性,其次才是表达的逻辑性和艺术性。在正确、可靠的前提下,结构的严谨、文字描述的流畅、图表结合的恰当则显得十分重要。

表格是一种最简单的表达形式,用它直接列出观测成果或由其导出变形。表格的设计编排应清楚明了,如按建筑阶段或观测周期编排。变形值与同时获取的其他影响量(如温度、水位等数据)可一起表达。

图形表达最直观,形式也最丰富多彩。表达的形式取决于变形的种类和研究的目的,还要满足业主的要求,应结合实际情况设计具有特色的最好表达形式。在图形表达中,比例尺的选择十分重要,变形体的比例尺与变形的比例尺要选配得当。若有多种图在一起,其比例尺应统一。对于多周期观测,要考虑图形的增绘。使用的颜色和符号要有助于加强表达效果,注记要吸引人,图中的信息应完备。要将测量与制图知识结合起来,绘出的图让非专业技术人员也能看懂。上述各种图形表达,应实现用计算机辅助制图完成。

变形监测、分析和预报的技术总结和报告是最重要的成果。

三、成果解释

对由测量获得的变形的解释需要多学科专业知识,因此在变形监测的整个过程中,测量人员与建筑设计人员、工程地质人员以及其他有关专业人员的合作是非常重要的。对变形的解释与变形体的性质和监测目的有关,需要解答以下的问题:

(1)是变形体及其环境的状态安全监测还是交通安全监测或运行安全监测。

(2)需在不同荷载情况下,对变形体的变形模型做检验验证。

(3)根据岩土力学性质建立物理力学模型。

(4)工程整治的效果怎样。

(5)对地球物理或物理假设进行验证。

(6)对工程建筑物进行监测和检验。

(7)采取建筑措施后做建筑物的安全证明。

在安全证明方面,需要快速地得到结果,例如通过获取倾斜位置及倾斜量,来说明采取加固措施后的效果。一般要选取一些监测点,将测量得到的变形值与事先给出的一个界限值进行比较,用统计检验的方法检验变形是否显著。如果出现不安全现象如超出设计预估的趋势性变形,则需要做详细的变形分析。例如,对所能得到的全部资料进行处理,以便找出变形产生的原因并提出整治方案。这时,对成果仅做概括性地表达或一般的整理就不能达到目的了。

如果变形分析的目的是检验所建立的数学模型,则要将模型预测的变形量与测量获得的量进行比较,若结果相差较大,一般要对模型做修改;改变模型参数或对模型进行扩展。这种修改要在证实有附加的变形影响因子情况下进行。

复习与思考题

1. 什么叫物体的变形?如何分类?各有哪些内容?

2. 引起工程变形的原因有哪些?

3. 什么叫变形监测?什么叫变形体?变形监测的作用是什么?变形监测有哪些内容?变形监测有何特点?

4. 变形监测的精度如何确定?

5. 变形监测的测量等级和精度是如何规定的?

6. 如何确定变形监测方案?

7. 如何确定变形监测的周期？变形监测精度、观测周期与变形速度之间有何关系？

8. 什么叫监测点、工作基点、基准点？三者之间有何关系？

9. 什么叫垂直位移观测？垂直位移观测基准点布置有何要求？常见的垂直位移基准点有哪些？

10. 简要说明深埋双金属水准基点标石的工作原理。

11. 垂直位移监测点埋设原则有哪些？点位埋设时有何要求？

12. 什么叫水平位移观测？常见的水平位移基准点有哪些？

13. 简述倒垂装置的工作原理。

14. 什么叫沉降观测？沉降观测的原理是什么？沉降观测的方法有哪些？

15. 用水准测量方法进行沉降观测时主要的技术要求有哪些？

16. 简述短边三角高程测量用于沉降观测的思路。

17. 沉降观测应提交的成果有哪些？如何绘制反映沉降规律的相关图表？

18. 水平位移观测的方法有哪些？

19. 简述水平位移观测的原理。

20. 比较活动觇牌法、测小角法、激光准直法之间的异同。

21. 简述导线法测定水平位移的作业思路。

22. 简要说明当前水平位移监测的一些最新技术。

23. 水平位移观测应提交的成果有哪些？

24. 简述高耸建筑物倾斜观测的原理。主要的测定方法有哪些？一般应提交哪些成果？

25. 液体静力水准测量的原理是什么？

26. 如何进行裂缝观测？应提交哪些成果？

27. 如何进行变形监测基准网的稳定性检验？

28. 现行监测资料整理的主要内容有哪些？观测资料的分析方法有哪些？

29. 如何进行变形监测成果的表达？

30. 如何进行变形结果的合理解释？

第七章 工业与民用建筑施工测量

建筑工程一般分为工业建筑与民用建筑两大类。建筑工程测量是建筑工程的各个阶段所进行的测量工作,其内容包括:建立施工平面网和高程控制网,作为测设的依据;把设计在图纸上的建(构)筑物,按其设计平面位置和高程标定在实地,以指导施工,即测设或放样工作;测量各种建(构)筑物工程竣工后的实际情况,即竣工测量,并绘制竣工图,作为工程验收的依据;对各种建(构)筑物施工期间在平面和高程方面产生的位移、沉降和倾斜进行观测,确保建(构)筑物各个部位符合设计的要求。

目前,建筑工程中新结构、新工艺和新技术的应用,对施工测量提出了较高的要求,应根据建筑规模、建筑物的性质与使用要求、施工放样与现场施工条件等,以测量规范为依据,确定施工测量的精度和方法。工程施工测量是为工程施工服务的,贯穿于整个工程施工过程中,为使施工测量工作能与工程施工密切配合,测量人员应注意以下几点:

(1)须遵循测量工作的基本原则。

(2)要了解工作对象,熟悉图纸,了解设计意图并掌握建筑物各部位的尺寸关系与高程数据。

(3)要了解施工过程和每项施工测量的精度要求。

(4)测量标志是指导施工的依据,施工现场交叉作业,因此测量标志要选在不易受施工影响、能长期保存而又方便引用的位置,另外要经常检查,一旦发现标志被破坏,应及时恢复。

为了确定建筑群的各个建(构)筑物的位置及高程均能符合设计要求,并便于分期分批进行施工放样,施工测量必须遵循"从整体到局部,先控制后碎部"的原则。首先在施工场地上,以勘测设计阶段建立的测图控制网为基础,建立统一的施工控制网,然后根据施工控制网测设建(构)筑物的主轴线,再根据主轴线测设其细部。施工控制网不单是施工放样的依据,也是变形观测、竣工测量及以后建(构)筑物扩建或改建的依据。

第一节 建筑施工控制网

在勘测阶段已建立有控制网,但由于它是为测图服务的,没有考虑施工的要求,控制点的分布、密度和精度,都难以满足施工测量的要求。另外,由于平整场地时控制点大多被破坏。因此,在施工之前,建筑场地上要重新建立专门的施工控制网。

一、施工控制网的分类

施工控制网分为平面控制网和高程控制网。

(1) 施工平面控制网。可以布设成导线网、建筑基线和建筑方格网。

①导线网。对于地形平坦而通视条件比较困难的地区,如扩建或改建的施工场地,或建

筑物分布很不规则时,则可采用导线网。

②建筑基线。对于地面平坦而简单的小型建筑场地,常布置一条或几条建筑基线,组成简单的图形并作为施工放样的依据。

③建筑方格网。对于地势平坦、建筑物众多且分布比较规则和密集的工业场地,一般采用建筑方格网。

(2)施工高程控制网。主要采用水准网,通常采用三、四等水准测量。

二、施工平面控制网

(一)建筑基线

当建筑场地比较狭小,平面布置又相对简单时,常在场地内布置一条或几条基准线,作为施工测量的平面控制,称为建筑基线。建筑基线也称为建筑轴线。

1. 建筑基线的布设形式与测设方法

对不同的场地而言,地形条件、建筑物的布置及测图控制点的分布均有差别,因而建筑基线的形式也灵活多样,常用的有"一"字形、"L"形、"十"字形、"T"形等,如图7-1所示。

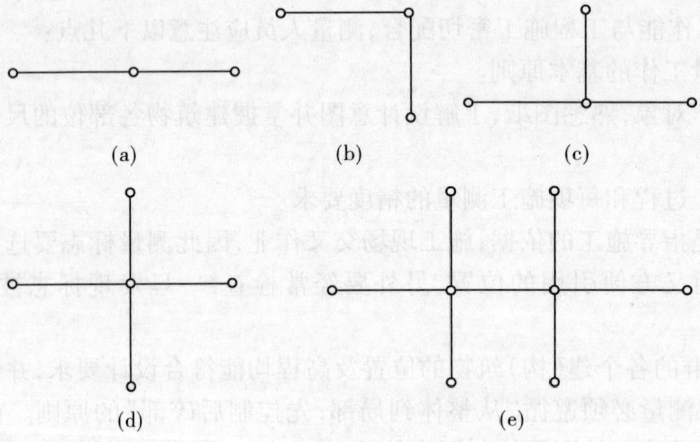

图7-1　建筑基线的布设形式

布置建筑基线应遵守以下原则:建筑基线要与建筑物主要轴线平行或垂直,建筑基线的定位点不应少于三个,以便检查点位是否稳定;基线点位应选在通视良好而不易被破坏的地方,为了长期保存,要埋设永久性的混凝土桩;在不受挖土破坏的条件下,应使基线尽量靠近主要建筑物。

建筑基线可以根据已有控制点采用极坐标法、前方交会法等直接测设,也可以根据原有建筑物位置与设计建筑基线的相对关系进行测设。测设完毕后必须对建筑基线进行检核。由于测量误差的存在,检核的实测角度与设计角度之差,可能会出现大于规定限差的情况,此时就必须进行点位的调整与改正,以保证建筑基线的放样精度。

2. 建筑基线的调整

建筑基线的调整主要分为两种情况:"一"字形建筑基线的调整和"L"形建筑基线的调整。下面分别来说明其调整方法。

1)"一"字形建筑基线的调整

设用适当的放样方法测设出"一"字形建筑基线上的三个点 A'、O'、B'。由于测量误差的存在,测设的三个基线点一般不在一条直线上,如图 7-2 所示。因此,要在 O' 上安置经纬仪,精确地测量 $\angle A'O'B'$ 的角度值,如果它与 180°之差超过了有关规定,则应进行调整。调整的方法如下:

(1)调整一端点。如图 7-2 所示,调整 A' 点至 A 点,使三点为一直线。调整值 δ 为

$$\delta = \frac{180° - \beta}{\rho} a \tag{7-1}$$

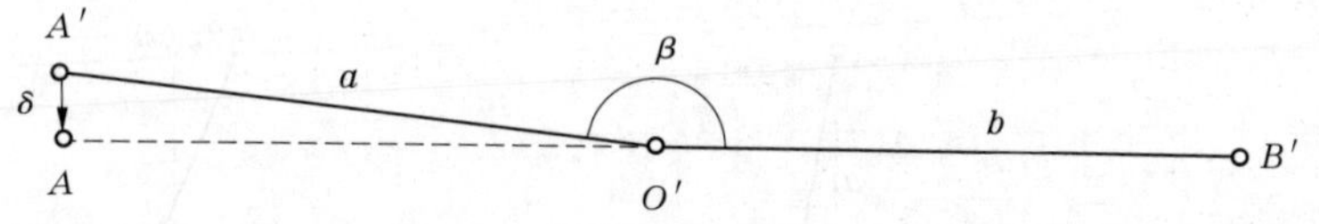

图 7-2 调整直线一端点

(2)调整中点。如图 7-3 所示,调整 O' 至 O 点,使三点为一直线。调整值 δ 为

$$\delta = \frac{180° - \beta}{\rho} \frac{ab}{a+b} \tag{7-2}$$

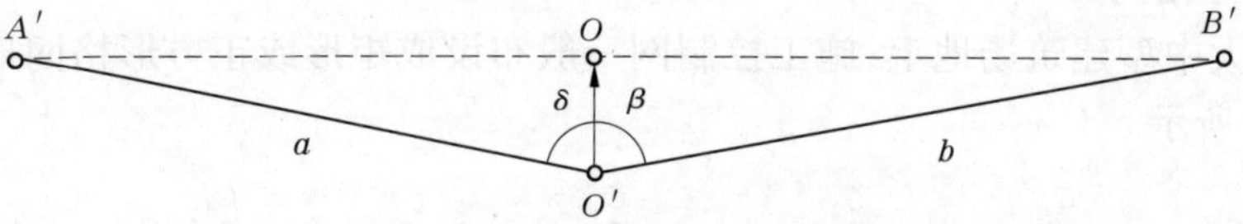

图 7-3 调整直线中点

(3)调整三点。如图 7-4 所示,设三点等误差影响,欲调整 A'、O'、B' 至 A、O、B 点,使三点为一直线。调整值 δ 为

$$\delta = \frac{1}{2} \frac{180° - \beta}{\rho} \frac{ab}{a+b} \tag{7-3}$$

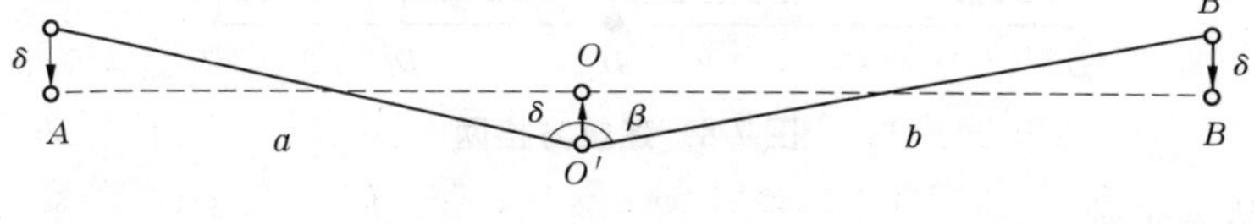

图 7-4 调整直线三点

2)"L"形建筑基线的调整

当放样"L"形建筑基线上的三个点 A'、O'、B' 时,要在 O' 上安置经纬仪,精确地测量 $\angle A'O'B'$ 的角度值,如果它与 90°之差超过了有关规定,则应进行调整。调整的方法如下:

(1)调整一端点。如图 7-5 所示,调整 A' 点至 A 点,使三点为直角关系。调整值 δ 为

$$\delta = \frac{90° - \beta}{\rho} a \tag{7-4}$$

(2)调整角点。如图 7-6 所示,调整 O' 点至 O 点,使三点为直角关系。调整值 δ 为

$$\delta = \frac{1}{\sqrt{2}} \frac{90° - \beta}{\rho} \frac{ab}{a+b} \tag{7-5}$$

(3)调整三点。如图 7-7 所示,设三点等误差影响,欲调整 A'、O'、B' 至 A、O、B 点,使三点为一直角关系。调整值 δ 为

$$\delta = \frac{1}{1.71} \frac{90° - \beta}{\rho} \frac{ab}{a+b} \tag{7-6}$$

无论是"一"字形还时"L"形,调整好基线点后,要重新测量其夹角,以检核实测角度值与设计角度之差是否超过了限差规定。超限后应重新调整。

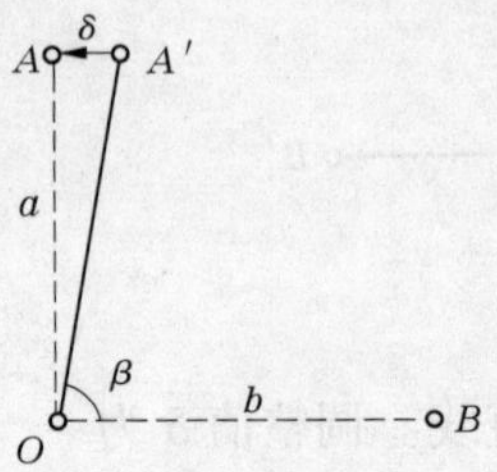

图 7-5　调整直角一端点

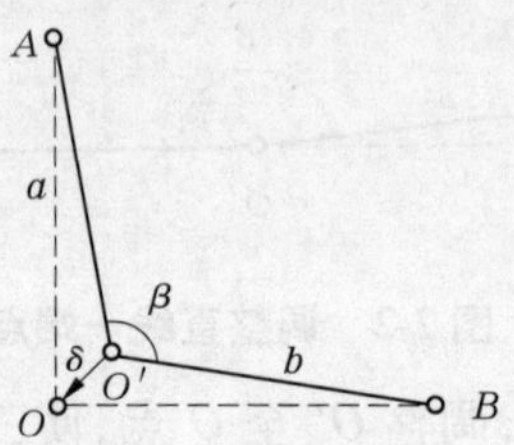

图 7-6　调整直角点

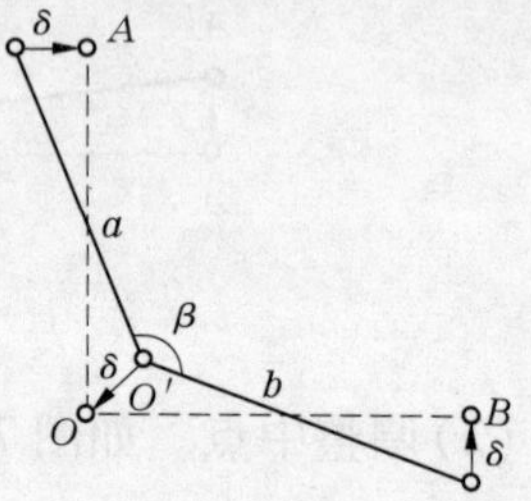

图 7-7　调整直角三点

(二)建筑方格网

在新建的大中型建筑场地上,施工控制网一般布设成矩形或正方形格网形式,称建筑方格网,如图 7-8 所示。

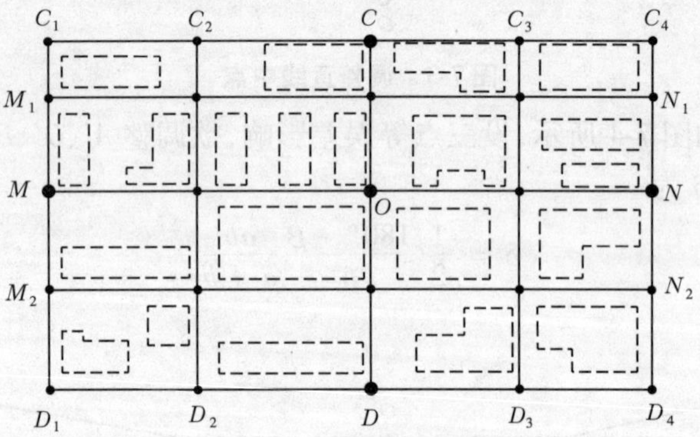

图 7-8　建筑方格网

1. 建筑方格网设计

建筑方格网的布置是根据建筑设计总平面图上各建筑物、构筑物和各种管线的布设,并结合现场的地形情况拟定的。布置时,应先定方格网的主轴线,然后布置其他方格点。格网可布置成正方形或矩形。现在,建筑工程的规划设计普遍使用 Auto CAD 进行。可以在设计单位提供的 dwg 格式图形文件的基础上,在 Auto CAD 中设计建筑方格网,并标注各方格网点的设计坐标、相邻方格网点间的平距等。方格网布置时,应注意以下几点:

(1)方格网的主轴线应布设在整个场区的中部,并与总平面图上所设计的主要建筑物的基本轴线相平行。

(2)方格网的转折角应严格成 90°。

(3)方格网的边长一般为 100 ~ 200 m,尽量是 5 m 或 10 m 的整倍数,不要零数。

(4)桩点位置应选在不受施工影响并能长期保存之处。

(5)建筑方格网采用施工坐标系统,坐标原点一般选在场区的西南角,方格网的纵轴、横轴分别与施工坐标系的 x' 轴、y' 轴平行,以使场区各建筑物的施工坐标均为正值。

(6)当场地面积不大时,则尽量布设成全面方格网;当面积较大时,应分两级布网,首级可布设成"十"字形、"口"字形或"田"字形的建筑主轴线,然后加密二级方格网。

(7)最好是高程控制点与平面控制点共用同一标石。

(8)施工控制网应具有唯一的起始方向。当测定好主轴线或长轴线后,往往作为施工平面控制网的起始方向,在控制网加密或建筑物定位时,不再利用测量控制点来定向。否则将会使建筑物产生不同位移和偏差,影响工程质量。

2. 建筑方格网测设

建筑方格网测设时,一般先测设出方格网的主轴线,再全面扩展成方格网。当场地面积较大时,须分级测设,即先测设"十"字形、"口"字形或"田"字形的主轴线,然后进行加密。

1)主轴线测设

主轴线的定位是根据测量控制点来测设的。

主轴线放样时,一般应放样出长轴线,然后根据长轴线,放样与长轴线垂直的短轴线点。长轴线放样方法很多,如极坐标法、前方交会法等,如图 7-9 所示。

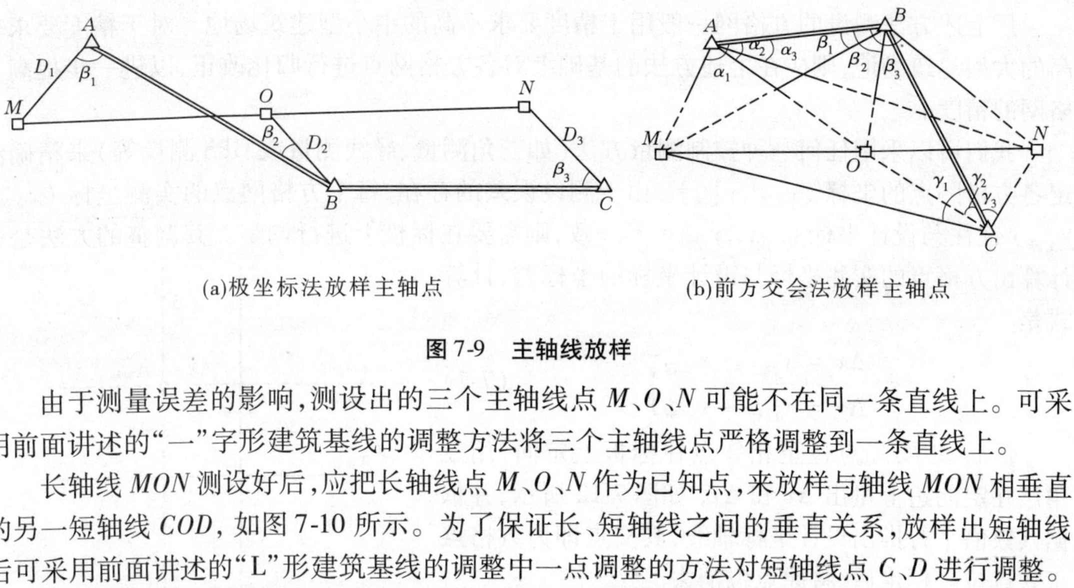

(a)极坐标法放样主轴点 (b)前方交会法放样主轴点

图 7-9 主轴线放样

由于测量误差的影响,测设出的三个主轴线点 M、O、N 可能不在同一条直线上。可采用前面讲述的"一"字形建筑基线的调整方法将三个主轴线点严格调整到一条直线上。

长轴线 MON 测设好后,应把长轴线点 M、O、N 作为已知点,来放样与轴线 MON 相垂直的另一短轴线 COD,如图 7-10 所示。为了保证长、短轴线之间的垂直关系,放样出短轴线后可采用前面讲述的"L"形建筑基线的调整中一点调整的方法对短轴线点 C、D 进行调整。

主轴线初步测设完毕后,应用高精度的测距仪或全站仪精确测定主轴线上各点间长度,并按设计距离调整,最后确定各主方格点的点位。

主轴线点标定时,按照建筑方格网点制作方法埋设混凝土桩,在其顶部设置一块 10 cm × 10 cm 的钢板,并把调整后的主轴线点位在标板上精确标定。最好在钢板上钻一个直径为 1 ~2 mm 的小孔,通过中心画一十字线。小孔周围用红漆画一个圆圈,使点位醒目。

2)建筑方格网的详细测设

在主轴线测定以后,即可详细测设方格网。在主轴线的四个端点 M、N、C、D 上分别安置经纬仪,每次都以 O 点为起始方向,分别向左、右测设 90°角。这样,就交会出方格网的四

个角点 C_1、C_4、D_1、D_4，如图 7-11 所示。

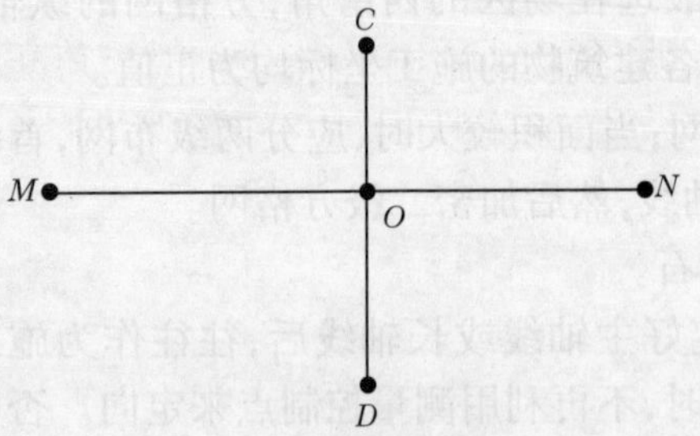

图 7-10　方格网短轴线测设

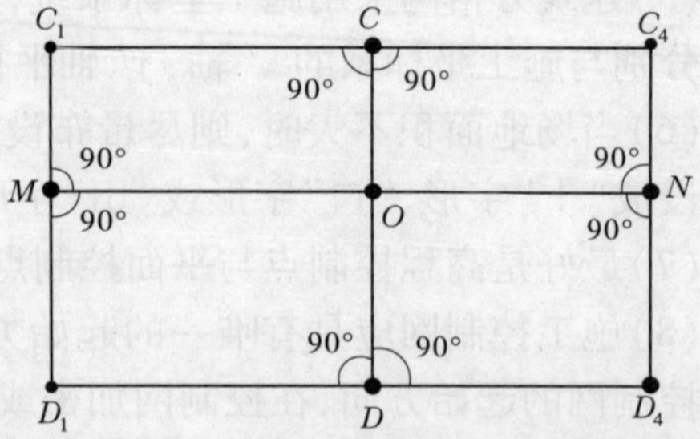

图 7-11　方格网"田"字形基本方格网点测设

为了进行检核，还要量出 C_1C、C_4C、C_4N、D_4N、D_4D、D_1D、D_1M 和 C_1M 各段的距离。如果量测的距离值不等于设计距离，说明角度交会出的点位存在误差，则可采用前面讲述的"L"形建筑基线的调整中调整角点的方法对四个角点进行调整，并同样用混凝土桩标定点位。

以上述构成"田"字形的基本方格网点为基础，即可加密测设出设计格网中的所有方格网点，形成如图 7-8 所示的建筑方格网。

3）建筑方格网的归化改正

用上述方法测设的方格网一般用于精度要求不高的中小型建筑场地。对于精度要求较高的大型建筑场地，则应在上述方法的基础上对各方格网点进行归化改正，以进一步提高方格网的精度。

我们可以采用任何一种控制测量方法（如三角测量、导线测量或 GPS 测量等）来精确测定各方格网点的坐标 $(x_{实测}, y_{实测})$。由于测设误差的存在，每个方格网点的实测坐标 $(x_{实测}, y_{实测})$ 往往与设计坐标 $(x_{设计}, y_{设计})$ 不一致，则需要在标桩上进行调整。其调整的方法是先计算出方格点的实测坐标与设计坐标的坐标差，计算式是

$$\left.\begin{aligned}\Delta x &= x_{设计} - x_{实测}\\ \Delta y &= y_{设计} - y_{实测}\end{aligned}\right\} \tag{7-7}$$

然后，以实际点位至相邻点在标板上定向，用三角尺在定向边上量出 Δx 和 Δy，如图 7-12 所示，并依据其数值平行推出设计坐标轴线，其交点即为方格点正式点位。标定后，将原点位消去。

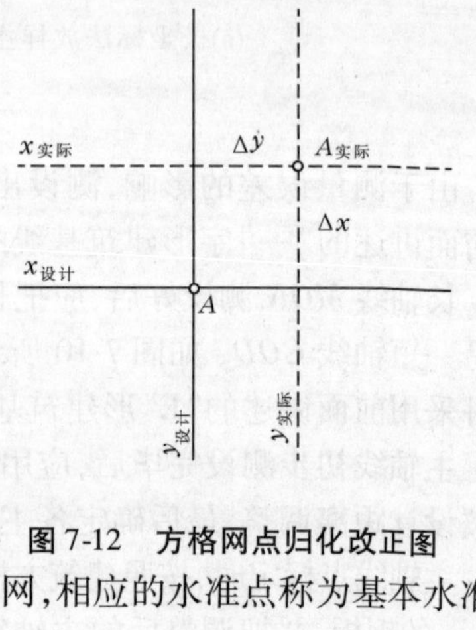

图 7-12　方格网点归化改正图

三、施工高程控制网

高程控制网一般分级布设，即首级控制网和加密控制网，相应的水准点称为基本水准点和施工水准点。

首级控制一般采用三等水准测量施测，其位置应该在不受施工影响、无振动、便于施测和永久保存的地方，通常应埋设成永久性水准标石，间距为 500 ~ 1 000 m，凡重要建筑物附近均应设点，整个场地内形成一环或多环的闭合水准网，以控制整个场地。

加密控制一般按四等水准施测，点间距不大于 200 m，以保证建筑物各个高度上都有临

时水准点,且放样时安置一次仪器即可将待放点高程测设出来,其点位标志可与方格网点共用同一个标石。

此外,为了施工放样的方便,在每栋较大建筑物附近还要测设 ±0.000 水准点(其高程等于该建筑物的地坪设计标高),其位置多选在较稳定的墙、柱侧面上,用红漆绘成上顶为水平线的倒三角(▼$^{\pm 0.000}$)。

第二节 民用建筑施工测量

民用建筑是指住宅、医院、办公楼和学校等,民用建筑工地测量就是按照设计要求,配合施工进展,将民用建筑的平面位置和高程测设出来。民用建筑的类型、结构和层数各不相同,因而施工测量的方法和精度要求也有所不同,但施工测量的过程基本一样,主要包括建筑物定位、细部轴线放样、基础施工测量和主体施工测量等。

一、施工测量前的准备工作

(一)熟悉图纸

设计图纸是施工测量的主要依据,测设前应充分熟悉各种有关的设计图纸,以便了解建筑物与相邻地物的相互关系,以及建筑物本身的内部尺寸关系,准确无误地获取测设工作中所需要的各种定位数据。与测设工作有关的设计图纸主要有:

(1)建筑总平面图。建筑总平面图给出了建筑场地上所有建筑物和道路的平面位置及其主要点的坐标,标出相邻建筑物之间的尺寸关系,注明各栋建筑物室内地坪高程,是测设建筑物总体位置和高程的重要依据。

(2)建筑平面图。建筑平面图标明了建筑物首层、标准层等各楼层的总尺寸,以及楼层内部各轴线之间的尺寸关系。它是测设建筑物细部轴线的依据,要注意其尺寸是否与建筑总平面图的尺寸相符。

(3)基础平面图及基础详图。基础平面图及基础详图标明了基础形式、基础平面布置、基础中心或中线的位置、基础边线与定位轴线之间的尺寸关系、基础横断面的形状和大小以及基础不同部位的设计标高等,它是测设基槽(坑)开挖边线和开挖深度的依据,也是基础定位及细部放样的依据。

(4)立面图和剖面图。立面图和剖面图标明了室内地坪、门窗、楼梯平台、楼板、屋面及屋架等的设计高程,这些高程通常是以 ±0.000 标高为起算点的相对高程,它是测设建筑物各部位高程的依据。

在熟悉图纸的过程中,应仔细核对各种图纸上相同部位的尺寸是否一致,同一图纸上总尺寸与各有关部位尺寸之和是否一致,以免发生错误。

(二)现场踏勘

为了解施工现场上地物、地貌以及现有测量控制点的分布情况,应进行现场踏勘,以便根据实际情况考虑测设方案。

(三)施工场地整理

平整和清理施工场地,以便进行测设工作。

(四)确定测设方案和准备测设数据

在熟悉设计图纸、掌握施工计划和施工进度的基础上,结合现场条件和实际情况,拟订测设方案。测设方案包括测设方法、测设步骤、采用的仪器工具、精度要求、时间安排等。在每次现场测设之前,应根据设计图纸和测量控制点的分布情况,准备好相应的测设数据并对数据进行检核,需要时还可绘出测设略图,把测设数据标注在略图上,使现场测设时更方便快速,并减少出错的可能。

二、建筑物的定位

建筑物的定位,就是把建筑物外廓各轴线交点测设在地面上,然后根据这些点进行细部放样。如现场已有建筑方格网或建筑基线,可直接采用直角坐标法进行定位,也可以根据已有建筑物进行定位。

(一)根据已有建筑物定位

在原有建筑群内新增建筑物时,一般设计图上都是绘出新建筑物和附近原有建筑物的相互关系,如图 7-13 所示。图中画有斜线的为原有建筑物,粗虚线区域均为设计建筑物。

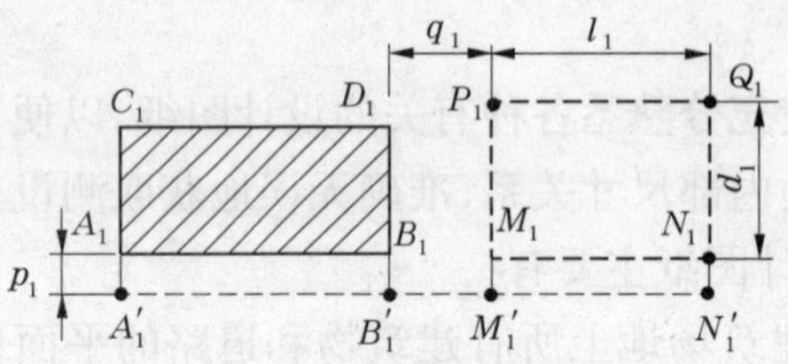

(a)延长直线法

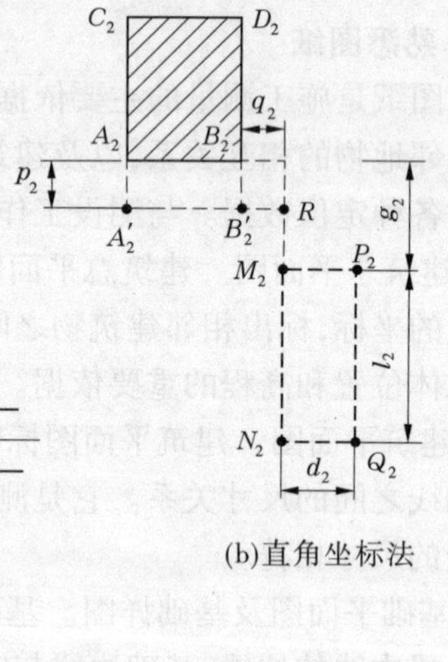

(b)直角坐标法

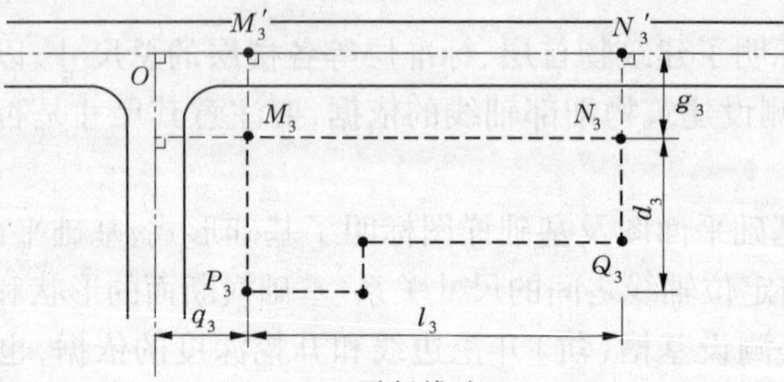

(c)平行线法

图 7-13　根据现有建筑物测设建筑物轴线

图 7-13(a)中的 M_1N_1 轴线应在 A_1B_1 的延长线上,应先作边 A_1B_1 的平行线 $A_1'B_1'$。为此,首先将 C_1A_1 和 D_1B_1 外延距离 p_1 至 $A_1'B_1'$,在 $A_1'B_1'$ 延长线上根据设计所给的 B_1M_1、M_1N_1 尺寸 q_1、l_1,用钢尺量距,依次得到 M_1' 和 N_1' 点。再安置仪器于 M_1' 和 N_1' 点,在垂直于 $M_1'N_1'$ 的方向上量距 p_1,从而得到轴线 M_1N_1。从 M_1 和 N_1 点量距 d_1 得到 P_1、Q_1 点。

如图 7-13 (b)所示的 $M_2N_2Q_2P_2$ 建筑物可用直角坐标法测出。

如图 7-13(c)所示,拟建建筑物的主轴线平行于已有道路中心线,则先找出道路中心线,然后用经纬仪测设垂线和量距,即可得建筑物轴线。

用以上几种方法测设出设计建筑物后,均要实地量测两对边是否相等,对角线是否相等,以作校核。

(二)根据建筑方格网定位

若施工场地内已有建筑方格网,可根据建筑物和附近方格网点的坐标,用直角坐标法进行测设。

如表 7-1 和图 7-14 所示,测设建筑物 *ABCD* 时,先在 6—2 点安置经纬仪照准 8—2 点,在视线上自 6—2 点量取至 *A′* 点的横坐标差[430.00 - 395.00 = 35.00(m)]得 *A′*,在视线上自 *A′* 点量取建筑物长[478.24 - 430.00 = 48.24(m)]得 *B′* 点,然后在 *A′* 上设站,后视 8—2 点,反拨直角得 *A′A* 方向,并于视线上量取距离 *AA′*(25.00 m)即得 *A* 点,由 *A* 再量取建筑宽度 *AD*(10.24 m)即得 *D* 点,同法可定出 *B*、*C* 点。为了校核,应实测 *AB*、*CD* 的长度,检查对角线是否一致或检查 ∠*C*、∠*D* 是否等于 90°。

表 7-1　建筑物四角坐标数据

点名	横坐标 y(m)	纵坐标 x(m)	点名	横坐标 y(m)	纵坐标 x(m)
A	430.00	225.00	*C*	430.00	235.24
B	478.24	225.00	*D*	478.24	235.24

(三)根据测量控制点定位

在山区多根据场地附近的导线点、三角点或原测图控制点,用极坐标法或角度交会法测设建筑物位置。如图 7-15 所示,三角点 *M*、*N*、*E* 的坐标已知,建筑物 *ABCD* 各点设计坐标也已设计出来,通过坐标反算求得交会角度或距离后,即可进行建筑物现场定位。

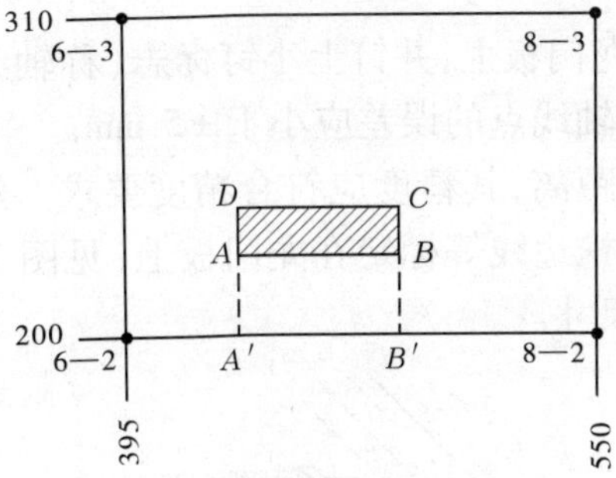

图 7-14　根据建筑方格网定位

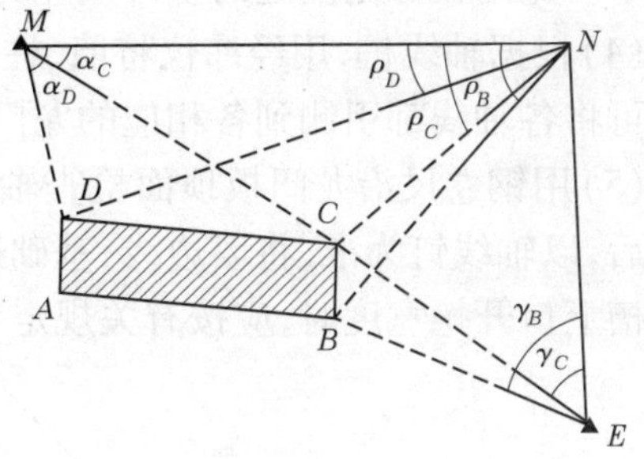

图 7-15　根据测量控制点定位

三、建筑物放线

建筑物定位以后,即可详细测设出建筑物各轴线的交点位置,并以桩顶钉一小钉的木桩作为标志(称为中心桩),测设后检查房屋轴线距离,其误差不得超过 1/2 000。最后根据中心轴线,用石灰在地面上撒出基槽开挖边界线。如图 7-16 所示。

由于基槽开挖后,角桩和中心桩会被挖掉,为了便于在施工中恢复各轴线位置,应把各轴线延长到槽外安全地点,并做标志,其方法有设置龙门板和轴线控制桩两种形式。

(一)设置龙门板

在一般民用建筑中,常在基槽开挖线外一定距离处钉设龙门板,步骤如下:

(1)在建筑物四角和中间定位轴线的基槽开挖线外 1.5 ~ 3 m 处(根据土质和槽深而定)设置龙门桩,桩要钉得竖直、牢固,桩外侧面应与基槽平行。

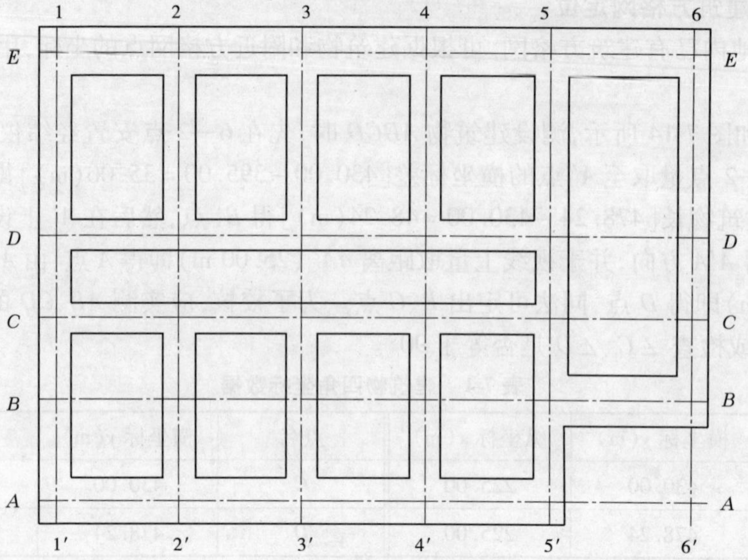

图 7-16　建筑物放线

(2)根据场地内的水准点,在每个龙门桩上测设 ±0.000 m 标高线,在现场条件不许可时,也可测设比 ±0.000 m 高或低一定数值的标高线。

(3)沿龙门桩上测设的同一标高线钉设龙门板,这样,龙门板的顶面标高就在一个水平面上了。龙门板标高测定的容许误差为 ±5 mm。

(4)根据轴线桩,用经纬仪将墙、柱的轴线投到龙门板上,并钉上小钉标志(称轴线钉)。同法可将各轴线都引测到各相应的龙门板上。引测轴线点的误差应小于 ±5 mm。

(5)用钢卷尺沿龙门板顶面检查轴线钉之间的距离,其精度应符合精度要求。经检核合格后,以轴线钉为准,将墙边线、基础边线、基槽开挖边线等标定在龙门板上(见图 7-17)。标定槽上口开挖宽度时,应按有关规定考虑放坡的尺寸。

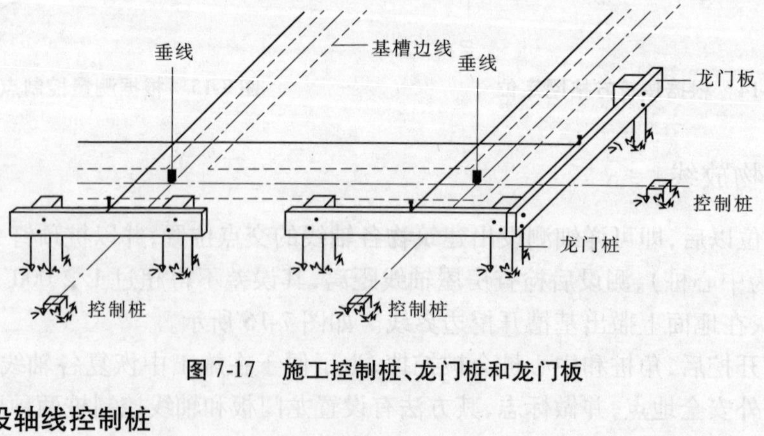

图 7-17　施工控制桩、龙门桩和龙门板

(二)测设轴线控制桩

由于龙门板需要较多木料,而且占用场地,使用机械挖槽时龙门板更不易保存。因此,目前常用在基槽外各轴线的延长线上测设轴线控制桩(又称引桩)的方法来代替龙门桩,作为开槽后各阶段施工中确定轴线位置的依据,如图 7-18 所示。即使采用龙门板,为了防止被碰动,也应测设轴线控制桩。在多层建筑施工中,为便于向上投测轴线,应在较远的地方

测定，如附近有固定建筑物，最好把轴线投测至建筑物上。引桩一般应钉在基槽开挖边线外2～4 m的地方，防止破坏。

中、小型建筑物轴线控制桩测设时，将经纬仪安置在角桩上，以另一角桩定向，沿视线方向用钢尺向基槽外侧量取2～4 m，打下木桩，桩顶钉上小钉，准确标志出轴线位置，并用混凝土包裹木桩即可。

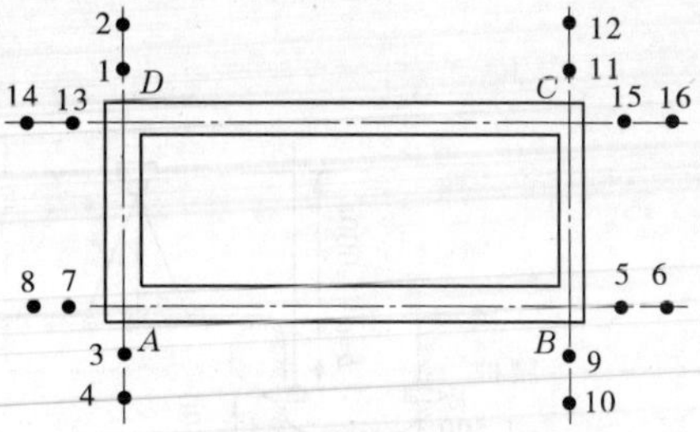

图 7-18 轴线控制桩设置示意图

大型建筑物放线时，为了确保轴线控制桩的精度，通常是在基础的开挖线以外4 m左右，测设一个与房屋外墙轴线平行的矩形控制网，作为房屋定位和细部放线的依据。

四、基础施工测量

基础开挖前，要根据龙门板或轴线控制桩的轴线位置和基础宽度，并顾及放坡尺寸，在地面上用白灰撒出基础的开挖边界线，施工时按此线进行开挖。

（一）基槽及基坑抄平

为了控制基槽开挖深度，在即将挖到槽底设计标高时，用水准仪在槽壁上测设一些水平的小木桩，使木桩上表面离槽底设计标高为一固定值（如0.5 m），用以控制挖槽深度，这些小木桩称为腰桩（见图7-19）。为了施工时使用方便，一般在槽壁各拐角处和槽壁每隔3～4 m处均测设一个腰桩，必要时，可沿腰桩的上表面拉上白线绳，作为清理槽底和打基础垫层时掌握标高的依据。腰桩高程测设的允许误差为±10 mm。

在建筑施工中，将高程测设称为抄平。

基槽开挖完成后，应根据控制桩或龙门桩，复核基槽宽度和槽底标高，合格后方可进行垫层施工。

（二）垫层和基础放样

基槽或基坑开挖完成后，应利用腰桩在基槽或基坑底部设置垫层标高桩，使桩顶顶面高程等于垫层设计高程，作为垫层施工的依据。

基础垫层打好后，根据龙门板上的轴线钉或轴线控制桩，用经纬仪或用拉绳挂垂球的方法，把轴线投测到垫层上，并用墨线弹出墙中心线和基础边线，以便砌筑基础，如图7-20所示。由于整个墙身砌筑均以此线为准，这是确定建筑物位置的关键环节，所以严格校核后方可进行砌筑施工。

（三）基础墙标高控制

房屋基础（±0.000以下的砖墙）的高度是利用基础皮数杆来控制的。基础皮数杆是一根木制的杆子（如图7-21所示），在杆上事先按照设计尺寸，将砖、灰缝厚度画出线条，并标明±0.000和防潮层等的标高位置。立皮数杆时，可先在立杆处打一木桩，用水准仪在木桩侧面定出一条高于垫层标高某一数值（如100 mm）的水平线，然后将皮数杆上标高相同的一条线与木桩上的水平线对齐，并用大铁钉把皮数杆与木桩钉在一起，作为基础墙的标高依据。

基础施工结束后，应检查基础面的标高是否符合设计要求（也可检查防潮层）。可用水准仪测出基础面上若干点的高程和设计高程比较，允许误差为±10 mm。

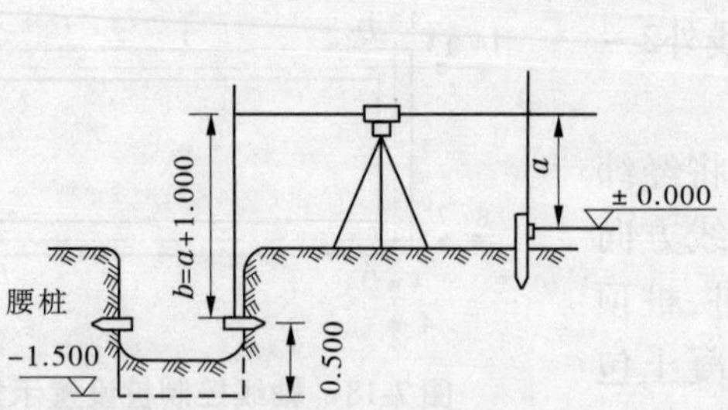

图7-19 基槽及基坑腰桩设置原理 (单位:m)

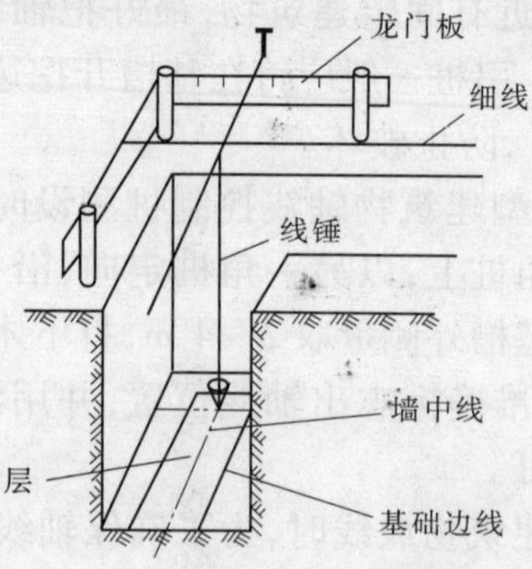

图7-20 投测墙中心线和基础边线

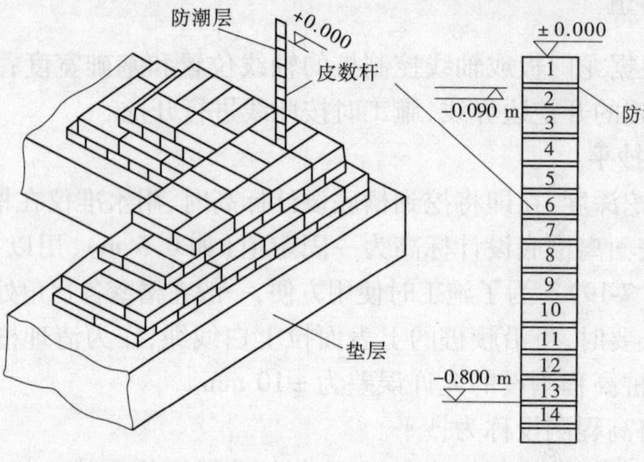

图7-21 皮数杆

五、墙体施工测量

当基础墙砌筑到±0.000标高下一层砖时,应将轴线投测到基础面或防潮层上,然后用墨线弹出墙中线和墙边线。检查外墙轴线交角是否等于90°,符合要求后,把墙轴线延伸并画在外墙基上(见图7-22),作为向上投测轴线的依据。同时,把门、窗和其他洞口的边线也在外墙基础立面上画出。

建筑物墙体施工时,其测量工作主要包括轴线投测和高程控制。

(一)轴线投测

在多层建筑墙身砌筑过程中,为了保证建筑物轴线位置正确,应把轴线投测到各层楼板边缘或柱顶上。当各轴线投到楼板上后,应用钢尺实量其间距作为校核。校核合格后,方可开始该层施工。常用轴线投测方法如下。

1. 吊垂球法投测

用较重的垂球悬吊在楼板或柱顶边缘,当垂球尖对准基础墙面上的轴线标志时,线在楼板或柱边缘的位置即为楼层轴线端点位置,并画出标志线。同法投测各轴线端点。经检测各轴线间距符合要求后即可继续施工。这种方法简便易行,一般能保证施工质量,但若测量时风力较大或建筑物较高,投测误差较大,应采用经纬仪投测法。

2. 经纬仪投测法

如图 7-23 所示,向上投测轴线时,将经纬仪设置在引桩 A 上,严格对中整平,照准基础侧壁上的轴线标志 C_1,然后用正倒镜分中法把轴线投测到所需的楼面上,正、倒镜所投的中点即为投测轴线的一个端点 C_1'。

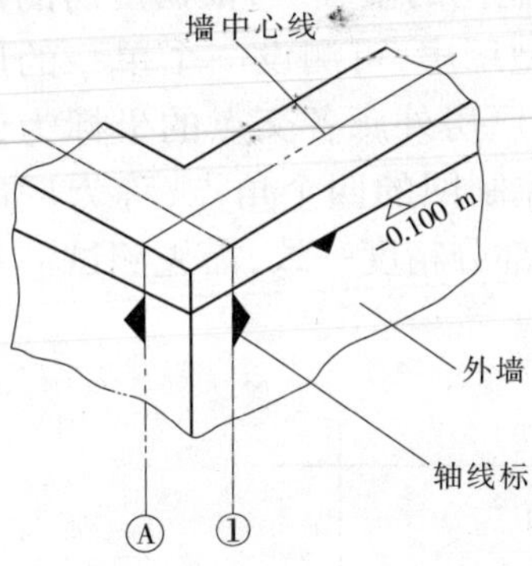

图 7-22 基础墙轴线引测

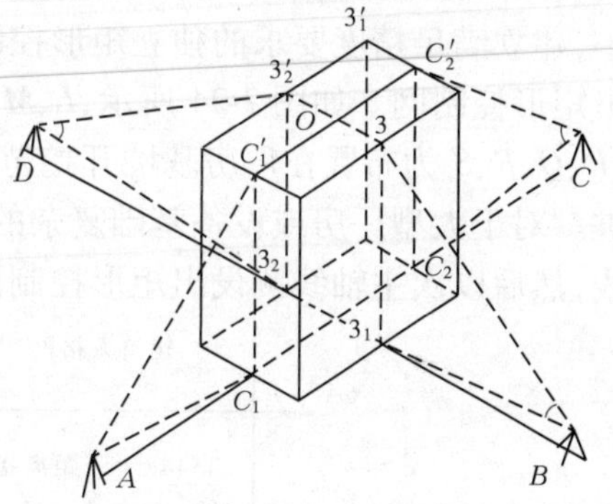

图 7-23 经纬仪轴线投测

同法分别在引桩 B、C、D 上安置经纬仪,分别投测出 3_2、C_2'、$3_1'$ 点。连接轴线上的 $C_1'C_2'$ 和 $3_2'3_1'$,即得到楼面上相互垂直的两条中心轴线,根据这两条轴线,用平行推移的方法确定出其他各轴线,并弹上墨线。

当楼高超过 10 层时,为避免投测时仰角过大而影响测设精度,须把轴线再延长,在距建筑物更远处或附近大楼屋面上,重新建立引桩。其轴线传递的方法与上述相同。

为保证测量精度,投测前应严格检查仪器,特别是仪器的管水准器轴与竖轴、横轴与竖轴要严格垂直。仪器应尽量安置在轴线的延长线上,观测仰角不大于 45°。为避免日照、风力的影响,应选择在无风、阴天或早晨进行测设。

(二)高程控制

1. 皮数杆传递高程

在墙体施工中,墙身各部位高程通常也用皮数杆控制。在墙身皮数杆上根据设计尺寸按砖、灰缝厚度画出线条,并标明 ±0.000、门、窗、楼板等的标高位置。墙身皮数杆的设立与基础皮数杆相同。一层楼砌好后,则从一层皮数杆起,一层一层往上推。框架结构的民用建筑,墙体砌筑是在框架施工后进行的,故可在柱面上画线,代替皮数杆。

2. 钢尺丈量法

当精度要求较高时,可用钢尺沿结构外墙、边柱、楼梯间等自 ±0.000 起向上直接丈量至楼板外侧。

第三节 工业建筑施工测量

工业建筑物中以厂房为主,一般工业厂房多采用预制构件,在现场装配的方法施工,厂房的预制构件有柱子、吊车梁和屋架等。因此,工业建筑施工测量的主要工作是保证这些预制构件安装到位。

一、厂房控制网的测设

(一)制订厂房矩形控制网的测设方案

工业厂房测设的精度要求高于民用建筑,而厂区原有的测图控制点的密度和精度往往不能满足厂房测设的要求,因此对于每个厂房还应在原有控制网的基础上,根据厂房的规模大小,建立满足精度要求的独立矩形控制网。对一般中、小型厂房,可测设一个单一的厂房施工矩形控制网。如图7-24所示,L、M、N为建筑方格网点,厂房外廊各交点的坐标为设计值,P、Q、R、S为布置在厂房基坑开挖范围以外的厂房矩形控制网的四个角点,称为厂房控制桩。对于大型厂房或设备基础复杂的厂房,为保证厂房各部分精度一致,需先测试一条主轴线,然后以次主轴线测设出矩形控制网。

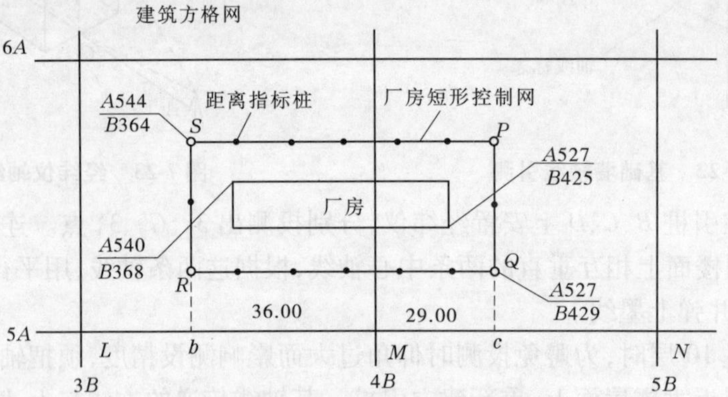

图7-24　经纬仪轴线投测

厂房矩形控制网的测设方案,通常是根据厂区的总平面图、厂区控制网、厂房施工图和现场地形等资料来指定的。其主要内容为确定主轴线位置、矩形控制网位置、矩形离指标桩的点位、测试方法和精确要求。在确定顶主轴线点及矩形控制网位置时,要考虑到控制点能长期保存,应避开地上管线和地下管线,位置应距厂房基础开挖边线以外1.5~4 m,距离指标桩即沿厂房控制网各边每隔若干柱间距埋设一个控制桩,故其间距一般为厂房柱距的倍数,但不要超过所用钢尺的整尺长。

(二)绘制测设略图

根据厂区的总平面图、厂区控制网、厂房施工图等资料,按一定比例绘制测设略图,如图7-24所示,为测设工作做好准备。

(三)计算测设数据

根据厂房控制桩S、P、Q、R的坐标,计算利用直角坐标法进行测设时所需要的测设数据,计算结果标注于图7-24上。

(四)厂房矩形控制网的测设

厂房矩形控制网应布置在基坑开挖范围线以外1.5~4 m处,其边线与厂房主轴线平行,除控制桩外,在控制网各边每隔若干柱间距埋设一个距离控制桩,其间距一般为厂房柱距的倍数,但不要超过所用钢尺的整尺长。

厂房矩形控制网的测设方法,如图7-24所示,将经纬仪安置在建筑方格网点M上,分别精确照准L、N点,自M点沿视线方向分别量取$Mb=36.00$ m和$Mc=29.00$ m,定出b、c两点。然后,将经纬仪分别安置于 b、c 两点上,用测设直角的方法分别测出 bS、cP 方向线,沿 bS 方向测设出 R、S 两点,沿 cP 方向测设出 Q、P 两点,分别在 P、Q、R、S 四点上钉立木桩,做好标志。

(五)检查

最后检查控制桩 P、Q、R、S 各点和直角是否符合精度要求,一般情况下,其误差不应超过 ±10′,各边长度相对误差不应超过 1/25 000 ~ 1/10 000。然后,在控制网各边上按一定距离测设距离指示桩,以便对厂房进行细部放样。

二、厂房柱列轴线放样与柱基测设

(一)厂房柱列轴线放样

根据柱列中心线与矩形控制网的尺寸关系,从最近的距离指标桩量起,把柱列中心线一一测设在矩形控制网的边线上,并打下大木桩,以小钉表明点位,作为轴线控制桩,用于放样柱基。如图 7-25 所示。柱基测设时,应注意定位轴线不一定都是基础中心线。

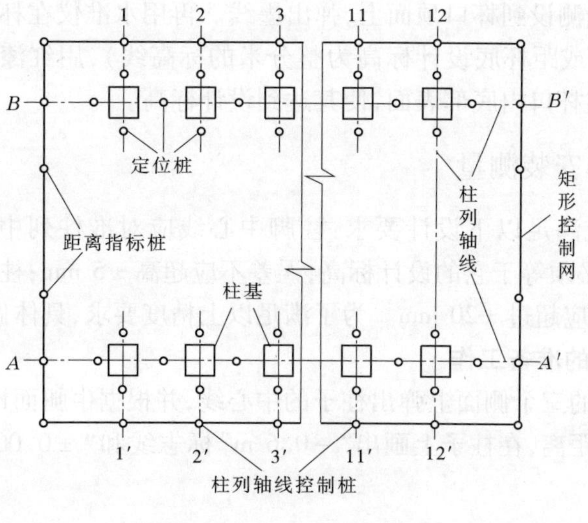

图 7-25 柱列轴线放样

(二)基坑开挖边界线放样

用两架经纬仪安置在两条相互垂直的柱列轴线的轴线控制桩上,沿轴线方向交会出每一个柱基中心的位置。在柱列中心线方向上,离柱基开挖边界线 0.5 ~ 1 m 以外处各打四个定位小木桩,上面钉上小钉标明,作为中心线标志,供基坑开挖和立模之用,如图 7-25 所示。

按柱基平面图和大样图所注尺寸,顾及基坑放坡宽度,放出基坑开挖边界,用白灰线标明基坑开挖范围。

(三)基坑的高程测设

当基坑挖到一定深度时,要在基坑四壁距坑底设计高程 0.3 ~ 0.5 m 处设置几个水平桩(腰桩)作为基坑修坡和清底的高程依据。此外,还应在基坑内测设垫层的标高,即在坑底设置小木桩,使桩顶高程恰好等于垫层的设计高程,如图 7-26(a)所示。

(四)基础模板定位

打好垫层后,根据坑边定位小木桩,用拉线的方法,吊垂球把柱基定位线投到垫层上,如

图7-26(b)所示。用墨斗弹出墨线,用红漆画出标记,作为柱基立模板和布置钢筋的依据。立模板时,将模板底线对准垫层上的定位线,并用垂球检查模板是否竖直,最后将柱基顶面设计标高测设在模板内壁。

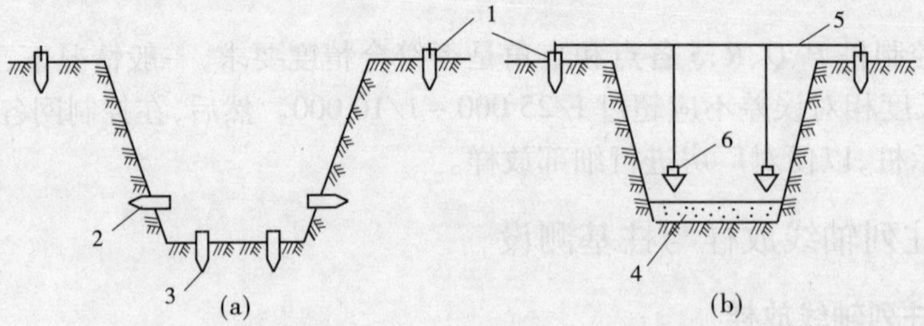

1—柱基定位小木桩;2—腰桩;3—垫层标高桩;4—垫层;5—钢丝;6—垂球

图7-26 基础模板定位

拆模以后柱子杯形基础的形状如图7-27所示。根据柱列轴线控制桩,用经纬仪正倒镜分中法,把柱列中心线测设到杯口顶面上,弹出墨线。再用水准仪在杯口内壁四周各测设一个 -0.6 m 的标高线(或距杯底设计标高为整分米的标高线),用红漆画出"▼"标志,注明其标高数字,用以修整杯口内底部表面,使其达到设计标高。

三、厂房柱子的安装测量

柱子安装之后,应满足以下设计要求:柱脚中心线应对准柱列中心线,偏差不应超过 ±5 mm;牛腿面标高必须等于它的设计标高,误差不应超高 ±5 mm;柱子全高竖向允许偏差不应超高 1‰,最大不应超过 ±20 mm。为了满足以上精度要求,具体做法如下。

(一)柱子安装前的准备工作

在预制好的柱子的三个侧面上弹出柱子的中心线,并根据牛腿面设计标高,利用钢尺从牛腿面起向柱底丈量距离,在柱子上画出"-0.6 m"标志线和"±0.000"标高线,如图7-28所示。

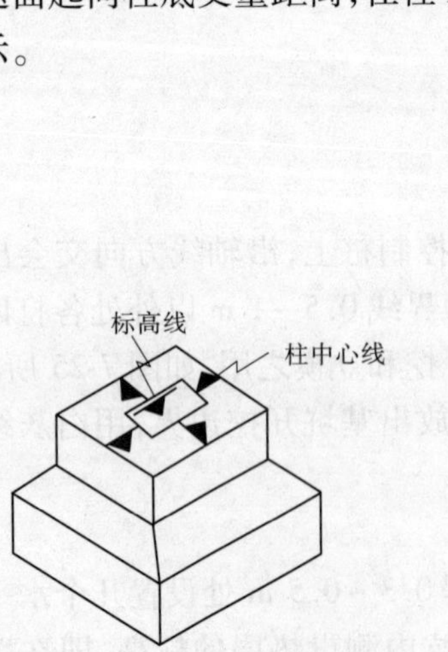

图7-27 杯口定位线和柱中心线

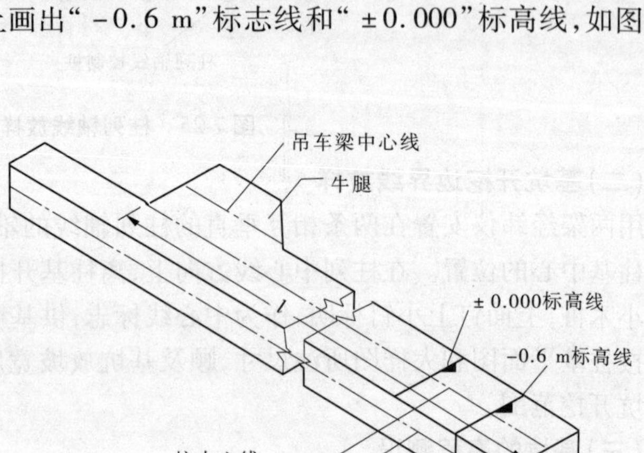

图7-28 在预制的厂房柱子上弹线

安装时,当柱子上的"-0.6 m"标高线与杯口内壁的"-0.6 m"标高线重合时,就能恰好保证牛腿面的标高等于设计标高。

为了达到上述目的,实际工作中往往在柱子上量出“-0.6 m”标高线至柱子底部的实际长度 d_1,同时量出杯口内壁“-0.6 m”标高线至杯底的实际长度 d_2,将两者进行比较,即可确定杯底的找平厚度或垫板厚度 h,如图7-29所示。

$$h = d_2 - d_1 \tag{7-8}$$

用水泥砂浆根据找平厚度进行杯底修平后,用水准仪进行测量,杯底平整误差应在±3 mm以内。

(二)柱子安装测量

柱子安装时,应保证其平面位置、高程及柱身的垂直度符合设计要求。预制的钢筋混凝土柱子插入杯形基础的杯口后应使柱子三面的中心线与杯口中心线对齐吻合(容许误差为±5 mm),用木楔作临时固定,然后用两台经纬仪安置在距离约1.5倍柱高的纵、横两条轴线附近,同时进行柱身的垂直校正。

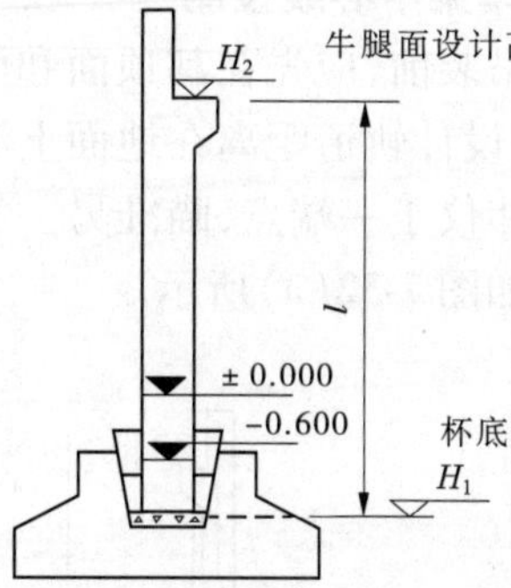

图7-29 柱长检查和杯底找平 (单位:m)

用经纬仪进行柱子竖直校正是利用置平后的经纬仪视准轴上、下转动成一竖直平面的特点。具体做法如下:先用竖丝瞄准柱子根部的中心线,制动照准部,缓缓抬高望远镜,观测柱子中心线是否偏离竖丝的方向;如有偏差,应指挥安装人员调节缆绳或用千斤顶进行调整,直至从两台经纬仪中都观测到柱子中心线从下到上都与十字丝竖丝重合,如图7-30所示。然后,在杯口与柱子的缝隙中浇入混凝土,以固定柱子的位置。

为了提高安装速度,常先将若干柱子分别吊入杯口内,临时固定,将经纬仪安置在柱列轴线的一侧,夹角最好不超过15°,然后成排进行校正,如图7-31所示。

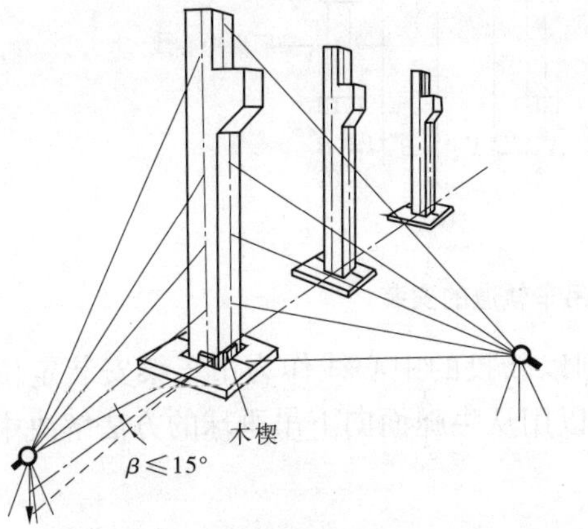

图7-30 校正柱子竖直

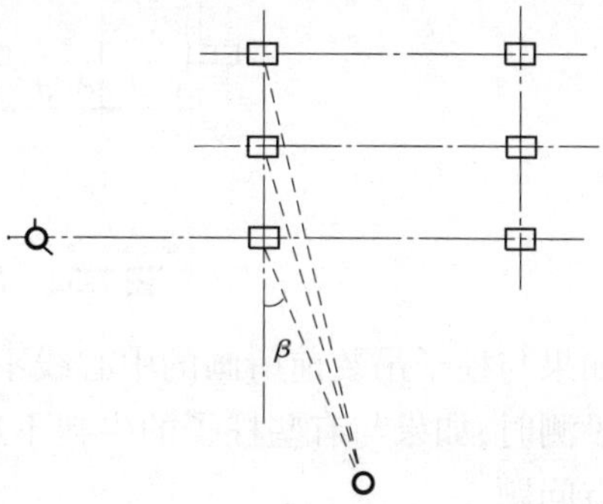

图7-31 成排校正柱子竖直

校正柱子用的经纬仪应在使用前进行各轴系的检验校正。安置经纬仪时,应用管水准气泡严格整平,因为经纬仪的轴系误差以及纵轴的不铅垂,都会使视准轴上下转动时不成为一个竖直平面,从而在校正柱子时影响其垂直度。

柱子竖直校正后,还要检查一下牛腿面的标高是否正确,方法是用水准仪检测柱身下部

±0.000 标高线的标高,其误差即为牛腿面标高的误差,此误差作为修平牛腿面或加垫块的依据。

四、吊车梁安装测量

预制混凝土吊车梁安装时应满足以下设计要求:梁顶标高应与设计标高一致;梁的上、下中心线应和吊车轨道的设计中心线在同一竖直面内。

(一)吊车梁中心线投测

吊车梁吊装前,应先在其顶面和两个端面弹出吊车梁中心线。利用厂房中心线和柱列中心线,根据设计轨道距离在地面上测设出吊车梁中心线,并在中心线两端打木桩标志。

安置经纬仪于一端点,瞄准另一端点,抬高望远镜,将吊车梁中心线投到每个柱子的牛腿面边上。如图 7-32(a)所示。

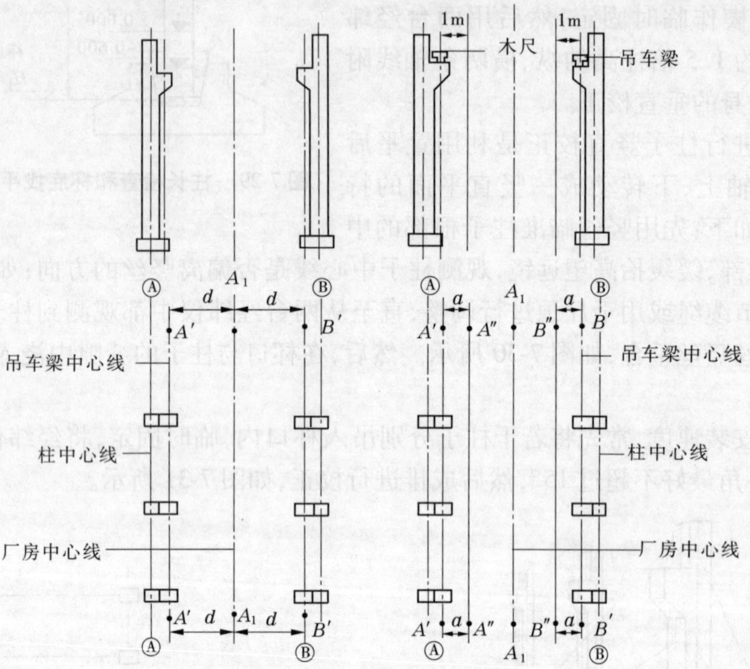

图 7-32　吊车梁和吊车轨道的安装

如果与柱子吊装前所画的中心线不一致,则以新投的中心线作为吊车梁安装定位的依据。投测时,如果与有些柱子的牛腿不通视,可以用从牛腿面向下吊垂球的方法解决中心线的投点问题。

(二)吊车梁安装时的竖直校正

第一根吊车梁就位时,用经纬仪或垂球线校直,以后各根就位,可根据前一根的中线用直接对齐法进行校正。

(三)吊车轨道安装测量

当吊车梁安装以后,再用经纬仪从地面把吊车梁中心线(吊车轨道中心线)投到吊车梁顶上,如果与原来画的梁顶几何中心线不一致,则按新投的点用墨线重新弹出吊车梁中心线为安装轨道的依据。

由于安置在地面柱列中心线上的经纬仪不可能与吊车梁顶面通视，因此一般采用中心线平移法。如图7-32(b)所示，在地面上平行于A'—A'轴线、间距为1 m处测设A''—A''轴线。然后安置经纬仪于A''—A''轴线一端，瞄准另一端进行定向。抬高望远镜，使从吊车梁顶面伸出的长度为1 m的直尺端正好与望远镜竖丝重合，则直尺的另一端即为吊车轨道中心线上的点。

然后用钢尺检查同跨两中心线之间的跨距l，与其设计跨距之差不得大于10 mm。经过调整后，用经纬仪将中心线方向投到特设的角钢或屋架下弦上，作为安装时用经纬仪校直轨道中心线的依据。

在轨道安装前，应该用水准仪检查梁顶的标高，每隔3 m在放置轨道垫块处测一点，以测得结果与设计数据之差作为加垫块或抹灰的依据。为此，可用水准仪和钢尺沿柱子竖直量距的方法，从附近水准点把高程传递到吊车梁顶上，并设置固定的水准点标志，作为轨顶标高检查和生产期间检修校正的依据。

在轨道安装过程中，根据梁上的水准点，用水准仪按测设已知高程的方法，把轨顶安装在设计标高线上。然后将经纬仪安置在梁顶中心线上，瞄准投在屋架下弦的轨道中心标志进行定向，配合安装进度，进行轨道中心线的校直测量工作。

轨道安装完毕后，应进行一次轨道中心线、跨距和轨顶标高的全面检查，以保证能安全架设和使用吊车。

第四节 高层建筑物放样测量

随着现代化城市建设的发展，高层建筑日增。鉴于高层建筑层数较多，高度较高，施工场地狭窄，且多采用框架结构、滑模施工工艺和先进施工机械，故在施工过程中，对于垂直度、水平度偏差及轴线尺寸偏差都必须严格控制。

一、高层建筑物轴线投测

高层建筑施工测量的主要任务是确保轴线的竖向传递，以控制建筑物的垂直偏差，做到正确地进行各楼层的定位放线。《钢筋混凝土高层建筑建构设计与施工规定》中要求，高层建筑轴线向上投测的竖直偏差值在本层内不超过5 mm，全高不超过楼高的1/1 000，累计偏差不超过20 mm。

为了保证轴线投测的精度，高层建筑一般使用激光铅垂仪、光学垂准仪进行轴线投测。

(一)轴线控制网布设

为了进行轴线投测，首先应根据建筑物外部布设的建筑方格网，在建筑物内部的首层室内地坪上布设一个轴线控制网，形式一般为一个矩形或若干个矩形，以便逐层向上投影，控制各层的细部(墙、柱、电梯井筒、楼梯等)的施工放样。图7-33(a)为一个矩形的轴线控制网，图7-33(b)为主楼和裙房布设有一条轴线相连的两个矩形的轴线控制网。

轴线控制点点位的选择应与建筑物的结构相适应，选择点位的条件如下：

(1)轴线控制网的各边应与建筑轴线相平行。

(2)建筑物内部的细部结构(主要是柱和承重墙)不妨碍控制点之间的通视。

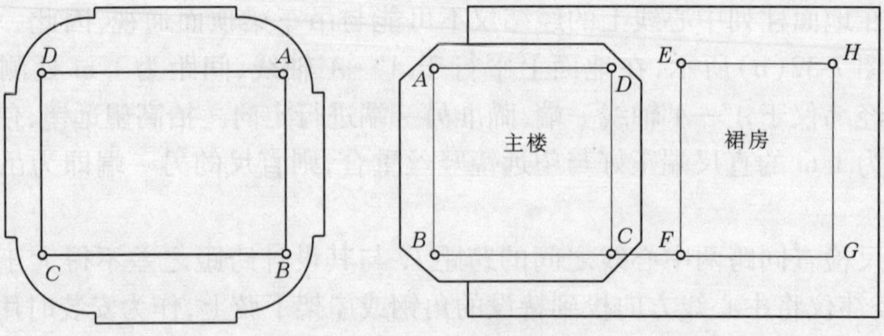

图 7-33 高层建筑物轴线控制网

(3)控制点向上层作垂直投影前,要在各层楼板上预留垂准孔(又称预留孔,面积为300 mm×300 mm),因此通过控制点的铅垂线方向应避开横梁和楼板中的主钢筋。

轴线控制点一般为埋设于地坪层地面混凝土上面的一块小铁板,上面划一十字线,交点上钻一小孔,代表点位中心。控制点在结构和外墙(包括幕墙)施工期间应妥善保护。

轴线控制点之间的距离测量精度不应低于1/10 000,矩形角度测设的误差不应大于±10″。

(二)激光铅垂仪轴线投测

激光铅垂仪是一种供竖直定位的专用仪器,适用于高层建(构)筑物的竖直定位测量。

1. 激光铅垂仪构造与原理

激光铅垂仪基本构造如图7-34所示,主要由氦氖激光器、竖轴、发射望远镜、水准器和基座等部件组成。

激光器通过两组固定螺钉固定在套筒内。仪器的竖轴是一个空心筒轴,两端有螺扣连接望远镜和激光器的套筒,将激光器安装在筒轴的下(或上)端,发射望远镜安装在上(或下)端,即构成向上(或向下)发射的激光铅垂仪。仪器上设置有两个互成90°的水准器,其分划值一般为20″/2 mm。仪器配有专用激光电源,使用时利用激光器底端(全反射棱镜端)所发射的激光束进行对中,通过调节基座整平螺旋,使水准管气泡严格居中,接通激光电源起辉激光器,便可铅直发射激光束。

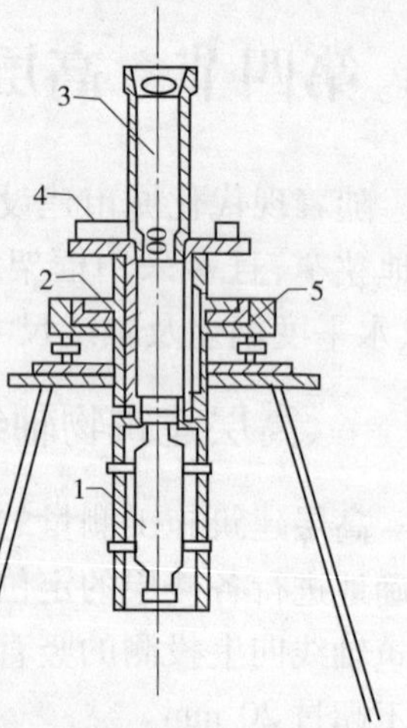

1—氦氖激光器;2—竖轴;
3—发射望远镜;4—水准管;5—基座

图 7-34 激光铅垂仪

2. 利用激光铅垂仪投测轴线

此法投测轴线,精度高,速度快,具有广阔的应用前景。如图7-35所示,将激光铅垂仪安置在底层轴线控制点c_0,进行严格对中,整平接通激光电源、起辉激光器,即可发射出铅直激光基准线,在高层楼板的预留垂准孔上水平放置绘有坐标格网的接收靶c,激光光斑所指示的位置,即为轴线控制点的铅直投影位置。

为保证激光铅垂仪基准线处于铅直状态,测设前应将仪器水平旋转360°,如光点在靶上移动出一个圆,则仪器应进一步调平,直到光点始终指向一点。

将各轴线控制点投测完毕后,还应检验各控制点间的距离、角度是否符合要求。

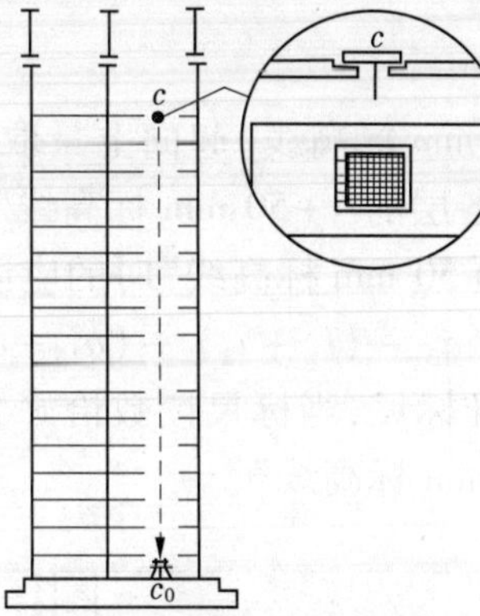

图 7-35 激光铅垂仪投测轴线剖面示意图

如图 7-36 所示，把底层轴线控制点投测到相应楼层后，即可用拉线的方法将轴线控制点连线在楼层地板上弹出。然后根据轴线控制点连线与建筑物轴线之间的距离，测设出投测楼层的建筑轴线。

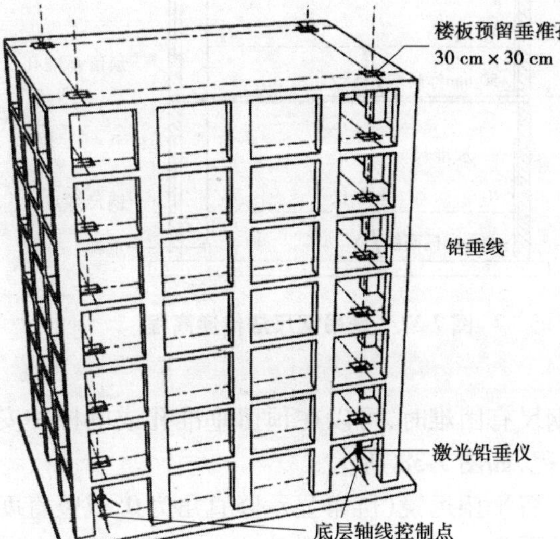

图 7-36 激光铅垂仪投测轴线立体示意图

二、高层建筑的标高传递

在高层建筑施工中，建筑物的标高要由下层传递到上层，以使上层建筑的工程施工标高符合设计要求。常用的标高传递方法有悬吊钢尺法和全站仪天顶测距法。

(一) 高程控制网布设

高层建筑施工的高程控制网为建筑场地内的一组水准点(不少于 3 个)。待建筑物基础和地坪层建造完成后，在墙上或柱上从水准点测设出底层“ + 50mm 标高线”，作为向上各层测设设计高程之用。

(二)标高传递方法

1. 悬吊钢尺法标高传递

如图7-37所示,从底层“+50 mm标高线”起向上量取累积设计层高,即可测设出相应楼层的“+50 mm标高线”。根据各层的“+50 mm标高线”,即可进行各楼层的施工工作。

以第三层为例,放样第三层“+50 mm标高线”时的应读前视为

$$b_3 = a_3 - (l_1 + l_2) + (a_1 - b_1) \tag{7-9}$$

在第三层墙面上上下移动水准标尺,当标尺读数恰好为 b_3 时,沿水准标尺底部在墙面上画线,即可得到第三层的“+50 mm标高线”。

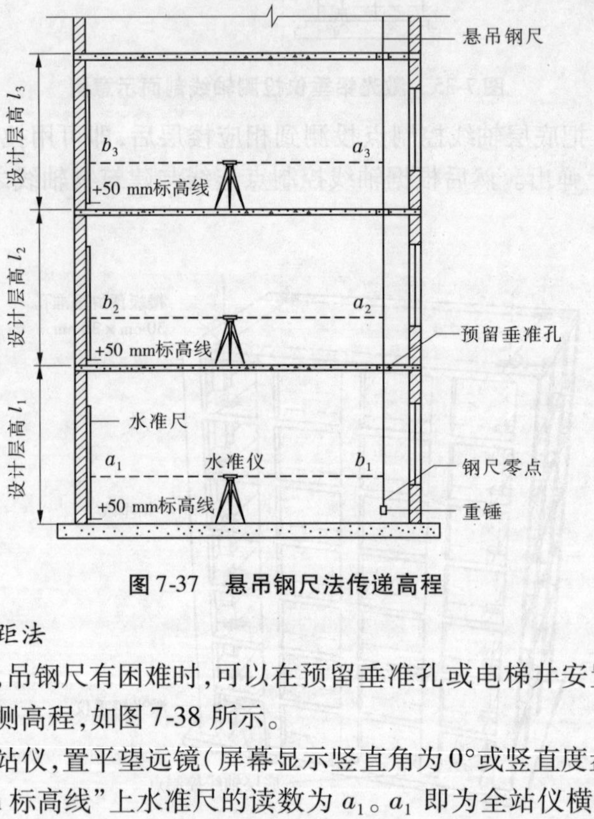

图7-37　悬吊钢尺法传递高程

2. 全站仪天顶测距法

对于超高层建筑,吊钢尺有困难时,可以在预留垂准孔或电梯井安置全站仪,通过对天顶方向测距的方法引测高程,如图7-38所示。

在投测点安置全站仪,置平望远镜(屏幕显示竖直角为0°或竖直度盘读数为90°),读取竖立在首层“+50 mm标高线”上水准尺的读数为 a_1。a_1 即为全站仪横轴至首层“+50 mm标高线”的仪器高。

将望远镜指向天顶(屏幕显示竖直角90°或竖直度盘读数为0°),将一块制作好的40 cm×40 cm、中间开了一个φ30 mm圆孔的铁板,放置在需传递高程的第 i 层层面垂准孔上,使圆孔的中心对准测距光线(由测站观测员在全站仪望远镜中观察指挥),将棱镜扣在铁板上,操作全站仪测距,得距离 d_i。

在第 i 层安置水准仪,将一把水准尺立在铁板上,读出其上的读数为 a_i;假设另一把水准尺竖立在第 i 层“+50 mm标高线”上,其上的读数为 b_i,则下列方程成立:

$$a_1 + d_i - k + (a_i - b_i) = H_i \tag{7-10}$$

式中,H_i 为第 i 层楼面的设计高程(以建筑物的±0.000起算);k 为棱镜常数,可以通过试验的方法测定出。由式(7-10)可以解出 b_i 为

$$b_i = a_1 + d_i - k + (a_i - H_i) \tag{7-11}$$

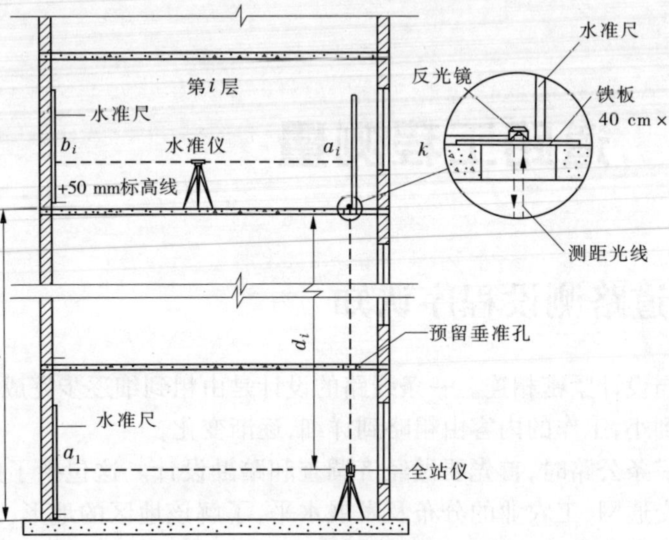

图 7-38 全站仪对天顶测距法传递高程

上下移动水准标尺，使其读数为 b_i，沿水准标尺底部在墙面上画线，即可得到第 i 层的"+50 mm 标高线"。

复习与思考题

1. 为什么要建立建筑区的施工控制网？
2. 建筑施工场地平面控制网的布设形式有哪几种？各适用于什么场合？
3. 建筑基线的布设有哪几种？
4. 什么是建筑方格网？如何测设建筑方格网？
5. 民用建筑施工测量包括哪些主要工作？
6. 高层建筑物投测的方法有哪几种？
7. 为什么要进行竣工测量？
8. 竣工测量的内容有哪些？

第八章　道路工程测量

第一节　道路测设程序认知

道路工程测量与设计紧密相连。一条线路的设计是由粗到细逐步完成的,与此相应,测量工作的范围由大到小,工作的内容由粗略到详细,逐渐变化。

当决定要修建一条公路时,首先要做经济调查和踏勘设计。这包括了解待建路线地区居民点、资源、已有交通网、工农业的分布及发展水平,了解该地区的地形、地质、水文、气象等条件。在此基础上决定待建路线要承担的运输量,中间应通过的城镇居民点,以及路线的等级。路线等级将决定路线的一系列技术标准,如路线的最大允许坡度、最小曲率半径等。路线的等级也将决定路线的造价。设计这一阶段必须利用1∶5万或1∶10万比例尺地形图。

利用地形图可以快速、全面、宏观地了解该地区的地形条件,地形图也提供一部分地质、水文、植被、居民点分布、交通网分布等信息。因此,通常以地形图为主要资料,辅之以其他调查材料,如地质图、各种统计资料或实地踏勘资料。在室内选择路线方案,决定路线等级。在这一设计阶段有时需做实地考察,以收集资料,比较不同方案的优劣,分析方案技术上的先进性和经济上的合理性等。实地考察时需通过测量收集一些地形数据。原来采用一些简单的器具和方法,例如用罗盘仪定向、步测或车测距离、气压计测高等,在现阶段,由于GNSS测量定位技术的发展和完善,通常采用GNSS的方法来进行较为精密的测量。

选定方案以后进行初测。初测的主要工作是在小比例尺地形图上选定路线,进行线路控制测量,并实测沿线大比例尺带状地形图,同时收集沿线的水文、地质等有关资料,以便于设计人员在该带状地形图上进行线形设计(在地形图上确定路线具体的走向)。

在《公路勘测规范》(JTG C10—2007)中,将先测绘大比例尺地形图,然后在地形图上选定线路方案的方法,称为"纸上定线法"。采用现场直接测量路线走向控制点(一般由设计人员预先选定)或中线,然后根据测绘图形来确定路线线形的方法,称为"现场定线法"。"现场定线法"主要用于受地形条件限制或地形条件、设计方案比较简单的路线。

带状地形图的比例尺一般为1∶5 000~1∶2 000,对于其测绘宽度,当采用"纸上定线法"初测时,线路中线两侧应各测200~400 m;当采用"现场定线法"初测时,线路中线两侧应各测150~200 m。高速公路和一级公路采用分离式路基时,地形图测绘宽度应覆盖两条分离路线及中间带的全部地形;当两条路线相距很远或中间地带为河流与高山时,中间带的地形可以不测。在有争议的地段,带状地形图应加宽以包括几个方案,或为每个方案单独测绘一段带状地形图。

通过定线,设计人员可以在地形图上选定路线的曲线与直线位置、定出交点、计算坐标和转角、拟订平面曲线要素、计算路线的连续里程等。当然设计人员的作用不仅仅在于定出中线,他们还要考虑站场的布置,桥涵、挡土墙等工程的处理,要从道路的建造以至运行维修加以综合考虑。在条件许可的情况下,可以将主要构造物范围内路线进行实地放线,进一步优化设计。但对测量人员来说,纸上定线的结果显得特别重要,因为它是下一步测量工作的依据。

下一步测量工作是定测。定测的主要工作是把设计在图上的中线在实地标定出来(中线测设),并沿实地标定的中线测绘纵横断面图,同时进一步收集有关的资料,为线路的纵坡设计、工程量计算等有关施工技术文件的编制提供资料。

设计人员利用实测纵、横断面图,设计路线的坡度,同时进一步确定桥梁的高度和涵洞、隧道等工程设施的一些参数,并精确计算工程量。

道路设计和测量的关系可用图 8-1 表示。

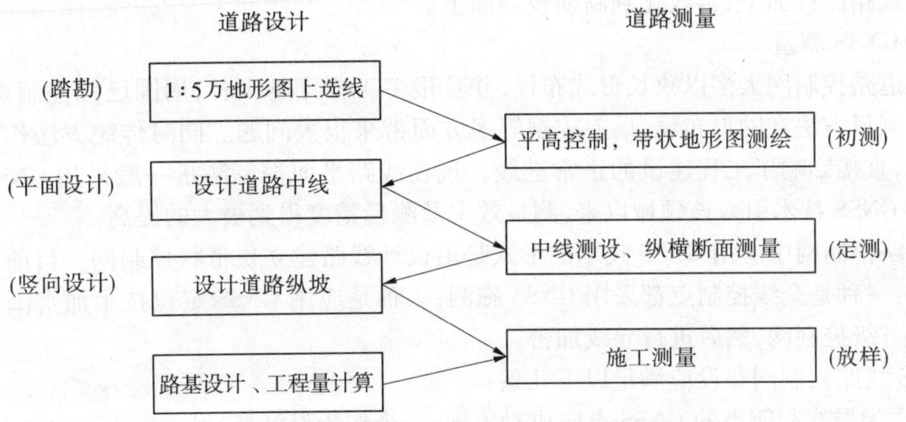

图 8-1　道路设计和道路测量的关系

第二节　道路初测

道路初测的主要工作是沿小比例尺地形图上选定的路线,进行道路控制测量,并实测沿线大比例尺带状地形图。它的主要测量工作包括平面控制测量、高程控制测量和大比例尺带状地形图测绘。

一、平面控制测量

(一)平面控制点位置的选定

平面控制点位置的选定应符合下列要求:

(1)点位能长期保存,相邻边长相差不宜过大。

(2)便于加密、扩展和寻找。

(3)观测视线超越(或旁离)障碍物应在 1.3 m 以上。

(4)平面控制点位置应沿路线布设,平均边长 500 m,且距路中心的位置宜大于 50 m 且小于 300 m,同时应便于测角、测距及地形测量和定测放线。

(5)平面控制点的设计,应考虑沿线桥梁、隧道等构造物布设控制网的要求。为了提高勘测精度和便于日后勘测工作的开展,在构建平面控制网时应在以下地段布设控制点对:

①线路勘测起讫处;

②线路重大方案起讫处；

③线路重大工程，如隧道、特大桥、枢纽等地段；

④航摄测段重叠处。

(二)导线测量

传统的道路平面控制主要是导线测量，大部分测绘单位均采用全站仪来进行观测。由于导线延伸很长，为了避免误差累积并进行检核，要求每隔一定的距离(一般不大于 30 km)应与国家控制点或线路首级平面控制点联测。

在与国家控制点进行联测检核时，要注意控制点与检核线路的起始点是否位于同一个投影带内，否则应进行换带计算；坐标检核时，必须将利用地面丈量的距离计算的坐标增量先投影到线路高程面上，再改化到高斯投影面上。

(三)GNSS 测量

由于道路控制网大多以狭长形式布设，并且很多工程穿越山林，周围已知控制点很少，使得导线测量方法在网形布设、误差控制等多方面带来很大问题。同时传统方法作业时间也比较长，直接影响了工程建设的正常进展。现在线路平面控制测量一般采用 GNSS 测量技术。自 GNSS 技术引入该领域以来，测量效率及测量精度得到极大的提高。

在线路控制网中应用 GNSS 技术的形式是沿设计线路建立狭带状控制网。目前主要有两种情况：一种是全线控制点都采用 GNSS 施测；一种是应用 GNSS 定位技术加密国家控制点或建立首级控制网，然后进行导线加密。

GNSS 线路控制网布设应满足以下几条：

(1)作为导线起闭点的 GNSS 点应成对出现，一个作为设站点，另一个作为定向点。

(2)每对点必须通视，间隔以不大于 1 000 m 为宜(不宜短于 200 m)。

(3)每对点与相邻一对点的间隔不得大于 30 km。具体间隔视作业条件和整个控制测量工作计划而定，一般 5 ~10 km 布设一对点。这些点均沿设计线路布设，其图形类似线形锁。

图 8-2 为西安—南京线西安至南阳段 GNSS 控制网的布设网型。

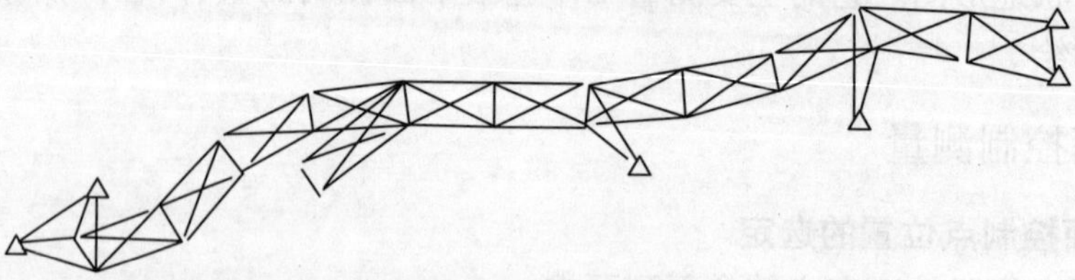

图 8-2　西安—南京线西安至南阳段 GNSS 控制网示意图

二、高程控制测量

水准路线应沿道路路线布设，水准点宜设于道路中心线两侧 50 ~ 300 m。水准点间距宜为 1 ~1.5 km；山岭重丘区可根据需要适当加密；大桥、隧道口及其他大型构造物两端，应增设水准点。平坦地区的水准点一般和平面控制点共用同一个点位，山岭重丘区可分开布设。

高程控制测量常用的方法是水准测量，并采用 DS_3 型以上的水准仪进行往返观测或单程双转点观测。三、四等水准测量是线路高程控制测量中最常用的等级。当遇到河流、山谷、宽沟或洼地时,可采用跨河水准测量的方法施测。水准测量应与国家水准点或等级相当的其他水准点相联测。应不远于 30 km 联测一次,构成附合水准路线。

在水准测量确有困难的山岭地带以及沼泽、水网地区,四、五等水准测量可采用光电测距三角高程测量来代替,并采用高一级的水准测量联测一定数量的控制点,作为三角高程测量的起闭依据。计算时应考虑地球曲率和大气折光差的影响。

三、地形图测绘

地形图测绘即沿所选定的线路方向测绘带状地形图和桥涵等工程专用地形图。

(一)测图方法

地形图测绘的常用方法有全站仪或 GNSS - RTK 采集法野外数字测图、无人机测量数字成图等技术。

全站仪采集法数字测图可采用草图法或地物编码的方法,利用测图软件测绘数字地形图。但这种方法要求测站点与被测的周围地物、地貌等碎部点之间通视,而且至少要求 2 ~ 3 人操作。

采用 RTK 技术进行大比例尺数字测图时,仅需一个人背着 GNSS 接收机在待测点上观测 1 ~ 2 min 即可求得测点坐标,通过电子手簿记录(配画草图,室内连码)或便携机记录(现场显示图形并连码),由大比例尺数字测图系统软件输出所测的地图。采用 RTK 技术进行测图时,无须测站点与待测点间通视,而且仅需一人操作,便可完成测图工作,可以大大提高工作效率。

但在影响 GNSS 卫星信号接收的遮蔽地带,还需将 GNSS 与全站仪结合,二者取长补短,能更快更简洁地完成测图工作。

随着 RTK 技术的进一步发展和系列化产品的不断改进(更轻便化)以及价格的降低,GNSS 测量模式在开阔地区的大比例尺数字测图野外数据采集具有无可比拟的优势,已经得到广泛的应用。

随着测绘高新技术的发展,地形图测绘的方法越来越多,例如采用遥感技术可以测绘制作各种中小比例尺地形图和专题图;用机载激光雷达(LIDAR)测量可以测绘大、中比例尺地形图和专题图,制作数字地面模型;机载和地面激光扫描技术可测绘大比例尺地形图;用合成孔径雷达测量也可测绘制作各种比例尺地形图。

(二)地形图比例尺的选择

地形图的比例尺,一般平坦地区为 1∶5 000 ~ 1∶2 000,困难地区为 1∶2 000。测图带宽应能满足纸上定线的需要,一般在选点时根据现场情况确定。对于 1∶2 000 测图,测图带宽度为 400 ~ 600 m。地形点的分布及密度,应能反映地形、地貌的真实情况,满足正确内插等高线的要求。在图上地形点的间距,一般不大于 15 ~ 20 mm。

数字带状图测绘出来后,设计人员即可在计算机上以带状图作底图进行线形设计,选定线路的交点位置、计算坐标和转角、拟订平面曲线要素、确定曲线与直线位置、计算路线的连续里程等。图 8-3 为设计人员在线路带状图上设计的线形示意图。

设计好线路以后,即可进行线路定测。线路定测是在实地确定线路位置,并为施工设计收集资料的测量过程。定测应结合现场实际地形、选定线路合理位置,进行具体定线,为施

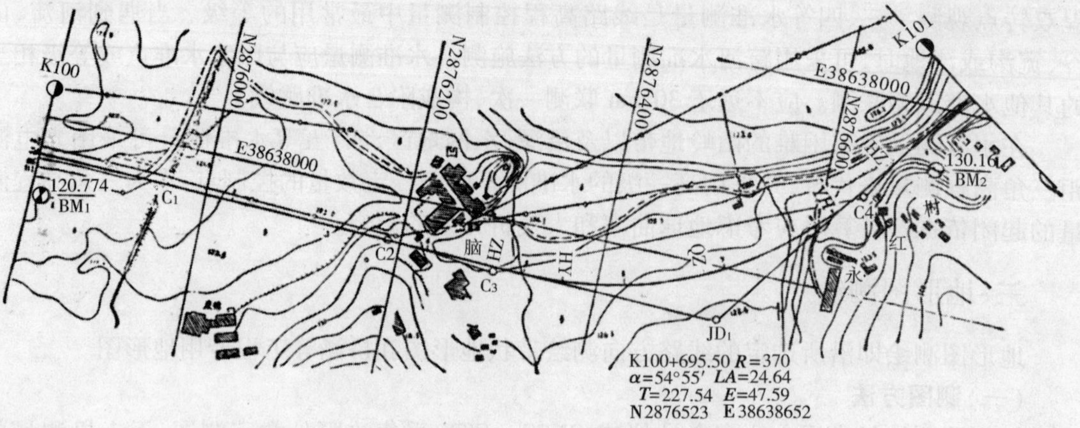

图 8-3　线路带状图上设计的线形示意图

工图设计和工程预算提供资料。定测的内容主要是中线测设,纵、横断面测量和局部的地形测量。

第三节　道路中线测量

道路中线测量是将道路设计中心线测设到实地上,并沿线路设置里程桩。道路中线的基本平面线形由直线、圆曲线和缓和曲线组成。由圆曲线和缓和曲线又可以组合成多种复杂线形,如图 8-4 所示。

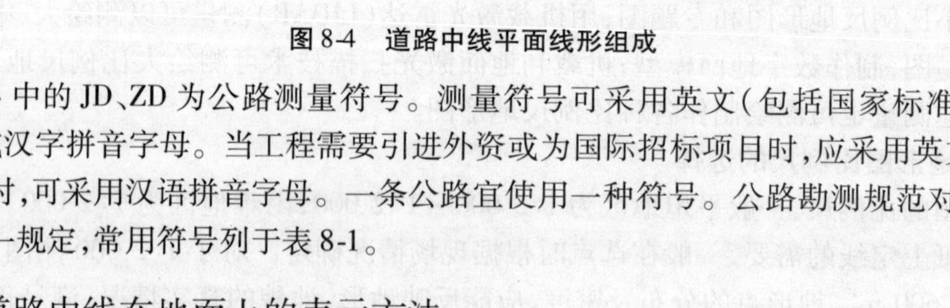

图 8-4　道路中线平面线形组成

图 8-4 中的 JD、ZD 为公路测量符号。测量符号可采用英文(包括国家标准或国际通用)字母或汉字拼音字母。当工程需要引进外资或为国际招标项目时,应采用英文字母;为国内招标时,可采用汉语拼音字母。一条公路宜使用一种符号。公路勘测规范对公路测量符号有统一规定,常用符号列于表 8-1。

一、道路中线在地面上的表示方法

(一)中桩及其里程

地面上表示中线位置的桩点称为中线桩,简称中桩。中桩的间距,直线部分不应大于 50 m。平曲线部分宜为 20 m。当公路曲线半径为 30 ~ 60 m 或缓和曲线长度为 30 ~ 50 m 时,其中线桩间距不应大于 10 m;对于公路曲线半径小于 30 m、缓和曲线长度小于 30 m 或回头曲线段,中线桩间距均不应大于 5 m。

表 8-1 公路测量符号

名称	中文简称	汉语拼音或国际通用符号	英文符号
交点	交点	JD	I. P.
转点	转点	ZD	T. P.
导线点	导点	DD	R. P.
水准点	水准点	BM	B. M.
圆曲线起点	直圆	ZY	B. C.
圆曲线中点	曲中	QZ	M. C.
圆曲线终点	圆直	YZ	E. C.
复曲线公切点	公切	GQ	P. C. C.
第一缓和曲线起点	直缓	ZH	T. S.
第一缓和曲线终点	缓圆	HY	S. C.
第二缓和曲线终点	圆缓	YH	C. S.
第二缓和曲线起点	缓直点	HZ	S. T.

中桩除标定道路平面位置外,还标记道路的里程。所谓里程是指从道路起点沿道路方向计算至该中桩点的距离,其中曲线上的中桩里程是以曲线长计算的。具体表示方法是将整千米数和后面的尾数分开,中间用"+"号连接。如离起点距离为 14 368.472 m 的中桩里程表示为 14+368.472,在里程前还常常冠以字母 K 表示,即写成:K14+368.472。

(二)中桩的分类

道路上所有桩点分为四类:道路控制桩、一般中线桩、加桩和断链桩。

1. 道路控制桩

道路控制桩是指对道路位置起决定作用的桩点。主要包括直线上的起终点、交点、转点、曲线上的曲线控制点和各个副交点。

2. 一般中线桩

一般中线桩是指中线上除控制桩外沿直线和曲线每隔一段距离钉设的中线桩,它都钉设在整 50 m 或 20 m 的倍数处。一般中线桩还包括下面几种桩:百米桩,即里程为整百米的中线桩;千米桩,即里程为整千米的中线桩。

3. 加桩

加桩主要是沿道路中线上有特殊意义的地方钉设的中线桩,包括地形加桩和地物加桩。

地形加桩是指沿中线方向地形起伏变化较大的地方钉设的加桩,它对于以后设计施工尤其是纵坡的设计起很大的作用;地物加桩则是指沿中线方向遇到对道路有较大影响的地物时布设的加桩,如遇到河流、村庄等,则在两侧均布设加桩,遇到灌溉渠道、高压线、公路交叉口等也都要布置加桩。所有的加桩都要注明里程,里程标注至米即可,特殊情况下可取位至 0.1 m。

凡在下列位置应设加桩:

(1)路线纵横向地形变化处。

(2)路线交叉处。

(3)拆迁建筑物处。

(4)桥梁、涵洞、隧道等构造物处。

(5)土质变化及不良地质地段起、终点处。

(6)省、地(市)、县级行政区划分界处。

(7)改建公路变坡点、构造物和路面面层类型变化处。

4. 断链桩

中线测量一般分段进行。由于地形地质等各种情况常常会进行局部改线或者由于计算或丈量发生错误,会造成已测量好的各段里程不能连续,这种情况称为断链。

如图 8-5 所示,由于交点 JD_3 改线后移至 JD_3',原中线改线至图中虚线位置,使得从起点至转点 ZD_{3-1} 的距离比原来减小。而从 ZD_{3-1} 往前已进行了中线测量,如将所有里程改动或重新进行中线测量,则外业工作量太大。为此,可在现场断链处即转点 ZD_{3-1} 的实地位置设置断链桩,用一般的中线桩钉设,并注明两个里程,将新里程写在前面,也称来向里程,将原来的里程写在后面,也称去向里程,并在断链桩上注明新线比原来道路长或短了多少。由于改线后道路缩短,来向里程小于去向里程,这种情况称为短链。如果由于改线后新道路变长,则使得来向里程大于去向里程,那么就称为长链。断链的处理方法见图 8-6。

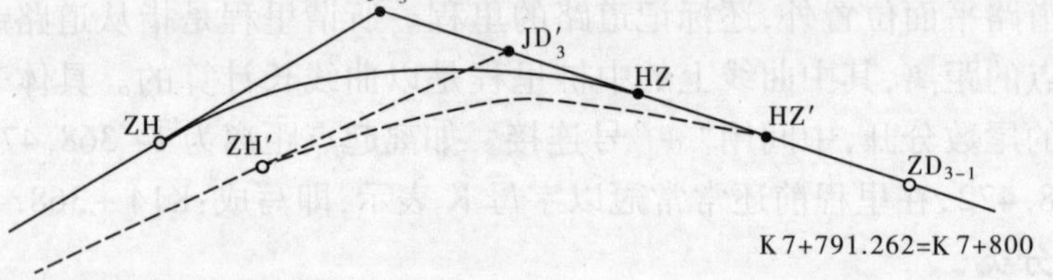

图 8-5　断链

断链桩一般应设置在线路的直线段,不得在桥梁、隧道、平曲线、公路立交范围内设立,并做好详细的断链记录,供初步设计和计算道路总长度作参考。

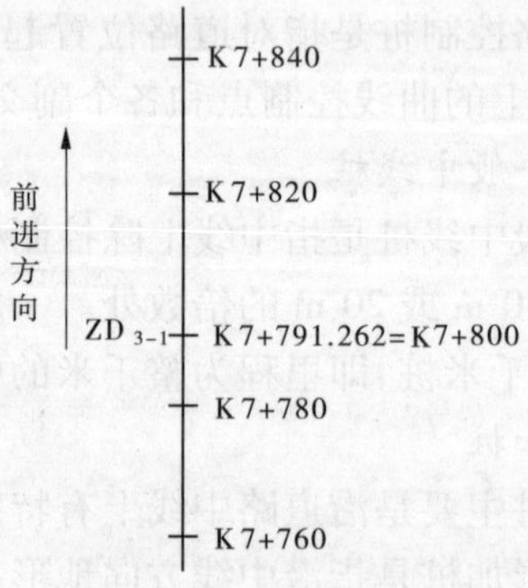

图 8-6　断链的处理方法

二、道路中线放样

我国进入 20 世纪 80 年代以后,高等级公路(尤其是高速公路)建设开始在全国范围内大规模兴起,带来了道路勘测设计的一场革命。无论是设计理论和方法,还是勘测手段和设备都发生了很大的变化,特别是全站仪和 GNSS 测量技术在公路设计和施工中得到了广泛的应用。

遵照《中华人民共和国测绘法》的有关规定,大中型建设工程项目的坐标系统应与国家坐标系统一致,或与国家坐标系统相联系。现在二级以上公路勘测设计,都是先建立道路控制,然后勘测设计及施工测量都是依据布设的控制点坐标和高程进行路线测设及施工放样,这种方法称为“控制点测设道路法”。

用控制点测设道路，以其精确、方便、灵活、高效、误差不积累等优越性，在道路勘测设计和施工中得到最为广泛的应用，成为道路（尤其是高等级公路）测设的主要手段和方法。

要想实现用控制点测设道路，就必须使线路上任意一点的坐标都和控制点坐标采用同一套坐标系统，这样的坐标系统称为线路坐标系统。计算道路中线上任意一点的线路坐标是利用控制点测设道路过程中最重要的环节。

这一工作，在室内根据交点设计坐标、中线起点的设计里程、各曲线的曲线要素等设计数据，利用相应的线路坐标计算程序，即可推算出所有中桩的里程和平面坐标。

"控制点测设道路法"根据采用的放样设备不同，又可分为全站仪极坐标法、GNSS－RTK 坐标法等。

（一）全站仪极坐标法

全站仪极坐标法就是根据中线点与控制点之间的极坐标关系，利用全站仪（或类似仪器设备）直接放样道路中线点。

如图 8-7 所示，P 为公路中线点，线路坐标为 (X_P, Y_P)；A、B 为控制点，相应线路坐标分别为 (X_A, Y_A)、(X_B, Y_B)，P 点与 A 点的极坐标关系用 A 点到 P 点的距离 S_{AP}、坐标方位角 α_{AP} 表示，即

$$\left.\begin{aligned} S_{AP} &= \sqrt{(X_P - X_A)^2 + (Y_P - Y_A)^2} \\ \tan\alpha_{AP} &= \frac{Y_P - Y_A}{X_P - X_A} \end{aligned}\right\} \tag{8-1}$$

这种方法一般可使用全站仪采用坐标放样功能直接放样，是在道路施工测量过程中最常采用的方法。

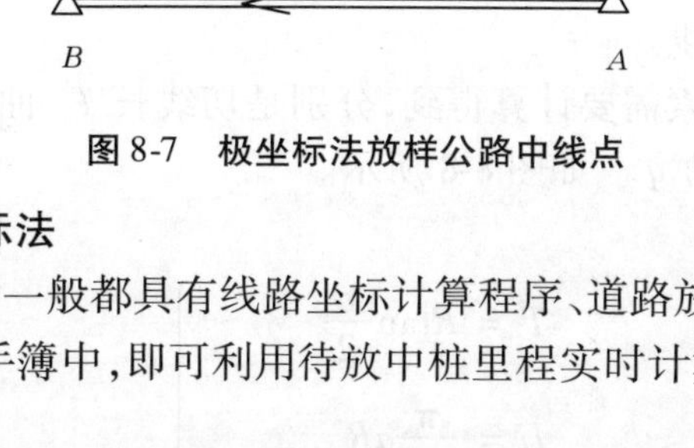

图 8-7 极坐标法放样公路中线点

（二）GNSS－RTK 坐标法

目前的 RTK 技术产品一般都具有线路坐标计算程序、道路放样等功能。使用时将道路线形编辑到 GNSS－RTK 手簿中，即可利用待放中桩里程实时计算各中桩线路坐标，进而完成道路放样。

由于 GNSS 测量时采用 WGS84 坐标系统，而我们计算出的中桩坐标采用线路坐标系统。所以，在施测前还应进行坐标转换参数的计算，以便把 GNSS 测量结果自动转换到线路坐标系统。有了转换参数便可在野外进行道路测设工作。

计算坐标转换参数时，首先应确定采用哪些点进行转换参数的计算，这些点最好同时具有线路坐标和 WGS－84 坐标，若没有 WGS－84 坐标，则可在野外利用 RTK 技术实时测得。

然后利用 RTK 手簿中自带的转换参数计算功能，求解转换参数。

计算转换参数时，若已对高程进行了高程拟合，则在放样道路中线的同时还可实时得到各中桩的高程；即使在标定线路时仅考虑了平面位置，也可利用实测数据采用动态拟合模型后处理各中桩高程。这种方法在中线测量的基础上，可同时完成纵断面的测量，极大地提高了中线测量的效率。

三、里程桩设置

道路控制桩一般采用 5 cm ×5 cm ×（30 ~ 50 cm）的木质桩。一般中线桩采用（4 ~ 5 cm）×（1 ~ 1.5 cm）×（25 ~ 30 cm）的木质或竹质板桩。桥隧控制桩一般为混凝土桩。位于岩石、原有道路或建筑物上的桩志，可采用铁钉标志或用油漆绘制点位符号。

所有中桩标志应采用黑色或红色油漆书写标志名称及里程桩号。字母对着道路的起始方向。

交点桩、转点桩、曲线控制桩、千米桩、百米桩的指示桩等应写出里程号，不得省略。有比较方案时，按比较方案的顺序，桩号前应冠以 A、B……字样。分离式路基测量，其左右侧路线桩号前应冠左右字母符号，并以左侧路线为全程连续计算桩号。

第四节　圆曲线测设

当路线由一个方向转到另一个方向时，必须用光滑曲线进行连接。曲线类型很多，其中圆曲线是最基本的一种平面曲线，其实质是一段半径 R 为定值的圆弧。圆曲线线路坐标的计算过程主要分为以下五个步骤：曲线要素计算、圆曲线主点里程计算、圆曲线中线点独立坐标计算、圆曲线中线点线路坐标计算及边桩坐标计算。

一、圆曲线要素计算

两相邻直线线路的转向角为线路偏角 α，分为左折和右折两种情况。当设计人员在数字地形图上设计线路时，偏角 α 可以直接查得；而对于曲线桥梁段或曲线隧道段的偏角 α，则需要实测得到。连接圆曲线的半径 R，是在设计中根据线路的等级以及现场地形条件等因素选定的，由设计人员提供。

另外，还有四个曲线要素需要计算得到，分别是切线长 T、曲线长 L、外矩 E 和切曲差（两倍切线长和曲线长之差）q。如图 8-8 所示。

计算公式如下：

$$\left.\begin{aligned} T &= R\tan\frac{\alpha}{2} \\ L &= \frac{\pi}{180}\alpha R \\ E &= R\left(\sec\frac{\alpha}{2} - 1\right) \\ q &= 2T - L \end{aligned}\right\} \tag{8-2}$$

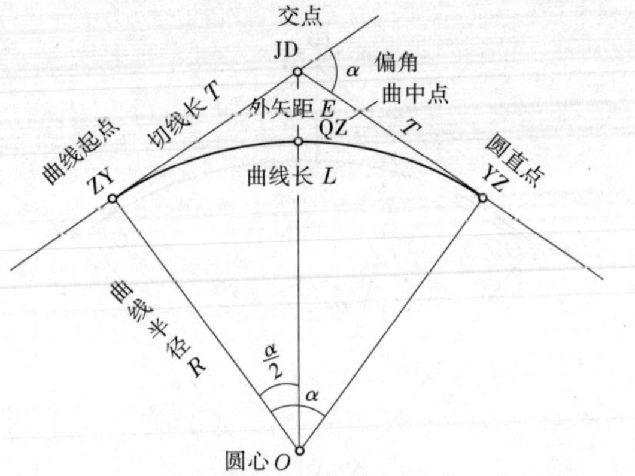

图 8-8 道路圆曲线

二、圆曲线主点里程计算

在用圆曲线连接折线线路时，直线与圆曲线的交点称为直圆点 ZY，圆曲线与直线段的交点称为圆直点 YZ，圆曲线的中点称为曲中点 QZ，这三个点我们叫作圆曲线的主点。

交点 JD 的里程是由设计人员提供的，为设计值。若用 K_{JD} 来表示交点 JD 的里程，用 K_{ZY} 来表示直圆点 ZY 的里程，用 K_{YZ} 来表示圆直点 YZ 的里程，用 K_{QZ} 来表示曲中点 QZ 的里程，则

$$\left.\begin{aligned} K_{ZY} &= K_{JD} - T \\ K_{YZ} &= K_{ZY} + L \\ K_{QZ} &= K_{YZ} - \frac{L}{2} \end{aligned}\right\} \tag{8-3}$$

三、圆曲线中线点独立坐标计算

以 ZY 点（或 YZ 点）为坐标原点 O'（或 O''），通过 ZY 点（或 YZ 点）并指向交点 JD 的切线方向为 x' 轴（或 x'' 轴）正向，过 ZY 点（或 YZ 点）且指向圆心方向为 y' 轴（或 y'' 轴）正向，分别建立两个独立的直角坐标系 $x'O'y'$（或 $x''O''y''$），如图 8-9 所示。其中坐标系 $x'O'y'$ 对应于圆曲线 ZY ~ QZ 段，坐标系 $x''O''y''$ 对应于圆曲线 YZ ~ QZ 段。

对于 ZY ~ QZ 段上任意一点 i，若要求其在 $x'O'y'$ 中的坐标，设其在线路中的里程桩号为 K_i，则 ZY 点至 i 点的弧长 l_i 为

$$l_i = K_i - K_{ZY} \tag{8-4}$$

则其对应的圆心角 φ_i、x_i、y_i 为

$$\left.\begin{aligned} \varphi_i &= \frac{l_i}{R}\frac{180}{\pi} \\ x_i &= R\sin\varphi_i \\ y_i &= R(1 - \cos\varphi_i) \end{aligned}\right\} \tag{8-5}$$

$x''O''y''$ 坐标系中，圆曲线 YZ ~ QZ 段上任意一点的独立坐标计算公式同式(8-5)，但需要注意的是弧长 l_i 的计算公式不能再用式(8-4)，而应该用式(8-6)计算。

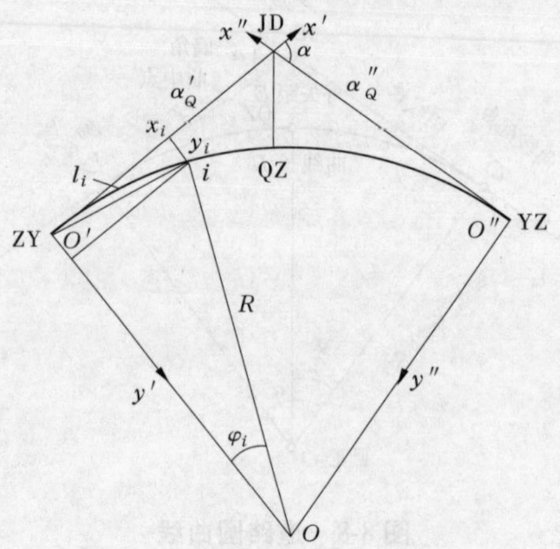

图 8-9　圆曲线独立坐标系建立

$$l_i = K_{\mathrm{YZ}} - K_i \tag{8-6}$$

四、圆曲线中线点线路坐标计算

设 JD 的线路坐标为 $(X_{\mathrm{JD}}, Y_{\mathrm{JD}})$，ZY 点到 JD 点的线路坐标方位角为 α'_Q，YZ 点到 JD 的线路坐标方位角为 α''_Q，则可以分别求得 ZY 点、YZ 点的线路坐标为

$$\left.\begin{aligned} X_{\mathrm{ZY}} &= X_{\mathrm{JD}} - T\cos\alpha'_Q \\ Y_{\mathrm{ZY}} &= Y_{\mathrm{JD}} - T\sin\alpha'_Q \\ X_{\mathrm{YZ}} &= X_{\mathrm{JD}} - T\cos\alpha''_Q \\ Y_{\mathrm{YZ}} &= Y_{\mathrm{JD}} - T\sin\alpha''_Q \end{aligned}\right\} \tag{8-7}$$

利用坐标换算公式，即可把 ZY ~ QZ 段线路上 $x'O'y'$ 坐标系中任意一点 i 的独立坐标 (x_i, y_i) 转换为线路坐标 (X_i, Y_i)，即

$$\left.\begin{aligned} X_i &= X_{\mathrm{ZY}} + x_i\cos\alpha'_Q - y_i\sin\alpha'_Q \\ Y_i &= Y_{\mathrm{ZY}} + x_i\sin\alpha'_Q + y_i\cos\alpha'_Q \end{aligned}\right\} \tag{8-8}$$

利用坐标换算公式，即可把 YZ ~ QZ 段线路上 $x''O''y''$ 坐标系中任意一点 i 的独立坐标 (x_i, y_i) 转换为线路坐标 (X_i, Y_i)，即

$$\left.\begin{aligned} X_i &= X_{\mathrm{YZ}} + x_i\cos\alpha''_Q + y_i\sin\alpha''_Q \\ Y_i &= Y_{\mathrm{YZ}} + x_i\sin\alpha''_Q - y_i\cos\alpha''_Q \end{aligned}\right\} \tag{8-9}$$

需要说明的是，式(8-8)和式(8-9)均是以线路偏角 α 为右折角的情况推导出来的。当线路偏角 α 为左折角时，只需要用“$-y_i$”代替“y_i”即可。

第五节　综合曲线测设

综合曲线是由圆曲线和缓和曲线组成的曲线，而缓和曲线是在线路直线和圆曲线之间引入的一段过渡曲线，其半径是由∞渐变至圆曲线半径 R。

一、缓和曲线

(一)引入缓和曲线

当车辆进入圆曲线上行驶时,会产生离心力,影响车辆的安全行驶。在曲率半径为 R 的圆曲线段,车辆受到的离心力为 $m\dfrac{V^2}{R}$。当圆曲线的曲率半径较大时,离心力的突变对行车安全的不利影响可以忽略;但当 R 较小时,离心力的突变将使快速行驶的车辆进入或离开圆曲线时偏离原车道,侵入邻近车道,从而影响行车安全。因此,我们希望通过设置超高的方法,来利用重力使车辆产生一个向心力与离心力相平衡。

如图 8-10 所示, mg 为车辆自身的重力, θ 为道路超高角度, $mg\sin\theta$ 为道路超高后重力分量, F 为离心力, B 为路宽, h_0 为超高值。为了平衡离心力,则需

$$mg\sin\theta = m\frac{V^2}{R} \tag{8-10}$$

即

$$h_0 = B\sin\theta = \frac{BV^2}{gR} \tag{8-11}$$

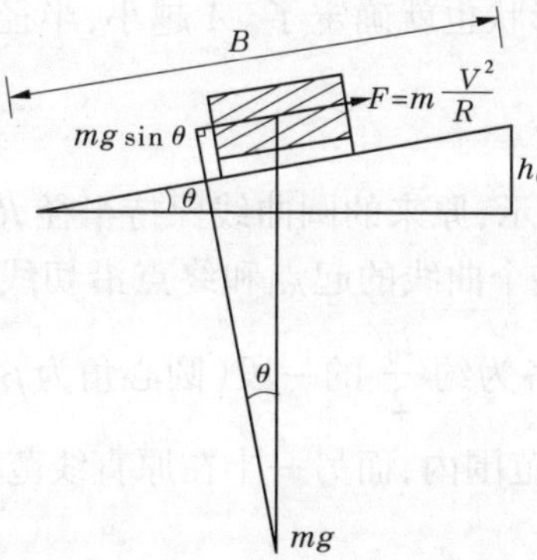

图 8-10 道路超高平衡离心力

由此可知,线路由直线(半径为∞),一下子进入圆曲线(半径为 R),为了平衡突然产生的离心力($m\dfrac{V^2}{R}$),须将外侧一下子抬高 h_0 。

然而,车辆在直线上行驶时内外侧等高,当车辆进入半径为 R 的圆曲线轨道时,外侧必须抬高 h_0 [见图 8-11(a)],却使线路出现了台阶障碍。这时,如果在直线和圆曲线之间插入一段半径由∞渐变至圆曲线半径 R 的过渡曲线(称为缓和曲线),从而使外轨超高由零逐渐变化为 h_0 [见图 8-11(b)],离心力也由零渐变至 $m\dfrac{V^2}{R}$,则既平衡了离心力的影响,又消除了台阶障碍,所有问题迎刃而解。

在圆曲线两端引入缓和曲线后,则形成了综合曲线。

(二)缓和曲线的特性

缓和曲线上任意一点的曲率半径 r 和该点至缓和曲线起点(半径为∞处)的弧长 l 成反比,由此可得缓和曲线的方程为

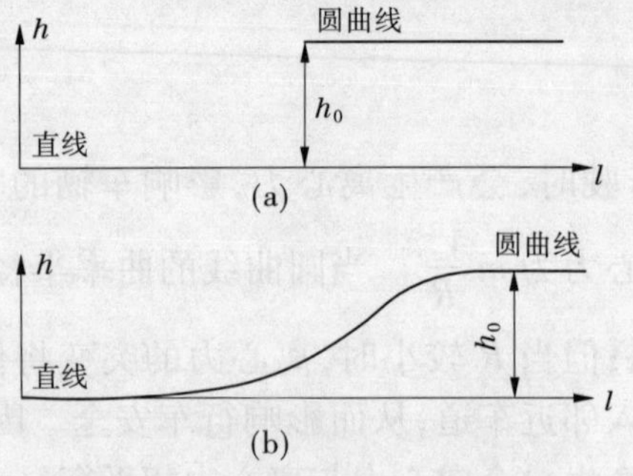

图 8-11　缓和曲线消除台阶障碍

$$r = \frac{A^2}{l} \tag{8-12}$$

式中，A 为缓和曲线参数。在与圆曲线连接处，l 等于缓和曲线全长 l_0（由设计人员提供），曲率半径 r 等于圆曲线的半径 R，该点仍然是缓和曲线上的点，代入式(8-12)，则可求得缓和曲线参数 A。

$$A = \sqrt{Rl_0} \tag{8-13}$$

A 值一经确定，缓和曲线的形状也就确定了。A 越小，半径的变化越快；反之，半径的变化越慢，曲线也就越平顺。

（三）缓和曲线常数确定

缓和曲线的介入如图 8-12 所示，原来的圆曲线保持半径 R 不变，而向内侧平移，在垂直于切线方向上移动的距离为 p；整个曲线的起点和终点沿切线方向在圆曲线外各延伸了一段距离 m，原来圆曲线的两端长各为约 $\frac{l_0}{2}$ 的一段（圆心角为 β_0）均为缓和曲线所代替。故缓和曲线大约有一半在原圆曲线范围内，而另一半在原直线范围内。

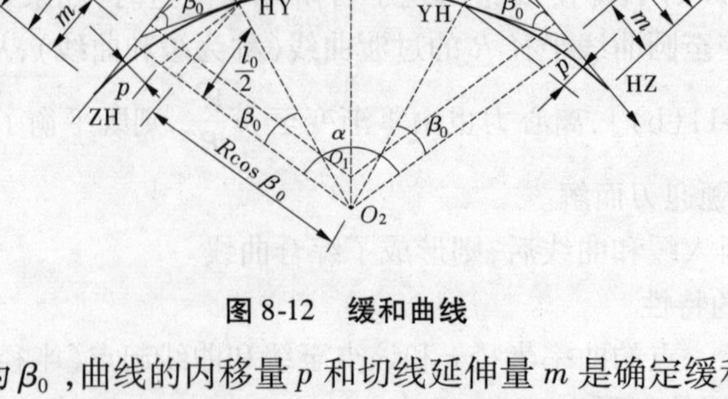

图 8-12　缓和曲线

缓和曲线的夹角为 β_0，曲线的内移量 p 和切线延伸量 m 是确定缓和曲线与直线和圆曲线连接的主要数据，称为缓和曲线的常数。缓和曲线常数的几何含义如图 8-13 所示。

过缓和曲线上任意一点 i 作切线，设其与综合曲线切线之间的夹角为 β_i（如图 8-14 所示），则

$$\beta_i = \frac{l_i^2}{2Rl_0}\frac{180°}{\pi} \tag{8-14}$$

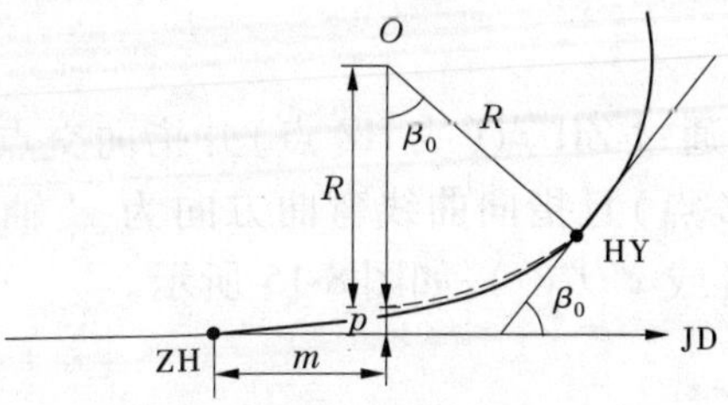

图 8-13　缓和曲线常数几何含义

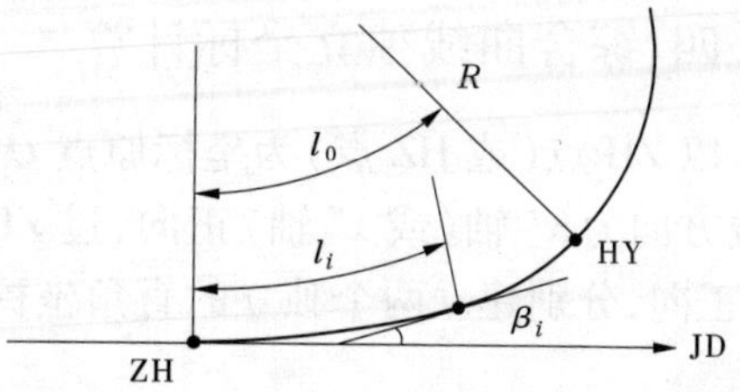

图 8-14　β_i 几何含义

因为缓和曲线的夹角 β_0 实质上也是过缓和曲线起点的切线与缓和曲线终点切线之间的夹角，其对应的缓和曲线长为 l_0，则

$$\beta_0 = \frac{l_0}{2R}\frac{180}{\pi} \tag{8-15}$$

p、m 可按下式计算：

$$\left.\begin{aligned} p &= \frac{l_0^2}{24R} - \frac{l_0^4}{2\,688R^3} \\ m &= \frac{l_0}{2} - \frac{l_0^3}{240R^2} \end{aligned}\right\} \tag{8-16}$$

二、综合曲线要素计算

综合曲线要素主要由圆曲线半径 R、线路偏角 α、缓和曲线长 l_0、切线长 T、曲线长 L、外距 E 和切曲差 q。其中，待求的有 T、L、E、q。下面不加推导给出计算公式：

$$T = (R + P)\tan(\alpha/2) + m \tag{8-17}$$

$$L = \frac{R(\alpha - 2\beta_0)\pi}{180} + 2l_0 \tag{8-18}$$

$$E = (R + P)\sec(\alpha/2) - R \tag{8-19}$$

$$q = 2T - L \tag{8-20}$$

三、综合曲线主点里程计算

综合曲线有四个主要点（如图 8-12 所示）：直缓点 ZH（综合曲线的起点）、缓圆点 HY、圆缓点 YH 和缓直点 HZ（综合曲线终点）。

交点 JD 的里程是由设计人员提供的，为设计值。若用 K_{JD} 来表示交点 JD 的里程，用 K_{ZH} 来表示直缓点 ZH 的里程，用 K_{HY} 来表示缓圆点 HY 的里程，用 K_{YH} 来表示圆缓点 YH 的里程，用 K_{HZ} 来表示缓直点 HZ 的里程，则

$$\left.\begin{aligned} K_{ZH} &= K_{JD} - T \\ K_{HY} &= K_{ZH} + l_0 \\ K_{YH} &= K_{HY} + (L - 2l_0) \\ K_{HZ} &= K_{YH} + l_0 \end{aligned}\right\} \tag{8-21}$$

四、综合曲线独立坐标计算

以 ZH 点(或 HZ 点)为坐标原点 O'(或 O''),通过 ZH 点(或 HZ 点)并指向交点 JD 的切线方向为 x' 轴(或 x'' 轴)正向,过 ZH 点(或 HZ 点)且指向曲线弯曲方向为 y' 轴(或 y'' 轴)正向,分别建立两个独立的直角坐标系 $x'O'y'$(或 $x''O''y''$),如图 8-15 所示。

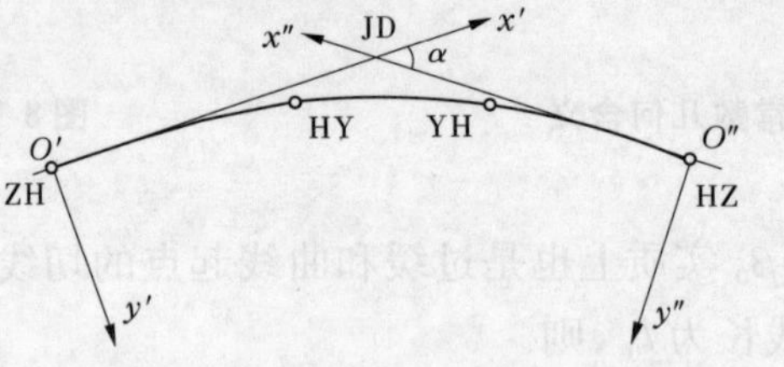

图 8-15 缓和曲线点独立坐标计算

坐标系 $x'O'y'$ 对应于综合曲线 ZH ~ YH 段;坐标系 $x''O''y''$ 对应于综合曲线 HZ ~ HY 段,其中圆曲线部分既可以在 $x'O'y'$ 系中计算,也可以在 $x''O''y''$ 系中计算。

(一)缓和曲线段独立坐标计算

在 $x'O'y'$ 中,若要求 ZH ~ HY 段上任意一点 i 的坐标,设其在线路中的里程桩号为 K_i,则 ZH 点至 i 点的弧长 l_i 为

$$l_i = K_i - K_{ZH} \tag{8-22}$$

这里不加推导地给出缓和曲线段独立坐标的计算公式为

$$\left.\begin{aligned} x_i &= l_i - \frac{l_i^5}{40R^2 l_0^2} + \frac{l_i^9}{3\,456R^4 l_0^4} \\ y_i &= \frac{l_i^3}{6Rl_0} - \frac{l_i^7}{336R^3 l_0^3} + \frac{l_i^{11}}{42\,240R^5 l_0^5} \end{aligned}\right. \tag{8-23}$$

$x''O''y''$ 坐标系中,HZ ~ YH 段上任意一点的独立坐标计算公式同式(8-23),但 HZ 点至 i 点的弧长 l_i 计算公式改为

$$l_i = K_{HZ} - K_i \tag{8-24}$$

(二)圆曲线段独立坐标计算

在 $x'O'y'$ 中,若要求圆曲线段(HY ~ YH 段)上任意一点 i 的坐标,由图(8-16)可以看出

$$\left.\begin{aligned} x_i &= m + R\sin\varphi_i \\ y_i &= p + R(1 - \cos\varphi_i) \end{aligned}\right\} \tag{8-25}$$

其中

$$\varphi_i = \beta_0 + \frac{l_i - l_0}{R}\frac{180}{\pi} = \frac{l_i - 0.5l_0}{R}\frac{180}{\pi} \tag{8-26}$$

$$l_i = K_i - K_{ZH}$$

若要在 $x''O''y''$ 坐标系中来计算圆曲线段上任意一点 i 的坐标，仍可以用式(8-25)和式(8-26)计算，但弧长 l_i 应采用式(8-24)计算。

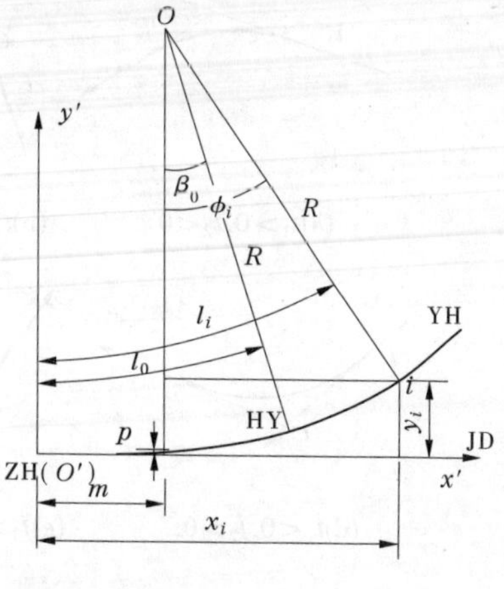

图 8-16　圆曲线点独立坐标计算

五、综合曲线上线路坐标计算

设 JD 的线路坐标为 (X_{JD}, Y_{JD})，ZH 点到 JD 点的线路坐标方位角为 α_{ZH}，HZ 点到 JD 点的线路坐标方位角为 α_{HZ}，则可以分别求得 ZH 点、HZ 点的线路坐标为

$$\left.\begin{aligned} X_{ZH} &= X_{JD} - T\cos\alpha_{ZH} \\ Y_{ZH} &= Y_{JD} - T\sin\alpha_{ZH} \\ X_{HZ} &= X_{JD} - T\cos\alpha_{HZ} \\ Y_{HZ} &= Y_{JD} - T\sin\alpha_{HZ} \end{aligned}\right\} \tag{8-27}$$

利用坐标换算公式，即可把综合曲线 ZH ~ YH 段上 $x'O'y'$ 坐标系中任意一点 i 的独立坐标 (x_i, y_i) 转换为线路坐标 (X_i, Y_i)，即

$$\left.\begin{aligned} X_i &= X_{ZH} + x_i\cos\alpha_{ZH} - y_i\sin\alpha_{ZH} \\ Y_i &= Y_{ZH} + x_i\sin\alpha_{ZH} + y_i\cos\alpha_{ZH} \end{aligned}\right\} \tag{8-28}$$

利用坐标换算即可把综合曲线 HY ~ HZ 段上 $x''O''y''$ 坐标系中任意一点 i 的独立坐标 (x_i, y_i) 转换为线路坐标 (X_i, Y_i)，即

$$\left.\begin{aligned} X_i &= X_{HZ} + x_i\cos\alpha_{HZ} + y_i\sin\alpha_{HZ} \\ Y_i &= Y_{HZ} + x_i\sin\alpha_{HZ} - y_i\cos\alpha_{HZ} \end{aligned}\right\} \tag{8-29}$$

需要说明的是，式(8-28)和式(8-29)均是以线路偏角 α 为右折角的情况推导出来的。当线路偏角 α 为左折角时，只需要用" $-y_i$ "代替" y_i "即可。

第六节　竖曲线测设

在道路中，线路不仅有平面方向的转弯，也不可避免地存在着上坡和下坡，两相邻坡段的交点称为变坡点。为了行车安全，在两相邻坡段之间用圆曲线进行连接，称为竖曲线。

竖曲线可分为凸形或凹形竖曲线，常见的六种形式如图 8-17 所示。

设计人员在进行竖曲线设计时，往往已给定两相邻坡段的坡度 i_1、i_2，竖曲线的半径 R 及变坡点 C 的里程桩号 K_C 及设计高程 H_C。下面介绍根据这些已知条件计算竖曲线上任意一点 j 设计高程的方法。

一、竖曲线要素计算

如图 8-18 所示，根据线路的两相邻坡段的坡度 i_1、i_2，可以计算出竖曲线的坡度转折角 α。由于 α 角很小，计算时可以按下式计算：

$$\alpha = |\arctan i_1 - \arctan i_2| \approx |i_1 - i_2| \text{（弧度）} \tag{8-30}$$

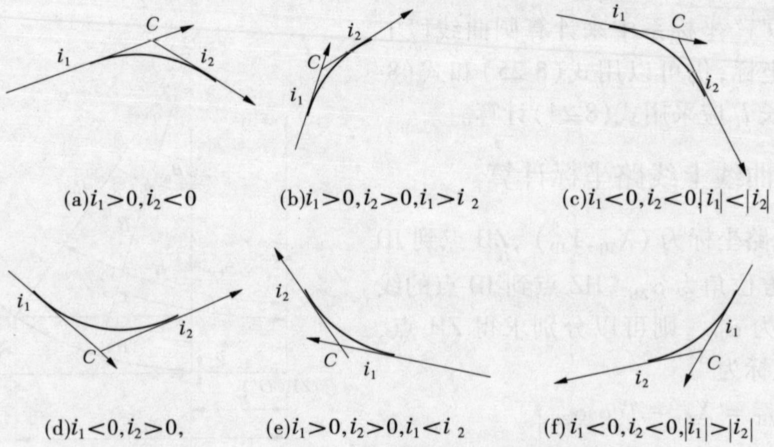

图 8-17　竖曲线常见形式

由于竖曲线实际上是竖向圆曲线，所以其切线长 T、曲线长 L 和外矢距 E 的计算同样可以采用平面圆曲线中曲线要素的计算公式。但由于竖曲线的设计半径 R 较大，而转折角 α 又较小，因此竖曲线的曲线要素也可以用下列近似公式计算：

$$\left.\begin{aligned} T &= \frac{1}{2}R\alpha \\ L &= 2T \\ E &= \frac{T^2}{2R} \end{aligned}\right\} \tag{8-31}$$

二、主点里程及高程计算

如图 8-18 所示，设竖曲线起点为 A，里程为 K_A，相应高程为 H_A；终点为 B，里程为 K_B，相应高程为 H_B，则有

$$\left.\begin{aligned} K_A &= K_C - T, \quad H_A = H_C - i_1 T \\ K_B &= K_C + T, \quad H_B = H_C + i_2 T \end{aligned}\right\} \tag{8-32}$$

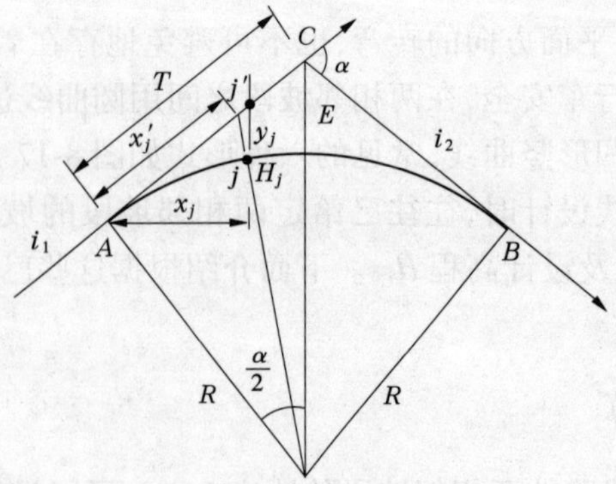

图 8-18　竖曲线标高改正计算

三、竖曲线上任意一点 j 高程改正值计算

由于 α 很小，故可以认为曲线上任意一点 j 的 y_j 坐标方向都与半径方向一致，也认为它是切线上与竖曲线上的高程差，且 $x_j = x'_j$，从而得

$$(R + y_j)^2 = R^2 + (x_j)^2$$

故

$$2Ry_j = (x_j)^2 - y_j^2$$

又 y_j^2 与 $(x_j)^2$ 相比较，其值甚微，可略去不计，故有

$$2Ry_j = x_j^2$$

所以

$$y_j = \frac{x_j^2}{2R} \tag{8-33}$$

四、竖曲线上任意一点 j 相应于坡度线上 j' 高程计算

设 j 点相应于坡度线上 j' 的高程为 H'_j。对于 i_1 坡度线来说，计算公式为

$$H'_j = H_A + i_1 x_j \tag{8-34}$$

对于 i_2 坡度线来说，计算公式为

$$H'_j = H_B - i_2 x_j \tag{8-35}$$

五、竖曲线上任意一点 j 设计高程计算

算得 y_j，再求出 j 点相应于坡度线上 j' 的高程，即可求出 j 点的设计高程 H_j。

$$H_j = H_{j'} \mp y_j \tag{8-36}$$

（符号取法：当竖曲线为凸曲线时，取"－"号；当竖曲线为凹曲线时，取"＋"号。）

【例 8-1】 某凹曲线变坡点 C 的里程桩号为 $2+155.000$，设计高程 H_C 为 91.500 m，竖曲线半径 $R = 500$ m，线路坡度 $i_1 = -5\%$，$i_2 = +7\%$，现要求按 10 m 一个点计算竖曲线上各点的设计高程。

解：

1. 竖曲线要素计算

$$\alpha \approx |i_1 - i_2| = |-0.05 - 0.07| = 0.12（弧度），T = \frac{1}{2}R\alpha = \frac{1}{2} \times 500 \times 0.12 = 30.000(\text{m})$$

$$L = 2T = 2 \times 30.000 = 60.000(\text{m}),E = \frac{T^2}{2R} = \frac{30^2}{2 \times 500} = 0.900(\text{m})$$

2. 主点里程及高程计算

$K_A = K_C - T = 2 + 125.000, H_A = H_C - i_1 T = 91.500 + 0.05 \times 30 = 93.000(\text{m})$

$K_B = K_C + T = 2 + 185.000, H_B = H_C + i_2 T = 91.500 + 0.07 \times 30 = 93.600(\text{m})$

3. 详测点 y_j、H'_j、H_j 计算数据如表 8-2 所示。

表 8-2　竖曲线详测点计算表

桩号	坡道高程 H_j'	标高改正 y_j	竖曲线高程 H_j	备注
2 + 125.000	93.000	0.000	93.000	
2 + 130.000	92.750	0.025	92.755	A 点
2 + 140.000	92.250	0.225	92.475	
2 + 150.000	91.750	0.625	92.375	$i = -5\%$
2 + 155.000	91.500	0.900	92.400	C 点
2 + 160.000	91.850	0.625	92.475	$i = 7\%$
2 + 170.000	92.550	0.225	92.775	
2 + 180.000	93.250	0.025	93.275	B 点
2 + 185.000	93.600	0.000	93.600	

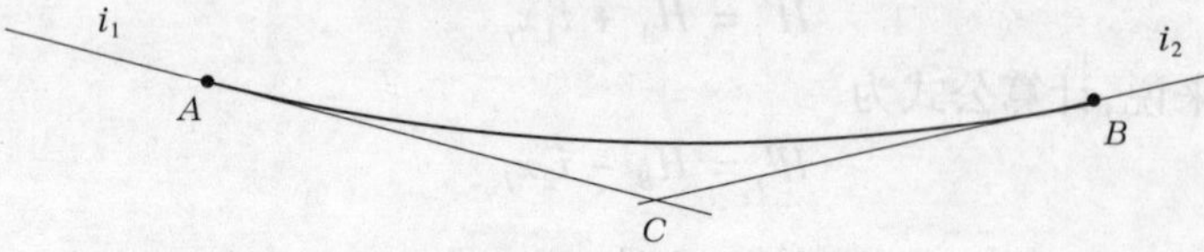

第七节　线路纵、横断面测量

一、纵断面测量

(一)纵断面测量概述

当线路的平面位置在实地测设以后,应测量出各个里程桩的高程,以便绘制出表示沿线起伏情况的断面图,供设计人员进行线路纵向坡度、桥涵位置、隧道洞口位置的设计以及土方量的计算等。纵断面测量,它是测量线路上各中桩(包括加桩)的高程,然后根据里程桩号和测出的相应点高程,按一定的比例尺绘制纵断面图,以表示线路纵向地形的变化,为纵断面设计提供依据。

线路的纵断面设计是公路设计中最重要的组成部分之一,主要根据地形条件和行车要求确定线路的坡度、路基标高和填挖高度,以及沿线桥梁、涵洞、隧道等位置。

(二)纵断面测量的内容及要求

纵断面测量分为基平测量和中平测量。

1. 基平测量

基平测量就是沿线每隔一定距离设置一个水准点,并按四等水准测量的方法测定其高程，以便为中平测量提供基准高程点。

1）测前准备

基平测量前，应认真做好以下准备工作：

（1）路线起点和终点、需长期观测的工程附近均设置永久性水准点，永久性水准点应埋设标石，也可设置在永久性建筑物的基础上或用金属标志嵌在基岩上。

（2）水准点密度应根据地形和工程需要而定，在丘陵和山区每隔 0.5 ~ 1 km 设置一个，在平原地区每隔 1 ~ 2 km 设置一个。进行沿线水准点加密时，一般为 200 m 一个水准点。

2）技术要求

根据《公路勘测规范》（JTG C10—2007）水准测量的精度要求，往返观测或两组单程观测的高差不符值应满足：

$$f_h \leqslant \pm 30\sqrt{L}\ \text{mm}$$

式中，L 为水准路线长度，km。

3）作业要求

基平测量时应遵循以下原则：

（1）应将起始水准点与附近的国家水准点联测，以获得绝对高程。

（2）在沿线水准测量中，也应尽量与附近国家水准点联测，形成附合水准路线，以获得更多的检核条件。

（3）当路线附近没有国家水准点或引测有困难时，也可根据国家小比例地形图选定一个与实地高程接近的作为起始水准点的假定高程。

4）作业方法

基平测量应使用不低于 DS_3 级水准仪，采用一组往返或两组单程在水准点之间进行观测。

5）成果计算

基平测量的记录计算方法采用四等水准测量的规定要求。若高差不符值在限差以内，取其高差平均值作为两水准点间高差，否则需要重测。最后由起始点高程及调整后高差计算各水准点高程。

2. 中平测量

中平测量也称为中桩高程测量，就是根据基平测量设置的水准点，测量所有控制桩和中桩的高程。一般以相邻两水准点为一测段，从一个水准点开始，用视线高法逐点施测中桩的地面高程，附合到下一个水准点上。

1）测前准备

中平测量之前要先进行基平测量，选择起闭的基平水准点和转点，布设附合中平测量水准路线。

2）技术要求

根据《公路勘测规范》（JTG C10—2007），中平测量的精度要求见表 8-3。

表 8-3　中平测量精度要求

路线	闭合差(mm)	两次测量之差(mm)
高速公路、一级、二级公路	$\pm 30\sqrt{L}$	±5
三级及三级以下公路	$\pm 50\sqrt{L}$	±10

3)作业要求

中平测量应遵循下列规定和要求:

(1)中平测量应起闭于基平测量的水准点上。

(2)在施测过程中,应检查中桩、加桩的位置是否合适,里程桩号是否正确,若发现错误或遗漏需进行补测和修正。

(3)转点起到传递高程的作用,因此转点标尺应立在尺垫、稳固的桩顶或坚石上,视线长一般不要超过150 m;中间点的尺子要求立在紧靠桩边的地面上。

(4)转点尺上读数至毫米,中间点尺上读数至厘米。

(5)为了削弱高程传递的误差,观测时应先观测转点,后观测中间点。

4)作业方法

中平测量常用的方法有水准测量法、电磁波测距三角高程测量法及GPS-RTK法,本任务主要介绍水准测量方法。中平测量通常采用附合水准测量法,每站可以有多个前视点。

如图8-19所示,BM_1、BM_2为基平高程点,TP_1、TP_2为转点,1、2、3为测站点。

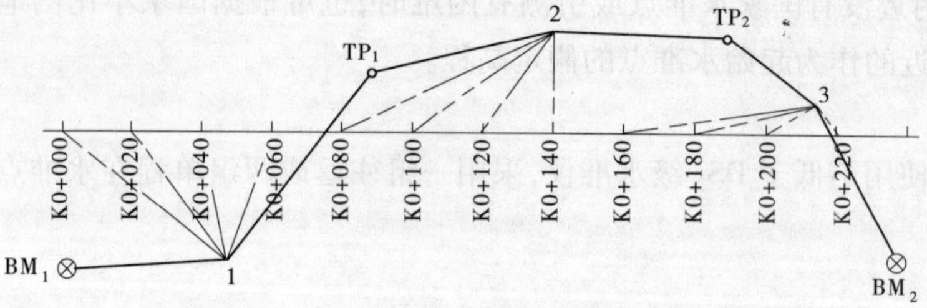

图 8-19　中平测量附合水准测量法作业过程示意图

(1)水准仪置于1测站后,后视水准点为BM_1,读数为1.986;前视转点为TP_1,读数为2.283,将观测结果分别记入表8-4中的“后视”和“前视”栏内。

(2)然后观测K0+000、K0+020、…、K0+120等各中桩点,将读数分别记入“中视”栏。

(3)将仪器搬到2测站,后视转点为TP_1,前视转点为TP_2,然后观测各中桩地面点,用同法继续想前观测,直至附合到下一点水准点BM_2,完成一测段的观测工作。

5)成果计算

(1)首先计算水准路线的闭合差。将所有后视点的读数a累加起来得$\sum a$;将所有前视点的读数累加起来得$\sum b$,则水准路线观测高差$\sum h = \sum a - \sum b$。求出闭合差后,再与规定的限差比较,在满足要求时,不必进行闭合差的调整,可直接进行中桩高程的计算,否则,需重新进行观测。

表 8-4 中平测量记录手簿

测站	测点	水准尺读数			仪器视线高度	高程
		后视	中视	前视		
1	BM_1	1.986			180.679	178.693
	K0 +000		1.57			179.109
	K0 +020		1.93			178.749
	K0 +040		1.56			179.175
	K0 +060		1.12			179.559
	TP_1			0.872		179.807
2	TP_1	2.283			182.09	179.807
	K0 +080		0.68			181.410
	K0 +100		1.59			180.500
	K0 +120		2.11			179.980
	K0 +140		2.66			179.430
	TP_2			2.376		179.714
3	TP_2	2.185			181.899	179.714
	K0 +160		2.18			179.719
	K0 +180		2.04			179.859
	K0 +200		1.65			180.249
	K0 +220		1.27			180.629
	BM_2			1.387		180.512

(2)中间点的地面高程及前视点高程，一律按所属测站的视线高程进行计算。每一测站的计算公式如下：

视线高程 = 后视点高程 + 后视读数

转点高程 = 视线高程 − 前视读数

中桩高程 = 视线高程 − 中视读数

(三)纵断面图的绘制

纵断面图是沿着中线方向绘制的反映沿线地面起伏和纵坡设计的现状图，是线路设计和施工中的重要文件资料。纵断面图是以中桩的里程为横坐标、中桩的地面高程为纵坐标绘制的，一般情况下，绘图时横坐标的比例尺，也就是里程比例尺应与线路带状地形图的比例尺一致；纵坐标的比例尺，也就是高程比例尺一般比绘制里程比例尺大 10 倍，如里程比例尺为 1∶1 000 时，绘制高程时的比例尺为 1∶100。

1. 纵断面图的绘制方法

(1)按照选定的比例尺绘制表示里程和高程的坐标轴线，填写里程桩号、地面高程。

(2)绘制原始地面线。首先选定纵坐标的起始高程，使绘出的地面线位置适中。然后根据中桩的里程和高程，在图上按纵横比例尺依次绘出各中桩的地面位置，再用直线将相邻点连接起来,就得到地面线。

(3)绘制设计竖曲线,并在相应位置填写土壤地质情况、设计坡度及距离、竖曲线设计要素、设计高程、计算和填写填挖高度、填写平曲线设计要素等数据和资料,如图 8-20 所示。

(4)标注水准点、涵洞等位置及相应数据和说明等。

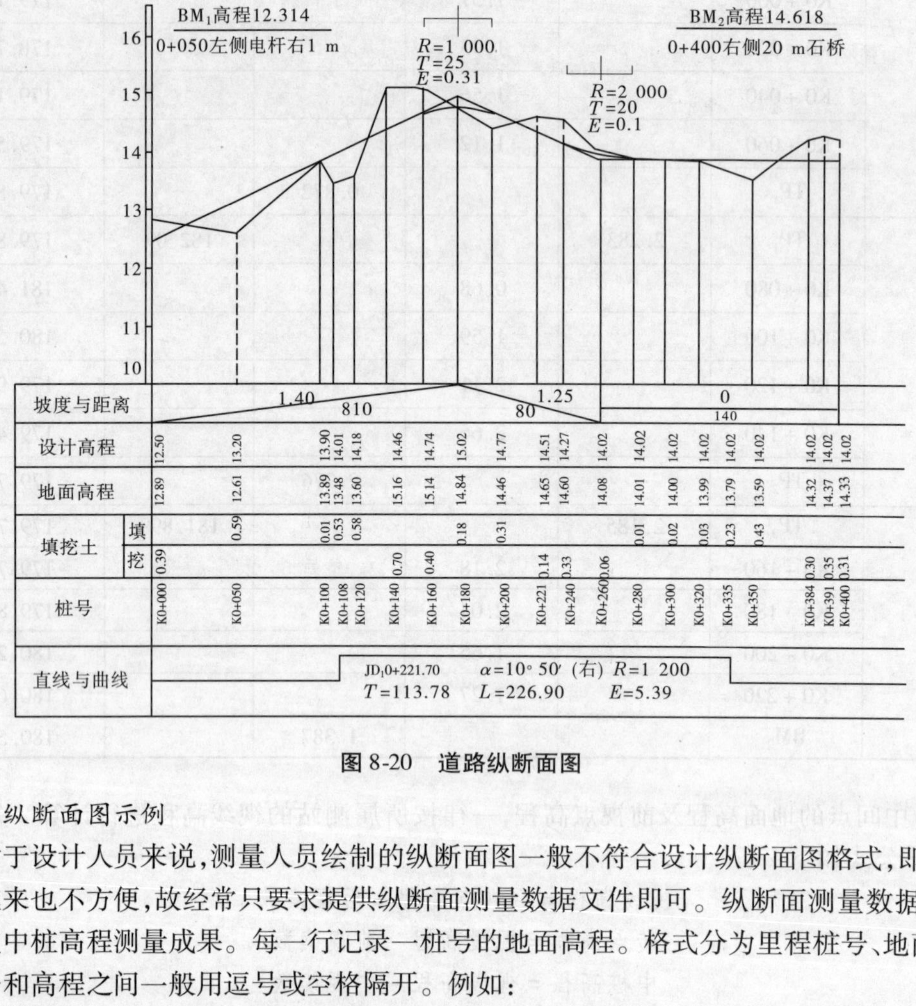

图 8-20　道路纵断面图

2. 纵断面图示例

对于设计人员来说,测量人员绘制的纵断面图一般不符合设计纵断面图格式,即使符合应用起来也不方便,故经常只要求提供纵断面测量数据文件即可。纵断面测量数据文件记录外业中桩高程测量成果。每一行记录一桩号的地面高程。格式分为里程桩号、地面高程。在桩号和高程之间一般用逗号或空格隔开。例如:

0,12.89

50,12.61

100,13.89

……

二、横断面测量

横断面测量是在线路各中桩处测定垂直于道路中线方向的地面起伏情况,并按一定比例尺绘制出横断面图,作为路基设计、土石方计算、路基防护设计、施工放样的依据。

横断面测量的宽度,由路基宽度及地形情况确定。对于地质不良,填高挖深及需要对路基进行防护设计的地段应适当加宽。一般在中线两侧各测 15 ~ 50 m。

横断面测量需要经过定向、施测和绘制横断面图等步骤来完成。

(一)横断面方向的确定

横断面测量的方向,在直线段应与线路中线垂直,曲线段应该在该点的法线方向上。传统方法是采用十字架、求心十字架等方法确定。近年来一般是采用全站仪或 GNSS - RTK 直接放样出横断面方向。这种方法的难点在于如何计算出线路横断面方向的坐标方位角。

1. 直线段横断面方向的确定

对于道路直线段(见图 8-21),先利用线路两端交点坐标,求出道路中线前进方向的线路方位角 $\alpha_{中}$,然后利用式(8-37)即可求出任意一点 i 的横断面方向。

$$\alpha_{横} = \alpha_{中} \pm 90 \tag{8-37}$$

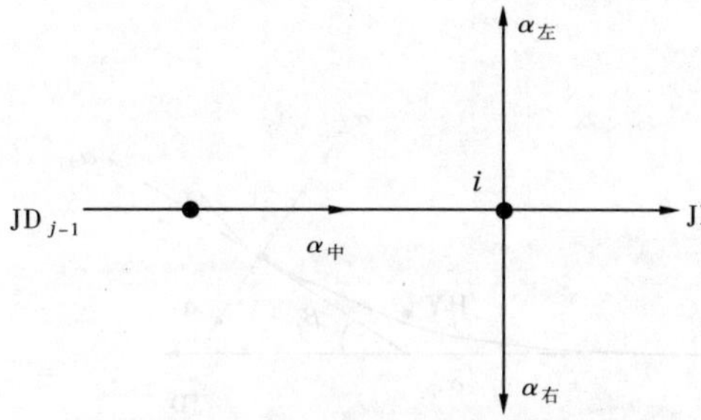

图 8-21 直线段横断面方向确定

其中,求 $\alpha_{左}$时用"-"号,求 $\alpha_{右}$时用"+"号。注意要面向线路的前进方向来判断线路左右方向。

求出 $\alpha_{左}$、$\alpha_{右}$后,只要给定左右边桩距中桩的距离,很容易求出左右两边桩的线路坐标。

2. 圆曲线段横断面方向确定

如图 8-22 所示,设 ZY 点切线方向的线路方位角表示为 $\alpha_{中}$,圆曲线上任意一点 i 距 ZY 的弧长为 l_i,则其对应的圆心角 $\varphi_i = \dfrac{l_i}{R}\dfrac{180}{\pi}$。

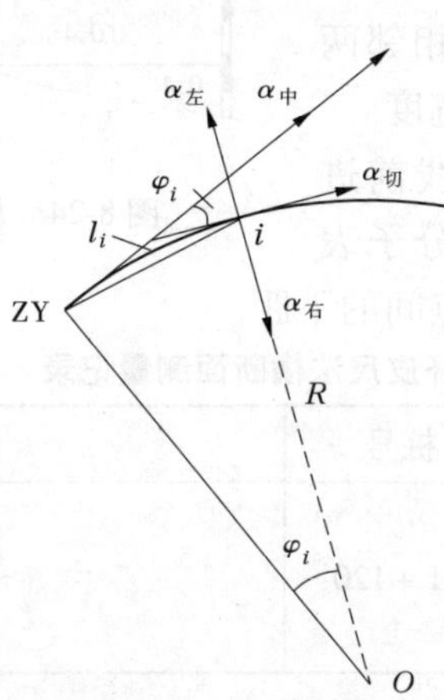

图 8-22 圆曲线段横断面方向确定

由图 8-22 可知,点 i 的切线方位角 $\alpha_{切}$为

$$\alpha_{切} = \alpha_{中} \pm \varphi_i \tag{8-38}$$

(符号取法:当曲线在切线的左侧时用"-"号,当曲线在切线的右侧时用"+"号。)

然后利用式(8-39)即可求出任意一点 i 的横断面方向。

$$\alpha_{横} = \alpha_{切} \pm 90 \tag{8-39}$$

其中,求 $\alpha_{左}$ 时用"-"号,求 $\alpha_{右}$ 时用"+"号。

3. 缓和曲线段横断面方向确定

如图 8-23 所示,由式(8-14)可以求出缓和曲线上任意一点 i 切线与 ZH 点切线之间的夹角 $\beta_i = \frac{l_i^2}{2Rl_0}\frac{180}{\pi}$。把 β_i 代替 φ_i 带入式(8-38)即可求出点 i 的切线方位角 $\alpha_{切}$。最后利用式(8-39)即可求出任意一点 i 的横断面方向。

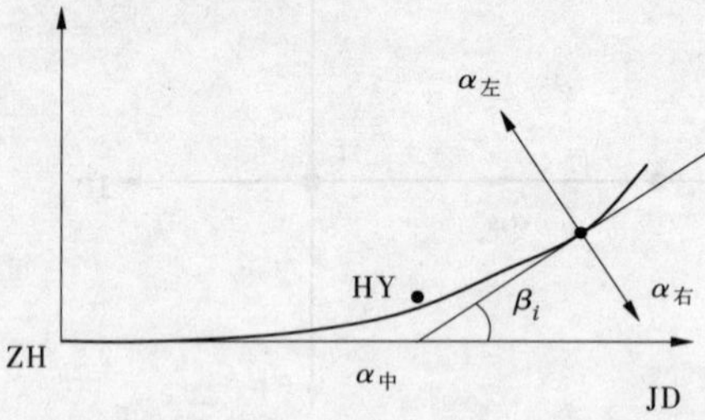

图 8-23　缓和曲线段横断面方向确定

(二)横断面测量方法

横断面上中桩的地面高程已在纵断面测量时完成,横断面上各地形特征点相对于中桩的平距和高差可用下述方法测定。

1. 标杆皮尺法

如图 8-24 所示,将标杆立于断面方向的某特征点 1 上,皮尺靠中桩地面拉平,量出至该点的平距,而皮尺截于标杆的红白格数(每格 0.2 m)即为两点间的高差。同法连续测出相邻两点间的平距和高差,直至规定的横断面宽度。

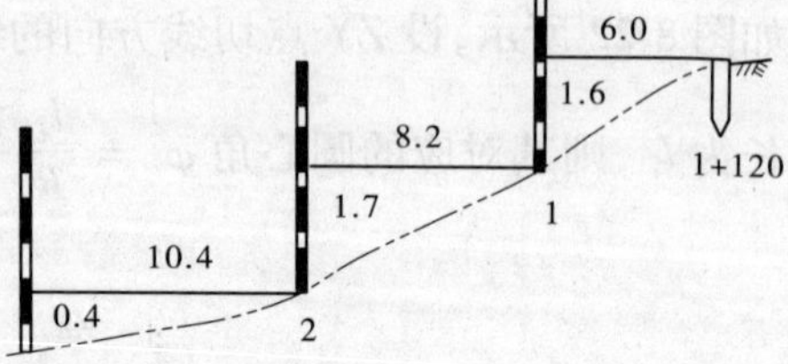

图 8-24　标杆皮尺法测量横断面

测量记录格式见表 8-5,表中按路线前进方向分左、右侧记录,其中每个分数中分子表示相邻两点间的高差,分母表示相邻两点间的平距。

表 8-5　标杆皮尺法横断面测量记录

左	桩号	右
$\frac{-0.4}{10.4}$　$\frac{-1.7}{8.2}$　$\frac{-1.6}{6.0}$	K1 + 120	$\frac{+0.8}{2.4}$ $\frac{+1.5}{2.9}$ $\frac{0}{3.9}$

2. 水准仪皮尺法

此法适用于施测横断面较宽的平坦地区。如图 8-25 所示,在横断面方向附近安置水准仪,以中桩地面高程点为后视,中桩两侧横断面方向地形特征点为前视,分别测量地形特征点的高程。用皮尺分别测量出地形特征点至中桩点的平距。测量记录格式见表8-6。

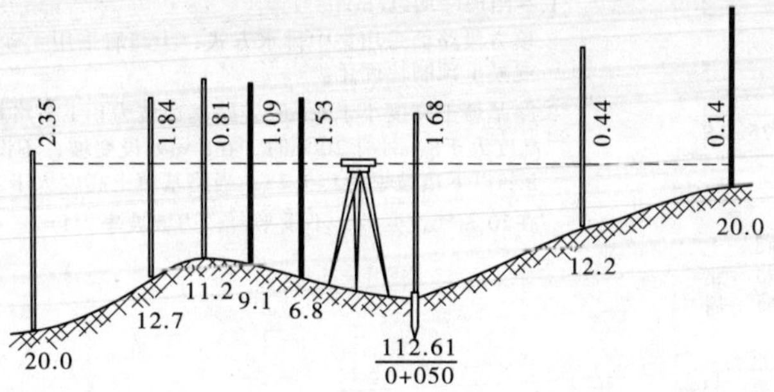

图8-25 水准仪皮尺法测量横断面

表8-6 水准仪皮尺法横断面测量记录

$\frac{前视读数}{距离}$(左侧)	桩号	$\frac{前视读数}{距离}$(右侧)
$\frac{2.35}{20.0}$ $\frac{1.84}{12.7}$ $\frac{0.81}{11.2}$ $\frac{1.09}{9.1}$ $\frac{1.53}{6.8}$	$\frac{1.68}{0+050}$	$\frac{0.44}{12.2}$ $\frac{0.14}{20.0}$

3. 全站仪法

将全站仪安置在控制点上,设置好仪器后,利用横断面测量功能,直接测量出地形特征点与中桩的平距和高程。该法适用于地形困难、山坡陡峻路线的横断面测量。

(三)横断面图绘制

一般采用1:100或1:200的比例尺绘制横断面图。

根据横断面测量得到的各点间的平距和高差,在毫米方格纸上绘出各中桩的横断面图。如图8-26中的细实线所示,绘制时,先标定中桩位置,由中桩开始,逐一将特征点画在图上,再直接连接相邻点,即绘出横断面的地面线。

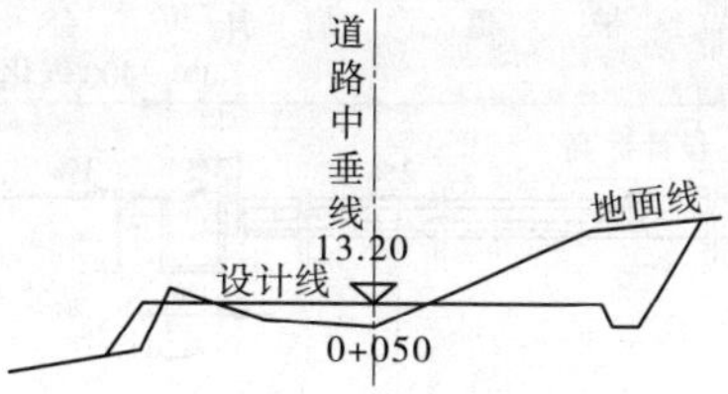

图8-26 横断面图

横断面图画好后,设计人员即可进行路基设计。

先在透明纸上按与横断面图相同的比例尺分划分别绘出路堑、路堤和半填半挖的路基设计线,称为标准断面图,然后按纵断面图上该中桩的设计高程把标准断面图套在实测的横断面图上。也可将路基断面设计线直接画在横断面图上,绘制成路基断面图,该项工作俗称"戴帽子"。如图8-27中为填方路基和挖方路基设计的标准半断面图。

根据横断面的填、挖面积及相邻中桩的桩号,可以算出施工的土、石方量。

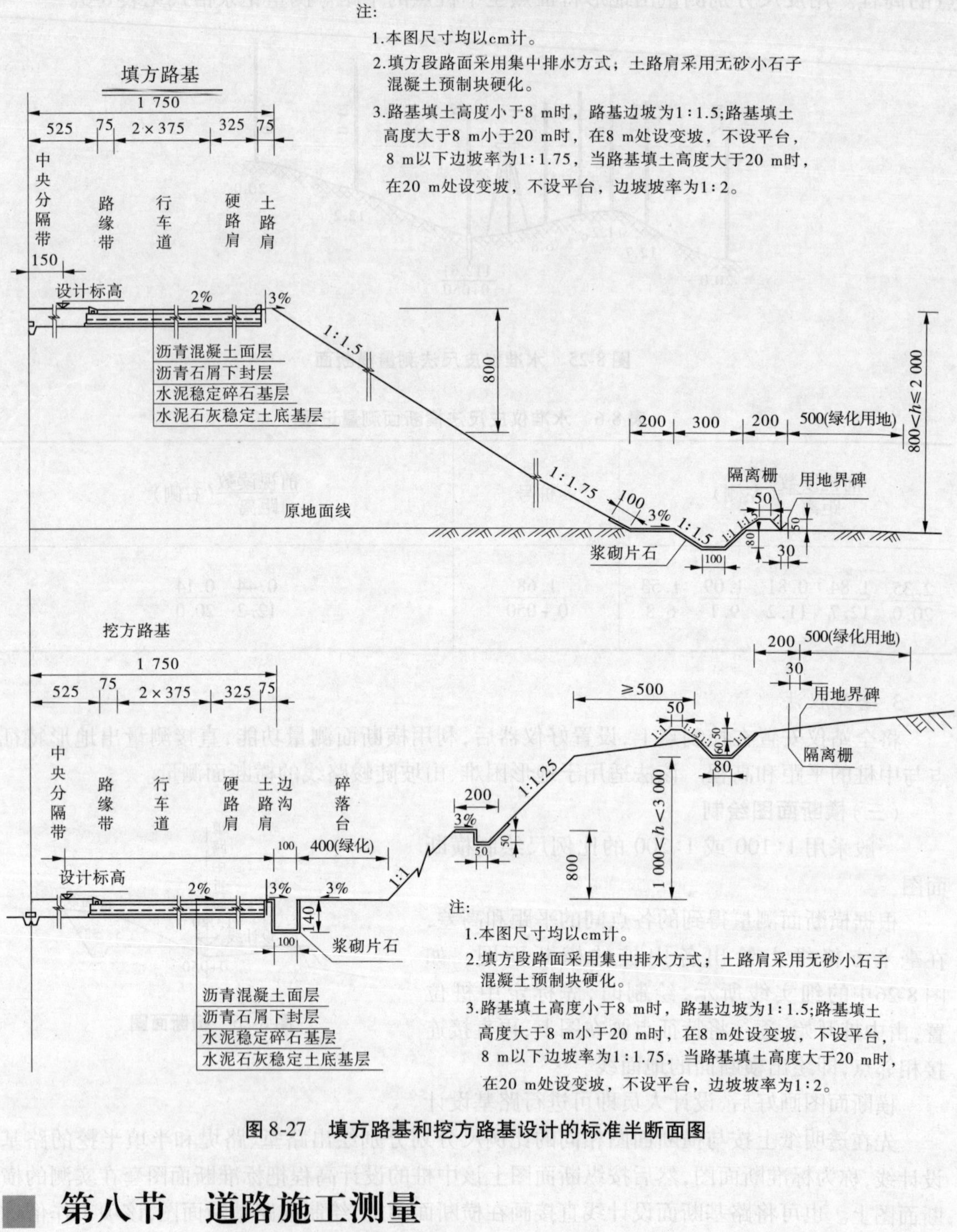

注:
1.本图尺寸均以cm计。
2.填方段路面采用集中排水方式;土路肩采用无砂小石子混凝土预制块硬化。
3.路基填土高度小于8 m时,路基边坡为1:1.5;路基填土高度大于8 m小于20 m时,在8 m处设变坡,不设平台,8 m以下边坡率为1:1.75,当路基填土高度大于20 m时,在20 m处设变坡,不设平台,边坡坡率为1:2。

图 8-27　填方路基和挖方路基设计的标准半断面图

第八节　道路施工测量

公路工程施工测量就是利用测量仪器和设备,依据设计图纸中公路的各项元素、控制点坐标和水准点高程,通过坐标放样方法来控制公路的线形外观,用水准测量(放样)方法来控制公路的纵横向坡度,为施工提供依据。

施工测量是保证施工质量的一个重要环节。在实际工作中,必须严格遵守《工程测量规范》(GB 50026—2007)、《公路勘测规范》(JTG C10—2007)、《公路路基施工技术规范》(JTG/T 3610—2019)等有关规范、规程的要求。施工测量贯穿道路施工始终,从施工前的准备到施工全过程,都离不开施工测量。而且在每个阶段,随着工程的进展,施工测量要反复进行多次。

本节主要介绍控制点复测、路基施工测量、路面施工测量、涵洞施工测量等内容。

一、控制点复测

控制点复测是施工测量前必不可少的准备工作。它包括导线控制点和路线控制桩的复测;另外,由于人为或其他原因,导线控制点和路线控制桩或丢失或遭到破坏,要对其进行补测;有的导线点在路基范围以内,需将其移至路基范围以外。只有当这一切都完成无误,方能进行施工放样工作。另外,在施工过程中也要定期检核。应尽量使用精良的测量设备,采用先进的测设方法。

(一)导线控制点复测

导线控制点复测时,应按规范规定的精度要求,逐点实测导线转折角 β_i 和导线边长 S_i 。

首先应利用观测数据(β_i 和 S_i)进行导线平差,检查复测导线的方位角闭合差和导线全长相对闭合差是否符合规范规定。当两项闭合差全部合限时,说明复测导线本身的观测精度满足规范要求。

再利用设计图纸上提供的控制点坐标反算出导线转折角 β'_i 和导线边长 S'_i 。当观测值与反算值满足式(8-40)时,则认为设计图纸上提供的导线控制点的平面坐标和位置是正确的。

$$\left|\beta_i - \beta'_i\right| \leqslant 2m_\beta$$

$$\left|\frac{S_i - S'_i}{S_i}\right| \leqslant \frac{1}{T} \tag{8-40}$$

式中, m_β 为相应导线等级的测角中误差; $\frac{1}{T}$ 为相应等级的边长相对中误差。

(二)高程控制点复测

高程控制点的检测一般使用水准测量方法进行。高速公路和一级公路的水准测量闭合差按四等水准控制,二级以下公路水准测量闭合差按五等水准控制。若满足精度要求,则认为设计图纸上提供的高程控制点高程是正确的。

一般情况下,道路两旁布设的导线点,其坐标和高程均在同一点上。因此,在满足精度要求的前提下,复测平面坐标的同时,可利用三角高程测量的方法检测高程。

值得注意的是,有的施工单位在复测导线点时,只检查本标段的点,而忽视了对前后相邻标段点的检查,这样就有可能在标段衔接处出现道路中线错位或断高。在实际工作中,应引起重视,防止此类问题发生。复测导线时,必须和相邻标段的导线闭合。

(三)导线控制点的补测与移位

由于人为或其他的原因,导线控制点或丢失或遭到破坏。如果间断性的丢失,则可用极坐标法或前方交会法等补测导线点。补测的导线点原则上应在原导线点附近。如果连续丢失数点,则要用导线测量的方法补测。导线点的高程用水准测量或三角高程测量测定。

值得提醒的是,在补点时应尽量将点位选在路线的一侧、地势较高处,以避免路基填土达到一定高度时影响导线点之间的通视。

施工期间应定期(一般半年)对导线控制点(特别是水准点)进行复测。季节冻融地区,在冻融以后也要进行复测。发现导线控制点丢失后应及时补上,并做好对导线控制点(特别是原始点)的保护工作。

二、路基施工测量

路基施工测量包括道路中线恢复、高程放样测量和路基边桩和边坡放样。随着路基的开挖与填筑,施工测量要反复进行多次。一般情况下,每填挖1 m左右,便要重新进行路基施工测量。

(一)道路中线恢复

道路中线恢复,也就是前面所讲到的道路中线测量,就是根据道路沿线控制点将道路中线恢复出来。具体内容可参见本章第三节“二、道路中线放样”,在施工测量中常用的中线测量方法是全站仪极坐标法。

(二)高程放样测量

中线全面恢复以后,只是完成了路基施工放样的第一步,接下来还要进行高程的测量、放样,通过不断的高程的测量放样,使路基的填筑或开挖达到设计的高度。

道路经过勘测设计之后,往往要经过一段时间才能施工。假如在这段时间内,沿路线方向的地形发生了变化,则在施工前还要对中线的高程和横断面进行测量,与勘测设计的纵横断面进行比较。如相差较大,可将路线设计的施工标高加以改正,以便按改正后的施工标高施工,并重新进行土石方工程数量的计算,但必须经过监理工程师的认可。

高程测量放样采用的基本方法是水准测量和电磁波三角高程测量。

(三)路基边桩放样和边坡放样

1.路基边桩放样

路基施工之前,在地面上把路基轮廓表示出来,也就是把路基两旁的边坡与原地面相交的坡脚点(或坡顶点)找出来,钉上边桩,确定路基施工范围,以便正确施工。边桩的位置与路基的填挖高度、边坡坡度和实地地形有关。

1)路基边桩距中桩距离的确定

(1)图解法。根据设计图纸上提供的路基横断面图,从图上直接量取路基边桩距中桩的平面距离。

(2)解析法。当横断面设计图与实地有所出入或沿线地形发生变化时,再用图解法不再合适,则可以考虑采用解析法。

①平坦地段边桩至中桩距离计算。由于路面排水需要,设计路面是有一定坡度的,标准路面一般呈中间高两边低形状,计算时必须考虑高程变化对距离的影响。

对于填方路基(路堤),若根据设计图纸计算出道路路面的半宽 $\frac{B}{2}$ 和两侧路肩边缘的设计高程 H_{ZLJ} 和 H_{YLJ}(也可从路基设计表中查取),再结合第一边坡坡度1∶m_1 和限定高度 h_1 以及第二边坡坡度1∶m_2,待实测出两边桩原始地面标高 H_Z、H_Y 后,即可求出左右边桩距中桩的距离 d_Z、d_Y。

设某路堤左边坡填土高度超过了限定高度 h_1，需设立两个边坡坡度 $1:m_1$、$1:m_2$，如图 8-28 所示，则 d_Z 计算公式为

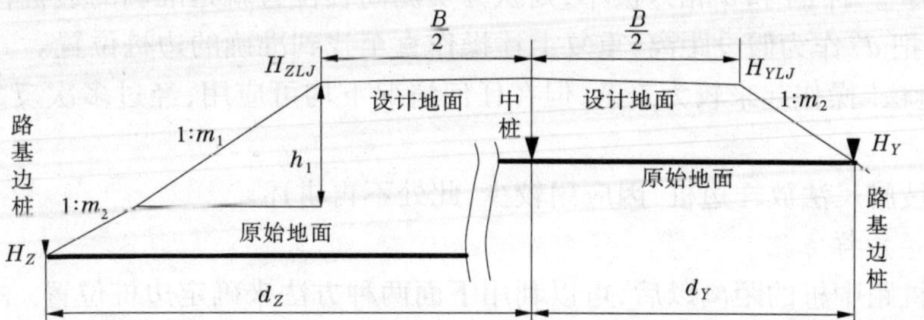

图 8-28　平坦地区填方路基边桩至中桩距离计算

$$d_Z = \frac{B}{2} + m_1h_1 + m_2(H_{ZLJ} - H_Z - h_1) \tag{8-41}$$

设右边坡不足限定高度 h_1，只需设立第一边坡坡度 $1:m_1$，则 d_Y 的计算公式为

$$d_Y = \frac{B}{2} + m_1(H_{YLJ} - H_Y) \tag{8-42}$$

对于挖方路基(路堑)，在土路肩两侧还加入了边沟和碎落台。在计算设计路面半宽值时，必须考虑边沟和碎落台的宽度，此时应采用图 8-29 中的 $\frac{B_1}{2}$。

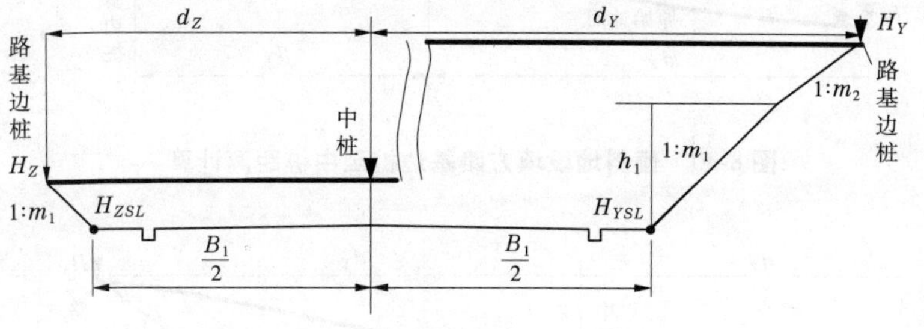

图 8-29　平坦地区挖方路基边桩至中桩距离计算

假设设计路面左、右两侧碎落台外边缘的设计高程分别为 H_{ZSL}、H_{YSL}（根据设计图纸计算），其他符号含义相同，则左右两侧边桩距中桩的距离计算公式为

$$\left.\begin{aligned} d_Z &= \frac{B_1}{2} + m_1(H_Z - H_{ZSL}) \\ d_Y &= \frac{B_1}{2} + m_1h_1 + m_2(H_Y - H_{YSL} - h_1) \end{aligned}\right\} \tag{8-43}$$

需要指出的是，随着横断面设计形式的不同，上述边桩计算公式也应做相应的变化，实际工作中必须小心应用。

②倾斜地段边桩至中桩距离计算。如图 8-30、图 8-31 所示，在倾斜地段，边桩至中桩的距离随着地面坡度的变化而变化，此时无法一次准确确定两边桩原始地面标高 H_Z、H_Y，故一般采用“逐渐趋近法”确定边桩位置。其步骤如下：

无论是填方路基还是挖方路基,首先目估(或假设)边桩距中桩的大致距离 d,在实地量出该位置的实测高程 H。把高程 H 代替 H_Z(或 H_Y),计算出在设计边坡坡度情况下高程 H 对应的距离 d'。若 d' 和 d 相差极小,则认为实测高程位置就是准确的边桩位置;若 d' 和 d 相差较大,可把 d' 作为假设距离,重复上述操作直至找到准确的边桩位置。

"逐渐趋近法"操作起来较为繁杂,但在任何情况下均可应用,经过多次反复实践,即可运用自如。

另外还有坡脚尺法放样边桩,因应用较少,此处不再讲述。

2)路基边桩放样方法

知道了边桩距中桩的距离以后,可以利用下面两种方法来确定边桩位置。

(1)用十字架或求心十字架等简易设备,大致确定横断面方向,再用钢尺或皮尺实地丈量以确定边桩的位置。丈量时尺子要拉平,如横坡较大时,需分段丈量,在量得的点上钉上坡脚桩(或坡顶桩),再用石灰标出坡脚(或坡顶)的界限。施工过程中如有破坏,应及时补上,以满足施工的要求。

(2)利用前面讲述的各种道路线形中桩线路坐标的计算公式,结合本章第七节的线路纵、横断面测量中讲述的计算横断面方向的公式,再根据边桩距中桩距离,直接计算出相应边桩点的线路坐标,用全站仪或其他设备直接放样出实地位置。

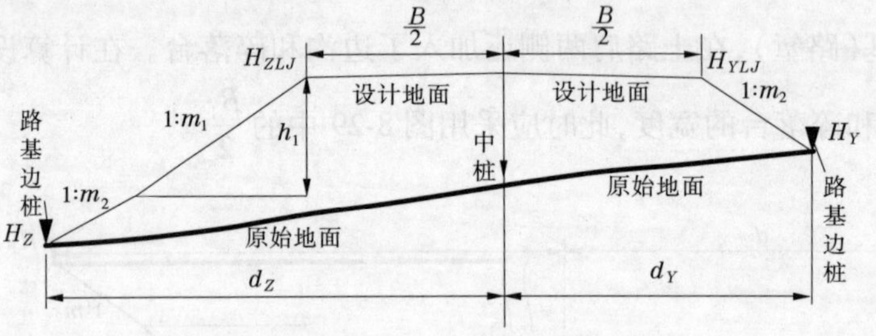

图 8-30　倾斜地段填方路基边桩至中桩距离计算

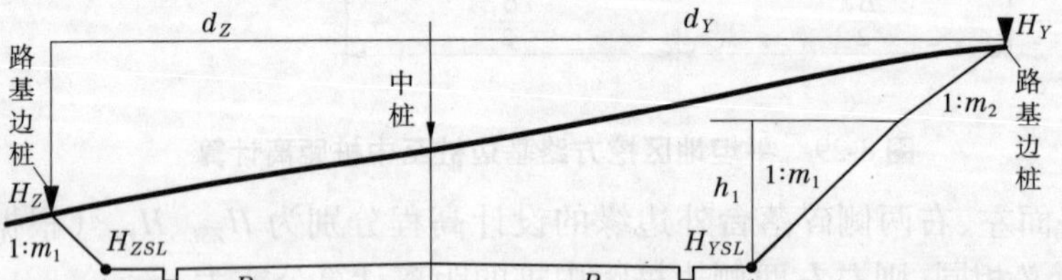

图 8-31　倾斜地段挖方路基边桩至中桩距离计算

需要注意的是,对于填方路基,为保证路基边缘的压实度和修坡的需要,往往要超填一定的宽度(0.3~0.5 m)。当离设计地面较近时,按稍陡于设计坡度掌握,使路基面有足够的宽度。

2. 边坡放样

有了边桩还不足以指导施工,为使填挖的边坡达到设计坡度,还要把边坡坡度在实地标定出来,以使比照施工。边坡放样的方法主要有“麻绳竹竿挂线法”和“边坡样板法”。

1)麻绳竹竿挂线法

(1)一次挂线。当路堤填土不高时,可按图 8-32(a)的方法一次把线挂好。

(2)分层挂线。当路堤填土较高时,分层挂线较好。在每次挂线前,应当恢复中线并横向抄平。如图 8-32(b)所示。

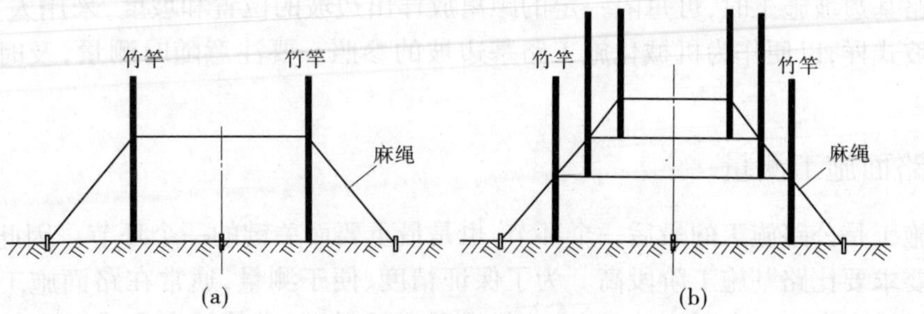

图 8-32 麻绳竹竿挂线法

挂线法只适用于人工施工,对机械化施工是不适合的。

2)边坡样板法

首先按照路基边坡坡度做好边坡样板,施工时可比照样板进行放样。样板式样有:

(1)活动坡度尺。活动坡度尺样式见图 8-33(a)。也可用一直尺上装有带坡度的手水准代替,如图 8-33(b)所示。在施工过程中,可随时用坡度尺来检查路基边坡是否合乎设计要求。

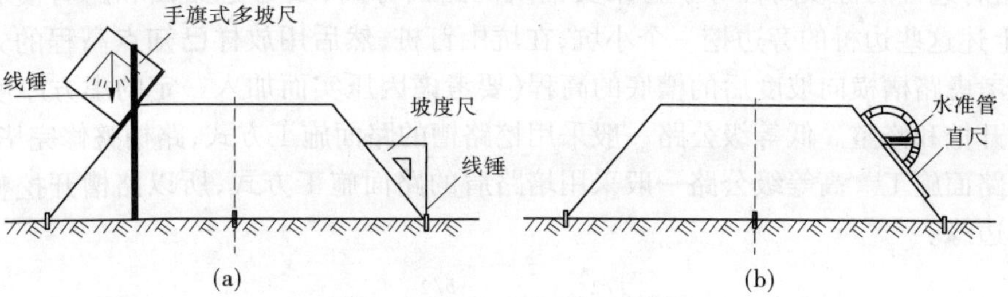

图 8-33 活动坡度尺法放样边坡

(2)固定边坡样板。开挖路堑时,在坡顶外侧立固定边坡样板,施工时可以随时瞄比,控制开挖边坡,如图 8-34 所示。

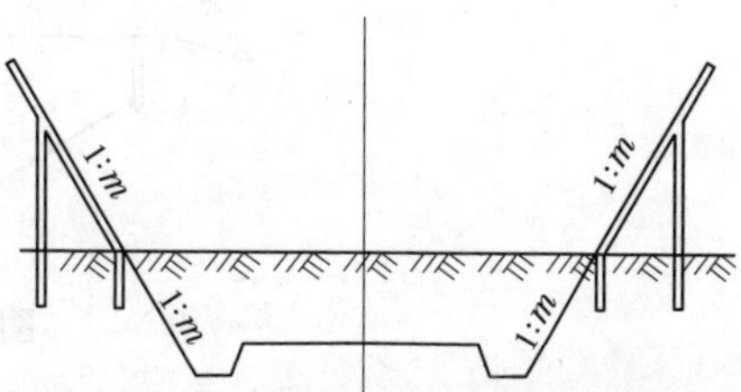

图 8-34 固定边坡样板法放样边坡

3)机械化施工路基边坡时的测量工作

机械填土时,应按铺土厚度及边坡坡度保持每层间正确地向内收缩一定的距离,且不可按自然的堆土坡度往上填土,这样会造成超填而浪费土方。每填高 1 m 左右或填至距路肩 1 m时,要重新恢复中线、测高程放铺筑面边桩,用石灰显示铺筑面边线位置,并将标杆移至铺筑面边上。

机械挖土时,应按每层挖土厚度及边坡坡度保持层与层之间的向内回收的宽度,防止挖伤边坡或留土过多。每挖深 1 m 左右,应测设边坡、复核路基宽度,并将标杆下移至挖掘面的正确边线上。每挖 3 ~ 4 m 或距路基面 20 ~ 30 cm 时,应复测中线、高程、放样路基面宽度。

按以上做法,可及时控制填方超填和挖方超挖现象的出现。

正式路基边坡施工时,可每隔一定的距离放样出边坡的位置和坡度,采用人工施工的方法做出边坡式样,以便作为机械化施工路基边坡的参照。要注意随时测量,及时发现问题,及时修正。

三、路面施工测量

路面施工是公路施工的最后一个环节,也是最重要而关键的一个环节。因此,对施工放样的精度要求要比路基施工阶段高。为了保证精度、便于测量,通常在路面施工之前,将线路两侧的导线点和水准点引到路基上,一般设置在桥梁、通道的桥台上或涵洞的压顶石上,不易被破坏。

路面施工阶段的测量工作仍然包含恢复中线、放样高程和测量边线。

(一)路槽放样

如图 8-35 所示,在粗平后的路基顶面上恢复中线,每隔 10 m 加密中桩,再沿各中桩的横断面方向向两侧量出路槽宽度的一半 $\frac{b}{2}$ 得到路槽边桩,量出 $\frac{B}{2}$ 得路肩边桩(注意:曲线路段设置加宽时,要在加宽的一侧增加加宽值),然后用放样已知点高程的方法使中桩、路槽边桩、路肩边桩的桩顶高程等于将来要铺筑的路面标高(要考虑路面和路肩横坡以及超高)。在上述这些边桩的旁边挖一个小坑,在坑中钉桩,然后用放样已知点高程的方法使桩顶符合于考虑路槽横向坡度后的槽底的高程(要考虑因压实而加入一定的虚方厚度),以指导路槽的开挖和修整。低等级公路一般采用挖路槽的路面施工方式,路槽整修完毕,便可进行路肩和路面施工。高等级公路一般采用培路肩的路面施工方式,所以路槽开挖整修要进行到路肩边缘。

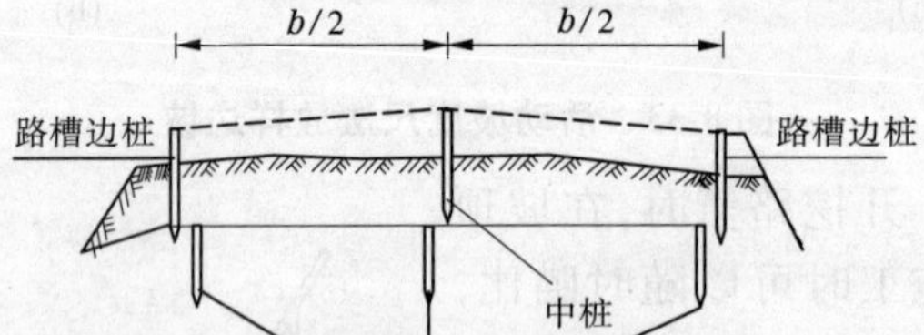

图 8-35　路槽放样

机械施工时,木桩不易保存,因此路中心和路槽边的路面高程可不放样,而在路槽整修后,在路槽底上放置相当于路面加虚方厚度的木块作为路面施工的标准。

(二)路面放样

路面各结构层的放样方法仍然是先恢复中线,由中线控制边线,再放样高程控制各结构层的标高。除面层外,各结构层横坡按直线形式放样。仍然要注意的是路面的加宽与超高。

1. 路面边桩放样

路面边桩放样可以先放出中线，再根据中线的位置和横断面用钢尺（或皮尺）丈量来放出边桩，这是常用的方法。

在高等级公路路面施工中，有时不放中桩而直接根据边桩的坐标放出边桩。

2. 路拱放样

对水泥路面或中间有分隔带的沥青路面，其路拱（面层顶面横坡）按直线形式放样。

对中间没有分隔带的沥青路面，其路拱（面层顶面横坡）一般有如下几种形式。

1）抛物线型路拱

如图 8-36 所示。

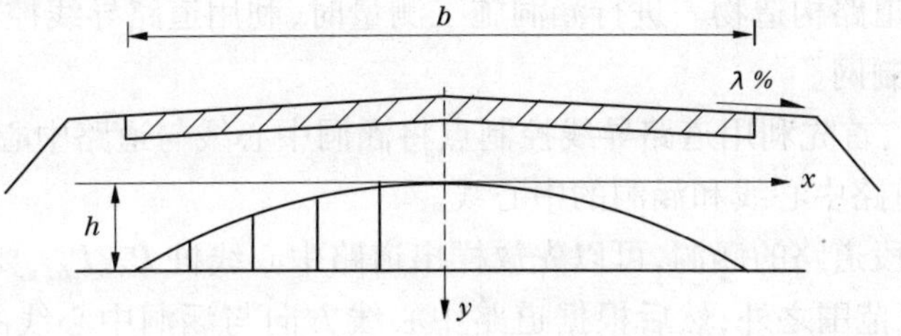

图 8-36　抛物线形路拱

常见的抛物线型路拱公式有 $y=\frac{4h}{b^2}x^2$，$y=\frac{2h}{b^2}x^2+\frac{h}{b}x$ 等。式中，x 为横距；y 为纵距；b 为路面宽度；h 为拱高，可按路拱坡度 i 确定，即 $h=\frac{bi}{2}$。

2）屋顶线型路拱

（1）斜直线型路拱。当路面横坡采用 1.5% 时，在路拱中心插入一对横坡坡度为 0.8% ~1.0% 的连接线。当路面横坡采用 2.0% 时，在路拱中心插入两对对称的连接线，其横坡坡度分别为 1.5% 和 0.8% ~1.0% 的连接线。如图 8-37 所示。

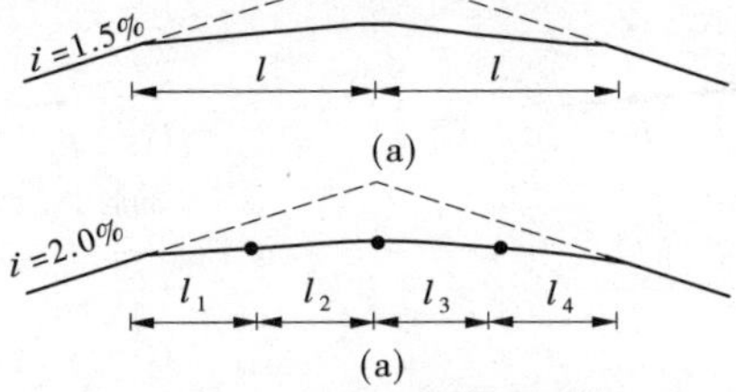

图 8-37　倾斜直线型路拱

（2）直线夹曲线型路拱。如图 8-38 所示，中间的圆顶部分用圆曲线或抛物线连接，所用圆曲线长度一般不小于路面宽的 1/10，半径不小于 50 m。拱高 h 可用下式计算：

$$h=\left(\frac{b}{2}-\frac{l_1}{4}\right)i \tag{8-44}$$

中间没有分隔带的沥青路面，其路面路拱的放样一般采用路拱样板进行，在施工过程中逐段检查，对于碎石路面不应超过 1 cm，对于混凝土和渣油路面不应超过 2 ~3 mm。

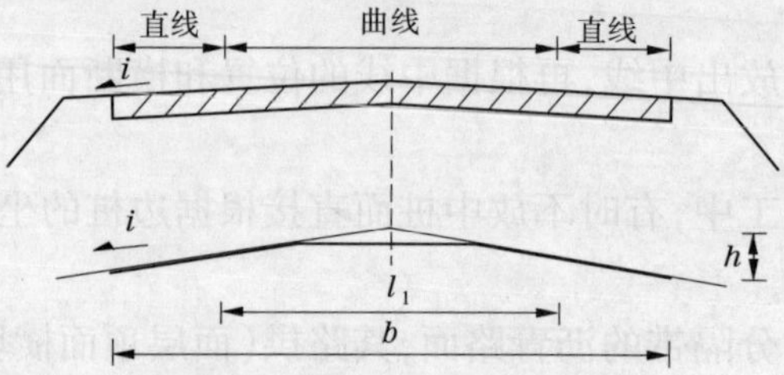

图 8-38　直线夹曲线型路拱

四、涵洞施工测量

涵洞属于小型道路构造物。进行涵洞施工测量时,利用道路导线控制点就可以进行,不需另外建立施工控制网。

如图 8-39 所示,首先利用道路导线控制点将涵洞中心线与道路中心线的交点 P 位置放样出来,然后放样道路中心线和涵洞的中心线。

对于位于直线段道路的涵洞,可以先放样出道路中心线桩 P_5、P_6 ,要求 P_5、P_6 分别位于 P 点前后,且在施工范围之外;然后根据道路中心线方向与涵洞中心线的夹角 θ,在涵洞轴线方向上定设轴线桩 P_1、P_2、P_3、P_4 来确定。也可以由导线控制点直接放样出 P_1、P_2、P_3、P_4 点坐标(可参照路基边桩坐标的计算方法进行)。涵洞轴线桩应在路基施工范围以外,并用木桩做好标志。自 P 点沿涵洞轴线方向量出上下游的涵长,即得涵洞进、出口位置,以木桩标记。

对于曲线型道路,注意 P_5、P_6 应该是点 P 切线方向上的两点,而不再是道路中桩(见图 8-40)。其余放样过程同上。

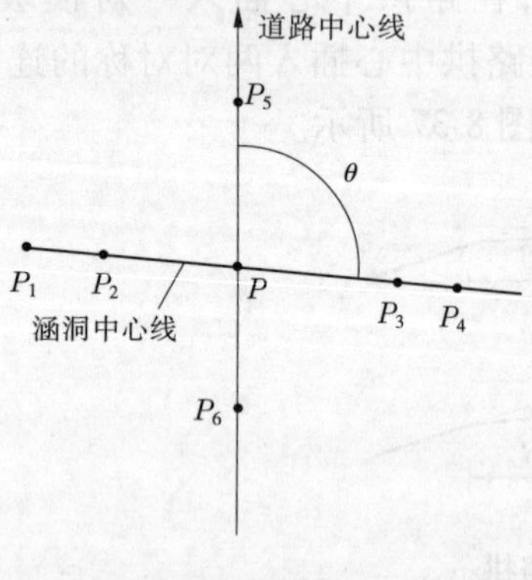

图 8-39　直线段道路的涵洞测设

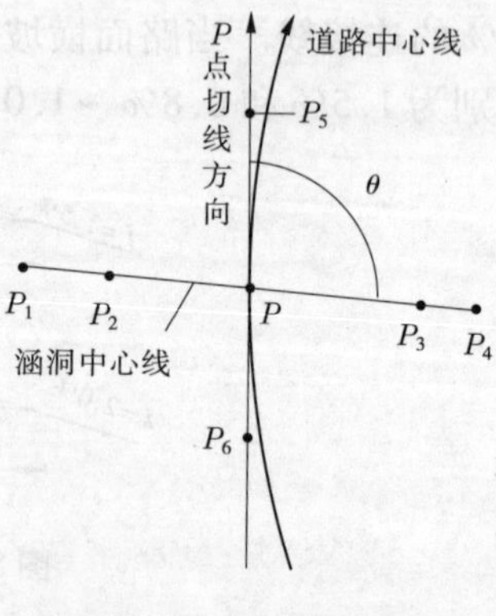

图 8-40　曲线段道路的涵洞测设

涵洞基础及基坑的边线根据涵洞的轴线测设,在基础轮廓线的转折处都要钉设木桩。

涵洞细部的高程放样,一般是利用附近的水准点用水准测量或三角高程测量的方法进行(略)。

在平面放样时,主要是保证涵洞轴线与公路轴线保持设计的角度,即控制涵洞的长度。在高程放样时,要控制洞底与上、下游的衔接,保证水流顺畅。对于人行通道或小型机动车通道，保证洞底纵坡与设计图纸一致，不要积水。

复习与思考题

1. 道路施工测量的测设步骤是什么？

2. 道路初测中，需进行平面控制测量，平面控制点的测设需注意哪些事项？

3. 道路中线测量的基本平面线形有哪些？

4. 圆曲线线路坐标的计算过程主要分为哪几个步骤？

5. 如何对圆曲线要素进行计算？

6. 什么是缓和曲线？简述缓和曲线的特性。

7. 综合曲线计算要素有哪些？如何计算？

8. 某凹曲线变坡点 C 的里程桩号为 $5+175.000$，设计高程 H_C 为 91.500 m，竖曲线半径 $R=500$ m，线路坡度 $i_1=-4\%$，$i_2=+6\%$，现要求按 10 m 一个点计算竖曲线上各点的设计高程。

9. 纵断面图的绘制是以中桩的里程为横坐标、中桩的地面高程为纵坐标绘制的，一般情况下，高程比例尺一般比绘制里程比例尺大多少倍？

10. 道路横断面测量方法有哪些？

第九章　桥梁工程测量

桥梁工程测量的内容主要包括桥梁施工控制网测量、施工测量、竣工测量、施工过程中及竣工通车后的变形监测。

第一节　桥梁施工控制网的布设

布设桥梁施工控制网时,需要先在桥位地形图上拟订布网方案,进行控制网精度估算。当估算精度满足桥轴线长度测设精度和桥墩、台中心放样精度时,即可按照布网方案,结合现场地形、水文等条件,实地踏勘选点,布设桥梁施工控制网。

一、桥梁平面施工控制网

(一)点位布设要求

点位布设应力求满足以下要求:

(1)点位应选在视野开阔、通视良好且不受施工干扰,便于永久保存的土质坚实处,点位应能与拟建的桥墩通视。初步选好的点可用木桩做标志,精度估算确信能保证精度后,再将木桩换成石柱、混凝土桩或观测墩等永久性标志。

(2)图形简单且有足够的强度,保证所得到的桥轴线长度满足施工要求,并能以足够的精度对桥墩进行施工放样。

(3)桥轴线应尽量作为施工控制网的一条边,且桥轴线上的两个控制点与设计的桥台位置相距不太远,以保证两桥台设计距离的放样精度,并有效地削弱垂直于桥轴线方向的误差。当桥轴线上的控制点不能设在制高点处,或无法通视对岸桥轴线上的点时,可设立高标,以保证该两点的通视。

当桥梁位于曲线上时,应把交点桩、ZH、HZ 等点尽量纳入网中。当这些点中有些点落入江中或不便设站时,应在曲线两侧切线上各选两点作为控制点。当这些点不能作为主网的控制点时,应把它们作为附网的控制点,其目的是使控制网与线路紧密联系在一起,从而以较高的精度获取曲线要素,为精确放样墩台做准备。

(4)桥梁控制网的边长应与河宽相适宜,一般在 0.5 ~1.5 倍河宽的范围内变化。基线长度应为两桥台间距的 0.7 ~0.8 倍,至少应布设两条基线边,且最好分别布设于两岸,以保证精度的均匀。

(5)桥梁控制网一般都是独立的自由网。但要与桥头引道(或线路导线)控制网联测,以保证桥梁和线路的合理衔接;有时尚需与城市网联测,以求取其间的相互关系。

(6)插点。当主网控制点不足时,应根据需要予以插点,以满足放样(特别是近岸桥墩)的需要。

(二)网的布设形式

在布网方法上,桥梁平面控制网可以按常规地面测量方法布设,也可以应用 GNSS 技术布设。

1. 常规地面测量方法布网

桥梁平面控制网按常规地面测量方法布设时,基本网形是三角形和四边形,具体布设形式是三角形、大地四边形等基本图形的组合,并以跨江正桥部分为主。应用较多的有双三角形、大地四边形、三角形与四边形结合的多边形以及双大地四边形等,如图 9-1 所示。

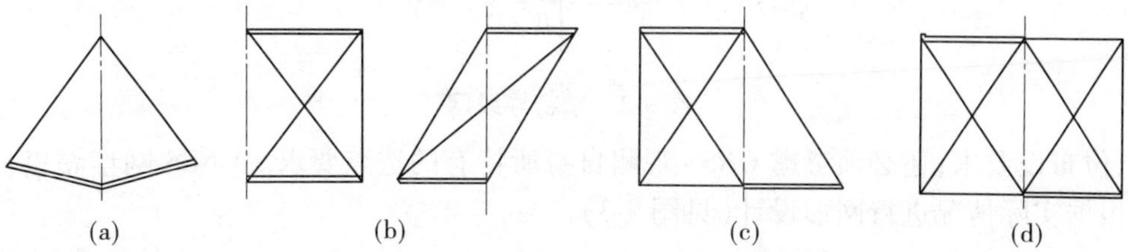

图 9-1 桥梁平面施工控制网布设形式

其中,图 9-1(a)是两个三角形的简单组合,只适用于一般桥梁的施工放样;图 9-1(d)是在桥轴线两侧各布设一个大地四边形,图形强度较高,适用于精度要求较高的特大型桥梁的施工放样。

按观测方法的不同,桥梁控制网可布设成三角网、边角网、精密导线网等。

1)三角网

桥梁控制网中若观测要素仅为水平角,就成为测角网。测角网中至少应有一条起算边,为了检核,通常应高精度地量测两条边,每岸各一条,称为基线。现在多采用高精度的测距仪,如 ME3000、ME5000,其标称精度分别为 $0.2\ \text{mm} + 1 \times 10^{-6}D$、$0.2\ \text{mm} + 0.2 \times 10^{-6}D$。如果有这样的仪器,则以直接测定桥轴线上一条边的长度为好,它同时可作为起始数据使用。这时,控制网的作用就在于设置足够的控制点,来放样墩台及两岸的桥头引线。

2)边角网

当使用中等精度的全站仪时,如标称精度为 $2\ \text{mm} + 2 \times 10^{-6}D$ 的 TCl610 等,这类精度的仪器所测边长就不能作为已知数据使用,而应把它当作边长观测值参与平差计算。这时,在观测网中全部内角(测角标称精度为 1″或 2″级)的基础上,再测量全网中所有边长或部分边长(一般应观测三条或三条以上,其中一条是桥轴线,另外两岸各布设一条,应达到标称精度 $3\ \text{mm} + 2 \times 10^{-6}D$ 以上),就形成了边角网。

3)精密导线网

由于高精度测距仪的应用,桥梁控制网还可选择布设精密导线的方案。如图 9-2 所示,在河流两岸的桥轴线上各设立一个控制点,并在桥轴线上、下游沿岸布设最有利交会桥墩的精密导线点,同时增加上、下游过江测距,使导线闭合于桥轴线上的控制点。这种布网形式图形简单,可避免远点交会桥墩时交会精度差的情况。也不需要增加节点和插入点,因此简化了桥梁控制网的测量工作。由此看来,由于高精度测距仪应用于桥梁工程,并能直接观测跨江桥轴线长度,在这种情况下,对桥梁控制网如何布网,是今后值得改革和研究的课题。

2. GNSS 平面控制网

当准备用 GNSS 进行观测时,在选点布网阶段,除"(一)点位布设要求"中讲述的六点

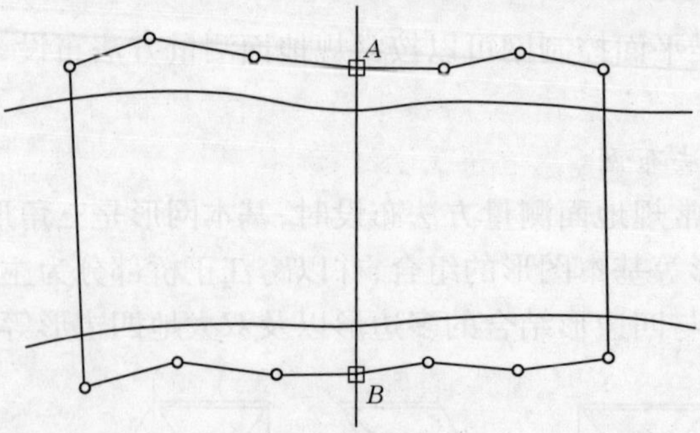

图 9-2　精密导线网

常规点位布设要求,还必须考虑 GNSS 观测自身所特有的选点要求。GNSS 网型布设比较灵活,可根据实际情况进行网形设计(见图 9-3)。

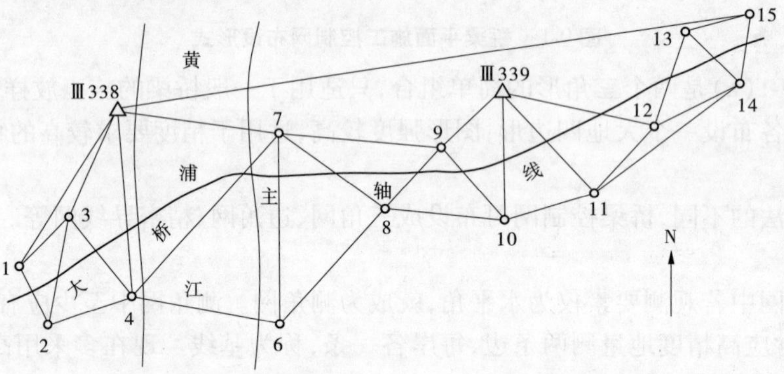

图 9-3　徐浦大桥工程 GNSS 平面控制网

3. 节点及插入点

一些跨江的大型桥梁,由于桥长较长,平面控制网的边长要满足一定的要求,主网的点往往不能满足交会墩位的需要,这样在布设主网时,应考虑增设插入点。如图 9-4 所示,插入点一般由三个或四个方向交会测定,为保证插入点的精度,在主网中点和插入点都要设站观测,同时插入点的测量要以与主网相同的精度进行。当插入点位于两岸主网的一条边上时,称为节点,节点只需量测它到主网桥轴线上的控制点间的距离,即可被确定。加密控制点的设立,可以使施工时交会墩台中心观测边长缩短,交会图形更为合理,减少交会定点误差,为经常性交会放样提供方便的控制点。

4. 引桥控制网

大桥、特大桥正桥两端一般都通过引桥与线路衔接,因此在正桥控制网下需布设引桥控制网(附网)。引桥的控制主要是桥轴线方向和长度的控制及分段长度控制。由于引桥一般为简支梁结构,桥跨较小,多在陆地上,墩位可以多个直接测定,故控制网的精度可略低于主网。其布设形式可采用三角锁、精密导线或两者的混合形式、GNSS 网等,并在主网布设的同时布设。布设时路线交点必须是附网中的一个控制点,其余曲线主点最好也纳入网中(见图 9-5)。

图 9-5 为九江长江大桥施工控制网。桥梁控制网由两个大地四边形组成,图形有足够

的强度；桥轴线包括在控制网中且作为控制网的一条边 Q_2Q_3；在江堤上直接丈量控制网的两条边作为基线；为防近桥台点 Q_2、Q_3 被破坏，在桥轴线的延长线上设立方向点 Q_1、Q_4 用以标定桥轴线方向；正桥两端有铁路、公路桥头引线，桥梁控制网要与桥头引线控制网联系，北岸根据桥梁控制网点 Q_7、Q_2、Q_5 扩展桥头引线控制点 Q_1、N_0，然后加密 JD_1 点（Q_1 正好是铁路桥头引线的交点，并用精密导线控制其切线方向，JD_1 为北岸公路桥头引线的交点，JD_1N_0 为其切线），由 Q_3、Q_6、Q_8、Q_4、JD_2 等点构成南岸桥头引线控制网，在此基础上加密了 S_1、S_2、S_3 三点（JD_2 为南岸公路桥头引线之交点，JD_2S_2 为其切线）；为了放样近岸桥墩，在两岸河滩上设立插点（加密点），并在基线的整尺段处设立了节点"节$_1$"。为了克服通视困难（堤旁有树林），控制点布设较密，以便放样桥墩时有所选择。

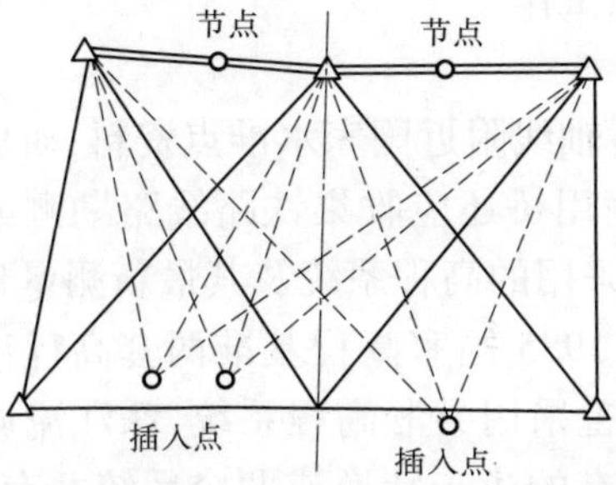

图 9-4　节点及插入点

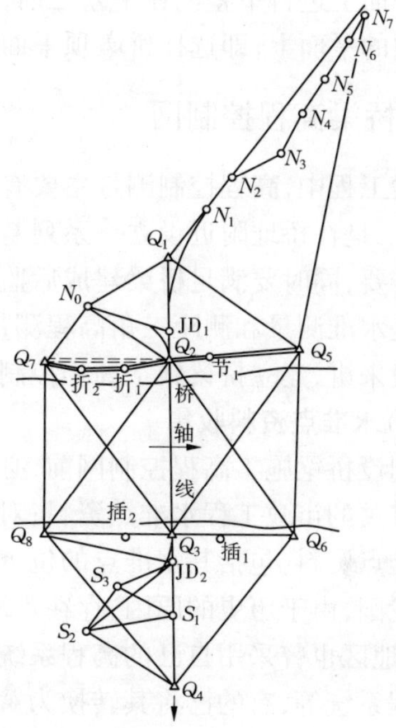

图 9-5　九江长江大桥控制网

（三）技术要求

在《工程测量规范》（GB 50026—2007）中，桥梁施工控制网等级的选择，应根据桥梁的结构和设计要求合理确定，同时应符合表 9-1 的规定。

表 9-1　桥梁施工控制网等级的选择

桥长 L(m)	跨越的宽度 l(m)	平面控制网的等级
$L>500$	$l>1\,000$	二等或三等
$2\,000\leqslant L\leqslant 5\,000$	$500\leqslant l\leqslant 1\,000$	三等或四等
$500<L<2\,000$	$200<l<500$	四等或一级
$L\leqslant 500$	$l\leqslant 200$	一级

具体到公路桥梁或是铁路桥梁的等级选择及相应的观测精度，可参阅《公路勘测规范》

(JTGC 10—2007)或《铁路工程测量规范》(TB 10101—2018)。

GNSS网的分级及精度指标可参见相关技术规范,此处不再赘述。

(四)桥梁控制网的坐标系和投影面的选择

为了施工放样时计算方便,桥梁控制网的坐标系常采用独立的坐标系统,其坐标轴采用平行或垂直于桥轴线方向,坐标原点选在工地以外的西南角上,这样场地范围内点的坐标都是正值。桥轴线上两点间的长度可以方便地由坐标差求得。对于曲线桥梁,坐标轴可选为平行或垂直于一岸轴线点(控制点)的切线。

若施工控制网与测图控制网发生联系,应进行坐标换算,使坐标系统一。

在投影面的选择方面,由于放样需要的是控制点之间的实际距离,故桥梁控制网应在桥墩顶的平面上进行平差。在平差之前,包括起算边长和观测边长及水平角观测值都要化算到桥墩顶的平面上,即选择桥墩顶平面作为投影面。

二、桥梁高程控制网

桥梁工程中,高程控制测量主要有两个作用:一是将与本桥有关的高程基准统一于一个基准面;二是在桥址附近设立一系列基本高程控制点和施工高程控制点,以满足施工中高程放样的需要,同时要满足桥梁建成后监测桥梁墩台垂直变形的需要。建立高程控制网的常用方法是水准测量和测距三角高程测量。

一般来讲,建立桥梁施工高程控制网有如下几项工作。

(一)水准点资料收集

在测设桥梁施工高程控制网前,必须收集两岸桥轴线附近国家水准点资料;对城市桥还应收集有关的市政工程水准点资料;对铁路及公铁两用桥还应收集铁路线路勘测或已有铁路的水准点资料,包括其水准点的位置、编号、等级、采用的高程系统及其最新测量日期等。

在我国,由于历史的原因,存在黄海高程系统和1985国家高程基准两套高程系统。另外,有些地区也曾采用自己的高程系统,如长江流域曾采用吴淞高程系统,珠江流域曾采用珠江高程系统等,有的已将其转换为黄海高程系统,有的尚未转换或两个系统并存。因此,在收集已有水准点资料时,应特别注意其高程系统的关系。

在收集已有水准点资料时,桥轴线每岸应不少于两个已知水准点,以便在联测时或发现有较大出入时有所选择。

(二)选点与埋设

水准点的选点与埋设工作一般都与三角点的选点与埋石工作同时进行。对于特大桥,每岸应选设不少于三个水准点,当能埋设基岩水准点时,每岸也应不少于两个水准点;当引桥较长时,应不大于一千米设置一个水准点,并且在引桥端点附近应设有水准点。在选择水准点时应选择在不致被损坏的地方,同时要特别避开地质不良、过往车辆影响和易受其他振动影响的地方;还应注意其不受桥梁和线路施工的影响,又要考虑其便于施工应用。埋石应尽量埋设在基岩上。在覆盖层较浅时,可采用深挖基坑或用地质钻孔的方法使之埋设在基岩上;在覆盖层较深时,应尽量采用加设基桩(开挖基坑后打入若干根大木桩的方法)以增加埋石的稳定性。这些水准点除考虑其在桥梁施工期间使用外,要尽可能做到在桥梁施工完毕交付运营后能长期用作桥梁沉陷观测。

在桥梁施工过程中,作为主控制网的水准点,就其密度而言,一般尚不能满足施工应用的需要，多数情况下，施工单位需自设一些临时水准点，以满足施工放样的需要。但是，这些临时水准点，因考虑其放样的方便性，多设在比较靠近桥墩之处，因此必须经常用主控制点进行检测。

(三)跨河水准测量

跨河水准测量是桥梁施工高程控制网测设工作中十分重要的一环。这是因为桥梁施工要求其两岸的高程必须是统一的，即由两岸水准点引测的同一桥墩或相邻桥墩的高程必须是统一的。

桥梁施工要求高程精度很高，即使两岸附近都有国家或其他部门的高等级水准点资料，也必须自行进行高精度的跨河水准测量，使与两岸自设水准点一起组成统一精度的高程控制网。

跨河水准测量以其前、后视线严重的不等长以及跨河视线长度大大超过标准视线长度为主要特点。对于作为特大桥施工的高程控制网的跨河水准测量，其跨河水准路线一般都选择在桥轴线附近，避免离桥轴线太远而增加两岸联测施工水准点的距离，而且一般要求采用不低于二等跨河水准测量的方法。对于跨河视线长度超过 1 000 m 的复杂特大桥，原则上要求采用一等跨河水准测量。为慎重起见，一般还采用双线跨河水准测量，使两线自身组成水准网。

值得指出的是，不管是倾斜螺旋法还是经纬仪倾角法，其实质都是微倾角法，近年来已发展到较大倾角的电磁波测距三角高程法。在高程控制网复测时，采用电磁波测距三角高程法，并执行国家规范中关于经纬仪倾角法的有关规定，均可以取得满意的效果。

(四)水准点联测

跨河水准测量前或测量后，将用于跨河水准测量的临时(或永久)水准点，与两岸自设水准点联测，使之联成整体。同时，将两岸国家水准点或部门水准点的高程引测到自设水准点上来，并比较其两岸已知水准点高程是否存在问题，以确定是否需要联测到其他已知高程的水准点上。但最后均采用由一岸引测的高程来推算全桥水准点的高程，在成果中应着重说明其引测关系及高程系统。

第二节 桥梁墩台定位和轴线测设

在桥梁施工阶段中，最主要的测量工作是准确地测设桥梁墩台的中心位置和它的纵横轴线，这个工作称为墩台定位和轴线测设。测设墩台中心和轴线的关键是计算出墩台中心的精密坐标。

一、直线桥梁墩台中心坐标计算

依据桥轴线控制桩的坐标、里程和墩台中心的设计里程，便可计算出各桥墩台设计中心在施工坐标系中的坐标，作为墩台中心施工放样的依据。

对于直线桥梁，线路中线是直的，梁也是直的，梁中线与线路中心完全吻合，甚至也不需要算出其坐标，而只要根据墩台中心的桩号和岸上桥轴线控制桩的桩号求出其距离，就可定出桥墩中心的位置(见图 9-6)。

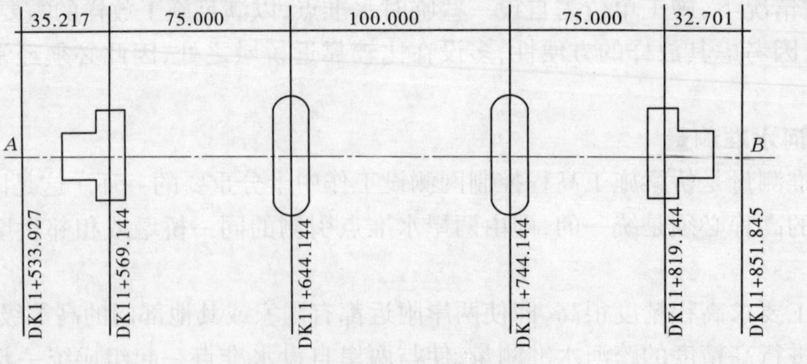

图 9-6　直线桥梁墩台位置

二、曲线桥梁墩台中心坐标计算

曲线桥梁的线路中心为曲线，但梁本身却是直的，线路中心与梁的中线不能完全吻合，而是如图 9-7 所示。梁在曲线上的布置，是使各梁的中线连接起来，成为基本与线路中线相符合的一条折线。这条折线称为桥梁的工作线。桥墩的中心位于工作线转折角的顶点上，所谓曲线墩台中心定位，实际上就是测设这些转折角的顶点位置。

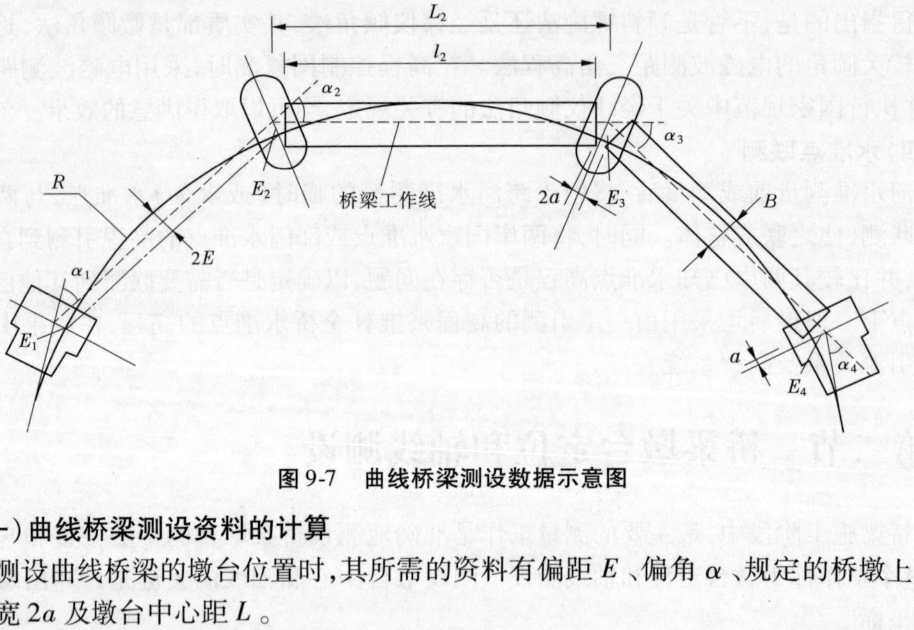

图 9-7　曲线桥梁测设数据示意图

(一) 曲线桥梁测设资料的计算

在测设曲线桥梁的墩台位置时，其所需的资料有偏距 E 、偏角 α 、规定的桥墩上两梁端内侧缝宽 $2a$ 及墩台中心距 L 。

1. 偏距 E

曲线桥梁设计的梁中心线的两端，并不位于线路中心线上。因直梁中心线两端位于线路中心线上，则梁的中间部位的线路中线必然偏向梁的外侧，当车辆通过时，造成梁的两侧受力不均。为此，须将梁的中线向外移动一段距离 E ，这段距离称为偏距，如图 9-8 所示。由于相邻两跨梁的偏角 α 很小，可认为 E 就是线路中线与桥墩纵轴线交点 A 至桥墩中心 A' 的距离。所谓墩台的纵轴线是指垂直于线路方向的轴线，而横轴线是指平行于线路方向的轴线。

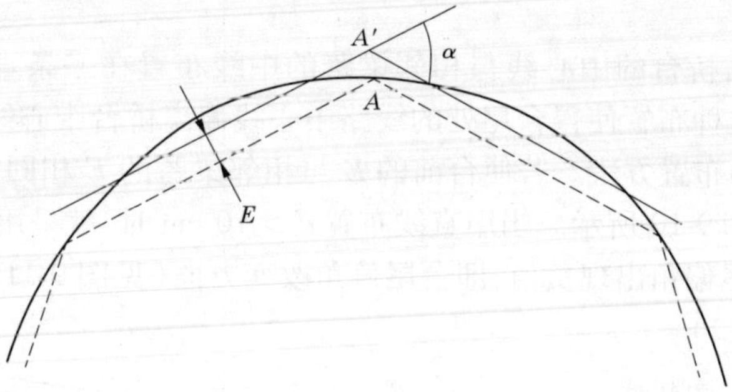

图 9-8 偏距 E

偏距 E 的大小一般取以梁长为弦线的中矢值的一半，这种布置称为平分中矢布置；也有的使 E 等于中矢，这叫切线布置。

当梁在圆曲线上时，如为平分中矢布置，则 E 为

$$E = \frac{L^2}{16R} \tag{9-1}$$

如为切线布置，则 E 为

$$E = \frac{L^2}{8R} \tag{9-2}$$

当梁在缓和曲线上时，如为平分中矢布置，则

$$E = \frac{L^2}{16R}\frac{l_t}{l_S} \tag{9-3}$$

如为切线布置，则

$$E = \frac{L^2}{8R}\frac{l_t}{l_S} \tag{9-4}$$

式中，L 为墩中心距；R 为圆曲线半径；l_S 为缓和曲线全长；l_t 为 ZH 或 HZ 至计算点的距离。

2. 偏角 α

偏角即相邻两孔梁中线之间的转向角，一般用 α 表示，为弧度单位，如图 9-7 和图 9-8 所示。

3. 桥墩上两梁端内侧缝宽 $2a$

如图 9-7 所示，相邻两跨桥的端点在桥墩上要留有一定的空隙。曲线桥上相邻两梁端在曲线内侧的缝宽为 $2a$，应不小于一个规定的数值（例如 10 cm），桥台上梁端内侧与桥台胸墙的缝宽为 a。

4. 墩台中心距 L

相邻墩台中心之间的距离称为墩台中心距 L，由式（9-5）计算：

$$L = l + 2a + B\alpha/2 \tag{9-5}$$

式中，l 为梁长；a 为相邻两梁端在曲线内侧缝宽的一半；α 为桥梁偏角；B 为梁的宽度（见图 9-7）。

当相邻两跨梁的跨距不等，或虽是等跨，但位于缓和曲线上时，则所求得的 E 值不等，导致两跨梁的工作线不能交于桥墩中心，为避免出现这种情况，应采用相同的 E 值，因此规定了当相邻梁跨都小于 16 m 时，按小跨度梁的要求确定 E 值；而大于 20 m 时，则按大跨度

梁的要求确定 E 。

关于桥台的布置,桥台的中心线与相邻梁跨的中线布置在一条直线上时,称为直线布置。如图 9-9 所示,这种布置使得台尾处的线路中心线偏离桥台中心线一段距离 d ,如 $d \leqslant$ 10 cm 时,就采用这种布置方法。若使台前的 E 与相邻梁跨的 E 相同,而使台尾的 E 为零,则称为折线布置,如图 9-10 所示。当用直线布置 $d > 10$ cm 时,就采用这种布置方法。但当这样布置时,如果台尾偏角出现负值,即台尾偏角改变方向(见图 9-11),则台尾与台前采用相同的 E 值(见图 9-12)。

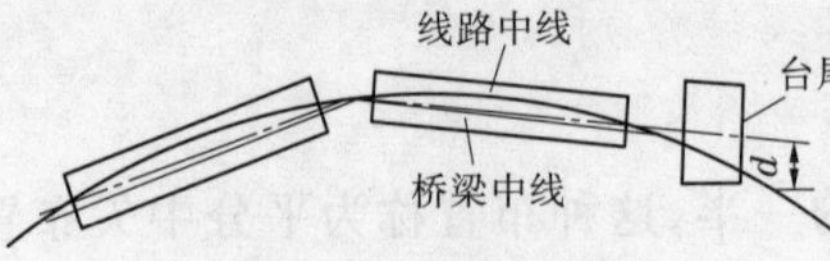

图 9-9　直线布置

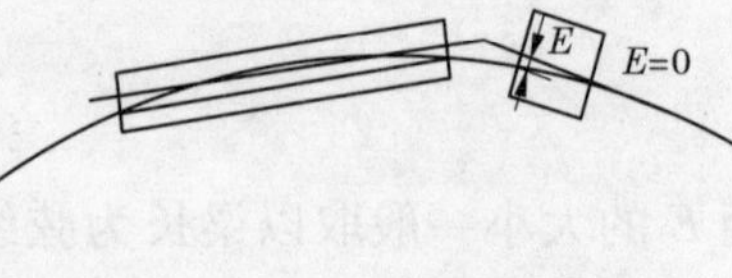

图 9-10　折线布置

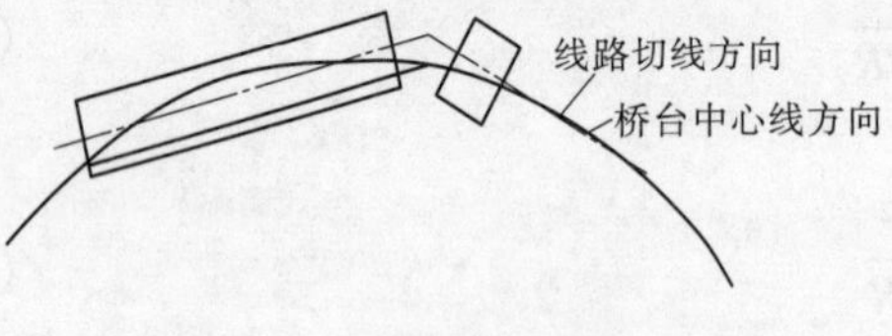

图 9-11　台尾偏角改变方向

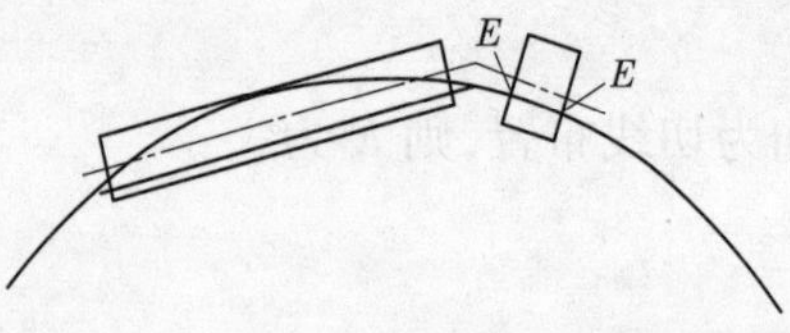

图 9-12　台尾与台前采用相同的 E 值

在测设曲线桥梁的墩台位置时,其所需的资料偏距 E 、偏角 α 及墩台中心距 L ,在设计文件中虽已指出,但在测设前应重新进行校核计算。

图 9-13 中在每个桥墩处注记了偏距 E 和墩中心的桩号,桩号下面注记了该桥墩的偏角,两墩间注记了墩中心距长,如 3 号墩注记了桩号为 DK9 + 763. 20, E = 11 cm ,偏角 α = 3°07′56″,3 号到 4 号墩中心距为 32. 80 m。

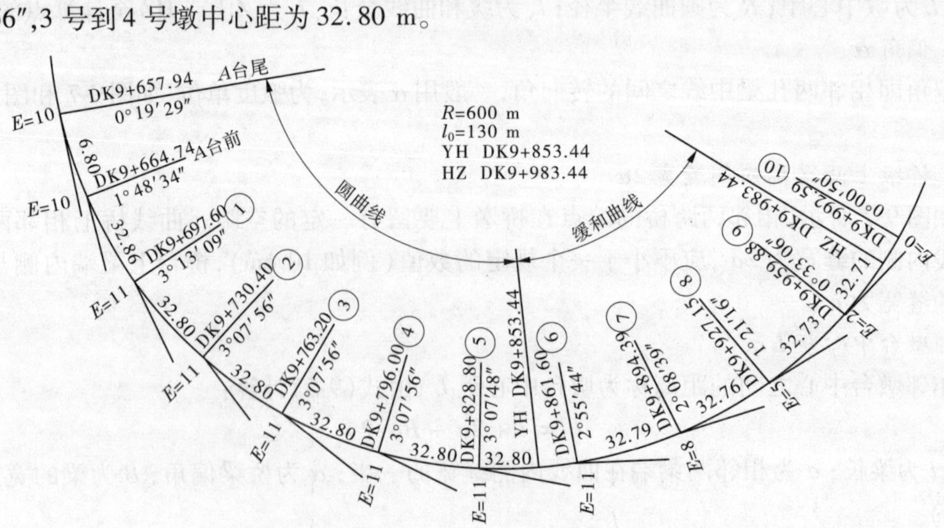

图 9-13　设计文件中给出的偏距 E 、偏角 α 及墩台中心距 L

(二)线路曲线要素复测

在勘测时虽已获得了曲线要素及桥轴线两端控制桩的桩号和坐标等数据,但这些数据因精度较低并不能作为墩台中心放样的起算数据。

在桥梁控制网平差后,必须利用控制网平差的结果重新计算曲线要素和桥轴线两端控制桩的桩号(桥轴线两端控制桩一般包含在桥梁控制网中,其坐标在控制网平差后已获得),然后根据设计文件中墩台的桩号求出其坐标的精确值进而求得墩台中心的坐标。

如图 9-14 和图 9-15 所示,A、B 两点是桥梁两端控制桩。在曲线的两侧切线上,各选取了两点 ZD_{7-4}、ZD_{7-5}、ZD_{8-1}、ZD_{8-2},它们作为线路控制桩。由平面控制网点位布设要求可知,曲线桥梁中这些点应包含在桥梁控制网中,不能包含在网中时也采用插点(或插网)的方法获得其精密坐标。

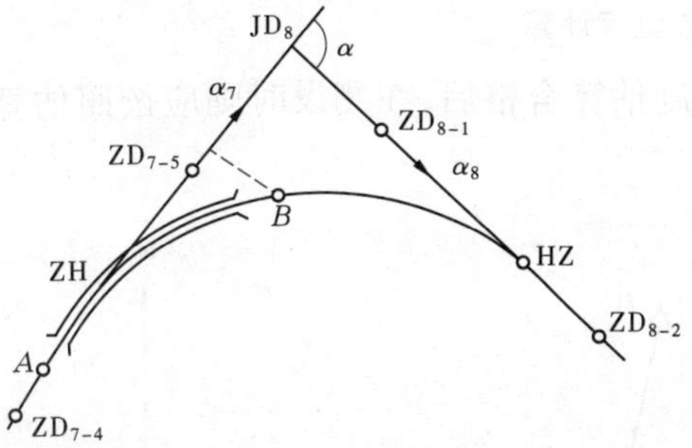

图 9-14 桥梁一段位于直线段,一段位于曲线段

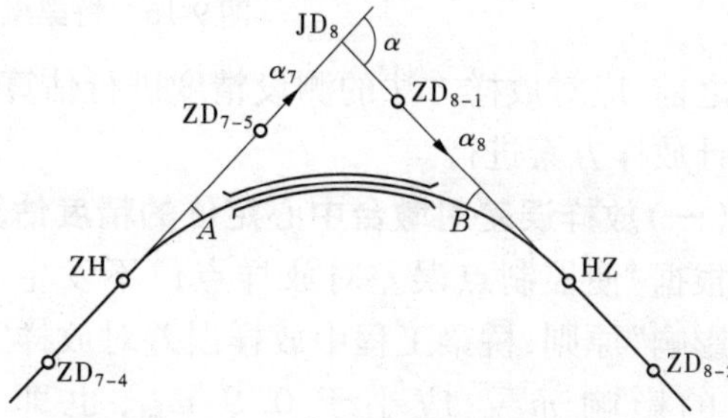

图 9-15 桥梁位于曲线中间

若记 ZD_{7-4} 到 ZD_{7-5} 的方位角为 α_7,ZD_{8-1} 到 ZD_{8-2} 的方位角为 α_8,则可以由下式计算线路的转折角

$$\alpha = \alpha_8 - \alpha_7$$

这个转折角 α 是精确值,与勘测设计时所用的转折角有一点数值上的差别。利用精确计算出的 α,而曲线设计时已给出了圆曲线的半径 R 和缓和曲线长 l_S,即可重新计算曲线段的其他曲线要素。

(三)梁墩台中心坐标计算

精确量测出 ZD_{7-4} 到中线直线段上任一桩点的距离,即可根据该距离确定出 ZD_{7-4} 的桩号。然后以 ZD_{7-4} 为起点,即可确定出曲线段上给定桩号的任意一中桩点的坐标。

由于各桥台、桥墩中心的桩号及墩台中心的偏距 E 在设计文件中均已给出,即可利用这些桩号求出各墩台的中心坐标。

图 9-16 中,T 的坐标用于测设墩台中心,而 t 的坐标则用于确定墩台的纵轴线。

待各墩中心坐标算出后,通过相邻两墩坐标可反算出墩中心距和墩中心线方位角,从而可求得其偏角。它可用于对设计文件中给定的墩中心距和桥梁偏角的检核。两者不符时应查明原因。以上计算桥梁偏角的方法也可用于设计时的计算。

三、墩台中心定位和轴线测设

墩台中心和轴线上点的坐标计算出来后,就可以测设墩台中心。不过应该注意的是,在

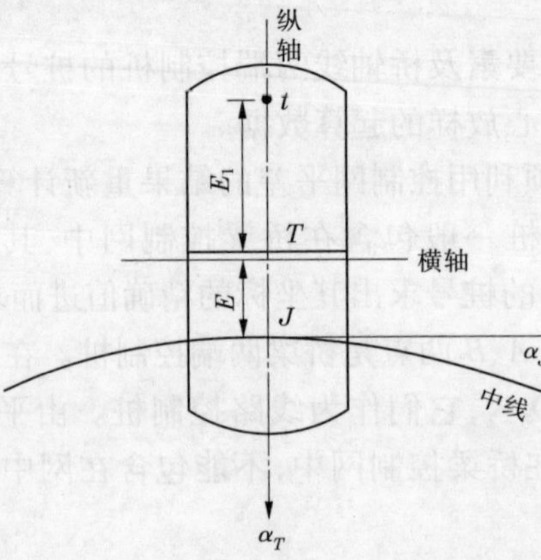

图 9-16　桥梁墩台中心坐标计算

测设之前,应对放样方法的测设精度进行估算。精度估算合格后,在测设时则应按照估算时的设计放样方案进行。

(一)放样误差对墩台中心定位的精度估算

根据"使控制点误差对放样点位不发生显著影响"原则,桥梁工程中放样误差对放样点位的影响 $m_{放影}$ 应小于 0.9 $m_{测}$,也即 $m_{放影} \leqslant 0.9m_{测}$。不论墩台中心定位时采用哪种方法,都应该满足这个条件,如不满足,应考虑调整放样方案。下面针对极坐标法和前方交会法讲述其精度估算方法。

1. 极坐标法放样误差对桥轴线方向上墩台中心定位的影响值估算

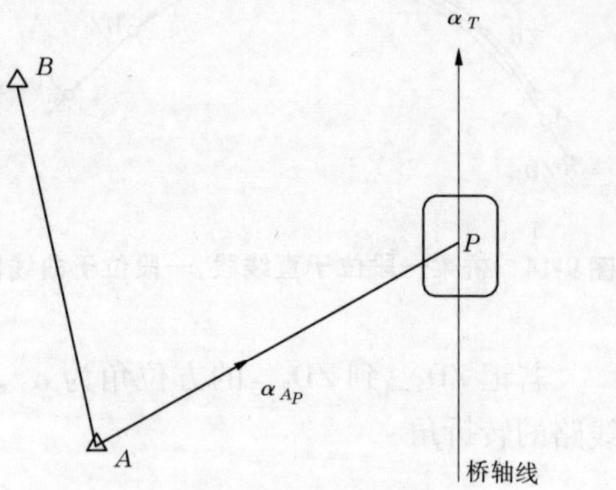

图 9-17　极坐标法放样误差影响

如图 9-17 所示,A 为设站点,B 为后视方向点,两点都是桥梁控制网点;P 点为待放的桥墩(台)中心点位;α_{AP} 为待放方向的坐标方位角,α_T 为桥轴线方向的方位角。由于是估算放样误差对待放点位的影响,故可认为 A、B 两控制点无误差。设 S 和 m_S 分别为 AP 的长度及观测中误差,m 为测角中误差,放样误差对桥轴线方向上墩台中心定位的影响值为 $m_{放影}$,则

$$m_{放影}^2 = \sin^2(\varphi_2 - \alpha_T)m_S^2 + \sin^2(\alpha_T - \varphi_1)\frac{m^2}{\rho^2}S^2 \tag{9-6}$$

式中,$\varphi_1 = \alpha_{AP}$,$\varphi_2 = \alpha_{AP} + 90°$。

当从两个测站进行极坐标法放样并取平均位置作为墩台中心点位时,可以按两个测站分别计算桥轴线方向上墩台中心定位的影响值 $m'_{放影}$ 和 $m''_{放影}$,然后按式(9-7)近似估算出 $m_{放影}$,则

$$m_{放影} = \frac{\sqrt{(m'_{放影})^2 + (m''_{放影})^2}}{2} \tag{9-7}$$

2. 前方交会法放样误差对桥轴线方向上墩台中心定位的影响值估算

如图 9-18 所示,前方交会法放样时,桥轴线方向上墩台中心点位误差主要是由 α、β 的

观测误差引起的。α、β 的观测误差引起的误差 m_{φ_1}、m_{φ_2} 分别垂直于 AP、BP 方向(图 9-18 中 PA_1、PB_1 方向),其方向和数值分别为

$$\left.\begin{aligned} \varphi_1 &= \alpha_{PA_1} = \alpha_{AB} - \alpha \pm 90°, m_{\varphi_1} = \frac{m}{\rho} S_{AP} \\ \varphi_2 &= \alpha_{PB_1} = \alpha_{BA} + \beta \pm 90°, m_{\varphi_2} = \frac{m}{\rho} S_{BP} \end{aligned}\right\} \tag{9-8}$$

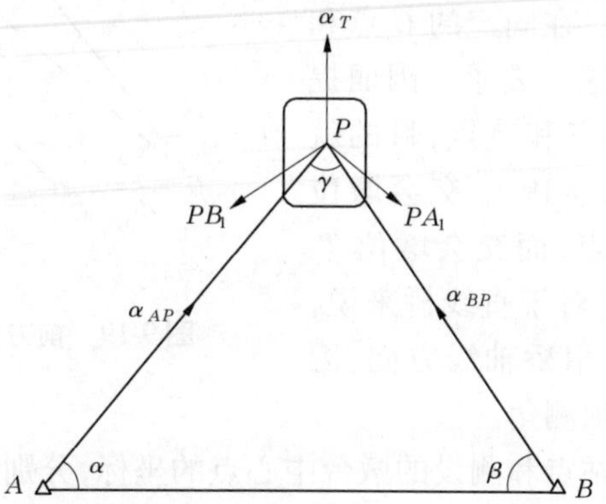

图 9-18 前方交会法放样误差影响

式中,m 为测角中误差。这两个方向上的协方差显然为零,仍设放样误差对桥轴线方向上墩台中心定位的影响值为 $m_{放影}$,则

$$\begin{aligned} m_{放影}^2 &= \frac{\sin^2(\varphi_2 - \alpha_T) m_{\varphi_1}^2 + \sin^2(\alpha_T - \varphi_1) m_{\varphi_2}^2}{\sin^2(\varphi_2 - \varphi_1)} \\ &= \frac{m^2}{\rho^2} \frac{S_{AP}^2 \sin^2(\varphi_2 - \alpha_T) + S_{BP}^2 \sin^2(\alpha_T - \varphi_1)}{\sin^2\gamma} \end{aligned} \tag{9-9}$$

式中,$\gamma = \varphi_2 - \varphi_1 = 180° - (\alpha + \beta)$ 为交会角。从式(9-9)可以看出,当交会角 $\gamma = 90°$,边长 S_{AP}、S_{BP} 较短时这一影响较小,所以有时选择节点作前方交会法放样的测站正是出于这一考虑。

(二)桥墩台中心定位

目前,常用的方法是极坐标法和前方交会法。无论对于直线桥还是曲线桥,也无论是岸上的桥台还是水中的桥墩,都可以使用这两种方法。

1. 极坐标法

测设时,可选择任意一个控制点设站(当然应首选网中桥轴线上的一个控制点),并选择一个照准条件好、目标清晰和距离较远的控制点作为定向点。再计算放样元素,放样元素包括测站到定向控制点方向与到放样的墩台中心方向间的水平角 β 及测站到墩台中心的距离 S。由于这三点的坐标均已获得,这几个放样元素容易算出。

放样时,根据估算时拟订的测回数,按角度放样的精密方法测设出角度值 β,在墩台上得到一个方向点;然后在该方向上精密地放样出水平距离 S 得墩台中心。为防止错误,最好用两台全站仪在两个测站上同时按极坐标法放样该墩台中心(如条件不允许时,则迁站到另一控制点上同法放样),所得两个墩中心的距离差的允许值应不大于 2 cm。取两点连线的中点得墩中心。同法可放样其他墩台中心。

对于直线桥梁,由于定向点为对岸桥轴线上的点,这时只需在该方向上放样出测站到墩中心的距离,即得墩中心。也可在另外的控制点上设站检查。

2. 前方交会法

前方交会法应在三个方向上进行,至于选取哪三个方向,应以交会角的大小而定,交会角应接近90°。如图9-19所示为一直线桥梁,由于墩位有远有近,若只在固定的C点和D点设站测设就无法满足这一要求。因而提出在布设主网时应增设插点和节点,目的就是使交会角接近90°。图9-19中交会墩位T_1、T_2时,利用C点和D点,而交会墩位T_3时,则利用节点C'和D'。对于直线桥来说,交会的第三个方向最好采用桥轴线方向,因为该方向可直接照准而无须测角。

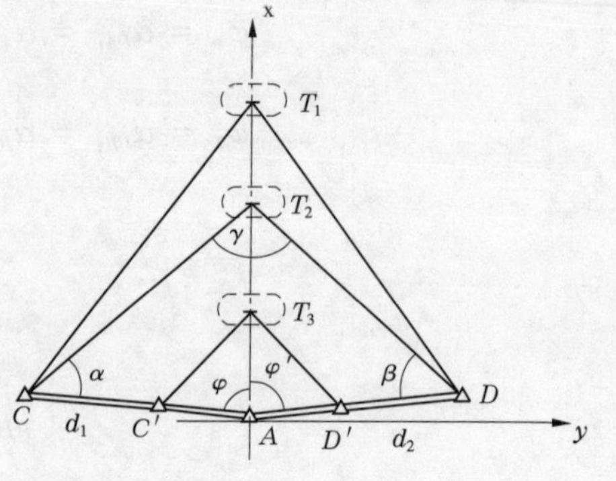

图9-19　前方交会法放样桥墩台中心

测设前应根据三个测站点和测设的墩台中心点的坐标,分别计算出测设元素,如图9-19中测设T_2时,测设元素是α、β和φ角(对直线桥φ角不必计算)。

在桥墩施工过程中,随着工程的进展需要多次交会墩台的中心位置,为了简化工作,提高精度,可把交会的方向延伸到对岸,并用觇牌固定。在以后交会时,即可不再重新测设角度,只要直接照准对岸的觇牌即可。

为了精密设立觇牌的位置,应按施工放样中介绍的"前方交会归化法"进行,钉好觇牌后,应再一次精密测出其角值[按精度估算中拟订的观测方案(主要为仪器精度和测回数)进行]。与计算的测设角度相比较,差值应小于3″~5″,否则应重设觇牌。待桥墩修出水面后,即可将这个方向转移到桥墩上,而不再使用觇牌。

当出现示误三角形时,可按施工放样中介绍的方法进行处理。

(三)墩台纵横轴线测设

测设出桥墩中心后,尚需测设出墩台的纵、横轴线,作为墩、台细部施工的依据。所谓墩台的横轴线乃指平行于线路方向的轴线,而纵轴线乃指垂直于线路方向的轴线。

对于直线桥梁,墩台的横轴线与桥轴线重合,则利用桥轴线两端的控制桩来标志,不重新测设。墩台的纵轴线与桥轴线垂直,测设时,应将仪器设置在墩台中心点上,从桥轴线方向拨90°,即得纵轴线方向。如图9-20所示,用木桩将纵轴线方向准确地标定到地面,这些桩又称为护桩。为了消除仪器误差的影响,应取盘左、盘右两次测设的平均位置;同时,为了防止护桩的丢失和损坏,在桥轴线两侧各钉两个护桩,必要时埋设石桩或混凝土桩。如果实地无法标志墩台纵轴线方向时,可在其细部施工时再行测设。

浅水中的桥墩可暂不设纵轴线桩。在用筑岛或建筑围堰施工时,待水抽干后用交会法或用其他方法测设墩中心位置,可同时测设轴线桩。深水河上的桥墩往往用沉井或管桩基础,无法在现场测设轴线,而是在施工中控制其扭角。

在曲线桥上,墩台的纵轴线位于相邻桥跨工作线的顶角分角线上,而横轴线与纵轴线垂直。其测设方法如图9-21所示,置仪器于墩台中心点上,自相邻的墩中心方向测设$(180°-\alpha)/2$角即得纵轴线方向,同样在线路两侧各设置两个护桩;测设90°角即得横轴线方向,前后也应各设置两个护桩。在每一条轴线方向上同样要测设4个护桩(若其中一条恰在水中而无法设桩时,可只测设一条轴线)并在各标志桩上注明相应桥墩的派生号以防混淆。

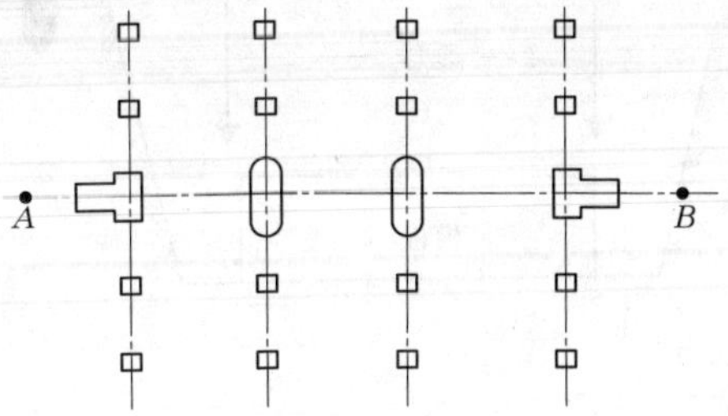

图9-20　直线桥梁纵轴线护桩

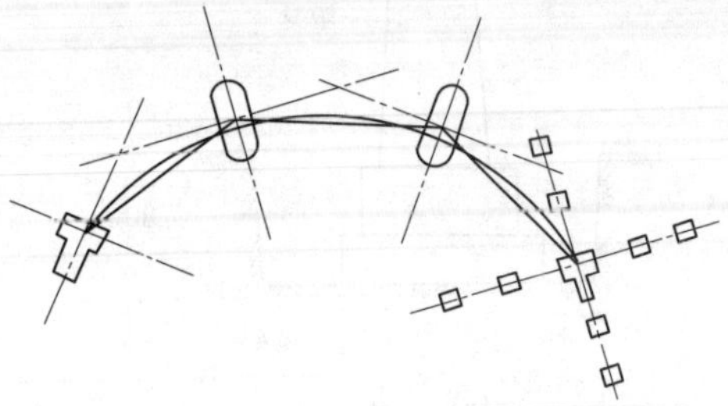

图9-21　曲线桥梁墩台护桩

第三节　桥梁施工测量

在桥梁的施工过程中,为使施工能按照设计的要求进行,应随时进行施工放样工作。各种不同的施工方法,有不同的施工要求,但所有的施工放样工作都遵循一个原则:先控制后碎部,即先放样轴线,再根据轴线放样细部。对一座桥整体而言,先放样桥轴线,再放样桥墩台位置;就每个墩台而言,先放样墩台本身的平面位置和设计高。

一、明挖基础的施工放样

在无水或浅水河道上,基础不深,可采用明挖基础,亦称浅平基础。它是在墩台位置处先挖一坑,将坑底平整,在坑内砌筑或灌注基础及墩身[见图9-22(a)],再用土回填。这种方法施工方便,设备简单,在有条件处可广泛采用。

基础开挖前,在地面上先标定墩台中心位置及其纵横轴线,然后根据轴线和基坑设计尺寸放出基坑的边线,如果坑边具有一定坡度,则需要根据坑底与地面高差及基坑壁坡度计算出它与坑边的距离,其计算公式与路基边坡度计算式相同。

当基坑开挖到设计标高后,应将坑底进行平整,称为清底。清底后即可安置模板,灌注基础及墩身。在进行模板放样时,可将全站仪安置在轴线护桩上,瞄准另一个护桩定向,此时将全站仪视线与模板中心线重合。当模板在地面以下时,可在基础两侧临时设放两个点,用线绳及垂球确定模板中心位置[见图9-22(b)]。基础模板中心偏离墩台中心线不得超过±2 cm,墩身模板中心偏离不得大于±1 cm。

基础与墩身模板的高程用水准仪测设,但当模板低于地表面很多,无法用水准尺直接测量时,则可在坑边设一临时高程点,用钢尺垂直丈量进行高程传递。墩台模板高程限差为±3 cm,模板上同一高程的相对误差为±1 cm。

二、桩基础的施工放样

桥梁基础一般都建在基岩上,若基岩上覆盖层较厚,常采用桩基础。根据施工方法的不同,桩基础又可分为打入桩、钻孔桩和挖孔桩等几种。打入桩是预先将桩制作好,按设计的位置和深度打入地下;钻孔桩和挖孔桩是在基础的设计位置上钻出或挖出桩孔。然后下钢

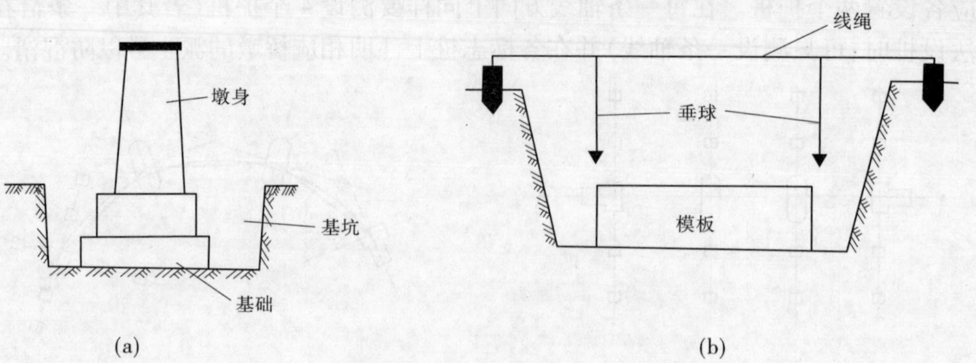

图 9-22　明挖基础施工

筋笼,并灌注混凝土形成“桩”。在桩群的顶部灌注承台,使桩和承台连成一整体。在承台上再修筑墩身,如图 9-23 所示。

桩基础的放样工作有:测设墩基础的纵横轴线;测设各桩的中心位置;测定桩的倾斜度和深度以及承台模板的放样等。

各桩中心位置的放样是以墩基础的纵横轴线为坐标轴,用直角坐标法或支距法测设。桩中心位置限差为 ±2 cm。在钻孔桩和挖桩灌注完后,应对各桩中心位置再次进行测定,作为竣工资料,然后修建承台。

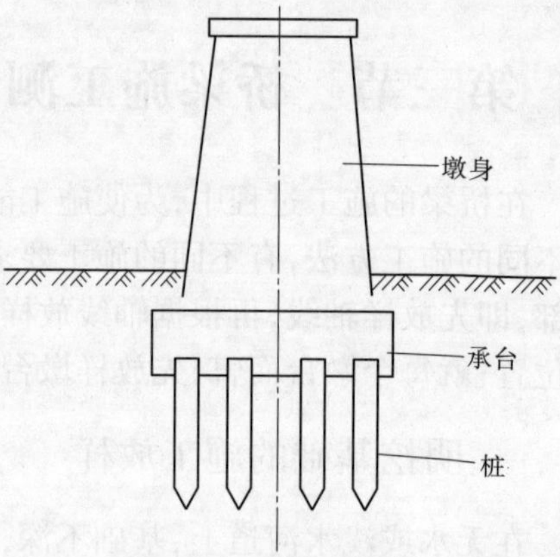

图 9-23　桩基础施工

打入桩的深度可根据桩的长度计算;钻孔或挖孔的深度可用垂直或线绳测定。由于在钻孔时为了防止孔壁坍塌,孔内灌满泥浆,无法在孔内直接测量,则可直接测定钻孔竿的长度和倾斜度,并利用钻孔机上的设备进行校正。其倾斜度可用靠尺测定。

承台模板的放样方法与明挖基础相同。

三、管柱定位及倾斜测量

所谓管柱基础,就是用较大直径(通常 3 m)薄壁钢筋混凝土的管形柱子插入地基,中间填入混凝土形成柱基础。管柱基础的施工方法是先用万能杆件在岸上拼成一个围囹,围囹的中间隔有若干个空隙为向导,便于插管柱。再将围囹浮运到设计的位置,在导向孔内插入分节预制好的管柱,在管柱中心进行振动,以便于管柱逐渐下沉,然后逐节加长。当管柱插入河床基岩内达到一定的设计深度时,在其间填入混凝土,最后拆除上面多余的管柱。在管柱群上由封底混凝土和钢筋混凝土承台连成一个整体,在承台上修筑墩身(见图 9-24)。

管柱基础的放样工作有围囹的定位测量、管柱中心坐标的测设、管柱倾斜度的测定等。

(一)围囹的定位测量

围囹的定位测量指围囹中心平面位置的确定和围囹平面扭角的测定。当围囹浮运到桥墩位时,应用前方交会法精确定位。在围囹中心应预先设立交会标志,在各控制点上安置全

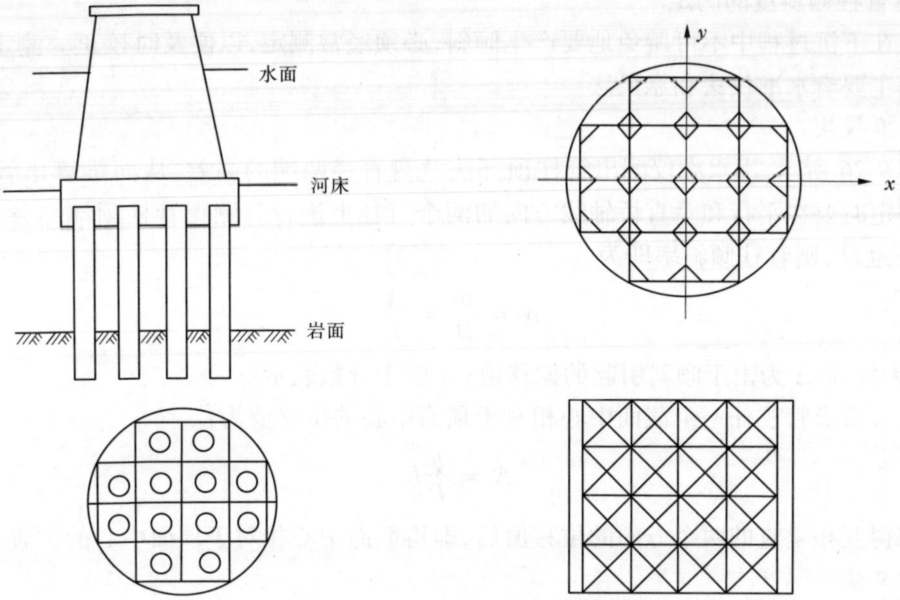

图 9-24　管柱基础施工

站仪照准交会标志，读出与起始方向间的角度值，并与理论值相比较得出角差，从而求得围囹应移动的方向和距离，逐步调整锚链的长度，使其精确定位。

此法指挥者是在墩位处，用步话机与各观测点联系，用角差图解法指挥围囹移动。也可以用极坐标法使围囹定位，在岸上架设一台或两台全站仪，围囹中心设置反光镜，测出角度和距离，算出围囹的实际位置与理论位置之差，移动围囹使其达到规定位置。

确定围囹的几何轴线是否处于设计位置，应在围囹上设置两个标志或三个标志，测出这些标志的坐标值，确定围囹的扭角值，再进行调整。

（二）管柱中心坐标的测定

管柱是依据围囹的导向孔插入河床，围囹定位后，其几何中心坐标和扭角均已达到要求，则以围囹的几何轴线为新坐标系，以支距法测出每根管柱中心的坐标。除此以外，也可以用交会法对每根管柱单独测定，但一般用前者定位（见图 9-25）。

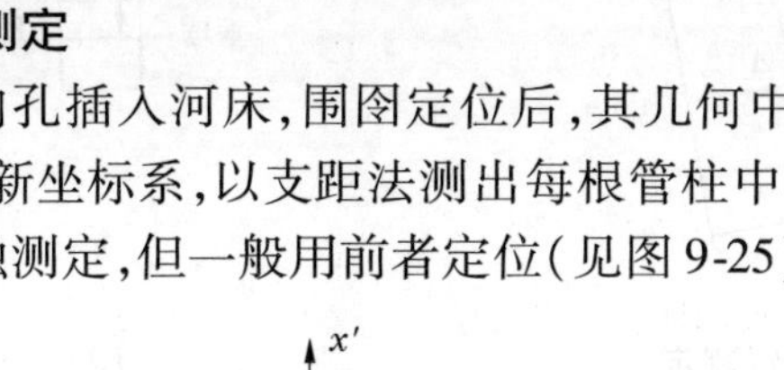

图 9-25　管柱位置放样

(三)管柱倾斜度的测定

管柱在下沉过程中不可避免地要产生倾斜,必须经常测定,以便及时校正。测定管柱倾斜的方法主要有水准仪法和靠尺法。

1. 水准仪法

如图 9-26 所示,用水准仪测出管柱顶部法兰盘直径两端的高差,从而推算出管柱的倾斜率。测定时要在平行和垂直桥轴线方向的两个直径上进行。测得管柱顶端高差为 h,设管柱直径为 D,则管柱倾斜率即为

$$\alpha = \frac{h}{D} = \frac{\Delta}{L} \tag{9-10}$$

式中,L 为柱高;Δ 为由于倾斜引起的偏移值;α 以千分数表示。

由上式可求管柱任一个截面中心相对于顶面中心的位移值为:

$$\Delta = \frac{h}{D}L \tag{9-11}$$

在求得互相垂直的两个方向的位移值后,即得截面中心相对于顶面中心的位置。

2. 靠尺法

用木板制成一根直尺(如图 9-27 所示),尺的一端直边内侧一定距离处钉一个小钉,挂一个垂球,尺的另一端同距离处绘一条垂直于尺边的直线,设直线与小钉的距离为 S,按 S/1 000的比例在其上刻分划并注以数字。测量时将靠尺靠在管柱上,则垂球线在刻划上的读数即为管柱倾斜的偏移值。

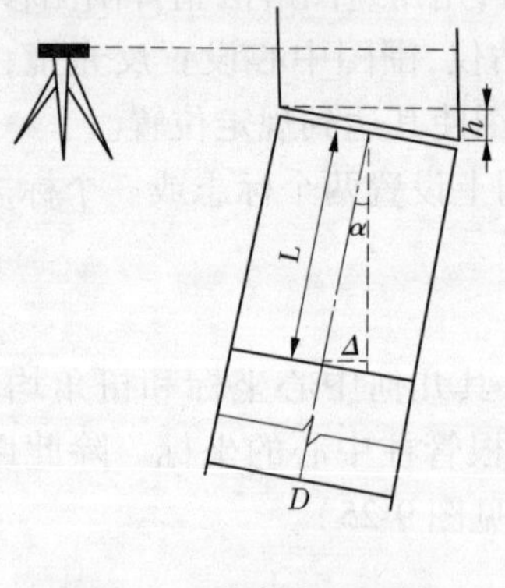

图 9-26 管柱倾斜测定

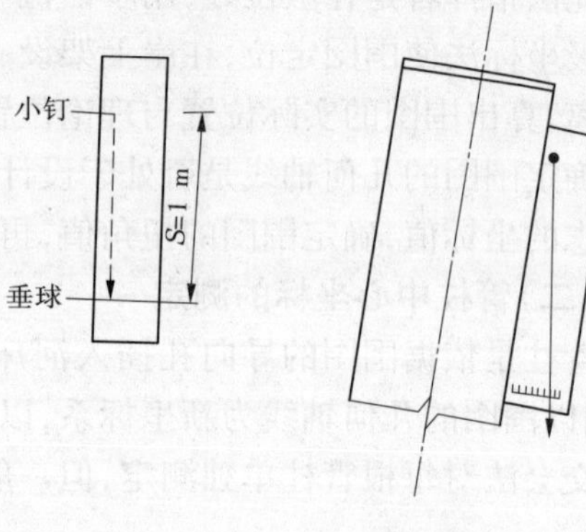

图 9-27 靠尺法测定倾斜

四、沉井的施工测量

沉井不仅可用于无水或浅水河道上,也可用于深水河道上。依据河水的深浅,沉井的施工可以就地灌注或采用浮运的方法。

如图 9-28 所示,就地灌注沉井就是按照基础的外形尺寸,在定位处先制成一个井筒,然后在井内挖土或吸泥。当原来支撑井筒的土被挖掉后,因其自重,逐步下沉。沉井是分节灌注的,每节为 3 m 或 5 m,当一节下完后再接高一节。

深水河道采用浮运沉井,在岸边拼装一个沉井钢壁,将其浮运到墩位后,逐步下沉,每沉一节,接高一下,直至下沉到设计标高,就地灌注混凝土。沉井的施工测量主要包括沉井的

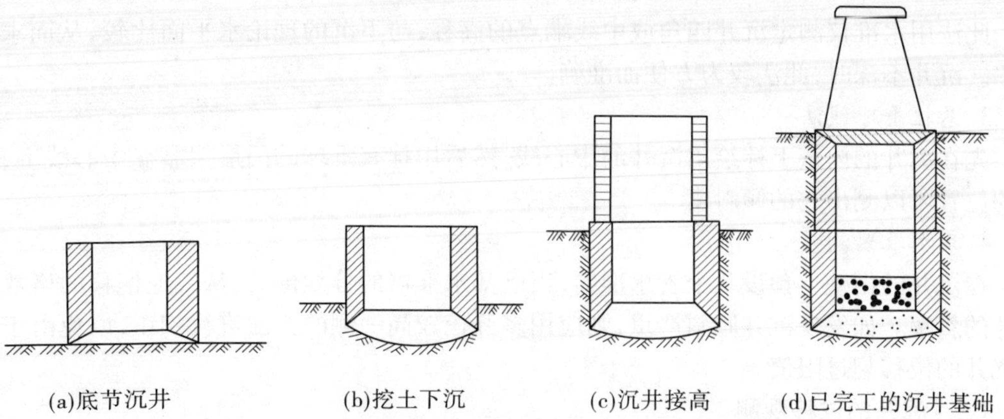

图 9-28　沉井施工测量

定位测量、沉井的倾斜观测和沉井的位移观测。

(一)沉井的定位测量

在无水或浅水河道上施工,先用直线丈量法或用交会法大致定出墩中心的位置,以供平整场地或进行填土筑岛。场地平整或筑岛完全符合要求后,应重新准确地测定墩中心位置,放样纵横轴线和沉井轮廓线控制点,并向外侧加宽 10 ~ 20 cm 钉设检查线控制点。沉井轮廓线,应用对角线进行检查,两对角线较差应小于 10 mm。与此同时测量各点的相对高差(小于 5 mm),使之成为一水平面,以作为沉井刃脚零基准面(见图 9-29)。

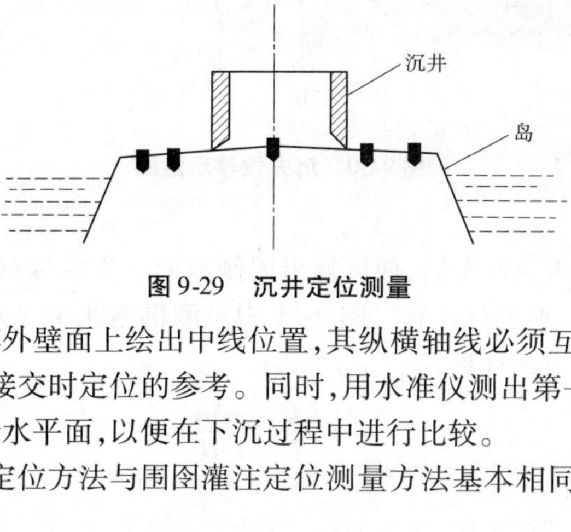

图 9-29　沉井定位测量

沉井下沉前,应在其外壁面上绘出中线位置,其纵横轴线必须互相垂直,以供检查沉井下沉中的位移和供沉井接交时定位的参考。同时,用水准仪测出第一节沉井顶面四角的高程,并求出其顶面的理论水平面,以便在下沉过程中进行比较。

深水河道上的沉井定位方法与围囹灌注定位测量方法基本相同,主要采用交会法进行定位。

(二)沉井的倾斜观测

沉井在下沉过程中不可避免地会产生倾斜,因此要随时进行检查,以便校正。沉井下沉 1 m 至少要检查一次,观测沉井倾斜的方法有以下几种。

1. 直接测定中线

在旱地沉井中,将全站仪架设在纵横轴线桩上,直接观测沉井外壁上所示的沉井中线,这种方法简单可靠,精度亦高。

2. 测定沉井四角或中线端点高程的变化

此法用水准仪测定沉井四角或中线端点的高程，与下沉的理论水平面比较，从而求其倾斜率。沉井不深时，此法较为方便而准确。

3. 悬挂垂球线法

先在沉井的内壁上标绘出沉井的中心线，然后用挂有垂球的门形架靠在中心线上，从垂球的位置可以测出它的倾斜度。

4. 用水准器测量

在沉井的内壁上预设几个管水准器，当已知水准器的分划值后，从气泡偏移的格数看出沉井的斜率。如发现沉井倾斜严重，则应用多开挖较高一侧的方法进行校正，以免由于倾斜使沉井的位移超过限值。

(三)沉井的位移观测

沉井的位移有平移及因倾斜而产生的位移两种。实际上往往是同时出现的。图9-30为位移示意图，其中图9-30(a)表示平移，图9-30(b)表示有倾斜产生的位移，图9-30(c)表示综合影响而产生的位移。位移观测就是要测出沉井顶面中心与刃脚中心的位移值。

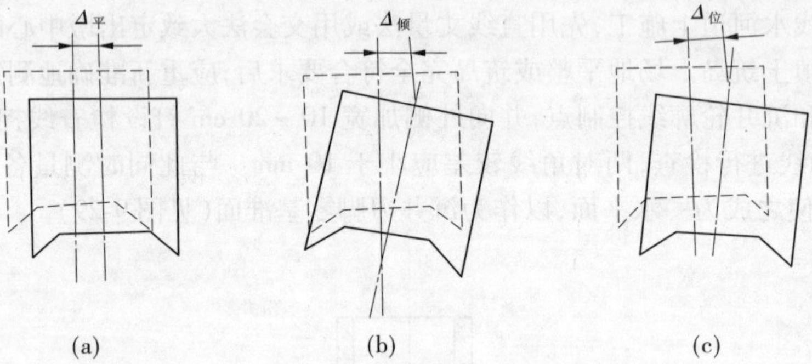

图9-30　沉井位移示意图

1. 倾斜位移的计算

用水准仪测出中线端点高差后，便可算出因倾斜而产生的位移值。由于倾斜在两中线方向上都存在，因而须分别进行计算。图9-31中设测得南北中线两端的高差为h，则由倾斜所产生的位移值可用下式计算：

$$\theta = \frac{h}{D} = \frac{\Delta_{倾}}{H} \tag{9-12}$$

即

$$\Delta_{倾} = \frac{h}{D}H \tag{9-13}$$

式中，$\Delta_{倾}$为因倾斜而产生的水平位移；h为中线两端的高差；D为沉井的宽度或长度；H为灌注的沉井高度。

2. 由平移及倾斜综合影响而产生的位移

为了测出平移及倾斜综合影响而产生的顶面中心及刃脚中心间的位移值，应首先测出顶面中心的位移，然后根据沉井的倾斜再推算刃脚中心的位移。

沉井顶面中心的位移，在两个中心线方向都存在。具体方法是在桥墩中心线的控制桩上架设全站仪,照准另一个控制桩,此时视线方向即为桥轴线方向。将视线投到井面顶部,与沉井中心线两端的标志进行比较,即可求得两端点标志的偏移值 Δ_1、Δ_2,然后计算沉井中心的偏移值 $\Delta_{顶}$。

$$\Delta_{顶} = \frac{1}{2}(\Delta_1 + \Delta_2) \tag{9-14}$$

由计算出的倾斜位移值 $\Delta_{倾}$ 及直接测定的顶面中心位移值 $\Delta_{顶}$,便可求得刃脚中心的位移 $\Delta_{刃}$,$\Delta_{刃} = \Delta_{倾} \pm \Delta_{顶}$,当 $\Delta_{倾}$ 与 $\Delta_{顶}$ 偏离方向相同时取"+"号,偏离方向相反时取"-"号。

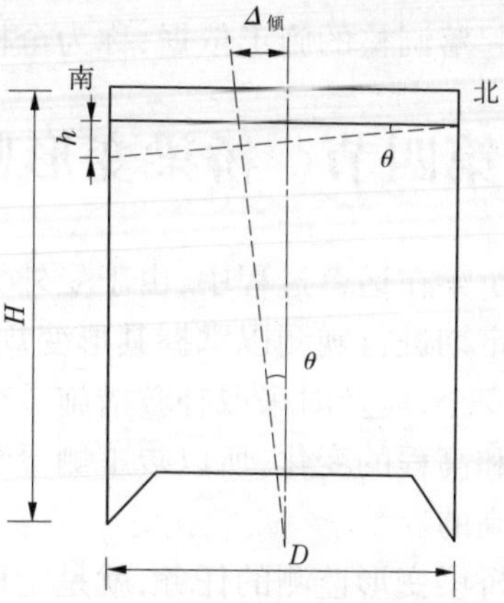

图 9-31　沉降与位移计算

五、墩身、墩帽施工测量

基础完成后,在基础上放样墩台轴线,弹上墨线,按墨线和墩(台)身设计尺寸设立模板。模板下口的轴线标记与基础的墨线对齐,上口用全站仪控制,使模板上口轴线标记与墩台轴线一致,固定模板,浇筑混凝土。随着墩台砌筑高度的增加,应及时检查中心位置和高程。

墩台砌筑至离顶帽底约 30 cm 时,要测出墩台纵横轴线,然后支立墩(台)帽模板。为确保顶帽中心位置的正确,在浇筑混凝土之前,应复核墩台纵横轴线。

当墩台砌筑到一定高度时,应根据水准点在墩身、台身每侧测设一条距顶部一定高差(如 1 m)的水平线(偏差应在 ±10 mm 以内),以控制砌筑的高度。

六、桥梁架设施工测量

架梁是桥梁施工的最后一道工序。桥梁梁部结构较复杂,要求对墩台方向、距离和高程用较高的精度测定,作为架梁的依据。

墩台施工时,对其中心点位、中线方向和垂直方向以及墩顶高程都做了精密测定,但当时是以各个墩台为单位进行的。架梁的需要是将相邻墩台联系起来,考虑其相关精度,要求中心点间的方向距离和高差符合设计要求。

桥梁中心线方向测定,在直线部分采用准直法,用全站仪正倒镜观测,刻划方向线。如果跨距较大(>100 m),应逐墩观测左、右角。在曲线部分,则采用测定偏角的方法。

相邻桥梁中心点间距离用光电测距仪观测,适当调整使中心点里程与设计里程完全一致。在中心标板上刻划里程线,与已刻划的方向正交,形成墩台中心十字线。

墩台顶面高程用精密水准仪测定,构成水准路线,附合到两岸基本水准点上。

大跨度钢桁架或连续梁采用悬臂或半悬臂安装架设,拼装开始前,应在横梁顶部和底部中点做出标志,架梁时,用以测量钢梁中心线与桥梁中心线的偏差值。在梁的拼装开始后,应通过不断地测量以保证钢梁始终在正确的平面位置上,立面位置(高程)应符合设计的大节点挠度和整跨拱度的要求。

如果梁的拼装是从两端悬臂、跨中合龙,则合龙前的测量重点应放在两端悬臂的相对关系上,如中心线方向偏差、最近节点高程差和距离差都要符合设计和施工的要求。

全桥架通后,做一次方向、距离和高差的全面测量,其成果资料可作为钢梁整体纵、横移动和起落调整的施工依据,称为全桥贯通测量。

第四节　桥梁变形监测

桥梁在运营过程中,由于受外力及其他因素的影响,墩台会产生位移、下沉及倾斜,所以需要定期进行观测以掌握其形变规律。若变形数值过大,将直接影响到桥梁使用寿命及行车的安全,应及时采取补救措施。变形观测资料与竣工测量的资料进行对比,才能发现桥梁位置和高程的变化,所以竣工测量和变形监测都是一件十分重要的工作,它们的精度要求是比较高的。

桥梁变形监测的任务,就是定期观测墩台及上部结构的垂直位移、倾斜和水平位移(包括上部结构的挠曲),掌握其随着时间的推移而发生的变形规律,为以后的设计提供参考数据。桥梁变形监测通常要求观测次数既能反映出变化的过程,又不遗漏变化的时刻。一般在建造初期,变形速度比较快,观测频率要大一些;经过一段时间后,变形逐步稳定,观测次数可逐步减少;在掌握了一定的规律或变形稳定后,可固定其观测周期;在桥梁遇到特殊情况时,如遇洪水、船只碰撞等,应及时增加观测。

一、墩台的垂直位移观测

(一)垂直位移监测网布设

桥梁垂直位移观测是研究桥梁墩台空间位置在垂直方向上的变化。在布设基准网时,为了使选定的基准点稳定牢固,基准点应尽量选在桥梁承压区外,但又不宜离桥梁墩台太远,以免加大实测工作量及增大测量的累积误差,一般来说,以不远于桥梁墩台 1.2 km 为宜。基准点需成组埋设,以便相互检核。

工作基点一般选在桥台上,以便于观测布设在桥梁墩上的观测点,测定各桥墩相对于桥台的变形。而工作基点的垂直变形可由基准点测定,以求得观测点相对于稳定点的绝对变形。图 9-32 为垂直位移基准网示例。

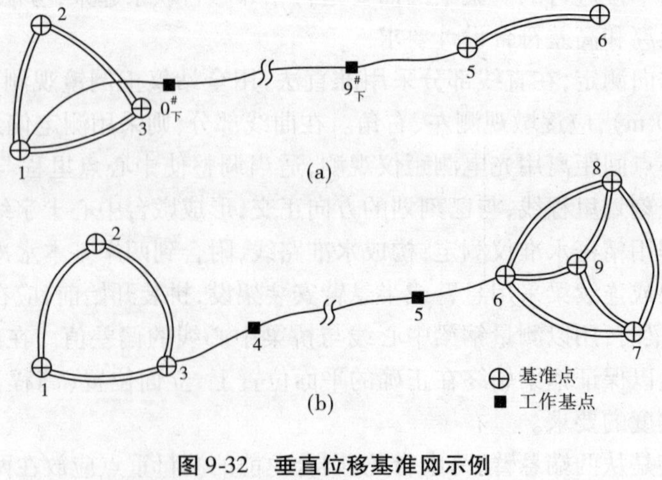

图 9-32　垂直位移基准网示例

观测点的布设应遵循既要均匀又要有重点的原则。均匀布设是指在每个墩台上都要布设观测点，以便全面判断桥梁的稳定性；重点布设是指对那些受力不均匀、地基基础不良或结构的重要部分，应加密观测点，主桥桥墩尤应如此。

主桥墩台上的观测点，应在墩台顶上的上下游两端的适宜位置处各埋设一个，以便研究沉降与非均匀沉陷（倾斜变形）。

连接工作基点和观测点的相对网可布设成单线路［见图 9-33（a）］和双线路［见图 9-33（b）］两种。双线路方案具有点位精度高、数据便于分析与检核、能直接获得倾斜观测成果等优点，但工作量大，通视条件要求较高；单线路方案则有布设较易的优点，也完全能达到变形观测的精度要求，但由于一个桥墩上只联测了一个点，不能直接获得倾斜观测的结果，必须通过其他方法来弥补，例如，在 $2^{\#}$ 桥墩上设置仪器观测 $0^{\#}_{下}$ 和 $4^{\#}_{下}$ 的高差时，可同时测定 $2^{\#}_{下}$ 和 $2^{\#}_{上}$ 的高差以获得 $2^{\#}$ 墩的倾斜观测结果。

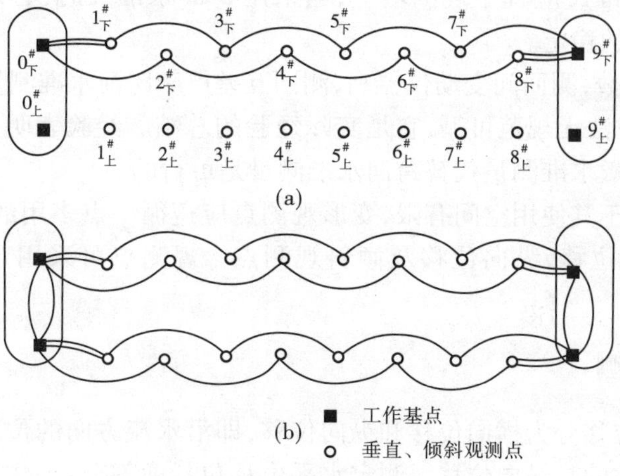

图 9-33　垂直位移相对网示例

绝对网和相对网联结在一起，构成整个垂直位移的监测网，如图 9-34 所示。

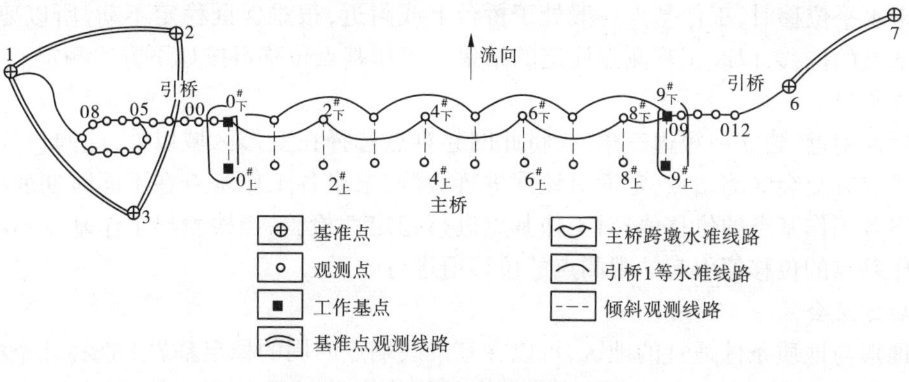

图 9-34　垂直位移监测网示例

（二）垂直位移观测

垂直位移观测是定期地测量布设在桥墩台上的观测点相对于基准点的高差，求得观测点的高程，利用不同时期观测点的高程求出墩台的垂直位移值。

基准点观测应每年定期进行一次或两次,各次观测的条件应尽可能相同,以减少外界条件对成果的影响。水准测量应执行的等级依据变形观测的精度要求而定。一般大型桥梁应按一等水准测量施测,它能满足变形观测精度1 mm的要求。

观测点观测包括引桥观测点观测和水中桥墩观测点的观测,由于引桥观测点是在岸上,其施测方法可参照工作基点的施测方法进行。这里主要说明水中桥墩上观测点的施测方法。对水中观测点观测的线路方案从一个墩到另一个墩的观测,可以采用跨河水准测量,但这样做工作量较大,故改为跨墩水准测量。即把仪器设站于一墩上,而观测后视、前视两个相邻的桥墩,形成跨墩水准测量。按跨墩水准测量施测时,考虑到其照准误差、大气折光误差等急剧增加,因而对跨墩水准测量的作业,必须采取一定的措施来提高观测精度。这些措施有:

(1)选用 i 角变化小的仪器,这样在前视、后视等距时可抵消其影响。

(2)仪器与微型水准尺应置于观测墩上,当采用3 m水准尺时,必须将尺固定于测点上,以保持仪器和标尺的稳定。

(3)增加观测测回数,测回间变动仪器高,测回互差严于跨河水准测量的规定。

跨墩水准测量的方法无规范可循,它是实际经验的总结。经验表明,在长视距测量中,以前视、后视等距的跨墩水准测量代替跨河水准测量是可行的。

在主桥墩面上,由于其使用空间有限,变形观测点应遵循一点多用的原则,既是垂直位移的观测点,也是横向位移、纵向位移及倾斜观测点。观测点可采用观测墩及强制归心装置。

二、水平位移观测

桥梁墩台的水平位移分为横向位移和纵向位移,即沿水流方向的位移和沿桥轴线方向的位移。人们更为关注的是横向位移。测定水平位移包括两部分:工作基点相对于基准点的水平位移和观测点相对于工作基点的水平位移。

(一)工作基点相对于基准点的水平位移的测定

测定水平位移时,工作基点一般处于桥台上或附近,很难保证稳定不动,所以要定期测定工作基点的位移,以改正观测点测定的结果。工作基点位移可按如下方法测定。

1.边角网

在桥址附近,建立一短边三角网,将此网起算点选择在变形区域以外,此网包括基准线的端点或前方交会的测站点,定期对该网进行观测,求出各工作基点在不同时期的坐标值,据此求出各工作基点的位移值;对工作基点进行稳定性检验,当检验出工作基点不稳定时,对因工作基点的位移值引起的观测点的位移值进行改正。

2.后方交会法

在地形与地质条件适宜的地区,可以在基准线端点四周的稳定基岩上选择几个检核点,利用这些点用后方交会法来测定基准线端点的位移值,但必须注意的是,测站点不能位于三个照准点所在的圆(危险圆)的附近。

3.检核基准线法

在墩台面上所布设的基准线的延长线上,选择地基稳定处设置观测墩,以形成检核方向线,用此方向线来检核基准线端点在垂直于基准线方向的位移。

4. GNSS 网

利用 GNSS 网测定工作基点的稳定性,由于基准点不需要与工作基点通视,可以很方便地在桥梁承压区范围之外选择稳定的基准点,因此建网的工作量很小。目前,用载波相位观测相对定位精度可达 $1\times10^{-6}D$。

(二)观测点水平位移观测

测定相对位移的方法与桥梁的形状有关,对于直线形桥梁,一般采用基准线法、测小角法等;对于曲线形桥梁,一般采用前方交会法、导线测量法等。

1. 基准线法

对直线形的桥梁测定桥墩台的横向位移以基准线法最为有利,而纵向位移可用高精度测距仪直接测定。大型桥梁包括主桥和引桥两部分,可分别布设三条基准线,主桥一条,两端引桥各一条。

2. 测小角法

测小角法是精密测定基准线方向(或分段基准线方向)与测站到观测点之间的小角。由于小角观测中仪器和觇牌一般置于钢筋混凝土结构的观测墩上,观测墩底座部分要求直接浇筑在基岩上,以确保其稳定性。

3. 前方交会法

若桥梁难以直接用距离测量法和基准线法测定位移,可用前方交会法。该法能求得纵、横向位移值的总量,投影到纵、横方向线上,即可获得纵、横向位移量。

4. 导线测量法

对桥梁水平位移监测还可采用导线测量法,这种导线两端连接于桥台工作基点上,每一个墩上设置一导线点,它们也是观测点。这是一种两端不测连接角的无定向导线。通过重复观测,由两期观测成果比较可得观测点的位移。

三、桥梁挠度观测

桥梁挠度测量是桥梁检测的重要组成部分。桥梁建成后,桥梁承受静荷载和动荷载,必然会产生挠曲变形。在交付使用之前或交付使用后应对梁的挠度变形进行观测。

桥梁挠度观测分为桥梁的静荷载挠度观测和动荷载挠度观测。静荷载挠度观测时测定桥梁自重和构件安装误差引起的桥梁的下垂量;动荷载挠度观测时测定车辆通过时在其质量和冲量作用下桥梁产生的挠曲变形。

目前,挠度观测的常用方法有精密水准测量法、全站仪观测法、GNSS 观测法等。下面简要介绍几种方法。

(一)精密水准测量法

精密水准测量法是桥梁挠度测量的一种传统方法,该方法利用布置在稳固处的基准点和桥梁结构上的水准点,观测桥体在加载前和加载后的测点高程差,从而计算桥梁检测部位的挠度值。

用水准测量法作业时,用万粘胶将小钢尺粘贴固定在钢混桥梁下面(如图 9-35 所示,每个测点贴一把小钢尺),应采用精密的且为自动安平的水准仪,并要安放在离测点较近,且与小钢尺等高的地方(在一般情况下,要找一个满意的地方安置水准仪并不是一件容易的事)。用水准测量法测量桥梁挠度的原理为:桥梁在加载前瞄准小钢尺读数为 n_1,加载后静

止时读数为 n_2，卸载后读数为 n_3，则桥梁的挠度 ΔH 为

$$\Delta H = n_2 - \frac{n_1 + n_3}{2} \tag{9-15}$$

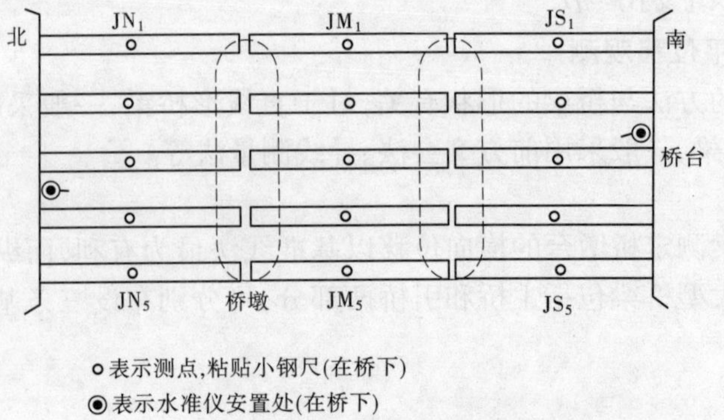

图 9-35　精密水准测量法测定桥梁挠度示例图

对弹性挠度来说，n_1 应与 n_3 相等，故卸载后读数 n_3 可供检查之用。

桥梁挠度观测时，因为要实行交通管制，时间显得很宝贵，因此水准仪一定要用自动安平水准仪。安置水准仪的地方，要不受桥梁挠度的影响，且要稳固，尽可能靠近测点，并应与粘贴的小钢尺等高，即视线水平时应能在尺上读数。一般情况下，水准仪可安置在桥台的下面。粘贴小钢尺时，先将所有小钢尺粘贴在预制好的小木条上，再将小木条固定于各观测点(观测点一般选在各梁的中部)，并检查是否牢固。全部布置完毕后，首先应进行水准仪观测试验。一是检查水准仪的高度是否恰当，水准仪的三丝在尺上要能读到数，且应留有一定的变化范围；二是检查观测的目标是否清晰，应保证足够的读数精度。观测一般选在深夜进行(此时交通量最小)，故事先须备好照明设备。如时间允许，最好采用三丝法观测，即上、中、下三丝分别读数，相当于一个挠度值观测了三次。三丝法观测自身数值可以检查，同时能大大提高测量结果的精度和可靠度。

(二)全站仪观测法

该方法的实质是利用光电测距三角高程法进行观测。观测时，仪器架设在测站点上，在观测点上安置棱镜，在观测过程中，测站和棱镜位置一直保持不动。在桥梁加载前，全站仪观测高差 h_1，加载后再观测高差 h_2，两高差之差即为挠度值。

在三角高程测量中，大气折光是一项非常重要的误差来源，但桥梁挠度观测一般在夜里，这时的大气状态较稳定，且挠度观测不需要绝对高差，只需要高差之差，因此只有大气折光的变化对挠度有影响，但由于每一工况的测试时间一般为 10 ~ 20 min，时间间隔很短，对大气折光有影响的气象条件变化不会太大，该项误差很小。

用全站仪观测桥梁挠度的方法比水准测量方法要方便，工作效率高，尤其是对于坡度较大的桥梁或特大桥的远距离观测，更显优越性。但在观测时，要使用精密全站仪。采用全站仪进行挠度观测时，测点选取比较灵活，但设站距离最好不要超过 200 m，而且最好不要在晴天的中午进行观测。为减小瞄准误差，提高全站仪挠度观测精度，建议远距离的测点棱镜要加设觇牌，觇牌可自行按需要进行设计和加工。

(三)GNSS 观测法

目前，GNSS 测量主要有三种模式：静态、准动态和动态，各种测量模式的观测时间和测

量精度有明显的差异。在通常情况下，静态测量的精度最高，一般可达毫米级的精度，但其观测时间一般要 1 h 以上。准动态和动态测量的精度一般较低，大量的实测资料表明，在观测条件较好的情况下，其观测精度为厘米级。因此，对于大挠度的桥梁，应用 GNSS 观测还是可以考虑的。

变形观测结束后，首先应进行成果分析，归纳出桥梁变形的过程、变形的规律和幅度，分析变形的原因，判断变形是否异常。如属异常，应采取措施，防止事故发生，并改善营运方式，以保证安全。其次，可以验证地基与基础的计算方法，桥梁结构的设计方法，对不同的地基与工程结构规定合理的允许变形值，为桥梁设计、施工、管理和科学研究工作提供资料。

复习与思考题

1. 桥梁平面施工控制网的点位布设需要满足哪些要求？
2. 桥梁平面施工控制网常见的布设形式有哪些？
3. 桥梁施工控制网坐标系统如何建立？其投影面如何确定？
4. 建立桥梁高程控制网的主要工作有哪些？
5. 桥梁墩台中心定位的方法有哪些？
6. 如何进行桥梁墩台纵横轴线测设？
7. 如何进行桥梁桩基础的施工放样？
8. 桥梁垂直位移观测如何实施？
9. 桥梁水平位移观测的方法有哪些？
10. 进行桥梁的挠度观测的方法有哪些？

第十章 地下管线探测

第一节 概 述

城市中已有和新建的位于地下的各种管道、管线称为城市地下管线。现代化城市都拥有一个结构复杂、规模庞大的地下管线系统,城市地下管线就像人体内的血管,称为生命线工程。地下管线探测是指采用物探和测绘技术确定地下管线空间位置和属性的全过程。包括对已有地下管线普查、新建地下管线施工和竣工测量等内容。已有地下管线普查是查明地下管线的现状,即管线和附属设施的空间位置及其属性特征,包括管线探测、管线测量和沿线带状地形图测绘;城市地下管线网信息系统是利用地理信息系统原理和方法,对地下管线网及其附属设施的空间信息和属性信息进行管理,以满足城市规划、设计、施工和管理的需要。

一、地下管线探测现状

地下管线是城市基础设施的重要组成部分,是城市规划建设管理的重要基础信息。它就像人体的神经和血管,日夜担负着传输信息和输送能量的工作,是城市赖以生存和发展的必要保障,被称为城市的"生命线"。

随着时代的发展,我国城市建设也快速发展,随之而来的是我国地下管线越来越庞大、越来越密集,其种类也越来越复杂,由此带来的施工难度也越来越大。据统计,截至2012年,各类地下管线长度就已超过187万km,是1990年的8.63倍。同时,我国正处于新一轮地下管线建设高峰期,有相当比例的管线进入"老龄化",管线施工、运营和维护等正面临前所未有的机遇和挑战。

但是,我国城市地下管线管理却滞后于城市建设的发展。例如,地下管线现状普遍不详,大多数城市没有对地下管线进行普查和建档工作,由于管线不详,在建设施工中不断发生管线被压埋和破坏的情况,停水、停电、停气、通信中段,甚至火灾和爆炸事故频繁发生,为此造成的人民生命财产损失难以估算。另外,由于各类管线的所属单位不同、实施时间不同、造成埋设混乱,如把居民楼和厂房建在煤气管道上,煤气管道爆炸造成楼塌人亡;输油管道与自来水管道交叉埋设造成水污染等,给城市的发展埋下祸患。地下管线的这种滞后现象,已成为我国城市建设和国民经济发展的瓶颈。

二、地下管线探测的目的和意义

地下管线探测的目的在于获取地下管线精确、可靠、完整且现势性强的几何及属性数据,生成地下管线各种图表等档案资料,为建立城市地下管线网信息系统提供基础资料。进一步为城市的规划、设计、施工和管理服务,实现管理的科学化、自动化和规范化。地下管线探测随着城市的产生、发展而出现和发展,关系到居民的切身利益,也关系到城市的可持续发展。地下管线探测对城市规划管理现代化既具有重要的经济意义和现实意义,对城市居民和城市可持续性发展来说,又具有重大的社会意义和永久意义。

三、地下管线的分类

城市地下管线的种类繁多,结构复杂,而且分属各个不同的专业部门管理。因此,要做好地下管线探测和普查工作,必须先弄清地下管线的种类及结构,才能采用相应的探测技术和方法,高效率、高质量地完成地下管线的探测任务。《城市地下管线探测技术规程》(CJJ 61—2017)将地下管线按功能划分为八个大类:给水管道、排水管道、燃气管道、热力管道、电力管道、通信管道、工业管道和其他管道,其中每个大类又分不同子类,每个大类都用统一的颜色来表示。如表 10-1 所示,管线的大类和各小类的代号大部分是以汉语拼音首字母进行编号的。

表 10-1 地下管线的种类、代号与颜色

类别(大类)		小类		颜色(RGB 值)
名称	代号	名称	代号	
给水	JS	原水	JY	天蓝(0,255,255)
		输水	SS	
		中水	ZS	
		配水	JP	
		直饮水	JZ	
		消防水	XS	
		绿化水	LS	
		循环水	JH	
排水	PS	雨水	YS	褐(76,57,38)
		污水	WS	
		雨污合流	HS	
燃气	RQ	煤气	MQ	粉红(255,0,255)
		液化气	YH	
		天然气	TR	
热力	RL	热水	RS	橘黄(255,128,0)
		蒸汽	ZQ	
电力	DL	供电	GD	大红(255,0,0)
		路灯	LD	
		交通信号	XH	
		电车	DC	
		广告	GG	

续 10-1

类别(大类)		小类		颜色(RGB 值)
名称	代号	名称	代号	
通信	TX	电话	DH	绿(0,255,0)
		有线电视	DS	
		信息网络	XX	
		广播	GB	
工业	GY	氢气	QQ	黑(0,0,0)
		氧气	YQ	
		乙炔	GQ	
		乙烯	YX	
		苯	BQ	
		氯气	LQ	
		氮气	DQ	
		二氧化碳	EY	
		氨气	AQ	
		甲苯	JB	
其他	QT	综合管沟	ZH	黑(0,0,0)
		不明管线	BM	紫(102,0,204)

四、地下管线的结构和材质

地下管线包括管线上的建(构)筑物和附属设施。对于种类繁多的各种地下管线,其结构也较复杂,只有先弄清地下各类管线的结构及其特征,才方便我们选择相应的探测技术和方法,更好地进行管线探测和普查工作。下面我们将讲述各类地下管线的系统组成和管线的材质。

(一)给水管道结构

1. 系统组成

给水管网系统一般是由输水管(渠)、配水管网、水压调节设施(泵站、减压阀)及水量调节设施(清水池、水塔、高位水池)等构成,具体组成示例见图 10-1。

2. 管材

铸铁管使用最为广泛;钢管在口径 150 mm 以下用得较多;其他管材包括钢筋混凝土管、石棉水泥管等。

(二)排水管道结构

1. 系统组成

排水管道是接受、输送和净化城市、工厂以及生活区的各种污水的管道。排水管道系统一般由废水收集设施、排水管道、水量调节池、提升泵站、废水输水管(渠)和排放口等组成,

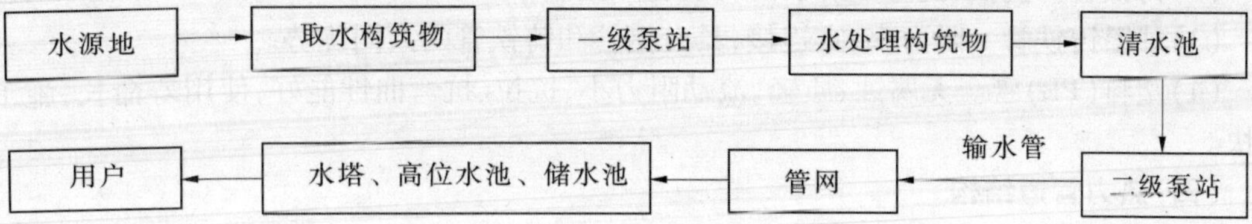

图 10-1 给水管道系统组成示例

具体组成示例见图 10-2。

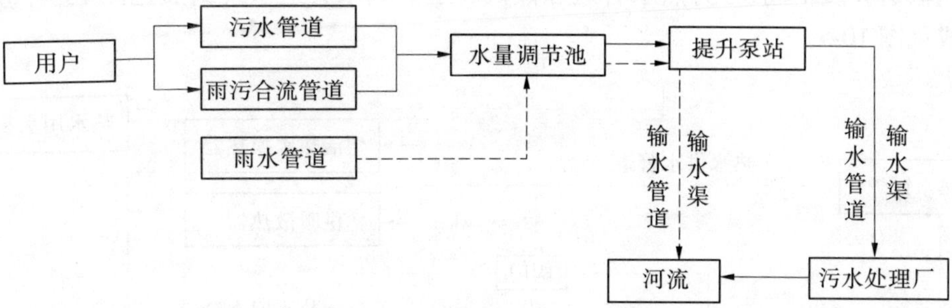

图 10-2 排水管道系统组成示例

2. 管材

排水管道管材一般有钢筋混凝土管、混凝土管、铸铁管、石棉水泥管、陶瓷管以及砖石沟等。我国的排水管道管材主要是钢筋混凝土管。

(三)燃气管道结构

1. 系统组成

城镇燃气输配系统一般由门站、储配站、输配管网、调压站以及运行管理操作和控制设施等共同组成,具体组成示例见图 10-3。

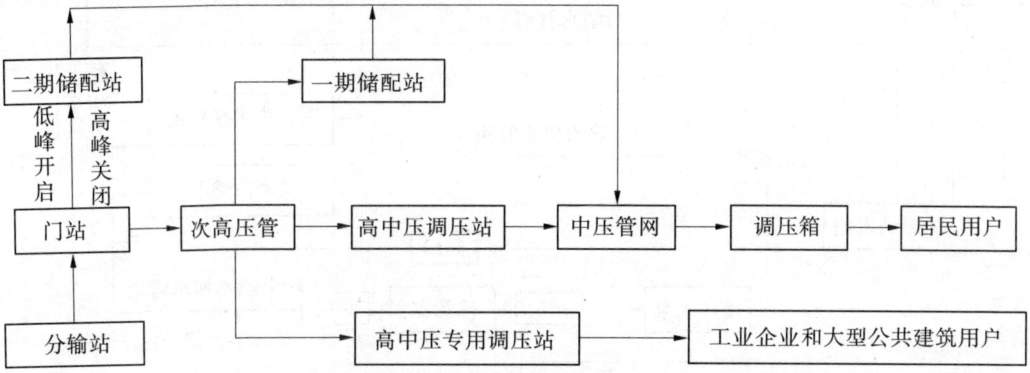

图 10-3 燃气管道系统组成示例

2. 管材

燃气管道常用的管材有以下几种。

(1)钢管。承载应力大、可塑性好、便于焊接、管壁薄、施工技术成熟,耐腐蚀性差。

（2）铸铁管。抗拉、抗弯曲、抗冲击能力差、耐腐蚀。

（3）球墨铸铁管。阻力小，宜连接，具有钢管和铸铁管的共同优势。

（4）塑料（PE）管。无腐蚀、质轻、流动阻力小、抗拉、抗弯曲性能好，使用寿命长，施工速度快。

（四）热力管道结构

1. 系统组成

城市供热系统是由供热企业经营对多个用户进行供热的，自热源至城市供热站（或热用户）输送热水或水蒸气的管道系统。主要由管道、管路附件和安全计量表等组成。

按照输送介质不同，分为热水管道和蒸汽管道。热水管道系统组成见图10-4，蒸汽管道系统组成见图10-5。

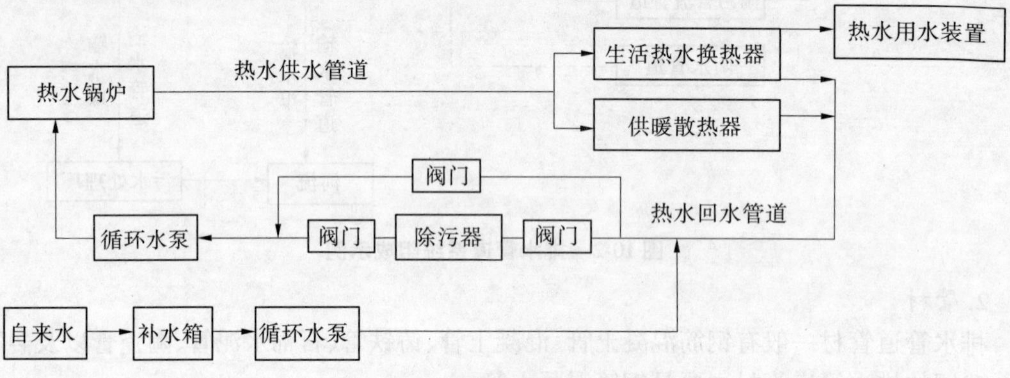

图10-4　热水管道系统组成

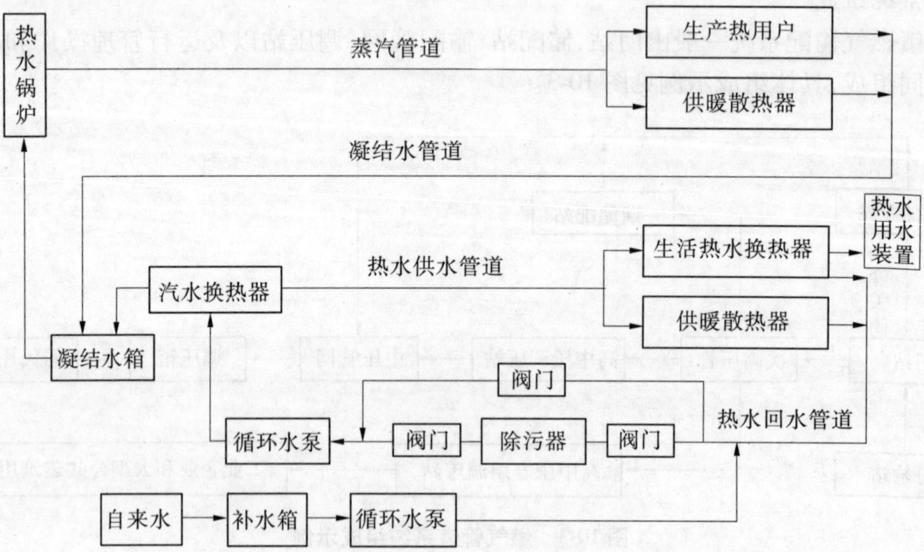

图10-5　蒸汽管道系统组成

2. 管材

焊接钢管，又称有缝钢管。分为低压流体输送钢管及电焊钢管两大类。低压流体输送钢管，常用来输送水和煤气，俗称为水煤气管。电焊钢管，一般用于压力不高或无严格要求的管路。

无缝钢管是由圆钢坯加热后，经穿管机穿孔轧制（热轧）而成的，或者再经过冷拔而成为外径较小的管子，因为它没有接缝，所以称为无缝钢管。它强度高，可用在重要管路上，如高压蒸汽和过热蒸汽的管路、高压水和过热水管路、高压气体和液体管路等，各种热交换器的管子大都采用无缝钢管。

（五）电力管道结构

1. 系统组成

电力系统是由发电厂、输电网、配电网和电力用户组成的整体，是将一次能源转换成电能并输送和分配到用户的系统。

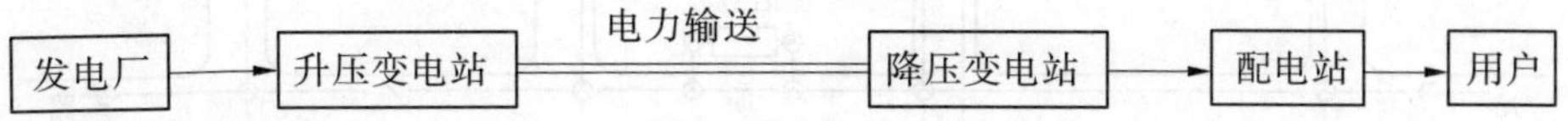

图 10-6　电力管道系统组成

2. 管材

电缆按芯线材料可分为一芯、二芯、三芯、四芯、五芯电缆。电力电缆埋在地下，对电缆保护管的要求较高，常用的有以下几种：

(1)有机高分子材料。如碳素波纹管、PVC 管等。

(2)金属材料。如涂塑钢管、镀锌钢管等。

(3)树脂基纤维增强复合材料。如玻璃钢管等。

(4)水泥基纤维增强复合材料。如低磨擦纤维水泥管、维纶水泥管等。

（六）通信管道结构

1. 系统组成

通信管道按布设形式可分为单局制通信电缆管道系统（见图 10-7）和多局制通信电缆管道系统（见图 10-8）。电信管道按其在通信网络中所处位置、布放电缆的性质、所用的管材和建设的结构不同，可分为出进局管道、主干管道、中继管道、分支电缆、用户管道。

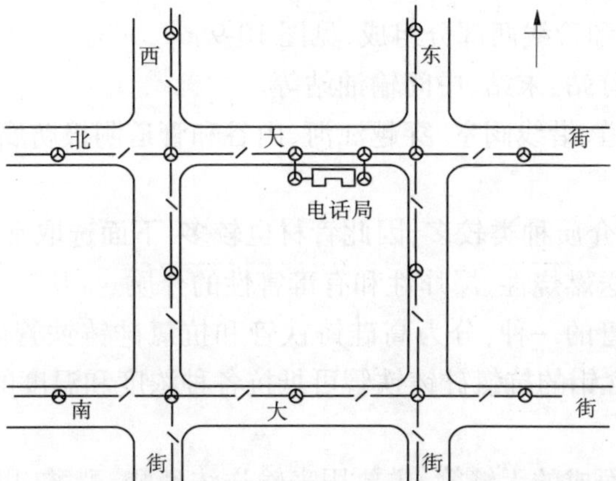

图 10-7　单局制电信电缆管道系统的布设

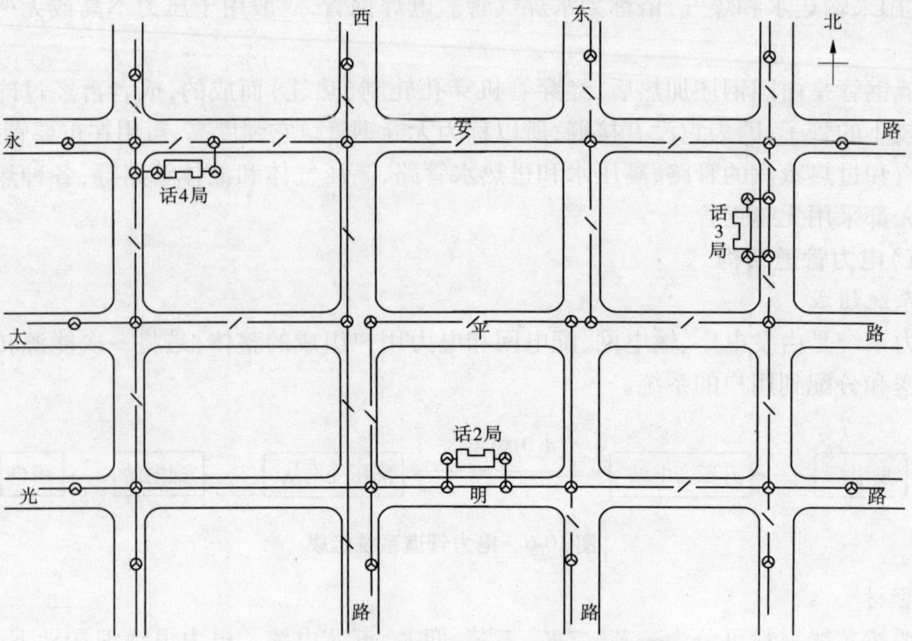

图 10-8 多局制电信电缆管道系统的布设

2. 管材

(1)水泥管。最普通的、使用最多的通信管道的管材,是一种多管孔组合式结构的管材。有单孔、双孔、三孔、四孔、六孔、九孔、十二孔、二十四孔等。

(2)钢管。单孔,按照一定的组合结构方式建成。

(3)聚氯乙烯塑料管。热塑性聚氯乙烯塑料,经过挤压成型的单孔硬性塑料管。

(4)其他管材。石棉水泥管道、陶瓷电信管道等。

(七)工业管道结构

1. 系统组成

工业管道种类很多,下面以输油管道为例进行介绍。

输油管道由输油站和管线两部分组成,见图 10-9。

(1)输油站。包括首站、末站、中间输油站等。

(2)管线。包括管道、沿线阀室、穿越江河、山谷和管道阴极防腐保护设施等。

2. 管材

工业管道因输送的介质种类较多,因此管材也较多,下面选取常见的几种介绍。

(1)无缝钢管。输送燃烧性、爆炸性和有毒害性的介质。

(2)硅铁管。铸铁管的一种,分为高硅铸铁管和抗氯硅铸铁管两种。高硅铸铁管能抵抗多种强酸的腐蚀,而含钼的抗氯硅铸铁管可抵抗各种浓度和温度的盐酸,因此是很好的耐腐蚀性管材。

(3)铝管。是拔制而成的无缝管,主要用来输送浓硝酸、醋酸、甲酸以及其他介质,但不能抗碱液。

(4)不锈钢管。对硫酸具有良好的耐蚀性,因此广泛应用于硫酸工业中,但由于铅管有

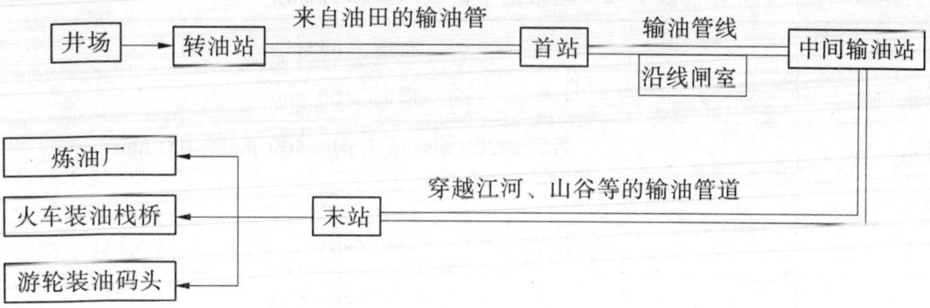

图 10-9 输油管道系统组成

强度低、密度大、抗热性能差等缺点，故近年来已逐渐被各种耐酸合金管与塑料管代替。

(5)不锈钢管。具有良好的耐腐蚀性能，广泛用于化学工业、化肥工业、石油工业、医药工业等领域。

(6)塑料管。具有优良的化学稳定性，耐腐蚀，不受酸、碱、盐、油类介质的侵蚀。塑料管管壁光滑，容易切割，并可制成各种颜色，广泛用于化工管路中。

(八)各类管件

管件是管道系统中起连接、控制、变向、分流、密封、支撑等作用的零部件的统称。丁字管、叉管、弯管、穿墙套管，常用在给水管道中；全承丁字管、全承十字管、45°双盘弯管、90°承插弯管、插承减缩管，常用在燃气、工业、热力等管道中；钢管管箍接口、钢管套管接口、钢管焊缝接口、塑料管粘胶接口、塑料管套管接口，常用在电力、通信管道中。

五、地下管线探测的基本规定

(一)地下管线探测任务

地下管线探测按照探测任务可分为地下管线普查、地下管线详查、地下管线放线测量和地下管线竣工测量。地下管线普查可分为城市地下管线普查、厂区或住宅小区地下管线探测、施工场地管线探测和专用管线探测。

1. 城市地下管线普查

城市地下管线普查应根据城市规划管理部门或公用设施建设部门要求进行，其范围主要包括城市道路、河流两侧、广场等主干管线通过的区域。机关、企事业单位、住宅小区等列为非普查区，内部管线不查。但对穿越上述非普查区的主干管线不能中断，以保持主干管线的连续性。其中，排水管道应查至出水口(井)；中压燃气管道查至调压站(箱)；管径≥200 mm 的给水管道查至水表井(组)；电力电缆查至开闭所、配电房或变电站(箱)；热力管道查至阀门井或换热站；通信光(电)缆查至分支箱或配电室(柜)；普查范围内的长输或高压油(气)管线、长途光(电)缆均应探测。表 10-2 为《城市地下管线探测技术规程》(CJJ 61—2017)规定的管线普查取舍标准。

表10-2　城市地下管线探查取舍标准

管线类别	需探测的管线
给水	管径≥50 mm
排水	管径≥200 mm 或方沟≥400 mm×400 mm
燃气	全测
热力	全测
电力	全测
通信	全测
工业	全测
其他	全测

普查方法及流程:城市地下管线普查涉及多专业、多工序,科学的工作流程应该使各专业充分配合,各工序间充分衔接,工作效率高,作业质量有保证。普查工作流程包括探查前准备工作(接受任务、收集资料、现场踏勘、仪器检验和方法试验、编写技术设计书),实地探查,地下管线点测量,地下管线图编绘,数据库的建立,编写技术总结报告,成果提交验收等。

2. 厂区或住宅小区地下管线探测

随着城市建设的发展,厂、矿、企业、生活小区的新建、改建、扩建项目也在日益增多,在这些项目新建和改扩建过程中,一般实行全部机械化施工,但是由于对地下管线埋设分布不清,经常会挖断各种管线,从而造成很大的经济损失。另外,随着城市数字化发展与管理需要,城市小区地下管线普查工作的重要性日益突出,厂区和住宅小区的管线探测将为城市安全运行、市政管理、环境保护以及数字城市建设提供基础的数据保障。

1)探测特点

(1)管线排列相对密集,种类各异,相互交错的地方多而且复杂,探测过程中要实施的探测点密度大。

(2)管线埋深相对市政道路上的管线一般来说较浅,且管径一般较小。

(3)管道材质多元化,另外,由于现代生活小区越来越美观,小区内的景观点也越来越多,如假山、景观绿化带等,这些都对探测工作形成障碍,增加了探测的难度。

(4)部分厂区和住宅小区为了美观和安全,对小区内的管道窨井盖进行填埋,增加了探测工作量和难度。

2)探测范围

厂区或住宅区管线探测应根据工厂或住宅小区管线探测设计、施工和管理部门的要求进行,其探测范围应大于厂区、住宅小区所辖区域或要求指定的其他区域,具体根据《城市地下管线探测技术规程》(CJJ 61—2017)和业主方的要求来定。

3)探测方法及流程

探测方法和流程与城市管线普查流程大致一致,在此不再赘述。

4)应注意的问题

(1)厂区和城市小区地下管线的取舍标准。厂区和城市小区的地下管线的规格相比市政管线的规格来说要小得多,并且厂区和住宅小区地下管线的普查目的不同于城市综合地下管线的普查。因此，厂区和住宅小区地下管线的普查取舍标准不能全盘照抄城市管线普查标准。地下管线探测的取舍标准应根据各城市的具体情况、管线疏密程度和委托方的要求确定。城市小区地下管线的取舍标准就宜具体情况具体分析。比如，在城市综合地下管线普查中排水的取舍标准是"管径≥300 mm 或方沟≥300 mm×300 mm"，如果将这个普查取舍标准作为一些城市小区的地下管线取舍的依据，就很可能出现无排水管线可探测的结果。

(2)厂区和住宅小区地下管线的管点设置。厂区和住宅小区地下管线埋设相比市政管线来说要随意得多，加上管道规格小，拐点或变深随处可见。因此，探查时，厂区和住宅小区地下管线管点设置要非常注意，否则就很容易出现管线空间碰撞的失真形态。厂区和住宅小区地下管线的管线点设置基本原则为：应以能反映管线三维空间形态特征为基准。尤其要注意在管线点裸露的地方，在管线重复交叉的地方，应加强加密管线点位来进行局部空间控制，尽量避免管线点间连接线路出现空间不属实的情况出现。

比如对×××职业学院校内的所有管线进行探测，就属于这部分的任务，注意探测范围不仅包括校内的所有管线，还需要探测出和学校相邻的主干道上的管线点，搞清楚学校的给水管线是从哪来的，学校的污水管线是从哪排出去的。

3. 施工场地管线探测

在专项工程开工前，为了防止施工机械挖断、碾压等破坏地下管线，防止施工开挖破坏地下管线，需要进行施工场地的管线探测。

1)探测范围

探测范围包括需要开挖的区域和可能受开挖影响威胁地下管线安全的区域。此外，为了查明测区地下管线的分布，有时还需要再扩大范围，这需要有一定的相关知识和经验。以非开挖为例，由于开挖基坑可能引起周围地面沉降，过大的沉降会导致地下管线破裂，这样的沉降区也应该包括在探测范围内。

2)应注意的问题

(1)管线点探测间距。管线点间距的要求比较小，实地间距一般要求≥10 m，且在穿越对场地设计、施工有重大影响的区域时，应加密定点。当管线弯曲时，为了完整反映出管线位置，在关键位置，有可能每隔2~3 m就设置一个管线点，甚至更小。在四类管线探测中，施工场地管线探测对管线点间距要求最严格。

(2)管线点的取舍。对于施工场地的管线，要求全测，不应有取舍。比如要修建一座高架桥，需要挖基坑埋设桥墩，首先要查明施工范围内的所有管线情况，然后设计桥墩埋设位置，避免造成施工事故。

4. 专用管线探测

专用管线的探测一般是为了某项管线工程的需要，为其规划、设计、施工和管理部门的要求提供资料，其探测范围应包括工程敷设的区域。

比如要对郑州市二七区大学路的给水管线进行重新规划，那么就需要对大学路的所有管线进行探测，查清已有的给水管线和其他管线的情况，在此基础上进行设计、施工。

(二)管线探测的一般规定

地下管线探测的对象应包括埋设于地下的给水、排水、燃气、热力、工业等各种管道和电力、电缆等。

城市地下管线探测工程宜采用 CGCS2000 国家大地坐标系和 1985 国家高程基准。采用其他平面坐标和高程基准时,应与 CGCS2000 国家大地坐标系和 1985 国家高程基准建立换算关系。

城市地下管线普查或竣工测量成图的比例尺和分幅,应与城市基本地形图比例尺和分幅一致。其他类型地下管线探测成图的比例尺和分幅,可根据实际情况或要求确定。

(三)地下管线探测的精度要求

地下管线点分为明显管线点和隐蔽管线点。明显管线点直接可以借助精密测量仪器测量其位置,而不需要借助物探探查;隐蔽管线点需要通过物探方法探查其深度和投影到地面的平面位置,在地面设置标志,再通过测量技术得到其平面坐标和高程。因此,两种管线点的精度不同,明显管线点的精度即为测量精度,隐蔽管线点的精度包括探查精度和测量精度。

我国《城市地下管线探测技术规程》(CJJ 61—2017)规定:

城市地下管线探测应以中误差作为衡量探测精度的标准,且以 2 倍中误差作为极限误差。

(1)明显管线点的埋深量测中误差不应大于 25 mm。

(2)地下管线隐蔽管线点的探查精度。平面位置限差为 0.10 h,埋深限差为 0.15 h。

其中,h 为地下管线的中心埋深,mm,当 $h<1\ 000$ mm 时则以 1 000 mm 代入计算。

注:地下管线详查时,地下管线平面位置和埋深探查精度可另行约定。

平面位置中误差不得超过 ±50 mm(相对于该管线点起算点),高程测量中误差不得超过 ±30 mm(相对于该管线点起算点)。

(四)各类地下管线实地调查项目

对于不同的地下管线,进行实地调查时,调查属性项目是不一样的。对于不同管线的具体要求如表 10-3 所示。

表 10-3　各类地下管线实地调查属性项目

管线类别	埋设方式	埋深		断面		孔(根)	材质	附属物	偏距	载体特征			埋设年代	权属单位
		内底	外顶	管径	宽×高					压力	流向	电压		
给水	管道	—	▲	▲	—	▲	▲	▲	▲	—	—	—	△	△
	沟道	▲	—	—	▲	—	▲	▲	▲	—	—	—	△	△
排水	管道	▲	—	▲	—	▲	▲	▲	▲	—	▲	—	△	△
	沟道	▲	—	—	▲	—	▲	▲	▲	—	▲	—	△	△
燃气	管道	—	▲	▲	—	▲	▲	▲	▲	△	—	—	△	△
	沟道	▲	—	—	▲	—	▲	▲	▲	△	—	—	△	△
热力	管道	—	▲	▲	—	▲	▲	▲	▲	—	—	—	△	△
	沟道	▲	—	—	▲	—	▲	▲	▲	—	—	—	△	△
电力	管块	—	▲	—	▲	△	▲	▲	▲	—	—	△	△	△
	沟道	▲	—	—	▲	—	▲	▲	▲	—	—	△	△	△
	直埋	—	▲	—	—	△	▲	▲	▲	—	—	△	△	△

续表 10-3

管线类别	埋设方式	埋深		断面		孔（根）	材质	附属物	偏距	载体特征			埋设年代	权属单位
		内底	外顶	管径	宽×高					压力	流向	电压		
通信	管块	—	▲	—	▲	△	▲	▲	▲	—	—	—	△	△
	沟道	▲	—	—	▲	—	▲	▲	▲	—	—	—	△	△
	直埋	—	▲	—	—	△	▲	▲	▲	—	—	—	△	△
工业	管道	—	▲	▲	—	▲	▲	▲	▲	△	▲	—	△	△
	沟道	▲	—	—	▲	—	▲	▲	▲	△	▲	—	△	△
其他	综合管廊（沟）	—	▲	—	▲	—	▲	▲	▲	—	—	—	△	△
	不明管线	—	▲	△	—	—	△	—	▲	—	—	—	—	—

注：▲表示应查明的项目；△表示宜查明的项目。

第二节　地下管线探测的方法和仪器

一、地下管线探测的方法

地下管线探测是要确定地下管线的位置，包括平面位置和埋设深度（埋深），平面位置为管线中心点在地面的投影，埋深为管线点到地面的垂直距离。探测时要在地面上标出地下管线探测点的位置，通过测量获得其平面坐标和高程。

地下管线探测方法有两种：一是开井调查、开挖样洞和进行触探的方法；另一种是用地下管线探测仪进行物探的方法。两种方法要结合起来，以物探方法为主。

地下管线探测中使用的管线探测仪品牌、型号较多，其结构设计、性能、操作和外形各不相同，但都是以电磁场理论和电磁感应定律为基础设计的，由发射机与接收机两大部分组成。工作原理相同，可用图 10-10 来说明。管线探测仪的发动机在地下管线上施加一个交变电流信号，该信号在管线传输中，会在管线周围产生一个交变的磁场，将磁场分解为水平方向和垂直方向的磁场分量，通过矢量分解可知，在管线正上方时水平分量最大，垂直分量最小，而且它们的大小与管线的位置和深度呈一定的比例关系。用管线探测仪接收机的水平天线和垂直天线分别测量其水平分量和垂直分量的大小，就能测出地下管线的位置和深度。

地下管线物探方法分为电探测法、磁探测法和弹性波法等，电探测法又分为直流电探测法和交流电探测法两类。下面简单进行介绍。

（一）电探测法

1. 直流电探测法

用两个供电电极向地下提供直流电，电流从正极传入地下再回到负极，在地下形成一个

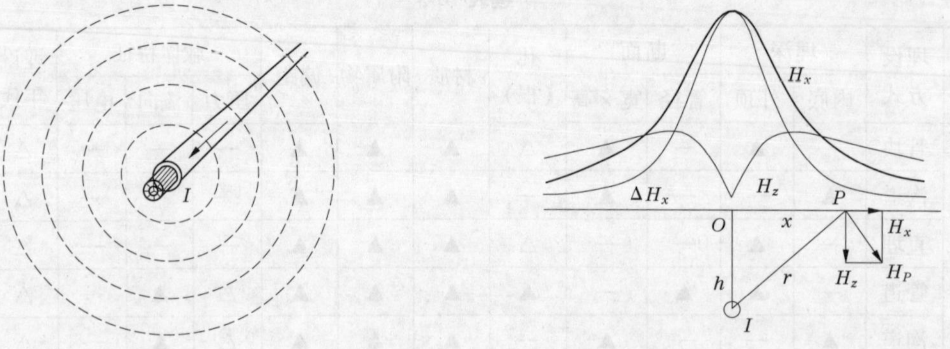

(a)管线二次场　　(b)管线磁场分量曲线

图 10-10　管线探测仪的工作原理

电场。当存在金属管线时,金属管线对电流有“吸引”作用,使电流密度的分布产生异常;当地下存在水泥或塑料管道时,由于它们的导电性极差,对电流有“排斥”作用,同样也使电流密度的分布产生异常。在地面布置两个测量电极,可观测到这种异常,从而判断地下是否存在金属管线或非金属管线,并能确定管线的位置。

2. 交流电探测法

利用交变电磁场对导电性、导磁性或介电性物体具有感应作用的特性,通过对发射产生的二次电磁场的测量来发现被感应的物体。

交流电探测法分为电磁法、电磁波法(或称探地雷达法)。电磁波法又分为频率域电磁法和时间域电磁法。频率域电磁法主要用于金属管线的探测,先使导电的地下金属管线带电,在地面上测量由此电流产生的电磁异常,从而探测出地下管线的位置。其前提条件是:地下管线与周围介质之间有明显的电性差异,且管线的长度远远大于管线的埋深。频率域电磁法又分为主动源法和被动源法,主动源法是采用人工方法把电磁信号加到地下金属管线上,又包括直接法、夹钳法、电偶极感应法、磁偶极感应法和示踪法等。被动源法是直接利用金属管线本身带有的电磁场进行探测,又分为工频法和甚低频法。

频率域电磁法因具有探测精度高,抗干扰能力强,应用范围广、工作方式灵活、成本低等优点,应用最广。

电磁波法是利用高频电磁波以宽频带短脉冲形式由地面通过发射天线传送入地下,由于周围介质与管线存在明显的物性差异,例如电导率和介电常数差异,脉冲在界面上将产生反射和绕射回波,接收天线收到这种回波后,将信号传到控制台,经计算机处理后,可将雷达图像显示出来,通过对雷达波形的分析,可确定出地下管线的位置,所以电磁波法又称为探地雷达法。

探地雷达除了能准确探测金属管线,对非金属管线探测同样具有快速、高效、无损及实时等特点。

(二)磁探测法

该法只适用于地下铁质管道探测。由于铁质管道在地球磁场的作用下会被磁化,磁化后的磁性强度与管道的铁磁性材料有关。铁质管的磁性较强,非铁质管则无磁性。磁化的铁质管道可形成自身的磁场,与周围物质的磁性有明显差异。通过在地面观测铁质管道的磁场分布,可以发现地下的铁质管道并确定出管道的位置。

(三)弹性波法

弹性波法分为反射波法、面波法以及弹性波 CT 法等。反射波法又分为共偏移距法(common offset distance,COD 法)和地震映象法。

COD 法主要用于非金属地下管线的探测,由于非金属管线与周围介质存在显著物性差异,激发的弹性波在地下传播时遇到这种物性差异界面时会发生反射,反射波被仪器接收记录,可根据发射信号的同相轴连续性及频率变化来确定非金属地下管线的位置。

地震映象法是近几年才出现的新方法,弹性波在地下介质传播过程中,遇到地下管线后会产生反射、折射和绕射波,使弹性波的相位、振幅及频率发生变化,在反射波时间剖面上出现畸变,从而确定地下管线的位置。

间距很小的并行管线探测,并排管道区分,拐点、终点、分支点及变坡点确定,以及上下重叠管线探测是地下管线探测中的难点,需要采用特殊方法和技术解决。地下管线探测野外采集数据时应尽可能减少噪声,提高信噪比。在信号处理方面,可将小波变换、遗传算法和神经网络等方法,应用于地下管线探测信号分析,还需要和开井调查、开挖样洞和进行触探结合,与化探结合,综合运用多种探测方法,提高地下管线探测中管线位置确定的精度。

二、地下管线探测仪器

采用物探方法能确定地下管线平面位置和埋深的仪器称为地下管线探测仪。其发展经历了从高频到低频,从单频到多频,从一瓦到几十瓦的历程。1915 ~ 1920 年,美国、英国和德国先后生产了探测地下地雷和未引爆的炸弹等金属的探测仪。第二次世界大战后,出现了应用电磁感应原理的地下金属管线探测仪。20 世纪 80 年代后,仪器的信噪比、精度和分辨率大大提高,而且更加轻便和易于操作。探地雷达的开发应用,进一步拓宽了地下管线的探测范围。

目前市面上的管线探测仪器很多,下面以英国雷迪公司的 RD8000 地下管线探测仪和美国 GSSI 公司的 GSSI 探地雷达为例来进行介绍。

(一)RD8000 地下管线探测仪

RD8000 地下管线探测仪是英国雷迪公司生产的,是现在市场上使用比较广泛的一款管线探测仪,主要用来探测金属管线。它主要由发射机和接收机两部分组成,另外还有一系列附件,如直连线、夹钳、延长线、电极等,如图 10-11 所示。

各部分功能:

(1)发射机。发射信号。

(2)接收机。接收信号。

(3)直连线。直连法时连接,用来探测给水管线等有阀门的金属管线时使用。

(4)夹钳。直连法时连接,用来探测通信管线等比较细的金属管线时使用。

(5)延长线。当检修井较深,直连线长度不够时连接到直连线的一极,起延长作用。

(6)电极。与直连线的负极连接,用来接地。

RD8000 管线探测仪的工作模式有主动频率法和被动频率法。

主动频率是由发射机加载到地下管线上的频率。信号加载有两种方法:感应法和直连法。

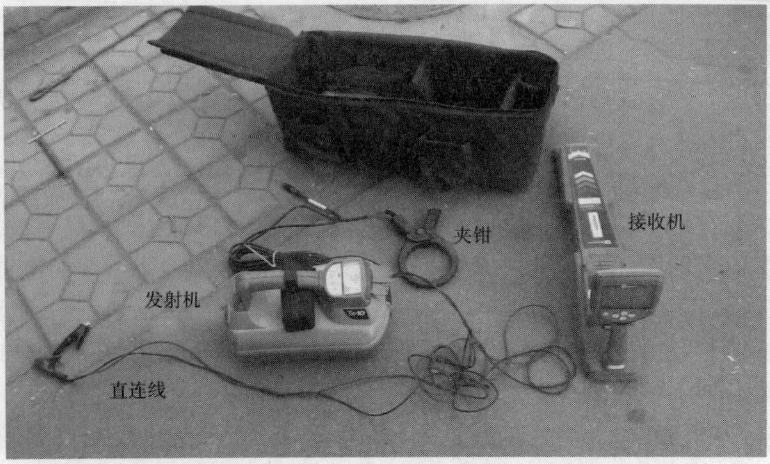

图 10-11　RD8000 管线探测仪组成

RD8000 支持四种被动频率:电力、无线电、阴极保护和有线电视信号。探测这些频率,不需要发射机,只需要把接收机频率调整到相应的被动频率即可。

(二)GSSI 探地雷达

GSSI 探地雷达是美国 GSSI 公司的产品,该公司创始于 1969 年,是世界上第一家专业研制探地雷达的公司,其前身为美国宇航局。产品遍布全球,目前全球超过 4 500 套,占全球销量的 70% 以上;在我国超过 500 套,占我国市场份额的 60% 以上。

美国劳雷工业公司成立于 1992 年,是主要从事科技仪器的应用研究、系统集成、市场营销、技术支持和售后服务,以及工业专用技术装备的贸易和工程技术咨询服务的公司。是国内最早、最大、最具影响力的一家物探仪器设备销售及服务公司。公司总部在美国硅谷地区,分别在北京、上海、成都、香港设有办事处。

自 1994 年以来,劳雷公司首先将 GSSI 公司的雷达引进我国并一直作为 GSSI 公司在中国和远东地区的独家代理及合作伙伴。十多年来在地质雷达销售、应用和开发方面,积累了丰富的经验和技术储备,素以技术、诚信和良好的服务著称。

GSSI 探地雷达主要由主机、天线、连接电缆、测量轮等部分组成,如图 10-12 ~ 图 10-16 所示。

图 10-12　SIR－3000 主机

图 10-13　400M 天线

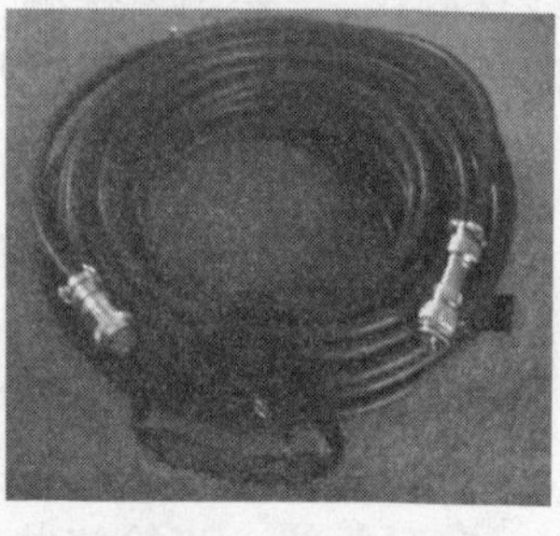

图 10-14　连接电缆

图 10-15　100M 天线

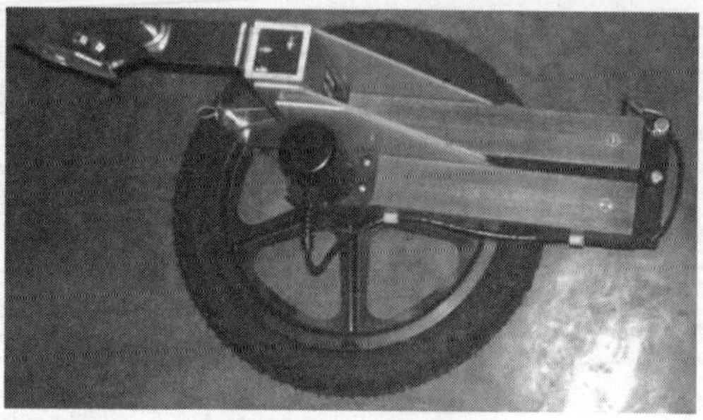

图 10-16　测量轮

各部分功能如下：

(1)主机。进行各项探测操作，显示雷达图像，进行数据通信。

(2)天线。发射和接收信号。

(3)连接电缆。连接主机和天线。

(4)测量轮。距离模式下用来测距。

GSSI 探地雷达数据采集的方法主要有连续模式、距离模式：

(1)连续模式。又称时间模式，只要开始采集，仪器就不间断地采集数据，因此容易产生无效信息，数据处理过程也相对复杂，精度较距离模式要低，主要在一些无法利用距离模式施测的条件下使用。

(2)距离模式。每次测量之前都要进行测量轮标定，测量轮不转，仪器不采集数据，相比连续模式精度要高，数据处理也相对简单，使用普遍。

第三节　已有地下管线探测

如图 10-17 所示，已有地下管线探测的基本程序包括：探查前准备工作（接受任务、收集资料、现场踏勘、仪器检验和方法试验、编写技术设计书），实地探查，仪器探查，地下管线点测量与数据处理，地下管线图编绘，编写技术总结报告和成果验收。探测任务较简单且工作量较小时，上述程序可以稍作简化。

一、探查前准备工作

（一）接受任务

一般经过公开招标投标，甲方、乙方签订合同书。合同书中明确规定了：工程名称、地点，甲方、乙方单位名称，工程概况，工作方法和要求，双方的责任和义务，履行期限、地点、方式，提交的成果和资料，探测费用及付款方式，违约和纠纷解决方法，甲方、乙方单位负责人签章等信息。

（二）收集资料

地下管线探测任务接到后，乙方应该积极主动地去甲方（业主）收集等级控制点、基础地形图、管线的现况调绘图、管线的竣工图、施工图纸等，只要有利于施工的资料尽量收集。做到基本了解测区的管线分布情况和工作量。这个环节大约要花一周的时间。在项目进行过程中，根据需要还应及时向相关单位去收集资料。收集资料也是贯穿整个项目中的、不能

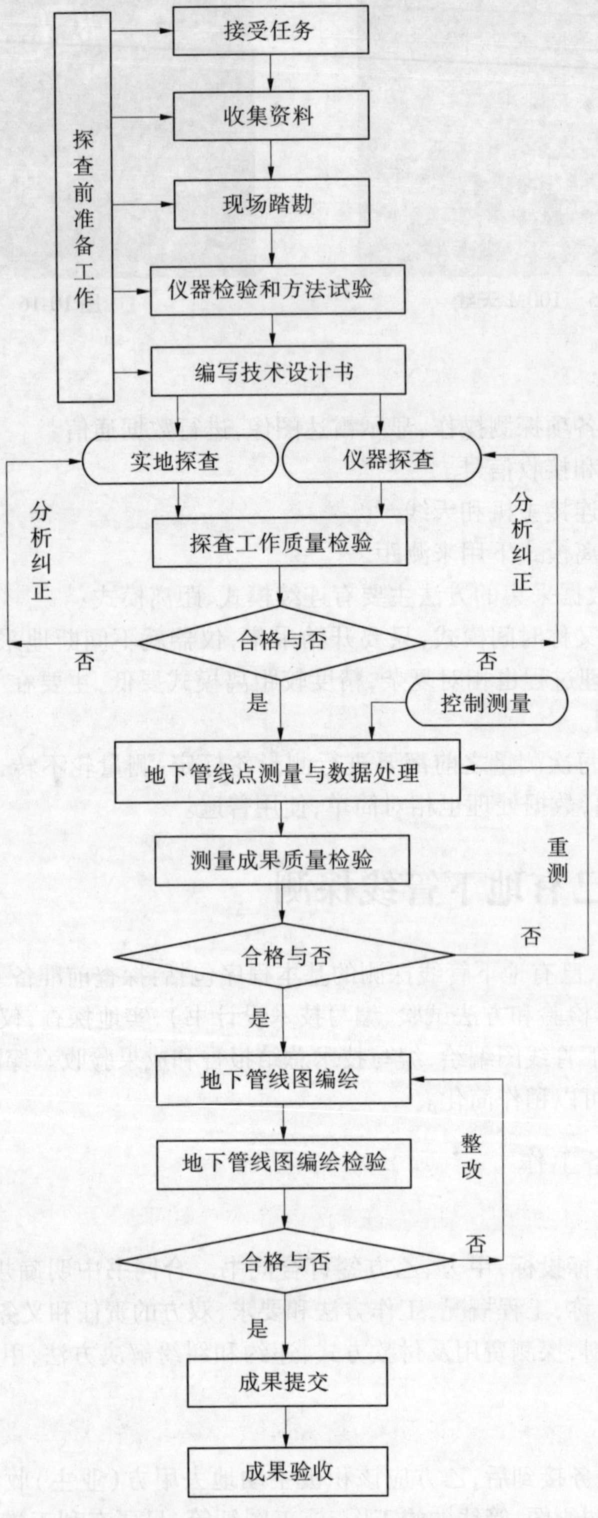

图 10-17 已有地下管线探测基本程序

省略的过程。根据现有的技术水平和地下管线埋设的特点，地下管线探测实际上是收集资料与实地调查相结合的工作过程。

收集等级控制点资料是为了后期管线点测量前进行控制测量，根据已有的等级控制点布设低等级控制网。

管线探测最终上交的成果之一是管线图资料，而管线图是需要附到基础地形图上的，因此我们在前期需要尽可能收集工区内已有的基础地形图资料。

管线的现况调绘图、管线的竣工图、施工图纸等都是为管线探测任务服务的，应尽量收集。

（三）现场踏勘

根据前期收集的资料，到实地进行现场踏勘，详细调查各条道路的管线分布情况、车流量、人口密度以及已有控制点的实地位置、完好程度和控制点的密度分布等情况，了解测量的通视条件，并大致布设图根导线控制网，为后续技术力量分配和作业方案的确定做准备。在踏勘过程中应随时记录现场情况，并在原有资料上标注变化情况，为优化作业方案提供第一手资料。

调查各条道路的管线分布情况，有助于合理制订作业方案（包括作业顺序、仪器的分配等）。

调查各条道路的车流量和人口密度情况，这样可以根据各条线路的实际情况，合理地安排探测时间，比如某条道路平时车流量较大，我们可以考虑把探测时间安排在清晨，趁车流量少的时候进行。

调查已有控制点的实地位置、完好程度和控制点的密度分布等情况，收集到的图上控制点一定要到实地找点，事实证明，控制点资料在实际使用时损失严重。在现场踏勘过程中，要利用保存完好的控制点结合实地的测量通视条件大致布设图根导线控制网，为后续减少工作量。

（四）仪器检验和方法试验

选取有代表性的路段（不同管线与埋深情况）进行仪器检验和方法试验，了解测区的地球物理特性，选择最佳的探查方法和仪器设备，通过在当地已有地下管线上的数据比较或足够的有代表性的开挖点验证、校核，确定该方法和仪器的有效性及精度，选择最佳的工作方法、合适的工作频率，以便提高施工的效率和质量。

到目前为止，还没有专门的单位进行管线探测仪的仪器检校，所以判断一台仪器是否合格的标准是在开始探测之前选取足够的有代表性的已知平面位置和埋深的管线点（有准确的已有数据或开挖点）进行探测，并把探测结果和实际值进行校核比对，如果结果相差不超出探测精度要求的范围（单台仪器的中误差≤1/3 探测限差，多台仪器的中误差≤1/2 探测限差），证明管线探测仪状态正常。

不同的管线探测仪有不同的探查方法，比如排水管线一般利用探杆开井探查，金属管线一般利用管线探测仪来探查，其他非金属管线（如 PVC 燃气管道）一般利用探地雷达来探查。

管线探测仪有感应法和直连法两种，直连法可以连接夹钳和直连线，对于不同的管线，应选取不同的工作方法。并且不同金属材质的管线所适合的频率也有区别：在相同输出功率下，频率越高，感应的电压就越高，电流就越大，磁场的消耗就越大，传输的距离就越近；反之,频率越低,传输的距离就越远。因此,新到一个区域必须进行方法试验,搞清楚本区域各种管线所对应的工作方法和它们适合的频率。

探地雷达配备有不同频率的天线,频率越低,探查的深度越深,因此要根据各条路段非金属管线的埋深来决定使用何种频率的天线。

仪器检验和方法试验完成后编写仪器检验和方法试验报告。

(五)编写技术设计书

经过阶段性工作,编写详细的技术设计书。技术设计书是施工过程的技术依据之一,内容包括:

(1)工程概况。任务来源、工作目的与任务、工作量、作业范围、作业内容和完成期限等情况。

(2)测区概况。工作环境条件、地球物理条件、管线及其埋设状况等。

(3)已有资料及其利用情况。

(4)执行的标准规范或其他技术文件。

(5)探测仪器、设备等计划。

(6)作业方法与技术措施要求。

(7)施工组织与进度计划。

(8)质量、安全和保密措施。

(9)拟提交的成果资料。

(10)有关的设计图表。

技术设计书经过甲方组织的专家组评审通过后,就可以按照技术设计书的内容开始探查工作了。

二、实地探查

(一)管线点地面标志设置

(1)管线点。地下管线探测的管线点包括线路特征点和附属设施(附属物)中心点,可分为明显管线点和隐蔽管线点两类。明显管线点指能直接看到的管线点,其平面位置可以直接确定,例如电信管线的井盖中心点。隐蔽管线点指不能直接看到的管线点,其平面位置需要通过仪器探测来确定,例如电信管线的变向点。

管线点均应设置地面标志,标志面应与地面取平。选择何种地面标志,应根据标志需保留的时间长短和地面的实际情况确定。例如:硬化路面一般用统一规格的铁钉,沙、土路面一般用木桩或预制水泥桩。地面标志埋置后用红色油漆以铁钉为中心(或附属设施井盖中心位置)标注上记号"⊕",并在管线点附近明显且能长期保留的建(构)筑物、明显地物上,用红色油漆标注管线点号和栓距,以便于实地测量和检查时寻找。应保证在管线探测成果检查验收前不丢失。

(二)探杆量深

管线探测中,明显管线点的埋深常用探杆直接量取,一般为铁杆,造价低廉,并且质地坚硬,特别是当测量污水管线埋深时可以透过污泥量到管底。

外业探测中使用的探杆一般分为两种:

(1)短探杆。即单根实心铁杆,长度1.5 m左右,用来探测雨水箅子等比较浅的埋深。

(2)长探杆。由几根空心铁管通过螺母连接,每根铁管长度 2 m 左右,用来探测雨水井等比较深的地方。如图 10-18 所示为一般长探杆的结构。

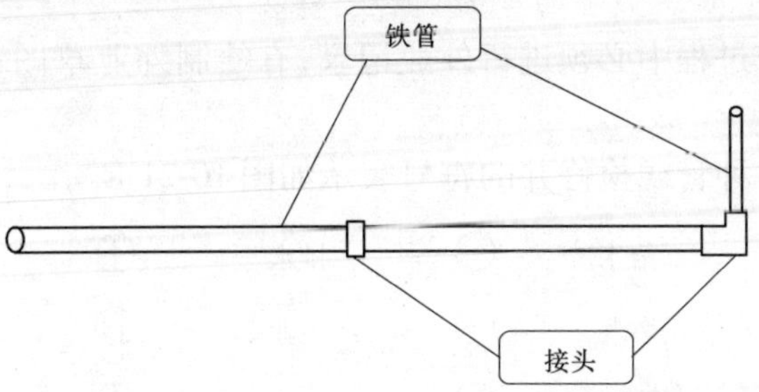

图 10-18 长探杆

探杆量深方法(以排水管道为例)如下:

(1)内底埋深的量测方法。如图 10-19 所示,测量排水管道内底至地面高时,应将探杆短边端部下缘平放在管道内底口上,用钢卷尺量出探杆端部到地面井口处的距离 h_1,量出探杆总长 s,则排水管道内底埋深为

$$h = s - h_1$$

(2)管径的量测方法。如图 10-20 所示,将探杆短边端部下缘平放在管道内底口上,用钢卷尺量出探杆端部到地面井口处的距离 h_1,然后将探杆短边端部下缘提起到管道内顶口上,用钢卷尺量出探杆端部到地面井口处的距离 h_2,则排水管道管径为

$$d = h_2 - h_1$$

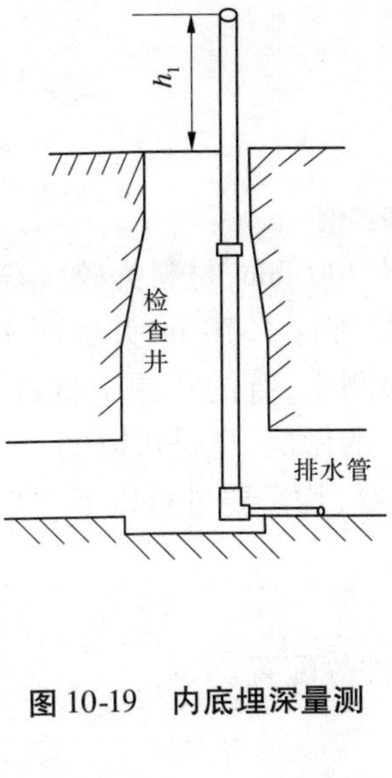

图 10-19 内底埋深量测

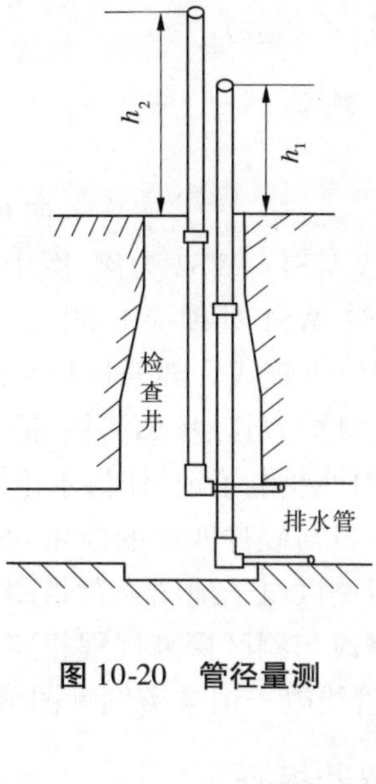

图 10-20 管径量测

实地探查中除探杆以外,还要用到其他工具、材料。

①钢卷尺:用来量深。

②油漆:实地标注。

③铁钩、铁锤、铁钎:开井。

④手电筒:照明。

⑤防撞桶:安全设施。

⑥滑石笔:在井盖反面记录。

(三)外业记录

地下管线实地调查过程中必须进行外业记录,有绘制外业草图和外业电子记录两种方法。

绘制外业草图时各种管线检修井的符号表示如图 10-21 所示。

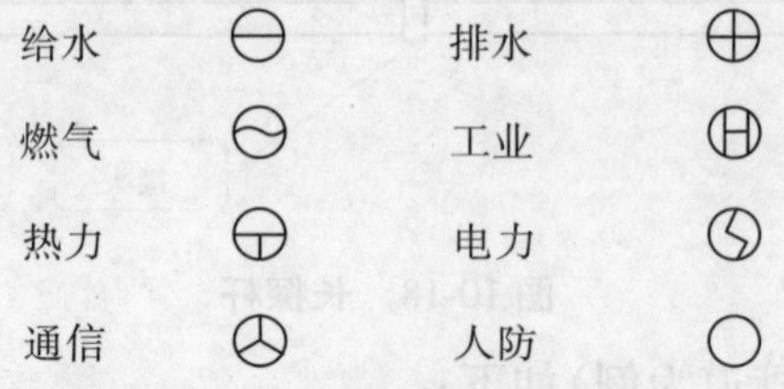

图 10-21 管线检修井符号

图 10-22 为一幅污水管线外业草图,应包含以下信息:管线的编号、埋深、管径、材质、流向以及与周围管线的连接关系等,还应包括检修井的井底深。

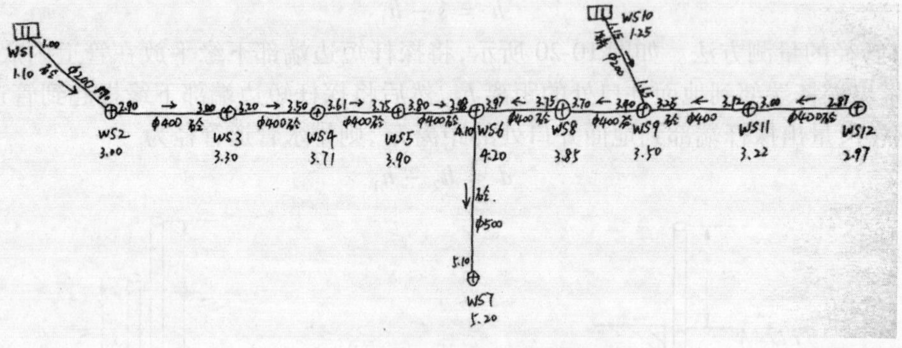

图 10-22 污水管线外业草图实例

以管线 WS1—WS2 为例,图中所反映的信息是:管径 200 mm,材料为砼(混凝土),流向 WS1 到 WS2,WS1 处埋深 1.00 m,井底深 1.10 m,WS2 处埋深 1.70 m,井底深 3.00 m。

注:因污水管线大部分材料是混凝土,所以在实际探测中,有的草图中材料为混凝土时省略不写,材料为其他(如铸铁等)时标注,这是约定俗成的做法,也是可以的。

当采用外业电子记录时,不论采用 PDA 还是平板电脑,均需要进行以下三步准备:

(1)建设与硬件匹配的应用软件。

(2)以测区电子地图为背景图。

(3)修改与测区探测规程相应的数据格式和子图文件等配置。

雨水管线电子记录实例见图 10-23。

三、仪器探查

仪器探查包括对金属管线的探查和非金属管线的探查,金属管线通常使用管线探测仪,非金属管线常使用探地雷达。具体操作可查阅相关资料,受篇幅所限此处从略。

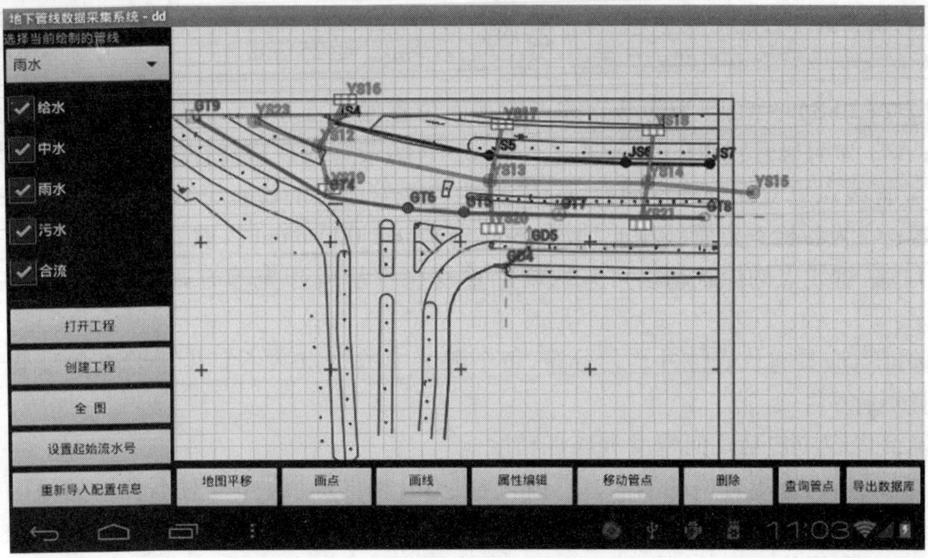

图 10-23 雨水管线电子记录实例

(一)探查工作质量检验

作业单位应建立质量管理体系,必须实行“三检”的质检制度,并提交各工序质量检查报告。

(1)各区必须在隐蔽管线点和明显管线点中分别抽取不少于各自总点数的5%,通过重复探查进行质量检查。检查取样应分布均匀,随机抽取,在不同时间、由不同的操作员进行。质量检查应包括管线点的几何精度检查和属性调查结果检查。

检查明显管线点的属性调查结果应对照记录表逐项实地核对,并应核对管线点间连接关系,属性调查结果不应出现漏项、错项。发现遗漏、错误应及时进行补充、更正。

管线点的几何精度检查包括隐蔽管线点和明显管线点的检查。对隐蔽管线点应复查地下管线的水平位置和埋深,对明显管线点应复查地下管线的埋深。

探查质量评定标准:

①隐蔽管线点的平面位置中误差 m_{ts} 、量测埋深中误差 m_{th} 为

$$\left.\begin{aligned} m_{ts} &= \pm\sqrt{\frac{\sum \Delta s_{ti}^2}{2n_1}} \\ m_{th} &= \pm\sqrt{\frac{\sum \Delta h_{ti}^2}{2n_1}} \end{aligned}\right\} \tag{10-1}$$

限差:

$$\left.\begin{aligned} \delta_{ts} &= \frac{0.10}{n_1}\sum_{i=1}^{n_1} h_i \\ \delta_{th} &= \frac{0.15}{n_1}\sum_{i=1}^{n_1} h_i \end{aligned}\right\} \tag{10-2}$$

m_{ts} 、m_{th} 不超过限差的50%。

②明显管线点重复量测的埋深中误差 m_{td} 为

$$m_{td}=\pm\sqrt{\frac{\sum\Delta d_{ti}^2}{2n_2}},\quad |m_{td}|\leqslant 25\ \text{mm} \tag{10-3}$$

式(10-1)~(10-3)中,Δs_{ti} 为隐蔽管线点的平面位置偏差,mm;Δh_{ti} 为隐蔽管线点的埋深偏差,mm;Δd_{ti} 为明显管线点的埋深偏差,mm;δ_{ts} 为隐蔽管线点重复探查平面位置限差,mm;δ_{th} 为隐蔽管线点重复探查埋深限差,mm;n_1 为隐蔽管线点的检查个数;n_2 为明显管线点的检查个数;h_i 为各检查点管线中心埋深,mm,当 $h_i<1\ 000$ mm 时,取 $h_i=1\ 000$ mm。

(2)隐蔽管线点的探查精度可采取增加重复探查量或开挖等方式进行验证,并应符合下列规定:

①验证点应具有代表性并均匀分布,每个测区中验证点数不宜少于隐蔽管线点总数的0.5%,且不宜少于2个。

②验证内容应包括几何精度和属性精度。

(3)经质量检查不合格的测区,应分析造成不合格的原因,并针对不合格的原因采取相应的纠正措施,然后对不合格测区进行重新探查。在重新探查过程中,应验证所采取纠正措施的有效性。

(4)各项检查工作应做好检查记录,并在探查成果中如实反映质量检查过程和评价结果。城市综合地下管线普查时,应编写探查质量检查报告。质量检查报告内容应包括:

①工程概述。

②检查工作概述。

③问题及处理措施。

④精度统计。

⑤质量评价。

四、地下管线点测量和数据处理

(一)控制测量

地下管线控制测量应在城市的等级控制网的基础上布设图根导线点。城市等级控制点密度不足时,应按现行的行业标准《城市测量规范》(CJJ/T 8—2011)和《卫星定位城市测量技术标准》(CJJ/T 73—2019)的要求加密等级控制点。

1. 图根导线

图根导线测量应符合下列规定:

(1)图根导线应布设成附合导线、闭合导线或者结点网,并应符合表10-4的规定。

表10-4 图根导线测量的技术要求

附合导线长度(m)	平均边长(m)	导线相对闭合差	测回数 DJ_6	方位角闭合差绝对值(″)	测距	
					仪器类型	方法与测回数
≤1 200	≤100	≤1/4 000	1	不超过 $\pm 40\sqrt{n}$	Ⅱ	单程观测1测回

注:n 为测站数。

(2)当图根导线布设成结点网时,结点与高级点之间或结点与结点之间的长度不应大于附合导线规定长度的70%。

(3)因地形限制导线无法附合时,可布设不多于四条边的支导线,但总长不应超过表10-4规定长度的1/2,且最大边长不应超过表10-4中规定平均边长的2倍。支导线边长采用测距仪测距时,可单程观测一测回,水平角观测的首站应联测两个已知方向,其他站应分别测左角、右角各一测回,其固定角不符值与测站圆周角闭合差均不应超过±40″。

(4)导线计算可采用简易平差法。

2. 图根水准测量

图根水准测量应符合下列规定:

(1)应启闭于等级高程点,宜沿地下管线布设成附合路线、闭合环或结点网,不应超过两次附合。

(2)对启闭于一个水准点的闭合环,应先行检测该点高程的正确性。高级点间附合路线或闭合环线长度不应大于8 km,结点间路线长度不应大于6 km,支线长度不应大于4 km。

(3)使用精度不低于DS_{10}级水准仪(i角应小于30″)及普通水准标尺单程观测,估读至厘米。水准路线闭合差不应超过$\pm 10\sqrt{n}$ mm或$\pm 40\sqrt{L}$ mm(n为测站数,不应大于100;L为路线长度,单位为km)。

(4)水准路线计算可以采用简易平差法。

3. 图根三角高程测量

当高程控制采用图根三角高程测量时,可与图根导线测量同时进行,仪器高和棱镜高应采用经检验的钢尺量取。图根三角高程测量应符合表10-5的规定。

表10-5　图根三角高程测量的主要技术要求

仪器类型	中丝法测回数	垂直角较差、指标差较差(″)	对向观测高差、单向两次高差较差(m)	附合路线或环线闭合差绝对值(mm)
DJ_6	对向1 单向2	≤25	$\leq 0.4\times S$	$\leq 40\sqrt{[D]}$

注:S为边长,km;D为导线总长,km。

4. GNSS-RTK图根控制测量

当采用GNSS-RTK的方式加密图根控制点时,应符合下列规定:

(1)有效的观测卫星数不应少于5颗,卫星高度角不应小于15°,PDOP值不应大于6,并且持续显示固定解时,方可进行定位测量。

(2)GNSS-RTK测量图根控制点可采用单基站RTK或网络RTK的方式,应布设成不少于3个或不少于2对相互通视的点,采用三角支架方式架设天线进行作业,天线高应量测至毫米,测前测后各量取一次,两次较差不应大于3 mm,取平均值作为最终结果。GNSS-RTK测量图根控制点边长长度不应小于100 m,边长相对中误差不应大于1/4 000;困难地区相邻点间距可缩短至2/3,边长较差不应大于20 mm。

(3)单基站RTK测量和网络RTK测量应符合下列要求:

①作业前应使用同等级(或以上)的不同控制点进行校核,平面位置较差不应大于50 mm。

②每项工程不应少于3个分布均匀的已知点作为基准点。

③应持续显示固定解后开始观测,每点均应独立初始化两次,每组采集的数据采样时间间隔不少于10 s,测回间的时间间隔应超过60 s,测回间的平面坐标分量较差不应超过

20 mm,垂直分量较差不应超过30 mm。取各测回结果的平均值作为最终的观测结果。

除此之外,对于单基站RTK测量还应该满足下列要求:

①基准站宜选择在观测条件好、距离测区近的地方,起算点应选用三级(含)以上高等级控制点。

②对于使用不同等级的控制点,其作业半径应满足起算点等级四等及以上的不大于6 km,起算点等级一、二、三级的不大于3 km。

(4)以GNSS－RTK测量的方式布设图根控制点时,应采用常规的方法进行边长、角度或导线联测检核。RTK平面控制点检核应符合表10-6的规定。

表10-6　RTK平面控制点检核测量技术要求

等级	边长检核		角度检核		导线联测检核	
	测距中误差(mm)	边长较差的相对中误差	测角中误差(″)	角度较差限差绝对值(″)	角度闭合差绝对值(″)	边长相对闭合差
图根	≤20	≤1/2 500	≤20	≤60	$\leqslant 60\sqrt{n}$	≤1/2 000

(二)管线点测量

对已有地下管线的普查测量内容包括:对管线点的地面标志进行平面位置和高程测量,测定地下管线有关的地面附属设施和地下管线的带状地形图,编制成果表。在管线调查或探测工作中设立的管线测点统称为管线点,分明显管线点和隐蔽管线点,前者是地面上的管线附属设施的几何中心,如窨井(检查井、检修井、闸门井、阀门井、仪表井、人孔和手孔等)井盖中心,管线出入点(上杆、下杆)、电信接线箱、消防栓栓顶等;隐蔽管线点是在地下管线或地下附属设施在地面上的投影位置,如变径点、变坡点、变深点、变材点、三通点、直线段端点以及曲线段加点等。

1. 管线点测量一般规定

管线点的平面位置宜采用导线串连法或极坐标法等测定。

导线串连法通常用于图根点稀少或没有图根点的情况,这时需重新布设图根点,将全部或部分管线点纳入图根导线,起闭点应不低于城市三级导线。

使用全站仪采用极坐标法测量管线点平面坐标和高程时,水平角和垂直角可观测半测回,测距长度不宜超过150 m,定向边宜采用长边,仪器高和觇牌高量至毫米。

采用水准测量法测定管线点的高程时,管线点可作为转点;管线点密集时可采用中视法观测。

2. 管线点测量质量检查

管线点测量成果质量检查应在过程控制的基础上,检查地下管线点测量精度。通常检查点应在测区内均匀分布、随机抽取,检查点的数量不得少于测区内管线点总数的5%,检查时应复测管线点的平面位置和高程,并按式(10-4)计算管线点的平面位置测量中误差 m_{cs} 和高程测量中误差 m_{ch}:

$$\left.\begin{aligned} m_{cs} &= \pm\sqrt{\frac{\sum \Delta s_{ci}^2}{2n_c}} \\ m_{ch} &= \pm\sqrt{\frac{\sum \Delta h_{ci}^2}{2n_c}} \end{aligned}\right\} \tag{10-4}$$

式中，Δs_{ci} 为重复测量管线点平面位置较差；Δh_{ci} 为重复测量管线点高程较差；n_c 为重复测量的点数。

各级检查工作应做好检查记录，并在检查工作结束后根据工程要求编写地下管线测量的质量检查报告，质量检查报告应包括下列内容：工程概况、技术依据、抽样情况、检查内容及方法、精度统计与质量评价，主要质量问题及处理情况、附件。

（三）数据处理

管线外业调查和外业测绘采集的数据，需经过数据和图形处理，形成地下管线带状图、管线成果表和管线数据文件。管线属性数据应具有科学性、可扩展性、通用性、实用性、唯一性和统一性。数据采集所生成文件应便于检索、修改、增删、通信与输出，应具有通用性，便于转换。

数据处理与图形处理包括城市管线属性数据的输入和编辑，元数据和管线图形文件的自动生成等。地下管线属性数据的输入应按照调查的原始记录和探测的原始手簿进行。数据处理后的成果应准确、一致和通用。野外采集生成的管线图形数据和属性数据能联动修改编辑，管线成图软件应具有生成管线数据、管线图形、管线成果表和管线统计表等文件，绘制地下管线带状图、分幅图、输出管线成果表与统计表等功能，所绘制的地下管线图应符合国家和地方现行的图式符号标准。

五、地下管线图编绘和检验

（一）专业管线图编绘

专业管线图指表示一种管线及与管线有关的地面建（构）筑物、地物、地形和附属设施。专业管线图的编绘宜一种专业管线一张图，也可按相近专业管线组合一张图。

采用计算机编绘成图时，专业管线图应根据专业管线图形数据文件与城市基本地形图的图形数据文件叠加、编辑成图。不同专业管线图的编绘内容也不尽相同，有以下几种：

（1）给水管道专业图。主要是进行市政公用管道探测区给水管道专业图的编绘。城市给水管道系统可分为水源地、干管道、支干管道和支管道。在市政公用管道探测区，主要编绘干管道及建（构）筑物和附属设施，支干管道至入户（工厂、小区、企事业单位用水区）；在工厂、居住小区等管道探测区，主要编绘从城市接水点开始至工厂、小区内的给水管道系统；施工区和专业管道探测区，编绘内容要根据工程规划、设计和施工的具体要求确定。

（2）排水管道专业图。一是排水管道，包括主干道、支干道和支管道；二是排水管道上有关的建（构）筑物，包括排水泵站、沉淀池、化粪池和净化构筑物等；三是管道的附属设施，包括检查井、水封井、跌水井、冲洗净、沉淀井和进出水口等。

（3）电力电缆专业图。主要为地下电力电缆、附属设施及有关的建（构）筑物，地面上的架空线路应尽量采用。

（4）电信电缆专业图。主要为地下电缆，包括测区内的各种电信电缆和与线路有关的建(构)筑物,如变换站、控制室、电缆检修井、各种塔(杆)、增音站等,以及电缆上的附属设施,如交接箱、分线箱等,地面上的架空通信线也应尽量保留。

专业管线图上注记应符合下列规定:

①图上应注记管线点的编号。

②各种管道应注明管线规格和材质。

③电力电缆应注明电压和电缆根数。沟埋或管埋时应加注管线规格。

④电信电缆应注明管块规格和孔数。直埋电缆注明缆线根数。

(二)综合管线图编绘

综合地下管线图应表示各类地下管线、附属设施及有关地面建(构)筑物和地形特征。综合地下管线图是市政建设规划、设计、管理等方面的重要图件。综合地下管线图编绘应以外业探测成果资料为依据,以保证图件编绘的完整性和准确性。编绘前应取得下列资料作为编绘参考:

(1)工作区内的大比例尺数字化地形图。

(2)经检验合格的地下管线探测及竣工测量的管线图。

(3)探测成果、外业数据、注记文件和管线点成果表。

(4)附属设施草图和管、沟剖面图。

综合管线图上的管线应以宽0.2 mm线进行绘制,当管线上下重叠且不能按比例绘制时,应在图内以扯旗的方式说明。扯旗线应垂直管线走向,扯旗内容应放在图内空白处或图面负载较小处。

综合地下管线图的编绘应包括下列内容:

(1)各专业地下管线。一般只绘出干线,干线的确定可以根据具体工程情况及用途要求而定。

(2)与干线有关的管线上的地面建(构)筑物和附属设施都应绘出。

(3)地面建(构)筑物。作为地下管线图的背景图,地形层中应对能够反映地形现状的地面建(构)筑物进行表示,作为管线相应位置的参照。

(4)铁路、道路、河流、桥梁。

(5)其他主要地形特征。

综合管线图上注记应符合下列规定:

(1)图上应注记管线点的编号。管线图上的各种注记、说明不能重叠或压盖管线。地下管线点图上编号在本图幅内应进行排序,不允许有重复点号。

(2)各种管道应注明管线的类别代号、管线的材质、规格、埋深。

(3)电缆类管线应加注埋设方式、电缆条数或孔数、电压。

(4)燃气、污水、热力、工业等压力管线,在规格后加注压力值。

(三)管线断面图编绘

地下管线断面图通常分为地下管线纵断面图和地下管线横断面图两种,一般只要求绘出地下管线横断面图。管线横断面图应根据断面测量的成果资料编绘。

横断面图应表示的内容:断面号、地面地形变化、管线类别、地面高程、与断面相交的地下建(构)筑物、路边线、各种管线的位置及相对关系、管线高程、管线规格、管线点水平间距等。

横断面图的编号宜用罗马数字顺序号表示。断面图中的直埋线缆以 1 mm 的实心圆表示,其余管线按实际比例绘制;管道用空心圆表示,管廊(沟)用空心矩形表示,直径或边长的图上尺寸小于 1 mm 的以 1 mm 表示;各种建(构)筑物、地物、地貌按实际比例绘制。

纵断面图应绘出地面线、管线、窨井与断面相交的管线及地上地下建(构)筑物,标出各测点的里程桩号、地面高、管顶或管底高、管线点间距、转折点的夹角等。

(四)地下管线编绘图检验

对地下管线图必须进行质量检验,主要包括过程检查和最终检验。过程检查分为作业员自检和小组互检。作业员自检时,应对自己所负责编绘的管线图和成果表进行 100% 的检查校对;小组互检时,技术负责人组织有关人员对已自检的成果资料进行全面检查,检查中发现问题填入检查登记表,对需要修改的问题应及时通知作业施工人员改正。最终检验应由授权的质量检查人员进行,最终检验的检查量应为图幅总数的 30%。

地下管线图的质量检验应符合下列规定:

(1)管线没有遗漏。

(2)管线没有连接错误。

(3)各种图例符号和文字、数字注记没有错误。

(4)图幅接边没有遗漏和错误。

(5)图廓整饰应符合要求。

六、管线成果表编制

管线成果表应依据探测成果和数据处理结果编制,内容和格式可按照表 10-7 进行。

表 10-7　管线成果表

图幅编号:　　　　　　　　　　　　　管线种类:

图上点号	连接点号	特征点	附属物名称	坐标(m)		高程(m)		管径或断面尺寸(mm)	材质	压力或电压	电缆条数	管孔数/未用孔数	埋设方式	埋设日期	流向	权属	备注
				X 坐标	*Y* 坐标	地面高程	管线高程										

探测者:　　　　　　校核者:　　　　　　工程负责人:　　　　　　日期:

管线成果表宜以城市基本地形图图幅为单位,分专业进行整理,并按照给水、排水、燃气、热力、电力、通信、工业、其他等专业管线顺序装订成册。管线成果表装订成册后应在封面标注相应图幅号并编写制表说明。

管线成果表应经过 100% 检查合格,相关信息应与地下管线探测原始记录相一致。管线成果表中的数据项内容应完整、正确。

七、成果验收与提交

地下管线探测成果应在作业单位检查合格的基础上经质量检验合格后方可组织验收,

验收的依据是任务书或合同书、经批准的技术设计书、《城市地下管线探测技术规程》(CJJ 61—2017)以及有关技术标准。地下管线探测成果应在验收通过后,方可按任务要求提交。

(一)成果质量检验

地下管线探查、测量的成果质量检验应采用同精度或高精度的方法,数据成果检验宜采用检查软件进行,管线图检查应采用图面检查与实地对照检查相结合的方式进行。质量检验时,应侧重检验疑难管线、复杂条件管线或危险管线。质量检验应根据检验结果对探测成果做出质量评价,质量评价应符合现行国家标准《测绘成果质量检查与验收》(GB/T 24356—2009)的相关规定。

质量检验完成后应编制检验报告,检验报告内容应包括检验目的、技术依据、检验方法和质量评价结果。

(二)成果验收

地下管线探测成果在提交验收时应提供下列资料:

(1)任务书或合同书、技术设计书。

(2)所利用的已有成果资料、坐标和高程的起算数据文件以及仪器的检验、校准记录。

(3)探查草图、管线点探查记录表(或者相应的电子记录)、控制点和管线点的观测记录和计算资料、各种检查和开挖验证记录及权属单位审图记录等。

(4)质量检查报告。

(5)管线成果图、成果表及数据文件、数据库。

(6)地下管线探测总结报告。

当地下管线探测成果符合下列规定时方可验收合格:

(1)提交的成果资料齐全、符合归档要求。

(2)完成合同书规定的各项任务,成果经质量检验符合质量要求。

(3)各项记录和计算资料完整、清晰、正确。

(4)采用的技术方法与技术措施符合标准规范要求。

(5)成果精度指标达到技术标准、规范和技术设计书的要求。

(6)问题处理方式合理。

(7)总结报告内容齐全,能反映工程的全貌,结论明确,建议合理可行。

成果经过验收后应形成验收报告,验收报告应包括下列内容:

(1)验收目的。

(2)验收组织。

(3)验收时间及地点。

(4)成果验收意见。

(5)发现的问题及处理方法。

(6)验收结论。

(7)验收组成员签名表。

(三)成果提交

地下管线探测成果提交可分为向用户提交和归档提交。向用户提交应按照任务书或合同书的规定提交成果资料,归档提交应包括前述提交验收时应提交的所有资料,同时应提交验收报告。

成果移交时应列出资料清单或目录，逐项清点，并办理交接手续。

第四节 新建地下管线测量

新建地下管线测量内容包括管线的设计、施工、竣工和运营管理等阶段所需进行的测量工作，本节主要介绍新建地下管线的施工测量和竣工测量。

一、管道施工测量

管道施工测量的主要任务，就是根据工程进度的要求，向施工人员随时提供中线方向和标高位置。

（一）施工前的测量工作

1. 熟悉图纸和现场情况

施工前，要收集管道测量所需要的管道平面图、纵横断面图、附属构筑物等有关资料，认真熟悉和核对设计图纸，了解精度要求和工程进度安排等，还要深入施工现场，熟悉地形，找出各交点桩、里程桩、加桩和水准点位置，并且根据现场情况拟订测量方案。

2. 恢复中线

管道中线测量时所定设的交点桩和中线桩等，在施工时可能会有部分碰动和丢失，为了保证中线位置准确可靠，应进行复核，并将碰动和丢失的桩点重新恢复。在恢复中线时，应根据检查井及其他附属构筑物的设计数据，在现场标定其位置。

3. 测设施工控制桩

在施工时中线上各桩要被挖掉，为了便于恢复中线和附属构筑物的位置，应在不受施工干扰、引测方便、易于保存桩位的地方测设施工控制桩。施工控制桩分中线控制桩和附属构筑物控制桩两种。

4. 加密施工水准点

为了施工过程中便于引测高程，应根据设计阶段布设水准点，沿线附近每 100 ~ 150 m 增设一个施工水准点。水准点的精度要求应符合工程性质和有关规范规定。施工水准点可设在固定的建（构）筑物上，涂以红漆“▼”标明，也可打木桩。

（二）槽口放线

槽口放线是根据管径大小、埋设深度和土质情况，决定管槽开挖宽度，并在地面上钉设边桩，沿边桩拉线撒出灰线，作为开挖的边界线。

若埋设深度较小、土质坚实，管槽可垂直开挖，这时槽口宽度即等于设计槽底宽度，若需要放坡，并且地面横坡比较平坦，槽口宽度可按式(10-5)计算，即

$$D_{左} = D_{右} = \frac{b}{2} + mh \tag{10-5}$$

式中，$D_{左}$、$D_{右}$ 为管道中桩至左、右边桩的距离；b 为槽底宽度；m 为边坡坡度；h 为挖土深度。

（三）施工过程中的中线、高程和坡度测设

管槽开挖及管道的安装和埋设等施工过程中，要根据进度反复地进行设计中线、高程和坡度的测设。下面介绍两种常用的方法。

1. 坡度板法

管道施工中的测量任务主要是控制管道中线设计位置和管底设计高程，因此需要设置

坡度板。如图 10-24 所示,坡度板跨槽设置,间隔一般为 10 ~ 20 m,编写板号。根据中线控制桩,用全站仪把管道中心线投测到坡度板上,用小钉做标记,称为中线钉,以控制管道中心的平面位置。

当槽深在 2.5 m 以上时,应待开挖至距槽底 2 m 左右时再埋设在槽内(见图 10-25)。坡度板应埋设牢固,板面要保持水平。

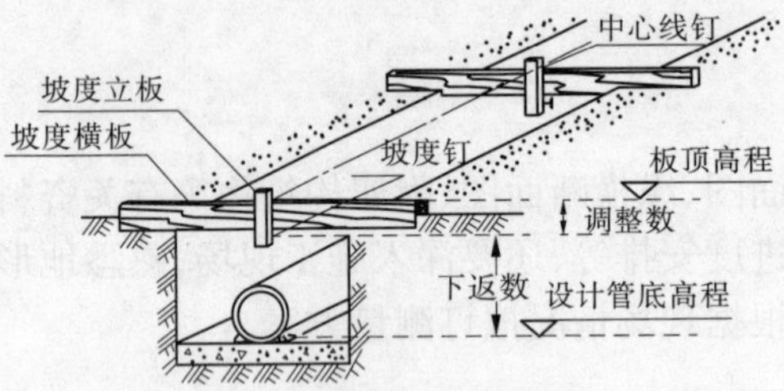

图 10-24 坡度板的埋设

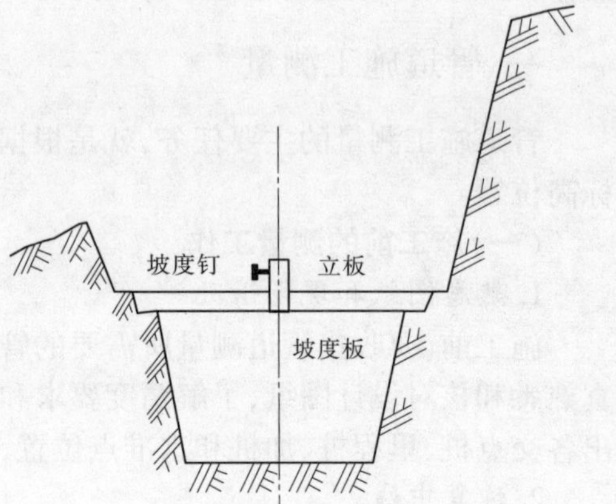

图 10-25 深槽坡度板

坡度板设好后,根据中线控制桩,用全站仪把管道中心线投测至坡度板上,钉上中心钉,并标上里程桩号。施工时,用中心钉的连线可方便地检查和控制管道的中心线。再用水准仪测出坡度板顶面高程,板顶高程与该处管道设计高程之差,即为板顶往下开挖的深度。为方便起见,在各坡度板上钉一坡度立板,然后从坡度板顶面高程算起,从坡度板上向上或向下量取高差调整数,钉出坡度钉,使坡度钉的连线平行于管道设计坡度线,并距设计高程一整分米数(称为下返数)。施工时,利用这条线可方便地检查和控制管道的高程和坡度。高差调整数为

$$高差调整数 = (板顶高程 - 管底设计高程) - 下返数$$

若高差调整数为正,则往下量取;若高差调整数为负,则往上量取。

例如,预先确定下返数为 1.5 m,某桩号的坡度板板顶实测高程为 66.678 m,该桩号管底设计高程为 65 m,则高差调整数为 $66.678 - 65 - 1.5 = 0.178$(m),即从板顶沿立板往下量 0.178 m,钉上坡度钉,则由这个坡度钉下返 1.5 m,便是设计管底位置。

坡度钉是控制高程的标识,所以在坡度钉钉好后,应重新进行水准测量,检查结果是否有误。

2. 平行轴线腰桩法

当现场条件不便采用坡度板时,对精度要求较低的管道,可采用平行轴线腰桩法来测设中线、高程及坡度控制标识。如图 10-26 所示,开挖前,在中线一侧(或两侧)测设一排(或两排)与中线平行的轴线桩。平行轴线与管道中线的间距为 a,各桩间隔为 20 m 左右,各附属构筑物位置也应设桩。

管槽开挖至一定深度后,为方便起见,以地面上的平行轴线桩为依据,在高于槽底约

1 m的槽坡上再钉一排平行轴线桩，它们与管道中线的间距为 b，称为腰桩。用水准仪测出各腰桩的高程，腰桩高程与该处相对应的管底设计高程之差即是下返数。施工时，根据腰桩可检查和控制管道的中线和高程。

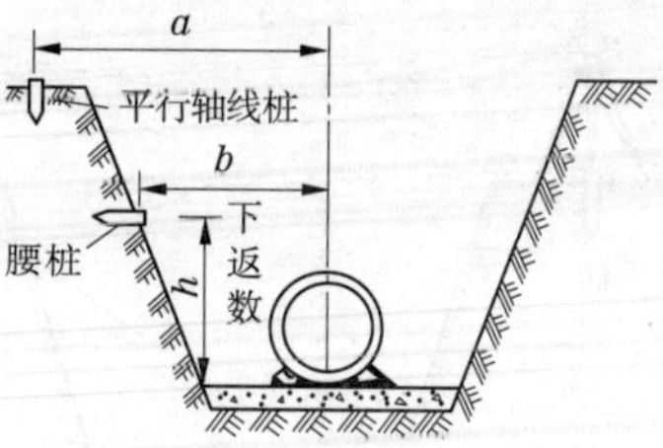

图 10-26　测设腰桩

二、顶管施工测量

当管线穿越铁路、公路或重要建筑物时，为了避免大量的拆迁工作和保证原有建筑物不被破坏，往往不允许开挖沟槽，而采用顶管施工的方法。这种方法，随着机械化施工程度的提高，已经被广泛地采用。

此方法是在管道的一端和一定长度内，先挖好工作坑，在坑内安置导轨，将管筒放在导轨上，然后用顶镐将管筒沿管线方向顶进土中，并挖出管内泥土。顶管施工比开挖沟槽施工复杂，精度要求高。顶管施工中测量工作的主要任务是掌握好管道中线方向、高程和坡度。

（一）顶管测量的准备工作

1. 设置中线桩

中线桩是工作坑放线和控制管道中线的依据。首先根据设计图上管道的要求，利用全站仪将中线桩分别测设在工作坑的前后，让前后两个中线桩互相通视，然后确定工作坑开挖边界。工作坑的开挖尺寸一般为 4 m×6 m 或 5 m×7 m（可根据管径、管长和顶管机械而定），开挖边界取决于坑的深度和开槽坡度（开槽坡度取决于土质），开挖边界用白灰线表示。

工作坑开挖到设计高程时，可将中线桩引测到坑壁上，并钉立大钉或木桩，此桩称为顶管中线桩，以此标定顶管的中线位置，如图 10-27 所示。

2. 设置坡度板和水准点

在工作坑开挖到一定深度后，即可在坑的两端牢固埋设坡度板，然后根据中线桩把管道中线测设在坡度板上，并钉上中心钉。再钉高程板，按设计要求放样出坡度钉的位置。中心钉是管道顶进过程中的中线依据，坡度钉是控制挖槽深度和安装导轨的依据。

为了控制管道按设计高程和坡度顶进，需要在工作坑内设置临时水准点，一般要求设置两个，其高程误差不超过 ±5 mm，以便相互检核。

3. 导轨的计算与安装

顶管时，坑内要安装导轨，以控制顶进方向和高程。导轨一般安装在混凝土垫层上，垫层面的高程及坡度都应符合设计要求。

如图 10-28 所示，顶管半径为 R，导轨间距为 A_0，则可求得轨道接触处到顶管中心的高差 h'，或到管底的高差 $R-h'$，由此可求得轨顶高程应为

$$轨顶高程 = 管底设计高程 + (R - h')$$

据此，便可确定导轨的高程和坡度，再根据中线钉确定导轨中线位置。

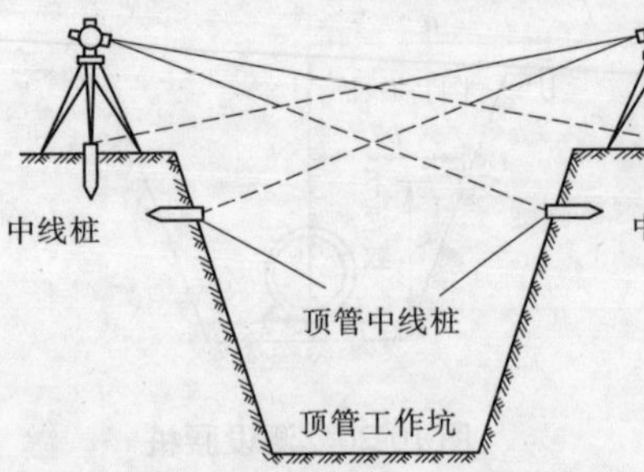

图 10-27 顶管中线位置标定

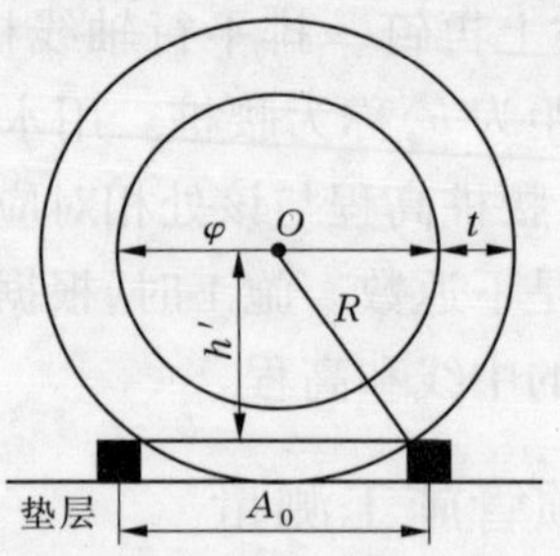

图 10-28 轨道高程计算

(二)顶进中的测量工作

在顶管施工过程中,测量的主要任务是控制中线方向、高程和坡度。

1. 中线测量

如图 10-29 所示,在坑内两个中线桩之间拉一条细线,并在细线上挂两个垂球,两个垂球的连线即为顶管中线方向。在管内设置一把横放水平尺,尺长略小于管的内径,尺上有刻划及中心钉。顶管时用水准器将尺放平,通过管外两垂球,投入管内一条细线,与水平尺的中心钉比较,即可测量出顶管中心是否有偏差。若偏差超过 1.5 cm,则需要校正管子。

此法适用于短距离顶管施工,若距离较长,可分段进行。

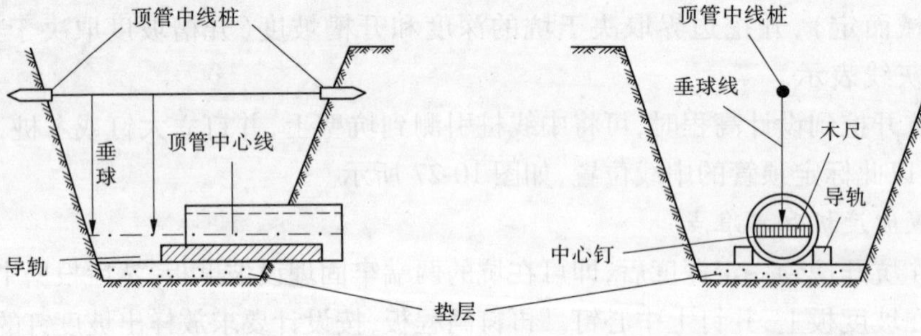

图 10-29 顶管中线测量

2. 高程测量

将仪器安置在工作坑内,后视临时水准点,前视标尺立于管内待测点上,即可测得各点高程,与相应的管底设计高程比较,便可得到校正顶管坡度的数值(见图 10-30)。

此外,也可用测比高的方法来测定管底坡度。为此,在坑内设一临时水准点,使其高程等于顶管起点的管底高程。这样,水准仪的后视读数和前视读数之差,就是前视点和顶管起点的坡降值,并和设计坡降值比较,其差值一般不应超过 ±1 cm,否则,立即进行改正。

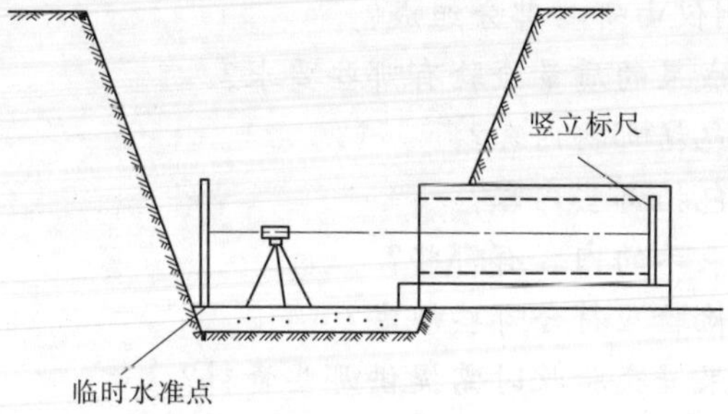

图 10-30　顶管高程测量

三、管线竣工测量

管线工程竣工后进行的测量工作称为管线竣工测量，竣工测量尽量在覆土前进行，当管线不能在覆土前施测时，应设置管线待测点，将设置位置准确地引到地面上，做好点之记。竣工测量管线点的平面位置中误差不大于 5 cm，高程中误差不大于 3 cm。

竣工测量的主要内容有竣工图的测绘和相应资料的编绘。竣工图的资料能真实地反映施工成果，是评价施工质量优劣的主要依据，也是管线建成后进行维护、管理、扩建及城市规划设计必不可少的基础性技术资料。

管线竣工图包括管线竣工平面图和管线竣工断面图两个部分。

管线竣工平面图应能全面反映管线及其附属构筑物的平面位置，其测绘的内容有管线的主点、检查井位置及其附属构筑物施工后的实际平面位置和高程。图上还应有检查井编号，井口高程和管顶（或管底）高程，以及井间的距离、管径等内容。对于给水管道中阀门、消火栓、排气装置等，应用符号标明。

管道竣工断面图应能全面反映管道及其附属构筑物的高程，对于检查井口和管顶的高程，一定要在回填之前实测。管底高程由管顶高程和管径管壁厚度计算求得，井间距离用钢尺丈量。如果管线相互穿越，在断面图上应表示出管线的相互位置，并注明尺寸。

复习与思考题

1. 简述地下管线探测的概念及地下管线探测的内容。
2. 简述地下管线探测的目的和意义。
3. 简述地下管线的种类和编号。
4. 各种地下管线常见的管材有哪些？
5. 简述城市地下管线探查的取舍标准。
6. 简述地下管线点的测量精度。
7. 各类地下管线实地调查项目有哪些？
8. 地下管线探测的方法有哪些？
9. 简述已有地下管线探测的基本程序。
10. 管线外业草图包括哪些要素？

11. RD8000管线探测仪由哪些部分组成?
12. 对地下管线测量成果的质量检验有哪些要求?
13. 专业管线图编绘包括哪些内容?
14. 综合管线图编绘包括哪些内容?
15. 管线横断面图应表示的内容有哪些?
16. 地下管线图质量检验应符合哪些规定?
17. 地下管线探测成果提交验收时需提供哪些资料?
18. 管道施工测量前需进行哪些测量工作?
19. 管道施工过程中的设计中线、高程和坡度测设的方法有哪些?
20. 管线竣工平面图的测绘内容有哪些?

第十一章 水利工程测量

水利工程测量是指在水利工程规划设计、施工建设和运行管理各阶段所进行的测量工作,是工程测量的一个专业分支。水利工程测量的主要工作内容有:平面、高程控制测量,地形测量(包括水下地形测量),纵横断面测量,水工建筑物施工放样,变形观测等。

第一节 水下地形测量

水下地形测量资料是兴建水工建筑物必不可少的测量资料。在水利工程建设方面,利用水下地形测量资料,可以确定河流梯级开发方案、选择坝址、确定水头高度、推算回水曲线;在桥梁工程建设方面,用以研究河床冲刷情况,决定桥墩的类型和基础深度,布置桥梁孔径等;在河道整治和航运方面,为了保证船只安全行驶,用以了解河底地形,查明河中的浅滩、沙洲、暗礁、沉船、沉树等影响船只安全行驶的障碍物;在海港码头建设方面,为了在建港地区进行疏浚工作及停泊巨型轮船而要修建深水码头,需要进行水下地形测量,作为其设计和施工的依据;在科学研究方面,通过水下地形测量和有关河道纵、横断面测量,可以研究河床演变及水工建筑前后的水文形态变化规律,监视水工建筑物的安全运营,观测水库的淤积情况。

一、水下地形测量的特点

水下地形图在投影、坐标系统、基准面、图幅分幅及编号、内容表示、综合原则以及比例尺确定等方面都与陆地地形图相一致,但由于水下地形测量是在水上进行的,其相对于陆地地形测量具有以下特点:

(1)陆地上地形测量可以选择地形特征点进行测绘,而进行水下地形测量时,水下地形的起伏看不见,只能用断面法或散点法均匀地布设测点。

(2)陆地定位一般在静止状态下进行,并可通过多余观测来提高点位精度,而水域定位一般在运动载体上进行,重复观测几乎是不可能的。

(3)在进行地面数字测图时,测点的平面位置与高程是用同一种仪器(如全站仪或GNSS接收机)和方法同时测得的;而进行水下地形测量时,每个测点的平面位置与高程一般是用不同的仪器和不同方法测定,如测点的平面位置可通过无线电定位、全站仪定位或GNSS定位等方法确定,测点的高程可通过测深仪器测出水深后,由水面高程(水位)减去水深得到。

(4)进行水下地形测量时,地形点的平面位置和高程(水位和水深)的测定是分别进行的,此时应特别注意平面位置、水位、水深在时间上的同步性,以保证水下地形测量的精度。

由上述可知,水下地形测量的主要内容是:测定水下地形点的平面位置,并同时进行水深测量,以及在水深测量期间的水位观测。水下地形点测定的精度,取决于定位、测深、水位观测的质量以及三者的同步性。

二、河道控制网的布设

河道控制测量是水下地形测量的基础,河流纵、横断面测量的依据,在进行水下地形测量之前,必须在岸上建立河道控制网。如果测区内已有控制点,且其精度与密度均能满足纵、横断面测量的要求,可以不另布设新网。否则,应根据水下地形测量的精度要求,布设适当等级的控制网。

河道平面控制网应靠近且平行于岸边布设,并尽可能将各横断面的端点、水准基点及临时水准点,直接组织在基本平面和高程控制网内,以减少加密层次,提高测量精度。平面和高程控制系统与陆地测图控制系统一致。

常用的控制测量方法和陆地控制测量方法相同,主要有 GNSS 测量和导线测量等。

三、测深断面和测深点的布设

在水下地形测量中,由于水下地形的起伏变化是看不见的,不可能像陆地上那样选择地形特征点进行测绘,因此只能按均匀分布的原则布设水下地形点(又称测深点)。拟订测深点的布设方案,常采用的有断面法和散点法。

(一)断面法

采用断面法布设测深点时,如图 11-1 所示,测深断面的方向应与河床主流或岸边垂直。对于河流转弯处的测深断面,则布设成辐射线形状。测线间距应事先在室内设计确定。在断面延长线上设立两个临时断面点并插上大旗,作为测船航行的导标。当测船沿断面行驶时,根据定位间隔测量水深,并同时在岸上测定该点的平面位置。

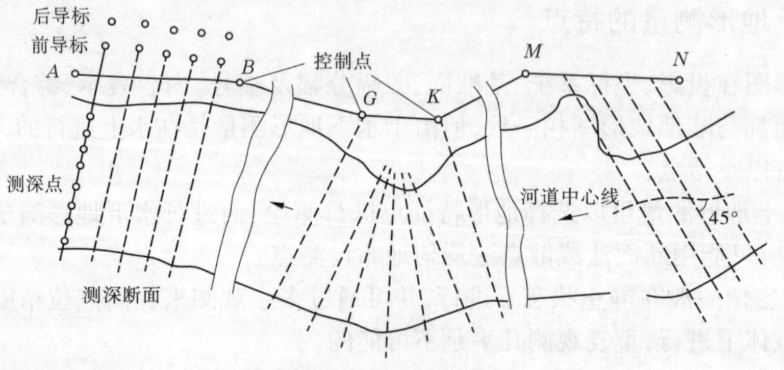

图 11-1　断面法

(二)散点法

当河流较窄,流速大,测船难以沿断面线航行时,可采用图 11-2 所示的散点法;这时,由测船本身来控制测线间距和定位间隔。在测船上进行测深时,岸上同时测定其平面位置。

(三)测线间距与定位间隔

测深密度表示在水下地形测量工作中单位面积内获取的水深点数量。水底地貌显示的详尽程度由测深密度决定。在同一水域,密度越大,水底地貌的显示越完善,

目前,水深测量主要以水面测量船按计划测线进行断面测量,所以测深密度实际上由测

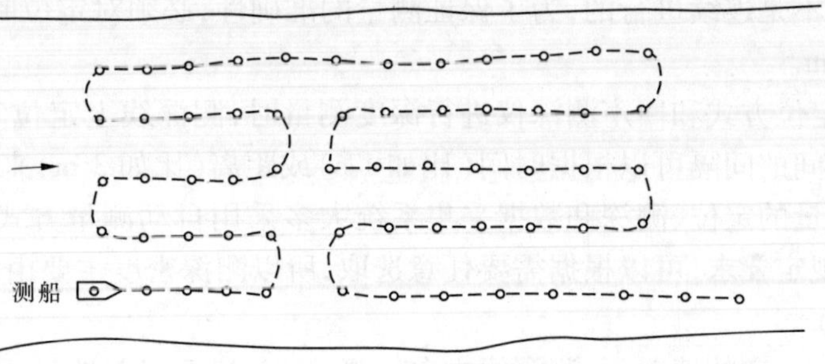

图 11-2 散点法

深线上定位间隔和测线间距两部分确定。测线间距和定位间隔如图 11-3 所示。

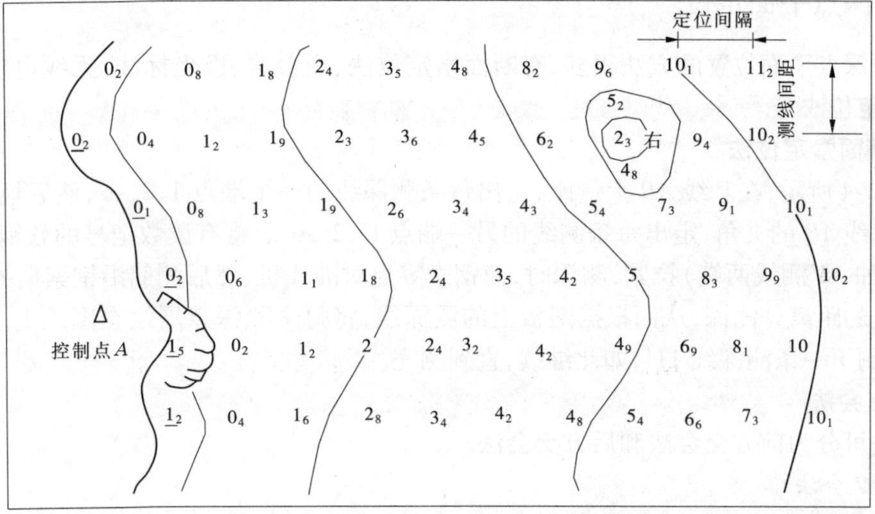

图 11-3 测线间距和定位间隔

1.测线间距

测线间距即测深线间距，一般规定在图上每隔 1~2 cm 布设一条，对于需要详细探测的重要水域和水底地貌复杂的水域，测深线间隔应适当缩小，或进行放大比例尺测量。

随着以“3S”技术为核心的测绘技术的快速发展，国防和经济建设的要求不断提高，精度高和大比例尺的水下地形图需求不断增加，必须根据任务的要求和测区的实际情况来确定。

测深线除主测深线、加密线外，还必须布设检查线。检查线布设的方向尽量与主测深线垂直，分布均匀，并要求布设在较平坦处，能普遍检查主测深线。布设检查线的目的是通过检查线与主测深线在交叉点处的水深值进行比对，用于检查定位、测深和水位改正等误差，评估测量成果的质量。检查线总长度应不少于主测深线总长的 5%。检查线间隔通常不应超过主测深线间隔的 15 倍。

2.定位间隔

定位间隔的确定可分为手工测量和自动测量两种情况。

在有些水区，当采用手工方式定位或采用测深锤及测深杆等简易测深工具进行深度测量时,定位或测深不是连续进行的,为了保证测量的准确性,必须对定位间隔进行限制,一般为图上 0.6~0.8 cm。

当采用自动定位方式和回声测深仪进行深度测量时,测深线上定位和测深几乎是连续进行的,定位点之间的间隔可以根据时间(比如 1 s)或距离(比如 3 m)来确定。

目前,水深测量的定位、测深和数据采集系统大多采用自动测量方式,定位点之间的间隔都小于规范的规定要求,可以根据需要任意选取,所以测深密度主要由测线间距确定。

3.测深线方向

在测深线间隔一定的情况下,测深线方向选择,应有利于完善地显示水底地貌、有利于发现航行障碍物、有利于提高作业效率。在水底平坦的水域,可根据工作上的方便选择测深线的方向,尽量避免经常换线。

四、测深点平面定位

测定测深点平面位置的方法很多,有断面索定位法、交会法、极坐标法、无线电定位法、GNSS 差分定位法等。

(一)断面索定位法

如图 11-4 所示,在基线 AB 上量距,定出每条测深线的一个端点 1,2,…,然后根据测深线方向与基线 AB 的夹角,定出每条测线的另一端点 1′,2′,…。将有读数记号的软钢索沿测深线两端(如 AA'测线两端)拉紧,测深时,使钢索零点对准 A 桩,然后测船沿钢索向 A'前进,测船在规定的距离处测深,从而根据图板上的测深线,将每个测深点展绘在图纸上。AA'线测完后,再测下一条测深线 11′,如此继续,直到测完。

(二)交会法

交会法可分为前方交会法和后方交会法。

1.前方交会法

前方交会法通常是在岸上两个控制点 A、B 上设置经纬仪,同时观测船的方位或角度,进而求得测船的位置。

如图 11-5 所示,在控制点 A、B 上同时测定测船方向与 AB(或 BA)的夹角 α、β,则可在图上交会出定位瞬间测船的位置 P。

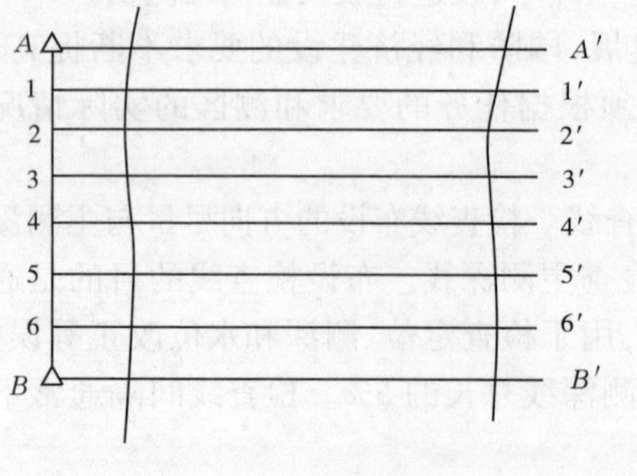

图 11-4　断面索定位法

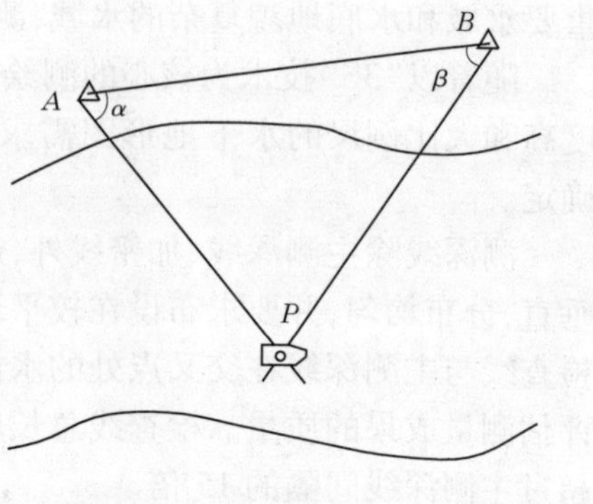

图 11-5　前方交会法

为了提高定位精度,可采用三台全站仪同时观测。

2.后方交会法

后方交会法通常是在测量船上,由测量员手持六分仪观测岸上控制点之间的夹角来确定测量船的位置。

如图 11-6 所示,后方交会法通常是在测量船上,由两名测量员各持一架六分仪,同时观测测线 PA、PB 之间的夹角 α 和测线 PB、PC 之间的夹角 β 而确定船位的。

后方交会采用的定位仪器是手持的光学测角仪器——六分仪,如图 11-7 所示。六分仪是以其分度弧的长度为其圆周长的六分之一而得名。六分仪在测量使用之前必须进行检验校正,合格后方能投入使用。

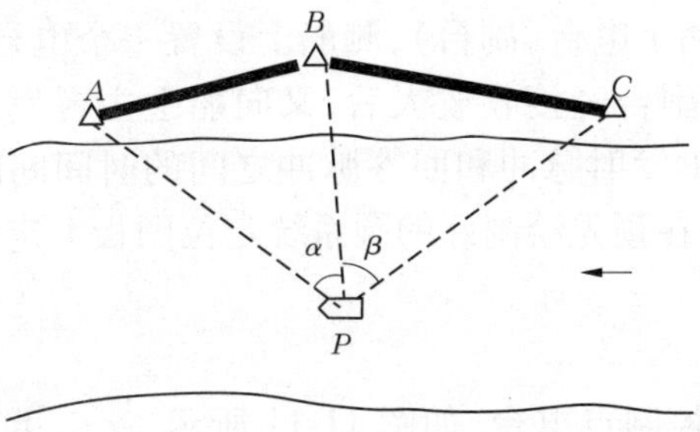

图 11-6　后方交会法

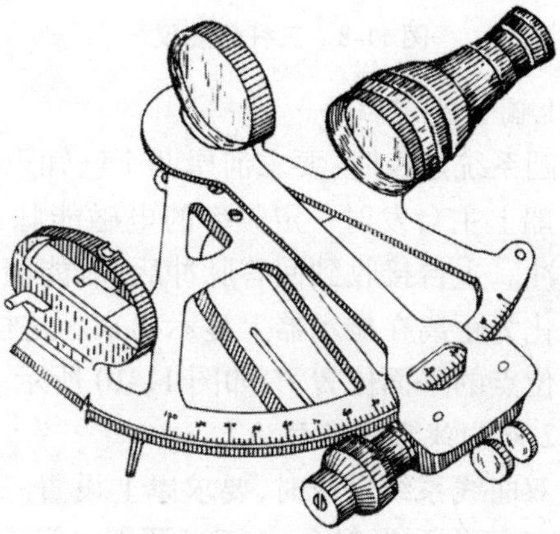
图 11-7　六分仪

把观测角度记入图板时,经常使用三杆分度仪,如图 11-8 所示,使用时,将左、中、右杆按观测角度置放好,然后移动仪器,使三个杆的斜面分别对应图上相应的目标,这时度盘中心就是所求的船位。

(三)极坐标法

由于全站仪已经成为常规测量仪器,故水下地形点平面定位常用极坐标法。如图 11-9 所示,在控制点 A 上设置全站仪,瞄准控制点 B 配置好后视方位角,测船上设立反光棱镜,当测船行至断面方向线上时,发出信号,全站仪照准棱镜可直接测量测船定位点 P 坐标。观测值通过无线通信可以立即传输到测船上的便携机中,其与对应点的测深数据合并在一起;也可存储在与全站仪在线连接的电子手簿中或全站仪的内存中,到内业时由数字测图系统软件,可自动生成水下地形图。

这种定位及水下地形图自动化绘制方法,目前在港口及近岸水下地形测量中用得越来越多。它不但可以满足测绘大比例尺(如 1∶500)水下数字地(形)图的精度要求,而且方便灵活,自动化程度高,精度高。

(四)无线电定位法

无线电定位法是根据电磁波测距原理进行的,实质是距离交会。此方法精度高、操作方便、不受通视和气候条件的影响,适用于水域宽广的湖泊、河口、港湾和海洋上进行的测深定位。

根据其定位方程,可分为圆系统定位法和双曲线系统定位法。

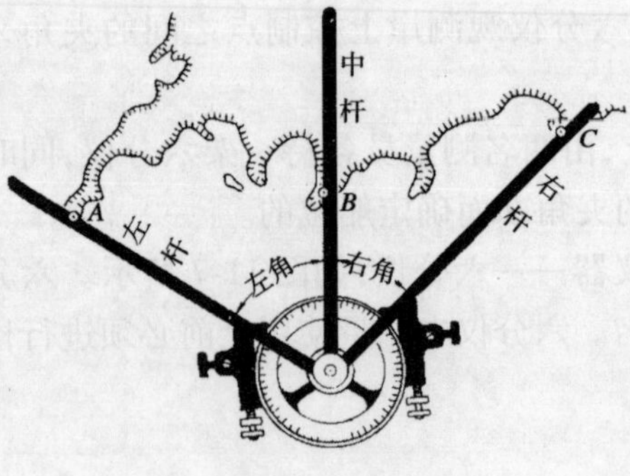

图 11-8　三杆分度仪

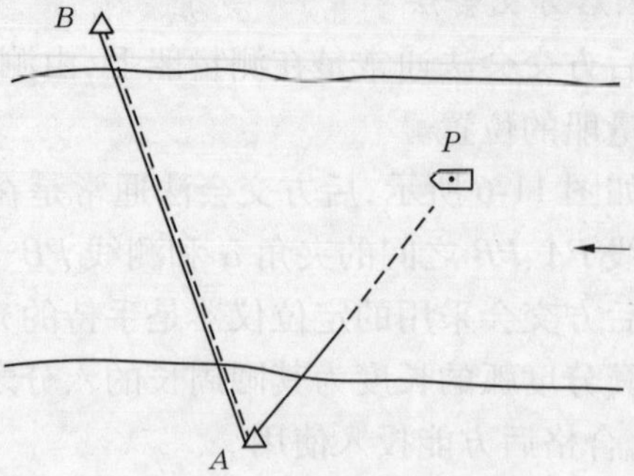

图 11-9　全站仪极坐标法

1.圆系统定位法

圆系统定位时,要求河岸两个已知点上设置两个电台(副台),测船上设置一个电台(主台),船上主台发射一定频率的电磁能脉冲,岸上副台经接收放大后,又向船上主台发射回答脉冲。主台接收到回答脉冲后,就能精确地测出发射脉冲和回答脉冲之间的时间间隔 t,并转化为距离在显示器上显示出来。这样就可以在预先绘制好的圆系统定位图板上定出测船定位点的平面位置 P,如图 11-10 所示。

2.双曲线系统定位法

双曲线系统定位时,要求岸上设置三个已知控制点电台,如图 11-11 所示,一个主发射台(B),两个副发射台(A、C),测船上设有接收电台(P)。

根据几何原理,到两固定点的距离差为常数的点的轨迹为双曲线。在船台 P 上同时测得 P 点至两对岸台的距离差 S_B-S_A 和 S_B-S_C,可得两条双曲线,求两条双曲线的交点来确定船台 P 的位置。

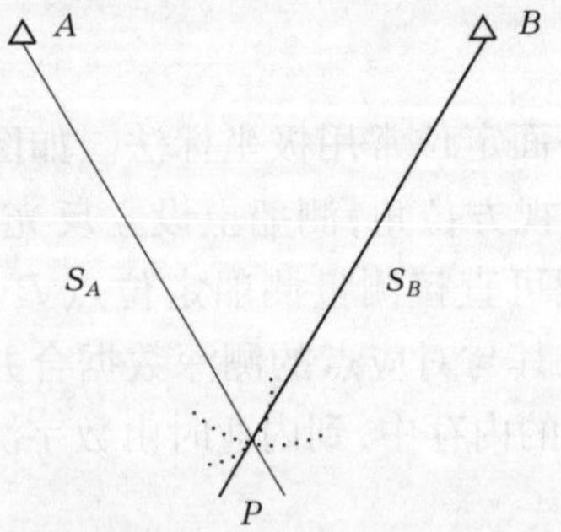

图 11-10　圆系统定位

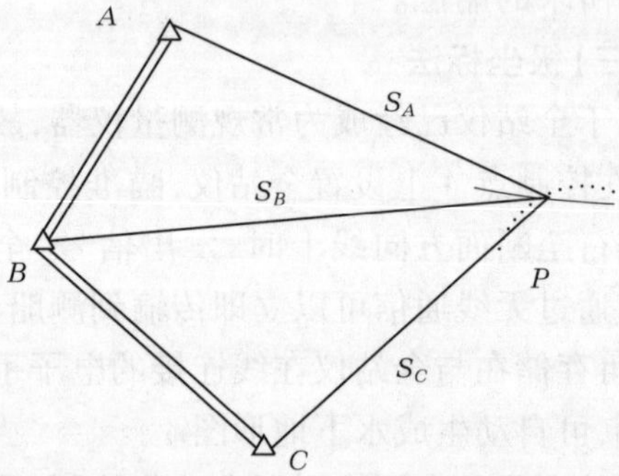

图 11-11　双曲线系统定位

(五)GNSS 差分定位法

GNSS 定位技术的应用,可以快速地测定测深仪的位置。GNSS 单点定位精度为几十米,这对于远海小比例尺水下地形测量来说,可以满足精度要求,但对于大比例尺近海(或江河湖泊)水下地形测量的定位工作就显得不够,必须用差分 GNSS 技术进行相对定位。

伪距差分法和相位平滑伪距差分法是动态定位的主要方式,其原理比较简单,即在已知坐标的基准站和未知的流动站上用 GNSS 接收机进行同步观测,然后用基准站的改正值去修正流动站的观测值,以达到提高流动站定位精度的目的。具体差分方法又分为单站差分、局域差分和广域差分,它们的差别仅取决于采用的基准站(差分站、跟踪站)个数及分布,提高定位精度的效果取决于基准站的控制范围。在差分站有效的控制范围内,定位精度大体为3~5 m量级。

单点差分和局域差分仅能控制几百千米的距离,因而使用于中、小范围水上测量工作,高精度、大范围的动态定位则宜用广域差分方法,如在海域定位中可以采用这种方式,以获得准确的卫星轨道偏差和传播路径误差的模型,并有效地削弱这些误差的影响。采用广域差分技术,可在1 000 km的范围内达到2 m的平面定位精度。

GNSS在动态测量定位工作中的应用关键技术问题是数据通信,即将改正信息及时地发送给流动站。数据的通信方式主要有卫星通信和高频电台通信,目前我国海洋测量部门主要采用无线电指向标发播差分信息,并称这样的系统为信标差分系统。

采用纯载波相位测量的RTK技术是目前内陆水域测量GNSS应用的高级形式,其关键技术是接收基准站信息后在运动中快速在线求解整周模糊度,这种定位方式可给出厘米级的定位精度水平,但基准站的控制范围极其有限,仅能达到20~30 km。因此,该方式特别适用于近岸重要水道及港口的精密测量。

五、水深测量

水深测量工具有测深杆、测深绳、回声测深仪、单波束测深仪、多波束测深仪等。

(一)水深测量的简单工具

测深杆适用于水深小于5 m且流速不大的浅水区。如图11-12所示,测深杆一般用烘直的竹竿制成,也可以用硬质塑料管、玻璃钢管或金属管制成。杆底装一个直径约10 cm的木圈,目的是不让测深杆插入淤泥中而影响测深精度。杆身漆成分划,例如把1 m、3 m、5 m漆成白色,2 m、4 m、6 m漆成红色,分别用白色与红色细线标明0.1 m的位置,黑色细线标明0.5 m的位置。全部分划要从木圈底面起算。

图11-12 测深杆

测深绳可用于水深较深的情况,如图11-13所示。它一般用柔性、耐拉、伸缩性小的绳索(如多芯电缆,夹有钢丝的棉、麻绳等)制成。下端结一个3~4 kg的测深锤。在绳上用色带标明尺度,例如可以每1、3、7、9整米处结上白色带(或绳),2、4、6、8整米处结上红色带,5 m和10 m处结上白黑或红黑两种色带。尺度一般自锤底起算。用这样的绳测深时,可以估读到0.1 m。用测深绳可以测量小于20 m的水深,它适于在流速小、船速小、底质较硬的条件下工作。

(二)回声测深仪

自回声测深仪发明以来,这一划时代的测量工具被广泛应用于水深测量,获得了大量的过去未知水域的资料。

1.基本原理

回声测深的基本原理(见图11-14)是由发射换能器向水下发射声波,声波在水中传播

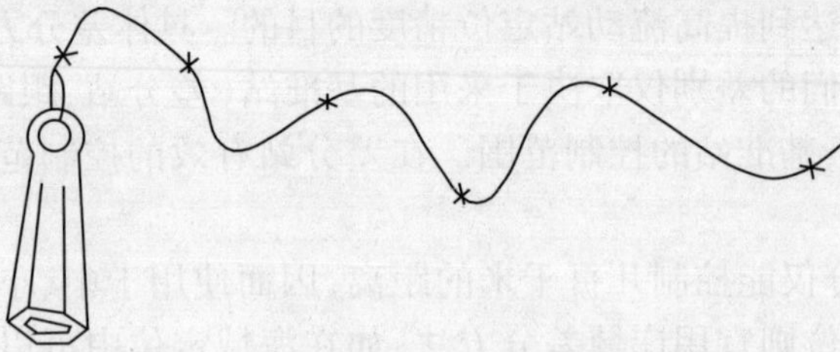

图 11-13　测深绳

至河底并发生反射,反射声波又经水传播至接收换能器,被接收换能器接收。若已知声波在传播路径上的速率 V,并测得从发射声波到接收声波的时间间隔 Δt,则测得的深度 Z 为

$$Z = \frac{1}{2}V\Delta t \tag{11-1}$$

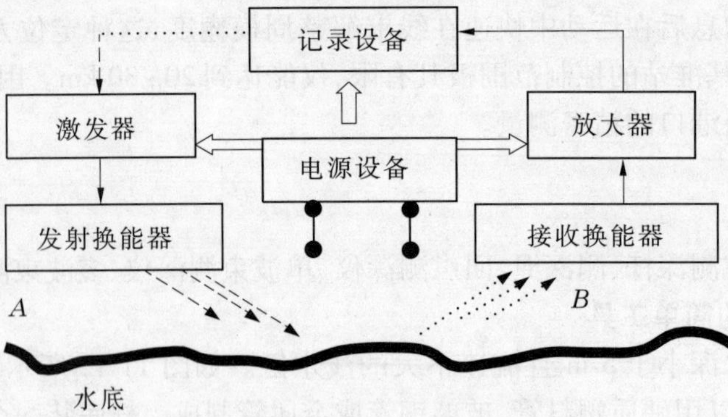

图 11-14　回声测深仪基本原理

回声测深仪一般由以下几部分组成:

(1)激发器。是一个产生脉冲振荡电流的电路装置,输出脉冲振荡电流信号给发射换能器。

(2)收、发换能器。声波的发射和接收是由换能器来实现的。将激发器输出的脉冲振荡电流信号转换成电磁能,并将电磁能转换成声能的装置叫发射换能器;将接收的声能转换成电信号的装置叫接收换能器。两者结构相同,有许多换能器现在一般采用同一换能器兼作发射和接收。换能器作为声电能转换器就其所采用的换能器材料大致上可分为两大类,一类是磁致伸缩换能器,另一类是电致伸缩发射换能器。

(3)放大器。将接收换能器收到的微弱信号加以放大。

(4)记录器。通常控制发射与记录声波脉冲发射和接收的时间间隔 t。根据需要可记录测得深度的模拟量(水底回波声图见图 11-15),作为硬拷贝;也可进行数字化处理,记录数字量,并可通过接口将数字量存储在计算机上,有利于测深数据的自动化实时处理和事后处理。

根据换能器发射声波的个数、声波发射方向以及换能器安置方式不同,测深仪器发展成单波束测深仪、多波束测深仪等类型。

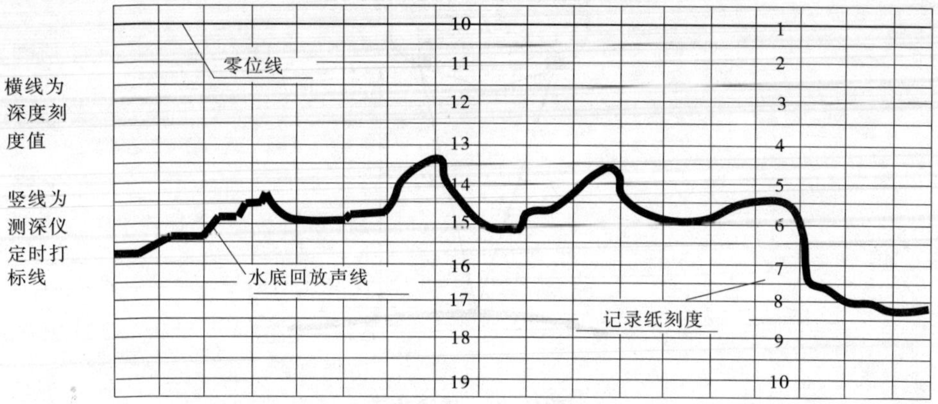

图 11-15 水底回波记录声图

2.回声测深值的改正数

回声测深仪的数字水深值或记录在声图上的水深值,需加入多项改正后才能获得水面到水底的深度。

(1)换能器吃水改正。

需要测得的深度应为瞬时水面至水底的深度,而实际测得的深度是换能器位置至水底的深度值。测深仪换能器浸没在水中并位于水面下一定距离(见图 11-16),因此应进行吃水改正。换能器吃水可分为静态吃水和动态吃水两种情况。静态吃水是指测深船在水面静止时换能器的吃水深度,而动态吃水是指运动中的测深船(如船体下沉、船尾下坐)在动态水面中换能器的吃水深度。这里所说的换能器的吃水改正主要是针对动态吃水而言的,用 ΔZ_b 表示。

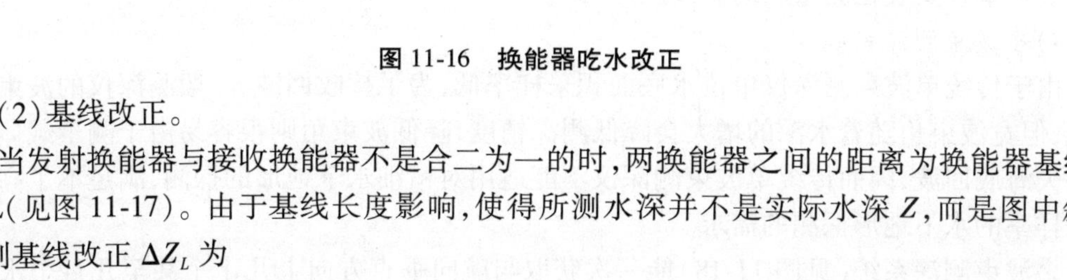

图 11-16 换能器吃水改正

(2)基线改正。

当发射换能器与接收换能器不是合二为一的时,两换能器之间的距离为换能器基线长度 $2L$(见图 11-17)。由于基线长度影响,使得所测水深并不是实际水深 Z,而是图中斜距 Z_S,则基线改正 ΔZ_L 为

$$\Delta Z_L = \sqrt{Z_S^2 - L^2} - Z_S \tag{11-2}$$

(3)转速改正。

转速改正是由于测深仪的实际转速 n_S 与设计转速 n_0 不等造成的,这样,使得仪器记录的声波由发射换能器→水底→接收换能器的时间间隔,就存在着计时误差。转速改正 ΔZ_n

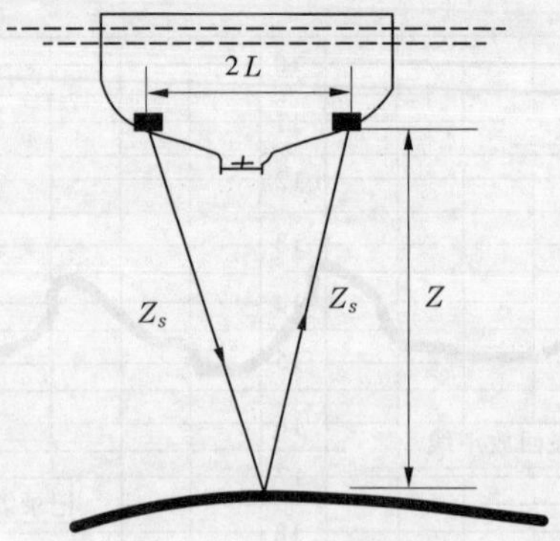

图 11-17　基线改正

为

$$\Delta Z_n = Z - Z_S = Z_S(\frac{n_0}{n_S} - 1) \tag{11-3}$$

(4)声速改正。

测深仪深度记录装置的刻度是根据设计声速刻制的,而声波在水中的传播速度 V 是水温度 t、盐度 S、水静压力 P 的函数。在不同的水域、不同的季节,P、S、t 是不同的,声速也就是变化的,因此当所测量水域实际声速 V_m 与仪器设计声速 V_0 不相等时,仪器所测的深度也就不准确,故应进行仪器的声速改正 ΔZ_V

$$\Delta Z_V = Z - Z_S = Z_S(\frac{V_m}{V_0} - 1) \tag{11-4}$$

上述四项改正为常规改正,但对于精密水深测量来说,尚需加入波束角效应改正、定位与测深的延时效应改正、定位中心与测深中心的偏移效应改正、波浪效应改正等。

3)单波束测深仪

单波束测深就是在测深仪器一个测深周期内仅发射一个声波脉冲。为了使发射出去的声能集聚在预定的空间(水底及其水底目标),发射系统必须形成一定波束角的指向性发射波束,并在发射波束内定时发出声脉冲。测深仪记录器是以接收到波束内最先到达的回波来计时的,再按回声测深原理,在仪器设计声速一定的情况下获得深度数据 Z。单波束测深仪一般是垂直安装在测量船两侧或船底。

4)多波束测深系统

由于传统单波束测深仪单位水底面积采样率低,为了接收回波,一般测深仪的波束角比较宽,但宽波束角随着水深的增大会降低测深精度,降低波束角则很容易由于测量载体的晃动丢失海底回波,因而传统单波束测深仪不能适用对精细水下地形的探测,满足不了高效率高采样率的水下地形探测的需求。

多波束测深系统(见图 11-18)能一次获取与航向垂直方向上几十个甚至几百个水底点的水深数据值,所以它能够精确、快速地测出沿航线一定宽度内水下目标的大小、形状和高度变化,从而比较可靠地绘制出水底地貌的精细特征。与单波束测深仪不同的是多波束测深系统具有测量范围大、测量效率和精度高和易实现实时自动绘图的优点,把测深技术从原先的点、线测量扩展到水底面的测量,加入现代计算机技术可进一步达到立体测深和成图,极大地缩短了从探测到成图的作业时间。多波束测深系统为内陆水域测量提供了新型的高效率的探测手段,其一成型就很快被世界各国重视并得到不断的发展和应用。

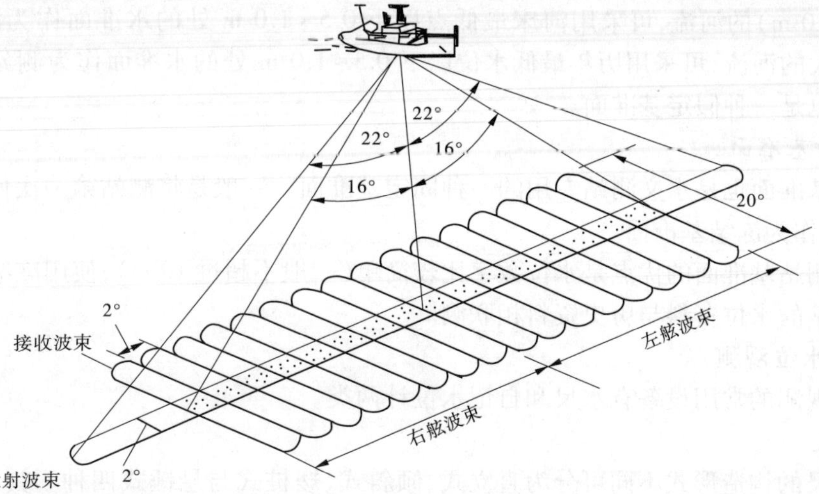

图 11-18　多波束测深原理

多波束测深系统要保证获得高精度的水深数据,必须有相应的配套设备,以保证获取高精度的水深数据和生成高精度的水下地形图。这些相关设备应当包括测船定位系统、三维姿态测控系统、声速仪、验潮仪、显示输出设备、同步系统、系统核心工作站以及各种功能软件。现在一般的配置为测船定位设备提供准确的坐标位置,可选 DGNSS 系统;三维姿态测控系统提供换能器三维的实时换能器变化姿态;声速测量仪一般按观测间隔进行测量,提供测区各水层的声速情况;潮汐水位改正数据的处理一种是实时接收处理,通过可发布潮汐信息的自动验潮仪实时发布信息并由专用设备接收传送给工作站进行实时改正处理;另一种方法是事后获取验潮站测量期间的潮汐信息对相应的水深数据进行事后改正。目前,随着自动化程度的提高,前一种方法国内外应用比较广泛。

六、水位观测

水位是指河流、湖泊、水库等水体的自由水面在某一基准面以上的高程。其与高程数值一样,都必须指明基准面才有意义。

(一)水位基准面的确定

水位观测中采用的基准面有下列 4 种。

1.绝对基准面

绝对基准面是将某一海滨地点平均水面的高程定为 0.000 m 作为水位基准面。现在全国统一规定的绝对基准面为“1985 国家高程基准”面。若将水文站的基本水准点与国家水准网所设的水准点联测后,则该站的水位就可以根据联测的水准点测定。

2.假定基准面

若水文站附近没有国家水准网,其水位暂时无法与绝对基准面相连接,则可暂时假定一个水准基准面,作为本站水位或高程起算的基准面。

3.测站基准面

测站基准面是水文测站专用的一种固定基准面。一般对水深较小(最高水位时的最大水深小于10 m)的河流,可采用河床最低点以下0.5~1.0 m处的水准面作为测站基准面。对水深较大的河流,可采用历年最低水位以下0.5~1.0 m处的水准面作为测站基准面。测站基准面也是一种假定基准面。

4.冻结基准面

冻结基准面也是水文测站专用的一种固定基准面。一般是将测站第一次使用的基准面冻结下来,作为冻结基准面。

使用测站基准面的优点是水位数字比较简单(一般不超过10 m),使用冻结基准面的优点是使测站的水位资料与历史资料相联测。

(二)水位观测

水位观测的常用设备有水尺和自记水位计两类。

1.水尺

按水尺的构造形式不同可分为直立式、倾斜式、矮桩式与悬锤式四种。其中,应用最广泛的是直立式水尺,如图11-19所示。

观测时记录水尺读数,水位按下式计算(如图11-20所示):

水位=水尺零点高程+水尺读数

式中,水尺零点高程是指水尺板上刻度起点的高程,可以与国家等级的水准点联测获得。在水深测量期间,按一定的时间间隔对标尺进行人工读数,得到水尺读数。在大风浪、水面波动不稳定时,一般取波峰和波谷的平均值作为水尺读数。水尺观测实质上是靠人工读数平均法消除了部分波浪的影响。

2.自记水位计

自记水位计能将水位变化的连续过程自动记录下来,不遗漏任何突然的变化和转折,有的还能将所观测的数据以数字或图像的形式远传室内,使水位观测工作趋于自动化和远传化。

自记水位计常采用机械滤波或数字滤波技术来消除波浪对水位观测的影响,如小孔阻尼滤波法、长管阻尼滤波法、跟踪速度滤波法及计算机滤波法等。

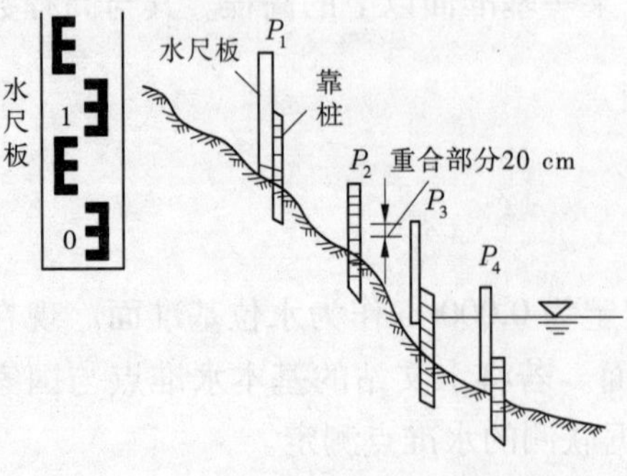

图11-19　直立式水尺

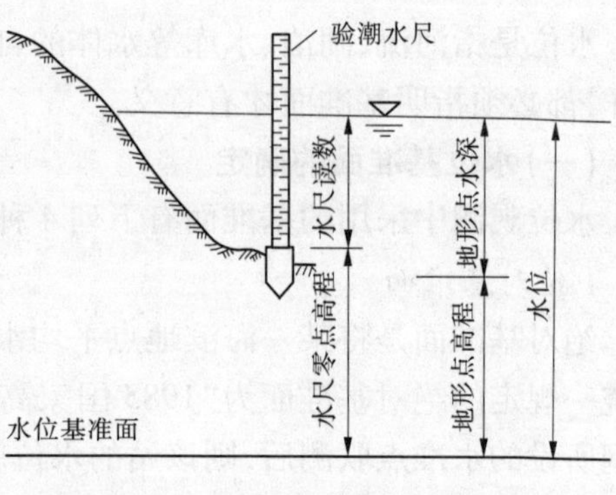

图11-20　水位观测及水下地形点高程计算原理

七、深度基准面与海洋测深

水下地形图使用与陆地同样的高程系统来描述水下地面点竖向位置；而海图则是用水深来描述水下地面点竖向位置，用等深线表示的水深图来描述水下地形起伏。水深计算的起算面称为深度基准面。

水深图主要服务于航运，因此深度基准面的确定非常重要。我国在海洋、港湾和河口以往主要以略低于最低潮面的水平面作为水深基准面，从 1956 年开始采用理论深度基准面。理论深度基准面是理论上可能出现的最低潮面，位于平均海水面以下高度为 L 的平面处。其中 L 值由八个主要分潮的调和常数按一定公式计算获得。

在内河及湖泊采用最低水位、平均低水位或设计水位等作为深度基准面。

由图 11-21 可知，T 为通过水位观测所得到的水位（或由多个水位观测站数据内插得到），Z 为测深设备得到的瞬时水深，而 D 则为从深度基准面起算的水深值。即

$$D = Z - T \tag{11-5}$$

所以在海洋测深时，瞬时水深必须加上水位改正后才是海图上所需要的标注水深值。

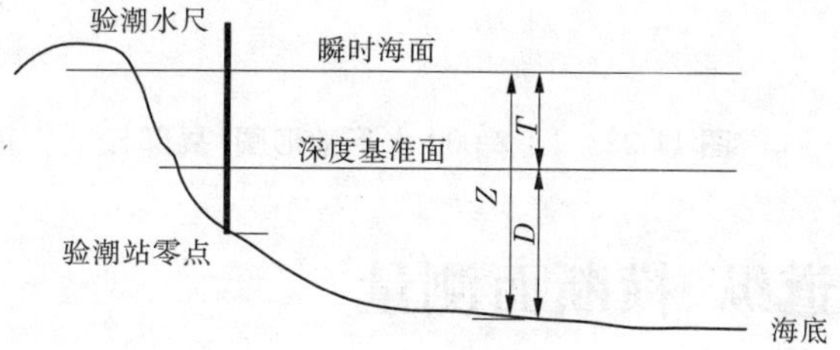

图 11-21 海洋测深原理

八、水下地形图的绘制

外业工作结束后，即开始内业工作，其主要内容有：

（1）将同一天观测的各种平面定位资料和水深资料记录汇总，然后逐点核对。查清平面定位资料和水深测量记录是否匹配；对于遗漏或记录不全的测点应及时组织补测；对于资料不全无法使用的，应在手簿中注明或删去。

（2）根据水位观测成果和瞬时水深测量记录，计算各测点的高程或深度基准面下的水深值。

（3）展绘水下地形点位置，注记相应高程或深度基准面下的水深值。

（4）在图上勾绘等高线或等深线表示出水下地形的起伏。图 11-22 为 1∶2 000 水下地形图局部。

若采用 GNSS 差分定位时可采用野外数字记录数据，水下地形测量数据的自动记录和处理、水下地形图的生成及绘制已大多由计算机辅助自动完成。可提供各种比例尺的水下数字地形图、断面线，并可根据需要实时显示水下地形立体图。多波束测深系统与 GNSS 定位系统结合，并与计算机（包括大屏幕显示器）、绘图仪、打印机以及水下地形数据处理和绘

图软件一起,构成水下地形自动化测绘系统。由于其精度高、速度快(实时显绘)、测量范围大、自动化等诸多优点,这种方法必将成为水下地形(尤其是海洋)的主要测绘方法。

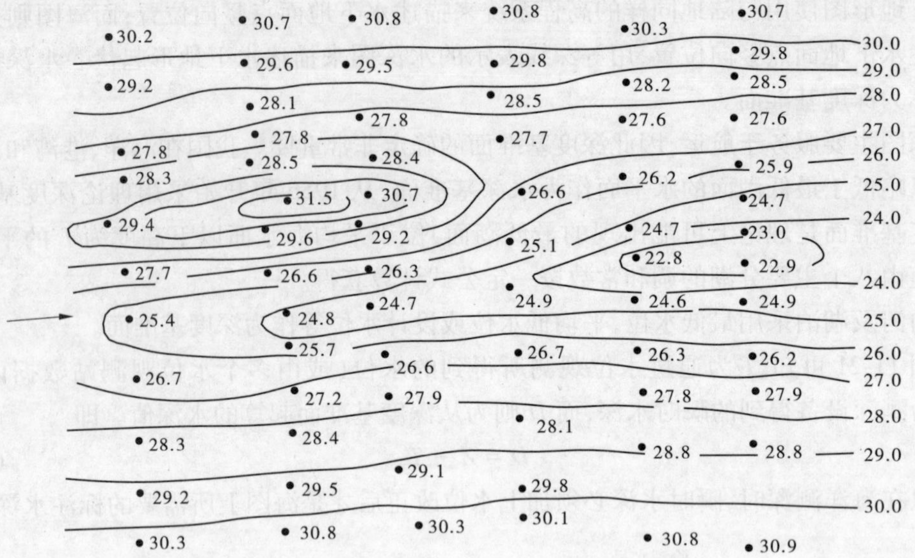

图 11-22　1∶2 000 水下地形图(局部)

第二节　河道纵、横断面测量

一、河道横断面测绘

河道横断面测量的实质就是在已选定的河道横断面方向线上进行水下地形测量,然后根据横断面的位置以及测深点在该断面方向上的位置和高程,依选定的比例尺绘制河道横断面图。

横断面的位置一般可根据设计用途由设计人员会同测量人员先在地形图上选定,然后到现场确定。横断面应尽量选在水流比较平缓且能控制河床变化的地方。为便于进行水深测量,横断面应尽可能避开急流、险滩、悬崖、峭壁,断面方向应垂直于河槽。在河道急转弯地段,应避免发生断面相互交叉现象。

横断面的间距视河流大小和设计要求而定,一般在重要的城镇附近,支流入口,水工建筑物上、下游和河道大转弯处等都应加设横断面;而对于河流比降变化和河槽形态变化较小、人口稀少和经济价值低的地区,可适当放宽横断面的间距。

横断面的位置在实地确定后,应在断面两端设立断面基点或在一端设立一个基点并同时确定断面线的方位角。断面基点应埋设在最高洪水位以上,并与控制点联测,以确定其平面位置和高程,作为横断面测量的平面和高程控制。断面基点平面位置的测定精度应不低于编制纵断面图使用的地形图测站点的精度;高程一般应以五等水准测定。当地形条件限制无法测定断面基点的平面位置和高程时,可布设成平面基点和高程基点,分别确定其平面位置和高程。

横断面的编号可以从某一建筑物的轴线或支流入口处由上游向下游(或由下游向上游)按顺序统一编号,并在序号前冠以河流名称或代号,如有可能,还应注出横断面的里程桩号。

横断面测量中平面定位与水深测量具体内容可参见本章第一节水下地形测量。

外业工作结束后,应对观测成果进行整理,检查和计算各测点的平面坐标,由观测时的工作水位和水深计算各测点的高程,然后将河道横断面图按一定的比例展绘在图纸上或采用计算机绘图(见图 11-23)。

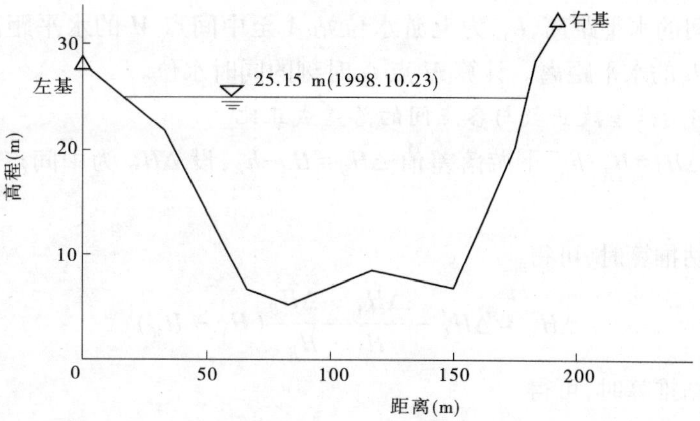

图 11-23 河道横断面图

二、河道纵断面图绘制

河流纵断面是指沿着河流深泓点(河床最低点)剖开的断面。用横坐标表示河长,纵坐标表示高程,将这些深泓点连接起来就得到河底的纵断面形状。

在河流纵断面图上应表示出河底线、水位线以及沿河主要居民地、工矿企业、铁路、公路、桥梁、水文站等的位置和高程。河流纵断面图一般是利用已有的水下地形图、河道横断面图及有关水文资料进行编绘的,其基本步骤如下。

(一)量取河道里程

在已有的水下地形图上,沿河道深泓线从上游开始起算,往下游累计,量距读数至图上 0.1 mm。在有电子地图时,可直接在电子地图上量取距离。

(二)换算同时水位

为了在纵断面图上绘出同时水位线,应首先计算出各点的同时水位(也叫瞬时水位,即同一时刻各点的水位)。同时水位的计算一般根据工作水位(也叫观测水位)按距离或时间作线性内插得到。

如图 11-24 所示,设 H_A、H_B 和 H_M 分别为某一时刻 t_1 于上游水位站 A、下游水位站 B 和中间任一水位点 M 测得的工作水位。h_A、h_B 为 A、B 两水位站 t_2 时刻的同时水位。L_{AB}为上、

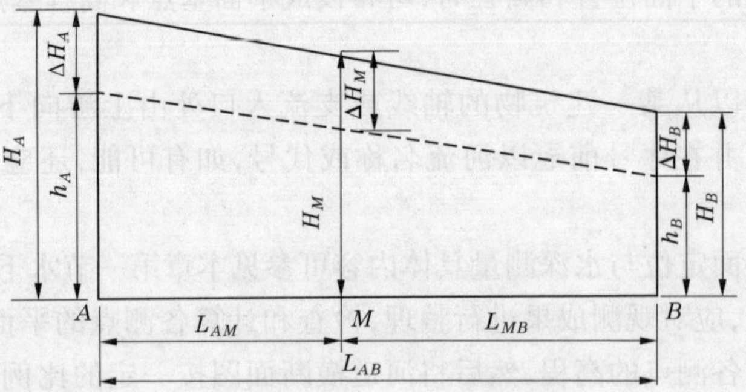

图 11-24　水位换算

下游两水位站之间的水平距离，L_{AM} 为上游水位站 A 至中间点 M 的水平距离，L_{MB} 为中间点 M 至下游水位站 B 的水平距离。计算 M 点 t_2 时刻的同时水位。

1.假设各点间的落差改正数与各点间的落差成正比

上游落差值 $\Delta H_A=H_A-h_A$，下游落差值 $\Delta H_B=H_B-h_B$，设 ΔH_M 为中间点 M 的落差值，且 $h_M=H_M-\Delta H_M$。

由上游水位站推算时，可得

$$\Delta H_M=\Delta H_A-\frac{\Delta H_A-\Delta H_B}{H_A-H_B}(H_A-H_M) \tag{11-6}$$

由下游水位站推算时，可得

$$\Delta H_M=\Delta H_B+\frac{\Delta H_A-\Delta H_B}{H_A-H_B}(H_M-H_B) \tag{11-7}$$

2.假设各点间的落差改正数与各点间的距离成正比

由图 11-24 可以看出，从上游水位站推算得

$$\Delta H_M=\Delta H_A-\frac{\Delta H_A-\Delta H_B}{L_{AB}}L_{AM} \tag{11-8}$$

由下游水位站推算得

$$\Delta H_M=\Delta H_B+\frac{\Delta H_A-\Delta H_B}{L_{AB}}L_{MB} \tag{11-9}$$

(三)编制河道纵断面成果表

纵断面成果表是绘制纵断面图的主要依据，其主要内容包括点编号、点间距、累计距离、深泓点高程、瞬时水位及时间、洪水位及时间、堤岸高程等(见表 11-1)。历史最高洪水位一般在横断面测量时在实地调查和测定。

(四)绘制河道纵断面图

纵断面图一律从上游向下游绘制，垂直(高程)比例尺一般为 1：2 000~1：200，水平(距离)比例尺一般为 1：200 000~1：25 000。目前，纵断面图的绘制一般都利用计算机进行，河道纵断面见图 11-25。

表 11-1 河道纵断面成果

序号	元素名称或编号	所在图幅	里程(km)按深泓点		高程(m)						备注
			间距	累计距离	深泓点	同时水位点	洪水位(发生日期)	河中及两岸各种地物、建筑物及有关元素	堤线 左岸	堤线 右岸	
1	横 08	←H-48-5-B-1→	0	0	134.1	138. 17	143.39 (1924)	148.2 右铁	144. 80	145.02	
2	横 07		1.1	1.1	133.5	137.75			144.15	144.47	
3	铁桥		0. 15	1.25				147.8 右铁			
4	人民钢厂		0.80	2.05				144.6			
5	横 06		0.20	2.25	132.8	136.82	141.9 (1910)		143.55	143.83	
6	清水河		0.15	2.40							
7	水 07		0.20	2.60		136.53					
8	水 6	←H-48-5-B-2→	0.90	3.50	131.8	136.09					
9	水 5 (河中岛)		0.20	3.70		136.02					
10	横 05		0.20	3.90	131.3	136.00			142.57	142.87	
11	水 4		0.75	4.65		135.48					
12	红水河		0.10	4.75							
13	水 3		0.10	4.85	131.0	135.39	140.22 (1924)	143.2			
14	红旗镇		0.05	4.90							
15	横 04		0.25	5.15		135.17			142.20	142.34	
16	横 03		0.45	5.60	130.8	134.75			142.15	142.05	
17	水 2 (险滩)	←H-48-5-B-4→	0.55	6.15	133.7	134.56					
18	水 1		0.25	6.40	133.7	134.41					
19	横 02		0.40	6.80	133.0	133.85	138.5 (1931)	145.4 左铁	141. 53	141.38	
20	洪迹点		0.75	7.55				145.8 左铁			
21	横 01		0.45	8.00	130.3	133.32			140.88	140.36	

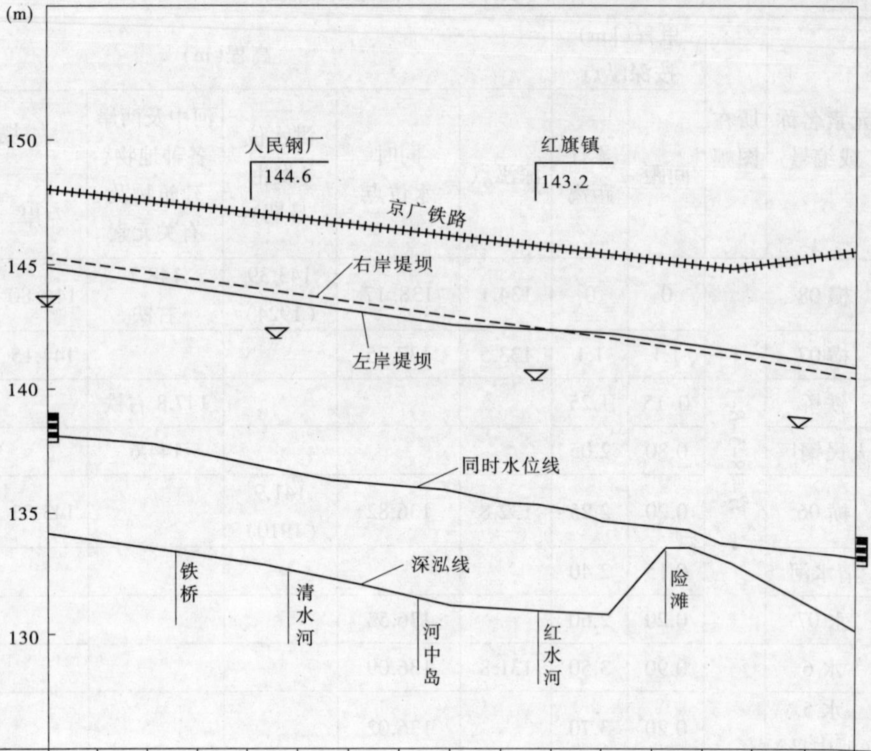

深泓线里程(km)(起自8号横断面)	0		1		2		3			4			5		6		7	8
横断面及水位点编号	横08		横07		横06	水7		水6	水5	横05	水4	水3	横04	横03	水2	水1	横02	横01
洪水位高程(年 月)	143.39 (1924.Ⅴ)				141.9 (1910.Ⅶ)								140.22 (1924.Ⅴ)					138.5 (1931.Ⅴ)
同时水位高程(化算至1965年10月1日12时)	138.17		137.75		136.82	136.53		136.09	136.02	136.00	135.48	135.39	135.17	134.75	134.56	134.41	133.85	133.32
深泓点里程	134.1		133.5		132.8			131.8		131.3		131.0		130.8	133.7	133.7	133.0	130.3
左堤顶高程	144.80		144.15		143.55					142.57			142.20	142.15			141.53	140.88
右堤顶高程	145.02		144.47		143.83					142.87			142.34	142.05			141.38	140.36
所在图幅编号或名称	H-48-5-乙-1						H-48-5-乙-2								H-48-5-乙-4			

注：图中高程以m为单位；水平比例 1∶50 000；垂直比例：1∶200

图 11-25　河道纵断面图

第三节　水利枢组施工控制网布设

水利枢纽工程建筑物繁多(如大坝、水电站厂房、船闸、溢洪道等),结构复杂,性质各异,各个建筑物在平面和高程方面均有紧密的联系,而整个庞大工程的各个建筑物又常是分别施工,最后联结为一个整体的。这就要求在施工前,必须建立整体的具有足够精度的控制网,以满足设计要求。而测图控制网中点的密度、精度及点位分布均不能满足施工要求,必须建立专用的施工控制网。

一、施工控制网布设原则

在布设水利枢纽施工控制网时,一般应遵循下列原则:

(1)施工控制网作为整个工程设计的一部分,所布设的点位应标注在施工场地的总平面图上,以防止标桩被破坏。

(2)布网时,除考虑地形、地质条件和放样精度要求外,还应考虑施工程序、施工方法和施工场地的布置情况。由于水利枢纽多设在地形复杂、起伏较大的山区,以前一般采用边角网、导线网的方法建立平面控制网,随着 GNSS 技术的推广应用,GNSS 网已成为建立平面控制网的常用方法。高程网主要用水准测量或三角高程测量建立。

(3)为了保证控制点位的稳定,又便于施工放样,大中型水利枢纽施工控制网一般分级布设。

平面网由基本网和定线网(或称放线网)组成。基本网是枢纽的主要平面控制,是控制各个建筑物轴线及加密和检查定线网的重要依据。因此,要求点位稳定且能长期保存。定线网是建筑物放样的直接依据,它是用插点、插网、交会等方法加密的。布点时,应考虑放样方便,尽可能靠近拟建建筑物。

高程网可以一次全面布网,也可以分级布设。测区高程应采用国家统一高程系统。

(4)由于水利枢纽的大部分建筑物位于大坝下游,随着坝体的筑高,上、下游间通视受阻,上游部分控制点失去作用。蓄水后位于上游低处的控制点易被水淹没而毁掉,以致坝上游控制点随着施工进展,其可用性越来越小。所以网点应以下游为主,兼顾上游。

(5)在设计总平面图上,建筑物的平面位置采用施工坐标系统。对于直线型大坝,坝轴线通常取作坐标轴,所以布设施工控制网时应尽可能把大坝轴线作为控制网的一条边。

(6)施工放样需要的是控制点间的实际距离,所以控制网边长通常投影到建筑物平面高程上,有时也投影到放样精度要求最高的高程面上,如水轮机安装高程面上。

二、施工控制网布设

当水利枢纽技术设计批准以后,在水利枢纽建筑区开始进行施工前的准备工作,测量人员则开始施工控制网的建立工作。建立施工控制网的主要目的是为建筑物的施工放样提供依据,所以必须根据施工总体布置图和有关测绘资料来布设。另外,施工控制网也可为工程的维护保养、扩建改建提供依据,因此还应密切结合工程施工的需要及建筑场地的地形条件,选择适当的控制网形式和合理的布网方案。

(一)平面网布设

1.基本网布设

基本网的主要作用是统一整个枢纽的坐标系统并放样各建筑物主轴线。

布设前,首先应根据原有测图控制点,利用坝轴线(或坝轴线端点)在大比例尺地形图上的设计位置,把坝轴线(端点)测放到实地。然后以实地上的坝轴线端点为网点,考虑地形、地质情况以及网型和精度要求,依据布网原则,向坝的上、下游扩展成基本网。

基本网一般布设成三角网或GNSS网,其中应尽可能将坝轴线包括在施工控制网内作为控制网一条边。一般来说,基本网应布设两条起始边,不仅可以提高控制网的精度,更主要的是可以获得必要的检核条件。根据工程规模的大小和建筑物重要性的不同,基本网一般按三等以上三角测量精度要求施测。为了减小仪器对中误差和便于观测,施工控制点一般采用混凝土观测墩,并在墩顶埋设强制对中设备。测量成果经过平差计算,即可得到各网点的坐标和坝轴线的精确长度。

图11-26为某大型水利枢纽控制网的基本网图形。坝轴线包括在三角网内,且作为三角网的一条边(01~06),这样,三角网可直接采用以坝轴线方向为坐标轴的施工坐标系。坝址附近江面开阔,充分利用江中两个沙洲来布点,既可缩短边长、增加点的密度,又提高了控制网的精度。当时采用因瓦线尺丈量基线,用菱形基线网扩大得起始边04~05和10~11(大坝的上、下游各一条),这不仅提供了可靠的检核条件,还可以使大坝地区控制网具有较高的精度。该网采用一等三角测量精度进行观测,平差后最弱边边长相对中误差1/28万,坝轴线相对中误差1/47万。

2.定线网布设

定线网的作用是直接放样建筑物的辅助轴线及细部位置,定线网应尽可能靠近建筑物,以便放样。

定线网有矩形网、三角网、导线网、GNSS网等形式。定线网一般可利用基本网直接加密得到。由于水工建筑物内部相对精度要求较高,所以定线网的测量精度不一定比基本网的测量精度低,有时定线网的内部相对精度甚至比基本网精度要高得多。

如图11-27所示,为了厂房、右岸混凝土坝的基坑开挖和初期混凝土浇筑的放样,由控$_3$、控$_4$、控$_6$三个点用插点方式加密了01点,用插网方式加密了03、05点。再由03、05用插网方式测定06、08点。为了厂房和溢流坝混凝土浇筑的放样,由控$_4$、控$_6$用插网方式测定围堰拐角处的07、09点。另外,由控$_4$、控$_6$、控$_8$用插网方式加密了02、04点,供左岸土坝的施工放样用。根据这些点,即可测设坝轴线的平行线和水轮机轴线、闸墩轴线的方向线等。

(二)高程控制网布设

高程控制网一般也分两级,首级水准网与施工区域附近的国家水准点联测,布设成闭合(或附合)形式,称为基本水准网。

基本水准网的水准点应布设在施工爆破区外,作为整个施工期间高程测量的依据,也作为大坝变形监测的高级控制。基准点应稳定可靠,且能长期保存。为此,水准基点一般应直接埋设在基岩上,当覆盖层较厚时,可埋设基岩钢管标志。根据工程的不同要求,基本水准网一般按二等或三等水准测量施测。在布设水准点时,同时应考虑以后可用作垂直位移监测的高程控制。

定线水准网是直接作为大坝定线放样的高程控制网,由基本水准点引测的临时性作业水准点组成,其稳定性是由基本水准网来检测的。它应尽可能靠近建筑物,尽可能做到安置一次仪器即可将高程传递到建筑物上。定线水准点随施工进度布设,并尽可能布设成闭合水准路线或附合水准路线。

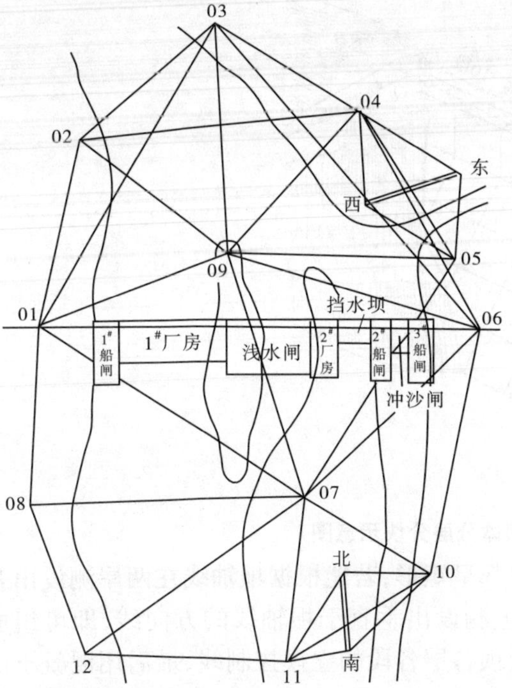

图 11-26 水利枢纽平面基本网示例

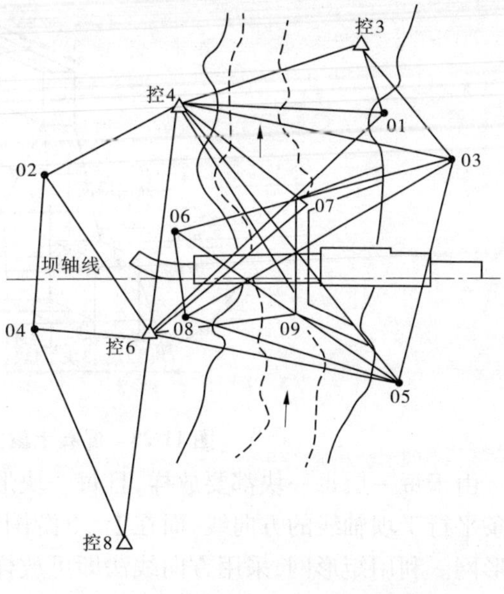

图 11-27 水利枢纽三角定线网示例

第四节 坝体施工测量

坝体的施工测量，由坝轴线测设、施工控制网测设、清基开挖边界线测设、坡脚线测设、坝体施工放样等测量工作组成。

一、坝轴线测设

坝轴线的位置一般是由设计人员在图纸上设计选定，然后根据测图控制网点以及坝轴线在大比例尺地形图上的设计坐标放样得到。对于中小型大坝的坝轴线，也可由工程设计人员和勘测人员组成选线小组，深入现场进行实地踏勘，根据当地的地形、地质和建筑材料等条件，经过方案比较，直接在现场选定，再和控制点联测求出两点的坐标。

坝轴线两端点在地面标定后，为了防止施工时遭到破坏，都必须将坝轴线延伸到两岸的山坡上，各埋设 1~ 2 个固定点，用来检查端点的位置。

二、施工控制网测设

施工控制网测设是以实地上的坝轴线端点为网点，考虑地形、地质情况以及网型和精度要求，依据布网原则，向坝的上、下游扩展成网。定线网由基本网加密得到。具体内容可参见本章第三节水利枢纽施工控制网布设。这里我们只介绍用于坝体施工的矩形网测设方法。

对于混凝土坝体来说，不可能一下子全部浇筑完成，而是分块分层进行的。每层的厚度一般是 1.5~3 m。图 11-28 为直线型混凝土重力坝分层分块示意图。

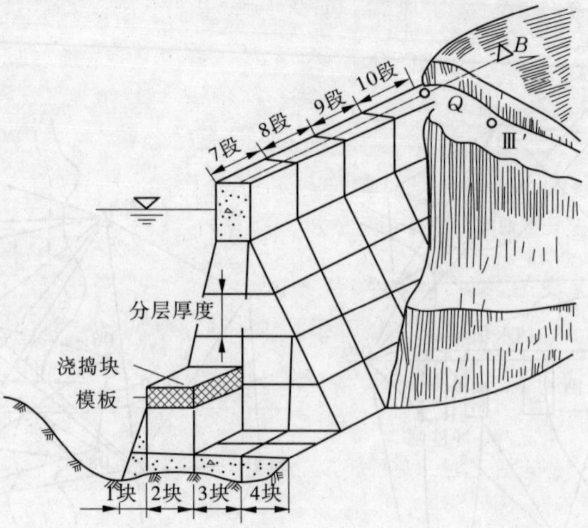

图 11-28　混凝土重力坝体分层分块示意图

由于每一层每一块都要放样,且每一块形状都呈矩形,若能根据坝轴线在两岸测设出若干条平行于坝轴线的方向线,而在上、下游围堰上测设出垂直于坝轴线的方向线,即可组成矩形网。利用矩形网,采用方向线法即可放样大坝各层各段的立模控制线,最后用混凝土浇筑,进行坝体施工。

图 11-29 为以坝轴线 AB 为基准布设的坝体矩形网,它由若干条平行和垂直于坝轴线的控制线所组成,格网尺寸按施工分段分块的大小而定。

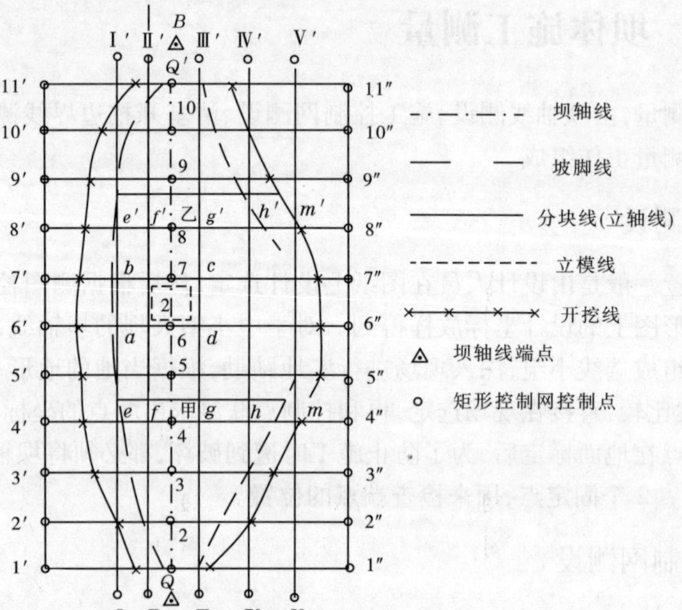

图 11-29　混凝土重力坝坝体控制网示意图

(一)平行线设置

测设时,将全站仪安置在 A 点,照准 B 点,在坝轴线上选甲、乙两点,通过这两点测设与坝轴线相垂直的方向线，由甲、乙两点开始，分别沿垂直方向按分块的宽度钉出 e、f 和 g、h、m 以及 e'、f' 和 g'、h'、m' 等点。最后将 ee'、ff'、gg'、hh' 及 mm' 等连线延伸到开挖区外，在两侧山坡上设置Ⅰ，Ⅱ，…，Ⅴ和Ⅰ′，Ⅱ′，…，Ⅴ′等放样控制点。

(二)垂直线设置

在设置坝轴线垂直线时，首先要定出垂线间距和里程桩起算点。垂线间距主要由地形条件确定，一般为 10~20 m。里程桩起算点(0+000)是指坝轴线上和坝顶设计高程相等的实地桩点，其表现为坝顶中线和现场坡地的接合点。

利用高程放样方法找到 0+000 桩(见图 11-29 中 Q 点和 Q' 点)后，再用钢尺或全站仪沿坝轴线按垂线间距依次定设出 2，3，…，10 点，通过这些点再测设与坝轴线相垂直的方向线，并将方向线延长到上、下游围堰上或两侧山坡上，设置 1′，2′，…，11′和 1″，2″，…，11″控制点。

在测设矩形网过程中，测设直角时须用盘左、盘右取平均，丈量距离须细心校核，以免发生差错。

三、清基开挖边界线测设

在工程施工之前，必须进行清基工作，即将表皮覆盖层、风化层及半风化层挖掉。对于混凝土坝，一般要求挖至新鲜岩石，并将接合面洗净，保证坝体和基岩的牢固结合。

坝基开挖边界线的放样精度要求不高，可用图解法求得放样数据在现场放样。

先沿坝轴线每隔一定距离设置一个木桩予以编号(Z_i)，并在木桩上设站，测出该点的坝轴线垂线(C_i—C'_i)。然后测绘出垂线上的相应横断面图。把该点处的大坝设计断面展绘在垂线横断面图上，即可确定坡脚点(C_i，C'_i)的位置。图解出坡脚点到坝轴线的距离 S_i、S'_i，即可在实地放样。但清基有一定深度，开挖时也要有一定边坡，故应根据深度适当加宽进行放样。用石灰连接各断面的清基开挖点，即为大坝的清基开挖边界线(见图 11-30)。

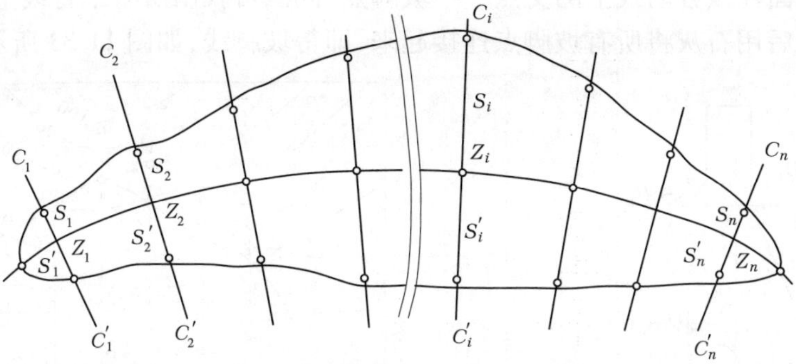

图 11-30 清基开挖边界线测设

目前，清基放样工作一般采用全站仪坐标法和 GNSS(RTK)法进行。

四、坡脚线测设

清基工作完成后，应放出坡脚线，以便浇筑或填筑坝体。坡脚点放样精度要求很高，不能再用图解法确定放样数据。常用的方法有趋近法和平行线法。

(一)趋近法

如图 11-31 所示，欲放样上游坡脚点 a，可先从设计图上查得坡顶 B 的高程 H_B，坡顶距

坝轴线的距离为 D,设计的上游坡度为 1∶m,为了在基础面上标出 a 点,可先估计基础面的高程为 $H_{a'}$,则坡脚点距坝轴线的距离可按式(11-10)计算

$$S_1 = D + (H_B - H_{a'})m \tag{11-10}$$

求得距离 S_1 后,可由坝轴线沿该断面量一段距离 S_1 得 a_1 点,用水准仪实测 a_1 点的高程 H_{a_1},若 H_{a_1} 与原估计的 $H_{a'}$ 相等,则 a_1 点即为坡脚点 a。否则应根据实测的 H_{a_1},再求距离得

$$S_2 = D + (H_B - H_{a_1})m \tag{11-11}$$

再从坝轴线起沿该断面量出 S_2 得 a_2 点,并实测 a_2 点的高程,按上述方法继续进行,逐次接近,直至由量得的坡脚点到坝轴线间的距离,与计算所得距离之差在 1 cm以内时(一般做三次趋近即可达到精度要求)。同法,可放出其他坡脚点。

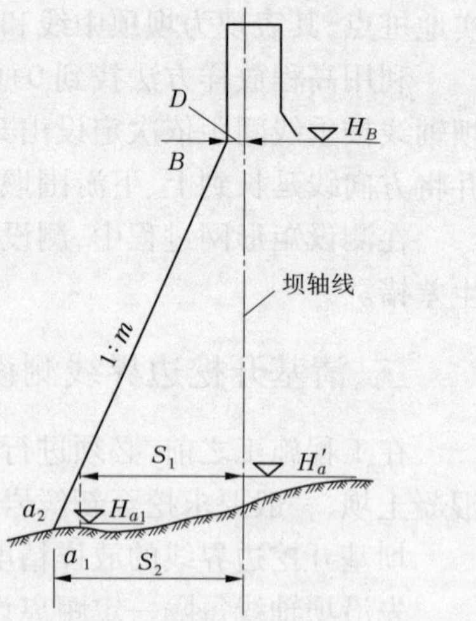

图 11-31　趋近法放样坡脚点

连接上游(或下游)各相邻坡脚点,即得上游(或下游)的坡脚线,据此即可按 1∶m 的坡度竖立坡面模板。

(二)平行线法

若预先设置若干条平行于坝轴线的方向线,则该平行线垂直面上的坝面线与地面线的交点即为坡脚点。

如图 11-32 所示,平行线到坝轴线的间距 S_i 是已知的,则过该平行线垂直面上的坝面线设计高程 H_i 用下式即可求得:

$$H_i = H_B - \frac{1}{m}(S_i - D) \tag{11-12}$$

这样,用全站仪找出该平行线方向,用水准仪找到在该方向上高程等于 H_i 的地面点,即为坝体和现场地面在该方向线上的交点——坡脚点,同法可找出所有平行线上的坡脚点。

找到坡脚点后用石灰将所有坡脚点连接起来,即得坡脚线,如图 11-33 所示。

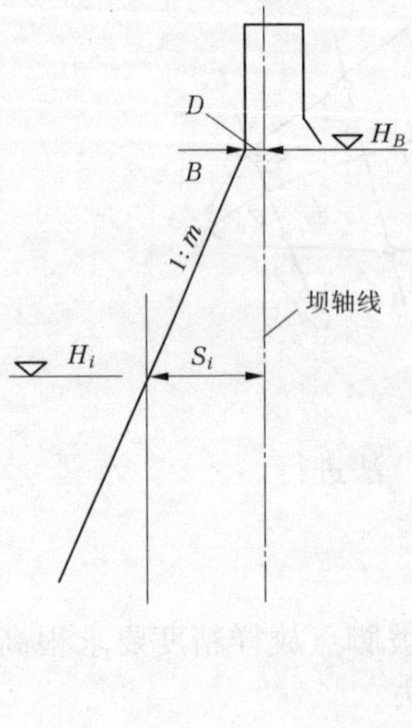

图 11-32　平行线法放样坡脚点

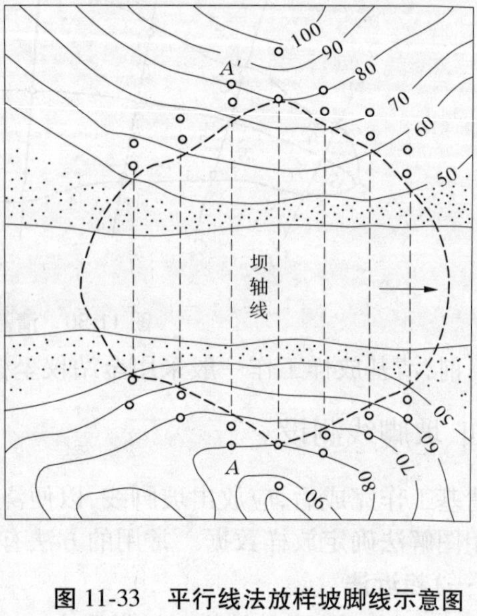

图 11-33　平行线法放样坡脚线示意图

五、坝体施工放样

常见的大坝有混凝土重力坝和土坝，下面分别讲述其施工放样。

（一）混凝土坝体施工放样

混凝土重力坝一般是分段分块浇筑的，其分段线一般是温度缝，分块线称为施工缝。故在基坑开挖竣工验收后，应放出分段分块控制线（温度缝和施工缝），以便据此竖立模板，浇筑混凝土。在坝体中间部分的分块立模时，是根据大坝上、下游的分段控制桩及左、右岸的分块控制桩，直接在基础面或已浇好的坝块面上进行放样、弹线。由于模板是架在分块线上，立模后分块线将被覆盖，所以分块线弹好以后，还要在分块线内侧弹出平行线称为立模线，用来检查与校正模板的位置。立模线与分块线距离一般是0.2～0.5 m。直立的模板应检查它们的垂直度。检查的方法是在模板顶部的两头，各垂直量取一段0.2 m的长度，挂上垂球，待垂球稳定后，看它们的尖端是否通过立模线，如不通过则应校正模板，直至两端的垂球尖端都通过立模线为止。

坝体放样常用的方法有方向线交会法、前方交会法和全站仪极坐标法。

为了控制浇筑混凝土层的标高，一般是在模板内侧画出标高线。方法是先将高程传递到坝块面上，根据已知点的高程，分别在所立模板的两端放样混凝土层的标高，在两点之间弹出水平线，即为浇筑的标高线。待四周的模板都画好标高线之后，就可以据此浇筑这一块混凝土。依此法逐块浇筑，直到浇筑完。

混凝土浇筑高度的放样，也可采用全站仪三角高程测量方法标定。

（二）土坝施工放样

当坡脚线放出后，即可于其范围内填土，此时需要进行上、下游坡面的放样，并将筑好的坡面予以修整。

1.边坡放样

所谓边坡放样，就是把即将填筑的坝体部分的边坡在实地标注出来的测量过程。其放样方法如下。

1）平距杆法

如图11-34所示，根据土坝坝顶设计宽度 b 及设计高程 $H_{顶}$、边坡设计坡度 $1:m$，以不同的坝坡高程 H_i，可计算出相应的平距 S_i（或制成数表以供放样之用）。放样时先用水准仪测出土坝填筑到的高程面边坡处的高程 H_i，据此得到相应的平距 S_i，然后从坝轴线起，在该高程面上量距 S_i 得到该高程上的坡顶点，从此点出发，按设计坡度继续向上填筑。实际作业时，为了放样方便，可预先埋设一根平距杆（见图11-35），根据填筑高程，便可在平距杆上得到相应的平距。为使坝面边缘得到良好的压实，一般规定要加宽1～2 m进行填筑。

2）坡度尺法

坡度尺用木条按坝坡比例做成，如坝坡为1∶2.5，则坡度尺的高为1 m，宽为2.5 m，在坡度尺直角水平边上，装一个管水准器，如图11-36所示。放样时将小绳一端系于坡脚桩尺上，另一端竖竹竿牵引绳子，将坡度尺的斜边贴在绳子上，当水准气泡居中时，则表示绳子的坡度与设计坡度一致，即将绳子位置固定，据此作为填筑土坝的边坡，如图11-37所示。此法简便易行，但易受干扰，应常检查。

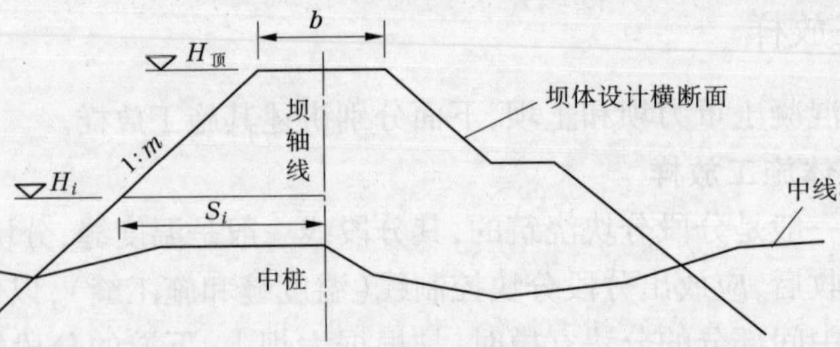

图 11-34 土坝断面设计元素表示

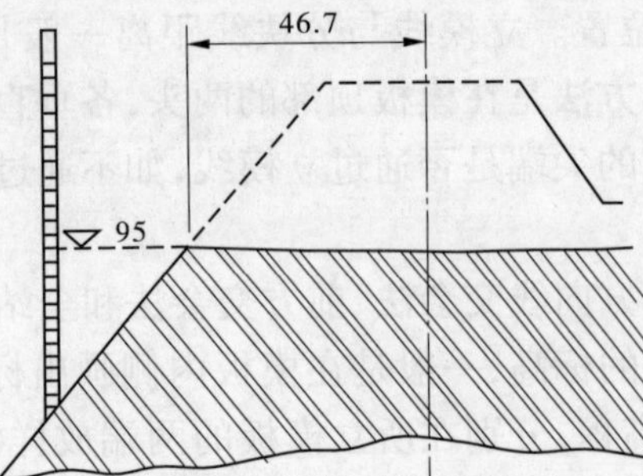

图 11-35 平距杆法

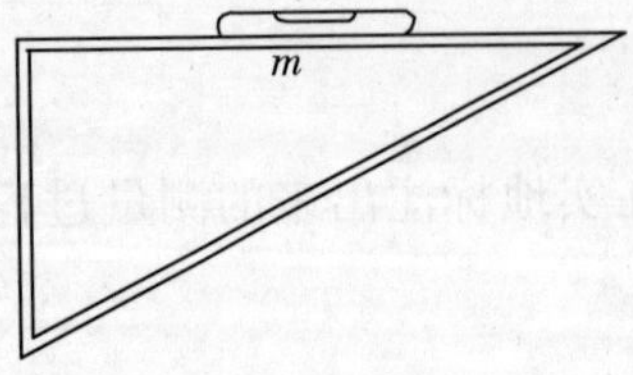

图 11-36 坡度尺

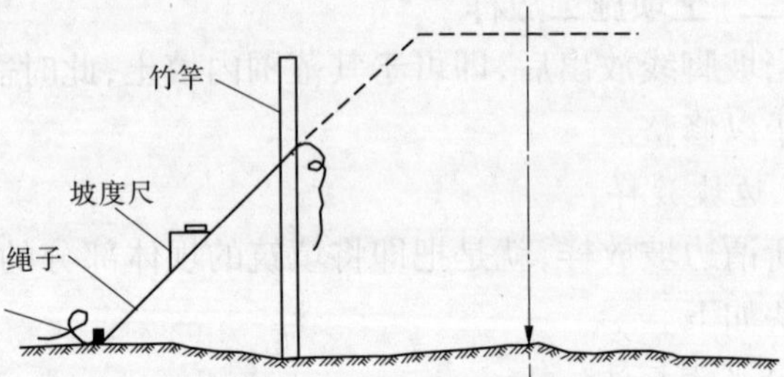

图 11-37 坡度尺法

2.边坡修整

土坝填筑到一定高度后,即需按设计断面修整边坡。其常用方法如下。

1)水准仪法

在坝坡面上打若干排平行于坝轴线的木桩,用水准仪测出各桩点的坝面高程。因为离坝轴线等距的一排木桩的坝面高程应相等,H_i 等于按式(11-12)算出的设计高程,则各桩点的修正量等于实测坡面高程减去设计坡面高程。

2)全站仪法

如图 11-38 所示,首先根据坝坡的比例算出边坡的倾角 α,然后量距求出坝顶与边坡的变坡点,并在该点打桩放出坝顶高程。置仪器于该桩点上,量取仪器至该桩顶的高度 i,并使仪器视线在过该点的横断面方向上,向下倾斜 α 角,固定望远镜,此时视线平行于设计坝坡线，在边坡上沿视线方向立尺，并读取水准尺读数 L，则立尺点的高度修正量应为 $\Delta h=i-L$。

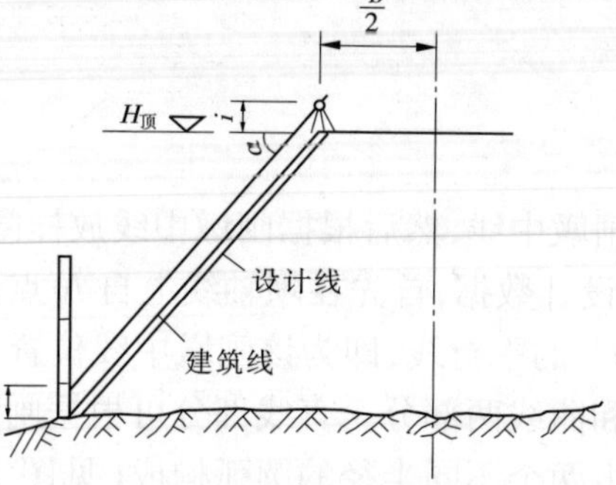

图 11-38　经纬仪法

依此沿斜坡观测三、四个点作依据即可进行边坡修整。

第五节　水利工程细部放样

对于大型水利枢纽工程，水工建筑物除大坝和电站外，尚有船闸、泄水闸及冲沙闸等设施。其结构错综复杂，且相对精度要求很高。今以某工程的冲沙闸以及船闸为例，说明水工建筑物的细部放样。

一、闸孔中线放样

如图 11-39 所示，是某大坝为把上游沉积的泥沙冲走而设置的冲沙闸的平面布置图。该闸设有六孔，每孔装有两道闸门，一道为圆弧形式的工作闸门，另一道为甲板式的事故闸门。

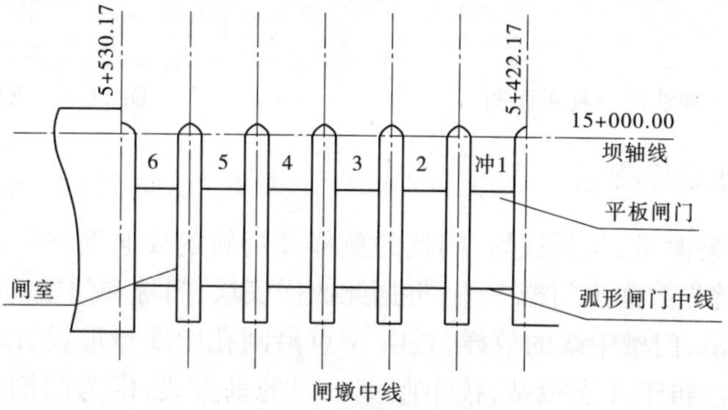

图 11-39　冲沙闸平面布置图

图 11-40 为冲沙闸一孔平面图。闸孔中线放线时，首先根据闸孔中线间尺寸，从用方向线交会得到的交会点出发，用钢尺沿坝轴线平行方向线精确量距，即可定出各闸孔中线和该方向线的交点（如 M 点）。然后在 M 点找出该闸孔中线，该中线和坝轴线相交，即得点 N，并用 MN 的设计距离检查，合格后在 N 点埋设永久性标志，作为控制闸孔中心线和门槽中心

线的起点,以免出现坝体墙上升后坝轴线不易投点的困难。

为了便于放样和检核,又自 N 点沿闸孔中线精确量距,在闸室下游方向适当地方又设置一闸孔中线点 Q。

二、闸墩放样

闸墩放样应首先放样闸墩中线,然后根据闸墩中线放样闸墩轮廓线。

如图 11-40 所示,根据设计数据,首先在坝轴线上自 N 点量距放样出 P 点,然后在 P 点设站,作出坝轴线垂直线 MN 的平行线,即为该闸墩中线位置。

闸墩轮廓线分为直线和曲线两部分。直线部分可根据闸墩中线,按照设计尺寸,用直角坐标法放出。曲线部分是由两个不同半径的圆弧构成(见图 11-41)。根据设计曲线大样图(见图 11-42),计算放样数据(见表 11-2)。这样,放样出曲线轮廓和直线轮廓的切点连线和闸墩中线交点 P' 后,在 P' 上设置仪器,根据放样数据表,用极坐标法即可放样出各曲线轮廓点。

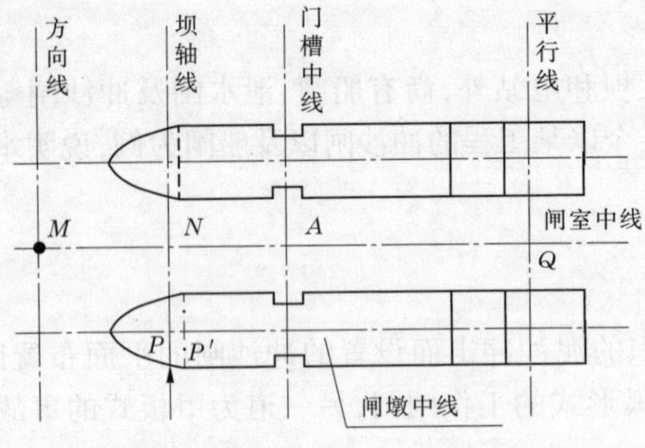

图 11-40　冲沙闸一孔平面图

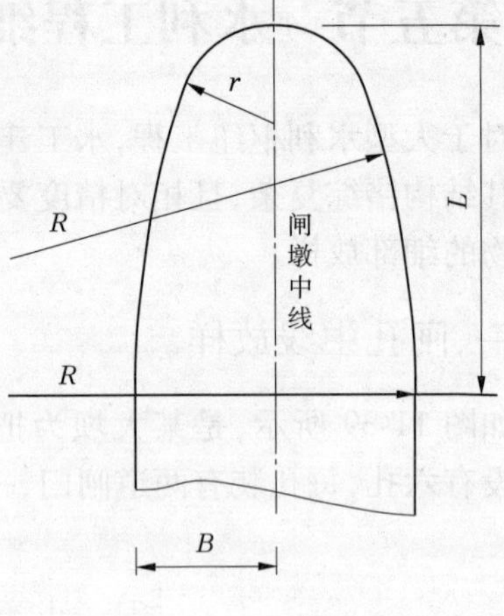

图 11-41　闸墩轮廓线

三、平板闸门安装测量

平板闸门的安装测量,包括底坎、门枕的放样及门轨的安装测量。放样时,采取由总体到局部的原则,即首先放样出门槽中线,再据此放样底坎、门枕和门轨。

如图 11-40 所示,门槽中线的放样,是由 N 点沿闸孔中线量取设计距离,得门槽中线和闸室中线的交点 A。再于 A 点设站,拨出闸室中线的垂直线,即为门槽中线,并在门槽中线上作两个标志点,以标定门槽中线方向。

闸室底坎中线与门槽中线平行。根据闸孔中线与坝轴线的交点 N,按坝轴线至底坎中线的设计距离,在靠近底坎中线附近,用仪器设置一条底坎中线的平行线(见图 11-43),在平行线上每隔 1 m 处的混凝土面上做一标志,注明到底坎中线的距离,以资施工安装。高程是边安装边测量。

表 11-2　曲线放样数据

测站	点号	方向角度 (°　′　″)	边长 (m)
21	3	2　19　46	7.381
21	6	4　43　00	7.297
21	8	8　08　28	7.062
21	10	11　30　04	6.643
21	13	18　54　28	5.555
21	14	23　26　55	5.026
21	15	29　54　05	4.433
21	17	39　49　31	3.747
21	18	48　13　44	3.352
21	19	63　34　34	2.903
21	20	90　00　00	2.650

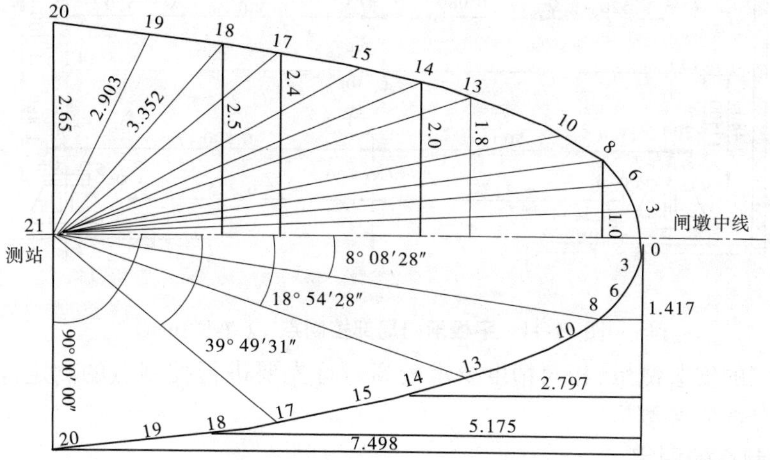

图 11-42　闸墩设计曲线大样图

门枕中线和门槽中线垂直。其是依据交点 A,沿门槽中线方向丈量出门枕中线至闸孔中线的设计距离,即可定出门枕中线方向,并在门槽混凝土墙上做好标志,以便安装。

门轨设置在平板闸门两边,要求其处于垂直无偏扭状态,以保证平板闸门能够安全而平稳地上下滑动。门轨位置放样时,由 A 点出发,按照设计尺寸和安装精度要求用直角坐标法放样出各个有关控制点,并在实地精确地表示其位置(见图 11-44)。各个控制点之间应严格保持对称,放样误差不得大于 0.5 mm,根据这些对称的控制点即可进行门轨的安装。

四、弧形闸门安装测量

弧形闸门是由门铰、门槽、底坎和左、右侧轨组成。其相互关系如图 11-45 所示。

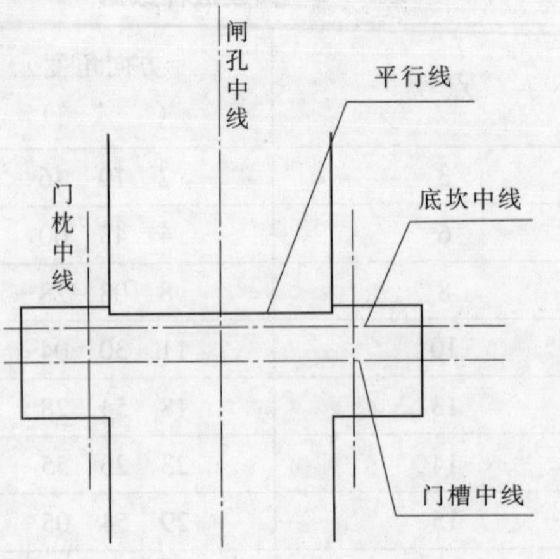

图 11-43　门槽中线、门枕中线、底坎中线及平行线

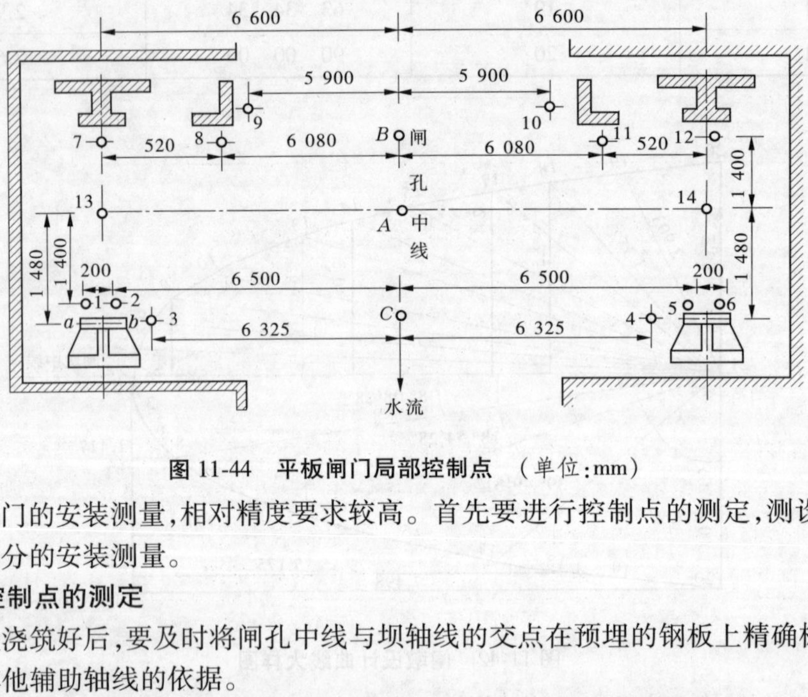

图 11-44　平板闸门局部控制点　(单位:mm)

弧形闸门的安装测量,相对精度要求较高。首先要进行控制点的测定,测设控制线,然后进行各部分的安装测量。

(一)控制点的测定

闸底板浇筑好后,要及时将闸孔中线与坝轴线的交点在预埋的钢板上精确标出,作为放样闸室内其他辅助轴线的依据。

随着施工进展,坝体在逐渐升高,当坝体升高到门铰高程时,根据门铰的设计位置,在混凝土表面预埋一块钢块,为以后精确定出门铰位置之用,并在门槽附近引进临时水准点,作为安装时高程放样的依据。

(二)门楣、底坎和门铰中线的放样

根据图上的设计距离,从坝轴线与闸孔中线的交点起,沿闸孔中线方向精确量距,定出门楣线、底坎中线和门铰中线。并将门铰中线投影到两侧墙上预埋的铁块上,作一短垂线,再在短垂线上精确测定出门铰中心高程位置。

(三)侧轨中线的放样

侧轨中线的放样,为了保证达到设计要求,可按下述方法进行:

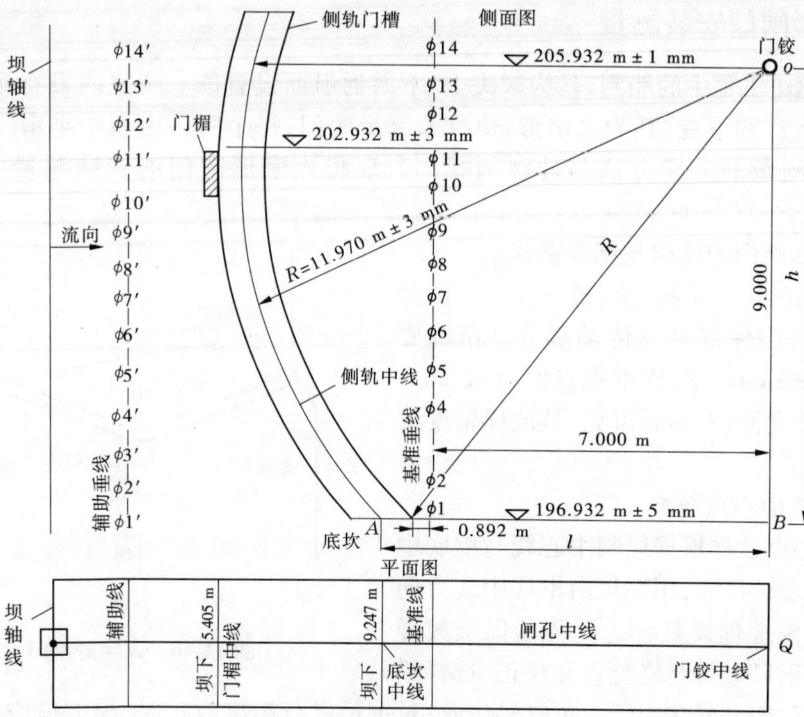

图 11-45　弧形闸门平面与侧面图

（1）在闸室地平面上，采用设置门铰中线的方法，在侧轨中线两边各设立一条基准线和一条辅助线（基准线到门铰中线的距离最好选为整数），然后用仪器将其投影到闸孔两侧混凝土墙上，以细线条标定出位置。然后在基准垂线和辅助垂线上每隔 1 m 测定一个相同的高程点（见图 11-45）。

（2）计算侧轨上每个相应高程点至门铰中线的水平距离和基准线至门铰中线的水平距离，如表 11-3 所示。根据表 11-3 内的高程和相应平距，以基准线为起点，用钢尺量距，在混凝土墙上定出侧轨中线上每个测点，连接起来，即为侧轨中线。

表 11-3　弧形闸门侧轨中线放样数据

门铰中线上高程点（m）	侧轨中线至门轨中垂线平距（m）	侧轨中线至基准线平距（m）	门铰中线上高程点（m）	侧轨中线至门轨中垂线平距（m）	侧轨中线至基准线平距（m）
196. 932	7.892	0.892	202.000	11.306	4.306
198.000	8.965	1.965	203.000	11.605	4.605
199.000	9.758	2.758	204.000	11.813	4.813
200.000	10.397	3.397	205.000	11.934	4.934
201.000	10.907	3.907	205.932	11.970	4.970

五、人字形闸门安装测量

大型水利枢纽工程中的船闸,是为解决上、下游通航而设置的。闸室内设有两道闸门,分别在闸室的上首和下首,其为人字形,也称人字形闸门,每个闸门由两个半扇门组成,如图11-46所示。闸墩的放样方法与冲沙闸相同。现将人字形闸门的安装测量方法叙述如下。

(一)人字形闸门的组成与精度要求

人字形闸门的特点是高、重、精。其由三部分组成:埋没部件、门件部分及传动部分。精度要求:底枢间距为±2 mm,顶、底枢垂直度为±2 mm,两底枢顶面平整度为±1 mm,可见,其放样精度要求相当高。

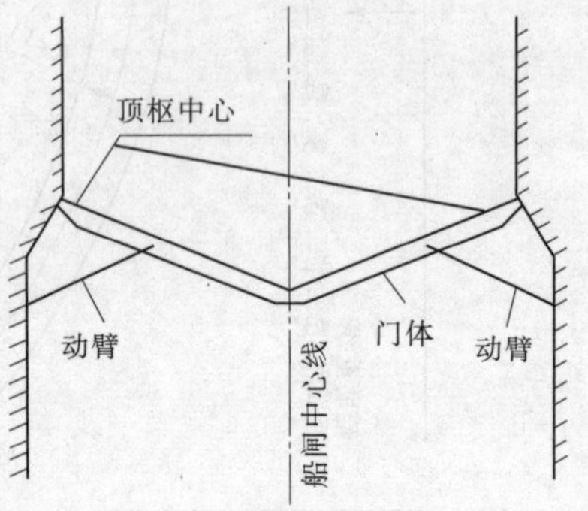

图 11-46　人字形闸门

(二)两底枢中心点放样

两底枢中心点放样根据船闸中心线与枢底中心线的交点,按设计尺寸,用钢尺沿枢底中线方向量距而得,并精确地埋设好标志。为了保证放样精度,对仪器和钢尺进行严格检查和校正,选择最有利的观测时间,即最好在阴天无风气候作业;对钢尺进行温度改正时,温度值应取钢尺两端温度的带权平均值(以阴影长度定权)。

(三)两顶枢中心点放样

顶枢中心点与底枢中心点应位于同一铅垂线上。例如,某枢纽人字门顶枢至底枢有34 m,要求顶、底点垂直度不超过±2 mm。因此,两个顶枢中心点的放样是人字门安装测量的关键。下面介绍用全站仪投影法放样两个顶枢中心点的程序与方法。

1.检校仪器和工具

除投影用的仪器要检校外,画线用的直尺也要检查弯曲情况。

2.搭设投影板

人字门在组装前,顶枢中心点是悬空在侧墙边的,投影前需先搭设好投影板,投影板应搭设得非常稳固。

3.选择投影测站点

为了获得良好的投影效果,测站应选在通视良好,交角为120°或60°的地方,并具备使仪器强制对中的观测墩。

4.投影

为了获得同等观测条件,同一个投影点,始终采用同一台仪器同一个观测者进行观测。投影进行两测回,可得投影点 B。在三个方向线上选好三个点 a、b 及 c,且使其位于枢纽附近侧墙上。如需恢复 B'位置,可将仪器分别置于三个观测墩上,分别照准三个标志点 a、b 及 c,位置即可恢复。这样 B'点可随时用同样精度加以恢复。同法可得投影点 A'(见图11-47)。

(四)闸门安装调试的监测

调试人字闸门时,要进行两项监测工作。

1.顶枢中心的水平位移

两台仪器分别置于顶枢附近侧墙面上，两方向约成 90°，照准顶枢中心 B'点，转动人字闸门，由于底枢与顶枢中心不完全在同一铅垂线上，因此顶枢中心也随之移动，并逐渐偏离两仪器交点，可量取偏离值。如果超过要求，则进行调整。

2.门体的径向跳动

门体径向跳动也是由于底枢与顶枢中心不完全在同一铅垂线上引起的。监测时，用一台水准仪置于闸室底枢附近，直接观测贴在门体上的钢尺，门体旋转时不断读数。如果各读数之间的互差超高 1.2 mm，则门体需要调整。

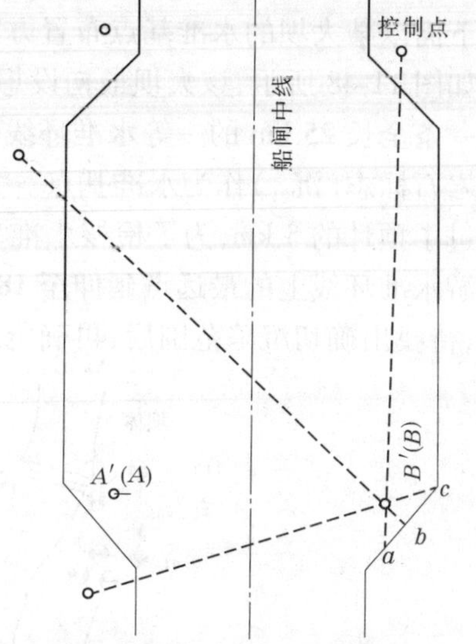

图 11-47　顶枢中心点放样

(五)高程测量

人字形闸门各部位的相对高差的精度要求很高，因此可用四等水准测量作为底枢的各部位的高程控制。为了保证各部位之间的高差精度，在整个安装过程中，应自始至终使用同一水准点。

顶枢各部位的高程控制，也应以四等水准点为基准点来进行控制。

第六节　大坝变形监测

大坝建成水库蓄水投入运行后，变形监测是水库管理工作中的一项重要任务。由于基础与坝基本身形状的改变、外力的作用和外界条件(如水的压力变化、渗透、浸蚀和冲刷、温度变化与地震等)的影响，以及坝体内部应力的作用等产生的水平位移和垂直位移(沉陷)称为大坝变形。在一般情况下，这种变形是缓慢而持续的，在一定的范围内具有规律性，如果超出某一限度，就影响大坝的稳定和安全，甚至造成失事。因此，需要对大坝进行经常的、系统的观测，以判断其运行是否正常，并根据观测中发现的问题，分析原因，及时采取必要的措施，以保证安全运行。同时，通过长期观测，分析变化规律，检验设计理论的正确性，为设计、科研和生产管理提供有关资料。

大坝变形监测，主要包括水平位移观测、垂直位移观测和挠度观测等。

一、大坝垂直位移监测

(一)垂直位移基准点布置

垂直位移观测基准点(水准基点)是测定垂直位移(沉陷)的起算点，水准基点的稳定程度，直接影响着观测成果的可靠性。为能及时检查其稳定性，水准基点一般应不少于 3 个。水准基点选好后，首先要与远处的水准点进行联测，以备检核。而且要预先制订一个最优的施测方案，对各观测点进行定周期性的精密水准测量，以求得各观测点在某一时间段内的垂直位移值，同时还要对各水准基点的相对高差进行检测，以判定其是否稳定。如果发现水准基点的高程有变，则要与远处的水准点进行联测，以确定水准基点的变化值，并将其变化值加入观测点的变化值中进行改正。

下面以某大坝的水准基点布置方案为例进行介绍：

如图 11-48 所示，该大坝最初设想水库蓄水后，沉陷范围约为 5 km，故沿大坝下游西岸布设一条全长 25 km 的一等水准环线共计 25 个点，并以右岸下游距坝 5.3 km 处布设一座平硐岩石标志(沉$_{01}$)作为水准基点。大坝建成后，实际观测结果表明，下游地区实际沉降范围超过了预计的 5 km，为了检核水准基点的稳定性和进一步探索下游地区的沉陷范围，便将下游水准环线上的最远点延伸至 18.3 km 处的洪山嘴主点，在其间增设了沉$_{09}$与沉$_{10}$两座标志，待找出确切沉陷范围后，再确定新的起算水准基点。

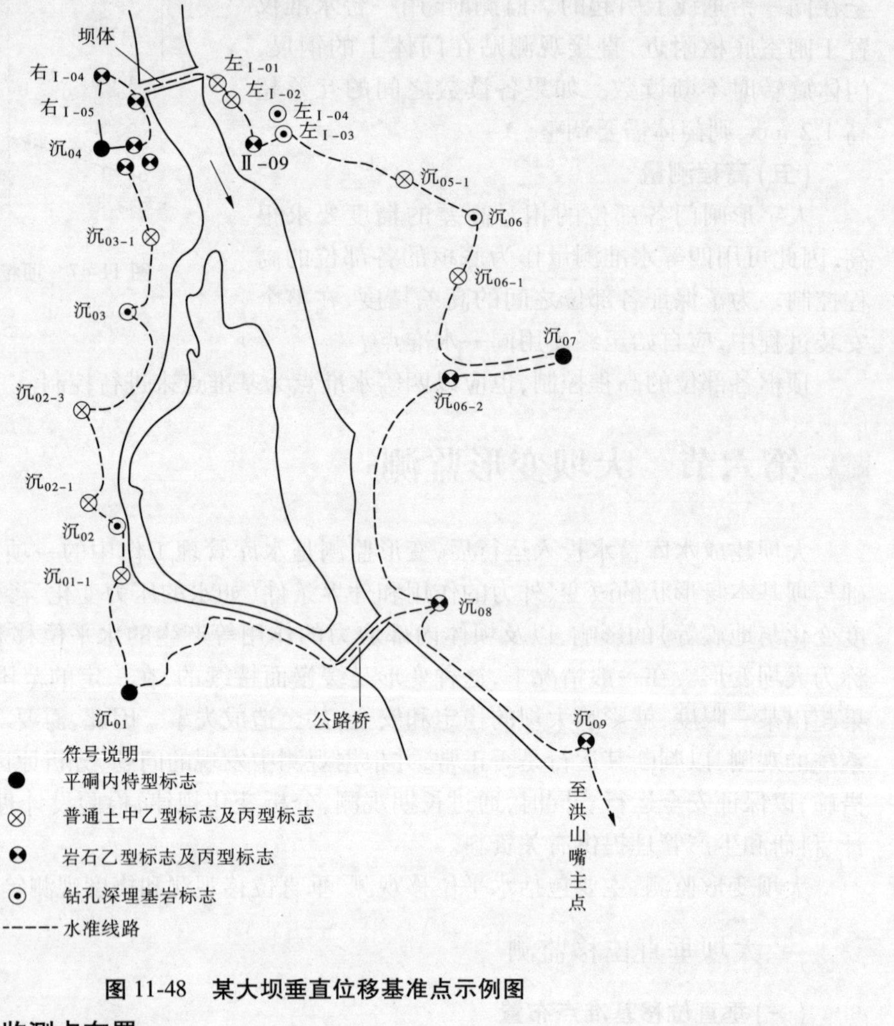

图 11-48　某大坝垂直位移基准点示例图

(二)垂直位移监测点布置

现在我们分别用混凝土重力坝与土石坝作为例子，说明其垂直位移监测点的布置方案。

1.混凝土重力坝

现以我国某宽缝重力坝为例，介绍其垂直位移观测点的布置。

坝体垂直位移包括基础沉陷和混凝土坝体本身在垂直方向的伸缩。其中主要是基础沉陷。根据大坝基础的地质条件、坝体结构、内部应力的分布情况以及便于观测等因素，将基础沉陷观测点布置在基础廊道的中心线与每个坝段中心线的交点处(见图11-49),原则上每一个坝段布设一点,另外对于重点坝段(例如第10、21、27等三个坝段的基础位于破碎带很深的沟槽上,且坝的高度也较大,第5、33、34、35等四个坝段位于左右岸的斜坡上,地质条件也较复杂,这些都认为是重点坝段),除在基础廊道内每个坝段增加一个观测点外,在横向廊道或宽缝内增设了一些观测点,这些点除测量基础沉陷外,还用以测量基础的转动。

另外,为了测定坝体上下游两测点的高差变化情况,沿某些坝段的中心线在距上下游面1 m处的坝面上各埋设一个观测点。在101 m高程横向廊道或宽缝处,对第9、18、21和27等四个坝段设置了液体静力水准仪(水管式倾斜仪)。为了研究水轮机运转时的振动对坝体沉陷有无影响,在靠近厂房的25—32坝段高程为101 m的平台上,埋设了7个沉陷观测点。

此外,在升船机、水轮机等部位也分别埋设了沉陷观测点。其具体布置参见图11-49。

2.土石坝

土石坝的结构要比混凝土坝简单,一般均将变形观测点布设在坝面上,而且将水平位移与垂直位移的观测标志设在同一个观测点上。但是在国外也有在土石坝内设置观察廊道的,例如,埃及的阿斯旺堆石坝,就在黏土心墙的不同高程面上设置了三条观察廊道,在此廊道内观测心墙的变形。我国兴建的土石坝,为了便于施工,均未设置廊道。

观测点位置的选择,应该使它有代表性,而且能控制坝体的主要变化情况。例如,最大坝高处、合龙段、坝内有泄水底孔处、坝基地质不良以及坝底地形变化较大之处,但同时也要观测变形的全貌,其他地段也应布点。布点时可沿坝轴线方向以河床中心最大坝高处为起点向两端布设。横断面间距一般为40~80 m,对于横断面形状基本相同而基础又没有多大变化的长坝,间距可以适当加大。但观测横断面的数量不能太少,以免绘制等沉陷图时产生困难。在土石坝的横断面上,一般可平行于坝轴线方向布设4~5条观测断面。例如,在迎水坡面正常高水位以上、心墙顶部或坝顶,背水坡面的每道戗台上等处布置观测点。为了便于用视准线法观测水平位移,各断面上的观测点应该在平行于坝轴线的同一条直线上。

图11-50为某水库土坝观测点的布置。因为该坝为折线形,所以在坝体上也设置了视准线的端点。例如Ⅰ—4,Ⅱ—4…点。

由于该土坝比较长,所以除背水坡面的第五条视准线外,其他的四条都是分段观测的,以使工作方便,并减少观测时望远镜照准误差的影响。图中Ⅱ—2,Ⅲ—2…,Ⅱ—3,Ⅲ—3…等点即为中间安置仪器的工作基点。

(三)垂直位移监测

为了测定大坝的基础沉陷和坝体本身在垂直方向的伸缩,在基础与坝顶面埋设了沉陷观测点。为了测定这些观测点的沉陷,要在靠近坝的下游两岸,设置工作基点。而工作基点的变动情况,要由离坝较远的水准基点来进行联测。对于前一种观测,称为观测点观测;后一种观测,称为基准点观测。下面分别叙述这两种观测在线路形状、精度要求,仪器设备、操作方法、观测周期以及成果的检查计算等方面的特点。

1.基准点观测

大坝下游工作基点与水准基点间所布设的水准环线(左、右岸水准路线连成一体,可使整个坝区的高程成果资料统一),一般要求每千米水准测量高差中数的中误差不超过±0.5 mm。采用精密水准仪$S_{0.5}$和因瓦水准尺进行施测。

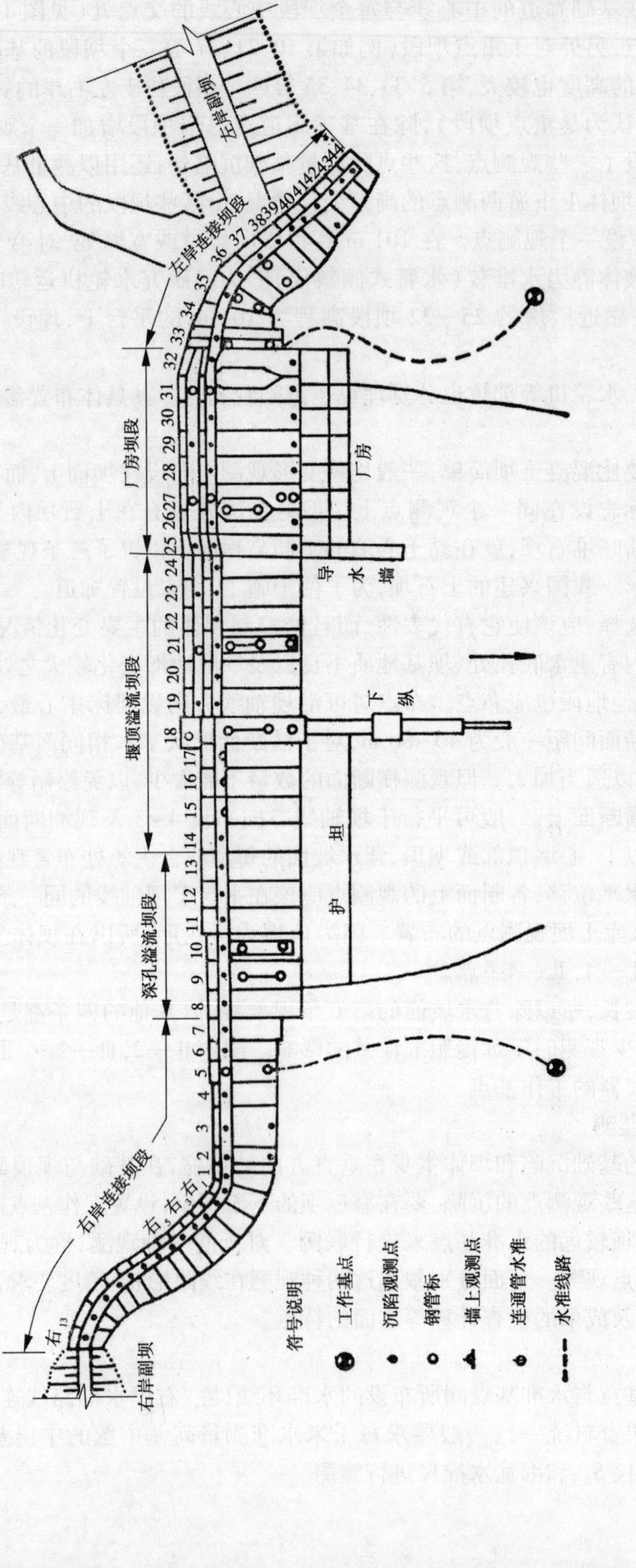

图 11-49 混凝土重力坝垂直位移观测点布置示例

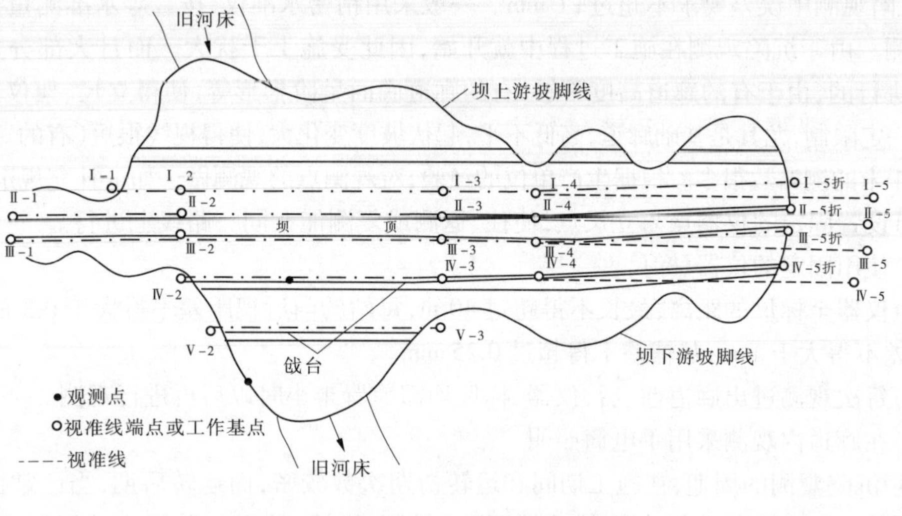

图 11-50　土石坝变形监测点布置示例

作业方法基本上按一等水准测量规定进行,由于工作条件的不同,操作方法上有其特点。例如,由于沉陷观测是固定线路,重复进行。为便于观测,消除一些误差的影响,通常在转点处埋设简便的金属标头作为立尺点。

由水准基点到工作基点的联测,每年进行一次(或两次),尽可能固定月份,即选择外界条件相近的情况进行观测,以减少外界条件对观测成果的影响。

水准环线是分段(例如每段 1 km 左右)进行观测,各段往、返测高差较差不得超过 $\pm 2\ \text{mm}\sqrt{R}$(R 为测段水准路线长度,以千米计)。

往、返观测的高差加标尺长度改正后计算往返测高差较差。高差较差合格后,根据加标尺长度改正后的往返测高差计算高差中数,再由高差中数计算环线闭合差。将环线闭合差按各测段线路长度进行分配。然后,由水准基点的高程推算工作基点(和沿线各水准点)的高程,再与各点的首次观测高程比较,可得工作基点和沿线各水准点高程的变化值。从这些水准点高程的变化,还可以了解坝址下游地面的沉陷情况。

按照上述规定所施测的精密水准测量,根据生产单位的经验,每千米高程的传递精度可以达到 0.5 mm 的要求。

每千米水准测量高差中数的中误差可按下式计算

$$\mu_{\text{km}} = \pm \sqrt{\frac{[P_i d_i d_i]}{4n}} \tag{11-13}$$

而

$$P_i = \frac{1}{R_i} \tag{11-14}$$

式中,n 为水准环线的测段数;R_i 为各测段的线路长度,km;d_i 为各测段往返测高差的较差,mm,它们的权各为 $P_i/2$。

2.观测点观测

混凝土坝观测点的沉陷是根据两岸的工作基点来测定的。对于建筑在岩基上的混凝土坝,其沉陷观测中误差要求不超过±1 mm。一般采用精密水准仪,按二等水准测量操作规定进行施测。由于沉陷观测在施工过程中就开始,因此受施工干扰大。而且大部分观测是在廊道内进行的,由于有的廊道高度不够,有的廊道底面呈阶梯形等,使得立尺、架仪器和观测都受到一定限制,尤其是基础廊道,高低不平,起伏坡度变化大,使得视线很短(有的短到3 m),因此每千米的测站数很多。根据生产单位的经验,对观测点的观测做了如下补充规定:

(1)设置固定的仪器点与立尺点,使往、返测或复测能在同一路线上进行。

(2)使用固定的仪器、标尺。

(3)仪器至标尺的距离,最长不得超过40 m,每站的前后视距差不得大于0.3 m,前后视距累积差不得大于1 m,基辅差不得超过0.25 mm。

(4)每次观测进出廊道前、后,仪器、标尺均需凉置半小时以后再进行观测。

(5)在廊道内观测采用手电筒照明。

大坝沉陷观测的周期,在施工期间和运转初期次数较密,而运转后期,当已掌握变形规律后,观测次数可适当减少,但在特殊情况下(暴雨、洪峰、地震),除规定的周期观测外,尚应增加补充的观测次数。

测定观测点沉陷的水准路线大多数设成两工作基点之间的附合路线。每次观测值均要加标尺长度改正。根据视线短、每千米线路测站数很多的特点,对附合线路闭合差采取按测段的测站数多少进行分配的方法。然后,根据工作基点的高程推算各沉陷观测点的高程,对于钢管标点还要加钢管温度改正(由该次观测室的温度改正到首次观测室的温度)。还需指出,工作基点本身逐年也会有些下沉,但各次沉陷观测点高程仍以工作基点的首次高程作为起算高程,而将工作基点各年的下沉量视为一常数,在分析资料时一并考虑。

附合水准路线上一测站高差中数的中误差可按下式计算:

$$\mu_{站} = \sqrt{\frac{[P_i d_i d_i]}{4n}} \tag{11-15}$$

而

$$P_i = \frac{1}{N_i} \tag{11-16}$$

式中,n 为附合水准路线的测段数;N_i 为各测段的测站数;d_i 为各测段往返测高差较差,mm,它们的权各为 $P_i/2$。

离工作基点最远的观测点,其高程的测定精度最低。最弱点相对于工作基点的高程中误差为

$$\left.\begin{aligned} m_{弱} &= \mu_{站}\sqrt{K} \\ K &= \frac{K_1 K_2}{K_1 + K_2} \end{aligned}\right\} \tag{11-17}$$

其中,K_1、K_2 为由两工作基点分别测到最弱点的测站数。

沉陷量是两次观测高程之差,因此最弱点沉陷量的测定中误差为

$$m_{沉} = \sqrt{2}\, m_{弱} \tag{11-18}$$

其结果应满足±1 mm 的精度要求。

二、大坝水平位移观测

前面已经讲过,大坝水平位移观测的方法较多,而且其基准点的选择与控制网的布设情况也比较复杂。现在分别叙述如下。

(一)水平位移基准点与监测点的布置

混凝土坝水平位移观测内容,包括大致在同一高程面上不同点位在垂直于坝的纵向轴线方向的水平位移(例如用引张线法与视准线法测量的位移);在同一铅垂线的不同高程面上的水平位移(例如用正垂线以坐标仪测量的水平位移);任意点在任意方向的水平位移(例如用前方交会法测得的水平位移)。对于前面列举的混凝土大坝来说,其水平位移基准点与观测点的布置如图 11-51 所示。

河床坝段下部的水平位移,在高程为 101 m 的廊道内设置了两条引张线,以测定 8—31 坝段的水平位移。其中,8—24 坝段的引张线长 408 m,25—31 坝段引张线长 151 m。

河床坝段顶部的水平位移,在高程为 159 m 的廊道内设置了一条引张线,长 644 m,以测定 8—31 坝段上部的水平位移。引张线的端点设在坝体内,其位移量由设在其附近的倒垂线来测定。

两岸连接坝段及坝下游面的水平位移,采用前方交会法测定。观测点设在基础较差、构造单薄的坝段,通常将其埋设在坝下游面的不同高程处。另外,还在坝顶上设置了五条视准线,以测定这些连接坝段的相对水平位移。

为了测量坝体的挠度,在右 13、右 6、7—8、9—10、18,21、26—27、31,34、36、39 坝段共 11 处的竖管或接缝竖井内布设了正垂线,除 18、21 两个坝段外,正垂线的上部悬挂点都设置在坝顶 162 m 高程面处。9—10、18、21 坝段的三条正垂线的底部设置在 87 m 高程的基础廊道内,其余的正垂线的底部则在 101 m 高程的廊道内。在 7—8,31、36 三坝段的正垂线是和倒垂线互相联系的。倒垂线的锚块固定在坝的基础面以下 20~30m 的基岩内,以它作为引张线端点和正垂线固定观测点的控制。也就是说,根据倒垂线测定引张线端点和正垂线固定观测点的位移值。

(二)水平位移观测方法

1.视准线法和激光准直方法

对于布设在直线型的土石坝或混凝土坝顶上观测点的水平位移,主要是采用视准线法和激光准直方法观测。因为它们速度快,精度较高,计算工作也较简单。当采用这一方法时,主要的是要求它们的端点稳定,所以必须做适当的布置,采用适当的方法来检核这一要求是否满足。前面曾谈到视准线(或激光准直)的端点都要设在坝体附近,很难保证它稳定不动,所以只能是定期地测定端点的位移值,而将观测值加以改正。

视准线和激光准直端点位移值的测定,根据坝区的地形、地质条件以及测量的精度要求,可以采用如下各种方法。

1)三角测量法

在坝的下游地区建立一短边的三角网。将此网的基线与起算点选择在变形区域以外,而将视准线的端点包括在此三角网中,定期地对此三角网进行观测,求出各端点在不同时期的坐标值,加以比较,即可得出端点的位移值。图 11-52 为我国某混凝土大坝测定视准线端点位移所布设的三角网。图中 1—3 为基线,9—10 为视准线。

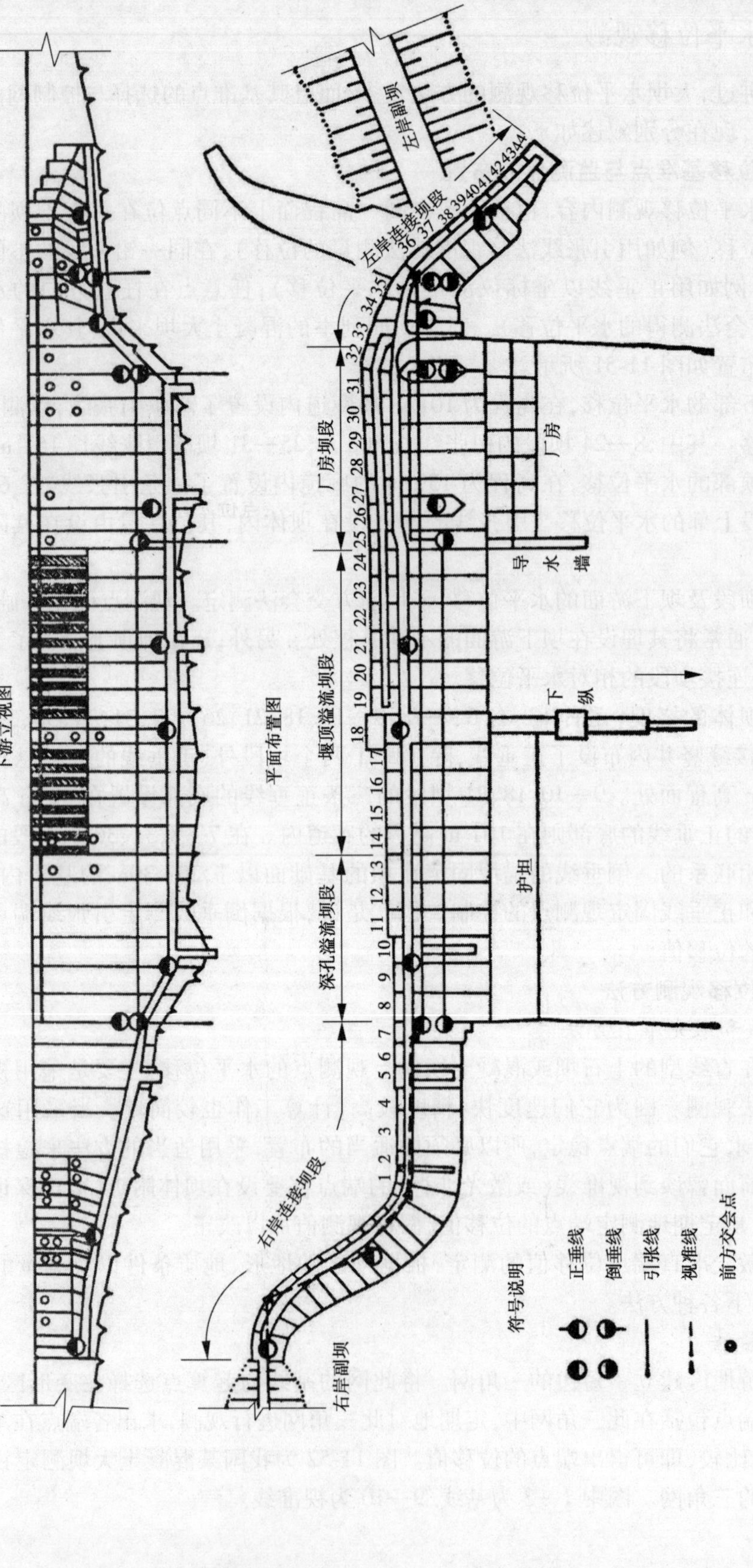

图 11-51　混凝土大坝水平位基准点与观测点布置示例

2)后方交会法

在地形与地质条件适宜的地区,可以在视准线端点四周的稳定岩石上选择几个检核点,利用这些点用后方交会法来测定端点的位移值。例如图 11-52 中的 10 点(视准线的左岸端点)除用三角测量方法外,还采用了后方交会法,以资比较。

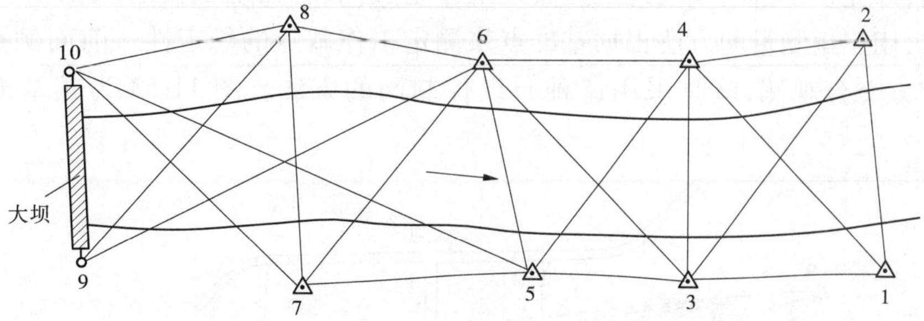

图 11-52　三角测量法测定视准线端点位移

3)检核视准线法

在坝面或坝顶上所布设的视准线的延长线上,选择地基稳定处设置观测墩,以形成检核视准线。用此视准线来检核坝上视准线端点在垂直于坝轴线方向的位移。图 11-50 所示的某土坝在坝上的视准线端点Ⅰ—4、Ⅱ—4、Ⅲ—4、Ⅳ—4 就采用了这种方法。为了用第二种方法进行检核,该坝还采用了三角测量法,布设了一个中点多边形,以测定Ⅱ—1、Ⅱ—3 及Ⅲ—$5_{折}$等点的位移值。

2.引张线法

对于直线型混凝土大坝坝体廊道内布设的观测点,可采用引张线法进行水平位移观测。廊道内的引张线与坝面上的视准线情况相似,也要测定其端点的位移值,以便将观测点的位移值加以改正(如果引张线端点设在确实稳定的岩石上,就不要测定这项改正值)。

在廊道内测定引张线端点的位移值,一般是在其附近设置倒垂线,在坝体上钻孔(或利用已有的竖井)直到稳定的基岩上。然后在孔底锚以不锈钢丝,在上部使用浮托装置,将钢丝垂直地拉紧。这就在廊道内提供了基准点。根据此点测定引张线端点的位移值。

挠度观测所使用的正垂线,一般用来测定各不同高程面上的点相对于坝底点的相对位移,若要求得观测点的绝对位移,坐标仪所在位置的位移应根据倒垂线来测定。

倒垂线除在坝体廊道内作为基准点外,同样也可以用来作为坝顶视准线、激光准直系统等的外部基准点。例如,我国某水利枢纽的三号船闸的变形观测,就利用倒垂线作为基准点。南非的卡瑞巴拱坝,也在靠近两岸的廊道内,钻以 60 m 深的钻孔至基岩,安装倒垂线。再在廊道进口的外面设立观测墩,以此两条倒垂线为基准点,控制观测墩位置的变化。使用导线测量方法在拱坝廊道内测定坝体水平位移时,通常也是以倒垂线为基准点来测定导线端点的水平位移。

3.前方交会法

对于混凝土坝下游坝面上的观测点以及对于拱坝的观测,常采用前方交会法。这时是以坝下游地区的控制点为测站,对观测点进行前方交会,从而求得其位移值。用基准线法求得的位移值为垂直于基准线方向的分量,而用前方交会法则可求得位移值的总量,这是该法的优点。

为了提高前方交会测量的精度,测站点距离观测点不应太远,并能构成良好的交会图形。这样,测站点的稳定性就受到影响。所以,与垂直位移观测的情况一样,一般常分两级布设控制网,即先在下游距坝较近之处布设工作基点,然后在距坝较远、地质条件良好之处设置基准点,用三角测量的方法根据基准点来测定工作基点的稳定性。前面例举的某混凝土大坝的前方交会观测,就是采用这种布设控制网的方法。图 11-53 为其基准点的布置方案。

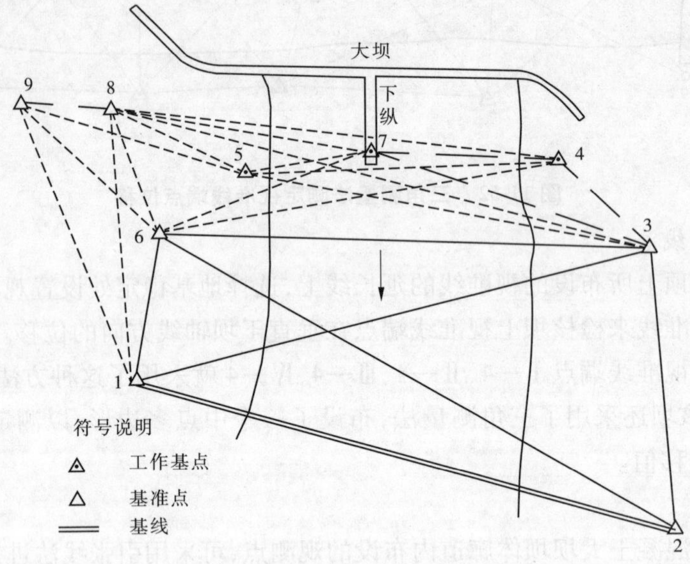

图 11-53　某大坝前方交会法观测基准点布置方案

由于变形观测的成果对于说明工程建筑物的安危、验证设计理论与施工方法是否正确影响很大。对于作为测定观测点位移值依据的工作基点或基准线端点的检核测量,必须可靠。因此,常常采用两种完全独立的方法进行观测。例如,前面提到的某土坝的视准线端点,一方面用检核视准线法,同时用三角测量法,某混凝土重力坝的视准线端点,一方面用三角测量法,同时用后方交会法。国外也有这种情况,例如英国的莱思 · 布瑞安尼堆石坝,它的变形观测是用三维的三边测量观测的,同时用了三角测量与精密水准测量的方法进行检核,两种方法所得的成果是符合的,这样就可确认观测成果的可靠性。

4.GNSS 观测

随着 GNSS 技术的发展与应用,将有可能选择离建筑物较远的稳定点直接用相对定位方法来测定工作基点与观测点的位移。目前,用载波相位观测进行相对定位可以达到的典型精度是 1×10^{-6}。用 GNSS 技术来测定工作基点的位移,除可以使稳定点离开建筑物承压范围外,且具有相当高的精度,它的另一个优点是不要求稳定点与工作基点(或观测点)之间通视。

复习与思考题

1.水下地形测量有什么特点?
2.测定测深点平面位置的方法有哪些?
3.水位观测中采用的基准面有哪几种?
4.水深测量的方法有哪些?
5.河流纵断面图绘制的基本步骤是什么?
6.布设水利枢纽施工控制网一般应遵循的原则是什么?
7.坝体的施工测量主要包括那些测量工作?
8.简述大坝垂直位移监测的内容。
9.大坝水平位移观测方法有哪些?

第十二章　地下工程测量

地下工程种类繁多,主要包括铁路隧道、公路隧道、跨河跨海隧道、城市地铁、矿山巷道、军事人防工程,以及地下的各种建筑物或构筑物等。地下工程测量是测绘学科在地下工程建设中的应用,主要研究地下工程建设中的测量理论和方法。本章以隧道工程为例讲述其测量工作。

与地面工程测量相比,地下工程测量具有如下特点:

(1)地下工程施工面黑暗潮湿,环境较差,经常需进行点下对中(常把点位设置在坑道顶部),并且有时边长较短,因此测量精度难以提高。

(2)地下工程的坑道往往采用独头掘进,而洞室之间又互不相通,因此不便组织校核,出现错误往往不能及时发现,并且随着坑道的进展,点位误差的累积越来越大。

(3)地下工程施工面狭窄,并且坑道往往只能前后通视,造成控制测量形式比较单一,仅适合布设导线。

(4)测量工作随着坑道工程的掘进,而不间断地进行。一般先以低等级导线指示坑道掘进,而后布设高级导线进行检核。

(5)由于地下工程的需要,往往采用一些特殊或特定的测量方法(如为保证地下和地面采用统一的坐标系统,需进行联系测量)和仪器。

地下工程测量的主要内容包括地面控制测量、地下控制测量起始数据的传递(联系测量)、地下控制测量、贯通测量、地下工程施工测量、地下工程竣工测量及变形监测等。

第一节　隧道地面控制测量

隧道施工至少要从两个相对的洞口同时开挖,长隧道施工还需要竖井、斜井、平硐等多通道开挖,以增加工作面,加快施工进度。为了保证隧道最后正确贯通,必须在隧道施工之前,建立一个高精度的地面控制网,然后将地面坐标传递到施工隧道内,指导隧道开挖和建立地下工程控制网。地面控制网主要分为地面平面控制网和地面高程控制网。

一、地面平面控制测量

隧道地面平面控制网一般采用独立坐标系,为了施工放样和估算测量贯通误差的方便,坐标轴与隧道轴线方向一致,或者与隧道贯通面相垂直,投影高程面通常选取隧道的平均高程面。采用一点一方向的最小约束平差。但为了与隧道和线路的设计坐标联系起来,需要与线路控制点联测,计算出两套坐标系之间的转换参数,方便进行坐标转换。

地面平面控制测量归纳起来可分为现场标定法和解析法两种。

(一)现场标定法

现场标定法是根据线路定测时所测定的隧道洞口点和隧道中线设计元素,在山岭上实地标定出隧道中线的位置,作为隧道进洞开挖的放样依据。此法一般只用于长度较短或精度要求不高的隧道工程。

如图 12-1 所示为直线隧道情况，A、D 为线路定测时所选定的洞口点。由于 A、D 两点不能通视，因此要在中间定出 B、C 两点，作为向洞内引线的依据。标定时可按设计图纸求得 AD 的概略方位角，然后于 A 点（或 D 点）设置经纬仪，以定测导线点定出 AD 方向（若无定测点时，可用罗盘定向）。按此方向用经纬仪以正倒镜分中法，将中线从 A 点延长至 B'、C'，最后至 D' 点。若 D' 和 D 不重合，则量出 DD' 距离。另外用视距法求得 AB'、$B'C'$、$C'D'$ 等距离（或在图上量得），这时 CC' 的距离可用下式求得：

$$CC' = \frac{DD'}{AD'}AC' \tag{12-1}$$

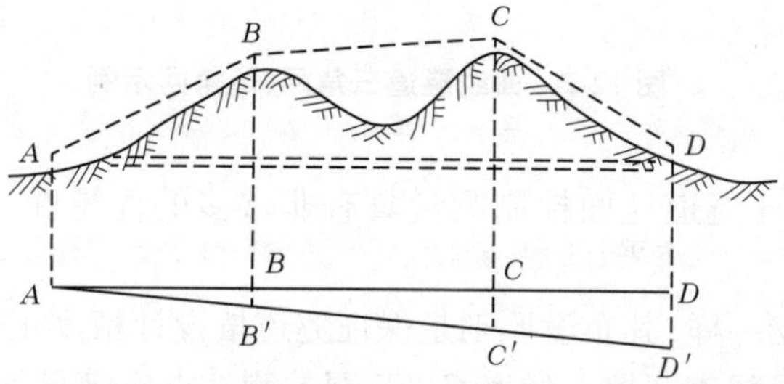

图 12-1　现场标定法示意图

根据 CC' 距离把 C' 改正到 C 点后，将经纬仪移到 C，后视 D 点，再用上述方法延长直线至 A，若直线不通过 A 点，再按上述方法重复作业，直到各点都在 AD 中线上。最后将 C、D 两点在地面上标定出来，作为向洞内引线的依据（后视点）。

对于曲线隧道，也可根据现场标定法实地标定出其切线方向以及切线的交点，并依一定的精度测出实地标定的切线长以及线路偏角作为曲线测设进洞的放样依据。

现场标定法定出隧道中线后，尚应测出两洞口点的高程，作为隧道坡度放样的依据。

（二）解析法

当隧道较长且地形复杂时，用现场标定法会有诸多不便，且不易达到较高的精度，此时宜采用解析法。

解析法是采用测角、量边等手段将控制网点联结成网形，用解析的方法计算出各网点在某一确定坐标系中的坐标，由于布网时将定测中洞口（含竖井、斜井、平硐洞口）附近线路中线上的点（对曲线隧道还含切线上的两点，如图 12-3 所示）包括在网中，故可根据控制点的解析坐标精确地确定进洞的放样元素。

1.布设形式

1）边角网

在 GNSS 定位技术广泛应用之前，通常是采用地面边角测量技术建立隧道地面控制网。如图 12-2 所示是一个典型的隧道地面边角网图，隧道两洞口点 A、D，曲线隧道两切线上的点 ZD_1、ZD_3 和直缓点 ZH 都是边角网中的点，可精确地确定曲线的转角和曲线元素。

随着 GNSS 定位技术的广泛应用，对于隧道工程的洞外平面控制测量来说，它与地面边角测量技术相比，有无与伦比的优点，因此基本不再考虑地面边角网的布设方案，只有较短的沿山隧道，如在 500 m 以下，地形条件较适合，且受仪器设备限制的情况下，可考虑采用导线测量方法。

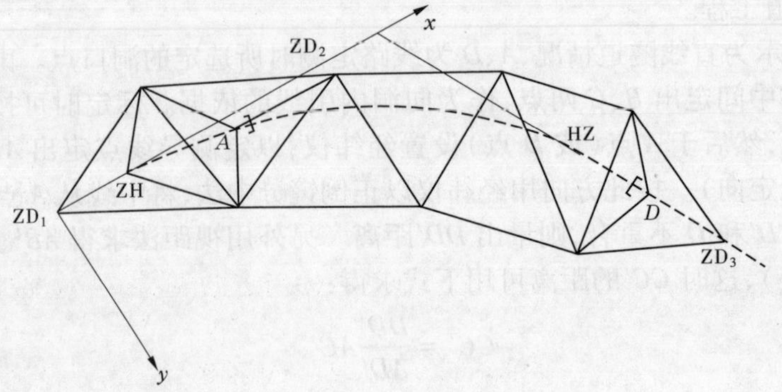

图 12-2 曲线隧道三角网、边角网示例

2) GNSS 控制网

GNSS 定位技术用于隧道地面控制测量具有非常多的优越性,已经成为隧道地面控制测量的主要方法。

与地面平面控制网一样,其布设原则是保证隧道按设计精度正确贯通,从洞口投点给出精确的进洞方向以指导隧道开挖。隧道 GNSS 网的测站点应满足下述基本要求:点位稳定、易于保存、交通方便、高度角 15°以上的顶空障碍少、远离高压线或强电磁波辐射源,远离大面积水域或平坦光滑地面等。此外,应在隧道各开挖洞口附近布设不少于四个点(含洞口投点)。对于直线隧道,应在进、出口定测中线上布设两个控制点,另外布设两个定向点,要求洞口点与定向点通视;对于曲线隧道,应在每一切线上布设两个点,以便精确计算曲线的转向角和放样数据。布设洞口控制点时,应考虑便于用常规方法进行检测、加密或恢复,洞口投点与后视定向点(至少两个)间应相互通视,距离不宜小于 300 m,高差不宜过大。GNSS 隧道控制网宜采用网联式布设,即整个网由若干个独立的异步环构成,每个点至少有三条独立基线通过,至少独立设站观测两个时段。

二、地面高程控制测量

地面高程控制测量的任务是按照设计精度施测两相向开挖洞口附近水准点之间的高差,以便将整个隧道的统一高程系统引入洞内,保证按规定精度在高程方向正确贯通。在平坦地区一般采用三、四等水准测量,在丘陵和山区也可考虑采用光电测距三角高程测量。

进行地面水准测量时,利用线路定测水准点的高程作为起始高程,沿水准线路在每个洞口至少埋设两个水准点。水准线路应形成闭合环,或者敷设两条相互独立的水准线路,由已知的水准点从一个洞口至另一个洞口。

第二节 地下控制测量

地下控制测量是以必要的精度,按照与地面控制测量统一的坐标系统,建立地下控制,作为隧道中线放样及其衬砌放样的依据,以保证隧道相向开挖的正确贯通。

由于作业范围的限制,地下控制是以导线的形式布设,其起始点为地面控制点。

一、地下导线测量

(一)地下导线特点

由于隧道是一种狭长的建筑物,而且施工和测量几乎是同时进行的,其特点如下:

(1)地下导线必须与地面控制网的坐标系统一致,也就是地下导线起始边长、起始方位角和起始点坐标都必须由地面控制网传递。因此,设在洞口的地面控制点同时是地下导线的起始点,在导线进洞之前,必须对洞口控制点的坐标与进洞联系方向做检核测量,没有粗差和变动,方可开始地下导线测量。

(2)地下导线只能敷设成支导线的形式,而不是一次将整个导线测完,其只能随着隧道的开挖而向前延伸,且只能以重复观测的方法实现检核。

(3)地下导线敷设于所开挖的地下隧道内,导线的形状(直伸和曲折)完全取决于隧道的形状,没有选择的余地。

(4)在布设地下导线时,通常采用分级布设的方法,先布设精度较低的施工导线,当隧道开挖到一定的距离后才布设控制精度用的主要控制导线。为了保证在贯通面处横向贯通误差不超过限差,应减少导线转折角数,即导线边应越长越好,同时为了利用导线点进行放样,边长又不能太长,所以应分级布设。

首先布设施工导线,施工导线是隧道施工中为了便于进行放样和指导开挖而布设的一种导线,其精度较低。施工导线点是边开挖边设置,通常沿中线布设,边长一般为25~50 m。这种导线由基本导线或主要导线控制,以准确地指导开挖方向,因此它的一部分点将作为以后布设的基本导线点。

基本导线是为准确地指导开挖、保证隧道正确贯通而布设的边长为100~200 m且精度要求较高的导线。当隧道开挖总长不超过2 km时,这种基本导线可作为地下的首级控制。基本导线的主要任务是检查和发现施工导线的粗差,纠正开挖的方向偏差,保证隧道按预计精度正确贯通。基本导线点通常利用施工导线点,并与之重合,这样同一点独立测定出两套坐标,达到检核和纠正的目的。当基本导线施测后,发现开挖面处的施工导线点坐标有问题,则再向前推进时,施工导线点不再用原来的坐标,而应用经过基本导线校正后的新坐标推算。

如果隧道开挖较长,基本导线就很难保证隧道贯通处应达到的贯通精度,此时就必须布设边长更长的主要导线作为地下开挖的首级控制。主要导线的边长一般为150~800 m,导线点由合适的基本导线点组成。此外,为提高主要导线的测定精度,减少外界条件的不利影响,主要导线应力求靠近隧道的中心线布设。

施工导线、基本导线和主要导线的布设情况如图12-3所示。

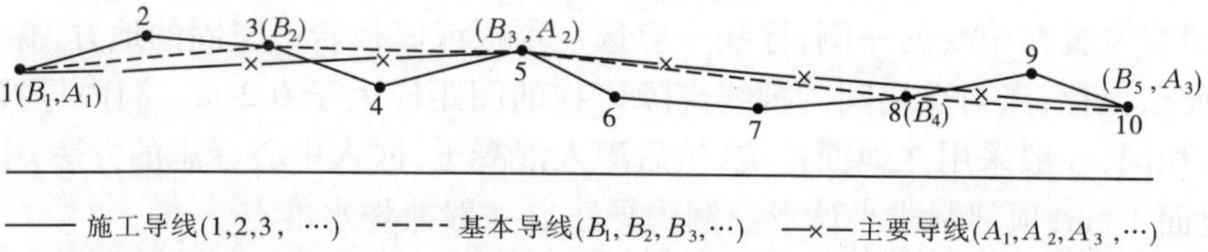

图12-3　地下导线的布设

(二)地下导线布设

1.单导线

如图12-4所示,0为洞外平面控制点,1、2、3、4为洞内导线点。为检查测角是否有错误及仪器是否存在系统误差,应同时测左角α和右角β;边长最好往返测量,增加检核。单导线由于缺乏必要的整体检核,故最好由不同的两组人员各测一次。

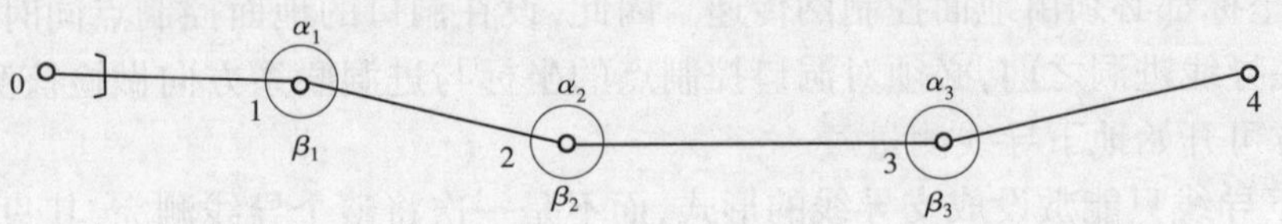

图12-4　单导线地下控制

2.导线环

如图12-5所示,0为洞外平面控制点,0—1—2—3′—2′—1′—0形成一个闭合环,2—3—4—5′—4′—3′—2形成另一个闭合环。观测每一个闭合环内所有的内角和边长。两排导线点可并列设立,彼此相距几厘米或几分米,这样便于一个角测完后,稍微移动仪器即可测另一个角。

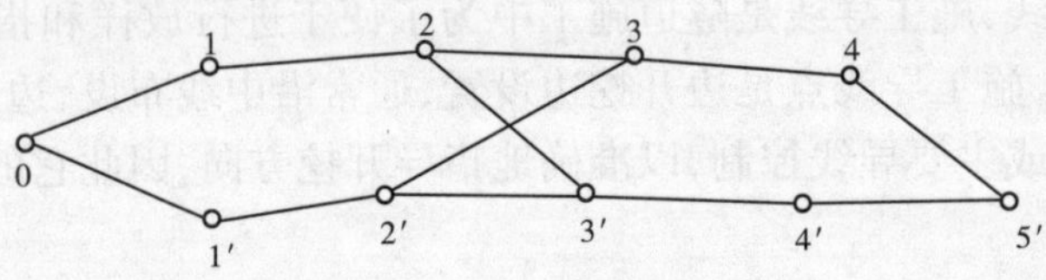

图12-5　导线环地下控制

这种导线每一环如同一个闭合导线,有三个检核:一个多边形内角和检核与两个坐标闭合差检核。全站仪特别适用于布设这种导线。

如果在图12-5的导线环中增加2′3边,观测该边长并观测2′和3点处的两个内角,这种图形为导线环的加强形式。

需要说明的是,不论布设成哪一种导线形式,对其主要要求有两个:一是尽可能提高贯通精度;二是对新敷设的导线点必须有妥善的检核,避免产生错误,并且在把导线向前延伸的同时,这种检查可以发现由于山体压力或洞内施工、运输等问题产生的点位移动。

(三)地下导线选点埋石

地下导线应尽量沿线路中线(或边线)布设,边长要接近等边,尽量避免长短边相接。

洞内导线点除考虑导线点间互相通视外,还应考虑安置经纬仪的条件,尽可能不妨碍车辆来往,一般应设置在中线的一侧;导线点应选在顶板或底板岩石坚固的地方,并且无滴水,工作安全,便于保存;点与点之间的视线离障碍物的间距应大于0.2 m。洞内导线点的埋石和洞外基本相同,一般采用在地面挖坑,然后灌入混凝土,嵌入中心标志的方法,中心标志应高出混凝土面1 cm,顶部制成半球形。洞内导线点一般兼作水准点。

由于洞内施工和运输特别繁忙,而且亮度较差,露出地面的标志极易被破坏,所以标石顶面应埋入地下10~20 cm处,以坚固稳定便于利用为原则,上面盖上铁板或厚木板。但应注意不要直接压在金属标志处。在边墙上以红油漆做上标志,标明点号、里程等,以箭头指明位置,标出点距线路中心线的距离,以便需要时寻找。

在实际作业中也可以采用双吊篮装置。在隧道顶部设置一个小型吊篮,内设点位,并采用强制对中装置,作为导线点。小型吊篮下面再设置一个大型吊篮供观测人员站立。

(四)洞内导线测量

因为地下导线以支导线形式布设,而且每测一个新点,都有一定的时间间隔,这就要求发展新点时,必须对以前的点位进行重复检核测量。对于直线隧道,可只进行导线角度检核;对于曲线隧道,则对角度、边长都要进行检核。点位未动时,则取各次观测结果的均值作为成果;否则,应采用最后一次观测结果。

由于地下导线的边长较短,在水平角观测时,应尽量减小仪器对中误差及目标偏心误差,当所用仪器采用光学对中时,若总测回数为偶数,在观测完总测回数的一半后,应旋转仪器基座180°,重新对中;如观测三测回,则每个测回将仪器基座旋转120°,重新对中;地下角度观测的照准目标为垂球线时,应于垂球线后面设置明亮的背景,边长较长时,可用觇牌,但要用较强的光源照明标志,以提高瞄准精度。

全站仪测距方法同洞外导线测量。一般测距较稳定,往返测较差不大,容易达到精度要求。

当全部贯通之后,应将地下导线重新进行观测,以便最后确定隧道中线的位置。

二、地下高程控制测量

地下高程控制测量就是在地下建立一个与地面统一的高程系统,作为隧道纵坡施工放样的依据,保证隧道在竖向正确贯通。地下高程控制测量应以洞口水准点的高程作为起始数据,经过水平坑道、竖井或斜井等传递到地下,进行洞内高程测量,放样隧道坡度。

地下高程控制测量常用的方法有地下水准测量和地下三角高程测量。一般分级布设。

(一)地下水准测量

由于地下水准点支线是随着开挖面的进展而延伸,并随时用以放样,为了保证放样和贯通的要求,地下水准也采取分级布设的方法,即先布设精度较低、距离较近的临时水准点(设在施工导线点上),直接用以放样,尔后布设长距离较高精度的永久水准点(间距一般为200~500 m);起整体控制作用,以减小误差积累。

地下水准路线通常利用地下导线点作为水准点,有时尚可将水准点埋设在顶板、底板或边墙上。在隧道贯通之前,地下水准路线为支线,须用往返观测或多次观测进行检核。一般是每新增一个水准点,必须从洞外控制点一直到新点进行往返复测。点位未动时,取各次复测结果的高程平均值作为各水准点最后的高程;否则,应采用最后一次观测结果。

有时由于隧道内施工场地狭小,工种繁多,干扰大,水准点可能设在隧道顶板上。此时,可使用倒尺法传递高程(见图12-6),即倒立水准标尺,以尺底零端顶住顶部水准点。计算两点间高差的计算公式仍然是用后视读数 a 减去前视读数 b,即 $h=a-b$,但对于倒尺的读数应作负值计算。图12-6中,各点间高程具体计算公式如下。

$$\left.\begin{aligned} h_{AB} &= a_1 - b_1 \\ h_{BC} &= a_2 - (-b_2) \\ h_{CD} &= (-a_3) - (-b_3) \\ h_{DE} &= (-a_4) - b_4 \end{aligned}\right\} \tag{12-2}$$

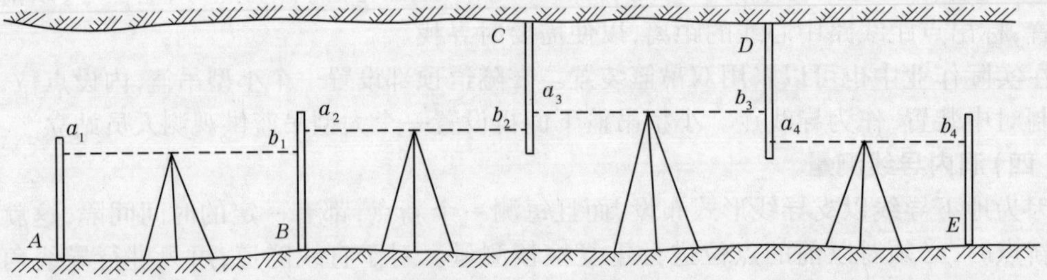

图 12-6　地下水准测量

(二)地下三角高程测量

三角高程测量通常用于倾斜隧道中,与导线测量同时进行,即导线水平角测量、导线边长测量和高差测量一次完成。为减小累积误差,首级高程控制应通过基本导线或主要导线传递,而加密高程时,可由附近的首级高程控制点对其观测求得。为了减小折光系数的影响,首级高程控制可采用相向观测的方法,而加密控制的观测可采用单向观测的方法。

第三节　竖井联系测量

在隧道施工测量中,除开挖横洞、斜井来增加工作面外,还可以用开挖竖井的方法来增加工作面。通过竖井,将地面控制的坐标、方向和高程依一定的精度传递到地下,这种测量工作称竖井联系测量。

在竖井联系测量中,坐标和方向的传递测量称为定向测量;高程的传递测量也称为导入标高。通过定向测量,使地下平面控制网有统一的坐标系统。而通过高程传递测量,则使地下高程系统获得与地面统一的起算数据。

竖井定向的误差对隧道贯通有一定的影响,其中坐标传递的误差将使地下导线的各点产生统一数值的位移,其对贯通的影响是一个常数。如图 12-7 中 A、B、C、D 为地下导线的正确位置,由于坐标传递的误差使起始点 A 产生坐标误差 m_x、m_y,因而使导线平行移动后的位置为 A'、B'、C'和 D'。

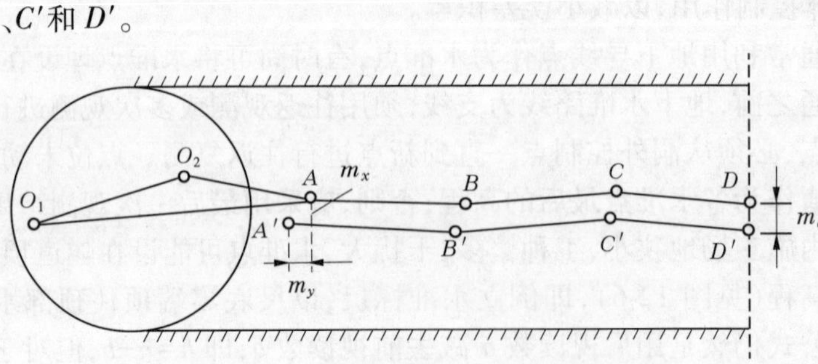

图 12-7　坐标传递误差对贯通的影响

方位角传递的误差,将使地下导线各边长方位角转动同一个误差值,它对贯通的影响将随着导线长度的增加而增大。如图 12-8 中,A、B、C、D 为地下导线的正确位置,由于起始边方位角误差 m_0 使导线位置发生扭转而位于 B'、C'、D'。

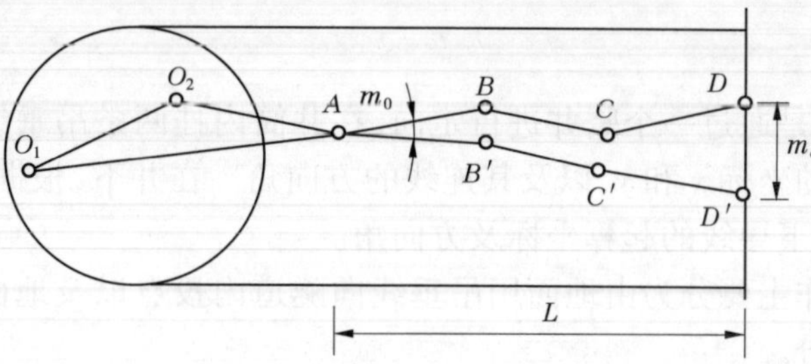

图 12-8　起始边方位角误差对贯通的影响

这时在贯通面上由于起始方位角误差所引起的横向贯通中误差为

$$m_{q向}=\frac{m_0}{\rho}L \tag{12-3}$$

$m_{q向}$必须小于竖井联系测量误差引起的横向贯通中误差允许值$m_{q允}$，即

$$\frac{m_0}{\rho}L\leqslant m_{q允} \tag{12-4}$$

若已知地下导线长度L，即可求出地下导线起始边方位角中误差的允许值

$$m_0\leqslant\frac{m_{q允}}{L}\rho \tag{12-5}$$

竖井定向测量误差对隧道横向贯通影响很大。必须采用竖井作业时，应结合该作业面的掘进长度和施测条件，采取必要的措施，以提高竖井定向的精度。

竖井定向前首先应根据地面控制点的分布情况，测设近井点以及连接点，作为联系测量中地面上的控制基点。如图 12-9 所示，定向时，直接与传递装置联测的点，叫作连接点。但由于进口障碍较多，使连接点不能直接与地面控制点联测，此时，尚应在井筒附近建立近井点，近井点到井口的距离一般不应超过 300 m，近井点到连接点的联测导线边数不应超过三条。近井点和连接点都应埋设永久性的标石。

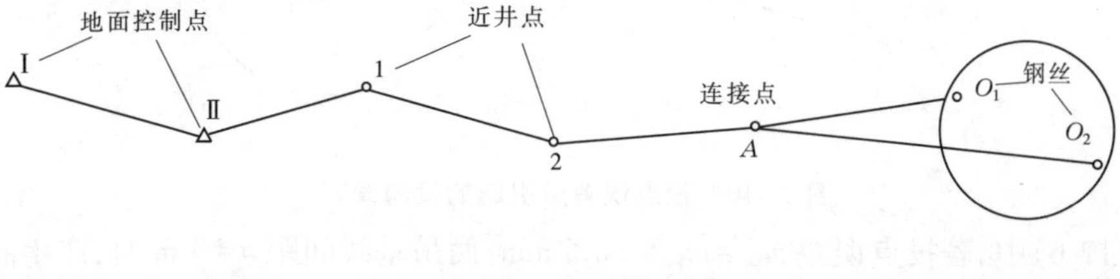

图 12-9　近井点与连接点

近井点一般用插点法、导线法等测设。在三、四等控制点基础上可插入一个或两个近井点，要求观测方向数不应少于三个，且应进行双向观测。当不便插点时，可在三、四等控制基础上，用附合导线或支导线测设近井点，导线应尽量为直伸型。

按照地下控制网与地面上联系的形式不同，竖井定向测量可分为一井定向、两井定向、陀螺经纬仪定向等。

一、一井定向

所谓一井定向,就是通过一个竖井进行定向,在井筒内挂两条吊垂线,在地面上根据控制点来测定两吊垂线的坐标 x 和 y,以及其连线的方向角。在井下,根据投影点的坐标及其连线的方向角,确定地下导线的起算坐标及方向角。

一井定向测量工作主要分为由地面用吊垂线向隧道内投点以及地面、地下控制点与吊垂线的连接测量两部分。

(一)投点

所谓投点,就是在井架定向板缺口位置上设置两根吊垂钢丝,当垂球线在井筒内处于铅垂位置而静止不动时,则两垂球线在井筒中构成一个竖直面,该竖直面与任何一个水平面的交线都保持同一方向,以便井上、井下进行联测。通过井上以及井下对钢丝的联系测量,将地面控制的坐标、方向传递到地下起始点、起始边上去。

投点时,先于井架上确定对中板和导向滑轮位置,通过导向滑轮和对中盘缺口缓慢放下挂以3~5 kg重锤的钢丝(0.7 mm),若钢丝摆动较大,可固定绞车,待其基本稳定后再放。当钢丝放至工作层后,换上工作重锤(60 kg),并放入稳定液内。

待钢丝稳定后,可沿钢丝套放直径为2~3 cm质量较轻的小钢丝圈(信号圈),让其沿钢丝自井上自由下落,以检查钢丝是否接触于井壁。

投点时,因气流、滴水等外界因素而造成的重锤的偏差称为投点误差,由于两吊垂线的投点误差而引起垂线方向的误差称为投向误差,如图12-10所示,它们之间的关系可用下式表示:

$$m_\theta = \pm \frac{\rho}{a}\sqrt{\frac{m_{e_1}^2 + m_{e_2}^2}{2}} \tag{12-6}$$

式中,a 为两吊垂线间距;m_{e_1},m_{e_2} 分别为两垂球线投点中误差。

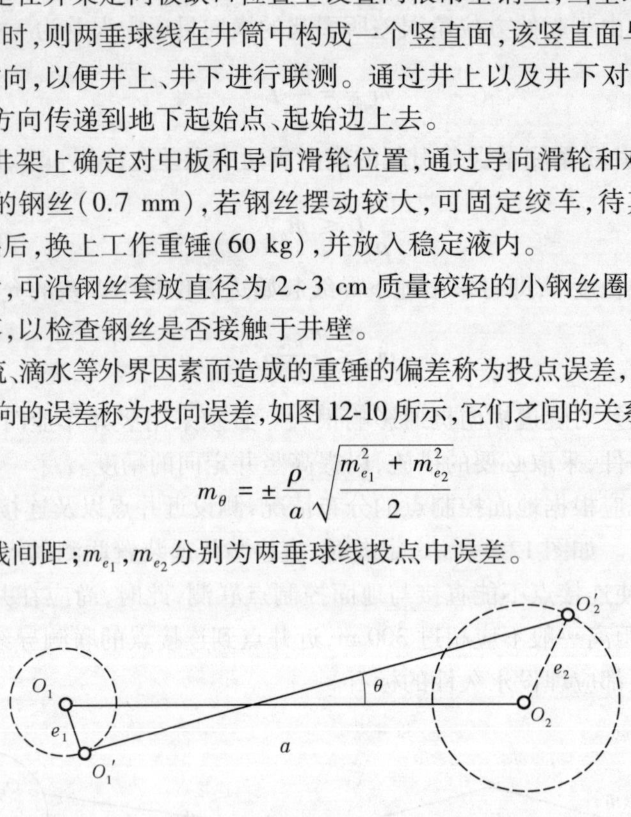

图12-10 投点误差所引起的投向误差

在式(12-6)中,若投点误差 $m_{e_1}=m_{e_2}=\pm 0.5$ mm,两吊垂线间距 $a=3$ m时,产生的投向误差 $m_\theta=\pm 33''$。可见投点误差对地下起始方向的影响很大,为此投点时应采取以下措施。

(1)认真选择投点工具。尽量采用小直径、高强度的钢丝,适当加大重锤的质量,并对稳定液加盖桶盖。

(2)改善钢线所处自然条件。定向时关闭通风设施,必要时在两钢丝上加防风套桶,并在井口布置防风措施。

(3)尽可能增大吊垂线间距 a。

(4)提高连接测量精度,待钢丝稳定后观测,观测点应选在钢丝上距定点板0.5 m以下部位。

(二)连接测量

连接测量就是在地面测定两吊锤的坐标及其连线的方位角;在地下根据吊垂线的坐标及其连线方位角,来测定地下导线起始点的坐标和起始边的方位角。连接测量最常用的方法有联系三角形法、激光垂准仪配合陀螺经纬仪法等。

1.联系三角形法

此法是通过地面连接点和地下坐标起始点分别和井架两悬锤钢丝组成地面、地下连接三角形,并通过对连接三角形的测量,将地面控制的坐标和方向传递到地下起始点、起始方向边上去。

如图 12-11 所示,O_1、O_2 为稳定铅直的两吊垂线,A 点为井上选择的连接点,B 点为近井点,A'、B'为地下导线的起始点,要求把地面坐标和方向传递到 A'和 $A'B'$方向上。

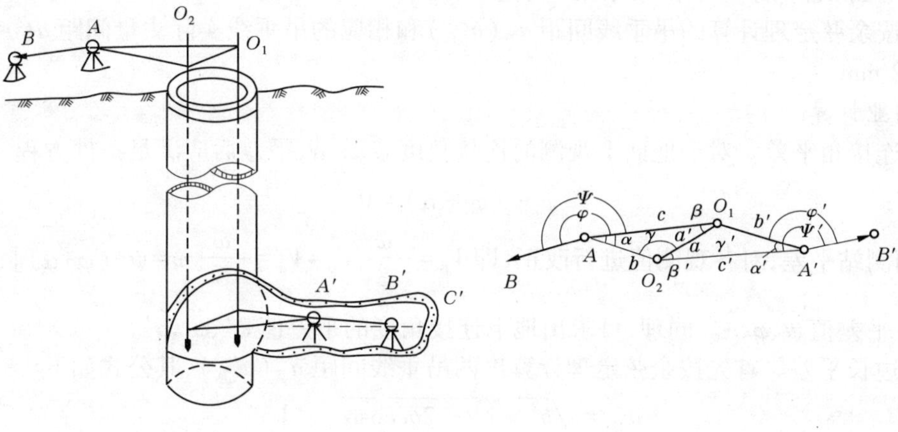

(a) (b)

图 12-11 联系三角形法一井定向

1)联系三角形最有利形状

联系三角形法传递坐标和方位的精度与其形状有关,当联系三角形满足以下条件时,则对定向的精度最为有利。

(1)联系三角形应为伸展形状,角度 $\alpha(\alpha')$、$\beta(\beta')$ 应接近于零,在任何情况下,都不应超过 3°。

(2)$\dfrac{b}{a}\left(\dfrac{b'}{a'}\right)$的数值应大约等于 1.5。

(3)两吊垂线的间距 a 应尽可能大。

(4)传递方向时,应选择经过小角 β 的路线。

为此,在设置吊垂线和设置地下起始点时,应充分考虑上述要求,以构成联系三角形最佳形状。

2)连接测量

如图 12-11 所示,在地面上观测连接角 φ、α 以及边长 a、b、c;在地下观测连接角 φ'、α'以及边长 a'、b'、c'。

为了提高精度,一般要加测连接角度 ψ、ψ',构成 $\hat{\psi}-(\hat{\varphi}+\hat{\alpha})=0$ 和 $\hat{\psi}'-(\hat{\varphi}'+\hat{\alpha}')=0$ 两个

条件方程以便进行测站平差。

角度测量时,可用 J_2 型经纬仪以全圆方向法观测四个测回,角度观测中误差在地面上为±4″,在地下为±6″。

边长丈量时,应使用具有悬空丈量的尺长检定方程式,具有毫米分划的钢尺进行。量测时应对钢尺施加检定时的拉力,记录丈量时的温度。在钢丝稳定的情况下,每边应用钢尺的不同起点丈量六次,估读到 0.1 mm,边长各次观测值互差不得超过±2 mm。最后取其算术平均值作为丈量结果。

3)成果检核

在连接测量中,观测成果的检核项目如下:

(1)$\omega=\psi-(\varphi+\alpha)\leqslant\pm13''$,$\omega'=\psi'-(\varphi'+\alpha')\leqslant\pm20''$。

(2)地面、地下所量得吊垂线间距之差 $\Delta a=a-a'\leqslant\pm2$ mm。

(3)按余弦定理计算的吊垂线间距 $a_{算}(a'_{算})$ 和相应的吊垂线实际丈量间距 $a(a')$ 之差,应小于±2 mm。

4)内业计算

(1)连接角平差。对于地面上观测的连接角度 ψ、φ、α,平差后应满足条件方程

$$\hat{\psi}-(\hat{\varphi}+\hat{\alpha})=0 \tag{12-7}$$

采用测站平差,对各观测值进行改正,即 $V_{\psi}=-\dfrac{\omega}{3}$,$V_{\varphi}=V_{\alpha}=+\dfrac{\omega}{3}[\omega=\psi-(\varphi+\alpha)]$,从而求得各角度平差值 $\hat{\psi}$、$\hat{\varphi}$、$\hat{\alpha}$。同理,可求出地下连接角度的平差值 $\hat{\psi}'$、$\hat{\varphi}'$、$\hat{\alpha}'$。

(2)边长平差。首先按余弦定理计算出两吊垂线间距 $a_{算}(a'_{算})$,其公式如下

$$\left.\begin{aligned}a_{算}&=\sqrt{b^2+c^2-2bc\cos\alpha}\\a'_{算}&=\sqrt{b'^2+c'^2-2b'c'\cos\alpha}\end{aligned}\right\} \tag{12-8}$$

再求得

$$\left.\begin{aligned}\Delta a&=a_{算}-a\\\Delta a'&=a'_{算}-a'\end{aligned}\right\} \tag{12-9}$$

若 $\Delta a(\Delta a')$ 不大于上述限差,则将差值平均分配在 a、b、$c(a'$、b'、$c')$ 三条边上,即 $V_a=V_b=+\dfrac{\Delta a}{3}$,$V_c=-\dfrac{\Delta a}{3}$,从而求得地面各量测边长平差值 $\hat{a}$、$\hat{b}$、$\hat{c}$。同理,可求得地下各量测边长平差值 $\hat{a}'$、$\hat{b}'$、$\hat{c}'$。

(3)三角形内角和闭合差平差。利用平差后的角度 $\hat{\alpha}(\hat{\alpha}')$ 和边长 $\hat{a}$、$\hat{b}(\hat{a}'$、$\hat{b}')$,可利用正弦定理计算传递角 β、$\gamma(\beta'$、$\gamma')$,即

$$\begin{cases}\sin\beta=\dfrac{\hat{b}}{\hat{a}}\sin\hat{\alpha}\\[2ex]\sin\gamma=\dfrac{\hat{c}}{\hat{a}}\sin\hat{\alpha}\end{cases} \tag{12-10}$$

计算出的角度 β、$\gamma(\beta'$、$\gamma')$ 和前面的平差角度 $\hat{\alpha}(\hat{\alpha}')$ 相加应等于 180°,否则应将闭合差分配在 β、$\gamma(\beta'$、$\gamma')$ 上。设 $f=\hat{\alpha}+\beta+\gamma-180°$,则 $V_{\beta}=V_{\gamma}=-\dfrac{f}{2}$,从而可求出 $\hat{\beta}$、$\hat{\gamma}$。同理,可求出

$\hat{\beta}'$、$\hat{\gamma}'$。

(4)地下起始边方位角和地下起始点坐标计算。

$$\left.\begin{aligned}\alpha_{A'B'} &= \alpha_{AB} + \hat{\varphi} - \hat{\beta} + \hat{\beta}' + \hat{\varphi}' \pm 3\times 180^\circ\\ x_{A'} &= x_A + \Delta x_{AO_1} + \Delta x_{O_1O_2} + \Delta x_{O_2A'}\\ y_{A'} &= y_A + \Delta y_{AO_1} + \Delta y_{O_1O_2} + \Delta y_{O_2A'}\end{aligned}\right\}\tag{12-11}$$

实际工作中,为了防止粗差和提高精度,通常要设法取得多组观测数据,此时可采用前面的联系三角形法至少独立进行两次,每次都稍微改变吊垂线的位置;也可以一次悬吊三、四根钢丝,使每组成果中有几个联系三角形(见图 12-12)等。

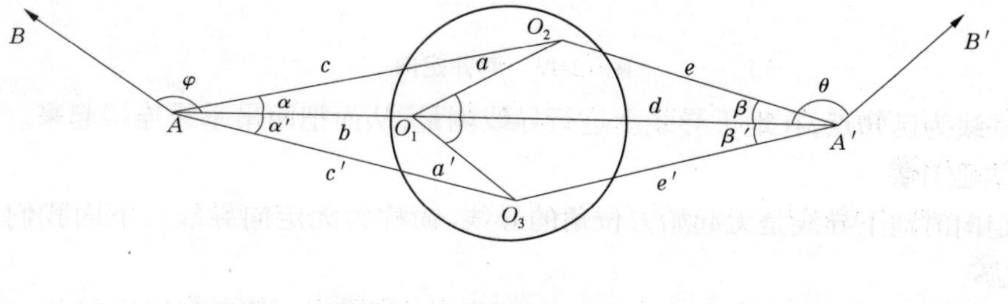

图 12-12 多钢丝传递组成多个联系三角形一井定向

2.激光垂准仪配合陀螺经纬仪法

对于单井定向,尚可用激光垂准仪投点,配合陀螺经纬仪定向进行。若竖井深度为 H,则激光垂准仪一次投点的最大误差为$\pm 5\times 10^{-5}H$;若采用中等精度的陀螺经纬仪,一次定向中误差为$\pm 5''\sim 30''$。这样,有效地克服了深井投点误差对单井的精度影响。

二、两井定向

当地下工程有两个竖井,且两井间有水平巷道相通并便于观测时,可进行两井定向。在相距较远的两个井筒中各挂一根吊垂线,根据地面控制点测定它们的平面坐标。在地下隧道中用导线联测这两根吊垂线。经过计算可以求得地下导线点的坐标和导线边的方位角。这种将坐标和方位角传递到地下去的方法称为两井定向。

两井定向和一井定向相比,两垂球线的距离增大了,大大提高了地下导线的定向精度;同时,外业工作相对简单。

如图 12-13 所示,设 A、B 为两吊垂线,C、D 为两地面控制点或近井点,其坐标已知。1,2,…,n 为地下隧道内两吊垂线之间布设的连接导线点。

两井定向的外业工作如下。

(一)投点

投点设备和方法与一井定向相同。

(二)地面连接测量

在地面控制点上设置仪器(如图 12-13 中 C、D 点),测定连接角 ω_1、ω_2 以及测站与钢丝的距离 d_1、d_2,观测方法和精度同一井定向。如控制点较远,量测距离超过一个测段时,也可从控制点引测一条导线,连接于两吊垂线,由此可求得两吊垂线的精密坐标。

(三)地下连接测量

在地下沿两竖井之间的坑道布设导线,导线边应尽可能长,以减少测角误差的影响,然

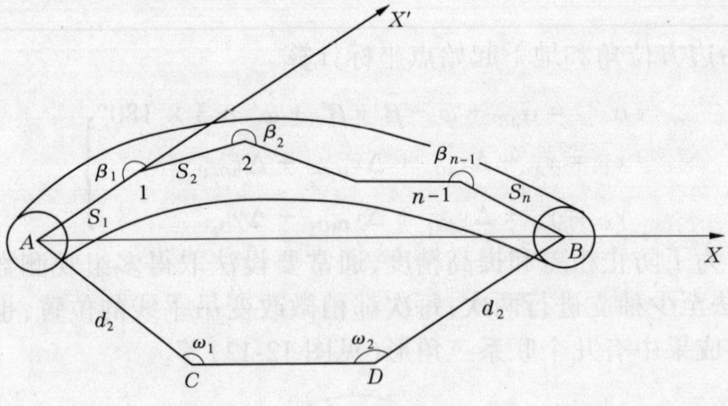

图 12-13 两井定向

后以两吊垂线为已知点，在地下导线上进行导线测量，从而把两吊垂线连接起来。

(四)内业计算

两井定向时地下导线是无起始方位角的导线，简称为无定向导线。下面我们简单说明其计算方法。

(1)把地面、地下所测导线边长投影到隧道设计高程面上，然后利用控制点 C、D 坐标计算两吊垂线的坐标，求得(x_A,y_A)和(x_B,y_B)。由于近井点是地面控制网中的点，平差是在投影面上进行的，故其坐标是该投影面上的坐标。由此求得

$$\left.\begin{aligned} \tan\alpha_{AB} &= \frac{\Delta y_{AB}}{\Delta x_{AB}} \\ S_{AB} &= \sqrt{\Delta x_{AB}^2 + \Delta y_{AB}^2} \end{aligned}\right\} \tag{12-12}$$

(2)把地面测量中求得的吊垂线 A、B 的坐标作为已知坐标，这时连接于 A、B 的地下导线成为一条无定向导线。然后可取吊垂线 A 为原点，$A1$ 边为 x' 轴正向，故 $x'_A=y'_A=0$，$\alpha'_{A1}=0$。利用地下导线的观测角和地下导线边投影到设计高程面上的边长，计算地下导线点在假定坐标系下的坐标 x'_i、y'_i和各导线边的方位角 α'_i，同时求得 B 点的新坐标(x'_B,y'_B)，由此反算出 A、B 在新坐标系下的方位角和边长。

$$\left.\begin{aligned} \tan\alpha'_{AB} &= \frac{y'_B}{x'_B} \\ S'_{AB} &= \sqrt{x'^2_B + y'^2_B} \end{aligned}\right\} \tag{12-13}$$

(3)计算两个坐标系的旋转角和边长比，即

$$\left.\begin{aligned} \Delta\alpha &= \alpha_{AB} - \alpha'_{AB} \\ k &= \frac{S_{AB}}{S'_{AB}} \end{aligned}\right\} \tag{12-14}$$

利用上式对地下导线边的方位角和边长做改正，即

$$\left.\begin{aligned} \alpha_i &= \alpha'_i + \Delta\alpha \\ S_i &= kS'_i \end{aligned}\right\} \tag{12-15}$$

改正后的地下导线边长和方位角即为地面坐标系中的相应值。利用这些新值，重新计算地下导线点的坐标，所得结果即为地面坐标系下的坐标，并且这个计算已消去了闭合差。

相对闭合差$\frac{1}{T}$为

$$\frac{1}{T}=\frac{|S_{AB}-S'_{AB}|}{\sum S}$$

该值应满足相应导线等级所规定的要求。

三、竖井高程传递测量

把地面上的高程通过竖井传递到地下,称为竖井高程传递,一般是利用一根长钢尺或钢丝配合水准仪进行施测(见图12-14和图12-15)。但由于竖井高程传递中精度要求较高,故往往需要加上尺长改正、温度改正、自重伸长改正、拉力改正。

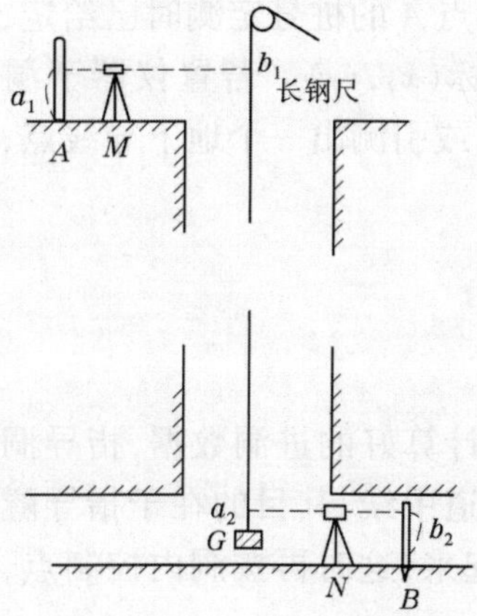

图12-14　钢尺法传递高程

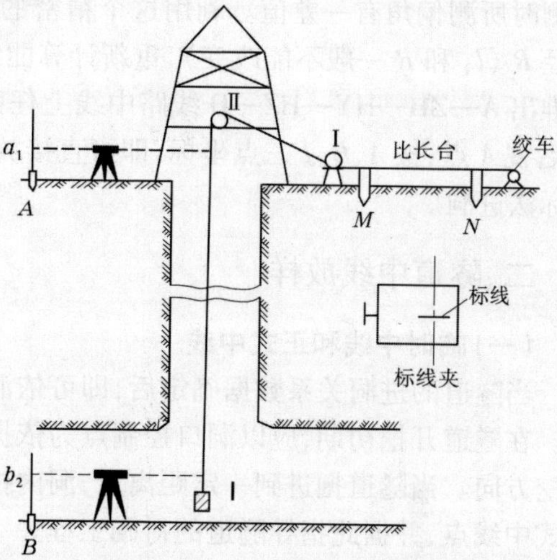

图12-15　钢丝法传递高程

第四节　隧道施工测量

隧道施工测量包括线路进洞关系计算、隧道中线放样、坡度放样、掘进方向指示、开挖断面放样、贯通误差及实际贯通误差的测定、贯通误差的调整等。

一、进洞关系计算

线路进洞关系就是根据地面控制测量中为确定线路中线而布设的控制点的精密坐标、洞口点与其他点连线的方向线,确定隧道线路中线与洞内、洞外控制测量的关系。根据这一关系,进行线路中线的计算,并推算指导开挖方向的起始数据,称为进洞关系的计算。

(一)直线进洞关系计算

如图12-16所示为一直线隧道,A、D为洞口点,B、C为方向控制点,它们都纳入在地面网中,平差后求得了这些点的精密坐标。由这些坐标可反算出α_{AD}和S_{AD}及β_1、β_2。进洞时分别在A、D置镜,后视B、C,然后拨角进洞。

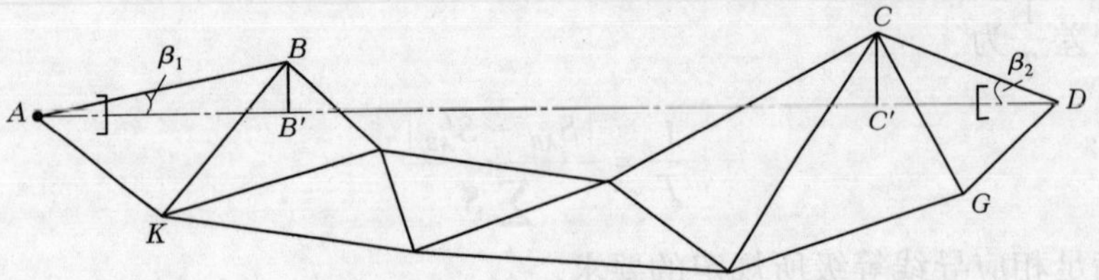

图 12-16 直线进洞关系计算

(二)曲线隧道的进洞关系计算

如图 12-17 所示,A、E、C、D 为曲线两侧切线上设置的控制点,B、D 为洞口投点,这些点都是地面控制网的控制点。利用 A、E、C、D 这四点的精密坐标可推算出精密的偏角 α,它和定测时所测偏角有一差值。利用这个精密的偏角 α 和原先给定的缓和曲线长 l_S 及圆曲线半径 R (l_S 和 R 一般不能改变),重新计算曲线要素,由于起点 A 的桩号定测时已给定,从而可推出 A—ZH—HY—HZ—D 线路中线上任意一点 J 的坐标(x_J,y_J)。若置仪器于洞口点 B,后视 A 点,按 A、B、J 三点坐标,即可直接放样出中桩点 J,或引测出一个地下导线点,按极坐标法进洞。

二、隧道中线放样

(一)临时中线和正式中线

当隧道的进洞关系数据确定后,即可依洞口控制点,按计算好的进洞数据,指导洞口开挖。在隧道开挖初期,应以洞口控制点为依据,放样临时隧道中线,其目的在于指导隧道的开挖方向。当隧道掘进到一定距离后,洞内控制逐步建立起来,这时再按洞内控制点,建立正式中线点,并据此指导隧道的衬砌工程。

如图 12-18 所示,a、b、c 为正式中线点,1、2、3 为临时中线点,A、B、C 为导线点。当掘进的长度不足一个正式中线点的间距时,先测设临时中线点 1、2、3…,当延伸长度大于 1 个或 2 个正式中线点的间距时,就设立一个正式中线点。当掘进的延伸长度距最后一个导线点 B 大于 1 个或 2 个导线点的间距时,就可以延伸一个施工导线点,例如 C 点。以上过程反复进行,直至贯通点。

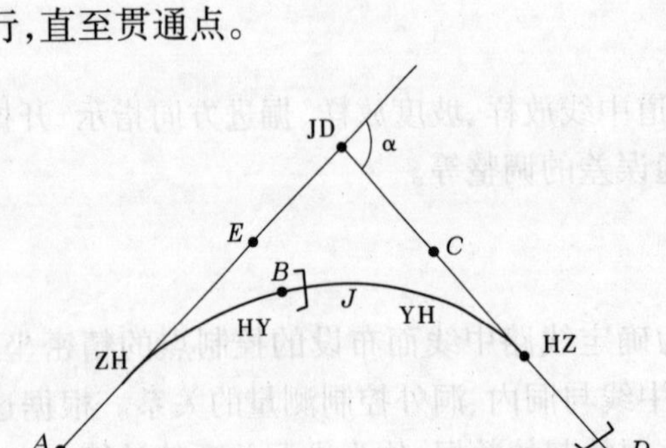

图 12-17 曲线进洞关系计算

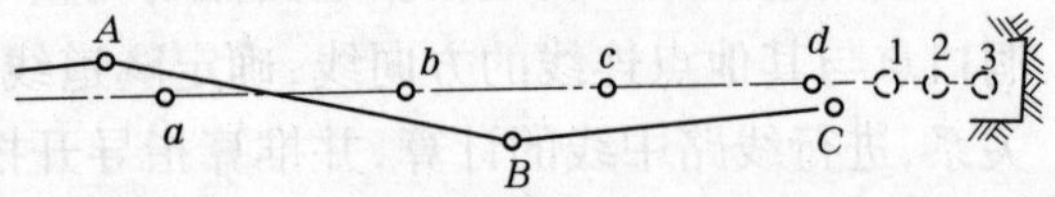

图 12-18 临时中线点与正式中线点

上面所述供导坑延伸使用的临时中线点,一般在直线上每 10 m 一点,在曲线上每 5 m

一点，而正式中线点在直线上一般约每 200 m 一点，曲线地段约每 70 m 一点。

（二）中线放样

洞内临时中线和正式中线的建立，实质是一个中线放样的问题。一般采用极坐标法，放样时要求已知测站坐标、定向点坐标和待放中线点的坐标。由于洞内设立了主要导线点和施工导线点，它们都可以作为放样中线点的测站点和定向点。

如图 12-19 所示，设 P_4、P_5 为导线点，A 为隧道中线点；已知 P_4、P_5 的实测坐标以及 A 点的设计坐标和隧道中线的设计方位角 α_{AD}；根据这些已知数据可以推算出放样中线点所需的有关数据 β_5、L、β_A，然后用全站仪测设出中线点 A 并埋设标志。标定开挖方向时可将仪器置于 A 点，后视导线点 P_5，拨角 β_A 即得中线方向。随着开挖面向前推进，A 点距开挖面越来越远，这时便需要将中线点向前延伸。

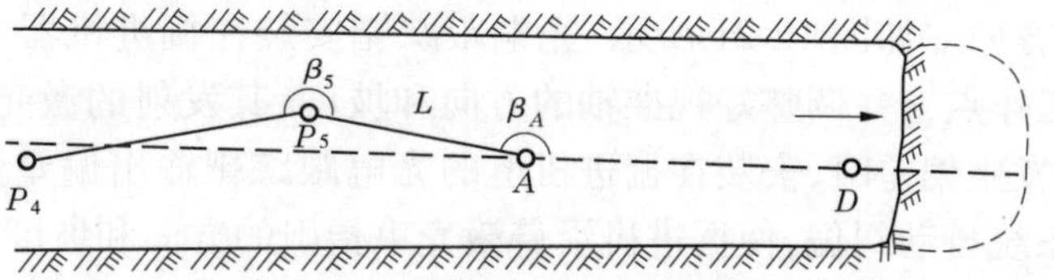

图 12-19　极坐标法放样隧道中线

三、坡度放样

由于隧道内需要排水或其他使用上的要求，隧道地坪须有一定的高程和坡度。坡度的大小一般用百分数表示，如水平距离 100 m，高差变化（升高或降低）1 m，坡度记为 1%。隧道地坪的高程和坡度由腰线控制，腰线到地坪的垂直距离一般为 1 m，可以标于洞壁的一侧或两侧，放样腰线即是放样坡度，现将用水准仪放样腰线的方法介绍如下。

如图 12-20 所示，洞口点 M 的设计高程已测设，由于坡度放样时是相对于 M 点进行的，故设 M 点标高为±0。隧道设计坡度为 $i=2\%$，要求每隔 5 m 于侧墙上标点并画出 1 m 高的腰线，其作业步骤如下：

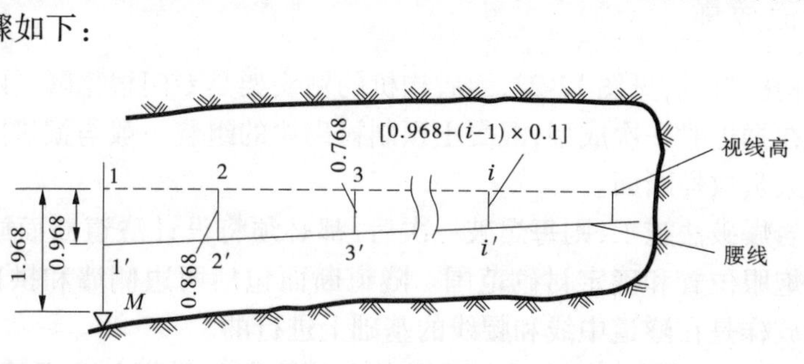

图 12-20　腰线放样

（1）在洞内适当地方安置水准仪，M 点立标尺，得后视读数 $a=1.968$，即为视线高。

（2）以 M 点起，每隔 5 m 于侧墙上标出视线高，标出 1、2、3…点。

（3）由于 $i=2\%$，腰线每隔 5 m 升高 $5\times2\%=0.1$(m)。从点 1 向下量 0.968 m，得腰线点 1′，从点 2 向下量 0.868 m，得腰线点 2′，…，i 点向下量$[0.968-(i-1)\times0.1]$m，即得腰线点 i'。同样，可画出洞内各处 1 m 高的腰线。

当该段腰线设置完毕(约 50 m)时,应向洞内设置临时水准点,继续进行腰线的放样。当掘进了 200~500 m 时,为避免误差累积,应从 M 点引测出新的永久性水准点,尔后以新水准点为出发点,继续腰线的放样工作。

当隧道中线和坡度放样出来后,可以用具有激光指向功能的全站仪、激光经纬仪或激光导向仪来指示掘进方向。

四、掘进方向指示

由于隧道洞内工作面狭小,光线暗淡,因此在施工掘进的定向工作中,经常使用激光准直经纬仪或激光指向仪,用以指示中线和腰线方向。它具有直观、对其他工序影响小、便于实现自动控制的优点。

例如,当采用盾构法或自动顶管法施工时,可以使用激光指向仪或激光经纬仪配合光电跟踪靶,指示掘进方向。如图 12-21 所示,光电跟踪靶安装在掘进机器上,激光指向仪或激光经纬仪安置在工作点上并调整好视准轴的方向和坡度,其发射的激光束照射在光电跟踪靶上,当掘进方向发生偏差时,安装在掘进机上的光电跟踪靶输出偏差信号给掘进机,掘进机通过液压控制系统自动纠偏,使掘进机沿着激光束指引的方向和坡度正确掘进。

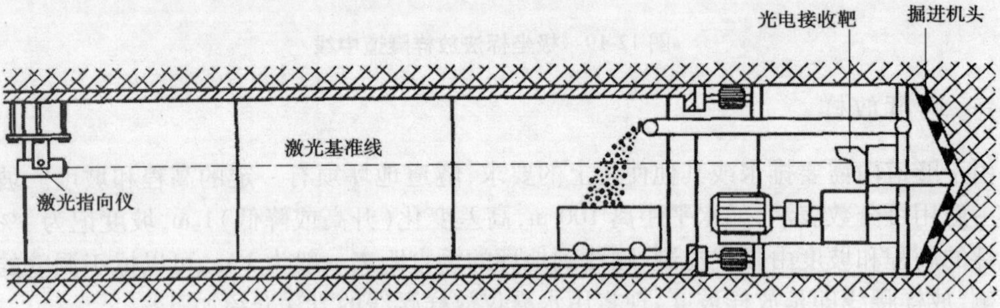

图 12-21　激光指向仪指示掘进方向

五、开挖断面放样

如果采用盾构机掘进,见图 12-22,因盾构机的钻头架是专门根据隧道断面而设计的,可以保证隧道断面在掘进时一次成型,混凝土预制衬砌块的组装一般与掘进同步或交替进行,所以不需要测量人员放样断面。

如果采用凿岩爆破法施工,则每爆破一次后,都必须将设计隧道断面放样到开挖面上,供施工人员选择炮眼位置和确定衬砌范围。隧道断面包括两边侧墙和拱顶(多为圆曲线)两部分。断面的放样是在隧道中线和腰线的基础上进行的。

如图 12-23 所示,设计图上给出了断面宽度 d、侧墙高 b、拱高 h,以及圆弧拱的半径 R 等数据。

侧墙的放样是以中垂线 VV 为基准,向两侧各量取坑道设计宽度的一半$\left(\frac{d}{2}\right)$;侧墙的上、下顶脚可根据腰线 HH 上、下量距获得。

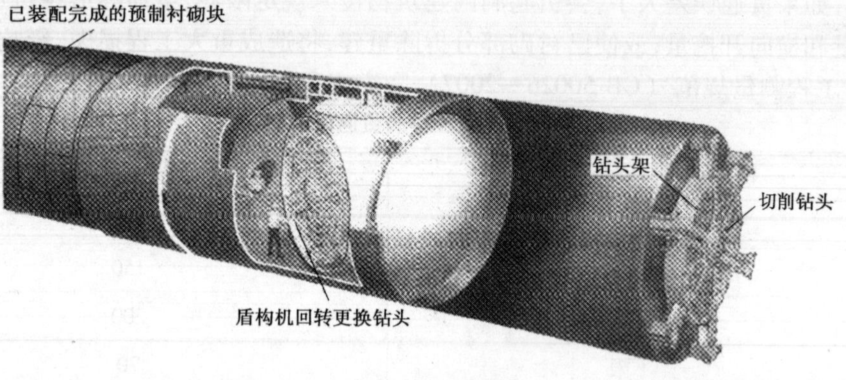

图 12-22 盾构机掘进

至于拱圈的放样，可设计出拱圈上详测点 i' 到坑道中线的平距 d_i，再根据式(12-16)计算出 i' 点对应的拱高 h_i。

$$h_i = \sqrt{R^2 - d_i^2} - (R - h) \tag{12-16}$$

这样便可在拱弦上从坑道中心水平量出 d_i，得到 i 点，再自 i 点竖直向上量取 h_i，便可得到拱圈上详测点 i' 的位置。同理放样出拱圈 1′、2′、3′…各点，尔后连接成圆弧。

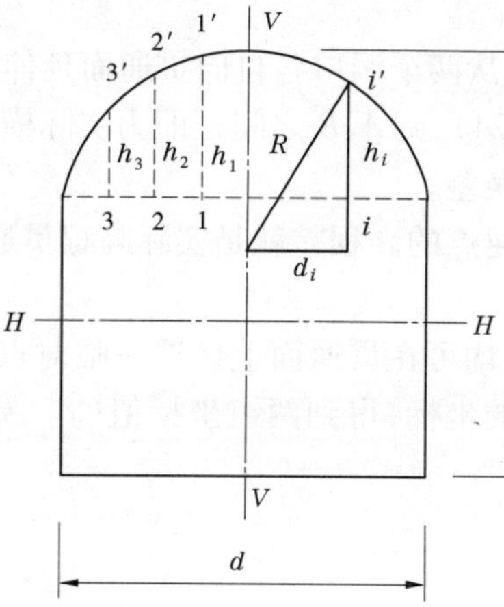

图 12-23 断面放样

六、贯通误差及实际贯通误差的测定

在隧道工程中，两个相向掘进工作面在设计的位置对接连通的过程称为贯通，由于误差的影响，隧道的设计中线在贯通面上会出现偏差，该偏差称隧道的贯通误差。贯通误差通常用横向、纵向和竖向三个分量来描述，称横向贯通误差、纵向贯通误差和高程贯通误差。横向贯通误差是在水平面内垂直于隧道轴线方向上的误差，纵向贯通误差在水平面内隧道轴线方向上的误差，高程贯通误差是在竖直平面内垂直于隧道轴线方向上的误差。一般取 2 倍中误差作为各项贯通误差的限差。高程贯通误差影响隧道的竖向设计即隧道的坡度，一般容易满足限差的要求；纵向贯通误差只要不大于定测中线的误差即可，其限差一般为隧道两开挖洞口间长度的 1/2 000。横向贯通误差影响隧道的平面设计，会引起隧道中线几何形状的改变。如果贯通误差大了,会引起洞内建筑物侵入规定限界,增加隧道在贯通面附近的竖向开挖量和横向开挖量,或使已衬砌部分拆除重建,将造成重大工程损失,影响工程质量。

根据《工程测量规范》(GB 50026—2007),隧道工程的贯通误差限差见表12-1。

表12-1 隧道工程的贯通误差限差

类别	两开挖洞口间长度(km)	贯通误差限差(mm)
横向	$L<4$	100
	$4\leqslant L<8$	150
	$8\leqslant L<10$	200
高程	不限	70

隧道贯通误差的测定是一项重要的工作,隧道贯通后要及时地测定实际偏差,以对贯通结果做出最后评定,验证贯通误差预计的正确程度,总结贯通测量方法和经验,若贯通偏差在设计允许范围之内,则认为贯通测量工作成功达到了预期目的。若贯通误差超过了限差,将影响隧道(巷道)断面的修整、扩大、衬砌和轨道铺设工作的进行。

隧道贯通误差常见的测定方法如下。

(一)中线法测定贯通误差

对于直线隧道,贯通之后可以从两个洞口各自向贯通面延伸隧道中线,从而在贯通面上得到两个临时标桩 A、B(见图12-24),则 A、B 之间距即为实际横向贯通误差;A、B 两点的里程之差即为隧道的实际纵向贯通误差。

用水准仪测定这两个实际贯通点的高程差就是实际高程贯通误差。

(二)导线法测定贯通误差

无论是直线隧道或曲线隧道,均可在贯通面上任选一临时点 E(见图12-25),分别由两相向地下导线的控制点测定该点的坐标,得到两组坐标值 (x_{E_1},y_{E_1})、(x_{E_2},y_{E_2}),由两边水准路线测定 E 点的高程为 H_{E_1}、H_{E_2}。

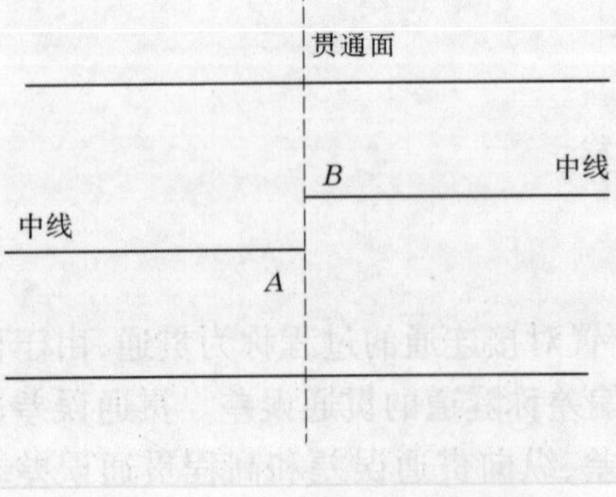

图12-24 中线法测定贯通误差

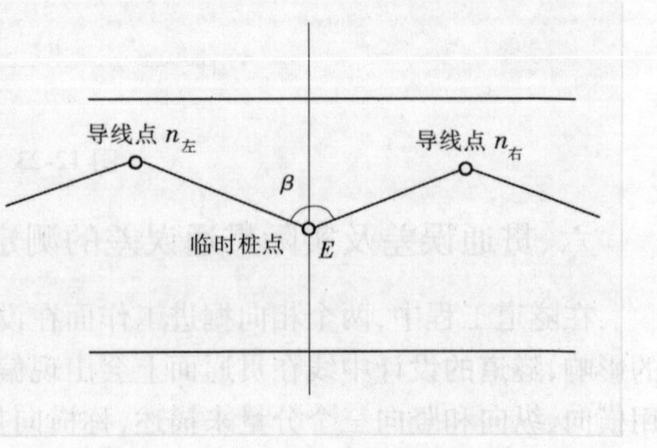

图12-25 导线法测定贯通误差

由此 $\Delta s=\sqrt{(x_{E_2}-x_{E_1})^2+(y_{E_2}-y_{E_1})^2}$ 即为实际平面贯通误差,设贯通面的方位角为 α_u,则实际横向贯通误差和实际纵向贯通误差为 $|\Delta s\cos\Delta\alpha|$ 和 $|\Delta s\sin\Delta\alpha|$,式中 $\Delta\alpha=\alpha_u-$

$\arctan(\frac{y_{E_2}-y_{E_1}}{x_{E_2}-x_{E_1}})$。而 $H_{E_2}-H_{E_1}$ 为实际竖向贯通误差。

再在临时点 E 上设置经纬仪，测定连接两侧导线点的水平角 β 和边长等，这样就把两侧导线连接成一条地下导线。选择其中一边，例如 $E_{n右}$，从两侧导线推算该边的方位角，其差值就是该导线的角度闭合差，或称为方位角贯通误差。

七、贯通误差的调整

实际贯通误差达到一定的数值后，在贯通面附近如果仍然按原来测设的中线连接起来，线路的平面形状和坡度都改变了设计位置而达不到规定的线路标准，在这种情况下必须将洞内线路中线全部或局部加以调整。

隧道贯通后最彻底的调整方法是，对于相向的两条导线按上述方法连接在一起后，将两端洞口的控制点作为固定点，将全隧道洞内导线作为附合导线进行平差，取得平差后各点的坐标，再根据这些导线点的新坐标重新测设中线位置，然后按新中线点的位置，施测整体道路，铺设道床。但这种方法会影响到已衬砌地段，如果这种影响超过了衬砌要求的限差（这种情况一般在贯通误差超限时发生），这种调整就不可行。这时中线的调整只能在未衬砌的局部地带进行。下面讨论在未衬砌地段上调整中线的方法，分直线和曲线两种情况进行讨论。

（一）直线隧道贯通误差的调整

由于调整在未衬砌地段进行，故调整长度由未衬砌长度决定。如图 12-26 所示，在调整地段上选择两个中线点 A、B 加以连接，使之成为一条折线。横向贯通误差的调整方法是依据未衬砌地段的长度 l 所确定的转角 α 来决定。

$$\alpha = \frac{MN}{l}\rho \tag{12-17}$$

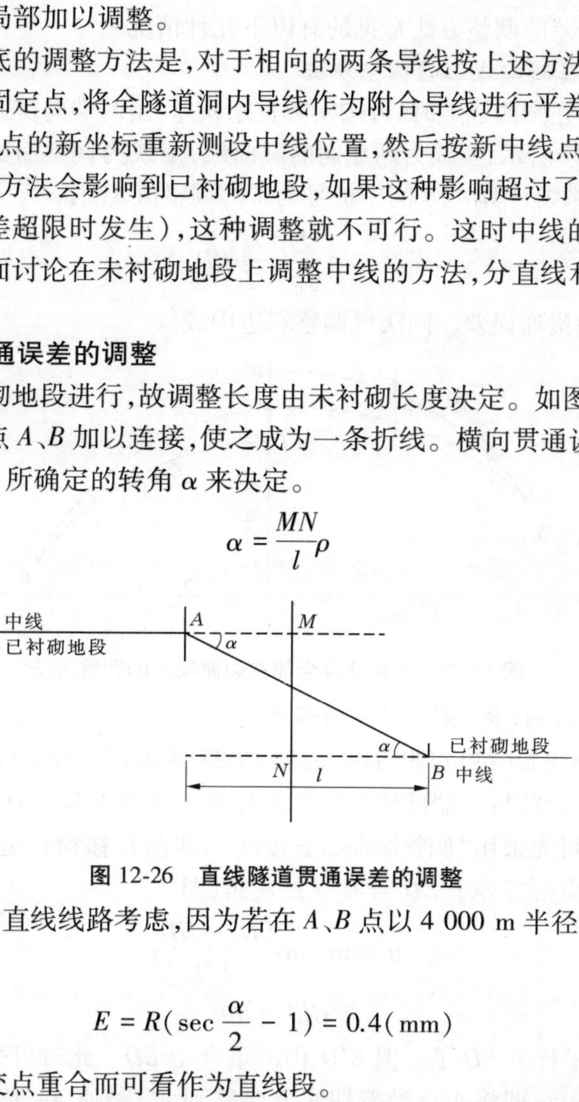

图 12-26　直线隧道贯通误差的调整

当 $\alpha<5'$ 时，可作为直线线路考虑，因为若在 A、B 点以 4 000 m 半径的圆相连，由此可算得其外距 E 值为

$$E = R(\sec\frac{\alpha}{2} - 1) = 0.4(\text{mm})$$

故可认为曲线中点与交点重合而可看作为直线段。

当 $5'<\alpha<25'$ 时，若加设 $R=4\ 000$ m 的圆曲线，外距也很小，不便加设曲线，可自转角顶点 A、B 向圆心方向移动，内移量可参见表 12-2，衬砌时应考虑此内移量对衬砌位置的影响。

表 12-2 衬砌地段上隧道中线两转角点转角值与内移量关系

转角(′)	5	10	15	20	25
内移值(mm)	0.4	4	10	17	26

当 $d>25'$时,应在 A、B 点加设 $R=4\ 000$ m 的圆曲线以组成反向曲线,这时要考虑反向曲线间夹直线长度是否满足铁路或公路规范的规定。

(二) 曲线地段贯通误差的调整

首先,对于曲线隧道贯通误差的调整应注意不要改动曲线半径和缓和曲线长度,否则需经上级批准。

曲线隧道贯通误差的调整方法常见的有以下几种情况。

1.调整地段全部在圆曲线上的调整方法

当调整地段全部在圆曲线上时,可按实际贯通误差,由两端向贯通面按长度成比例调整中线位置。如图 12-27 所示,实线为两相向的圆曲线,虚线为调整后的中线,设 J_A、J_B、J_C 为 A、B、C 点桩号,现在欲要计算 A、B 间中桩号为 J 的调整值 d,则

$$d = \frac{J - J_A}{J_C - J_A} BD \tag{12-18}$$

式中,BD 为实际横向贯通误差。同法可调整右边中线。

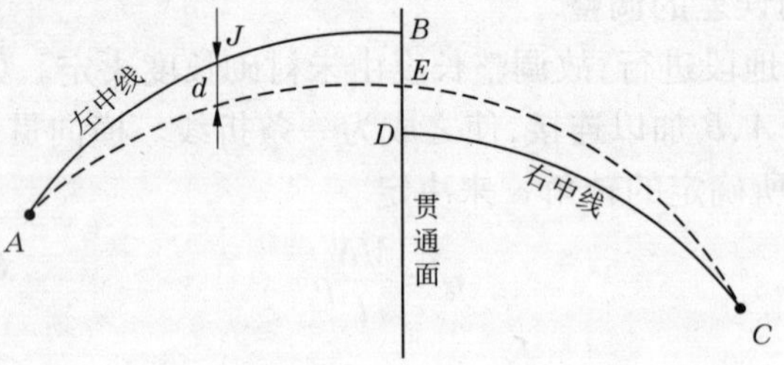

图 12-27 调整地段全部在圆曲线上的调整方法

2.贯通面位于曲线始(终)点附近时的调整

当贯通面位于曲线始(终)点附近时,如图 12-28 所示,由一端 A、B、C 测至 $D'(ZH)$点,再自 D'作切线 $D'E'$,而从另一端延伸直线为 ED,现在 D 不重合于 D',$E'D'$也不平行于 ED,为了调整贯通误差,可先采用"调整圆曲线长度法",即把 C 移到 C'处,使圆曲线中心角减少一个 θ 值,这个 θ 角应恰好等于 ED 与 $E'D'$的夹角,即

$$\theta = \arctan \frac{EE' - DD'}{ED} \tag{12-19}$$

$$CC' = R\theta \tag{12-20}$$

调整后 $E'D'$就平行于 ED 了。但 $E'D'$仍不重合于 ED。此时可采用"调整曲线始(终)点法",如图 12-29 所示,即将 A 点沿着切线方向移到 A',若使 AA'长度等于 JD′到 JD 的长度,则 $E'D'$就和 ED 重合了。为做到这一点,必须使

$$AA' = \frac{DD'}{\sin\alpha} \tag{12-21}$$

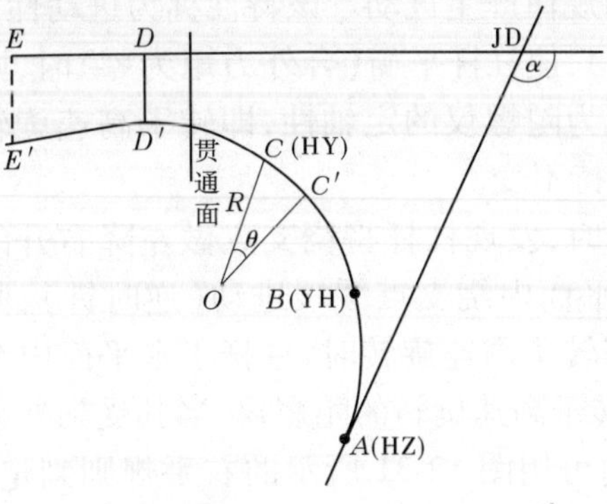

图 12-28　调整圆曲线长度

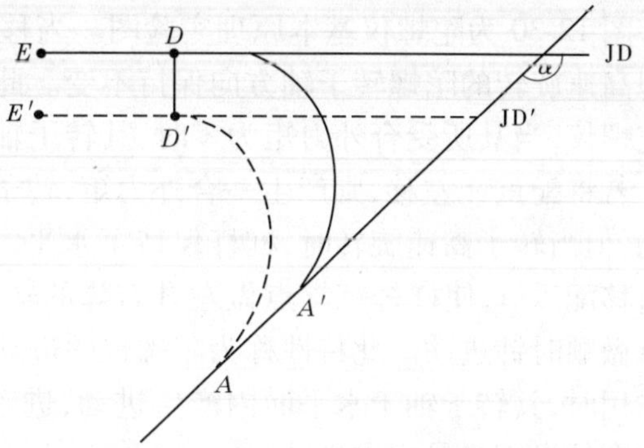

图 12-29　调整曲线始(终)点

在将 A 移到 A'后,再由 A'进行曲线测设,就把调整后的曲线 $A'D$ 测设到地面上了。

此外,还有一些其他调整中线的方法,但不管哪一种方法,都必须在规定的精度下使线路符合设计形式。

3.高程贯通误差的调整

高程贯通误差调整比较妥善的方法是在贯通后,由进口水准点到出口水准点,作为附合水准路线重新观测和平差,以平差后导线点高程测设中桩高程和进行其他高程施工测量工作。

当高程贯通误差不超出规定的限差时,则将贯通点附近的水准点高程,采用由贯通面两端分别引测的高程的平均值,作为调整后的高程。洞内未衬砌地段的各水准点高程,根据水准路线的长度对高程贯通误差按比例分配,求得调整后的高程。洞内各水准点的高程调整好以后,未衬砌地段的施工放样以调整后水准点为准。而整体道路施工和铺设以洞内所有水准点调整后的高程为准。

第五节　陀螺经纬仪

陀螺经纬仪是将陀螺仪和经纬仪结合一起的仪器。它利用陀螺仪本身的物理特性及地球自转的影响,实现自动寻找真北方向,从而测定地面和地下工程中测站到目标点的大地方位角,即测站到目标点方向与真北方向之间的角度。在地理南北纬度不大于 75°的范围内,它可以不受时间和环境等条件限制,实现快速定向。目前,陀螺经纬仪应用于建筑、测绘、铁道、森林、军事和地下工程等部门和行业的定向测量。

一、陀螺仪的基本特性

凡是绕其质量对称轴高速旋转的物体均称为陀螺,因此陀螺仪的主要部件是一个匀质的转子,它的质量集中在边缘上,可绕其质量对称轴高速旋转。其转速达到每分钟 20 000 转左右。

在没有任何外力作用下,并具有 3 个自由度的陀螺仪称为自由陀螺仪。自由陀螺仪在高速旋转时具有两个重要特性:

(1)陀螺仪自转轴在无外力矩作用时,始终指向其初始恒定方向。该特性称为定轴性。

(2)陀螺仪自转轴受到外力矩作用时,将按一定的规律产生进动。该特性称为进动性。

图 12-30 为陀螺仪基本原理实验图。当移动配重 A,使杠杆平衡(合外力矩为零)时,则发现高速旋转的陀螺转子轴方向保持不变。此特性称为陀螺仪的定轴性,即转子高速旋转的陀螺仪,当其所受合外力矩为零时,其转子轴方向保持不变。

若将配重 A 左移,则产生一合外力矩,转子不旋转时,发现杠杆将绕支点做左降右升的转动,但当转子高速旋转时,杠杆保持了水平,并于水平面内绕支点缓缓进动(逆时针);同法右移配重 A,使杠杆绕支点做左升右降的转动,则当转子高速旋转时,杠杆于水平面内绕支点做顺时针进动。此特性称为陀螺仪的进动性,即转子高速旋转的陀螺仪,当其受到外力矩作用时,其转子轴于水平面内产生进动,进动的方向可用图 12-31 所示的右手规则判定,即向合外力矩矢量方向进动。

陀螺经纬仪就是利用自由陀螺的两个基本特性设计、制造的一种定向测量仪器。

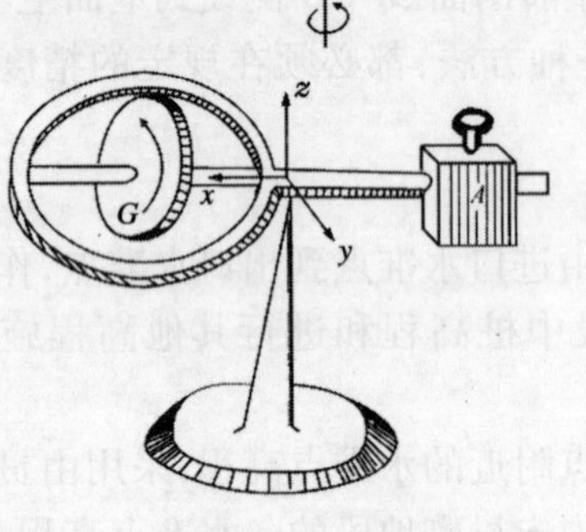

图 12-30 陀螺仪基本原理实验图

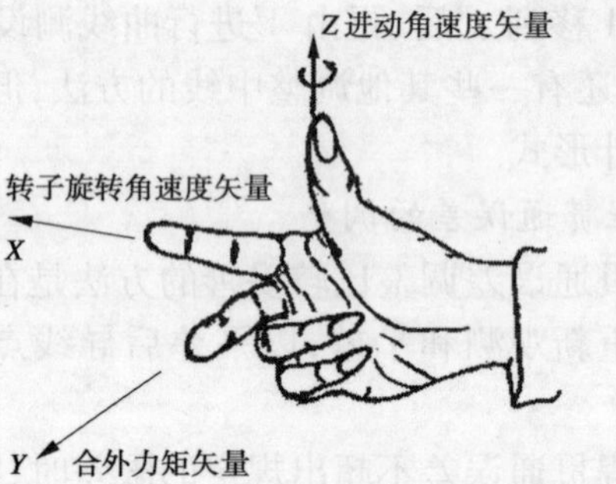

图 12-31 转子旋转角速度矢量、合外力矩矢量与进动角速度矢量关系

二、陀螺仪指北原理

陀螺仪通常采用一根金属悬带将陀螺房悬挂起来(如图 12-32 所示),陀螺轴保持在水平面内,陀螺仪的重心在悬带 OZ 方向上且位于转子轴的下面。这种陀螺仪在地球自转的影响下,陀螺房的重量将产生一重力矩,在此外力矩作用下,陀螺转子轴具有指北的性能。

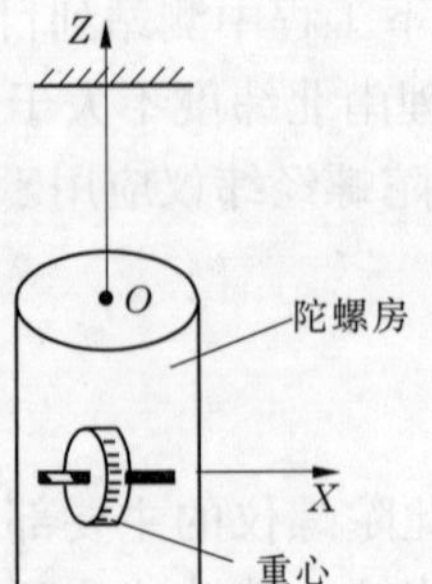

图 12-32 陀螺仪示意图

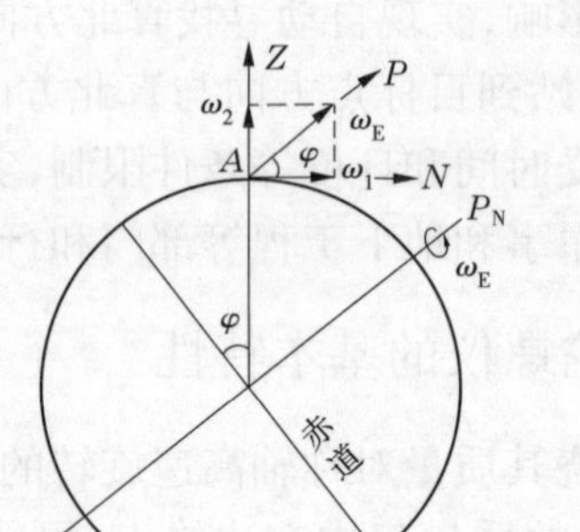

图 12-33 地球自转矢量的分解

地球绕地轴 P_NP_S 以角速度 $\omega_E = 3\ 600/24\ h = 7.27\times10^{-5}$ ral/s 自西向东自转。在纬度为

φ 的地面 A 点,矢量 ω_E 和当地水平面成 φ 角,平行于地轴指向北方,且在过 A 点的子午面内,如图 12-33 所示。今将 ω_E 分解为水平方向(AN 方向)分量 ω_1 和 A 点天顶方向(AZ 方向)分量 ω_2:

$$\left.\begin{aligned}\omega_1 &= \omega_E\cos\varphi\\ \omega_2 &= \omega_E\sin\varphi\end{aligned}\right\} \tag{12-22}$$

今于 A 点地面挂一个陀螺仪,其转子轴方向在 A 点的水平面 NESW 内,且北偏东 α 角。为分析方便,以 A 点为天球中心作辅助天球,如图 12-34 所示。图中,ω_2 为天顶方向分量,其不可能使陀螺房产生重力矩;ω_1 为水平方向分量,其可使 A 点水平面以 ω_1 的角速度转动,从而使 A 点水平面与陀螺轴方向产生夹角,导致合力矩的产生。为分析方便,将 ω_1 分解为转子轴方向分量 ω_4 和轴子垂直方向分量 ω_3:

$$\left.\begin{aligned}\omega_4 &= \omega_1\cos\alpha = \omega_E\cos\varphi\cos\alpha\\ \omega_3 &= \omega_1\sin\alpha = \omega_E\cos\varphi\sin\alpha\end{aligned}\right\} \tag{12-23}$$

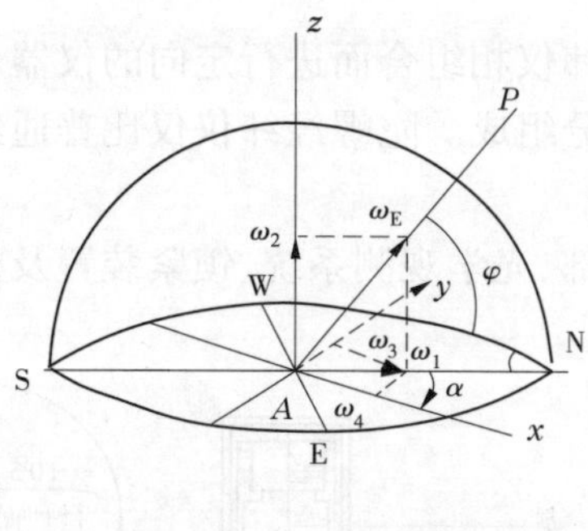

图 12-34　在辅助天球上分解俄地球自转矢量

式中,ω_4 表示 A 点水平面绕转子轴旋转的角速度矢量,其对陀螺转子轴的空间方位没有影响;而 ω_3 表示 A 点水平面绕转子轴垂直方向的角速度矢量,其使转子轴方向和水平面的相对位置发生了变化,即转子轴 X 正向相对于地面升高。如图 12-35 所示,转子处于高速旋转

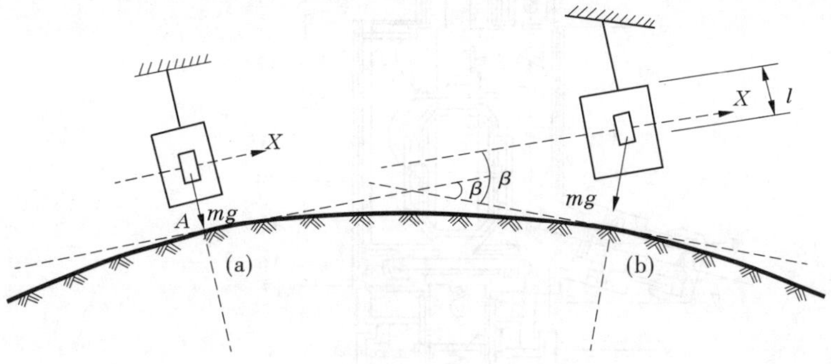

图 12-35　螺仪轴与重力矩的关系

的工作状态,由于陀螺的进动性,在(a)时刻陀螺的转子轴和 A 点水平面平行,由于 ω_3 的作用,在(b)时刻时,A 点已向东转动,使此刻水平面和(a)时刻水平面产生了夹角 β。但在由(a)时刻过渡到(b)时刻的微分时间段内,陀螺仪的定轴性保持了悬带及陀螺房的稳定性,

即(b)时刻的悬带方向及转子轴方向和(a)时刻保持平行。同样在这个微分时间段内,正是由于定轴性的作用,使陀螺房在(b)时刻产生了一个重力矩:

$$M = mg\sin\beta \tag{12-24}$$

在此外力矩(重力矩)作用下,转子轴开始向北方向产生进动。当转子轴进动到北方向时,$\alpha=0$,由式(12-23)可知,此时 $\omega_3=0$,从理论上讲,此时的转子轴方向应以定轴的特性稳定在北方向上。但由于陀螺房进动惯性的影响,使转子轴偏离北方向西做惯性运动,此时又产生了 ω_3,其以转子轴指北的特性表现为对惯性运动的减幅阻尼。当阻尼惯性平衡后,转子轴又开始向北方向运动。如上所述,陀螺仪转子轴将以北方向为中心做减幅摆动,各最大摆幅的平均位置即为北方向,如图12-36所示。

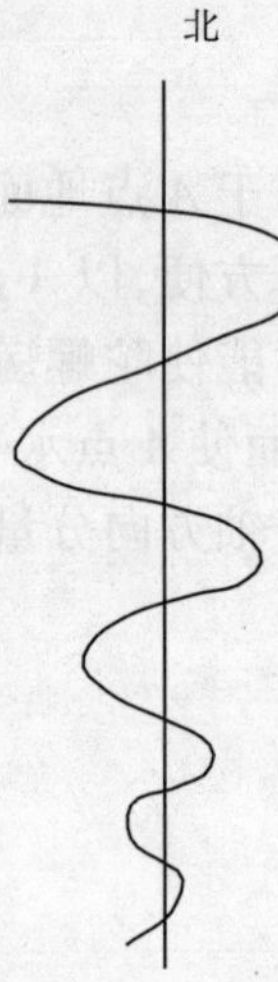

图12-36　陀螺转子的阻尼摆动

三、陀螺经纬仪的基本结构

陀螺经纬仪是陀螺仪和经纬仪相组合而进行定向的仪器。它由陀螺仪、经纬仪、陀螺电源三个部分组成。陀螺经纬仪仅比普通经纬仪增加了一个定位连接装置。

悬挂式陀螺仪主要由灵敏部、光学观测系统、锁紧装置及机体外壳等部分构成,如图12-37所示。

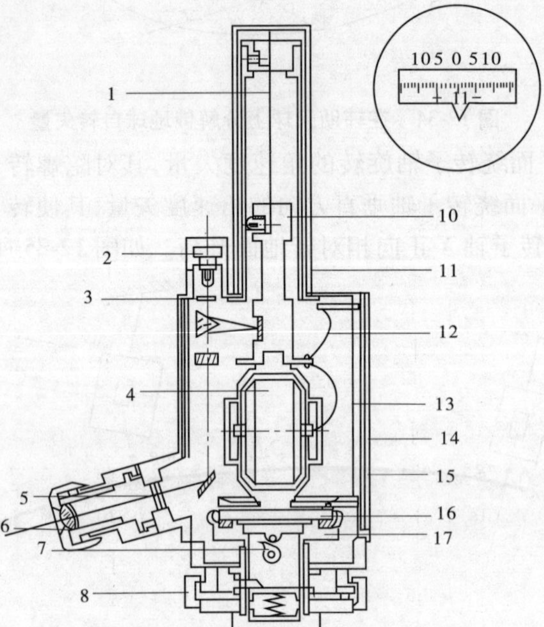

1—悬挂带;2—照明灯;3—光标;4—陀螺马达;5—分划板;6—目镜;7—凸轮;8—螺纹压环;9—桥形支架;10—悬挂柱;11—上部外罩;12—导流丝;13—支架;14—外壳;15—磁屏蔽罩;16—灵敏部底座;17—锁紧限幅机构

图12-37　悬挂式陀螺仪基本结构

(1)灵敏部。它是陀螺仪的核心,包括陀螺马达和陀螺房、悬挂带、导流丝、反光镜或光学给向元件。

(2)光学观测系统。这部分主要用来观测灵敏部的摆动或用以跟踪灵敏部,进行定向测量。

(3)锁紧装置。这部分主要用来固定灵敏部,当陀螺不用时可使悬挂带不受力,以便于陀螺仪的运输和搬移,有时也附有阻尼装置和限幅装置。

(4)机体外壳。机体外壳的内壁和底部是防磁材料制成的,主要是防止外界磁场的干扰,外壳上有导线插头、粗略观测孔以及附属于机体的其他元件等。

陀螺电源由蓄电池组、充电器、逆变器等组成。

四、陀螺经纬仪的定向方法

陀螺经纬仪定向就是测定地下或地面待定边的坐标方位角。其主要内容包括:在地面已知边上测定仪器常数;在待定边上测定该边的陀螺方位角;计算待定点子午线收敛角以及计算待定边的坐标方位角,进行定向精度评定等。

设在已知边长上测定的仪器常数为Δ,在待定边长测定的陀螺方位角为α_T,γ为子午线收敛角,则待测边的坐标方位角α为

$$\alpha = \alpha_T + \Delta - \gamma \tag{12-25}$$

(一)仪器的常数测定

在理想情况下,测线的陀螺方位角与其天文方位角一致。但由于陀螺轴与经纬仪望远镜光轴以及陀螺仪目镜不完全在同一竖直面内,因此陀螺经纬仪测定的陀螺方位角与天文方位角存在一个差值。这个差值是由仪器结构造成的,所以称为仪器常数,一般用Δ表示。

或

$$\left.\begin{aligned}\Delta &= \alpha - \alpha_T + \gamma \\ \Delta &= \alpha_A - \alpha_T\end{aligned}\right\} \tag{12-26}$$

式中,α_A为天文方位角,$\alpha_A=\alpha+\gamma$。

仪器常数通常是在已知天文方位角或已知坐标方位角的边上测定的。即在已知边上安置陀螺经纬仪,测定其陀螺方位角,便可求出仪器常数。在每次进行待定边陀螺定向测定之前和测量后,都要分别在已知边上安置陀螺经纬仪测定陀螺方位角,按式(12-26)计算仪器常数。

(二)陀螺仪悬挂带零位观测

悬挂带零位是指陀螺马达不转动时,陀螺灵敏部受悬挂带和导流丝托力作用而引起扭摆的平衡位置,就是扭力矩为零的位置。这个位置应在目镜分划板的零刻划线上。

陀螺仪在待定边上定向开始之前和结束后,都要做悬挂带零位观测,相互称为测前零位观测和测后零位观测。测定悬挂带零位时,先将经纬仪整平并固定照准部,然后下放陀螺灵敏部,从读数目镜中观测灵敏部的摆动,在分划板上连续读三个逆转点读数,估读到0.1格,如图12-38所示。

按下式计算零位:

$$L = \frac{1}{2}\left(\frac{a_1 + a_3}{2} + a_2\right) \tag{12-27}$$

式中,a_1、a_2、a_3为逆转点读数,以格为单位。

同时还需用秒表测定周期,即光标像穿过分划板零刻划线的瞬间启动秒表,待光标像摆动一周又穿过零刻划线的瞬间制动秒表,其读数称为自由摆动周期 T_3。零位观测完毕,锁紧灵敏部。如悬挂带零位变化 0.5 格以内,是自由摆动周期不变,则不必进行零位校正和加入改正。

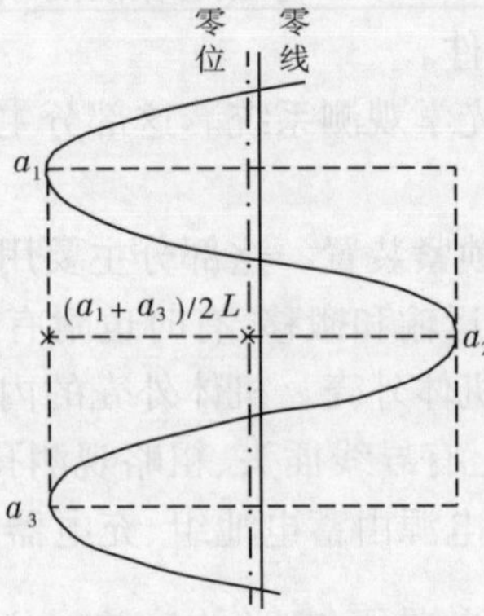

图 12-38 零位观测

如零位变化超过 0.5 格就要进行校正或加改正数。因为观测时是用“零”线来跟踪灵敏部,使悬挂带上的扭矩不完全等于零,会使灵敏部的摆动中心发生偏移。如陀螺定向时井上、下所测得的零位变化大于 0.5 格时,也应加入改正数,并用下式计算,即

$$A = \lambda \Delta\alpha \tag{12-28}$$

式中,$\Delta\alpha$ 为零位变动,$\Delta\alpha = mh$;m 为目镜分划板分划值;h 为零位格值;λ 为零位改正系数,$\lambda = \frac{T_1^2 - T_2^2}{T_2^2}$;$T_1$ 为跟踪摆动周期;T_2 为不跟踪摆动周期。

在使用陀螺定向时,应尽量调整好仪器悬挂带零位,最好不采用加零位改正的方法。

(三)粗略定向

在陀螺仪精确定向之前,必须把经纬仪望远镜视准轴置于近似北方向,这就是所谓的粗略定向。粗略定向可以借助罗盘来实现,当在已知边上测定常数时,可利用已知边的坐标方位角及仪器站子午线收敛角直接寻找北方。当在未知边上定向,仪器本身又无罗盘附件时,必须用仪器进行粗略定向。最常用的粗略定向有逆转点法和 1/4 周期法两种。

1.逆转点法

将经纬仪视准轴大致摆在北方向后,启动陀螺马达,达到额定的转速时,下放陀螺灵敏部,松开经纬仪水平制动螺旋,用手转动照准部,跟踪灵敏部的摆动,使陀螺仪目镜视场中移动着的光标像与分划板零刻划线随时重合。当接近摆动逆转点时,光标像移动慢下来,此时制动照准部,改用水平微动螺旋继续跟踪,达到逆转点时,读取水平度盘的读数 a_1;松开水平制动螺旋,按上述方法向相反的方向跟踪,达到另一个逆转点时,再读取水平度盘的读数 a_2。锁紧灵敏部,制动陀螺马达,按下式计算近似北方向在水平度盘上的读数。

$$N' = \frac{1}{2}(a_1 + a_2) \tag{12-29}$$

转动照准部,将望远镜摆在 N' 读数的位置,这时视准轴就指向了近似北方,指北精度可达±3′,观测时间约 10 min。

2.1/4 周期法

启动陀螺马达,达到额定的转速后,下放陀螺灵敏部。用手转动照准部进行跟踪,让陀螺仪目镜分划板零刻划线走在光标像的前面,当光标像移动速度逐渐慢下来时(此时已接近逆转点),固定照准部,停止跟踪;待光标像与分划板零刻划线重合时(见图 12-39),启动秒表,光标像继续向前移动,到达逆转点后又反向移动,当光标像再次与分划板零刻划线重合时,在秒表上读取时间 t,此时不停秒表,用下式计算 T',即

$$T' = \frac{t}{2} + \frac{T_1}{4} \tag{12-30}$$

式中，T_1 为跟踪摆动周期。

松开水平制动螺旋继续跟踪，使光标像与分划板零刻划线始终重合，同时观测秒表读数。当跟踪到 T' 时刻时，立即固定照准部，停止跟踪，这时望远镜视准轴就指向了近似北方。这种方法指北精度可在±10′之内，观测时间约 6 min。

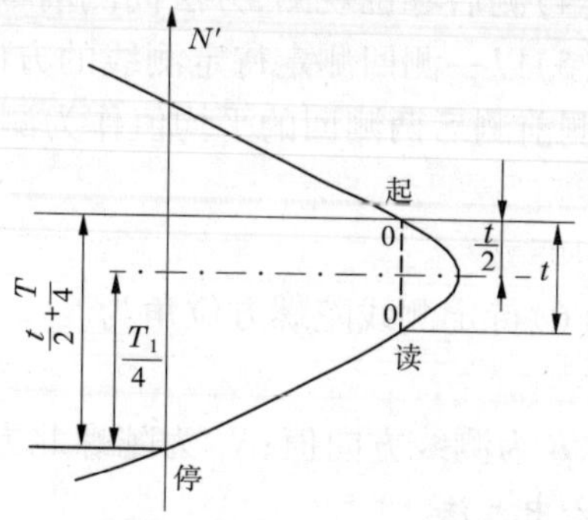

图 12-39　1/4 周期法

（四）精密定向

粗略定向后，便开始进行精密定向，也就是测定待测边的陀螺方位角。精密定向方法可分为两大类，一类是仪器照准部处于跟踪状态，多年来国内外都采用逆转点法；另一类是仪器照准部固定不动，国内外已提出许多方法，如中天法、时差法、摆幅法及记时摆幅法等。目前，普遍采用的还是中天法。

1.逆转点法

逆转点法是在粗略定向后，仪器视准轴已近似指向北方的情况下进行的，其在一测站上的操作程序大概如下：

（1）严格设置经纬仪，架上陀螺仪，进行粗略定向，然后制动陀螺并托起锁紧，将望远镜视准轴转到近似北方的位置，固定照准部。

（2）打开陀螺照明，下放陀螺灵敏部，进行测前悬挂带零位观测，同时用秒表记录自摆周期。零位观测完毕，托起并锁紧灵敏部。

（3）启动陀螺马达，达到额定转速后，缓慢地下放灵敏部到半脱离位置，稍停数秒钟，再全部下放。如光标像移动过快，再使用半脱离阻尼限幅，使摆幅在1°~3°范围为宜。用水平微动螺旋微动照准部，让光标像与分划板零刻划线随时重合，即跟踪。跟踪时要做到平稳、连续，切忌跟踪不及时，否则会影响定向结果的精度。在摆动到达逆转点时，连续读取 5 个逆转点的读数 u_1，u_2，…，u_5，如图 12-40 所示。然后锁紧灵敏部，制动陀螺马达。

跟踪时，还需用秒表测定连续两次同一方向经过逆转点的时间，称为跟踪摆动周期 T_1。摆动平衡位置在水平度盘上的读数 N_T，称为陀螺北方向值，其计算公式为

$$\left.\begin{aligned} N_1 &= \frac{1}{2}\left(\frac{u_1+u_3}{2}+u_2\right) \\ N_2 &= \frac{1}{2}\left(\frac{u_2+u_4}{2}+u_3\right) \\ N_3 &= \frac{1}{2}\left(\frac{u_3+u_5}{2}+u_4\right) \end{aligned}\right\} \tag{12-31}$$

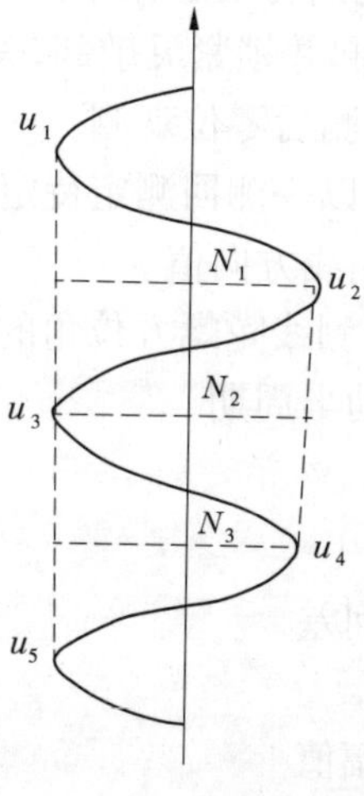

图 12-40　逆转点法观测

$$N_T = \frac{1}{3}(N_1 + N_2 + N_3) \tag{12-32}$$

(4)测后零位观测,方法同测前零位观测。

(5)以一测回测定待定测线的方向值,若用 J_2 经纬仪两次观测结果的之差不超过±10″,并取测前测后两测回的平均值作为测线的方向值,则

$$B = \frac{1}{2}(B_1 + B_2) \tag{12-33}$$

(6)待定测线陀螺方位角为

$$\alpha_T = B - N_T + A \tag{12-34}$$

式中,B 为测线方向值;N_T 为陀螺北方向值;A 为零位改正数。

2. 中天法

中天法观测时将照准部固定在近似北方,整个过程不再转动照准部,陀螺光标和摆动幅度在目镜的视场范围之内,因此要求起始定向精度在±20′以内。中天法陀螺定向时一个测站的操作程序按如下步骤进行:

(1)严格安置好仪器后,以一测回测定待定测线的方向值 B_1。

(2)进行粗略定向。将经纬仪照准部固定在近似北方向 N' 上,并记录下 N' 值。在整个定向过程中,照准部不允许转动。

(3)进行测前零位观测。

(4)启动陀螺马达,待达到额定转速后下放灵敏部,经限幅,使光标像摆不超过目镜视场,但摆幅不宜过小。接着按以下顺序观测:

①当灵敏部指标线经过分划板零刻划线瞬间,立即启动专用秒表,读取中天时间 t_1;

②当灵敏部指标线到达逆转点时,在分划板上读取摆幅读数 a_W;

③当灵敏部指标线返回零刻划线时,读出秒表上的读数 t_2;

④当灵敏部指标线到达另一逆转点时读取摆幅的读数 a_E;

⑤当灵敏部指标线返回零刻划线时,再读取秒表上的中天时间 t_3。

重复进行上述操作,一次定向需连续测定 5 次中天时间,记录不跟踪摆动周期 T_2,观测完毕,托起并锁紧灵敏部,关闭陀螺马达。

(5)测后零位观测。

(6)以一测回测定待定测线的方向值,当前后两测回方向值之差满足要求时,取其平均值作为测线方向值。

(7)测线陀螺方位角的计算。

摆动半周期

$$\left.\begin{aligned} t_W &= t_2 - t_1 \\ t_E &= t_3 - t_2 \end{aligned}\right\} \tag{12-35}$$

时间差

$$\Delta t = t_W - t_E \tag{12-36}$$

摆幅值

$$a = \frac{|a_W| + |a_E|}{2} \tag{12-37}$$

近似北方向偏离平衡位置的改正数

$$\Delta N = ca\Delta t \tag{12-38}$$

陀螺摆动平衡位置在水平度盘上的读数为

$$N = N' + \Delta N = N' + ca\Delta t \tag{12-39}$$

按下式计算测线的陀螺方位角:

$$\alpha_T = B - N + \lambda\Delta a = B - (N' + ca\Delta t) + \lambda\Delta a \tag{12-40}$$

式中,$\lambda\Delta a$ 为零位改正数;c 为比例系数。以下分述 c 值的测定和计算:

①利用实测数据求比例系数 c。把经纬仪照准部摆在偏东 10′和偏西 10′左右,分别用中天法观测,求出时间差 Δt_1 和 Δt_2,以及摆幅 a_1 和 a_2,可列出以下方程式,求解 c 值。

$$\left.\begin{aligned} N_T &= N'_1 + ca_1\Delta t_1 \\ N_T &= N'_2 + ca_2\Delta t_2 \end{aligned}\right\} \tag{12-41}$$

解得

$$c = \frac{N'_2 - N'_1}{\Delta t_1 a_1 - \Delta t_2 a_2} \tag{12-42}$$

c 值与地理纬度有关,在同一地区南北不超过 500 km 范围以内可使用同一 c 值,超过这个范围需重测。

②利用摆动周期计算比例系数 c。

$$c = m\frac{\pi}{2}\frac{T_1^2}{T_2^2} \tag{12-43}$$

式中,m 为分划板分划值;T_1 为跟踪摆动周期;T_2 为不跟踪摆动周期。

(8)测线坐标方位角 α 的计算。

$$\alpha = \alpha_T + \Delta - \gamma \tag{12-44}$$

式中,Δ 为仪器常数;γ 为子午线收敛角。

(9)子午线收敛角的计算。

子午线收敛角可按测站点高斯平面坐标或测站点经纬度计算,目前常用高斯平面坐标计算。计算公式可参见《控制测量学》相关内容。子午线收敛角 γ 的符号,在中央子午线以东为正,以西为负。

(五)陀螺经纬仪定向时的注意事项

陀螺经纬仪是以动力学理论为基础的光、机、电集于一体的精密仪器。定向时,陀螺灵敏部具有较大的惯性,必须注意合理使用,妥善保管,才能保持仪器的精度和寿命。在使用时必须注意以下事项:

(1)必须在熟悉陀螺经纬仪性能的基础上,由具有一定操作经验的人员使用仪器。

(2)在启动陀螺马达达到额定转速之前和制动陀螺马达过程中,陀螺灵敏部必须处于锁紧状态,防止导流丝悬挂带损伤。

(3)在陀螺灵敏部处于锁紧状态,马达又在高速旋转时,严禁搬动和水平旋转仪器,否则将产生很大的力,压迫轴承,以致毁坏仪器。

(4)在使用陀螺电源逆变器时,要注意接线的正确,使用外接电源时,应注意电压、极性是否正确,没有负载时,不得开启逆变器。

(5)陀螺仪存放时,要装入仪器箱内,放入干燥剂,仪器要正确放置,不要倒置或躺卧。

(6)仪器应存放在干燥、清洁、通风良好处,切忌置于热源附近,环境温度以10~30 ℃为宜。

(7)仪器运输时,要使用专用防震包装箱。

(8)在野外观测时,仪器要避免太阳光直接照射。

(9)目镜或其他光学零件受污时,先用软毛刷轻轻拭去灰尘,然后用软绒布揩拭,以免损伤光洁度和表面涂层。

五、高精度磁悬浮陀螺全站仪

GAT磁悬浮全站仪是一种具有全天候、全天时独立测定任意测线真北方位角的陀螺定向仪器。如图12-41所示即为GAT陀螺全站仪,其中陀螺仪部分通过采用磁悬浮支承技术取代了传统陀螺的悬挂带支承技术,从根本上解决了悬挂带易断裂以及扭力矩影响的问题,最大限度地减少了干扰力矩对寻北精度的影响。

(一)GAT陀螺全站仪的工作原理

1.系统结构组成

如图12-42所示为GAT陀螺仪的系统结构图,其主要结构部件有电感线圈、磁浮球、连接杆、陀螺马达、力矩器。

图12-41　GAT磁悬浮陀螺全站仪

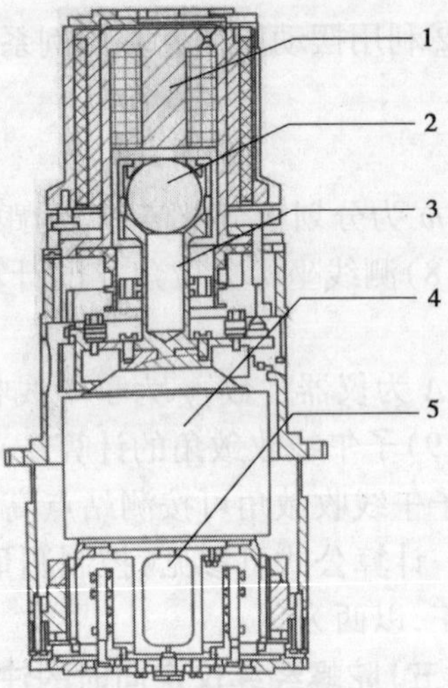

1—电感线圈;2—磁悬浮球;3—连接杆;4—陀螺马达;5—力矩器

图12-42　GAT磁悬浮陀螺仪系统结构

2.磁悬浮陀螺寻北过程

当陀螺需要进行寻北定向时,电感线圈首先通电,电感线圈和磁悬浮球结构参见图12-43。在电磁场的作用下磁浮球被向上拉起,在连接杆的传动作用下,陀螺马达也被拉起,陀螺灵敏部处于悬浮状态;在指向力矩的作用下,陀螺旋转轴开始向子午线方向逼近,但是在底部力矩器施加的反向力矩作用下陀螺旋转轴达到平衡状态,固定在某一静止位置,此时力矩器施加的反向力矩与指向力矩大小相等、方向相反。通过反复观测力矩器测量的力矩值,得到海量力矩观测数据,根据指向力矩公式

$$M = H \times \omega_E \cos\varphi \sin\alpha \tag{12-45}$$

式中,M 为指向力矩;H 为陀螺角动量;ω_E 为地球自转角速度;φ 为测站点维度;α 为陀螺旋转轴的北向偏角,据此即可推算陀螺旋转轴的北向偏角

$$\alpha = \arcsin \frac{M}{H \times \omega_E \cos\varphi} \tag{12-46}$$

同时,为了消除系统性干扰力矩和水平测角系统偏心的误差影响,系统在进行完一个位置的寻北过程后,将陀螺旋转轴回转 180°,从倒镜位置再次进行寻北测量,最后根据两个位置的寻北力矩计算陀螺旋转轴的北向偏角,计算公式如下:

$$\alpha = \arcsin \frac{M_1 - M_2}{H \times \omega_E \cos\varphi} \tag{12-47}$$

陀螺寻北测量结束后,水平测角系统即可给出真北方向与陀螺内部固定轴线方向的夹角。如图 12-44 所示。OT 为陀螺确定的真北方向;OM 为陀螺内部固定轴线方向;OL 为全站仪水平度盘零位方向;OC 为全站仪望远镜照准目标的测线方向。

陀螺寻北测量结束后即可确定出$\angle TOM$,并通过串口输出角度测量值;再利用全站仪照准目标方向,依据方向法测量要求,测量目标方向与全站仪水平度盘零位的夹角$\angle LOC$,于是

$$\angle TOM + \angle MOL + \angle LOC + \Delta_{仪} = A_{真} = \alpha + \gamma \tag{12-48}$$

这样,可以通过在已知测线上与 $\alpha+\gamma$ 比对,从而确定

$$\angle MOL + \Delta_{仪} = \alpha + \gamma - \angle TOM - \angle LOC \tag{12-49}$$

以上式中,$A_{真}$为真北方位角;$\Delta_{仪}$为陀螺仪常数;γ 为子午线收敛角。$\angle MOL$ 在仪器出厂时通过仪器常数的标定,可以将其限定为一个很小的值,即通过度盘配置的方法使全站仪的水平度盘零位与陀螺内部的固定轴线方向重合,从而使$\angle TOM$+$\angle LOC$ 即为陀螺方位角。

(二)GAT 磁悬浮陀螺全站仪的技术特点

1.磁悬浮支承技术

目前,国内外绝大多数陀螺经纬仪(全站仪)采用悬挂带支承技术,而悬挂带的性能(弹性极限、抗拉强度、弹性后效、耐腐蚀性、弹性模量的温度系数以及磁性等)将直接影响到陀螺的寻北精度。此外,悬挂带的零位稳定性、使用寿命以及运输后立即测量的精度保证也是目前国内此类陀螺仪的瓶颈问题。

高精度磁轴承在实际中逐渐得到应用。相对而言,磁悬浮技术具有较高的系统设计难度,但其技术特点更适合为整机提供优良的输出环境,可以为陀螺寻北过程实现自动化提供保证。如图 12-44 所示为 GAT 陀螺全站仪寻北本体部分的磁悬浮系统设计原理图。当磁悬浮线圈通电后,产生的磁力便会使陀螺灵敏部整体上浮,并处于悬浮状态。由于陀螺灵敏部在寻北过程中处于无接触的悬浮状态,解决了传统机械轴承所带来的摩擦干扰问题,并且也延长了陀螺的使用寿命。

2.测量稳定性技术

陀螺全站仪的稳定性主要体现在仪器常数的稳定性,而仪器常数的稳定性包括两个方面,一是长期稳定性,即较长的时间内仪器常数的变化量的大小;二是短期稳定性,主要是仪器的运输适应性以及随机架设精度。为了保证仪器的运输适应性,当陀螺本体处于非工作状态时,采用 50 N 的力将陀螺转子部分固定,以保证其中的结构原件不会因为运输过程中的颠簸而受到损害。

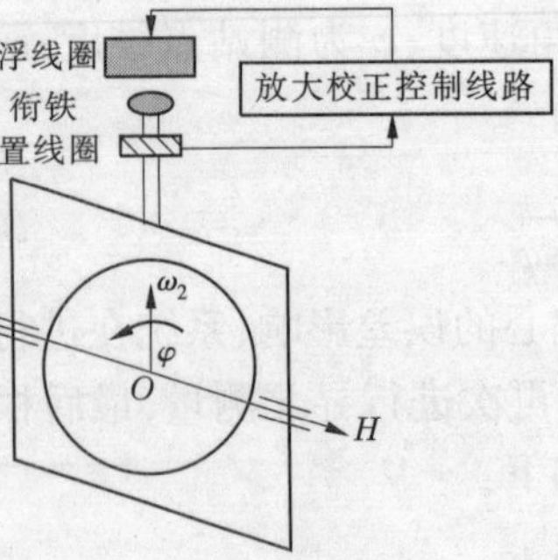

图 12-43　电感线圈和磁悬浮球结构示意图

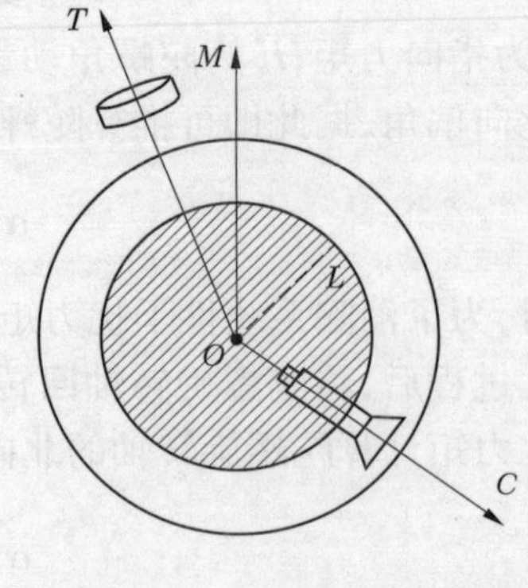

图 12-44　GAT 磁悬浮陀螺全站仪定向原理示意图

陀螺电机转速的稳定性也是影响陀螺寻北精度的因素之一，为控制陀螺电机转速的稳定性，在设计中对其供电系统采用电流反馈、电压反馈和转速反馈的方法实现了陀螺电机高速稳定转动的目的。

在仪器的结构稳定性设计方面，采用高精度配对轴承、减少摩擦力矩波动性；敏感组件及随动壳体之间采用导电游丝完成电信号的连接，导电游丝采用稳定的青铜丝合金并经过稳定性处理，从而保证了其微力矩的稳定性。此外，在陀螺本体中充入氮气，外部采用硅胶密封；陀螺房内充入氦气，以此提高系统整体的稳定性，也可以保护内部元器件，延长整机使用寿命。

对于民用领域，例如矿山、隧道系统中应用的一些磁性材料和元件以及电子器件，如果不加抗电磁干扰处理很难保证其在受到电磁干扰时工作的可靠性。为此对整机的抗电磁干扰能力进行了分析，并采取相应措施，以消除外界电磁场对其精度造成的影响，如对接插件及电源板采取屏蔽措施、采用软磁材料构造成内部屏蔽罩等。

3.快速定向与测量自动化

为满足地下工程建设的要求，在保证定向精度的同时必须提高陀螺寻北的速度，提高工作效率。GAT 陀螺全站仪主要采用光电力矩式寻北法，在 8 min 的时间里快速采集 4 万组力矩观测数据，并以此计算出陀螺马达轴线方向与地理子午线北方向的夹角，整个寻北过程方便、快捷，无需人工干预，完全避免了传统陀螺定向过程中零位观测、陀螺下放和人工跟读数的繁琐过程。GAT 陀螺全站仪借助于全站仪的 WindowsCE 操作系统，实现了陀螺本体与全站仪之间的数据通信，将陀螺定向成果传输到全站仪，并直接参与定向计算，整个定向过程完全实现了可视化、自动化。

GAT 高精度磁悬浮陀螺全站仪将磁悬浮技术、回传技术、无接触式光电力矩反馈技术和精密测角、测距技术集于一体，具有精度高、速度快、寿命长、自动化程度高和操作简便等优点。

复习与思考题

1.地下工程测量的特点有哪些？

2.隧道地面控制测量的方法有哪些？

3.地下导线有哪些特点？地下导线布设形式有哪些？如何选点埋石？如何进行导线测量？

4.地下高程控制测量如何进行？如何进行倒尺传递和相应的高程计算？

5.什么叫竖井联系测量？什么叫竖井定向测量？什么叫高程联系测量？

6.竖井定向测量中，坐标传递测量和方位角传递测量的误差对横向贯通的影响是怎样的？

7.分别以方向线法和联系三角形法为例，简述一井定向的作业思路。

8.联系三角形最有利形状是什么？

9.如何进行联系三角形法的连接测量？如何进行检核？如何进行联系三角形一井定向的平差计算？

10.简述两井定向的作业思路，如何进行内业计算？

11.竖井高程传递测量如何进行？

12.隧道施工测量有哪些内容？进洞关系数据如何计算？隧道中线如何放样？如何控制隧道地面坡度？

13.如何进行隧道开挖断面放样？

14.如何测定隧道贯通误差？如何进行隧道贯通误差的调整？

15.陀螺仪有哪些基本特性？简述陀螺仪指北原理。

16.陀螺经纬仪定向的主要内容有哪些？如何进行陀螺经纬仪仪器常数测定？

参考文献

[1] 自然资源部职业技能鉴定指导中心.工程测量[M].郑州:黄河水利出版社,2020.

[2] 王军德,刘绍棠.工程测量[M].郑州:黄河水利出版社,2010.

[3] 孙现申,赵泽平.应用测量学[M].北京:解放军出版社,2004.

[4] 王金玲,工程测量[M].武汉:武汉大学出版社,2015

[5] 张正禄.工程测量学[M].武汉:武汉大学出版社,2013.

[6] 中华人民共和国住房和城乡建设部,中华人民共和国国家质量监督检验检疫总局.建筑设计防火规范:GB 50016—2014[S].北京:中国计划出版社,2018.

[7] 中华人民共和国国家质量监督检验检疫总局,中国国家标准化管理委员会.国家基本比例尺地图图式第1部分:1∶500 1∶1 000 1∶2 000:GB/T 20257.1—2017[S].北京:中国标准出版社,2017.

[8] 中华人民共和国住房和城乡建设部,中华人民共和国国家质量监督检验检疫总局.建筑工程建筑面积计算规范:GB/T 50353—2013[S].北京:中国计划出版社,2014.

[9] 中华人民共和国住房和城乡建设部.建筑变形测量规范:JGJ 8—2016[S].北京:中国建筑工业出版社,2016.

[10] 中华人民共和国住房和城乡建设部.城市地下管线探测技术规程:CJJ 61—2017[S].北京:中国建筑工业出版社,2017.

[11] 中华人民共和国住房和城乡建设部.高层建筑混凝土结构技术规程:JGJ 3—2010[S].北京:中国建筑工业出版社,2011.

[12] 中华人民共和国住房和城乡建设部.城市测量规范:CJJ/T 8—2011[S].北京:中国建筑工业出版社,2012.

[13] 国家测绘局.全球定位系统实时动态测量(RTK)技术规范:CH/T 2009—2010[S].北京:测绘出版社,2010

[14] 中华人民共和国国家质量监督检验检疫总局,中国国家标准化管理委员会.国家一、二等水准测量规范:GB/T 12897—2006[S].北京:中国标准出版社,2006.

[15] 中华人民共和国国家质量监督检验检疫总局,中国国家标准化管理委员会.国家三、四等水准测量规范:GB/T 12898—2009[S].北京:中国标准出版社,2017.

[16] 国家测绘局.三、四等导线测量规范:CH/T 2007—2001[S].北京:测绘出版社,2003.

[17] 国家铁路局.铁路工程测量规范:TB 10101—2018[S].北京:中国铁道出版社有限公司.2019.

[18] 中华人民共和国交通部.公路勘测规范:JTG C10—2007[S].北京:人民交通出版社,2017.

[19] 中华人民共和国国家质量监督检验检疫总局,中国国家标准化管理委员会.全球定位系统(GPS)测量规范:GB/T 18314—2009[S].北京:中国质检出版社,2009.

[20] 中华人民共和国国家质量监督检验检疫总局,中国国家标准化管理委员会.测绘成果质量检查与验收:GB/T 24356—2009[S].北京:中国标准出版社,2009.

[21] 中华人民共和国国家质量监督检验检疫总局,中国国家标准化管理委员会.数字测绘成果质量检查与验收:GB/T 18316—2008[S].北京:中国标准出版社,2008.

[22] 中华人民共和国住房和城乡建设部,中华人民共和国国家质量监督检验检疫总局.工程测量规范:GB50026—2007[S].北京:中国计划出版社,2008.

[23] 杨国清.控制测量学[M].郑州:黄河水利出版社,2005.
[24] 益鹏举.GNSS 测量技术[M].郑州:黄河水利出版社,2010.
[25] 益鹏举.GNSS 定位操作与数据处理[M].郑州:黄河水利出版社,2015.
[26] 孔祥元,等.控制测量学上册.3 版[M].武汉:武汉大学出版社,2014.
[27] 中华人民共和国国家质量监督检验检疫总局.全站型电子速测仪检定规程:JJG 100—2003.北京:中国计量出版社,2004.
[28] 徕卡 TS60 全站仪操作说明书.2016.
[29] 徕卡 DNA03/DNA10 用户手册.
[30] 赵吉先,吴良才,周世健.地下工程测量[M].北京:测绘出版社,2005.
[31] 孔祥元.测绘工程监理学[M].武汉:武汉大学出版社,2005.
[32] 冯晓,吴斌.现代工程测量仪器[M].北京:人民交通出版社,2005.
[33] 肖付民,等.海道测量学概论[M].北京:测绘出版社,2016.